全国高等农林院校生物科学类
专业“十二五”规划系列教材

普通高等教育农业部“十二五”规划教材

高等农林教育“十三五”规划教材

发酵工程

宋渊 主编

Fermentation Engineering

中国农业大学出版社
China Agricultural University Press

内 容 提 要

本教材主要分为两大部分，第1～10章是通识部分，介绍发酵的菌种、发酵方式、发酵培养基及原料处理、发酵动力学、微生物代谢调节和发酵控制、发酵产物的提取等基础知识；也对发酵的基本设备，发酵罐和获得无菌空气的相关设备，提取、浓缩、干燥等后处理设备进行了简要介绍。第11～18章是各论部分，主要是介绍有代表性的发酵产品，发酵生产方式既有固体发酵，也有液体发酵；既有好氧发酵，也有厌氧发酵；既有现代发酵技术，也有传统发酵技术。

本教材可作为大专院校生物科学、生物技术、生物工程等专业的教学用书。

图书在版编目(CIP)数据

发酵工程/宋渊主编. —北京：中国农业大学出版社，2017.1(2021.6重印)

ISBN 978-7-5655-1769-3

Ⅰ.①发… Ⅱ.①宋… Ⅲ.①发酵工程-高等学校-教材 Ⅳ.①TQ92

中国版本图书馆CIP数据核字(2016)第323882号

书　名 发酵工程

作　者 宋　渊　主编

策划编辑 赵　艳　孙　勇　潘晓丽　　**责任编辑** 韩元凤

封面设计 郑　川　　**责任校对** 王晓凤

出版发行 中国农业大学出版社

社　址 北京市海淀区圆明园西路2号　　**邮政编码** 100193

电　话 发行部 010-62818525,8625　　读者服务部 010-62732336

编辑部 010-62732617,2618　　出　版　部 010-62733440

网　址 http://www.cau.edu.cn/caup　　**E-mail** cbsszs@cau.edu.cn

经　销 新华书店

印　刷 涿州市星河印刷有限公司

版　次 2017年4月第1版　2021年6月第2次印刷

规　格 787×1 092　16开本　23.75印张　590千字

定　价 61.00元

编审人员

主　　编　宋　渊

副 主 编　王彦杰　张利环

编　　者　（按姓氏拼音排序）

范志华（天津农学院）

高爱丽（东北农业大学）

巩　培（内蒙古农业大学）

郭伟群（国家粮食局科学研究院）

黄海东（天津农学院）

贾丽艳（山西农业大学）

罗　华（山西农业大学）

双　宝（东北农业大学）

宋　渊（中国农业大学）

王　君（山西农业大学）

王彦杰（黑龙江八一农垦大学）

许　女（山西农业大学）

晏　磊（黑龙江八一农垦大学）

张　宝（江西农业大学）

张利环（山西农业大学）

主　　审　颜方贵（中国农业大学）

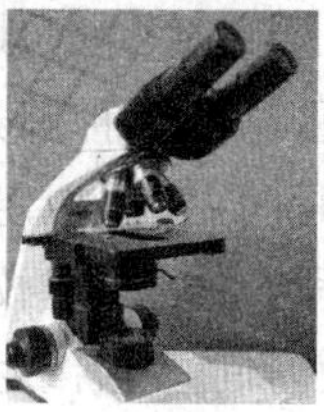

出版说明

生物科学是近几十年来发展最为迅速的学科之一，它给人类的生产和生活带来巨大变化，尤其在农业和医学领域更是带来了革命性的变革。生物科学与各个学科之间、生物科学各个分支学科之间的广泛渗透，相互交叉，相互作用，极大地推动了生物科学技术进步。生物科学理论和方法的丰富和发展，在持续推动传统农业和医学创新的同时，其应用领域不断扩大，广泛应用的领域已包括食品、化工、环保、能源和冶金工业等各个方面。仿生学的应用还对电子技术和信息技术产生了巨大影响。生物防治、生物固氮等生物技术的应用，极大地改变了农业过分依赖石化工业的局面，继而为自然生态平衡的恢复做出无可替代的贡献。以大量消耗资源为依赖的传统农业被以生物科学和技术为基础的生态农业所替代和转变。新的、大规模的近现代农业将由于生物科学的快速发展而迅速崛起。

生物科学在农业领域中越来越广泛的应用，以及不可替代作用的发挥，既促进了生物科学教育的发展，也为生物科学教育提出了新的更高的要求。农业领域高素质、应用型人才对生物科学知识的需求具有自身独特的使命和特征。作为培养高素质、应用型人才重要途径和方式的农业高等教育亟须探索出符合实际需求和发展的教育教学模式和内容。为此，中国农业大学生物学院和中国农业大学出版社与全国 30 余所高等农林院校合作，在充分汲取各校生物科学类专业教改实践经验和教改成果的基础上，经过进一步集成、融合、优化、提升，凝聚形成了比较符合农林院校教学实际、适应性更好、针对性更强、教学效果更佳的教学理念和教材编写思路，进而精心打造了“全国高等农林院校生物科学类专业‘十二五’规划系列教材”。系列教材覆盖了近 30 门生物科学类专业骨干课程。

本系列教材站在生物科学类专业教育教学整体目标的高度，以学科知识内容关联性为依据，审核确定教材品种和教材内容，通过相关课程教材小规模组合、专家交叉多重审定、编审指导委员会统一把关等措施，统筹解决相关教材内容衔接问题；以统一的编写指导思想因课制宜确定各门课程教材的编写体例和形式。因此，本系列教材主导思想整体归一、各种教材各具特色。

农业是生物科学最早也是应用范围最广的领域，其厚重的实践积累和丰硕成果使得农业高等教育生物科学类专业教学独具特色和更高要求。本系列教材比较好地体现了农业领域生物科学应用的重要成果和前沿研究成就，并考虑到农林院校生源特点、教学条件等，因而具有很强的适用性、针对性和前瞻性。

系列教材编审指导委员会在教材品种的确定、内容的筛选、编写指导思想以及质量把关等环节中发挥了巨大作用。其组成专家具有广泛的院校代表性、学科互补性和学术权威性，以及丰富的教学科研经验。专家们认真细致的工作为将系列教材打造成为农林院校生物科学类专业精品教材奠定了扎实的基础,在此谨致深深谢意。

作为重点规划教材,为准确把握教学需求,突出特色和确保质量,教材的策划运行被赋予更为充分的时间,从选题调研、品种筛选、编写大纲的拟制与审定、组织教师编写书稿,直至第一种教材出版至少3年时间,按照拟定计划主要品种的面世需近4年。系列教材的运行经过了几个阶段。第一个阶段,对农林院校生物科学教学现状进行深入的调查研究。2010—2011年,出版社用了近1年的时间,先后多批次走访了近30所院校,与数百位生物科学教学一线的专家和教师进行座谈,深入了解我国高等农林院校生物科学教学的进展状况及存在的问题。第二个阶段,召开教学和教材建设研讨会。2011年12月份,中国农业大学生物学院和中国农业大学出版社组织召开了有30余所院校、100余位教师参加的生物教学研讨会,与会代表就农林院校生物科学类专业教学和教材建设问题进行了广泛和深入的研讨,会上还组织参观了中国农业大学生物学院教学中心、国家级生命科学实验教学示范中心以及两个国家重点实验室,给与会代表留下了深刻的印象和较大的启发。第三个阶段,教材立项编写。在广泛达成共识的基础上,有30多所高等农林院校、近500人次教师参加了系列教材的编写工作。从2013年4月起,系列教材将陆续出版,希望这套凝聚了广大教师智慧、具有较强的创新性、反映各校教改探索实践经验与成果的系列教材能够对农林院校生物科学类专业教育教学质量的提高发挥良好的作用。

良好的愿望和教学效果需要实践的检验和印证。我们热切地期待着您的意见反馈。

中国农业大学生物学院

中国农业大学出版社

2013年3月

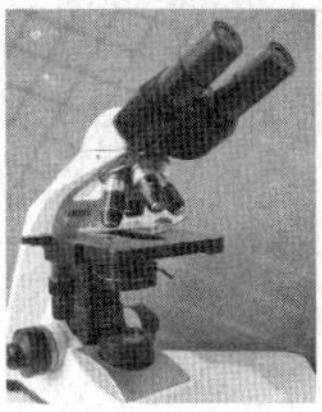

前言

发酵工程是生物工程的重要组成部分，是一门具有悠久历史又融合了现代科学和工程的学科。发酵工程技术与我们的生产、生活密切相关，在食品、医药、化工、农业、冶金、环境等领域具有广泛应用。

发酵工程是一门涉及面极其广泛的课程，不同学科专业对此课程有不同的要求。本次编写的《发酵工程》着重于现代工业发酵技术，内容包括发酵的基本理论知识，如发酵培养的方式、发酵动力学、微生物的代谢调节、发酵工业的菌种培养、原料处理及发酵过程的控制等。也针对发酵产物的特点，介绍了工业上常用的发酵液预处理、产物分离和提取的方法。在此基础上，根据发酵培养方式等的不同，选择典型、代表性的发酵产品进行介绍，如酒精发酵和丙酮-丁醇发酵是产溶剂的厌氧发酵；有机酸、氨基酸等是初级代谢产物的好氧发酵；抗生素是次级代谢产物的好氧发酵；酶制剂是活性蛋白的发酵等。酒是我们生活中不可或缺的产品，但发酵方式特殊，如中国白酒是混菌发酵，并且是固体发酵的方式，因此也进行了介绍。发酵、产物提取离不开设备，教材中也对主要的发酵和提取设备进行了介绍。

参加本书编写的作者都是长期从事发酵工程技术教学或研究工作的教师和技术人员。天津农学院范志华编写第 11 章，东北农业大学高爱丽编写第 9 章，内蒙古农业大学巩培编写第 6 章和第 17 章，国家粮食局科学研究院郭伟群编写第 10 章和第 16 章，天津农学院黄海东编写第 5 章，山西农业大学贾丽艳编写第 18 章，山西农业大学罗华编写第 3 章，东北农业大学双宝编写第 14 章，中国农业大学宋渊编写第 1 章和第 12 章，山西农业大学王君编写第 15 章，黑龙江八一农垦大学王彦杰编写第 7 章和第 6 章的培养基灭菌部分，山西农业大学许女编写第 13 章，黑龙江八一农垦大学晏磊编写第 2 章，江西农业大学张宝编写第 8 章，山西农业大学张利环编写第 4 章。全书由宋渊、王彦杰、张利环统稿。

教材在编写过程中，引用了一些相关的书刊和网站资料，颜方贵教授对书稿进行了审定，在此表示衷心的感谢。

由于编写时间仓促，作者水平有限，书中难免存在不足和疏漏之处，恳请广大读者批评指正，以便今后进一步修订完善。

编　者

2016 年 9 月

前言

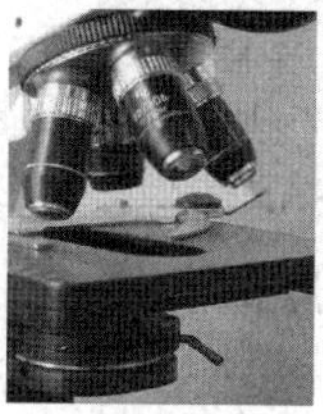

目录

第1章 绪论

自然界中存在各种微生物，它们繁殖迅速，可利用的物质广泛。微生物在生长代谢活动中，产生了各种有用物质，如酒精、氨基酸、有机酸等。人类从远古时期就已经开始利用微生物生产有用物质，如今，利用微生物为人类生产产品已经越来越受到重视，微生物生产已经是现代生产中不可或缺的部分。

1.1 发酵与发酵工程

据说发酵(fermentation)最初来自拉丁语"fervere"(沸腾、发泡)，当时是指果汁或发芽谷物汁在酒精发酵时产生 CO_2 的现象。巴斯德认为发酵是酵母在进行"无氧呼吸"，即酵母在无氧状态下"分解有机物，获得能量的一种方式"，如酒精发酵，乳酸发酵等。

然而，发酵是一个含义广泛的名词，对不同的对象有不同的含义。酒精发酵，乳酸发酵是在无氧状态下进行的，但现在利用微生物生产各种目的产物，也都统称为发酵，并通常冠以产物的名称，例如，氨基酸发酵、有机酸发酵、抗生素发酵等。在这种场合，发酵是"无氧呼吸"的认识并不适用，因为这些发酵都是在有氧条件下进行的。因此，我们可以这样认为，无论培养微生物的过程是好氧或无氧的，广义的发酵概念可定义为"借助微生物大量生成并积累特定代谢产物的现象"。

20世纪80年代，一些科学家认为生物工程根据其研究内容可以划分为基因工程、细胞工程、酶工程和发酵工程。发酵工程是指采用现代工程技术手段，利用微生物的某些特定功能，为人类生产有用的产品，或直接把微生物应用于工业生产过程的一种新技术。如果把发酵工程仅仅看成是研究将微生物应用于工业生产过程的工程学问题，这样的认识是不全面的。工业化的发酵生产涉及的领域很多，甚至需要多学科的联合。发酵工程是研究利用微生物大量生产各种有用物质的一门现代工业学科，它既研究生产过程与微生物的关系，也研究工程学的问题，包括研究改造或构建适合于工业生产的微生物菌种，研究创造合适的环境条件以使微生物积累某种产物，研究从发酵液中分离和纯化产品的技术和相关的工程、设备等。

1.2 发酵产物的类型

微生物发酵产物繁多，按其性质，一般可分为微生物菌体、代谢产物和酶。

1.2.1 微生物菌体

某种微生物经培养后，繁殖产生了菌体，这种微生物的菌体细胞就是我们所需要的产品。微生物菌体产品有多种形式，如酵母细胞，高活性的面包酵母细胞被用于面包制作，饲料酵母细胞被用于饲料添加剂等。另外，许多微生物可用于生物防治的杀虫剂，如苏云金杆菌、白僵菌、绿僵菌等，固氮菌、根瘤菌、解磷菌、解钾菌等可用于微生物肥料。还有某些微生物具有某种特定的酶，能对底物某一特定位置进行羟基化、脱氢等化学反应，使底物转变为另一物质(也称为微生物转化发酵)。如脱氢表雄甾酮经棒状杆菌转化生成雄烯二酮，雄烯二酮再经酵母转化产生睾酮(图 1-1)。

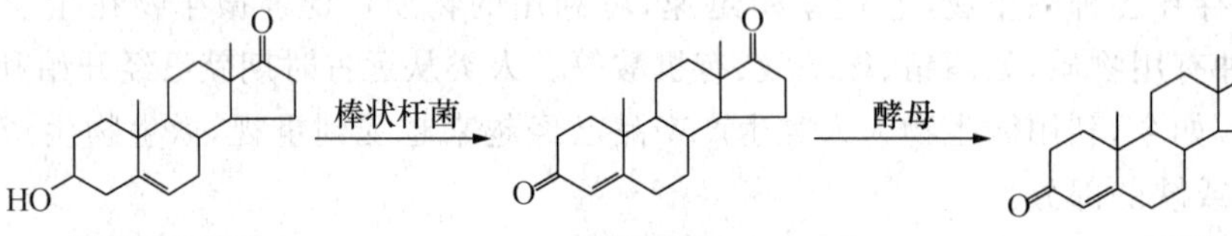

图 1-1 微生物特异性转化示意图

1.2.2 代谢产物

这类微生物产品是指微生物在代谢过程中积累的某种有机化合物。在微生物发酵产物中，代谢产物是数量最多的一类。根据代谢产物的功能、作用及合成途径的不同，代谢产物可区分为初级代谢产物和次级代谢产物。初级代谢是微生物生长繁殖所必需的物质代谢，如氨基酸、核苷酸、糖、脂肪代谢等；次级代谢是指微生物在一定的生长时期，以初级代谢为基础，合成一些对微生物生命活动没有明确功能物质的代谢，即与微生物基本生命活动无关的代谢，如抗生素、色素等的代谢。

对比初级代谢产物与次级代谢产物，它们之间主要有以下区别：

(1)功能。初级代谢产物主要是氨基酸、核苷酸、有机酸等小分子化合物，主要作为构成大分子的原材料，是微生物生长、繁殖必需的物质。次级代谢产物结构一般比较复杂，对微生物的生长、繁殖不是必需的，但在自然环境中对产生菌的生存可能存在有益的作用。

(2)合成途径。初级代谢途径在各类生物中基本相同，代谢途径的主要过程基本清楚，如各类氨基酸的合成代谢途径和有机酸的代谢途径。次级代谢来自多种合成途径，往往是初级代谢形成的前体经过聚合、修饰而形成。

(3)合成时期。初级代谢产物在营养期就开始生成，即只要微生物开始生长，初级代谢产物就开始形成。而次级代谢产物往往在菌体生长达最高值时才开始合成。

(4)遗传控制。初级代谢主要受核 DNA 的控制，次级代谢产物除受核 DNA 控制外，往往还受质粒的控制。质粒对次级代谢产物合成的控制可以是调节次级代谢产物的合成、控制次级代谢产物的分泌或次级代谢产物部分结构的合成等。

(5)合成的专一性。初级代谢产物是普遍存在的，各类微生物都能生成，只是产率不同，但其酶反应有高度的专一性，一般只能与一种底物反应生成一种产物。而次级代谢产物的合成则明显具有种、属的特异性，往往只局限于某些种内，甚至只有某些菌株才能合成，但产物往往以一族或一组化合物形式出现,表明其酶反应对底物分子结构的专一性不强。

(6)合成的条件。初级代谢产物的形成一般只需简单的营养,在各种生长条件下都能形成。而次级代谢产物的形成往往对营养的要求苛刻,并且只有在特定培养条件下才能形成,尤其是过量产生。

1.2.3 酶

酶的本质是具有催化功能的蛋白质,微生物能合成种类繁多的酶,有相当多的酶类适于工业生产,如淀粉酶、蛋白酶、葡萄糖异构酶等。微生物酶制剂的生产是微生物生产的重要内容。

1.3 发酵工程的范畴与应用

1.3.1 发酵工程的范畴

发酵工程的范畴非常广泛,它包括:①酒类、醇类及溶剂类的生产;②发酵食品生产;③抗生素等药物的发酵生产;④有机酸的发酵生产;⑤氨基酸的发酵生产;⑥核苷酸类物质的发酵生产;⑦维生素、激素等生理活性物质的发酵生产;⑧酶制剂生产;⑨微生物菌体的生产等。其他还有很多生产或过程与微生物有关,如利用微生物净化环境,冶金工业中的脱硫,生物能源等。

1.3.2 发酵工程的应用

发酵工程在现代生物技术的支持下,应用范围广泛,已涉及人类生产、生活的方方面面,选择以下几个方面简要介绍。

1. 发酵工程在食品工业中的应用

食品是发酵最早开发应用的领域,如传统酒类的生产;酱、醋、乳酪等的生产;调味剂如味精(谷氨酸钠)、肌苷酸、鸟苷酸的生产;甜味剂如葡萄糖、麦芽糖、果葡糖浆、甘露糖醇、甜味肽等的生产;各种发酵食品如酸奶、泡菜、发酵饮料等的生产;各种食品添加剂如柠檬酸、苹果酸、赖氨酸、面包酵母等的生产。其产量和产值至今仍占据发酵工程产业的首位。

2. 发酵工程在工业、能源产品生产中的应用

发酵工程产业的许多产品是其他工业的原料或同时也是一种能源产品,如乙醇、丙酮等,乙醇、丙酮、丁醇、甘油、异丙醇、二羟丙酮等有机溶剂是可用发酵大量生产的产品。许多工业上大量使用的有机酸也是发酵生产的产品,如醋酸、丙酸、乳酸、丁酸、酒石酸、衣康酸、曲酸等。利用微生物生产清洁能源也是目前发酵工程研究的重点,除传统的甲烷(沼气)外,还有微生物产氢,藻类产油等。

3. 发酵工程在药物生产上的应用

由于对青霉素的需求,促进了现代发酵技术的建立,在半个多世纪的发展过程中,发酵工程在药物生产中取得了巨大成就,为人类的健康事业做出了巨大贡献。

在发酵生产的药物中,抗生素仍然是最重要、品种最多和产量最大的微生物药物,如青霉素(penicillin)、头孢菌素(cephalosporin)、链霉素(streptomycin)、庆大霉素(gentamycin)、卡

那霉素(kanamycin)、红霉素(erythromycin)、麦迪霉素(midecamycin)、螺旋霉素(spiramycin)、四环素(tetracycline)、金霉素(chlortetracycline)、林可霉素(1incomycin)、磷霉素(phosphonomycin)、万古霉素(vancomycin)等。

基因工程药物也是发酵生产的重要微生物药物。自 1980 年世界上第一个基因工程药物——人胰岛素正式批准上市以来,已经有几十种基因工程药物获准上市,主要有:干扰素、白细胞介素、肿瘤坏死因子、表皮生长因子、B-细胞生长因子、凝血因子Ⅷ、生长激素、促肾上腺皮质激素、尿激酶等。这些药物在治疗人类的各种疾病中发挥了重要作用,如胰岛素用于糖尿病的治疗,生长激素用于侏儒症的治疗,凝血因子用于血友病的治疗,表皮生长因子促进伤口愈合等。

除此之外,发酵生产的氨基酸、维生素等也广泛地用于临床治疗。特异性酶抑制剂,如洛伐他丁(lavostatin)可用于治疗高血脂症,环孢菌素 A 用于器官移植后的排异反应;核苷酸类药物,如肌苷、辅酶 A 可治疗心脏病、白血病等。

4. 发酵工程在农业中的应用

农业生产也离不开发酵产品,无论在种植业还是在养殖业,都需要发酵产品。生物肥料的生产离不开发酵技术,根瘤菌、固氮菌、解磷菌、解钾菌等农业生产上常用的微生物接种剂的生产也离不开发酵技术。

生物农药的生产也需要发酵技术,苏云金杆菌是一种细菌杀虫剂,白僵菌和绿僵菌是真菌杀虫剂,它们都可以经发酵生产后用于防治植物的虫害。有些抗生素被应用于防治植物病虫害,因此它们被称为农用抗生素,如阿维菌素(avermectin)和多杀菌素(spinosad)用于防治多种植物虫害,春日霉素(kasugamycin)用于防治水稻稻瘟病、黄瓜枯萎病,宁南霉素(ningnanmycin)用于防治烟草花叶病等。

养殖业上也需要发酵技术,利用微生物的发酵作用把各种青、粗饲料加工成酸甜软熟、有效营养高、适口性好、利于保藏的饲料,即发酵饲料。微生态制剂是动物体内正常的有益微生物经特殊工艺而制成的活菌制剂,添加到饲料中,参与肠道内微生物的平衡,增强动物非特异性免疫功能,直接或间接提高动物的饲料利用率,促进动物生长。

5. 发酵工程在酶制剂生产上的应用

酶作为一种催化剂,已被广泛地应用于人类生产、生活的各个方面,如在食品工业中,淀粉酶、糖化酶用于葡萄糖的生产,果胶酶用于果汁、果酒的澄清等;纺织工业中,蛋白酶常用于皮革鞣化、蛋白酶也常用于洗涤剂等;医药上酶的应用也十分广泛,如溶菌酶用于抗菌消炎,尿激酶用于溶血栓,青霉素酰化酶用于将青霉素改造为氨苄青霉素等;农业、环保等领域也都离不开酶制剂的应用。可以说,酶制剂已成为国民经济中不可或缺的部分。酶制剂的生产可采用从动植物组织提取的方法,但以微生物发酵生产为主要方式,微生物种类繁多,酶资源蕴藏丰富,并且适合大规模工业化生产。

6. 发酵工程在环境保护中的应用

当今世界,社会经济快速发展,在提高人类生活水平的同时,也造成了严重的环境问题。在自然界的物质循环中,微生物是重要的分解者,在消除环境污染中的作用不可替代。许多其他产业的废弃物,经过微生物的发酵作用,可以变废为宝。如造纸工业的废弃物亚硫酸纸浆废液,经假丝酵母发酵后可生产饲料蛋白。农业生产中,由于大量使用化肥、农药使土壤受到污染,但许多微生物可以降解这些有害物质。污水的处理其本质也是在微生物的作用下,污水中各种有害物质在微生物的作用下被分解，进而被净化的过程。

发酵技术应用领域还有很多，在冶金工业中可用于脱硫，动植物细胞的培养也离不开发酵技术，总之，随着科技的发展，发酵工程的应用领域将进一步扩大，为人类社会的进步做出更大的贡献。

1.4 发酵工程发展的主要阶段

人类认识微生物大约只有300多年的历史，对发酵本质的认识大约也只有100多年的历史，但人类远在有文字记载的历史以前，对发酵就已有所了解，并利用发酵来制造产品。回顾整个发展进程，大致可以划分为以下几个主要阶段。

1. 天然发酵时期

早在自然科学发源以前，人类就开始酒、酱油、醋等的酿造，例如，我国在夏禹时代就有酿酒的记载，《尚书》有云“昔者仪狄作酒，禹饮而甘之”，《周礼》中已有关于酱油的记载“膳夫掌王馈，赐酱千余瓮”。在6 000年前的古埃及、古巴比伦，已经有了酿造啤酒的记载。据说在法国的罗浮宫保存着一块“蓝色纪念碑”，其上雕刻的是古埃及人用啤酒祭神的场面。这些酿造活动虽然有着悠久的历史，并积累了精湛的技术，但由于受到社会和科学发展的限制，长期以来处于依靠经验、手工操作的自然落后状态，人类并不知道微生物与发酵的关系，所以将这一时期称为天然发酵时期。

2. 纯培养技术的建立

大约在300年前，Antoni van Leeuwenhoek发现了微生物，此后经过200多年，Louis Pasteur证明酒精发酵是酵母菌引起的，Pasteur对微生物的发酵作用进行了长期的研究，证明了不同的发酵与不同的微生物有关。1897年法国的Edward Büchner兄弟证明发酵是酶的作用，他们将酵母与沙砾磨制成酵母汁，加入糖与防腐剂，发现有酒精和CO_2的形成。人们开始认识到，即使没有完整的生命细胞，发酵亦能进行，即发酵在酶的催化下也可以完成。

19世纪初，Robert Koch首先应用固体培养基分离微生物，随后建立了微生物纯培养技术。纯培养技术的建立对发酵技术有重要意义，因为它使发酵可以由纯种微生物进行，使发酵由传统的手工操作，具备了向工业化生产转化的能力。在这一时期，发明了简便的密闭式发酵罐，又采用了灭菌操作，酒精发酵、丙酮-丁醇发酵等得以发展。因此，可以认为，微生物纯培养技术的建立，是发酵工程发展的第1个转折点。

3. 通气搅拌技术的建立

在20世纪中叶的第2次世界大战期间，由于战争，需要大量的抗感染药物。青霉素由于具有极好的医治创伤的效果需大规模生产。但青霉素的产生菌青霉是好氧菌，不能采用像酒精发酵那样的厌氧发酵方式生产。于是在借鉴厌氧发酵的基础上，引进通气和搅拌，即向发酵罐中通入无菌空气，通过搅拌使空气均匀分布于发酵液，成功建立起通气搅拌发酵技术，也称深层发酵技术。通气搅拌技术的建立不仅解决了抗生素的生产问题，也使许多好氧微生物产生的产品，如有机酸、氨基酸等产品可以用好气性发酵技术进行大规模生产，它极大地扩大了微生物生产的内容。因此，通气搅拌技术的建立，是发酵工程发展的第2个转折点。

4. 代谢控制发酵技术的建立

由于生物化学和微生物遗传学的发展，1957 年，日本科学家将微生物进行诱变，获得了一些营养缺陷型，某些营养缺陷型在有控制的条件下，能够选择性地大量产生某种代谢产物，建立了代谢控制发酵技术。代谢控制发酵技术首先在发酵法生产谷氨酸中获得成功，此后，在赖氨酸等氨基酸的发酵法生产中也相继成功。除氨基酸发酵生产外，在核苷酸类物质发酵生产、有机酸的发酵生产和部分抗生素的发酵生产中，代谢控制发酵技术也发挥着重要作用。因此，代谢控制发酵技术的建立，可以说是发酵工程发展的第 3 个转折点。

5. 基因工程菌的应用

至 20 世纪 70 年代，由于分子生物学的发展，人们开始用“基因工程菌”来生产某些产品，如胰岛素、干扰素、人或动物的激素等。微生物细胞中没有胰岛素、干扰素的基因，原来是无法用微生物生产的，基因工程技术解决了这一难题。不仅如此，基因工程技术还可用于微生物的育种，提高菌种的发酵能力，改进产品品质等。

6. 发酵工程现状与发展

从发酵工程现状和发展趋势上看，发酵工程将来可能会在 2 个重要的方向发展。一个是基因工程技术在改造生产菌种上的应用会越来越广泛，一些新的理念被用于微生物的育种，如组合生物合成，genome shuffling 技术等。另一个方面是发酵过程自动化控制技术，发酵过程的自动化控制和发酵过程中的在线分析技术与计算机的发展应用是分不开的。近年来，一些高度专一性和敏感性的生物传感器已经可以应用，如葡萄糖测定专用传感器，利用酶、抗体、微生物等生物功能物质作为感受器的传感器已成为研究发展的重要领域。此外，仪器制造技术的发展也为发酵过程分析提供了支持，如将质谱仪应用于尾气分析，红外光谱仪应用于发酵过程分析等。

第2章

发酵培养方式

微生物发酵是一个复杂的过程，要达到预期发酵培养目标，涉及诸多因素，如生产菌种的性能、培养基的营养成分、培养过程的条件控制等。由于微生物的性能不同、产物合成的途径不同，需要采用不同的发酵培养方式。通常，人们习惯根据发酵物料的状态，将发酵方式区分为固体发酵和液体发酵；根据发酵过程中是否需要氧（通风），将发酵方式区分为静置发酵和通气发酵；根据发酵操作方式等可将发酵方式分为分批发酵、补料分批发酵、连续发酵和半连续发酵等。多数情况下，会把不同的区分方法结合在一起使用，可更准确说明发酵生产的方式，如深层液体通风发酵，指的是需氧的液体发酵方式，在这种发酵过程中，需通风和搅拌。

2.1 固体发酵和液体发酵

固体发酵（solid-state fermentation）指微生物在几乎没有可流动水的固体基质培养基上生长的发酵方式。液体发酵（liquid fermentation）指微生物在有完全流动性的液体中生长的发酵方式。介于二者之间的我们也可以称为半固体发酵，指发酵的基质有一定的流动性，但又不具有完全的流动性。

2.1.1 固体发酵

固体发酵在中国已有几千年的历史。近年来，由于固体发酵具有节水、节能的独特优势，属于清洁生产技术、逐步得到世界各国的重视。

需指出的是，还有一个固态基质发酵（solid substrate fermentation）的概念，它是指一类使用不溶性固体基质来培养微生物的工艺过程，它的概念范围比较广，包括将不溶性固态物质悬浮在液体中的发酵方式（也称惰性载体吸附固态发酵、载体培养），也包括在几乎没有可流动水的湿固体材料上培养微生物的工艺过程。多数情况下固体发酵是指后者。

2.1.1.1 固体发酵的特点

固体发酵是气体作为生物反应过程中的 O_2、CO_2、热量、营养和产物的传递介质，表现为 O_2、CO_2 扩散比较容易，热量传递困难，存在明显的营养梯度，并且无大量有机废水产生。固体发酵的特点主要表现在：

（1）固体发酵培养基中没有游离水流动，水是培养基中较低的组分。

（2）微生物从湿固态基质吸收营养，营养物浓度存在梯度，发酵不均匀，菌体生长、对营养物的吸收和产物的代谢不均匀。

(3)使用固体原料，发酵过程中，糖化发酵同时进行，简化操作工序，节约能耗。

(4)提取工艺简单，没有大量有机废液产生，但提取物含有底物成分。

(5)生产机械化程度较低，缺乏在线传感仪器，过程控制较困难。

2.1.1.2 固体发酵的分类

固体发酵的具体方法、形式多种多样，我们可以按不同的方法予以区分。

1. 根据是否能实现限定微生物纯种培养

根据是否能实现限定微生物纯种培养可将固体发酵区分为传统固体发酵与现代固体发酵。传统固体发酵通常都是混菌培养的发酵方式，现代固体发酵为了充分发挥固体发酵的优势，可以实现限定微生物的纯种大规模培养。

2. 根据接种微生物的情况

根据接种微生物的情况，固态发酵可分为自然富集固态发酵、强化微生物混合固态发酵、限定微生物混合固态发酵和单菌固态纯种发酵。

自然富集固态发酵是指利用自然界中的微生物，由不断演替的微生物进行的富集混合发酵过程；强化微生物混合固态发酵是指在自然富集固态发酵的基础上，根据人们部分掌握的微生物代谢机制，人为强化接种微生物的富集培养物或特定微生物培养物的混合发酵过程；限定微生物混合固态发酵是在对微生物相互作用和群落认识的基础上，接种混合培养的微生物是已知和确定的，通常使用两种或两种以上经过分离纯化的微生物纯种，同时或按顺序接种于灭菌的培养基中，在无污染条件下进行的固态发酵过程；单菌固态纯种发酵是单一纯菌种接种于灭菌的培养基中，在无污染条件下进行的固态发酵过程，它是在纯种培养基础上建立起来的，是固体发酵的重要方向。

3. 根据对氧的需要

根据发酵过程中对氧的需求，固体发酵可以区分为好氧的固体发酵和厌氧的固体发酵。我国传统的固体发酵，如白酒的酿造，就是一种厌氧的固体发酵。如果在发酵过程中，有较好的氧提供，就是好氧的固体发酵。在我国的传统发酵技术中，应用曲盘进行的固体制曲技术，也称浅盘固体发酵，就属于好氧的固体发酵。由于固体物料堆积的厚度一般也就是几厘米，所以通气状态较好。再加之固定时间的翻曲，可大大改善其通气状态。深层（好氧）固体发酵技术是近代才建立的，如强制通风的深层固体发酵技术（第 10 章，图 10-1）。深层固体发酵也可采用固体发酵罐，但相对于深层液体好氧发酵的通气搅拌发酵罐，深层固体发酵罐尚不成熟。

2.1.1.3 固体发酵的发展趋势

经过多年的研究与发展，固体发酵技术取得了较大的成果，其主要表现在下列几个方面：

(1)由敞开式发酵到封闭式发酵。敞开式发酵虽然投资少、操作方便，但大规模生产有散热困难、易污染等问题。而封闭式发酵罐可以彻底灭菌，便于控制发酵罐中的温度。

(2)从经验发酵到控制发酵。在固态发酵中，由于固体基质的存在，使得许多常规测定，如生物量的测定，无法应用。现常用间接测定方法，如测定菌体蛋白、CO_2 的排出、ATP 含量、某些酶的活性（同菌体量成正比的酶）等方法。测定方法的解决，使得固体发酵从完全凭借经验过渡到可以控制发酵。

(3)从浅盘式发酵到机械化发酵。浅盘发酵占地面积大，劳动强度高。机械化发酵减少了占地面积，降低了劳动强度，提高了生产效率。

(4)从单菌发酵到多菌株组合发酵。利用不同菌株进行共同培养，增加了培养物的基因库容量，可以通过不同菌株组合，完成单菌难以完成的复杂的转化过程，达到提高基质产率和生产效率等目的。并且，这样的工艺可以用来代替遗传工程菌来进行复杂的多种反应。这时的混合培养不再是粗放的、不加控制的系统。

(5)从堆积发酵到流化态发酵。虽然固体生化反应器由简单浅盘发酵发展到机械化发酵罐，但它们还都是堆积发酵。流化床式的固体发酵已经出现，可以弥补固体发酵中的许多不足。

(6)从上游过程和下游过程分别操作到组合操作。发酵工业过程主要由发酵过程(也称上游过程)和产物分离过程(下游过程)2 部分组成。若把发酵过程和产物分离纯化过程两者结合在一起，在同一单元操作中同时进行，可减少反应产物对反应的反馈抑制，打破反应的平衡态使反应不断地向生成产物的方向进行，可提高原料的利用率和转化率，提高发酵器的生产能力，减少产物分离纯化的费用和降低生产成本等。

2.1.2 液体发酵

液体发酵指微生物在具有流动性的液体中生长、繁殖并积累发酵产物，是现代发酵工业中主要的生产方式。

液体发酵是以水为连续相的生物反应过程，在发酵过程中微生物悬浮于液体培养基中，故微生物、培养基营养成分、代谢产物的分布较均匀，过程控制容易，并易实现纯种培养。

2.1.2.1 液体发酵的特点

(1)原料来源广泛，价格低廉。液体发酵可以使用其他产业的副产品，甚至是废弃物作为其营养物，如糖蜜废母液、豆饼粉、麸皮粉、各种大豆深加工废水、玉米深加工废水及淀粉废水等，原料来源广泛。

(2)菌(丝)体生长快速。在液体培养中，营养成分均匀分布于液体中，有利于菌体的充分接触和吸收。菌体细胞在反应器(发酵罐)内处于最适温度、pH、溶解氧等的条件下生长，能及时排放呼吸作用产生的代谢废气，因此新陈代谢旺盛，菌体生长分裂迅速，能在短时间内积累大量的菌体和生理活性的代谢产物。

(3)生产周期短。相对于固体发酵，液体发酵的时间较短，大多数的液体发酵可在 7～10 d 内完成，而固体培养一般需要 30～60 d。

(4)能有效降低菌种污染率，生产无季节性。液体发酵是在密闭发酵罐内进行，因此可有效降低杂菌的污染，也不受季节性限制。

2.1.2.2 液体发酵的分类

与固体发酵一样，液体发酵也有多种不同的方式。根据液体发酵过程中对氧的需求，可以区分为静置发酵(static fermentation)和通气发酵(aeration fermentation)。静置发酵即将液体培养基置于发酵槽或发酵罐内，接种微生物后，在没有通风或者搅拌条件下的静置培养过程。酒精发酵、丙酮-丁醇发酵、乳酸发酵等均属于此类型。通气发酵指好氧微生物在与空气(氧气)接触的条件下生长、繁殖的过程。为向微生物提供充足的氧气，在发酵过程中需提供大量新鲜空气并进行搅拌。

好氧的液体发酵又可分为深层发酵(submerged fermentation)和表面发酵(facial fermentation)。深层发酵，也称深层液体通气(搅拌)发酵，是在大型发酵罐中进行通风和搅拌，微生物悬浮于液体培养基中进行生长代谢的发酵方式。这种发酵方式是现代发酵工业的主要生产方式。表面发酵实际上是一种浅盘液体发酵方式，液体发酵培养基装于浅盘中，好氧微生物接种后，微生物在液体培养基表面生长，形成菌盖或菌膜，故称表面发酵。早期的柠檬酸生产就是采用表面发酵的方式，由于占地面积大、操作繁琐、劳动强度大等缺点，现在已很少采用。

2.2 分批发酵和补料分批发酵

2.2.1 分批发酵

分批发酵(batch fermentation)是指发酵的物料（空气，消沫剂，调 pH 的酸、碱除外）一次性加入发酵罐，然后培养基灭菌、接种微生物、进行发酵培养，最后整个罐的发酵液放出，进入下一个工序，产物提取。发酵罐清洗，重新装料，灭菌、接种，开始新一轮发酵。

在分批发酵系统中，由于营养基质是限定的，所以它只能在一段有限的时期内支持微生物的增殖。即微生物的生长是在限制性条件下的生长，随着微生物的生长代谢，培养基和生长环境不断发生变化。微生物的比生长速率也随之变化。整个微生物的生长过程出现延滞期、加速生长期、指数生长期、减速生长期、稳定期和衰亡期的变化。

分批发酵是最基本的发酵形式，发酵工艺研究是以分批发酵为基础的，如种子的培养过程、接种量和接种时间、菌龄、培养基组成、温度、pH、溶氧等培养条件等。所以了解在分批发酵中微生物生长、代谢和产物形成规律是研究其他发酵方式的基础。

2.2.1.1 分批发酵中的菌体生长和代谢规律

分批发酵过程中，菌体生长、代谢一般可分菌体生长、产物合成和菌体自溶 3 个阶段。

1. 菌体生长阶段

菌体生长阶段处于发酵前期，主要为菌体生长时期。发酵培养基接种后，产生菌在合适的环境中经过短暂的适应，即开始生长和繁殖，直至达到菌体的临界浓度。此阶段的代谢变化，主要是碳、氮源的分解代谢以及菌体细胞物质的合成代谢，二者有机地联系在一起。营养物质不断被消耗，新菌体不断生成。

2. 产物合成阶段

发酵进行到一定时期，很多发酵过程开始有产物合成。代谢以合成产物为主，产物生成速率达到最大，并能维持一定的时间。在此阶段中，菌体量的增加趋向稳定，营养物质不断消耗，产物不断合成。如果营养物质多，则促进菌体生长，抑制产物合成。如果营养过少，则菌体易衰老，合成能力衰退，对生产也不利。

3. 菌体自溶阶段

此阶段为发酵后期或菌体自溶期。其特征表现为菌体衰老，细胞开始自溶，合成产物能力衰退，生产速率下降。

2.2.1.2 分批发酵中的产物形成

根据分批发酵中产物形成与微生物的生长和碳源降解的关系，可将发酵区分为 3 种类型。

1. 生长连动型产物形成

这种类型的产物形成是与微生物生长和碳源降解平行的（图 2-1a），菌体的生长（营养期）和产物合成不分。产物通常都直接涉及降解代谢途径，来自产能的初级代谢，即只要菌体生长，产物合成也开始。产物的比合成速率仅与比生长速率呈正比。因此，提高这种类型产物的合成速度，可通过获得高比生长速率的方式实现。单细胞蛋白、乙醇、葡萄糖酸等生产都属于这个类型。

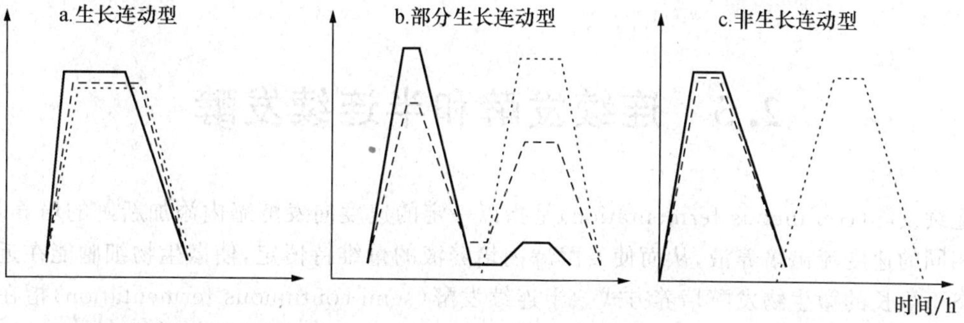

图 2-1　发酵类型

— 比生长速率 g/(g·h)；--- 碳源消耗比速率 g/(g·h)；···· 产物形成比速率 g/(g·h)

2. 部分生长连动型(混合型)产物形成

这种类型的特点是：首先有一个菌体迅速生长，底物高比率的消耗，但产物很少或没有形成。然后生长速度下降，产物开始形成，底物又呈现高比率的消耗。产物合成通常间接地同能量产生途径相连，菌体生长和产物合成是分开的。柠檬酸、衣康酸和一些氨基酸的合成属于此类型(图 2-1b)。

3. 非生长连动型产物形成

这种类型的特点是：开始是菌体生长，并伴随着底物的消耗，接着是中间代谢反应形成产物。产物不是来自降解代谢，而来自无定向途径。在这一发酵类型中，初级代谢和产物形成是完全分开的，抗生素等大多数次级代谢的合成均属于这种类型(图 2-1c)。

分批发酵的主要优点在于：操作和设备比较简单，发酵周期短，工艺参数控制比较简易；产品质量容易掌握，发酵过程染菌机会较少。但是分批发酵也存在一些不足，如难以对过程实行自动控制，非生产时间占用较多，生产效率相对较低，对易引起分解代谢阻遏或产物抑制等菌株的发酵不太适合。

2.2.2　补料分批发酵

补料分批发酵(fed-batch fermentation)又称"流加发酵"，是指在微生物分批发酵过程中，以某种方式向发酵罐中补加一定物料，但发酵中间并不放出或不连续放出发酵液的发酵方式。发酵结束后，整罐发酵液放出，进入下一个提取工序。发酵罐清洗，重新装料，灭菌，接种，开始新一轮发酵。

补料分批发酵是经常采用的一种发酵方式，这是因为在分批发酵中，由于到了中后期，养料快要消耗完毕，菌体逐渐走向衰老自溶，代谢产物不能再继续合成。如果采用过于丰富的培养基来延长周期，提高产量，则由于高浓度培养基对微生物的生长繁殖不利，通气搅拌困难，发酵反而不易正常。采用补料分批发酵，可克服上述的缺点，延长中后期代谢活动，维持了发酵产物的增长，并增加发酵液的总体积，故多数发酵产品均采用此种方式。

补料分批发酵有很多类型，分类上说法不一，就补加的培养基成分来区分，分为单一成分补料和多组分补料；就物料流加方式而言，有恒定流率法、恒定底物浓度法和指数流率法；就补料操作方式而言，有连续流加、间遏流加和多周期流加；按每次流加速度不同可分为快速流加、恒速流加、按指数速率流加和变速流加；就发酵罐内培养液体积而言，有变体积和恒体积之分等。

2.3 连续发酵和半连续发酵

连续发酵(continuous fermentation)是指以一定的速度向发酵罐内添加新鲜的培养基，同时以相同的速度流出培养液，从而使发酵罐内培养液的量维持恒定，使微生物细胞能在近似恒定状态下生长的微生物发酵培养方式。半连续发酵(semi-continuous fermentation)指在发酵过程的后期周期性地放出部分含有产物的发酵液，然后再补加相同体积的新鲜培养基的发酵方法。此种操作可反复多次。

2.3.1 连续发酵

在分批培养中，微生物生长和产物形成的周期总是有限和较短的。如果不断地把新鲜的培养基连续地供给均匀混合的发酵系统，同时又以相同的速率把含有细胞和产物的发酵液从发酵系统中放出便可使发酵过程连续化。因此，连续发酵是当发酵过程启动到一定阶段(如产物合成最适时期)一边连续补充发酵培养液，一边又以相同的流速放出发酵液，维持发酵液的原先体积。

2.3.1.1 连续发酵的基本类型

根据使用的反应器(发酵设备)可将连续发酵分为罐式连续发酵和管式连续发酵2种基本类型。

1. 罐式连续发酵

罐式连续发酵，即连续发酵过程是在发酵罐中进行的。有2种不同的发酵控制方式：一种是利用浊度来检测细胞浓度，通过控制调节加入料液的流量，使反应器中的菌体浓度达到恒定值，也称为恒浊器法。另一种是在连续培养过程中通过控制某种生长限制基质的浓度的恒定水平，使菌体生长速率处于最快，称为恒化器法。在连续搅拌罐反应器中，即使加入的物料中不含有菌体，只要反应器内含有一定量的菌体，在一定进料流量范围内，就可实现常态操作。

罐式连续发酵设备一般可采用原有的分批发酵罐改装。根据所用罐数，罐式连续发酵系统又可分为单罐连续发酵和多罐连续发酵。

(1)单罐连续发酵，即使用一个发酵罐实现连续发酵。在连续发酵之前，通常先要进行一段时间的分批发酵。当反应器中的细胞浓度达到一定程度后，以恒定的流量向反应器中流加培养基，并以相同流量放出发酵液，使反应器内的发酵液体积保持恒定。

(2)多罐连续发酵，即使用多个发酵罐串联实现连续发酵。新鲜的培养基从首罐进入，经历多个发酵罐逐渐成熟，成熟的发酵液从最后一个发酵罐不断流出。相对于单罐的连续发酵，由于在不同的发酵罐内存在不同的条件，从而有利于代谢控制和产物的合成。

2. 管式连续发酵

在管式连续发酵反应器中，培养液通过一个没有返混现象的管状反应器向前流动。在反应器内的不同部位，营养物的成分、细胞数量、传质和生产率都不相同。在反应器的进口，菌体细胞必须和发酵液一起混匀加入反应器中。而在反应器的出口装有一支路使细胞返回。

2.3.1.2 连续发酵的特点

1. 连续发酵的优点

连续发酵是一个开放的系统，通过向反应器中连续不断地流加新鲜培养液，同时又连续不断地排出发酵液，使微生物的生长和代谢活动保持旺盛的稳定状态，而 pH、营养成分、溶解氧等都保持一定，并从系统外部予以调控。这样就大大提高了设备利用率，能合理地按照发酵阶段连续化操作。与分批发酵比较，连续发酵单位产量的反应器容积小、操作时间缩短，操作管理较为方便，人工费用低。发酵的中间产物和最终产物比较稳定，生产的系统性强，产品质量稳定，反应速率容易控制。连续发酵过程中菌种的生理、生态和反应机制比较容易分析。

2. 连续发酵存在的问题

尽管连续发酵具有很多优点，但目前除了单细胞蛋白、工业废水处理、酒精等生产，其他发酵产品的工业化生产极少采用连续发酵方式。主要原因是连续发酵还存在以下几个主要问题：①杂菌污染。在连续发酵过程中，需要长时间连续不断地向发酵系统供给无菌的新鲜空气和培养基，这就不可避免地发生杂菌污染问题。虽然可以通过选用耐高温、耐极端 pH 和能够利用特殊营养物质的菌株作生产菌控制杂菌的生长，但这种方法的应用范围是有限的，不能适用于所有的连续发酵过程。因此，杂菌污染问题仍然是连续培养中难以解决的问题。②菌种的变异。尽管菌种突变可能性很低，但一旦在连续培养系统中的生产菌细胞群体中某一个细胞发生了突变，而且突变的结果使这一细胞获得在给定条件下高速生长的能力，那么它就有可能取代系统中原来的生产菌株，而使连续发酵过程失败。而且，恒化器运行的时间越长，所形成的突变菌株的数目就越多，发酵过程失败的可能性也越大。③实际运行时间。连续发酵的周期较长，保持设备的密闭性以及培养液和空气的无菌度更为严格。在设计和操作时应当十分注意。但是，目前使用的空气过滤器或其他空气净化装置不能完全保证 100％的除菌效率，连续发酵的周期要比分批发酵长得多，一组连续发酵罐的容积也要比单一的分批发酵罐大得多，一旦染菌损失非常可观。④反应器传质能力。加入连续发酵罐的培养液与罐内发酵液的混合不充分，就会使罐内各部分的微生物生长不一致，某部分微生物得不到充分的营养而引起操作不确定并降低产率。⑤产物提取纯化成本较高。工业发酵过程的目的是制造成本最低的产品，因此除了提高原料转化率和生产率之外，还必须尽可能提高产物的终浓度，以缩小产物分离纯化的规模和操作费用。而连续发酵过程中，流出的发酵液中产物浓度一般比分批发酵、补料分批发酵的低，从而加重了分离提取的负荷。

2.3.1.3 连续发酵的应用

连续发酵已被用来大规模生产酒精、丙酮-丁醇、乳酸、食用酵母、饲料酵母、单细胞蛋白、石油脱蜡、污水处理等，并取得良好效果。

对大部分微生物来说，研究连续发酵过程中的微生物生理、生化等特性并不困难，并且取得了很多研究成果，但用连续发酵进行大规模生产还是困难的。主要原因是连续发酵运转时间长，菌种多退化，容易污染，培养基的利用率一般低于分批发酵。而且工艺中的变量较分批发酵复杂，较难控制和扩大。尤其是在次生代谢产物，如抗生素大规模工业生产中，难以实现连续发酵，因生成次生代谢产物所需的最佳条件，往往与其产生菌生长所需的最佳条件不一致，有的还与微生物细胞分化有关，现代发酵工业中又多使用高浓度营养组分，这些都是连续发酵亟待解决的难题。相信连续发酵推广应用中所遇到的困难和问题，随着对该技术的深入研究、改进，尤其是与高、新技术的密切结合，将日趋完善，有着广阔的应用发展前景，发挥更大的效益。

2.3.2 半连续发酵

半连续发酵是既不同于连续发酵，也不同于补料分批发酵的一种发酵方式，发酵后期周期性地放出大部分含有产物的发酵液，如放出 2/3 的发酵液，放出的部分交下游加工处理，留下部分的发酵液，补加放出体积的新鲜培养液，继续进行发酵培养的一种发酵方式。此操作可反复多次。

实行这样的操作方式，是因为补料分批发酵虽然可以通过补料补充培养基的营养物质或是弥补产物合成前体的不足，但由于补料分批发酵操作中仍然不能解除有害代谢产物积累对发酵的影响，而采用半连续发酵这种方式使得代谢有害物被稀释，从而有利于产物的继续合成。它的优点在于可以延长反应器的有效生产时间，而免除不少非生产的辅助时间。

半连续发酵也存在一些缺点，首先是在发酵过程中放出的部分发酵液中会残留较多的未被利用的营养物质和正处于代谢活跃状态的菌体细胞，这样势必会影响发酵转化率，降低发酵效益。其次是中间连续补料会造成发酵液稀释，增加下游提取液的体积，给下游加工增加压力。再次，半连续操作也会使一些中间代谢过程中产生的产物前体物质随发酵液的移去而丢失，造成对发酵产物产量的影响。此外，半连续发酵过程的染菌控制问题也是影响发酵过程能否顺利进行的重要因素。

在实际的微生物工业生产中，选择哪些发酵方式进行发酵，取决于菌种特性、原料特点、产物特色、设备状况、技术可行性、成本核算等。

第3章 发酵动力学

发酵动力学是研究生物反应过程中菌体生长、底物消耗、产物合成之间动态平衡规律及其定量关系的科学。以化学热力学(研究反应的方向)和化学动力学(研究反应的速度)为基础，针对微生物发酵的表观动力学，通过研究微生物群体的生长、代谢，定量反映细胞群体酶促反应体系的宏观变化速率。

主要研究内容包括：

(1)发酵动力学参数特征：微生物生长速率、发酵产物合成速率、底物消耗速率及其转化率、效率等。

(2)影响发酵动力学参数的各种理化因子。

(3)发酵动力学模型，具体包括细胞生长动力学、底物消耗动力学、产物合成动力学等的数学模型。

研究发酵动力学的目的：通过对微生物生长率、基质和氧消耗率、产物合成率的动态研究，实现发酵条件参数的在线检测，认识发酵过程的规律，确定发酵动力学模型；优化发酵工艺条件，确定最优发酵过程参数，如基质浓度、温度、pH、溶氧等；提高发酵产量、效率和转化率，以发酵动力学模型作为依据，利用计算机进行程序设计、模拟最合适的工艺流程和发酵工艺参数，从而使生产控制达到最优化。

发酵动力学的研究可为试验工厂比拟放大、为分批发酵过渡到连续发酵提供理论依据。

发酵动力学研究的理想化状态：反应器内的搅拌系统能保证理想的混合，使任何区域的温度、pH、物质浓度等变量差异得以避免；温度、pH 等环境条件能够控制以保持稳定，从而使动力学参数也保持相应的稳定；细胞有固有的化学组成，不随发酵时间和某些发酵条件的变化而发生明显改变；各种描述发酵动态的变量对发酵条件变化的反应无明显滞后。

研究发酵动力学的步骤：为了获得发酵过程变化的第一手资料，要尽可能寻找能反映过程变化的各种理化参数，将各种参数变化和现象与发酵代谢规律联系起来，找出它们之间的相互关系和变化规律；建立各种数学模型以描述各参数随时间变化的关系；通过计算机的在线控制，反复验证各种模型的可行性与适用范围。

3.1 分批发酵动力学基本概念

分批发酵是最常见、最简单的操作方式，在整个发酵过程中，除了氧气供给、发酵尾气的排出、消泡剂及调节 pH 需加酸或碱外，整个系统与外界没有其他物质的交换。分批培养是一种非恒态的培养法。

分批培养系统属于封闭系统，只能在一段有限的时间内维持微生物的增殖。微生物处在限制性的条件下生长，表现出典型的生长周期。

发酵过程反应速度的描述及速度概念：

$$S(\text{底物}) \rightarrow X(\text{菌体}) + P(\text{产物}) + M(\text{维持消耗})$$

3.1.1 发酵过程反应速度的描述

1. 菌体生长

菌体比生长速率，即单位时间内单位菌体的增量。

$$\mu = \frac{1}{X} \cdot \frac{dX}{dt} \tag{3-1}$$

式中：X—细胞干重浓度(g/L)；

t—时间(h)；

μ—比生长速率(h^{-1})。

比生长速率的单位是 h^{-1}[实为 g/(g 细胞·h)]，它是单位时间内，单位细胞浓度所引起的细胞生长的量，它描述细胞生长及其在产物合成或者物料利用中的效率。

2. 基质消耗

基质的消耗速度：

$$R = \frac{dS}{dt}$$

式中：R—基质消耗速度[g/(L·h)]；

S—基质的量(mol)；

t—发酵时间(h)。

基质比消耗速率：指每克菌体在单位时间内消耗营养物质的量。它表示细胞对营养物质利用的速率或效率。

$$q_S = \frac{1}{X} \cdot \frac{dS}{dt} \tag{3-2}$$

式中：q_S—基质比消耗速率[g 或 mol/(g 菌体·h)]；

X—菌体干重(g)；

S—基质的量(mol)；

t—发酵时间(h)。

3. 产物生产

产物比生产速率：系指每克菌体在 1 h 内合成产物的量，它表示细胞合成产物的速率或能力，可以作为判断微生物合成代谢产物的效率。

$$q_P = \frac{1}{X} \cdot \frac{dP}{dt} \tag{3-3}$$

式中：q_P—产物比生产速率[g 或 mol/(g 菌体·h)]；

X—菌体干重(g)；

P—产物的量(g 或 mol)；

t—发酵时间(h)。

3.1.2 质量与能量平衡

3.1.2.1 维持系数

单位质量干菌体在单位时间内因维持代谢消耗的基质量，用 M_S 表示。

$$M_S = \frac{1}{X} \cdot \frac{dS}{dt} \tag{3-4}$$

式中：M_S—维持系数[mol/(g·h)]；

X—菌体干重(g)；

S—基质的量(mol)；

t—发酵时间(h)。

注：这里的"维持"是指活细胞群体没有净生长和产物没有净合成的生命活动，所需能量由细胞物质氧化或降解产生，这种用于"维持"的物质代谢称为维持代谢(内源代谢)，代谢释放的能量叫维持能。

3.1.2.2 得率系数(或产率，转化率，Y)

是指被消耗的物质和所合成产物之间的量的关系，包括生长得率系数($Y_{X/S}$)和产物得率系数($Y_{P/S}$)。

1. 生长得率系数(细胞得率系数)

是指每消耗 1 g(或 mol)基质(一般指碳源)所产生的菌体重(g)，即：

$$Y_{X/S} = \frac{\text{反应过程中生成菌体的质量}}{\text{反应过程中消耗基质的摩尔数}} = \frac{X - X_0}{S_0 - S} = \frac{\Delta X}{\Delta S} \tag{3-5}$$

式中：$Y_{X/S}$—生长得率系数(g/mol)；

ΔX—菌体生长量(g)；

ΔS—基质消耗量(mol 或 g)。

生长得率系数是化学计量学中一种非常重要的参数，常用于对碳源等底物形成菌体或产物的潜力进行评价，表示发酵中微生物的生长相对于基质或能量消耗的效率。

生长得率有不同的表示方法，除以基质消耗为基准的生长得率 $Y_{X/S}$外，还可以氧消耗为基准的生长得率 $Y_{X/O}$(表 3-1)。

表 3-1 生长得率的各种表示方法

符号	定义	单 位
$Y_{X/S}$	$\Delta X/-\Delta S$	[g 细胞干重/g 基质]或 [g 细胞干重/mol 基质]
$Y_{X/O}$	$\Delta X/-\Delta O_2$	[g 细胞干重/g O_2]或[g 细胞干重/mol O_2]
Y_{ATP}	$\Delta X/\Delta ATP$	[g 细胞干重/mol ATP]

同一基质，菌体浓度的变化与相对应的基质浓度的变化是成比例的，即其生长得率 $Y_{X/S}$（也叫繁殖收率）为一常数，与时间无关。但基质不同，其生长繁殖收率也不同，这是由于同一菌种对不同基质可利用的 ATP 是不同的，而 ATP 是参与生物合成的载能化合物。类似地，同一菌种在同一培养基上分别进行好氧及厌氧培养时，好氧培养的 $Y_{X/S}$ 要大于厌氧培养的 $Y_{X/S}$，这也是与 ATP 有关。

不同的微生物、不同的培养基、采用不同的培养条件，在不同的生长速率下，所获得的生长得率是不同的。即使同一种微生物，在同一培养基和同一培养条件下，不同的培养阶段生长得率也不相同（表 3-2）。

表 3-2　某些微生物的 $Y_{X/S}$ 值

微生物	培养基	培养条件	碳源	产物	$Y_{X/S}$（以细胞/基质计）/(g/mol)
干酪乳杆菌	复合	厌氧	葡萄糖	乳糖、乙酸、乙醇、甲酸	62.08
无乳链球菌	复合	厌氧	葡萄糖	乳酸、乙酸、乙醇	21.4
	复合	需氧	葡萄糖	乳酸、甲酸、3-羟基丁酮	51.6
运动发酵单胞菌	复合	厌氧	葡萄糖	乙醇、乳糖	7.95
	合成	厌氧	葡萄糖	乙醇、乳糖	4.98
	基本	厌氧	葡萄糖	乙醇、乳糖	4.09
产气杆菌	基本	需氧	葡萄糖	乙醇、乳糖	72.7
	基本	需氧	果糖	乙醇、乳糖	76.1
	基本	需氧	核糖	乙醇、乳糖	53.2
	基本	需氧	琥珀酸	乙醇、乳糖	29.7
	基本	需氧	乳糖	乙醇、乳糖	16.6

2. *产物得率系数*

指每消耗 1 g（或 mol）基质所合成的产物数（g 或 mol）。这里消耗的基质是指微生物实际利用掉的基质数量，即投入的基质减去残留的基质量（S_0-S）。

如基质消耗量转化为代谢产物合成量的比率：

$$Y_{P/S}=\frac{\Delta P}{\Delta S} \tag{3-6}$$

式中：$Y_{P/S}$—实际产物得率（g/g 或 mol/mol）；

ΔP—产物生长量（g 或 mol）；

ΔS—基质消耗量（g 或 mol）。

3. *实际产物得率与菌体生长速率的关系*

基质消耗用于维持代谢 ΔS_M、菌体生长 ΔS_G 和产物合成 ΔS_P，即

$$\Delta S=\Delta S_M+\Delta S_G+\Delta S_P$$

上式两边同除以 ΔX（$\Delta X>0$），整理得：

$$\frac{1}{Y_{X/S}}=\frac{1}{Y_{X/S}}+\left(M_S+\frac{q_P}{Y_{P/S}}\right)\cdot\frac{1}{\mu} \tag{3-7}$$

其中 μ 为单位菌体的生长率(菌体比生长率)，q_P 为单位菌体的生产率(菌体比生产率)。

同样，把 $\Delta S=\Delta S_M+\Delta S_G+\Delta S_P$ 两边同除以 $\Delta P(\Delta P>0)$，整理得：

$$\frac{1}{Y_{P/S}}=\frac{1}{Y_{P/S}}+\frac{M_S}{q_P}+\frac{\mu}{q_P\cdot Y_{P/S}} \tag{3-8}$$

由式(3-7)和式(3-8)知，当菌体比生产率 q_P 稳定时，实际生长得率 $Y_{X/S}$ 随菌体比生长率 μ 的上升而增加；实际产物得率 $Y_{P/S}$ 随菌体比生长率 μ 的上升而减少。

3.2 分批培养中细胞生长动力学

分批发酵是一种非恒态的培养方法，在发酵过程中，随着培养基中营养物质的不断变化，微生物生长的环境条件也不断变化，随着生长环境变化，微生物生长通常要经历延滞期、对数生长期、减速期、稳定期(静止期)和衰亡期 5 个时期(图 3-1)。

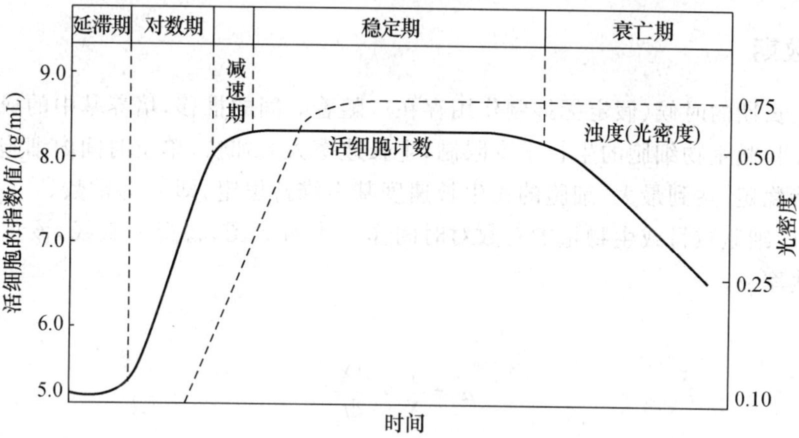

图 3-1 分批发酵过程中典型的细菌生长曲线

3.2.1 延滞期

把微生物从一种培养基中转接到另一培养基的最初一段时间里，微生物细胞的数量没有增加，处于一个相对停止生长的阶段，这段时间称之为延滞期。

在延滞期，X 不变，根据式(3-1)，即：

$$\frac{dX}{dt}=0,\mu=0 \tag{3-9}$$

延滞期细胞特点：在该阶段，细胞本身面临着一系列的变化，如 pH 的改变、营养物质供给增加等。若新培养基中含有较丰富的某种营养物质，而在原环境中则缺乏这种物质，细胞在新环境中就必须合成有关的酶来利用该物质，从而表现出生长延迟。

而许多胞内酶需要辅酶或活化剂，它们又是一些小分子或离子，具有较大通过细胞膜的能力，当细胞转移到新环境时，这些物质可能因扩散作用从细胞中向外流失，这也是产生延滞期的一个原因。

因而,延滞期的微生物主要是适应新的环境,让细胞内部对新环境做出充分反应和调节,从而适应新的环境。

从生理学的角度来说,延滞期是活跃地进行生物合成的时期。微生物细胞将释放必需的辅助因子,合成出适应新环境的酶系,为将来的增殖做准备。

影响延滞期长短的因素:用于接种的微生物材料的生理状态,如果接种物正处于指数生长期,则延滞期可能根本就不出现,微生物在新的培养基中迅速开始生长繁殖,如果接种物在原培养基中已将营养成分消耗殆尽,则要花费较长时间来适应新培养基。

此外,培养基的组成、培养条件及接种物的浓度对延滞期长短也有一定影响,加大接种浓度可相应缩短延滞期。

延滞期长短对发酵结果的影响:接种后延滞期的长短关系到发酵周期的长短,而与产物形成速率和产率并无必然联系。实际生产过程中,为缩短发酵周期、提高设备利用率、提高体积生产率,就必须尽可能地缩短延滞期。种子培养基和培养条件必须合适,只有这样才能使接种物尽快适应新环境进入快速生长繁殖阶段。

3.2.2 对数期

在对数生长期的时候(假定无抑制作用存在),随着时间的推移,培养基中的成分不断发生变化,在此期间,微生物细胞的生长不受限制,生长速率大大加快,单位时间内细胞的数目或质量的增加维持稳定,达到最大,细胞的比生长速度基本维持恒定,即 μ 为常数。

此时,如以细胞数目或生物量的对数对时间作一半对数图,将得一直线,该直线的斜率就等于比生长速率 μ。

$$\mu = \frac{1}{X} \cdot \frac{dX}{dt} \tag{3-10}$$

对上式进行积分,

$$\int_{X_0}^{X_t} \frac{dX}{X} = \mu \int_{t_0}^{t} dt \tag{3-11}$$

则得到:

$$\ln X_t - \ln X_0 = \mu(t - t_0) \tag{3-12}$$

故有:

$$\ln \frac{X_t}{X_0} = \mu(t - t_0) \tag{3-13}$$

$t_0 = 0$ 时,有:

$$\ln \frac{X_t}{X_0} = \mu t \tag{3-14}$$

式中：X—菌体浓度(g/L)；

μ—比生长速率[g/(g细胞·h)]。

该式即为微生物在对数生长期的增殖模式。

微生物的生长有时候也可用倍增时间 t_d 表示，即细胞通过分裂繁殖一代，细胞浓度增加一倍($X=2X_0$)所用的时间，亦称增代时间。

由式(3-14)及 $X=2X_0$ 得到：

$$\mu=\frac{\ln 2}{t_d} \tag{3-15}$$

则有：

$$t_d=\frac{\ln 2}{\mu}=\frac{0.693}{\mu} \tag{3-16}$$

微生物细胞比生长速率和倍增时间因受遗传特性和生长条件的控制，有很大差异(表3-3)。

表3-3 微生物的比生长速率和倍增时间

微生物	碳 源	培养温度/℃	比生长速率/h^{-1}	倍增时间/min
大肠杆菌	复合物	40	1.2	35
	葡萄糖＋无机盐		2.82	15
	醋酸＋无机盐		3.52	12
	琥珀酸＋无机盐		0.14	300
中型假丝酵母	葡萄糖＋维生素＋无机盐	37	0.35	120
	葡萄糖＋无机盐		1.23	34
	C_6H_{12}＋维生素＋无机盐		0.13	320
地衣芽孢杆菌	葡萄糖＋水解酪蛋白	35	1.2	35
	葡萄糖＋无机盐		0.69	60
	谷氨酸＋无机盐		0.35	120

例3-1：某微生物的 $\mu=0.125\ h^{-1}$，求 t_d。

解：$t_d=\ln 2/\mu=0.693/0.125=5.544(h)$。

对数生长期细胞特点：此阶段的细胞分裂繁殖最为旺盛，生理活性最高，因此在工业微生物反应中，常转接处于对数生长期中期的细胞，以保证转接后细胞能迅速生长，微生物反应能快速进行。在这一时期，对细菌、酵母等单细胞微生物来讲，单位时间内其细胞数目将成倍增加。而对于丝状微生物而言，单位时间内其生物量将加倍。

对数期的细胞保持均衡生长。不断吸收培养基中的营养成分以合成自身物质，并不断向培养基中分泌代谢产物。由于此时培养基中的营养成分远远过量，且积累的代谢产物尚不足以抑制微生物本身的生长繁殖，因而微生物的生长速率不受这些因素的影响，而仅与微生物本身的比生长速率 μ 及发酵液中的生物量浓度 X 相关，细胞浓度随时间呈指数生长，单位细胞的生长速率达到并保持最大值。在对数生长阶段，比生长速率达到最大值 $\mu=\mu_{max}$(表3-4)。

表 3-4 3 种米曲霉产生菌 α-淀粉酶的 μ_{max} 值

实验菌株	基质	最大比生长速率/h^{-1}
野生型	麦芽糊精	0.04
转化子	麦芽糊精	0.018
突变株	麦芽糊精	0.038

微生物的最大比生长速率 μ_m 在工业上的意义：为保证工业发酵的正常周期，要尽可能地使微生物的比生长速率接近其最大值。最大比生长速率不仅与微生物本身的性质有关，也与所消耗的底物以及培养的方式有关。

3.2.3 减速期

在 1942 年，现代细胞生长动力学的奠基人 Monod 便指出，培养环境中温度、pH、营养物质类型、营养物浓度等条件特定，且培养基中无抑制剂存在的情况下（即营养物质进入细胞后，立即被利用而不积累），细胞的比生长速率与单一限制性基质浓度之间存在一定关系，建立 Monod（莫诺）方程的经验公式。

Monod 方程：

$$\mu = \frac{\mu_{max} S}{K_S + S} \tag{3-17}$$

式中：μ—比生长速率（h^{-1}）；

μ_{max}—最大比生长速率（h^{-1}）；

S—限制性基质浓度（g/L）；

K_S—半饱和速度常数（g/L）。

限制性基质：是指在培养微生物的营养物中，对微生物的生长起到限制作用的营养物。

Monod 方程是典型的均衡生长模型，它是基于以下假设建立的：

(1)菌株生长为均衡型非结构式生长。

(2)描述细胞生长的唯一变量是细胞浓度 X。

(3)培养基中只有一种底物是生长限制性底物，其他营养成分均过量，又不致造成生长的抑制。

(4)将微生物生长视为单一反应，并假设菌体得率为常数，没有动态滞后。

式中的 K_S 底物亲和常数，其值等于微生物的生长速率，等于最大比生长速率的一半时的底物浓度，即当 $\mu = 1/2\mu_{max}$ 时，有 $K_S = S$。

当 S 较高时，对数期满足 $S \gg K_S$，即基质浓度很高时，且其他成分保持不变的情况下，细胞即以接近 μ_m 的速度生长。

$$\mu \approx \mu_{max}$$

μ 与 S 无关，提高限制性底物浓度，μ 基本不变，是零级动力学关系，是理论上的最大生长潜力，细胞处于对数生长期。

当 S 较低时，$S \ll K_S$，即基质浓度很低时：

$$\mu = \frac{\mu_{max}}{K_S} S$$

此时提高 S，可以明显提高 μ，μ 与 S 是一级动力学关系，细胞生长进入减速期，K_S 的大小表示了微生物对底物的吸引亲和力大小。K_S 越大，表示微生物对营养物质的吸引亲和力越小，即对基质浓度越不敏感，则该底物浓度降到很低水平时才会影响到微生物的生长；相反 K_S 越小，说明菌体对基质的亲和力越大，即对基质浓度越敏感，即使在该底物尚有较高浓度时也会使生长速率衰减，比生长速率也就大。对于许多微生物来说，K_S 值是很小的，一般为 0.1～120 mg/L 或 0.01～3.0 mmol/L，这表示微生物对营养物质有较高的吸收亲和力。

对某一种微生物在某种基质条件下，μ_{max} 和 K_S 是一定值。μ_{max} 和 K_S 能反映出微生物的特征，不同的微生物有其不同的 μ_{max} 及 K_S 值。即使同一种微生物，在不同的基质情况下也有不同的 μ_{max} 与 K_S 值。一般来说，μ_{max} 值变化不大，而 K_S 则变化较大(表 3-5)。

表 3-5 一些微生物的 μ_{max} 及 K_S 值

微生物	生长限制底物	K_S/(mg/L)	μ_{max}/h^{-1}
产朊假丝酵母	氧	0.032	0.44
棕色固氮菌	氧	0.224	0.35
产朊球拟酵母	氧	0.45	0.51
酿酒酵母	$S \geqslant 720$ mg/L 需氧	34.2	0.65
木霉 sp.	葡萄糖	167.4	0.13
	纤维二糖	118～119	0.10
曲霉 sp.	葡萄糖	154.8	0.125
	半乳糖	514.0	0.10
大肠杆菌	乳糖	20.9	
	甘露糖	3.96	

Monod 方程可反映某一微生物在限制性基质浓度变化时的比生长速率的变化规律。根据 Monod 方程，微生物比生长速率和限制性基质浓度关系如图 3-2 所示。

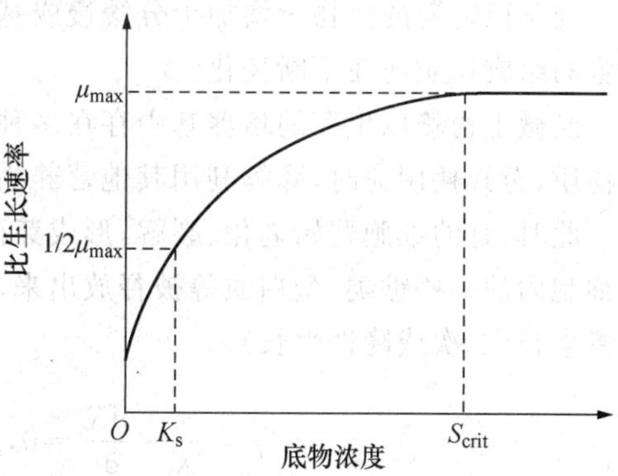

图 3-2 微生物比生长速率和限制性基质浓度关系

当比生长速率 μ 达到最大比生长速率 μ_{max} 时的最低底物浓度称为临界底物浓度(S_{crit})，对于任一营养物质，$S > S_{crit}$，为非限制性底物；$S < S_{crit}$，为限制性底物。

Monod 方程的参数求解(双倒数法)：

将 Monod 方程取倒数可得：

$$\frac{1}{\mu} = \frac{1}{\mu_{max}} + \frac{K_S}{\mu_{max}} \cdot \frac{1}{S} \quad 或 \quad \frac{S}{\mu} = \frac{S}{\mu_{max}} + \frac{K_S}{\mu_{max}}$$

这样通过测定不同限制性基质浓度下，微生物的比生长速率，就可以通过回归分析计算出 Monod 方程的两个参数。

例 3-2：在一定条件下培养大肠杆菌，得如下数据：

$S/(\mathrm{mg/L})$	6	33	64	153	221
μ/h^{-1}	0.06	0.24	0.43	0.66	0.70

求在该培养条件下，大肠杆菌的 $\mu_{\max}$，K_S 和 t_d 值？

解：将数据整理为：

S/μ	100	137.5	192.5	231.8	311.3
$S/(\mathrm{mg/L})$	6	33	64	153	221

由 $\frac{S}{\mu}=\frac{S}{\mu_{\max}}+\frac{K_S}{\mu_{\max}}$ 得

$$\frac{1}{\mu}=\frac{1}{\mu_{\max}}+\frac{K_S}{\mu_{\max}}\cdot\frac{1}{S}$$

建立 S/μ—S 图，得到趋势线（图 3-3）。

因此得到：$\mu_{\max}=1.11(\mathrm{h}^{-1})$；

$K_S=97.6(\mathrm{mg/L})$；

$t_d=\ln 2/\mu_{\max}=0.64(\mathrm{h})$。

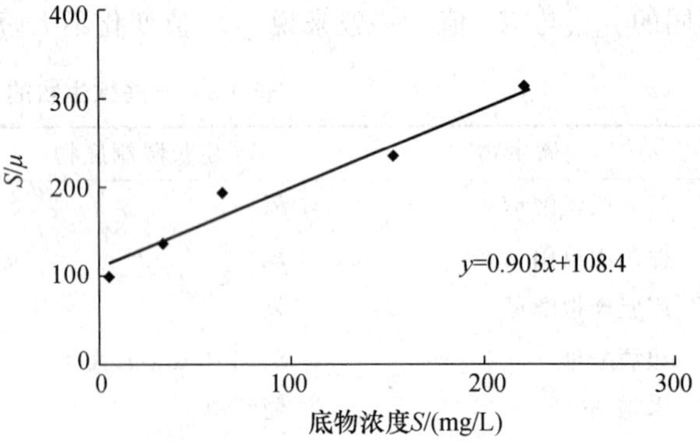

图 3-3　S/μ—S 趋势图

3.2.4　稳定期

在细胞生长代谢过程中，培养基中的底物不断被消耗，一些对微生物生长代谢有害的物质在不断积累。受此影响，微生物的生长速率和比生长速率就会逐渐下降，直至完全停止，这时就进入稳定期。

处于稳定期的生物量增加十分缓慢或基本不变；但微生物细胞的代谢还在旺盛地进行着，细胞的组成物质还在不断变化。

当微生物赖以生存的培养基中存在多种营养物质时，微生物将优先利用其易于代谢的营养物质，至其耗用完时，降解利用其他营养物质的酶才能诱导合成或解除抑制。

此时，有的细胞开始老化、裂解，形成芽孢。由于细胞的自溶作用，一些新的营养物质，诸如细胞内的一些糖类、蛋白质等被释放出来，又作为细胞的营养物质，从而使存活的细胞继续缓慢生长（二次或隐性生长）。

$$\mu=\frac{1}{X}\cdot\frac{\mathrm{d}X}{\mathrm{d}t}=0, X=X_{\max}\quad（浓度最大）$$

3.2.5　衰亡期

在衰亡期，细胞的营养物质和能源储备已消耗殆尽，有毒代谢产物的大量积累，引起细胞内的分解代谢大大超过合成代谢，细胞开始死亡，个体死亡的速度超过新生的速度，整个群体呈现负增长状态，仍有部分活菌存在。

此时的细胞形态发生多形化，例如发生膨大或不规则的退化形态；有的微生物因蛋白水解酶活力的增强而发生自溶；有的微生物在这一期合成或释放对人类有益的抗生素等次生代谢产物等。

这时，以生存细胞的数目的对数对时间作半对数图，可得一直线，这说明微生物细胞的死亡呈指数比率增加。

3.3 产物生成动力学

产物的合成（指除细胞以外的生成物），与基质的消耗有关，且产物的形成是微生物代谢活动的结果，因此微生物生长和产物形成都与营养基质的利用密切相关，并且取决于微生物的自身代谢调节作用。根据培养过程中菌体的生长，发酵参数（培养基、培养条件等）和产物形成速率三者间的关系，将发酵过程划分为不同的类型：Ⅰ型生长关联型、Ⅱ型部分生长关联型及Ⅲ型非生长关联型。

分批发酵的分类对发酵实践具有指导意义：如果生产的产品是生长关联型（如菌体与初级代谢产物），宜采用有利于细胞生长的培养条件，延长与产物合成有关的对数生长期；如果产品是非生长关联型（如抗生素），则宜缩短对数生长期，并迅速获得足够量的菌体细胞后延长平衡期，以提高产量。

3.3.1 物料平衡与比速率

对于生长、基质利用和产物形成的物料平衡方程式可分别表示如下：

生长：

$$\frac{\mathrm{d}X}{\mathrm{d}t}=\mu X-\frac{F_0 X}{V}-\alpha X \tag{3-18}$$

即

细胞积累＝生长－移出－死亡

式中：F_0—移出液体积流量；

V—反应器容积；

α—死亡系数（比死亡速率）。

基质利用：

$$-\frac{\mathrm{d}S}{\mathrm{d}t}=\frac{F_i S_0}{V}-\frac{\mu X}{Y_{X/S}}-\frac{q_P X}{Y_{P/S}}-mX-\frac{F_0 S}{V} \tag{3-19}$$

即

基质积累＝基质进料－生长消耗－产物消耗－维持－基质移去

式中：F_i—进料液体积流量；

S_0—基质初始浓度；

S—基质(移出)浓度；

m—维持系数(g 基质/(g 细胞·h))；

q_P—比生产速率(比产物积累速率，$q_P=\frac{1}{X}\cdot\frac{dP}{dt}$[g 产物/(g 细胞·h)]；

$Y_{X/S}$—以消耗的基质为基准的细胞得率系数(g 细胞/g 基质)；

$Y_{P/S}$—以消耗的基质为基准的产物生成系数即转化率(g 产物/g 基质)。

产物形成：

$$\frac{dP}{dt}=q_P X-\frac{F_0 P}{V}-kP \quad (\text{式中 } k \text{ 为产物破坏常数}) \tag{3-20}$$

即

产物积累＝产物合成－产物移去－产物破坏

在分批发酵(非稳态)中，没有基质进料，也无基质从过程中移出，即不存在补料或产物的移去，则上述方程分别简化为：

生长：

$$\frac{dX}{dt}=\mu X-\alpha X \tag{3-21}$$

基质利用：

$$-\frac{dS}{dt}=-\frac{\mu X}{Y_{X/S}}-\frac{q_P X}{Y_{P/S}}-mX \tag{3-22}$$

产物生成：

$$\frac{dP}{dt}=q_P X-kP \tag{3-23}$$

3.3.2 发酵类型(产物生成动力学)

Gaden 的 Prit 方程(Leudeking 和 Piret 模型)根据产物生成速率和细胞生长速率之间的关系，将产物生成动力学的 3 种类型归纳为：

$$\frac{dP}{dt}=k_1\cdot\frac{dX}{dt}+k_2\cdot X \tag{3-24}$$

式中：X—菌体生长量(g)；

P—产物的量(g 或 mol)；

t—发酵时间(h)；

k_1—与菌体生长率关联的产物合成系数(g/g 或 mol/g)；

k_2—与菌体生长量关联的产物合成系数[g/(g·h)或 mol/(g·h)]。

按 k_1、k_2 常数分：当 $k_1=Y_{P/X}$，$k_2=0$，$dP/dt=Y_{P/X}\cdot dX/dt$，$QP=Y_{P/X}\cdot\mu$，可表示一类发酵，生长偶联型，产物的形成和菌体的生长相偶联(图 2-1a 和图 3-4a)。

当 $k_1>0$，$k_2>0$，可表示二类发酵，部分生长偶联型，产物的形成和菌体的生长部分偶联

(图 2-1b 和图 3-4b)。

当 $k_1=0,k_2=Q_P$,$dP/dt=Q_P \cdot X$,可表示三类发酵,非生长偶联型,产物的形成和菌体的生长非偶联(图 2-1c 和图 3-4c)。

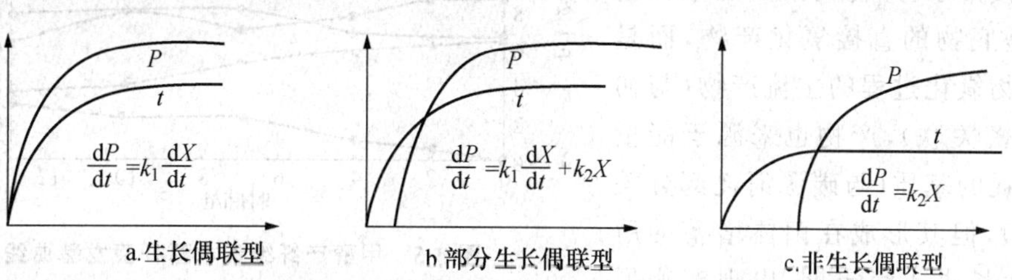

图 3-4 细胞生长和产物形成的关系

第Ⅰ型:生长偶联型

产物直接来源于产能的初级代谢(自身繁殖所必需的代谢)。产物的生成是微生物细胞主要能量代谢的直接结果,即来源于初级代谢,产物生成速率与菌体生长速率直接有关。例如乙醇、乳酸发酵。

以菌体细胞量为基准的产物生成系数(g 产物/g 细胞),可用产物得率 $Y_{P/X}$ 表示:

$$\frac{dP}{dX}=Y_{P/X} \tag{3-25}$$

将此式乘以 dX/dt 得:

$$\frac{dP}{dt}=Y_{P/X}\cdot\frac{dX}{dt} \tag{3-26}$$

因 $\frac{dX}{dt}=\mu X$,故

$$\frac{dP}{dt}=Y_{P/X}\cdot\mu X \tag{3-27}$$

将式(3-3)与式(3-27)合并得:

$$q_P=Y_{P/X}\mu \tag{3-28}$$

式中:q_P—比产物形成速率;

μ—比生长速率。

由式(3-28)可见,对与生长关联的产物形成,比产物形成速率随比生长速率的增长而提高。这类产物通常是微生物的分解代谢产物(如乙醇)。由根霉产生的脂肪酶和由树状黄杆菌产生的葡萄糖异构酶也属于这一类型。

偶联型发酵的产物合成速率 dP/dt 与比生长速率 μ 和菌体浓度 X 都成正比,而产物的比合成速率 q_P 仅与比生长速率 μ 成正比。即对于这类生长偶联型发酵来说,应通过获得高比生长速率 μ 来提高产物合成的速度。

对甲醇产纤维素菌株的静态发酵动力学研究表明:培养基中纤维素产量变化趋势与菌浓度变化趋势类似,同时菌体生长曲线与耗糖曲线成对应关系,纤维素合成与细菌生长成正相关,细菌纤维素的合成属于生长偶联型(图 3-5)。

第Ⅱ型:部分生长偶联型

产物的形成与细胞生长部分相关或具有间接关系,产物间接由能量代谢生成,不是底物的直接氧化产物,而是菌体内生物氧化过程的主流产物(与初生代谢紧密关联),产物也来源于能量代谢所消耗的基质(与碳源消耗部分关联在一起),但其形成在菌体增殖的后期,菌体生长进入稳定期,出现产物形成高峰。如柠檬酸、谷氨酸发酵等。

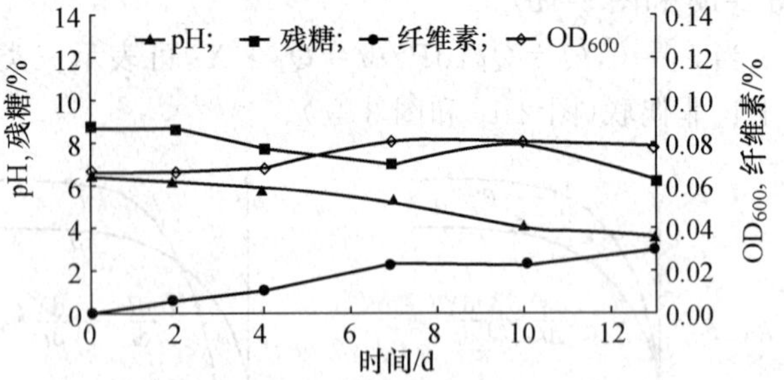

图 3-5　甲醇产纤维素木醋杆菌发酵曲线

使用棒状杆菌进行谷氨酸发酵时,发酵过程分为长菌期和产酸期 2 个底物快速消耗阶段。发酵第 1 个时期菌体迅速增殖,产物积累很少或全无。在第 2 个时期光密度 OD 值稳定,谷氨酸迅速积累。所以,在谷氨酸发酵中,弄清生长、产物与底物之间的关系,对稳定地控制发酵过程显然是很有益的。

又如,在用黑曲霉生产柠檬酸的过程中,发酵早期糖被用于满足菌体生长,直到其他营养成分耗尽为止,然后代谢进入柠檬酸积累的阶段,产物积累数量与利用糖分数量有关,这一过程仅得到少量的能量。

产物生成与细胞生长部分相关,则其产物的生成速率为

$$\frac{dP}{dt} = Y_{P/X}\frac{dX}{dt} + k_2 X \tag{3-29}$$

式中:k_1—与生长关联的产物形成系数(g 产物/g 细胞),即 $Y_{P/X}$;

k_2—非生长关联的比生产速率[g 产物/(g 细胞·h)]。

由此可见,在这种发酵动力学模式中存在着生长和非生长关联项,Luedeking 等曾将这种模式成功地运用于某些分批发酵。

实际上,此种模式对任何生长发酵动力学过程都是通用的,偶联和非偶联只是混合型发酵动力学的 2 种极端情形。该复合模式更复杂的形式是将常数 α、β 作为变数,它们在分批生长的 4 个生长期(延迟期、指数期、稳定期、衰亡期)中分别具有特定的数值。

第Ⅲ型:非生长偶联型

产物是在基质消耗和菌体生长之后,菌体利用中间代谢反应来形成的,即产物的形成和初级代谢是分开的。产物的形成速度与细胞生长无关或无直接关系,只与细胞积累量有关。其特点是细胞生长期基本无产物合成,细胞停止生长产物则大量合成。产物合成在菌体生长停止及底物被消耗完以后才开始。大多数次级代谢产物发酵属于此类。如青霉素和链霉素的生产,整个过程分为 2 个时期,菌体积累旺盛时,抗生素的生成量极微;抗生素合成旺盛时菌体积累较弱。但往往不能截然分开。并非所有的次级代谢产物都是非生长偶联型。

这些物质的生产速率很难同生长联系起来,因为生长和产物的形成是分开的。在产物形成速度只与细胞浓度有关的情况下,细胞具有控制产物形成速率的组成酶(固有酶)系统,此时产物合成的比速率为一常数。比例常数 β 与酶活力相似,可认为它表示的是每单位细胞质量所具有的产物生成的酶活力数[g 产物/(g 细胞·h)]。

$$\frac{dP}{dt}=k_2X$$

从上可知，除生长偶联型外，对于不完全伴随生长的产物形成过程和完全与生长分离的产物形成过程进行解析分析通常是很困难的。由于这 2 类发酵的菌体生长与产物形成的最适条件往往不同，这就要求人们在发酵过程中实行分段控制。甚至菌体生长代谢的不同时期对环境条件的要求也可能都有所不同，最适条件可能是一条随时间而连续变化的曲线，没有计算机帮助是不能完成如此复杂的过程的自动最优控制的。

根据某些抗生素发酵系统的工业生产经验来看，最有用的动力学模式应是包括有温度、pH、溶解氧、前体物质及诱导物浓度、供能底物与氮源供应速度等环境因素的那些模式，以便对发酵过程进行计算机控制。

3.4 基质消耗动力学

基质包括细胞生长与代谢所需的各种营养成分，其消耗分为 3 个方面：

(1)满足菌体生长消耗，用$(\Delta S)_G$ 表示；

(2)维持微生物生存的消耗，用$(\Delta S)_M$ 表示；

(3)合成代谢产物的消耗，用$(\Delta S)_P$ 表示。

碳源衡算式为：

$$-\Delta S=(-\Delta S)_G+(-\Delta S)_M+(-\Delta S)_P$$

根据得率表达式结合碳源平衡算式，得

$$-\frac{dS}{dt}=\frac{1}{Y_{X/S}}\left(\frac{dx}{dt}\right)+m\cdot X+\frac{1}{Y_{P/S}}\left(\frac{dP}{dt}\right) \tag{3-30}$$

式中：dS/dt—单位时间菌体浓度的变化量；

dx/dt—用于合成单位菌体所消耗的基质量；

$1/Y_{X/S}$—用于合成单位产物所消耗的基质量；

$1/Y_{P/S}$—单位时间内产物浓度变化量；

m—碳源维持常数，即单位菌体、单位时间内用于菌体维持生命活动的基质量；

X—菌体浓度。

由上式得到：

$$-\frac{dS}{dt}=\frac{\mu X}{Y_{X/S}}+m\cdot X+\frac{1}{Y_{P/S}}\left(\frac{dP}{dt}\right) \tag{3-31}$$

因此有底物消耗速率 r_S 可表达为：

$$r_S=\frac{1}{Y_{X/S}}\cdot\mu+m+\frac{1}{Y_{P/S}}q_P \tag{3-32}$$

式中：r_S—单位体积培养液在单位时间内消耗的底物的量。

底物消耗的快慢也常用比底物消耗速率 q_S[g/(g・h)]表示，q_S 为相对单位质量干菌体单位时间内的底物消耗量。

$$q_{\mathrm{S}} = \frac{1}{X} \cdot \frac{\mathrm{d}S}{\mathrm{d}t} = \frac{r_{\mathrm{S}}}{X} \tag{3-33}$$

在以微生物细胞为目的的培养过程中，代谢产物的积累可以忽略不计，这样 q_{S} 基质消耗比速可表示为：

$$q_{\mathrm{S}} = \frac{1}{Y_{\mathrm{X/S}}} \cdot \mu + m \tag{3-34}$$

分批发酵操作简单、投资少，运行周期短，染菌机会减少，生产过程、产品质量较易控制。但分批发酵不利于测定过程动力学，存在底物限制或抑制问题，有时会出现底物分解阻遏效应及二次生长现象。

而实际生产中发酵的优化与放大主要基于发酵动力学研究来实现，实现高产、高效、高转化率及低成本 4 个目标。因此应强化发酵工程领域的科学研究，不断改进和提高发酵工程技术并拓宽其应用领域，以发掘其巨大潜力。

第4章

微生物的代谢调节

微生物同其他生物一样，新陈代谢始终贯穿于整个生命活动过程中。在微生物的整个生长过程中，机体内的代谢是高度有序和相互协调的，且能够迅速调节自身条件应对外界环境变化。而这种调节的原则是经济合理地利用合成机体所需的各种物质和能量，使细胞处于平衡生长的状态。这种调节内外环境平衡的方式即是代谢调节。代谢调节的方式是多种多样的，主要包括反馈抑制、反馈阻遏、酶的诱导调节和酶的共价修饰等。

20 世纪 50 年代，以谷氨酸发酵成功为标志的氨基酸工业的兴起，使发酵工业进入了第 3 个转折期——代谢调控发酵时期，人类从此进入了调控发酵时代，其核心内容是代谢控制发酵技术。代谢控制发酵的关键在于是否能打破微生物正常的代谢调节，人为控制微生物的代谢。要实现这一目的有 2 个手段：一是代谢控制育种，二是发酵过程的代谢控制培养。这 2 个手段中，代谢控制育种是主要的技术支柱，目的是要获得那些代谢调节机制不够完善的高产菌株，从根本上改变微生物的代谢；而发酵过程代谢控制培养则是一个主要手段，即通过控制微生物的培养条件，打破微生物原有的代谢控制系统，在保证微生物存活的前提下，让微生物建立新的代谢方式，高浓度地积累人们所期望的目标产物。

4.1 微生物代谢

4.1.1 代谢的概念

微生物在生命活动中从外界环境摄取营养物质，并通过生物酶催化的复杂生化反应过程，提供能量及合成新的微生物机体，不断进行着生长繁殖和自我更新，并向外界环境排放废物的作用，称为新陈代谢，简称代谢。代谢大体上可分为 2 大类，即分解物质及提供能量的代谢，称分解代谢（又称为异化作用）；消耗能量合成生物体的代谢，称合成代谢（也称同化作用）。这 2 种代谢，在微生物的生命活动过程中，不是单独进行的，而是相互依赖，密切配合，共同进行的，合成代谢过程中需要的能量和物质由分解代谢提供。

分解代谢（catabolic metabolism）实际上是物质在生物体内经过一系列连续的氧化还原反应，逐步分解并释放能量的过程，这个过程也称为生物氧化，是一个产能代谢过程。分解代谢的过程一般分为 3 个阶段：一是将蛋白质、多糖及脂类等大分子营养物质降解成为氨基酸、单糖及脂肪酸等小分子物质；二是将第 1 阶段产物进一步降解成更为简单的乙酰辅酶 A、丙酮酸以及能进入三羧酸循环的某些中间产物，在这个阶段会产生一些 ATP、$NADH_2$ 及 $FADH_2$；

三是通过三羧酸循环将第 2 阶段产物完全降解生成 CO_2，并产生 ATP、$NADH_2$ 及 $FADH_2$。第 2 和第 3 阶段 ATP、$NADH_2$ 及 $FADH_2$ 通过电子传递链被氧化，可产生大量的 ATP。因此，分解代谢对于生物体来说是所有能量的来源。根据氧化还原反应中电子受体的不同，可将微生物细胞内发生的生物氧化反应分成发酵和呼吸 2 种类型，而呼吸又可分为有氧呼吸和厌氧呼吸 2 种方式。发酵(fermentation)是指微生物细胞将有机物氧化，释放的电子直接交给底物，本身未彻底氧化的代谢方式，同时释放能量并产生各种不同的代谢产物。不同的细菌进行发酵时，其发酵途径也各不相同。如乳酸发酵，许多细菌能利用葡萄糖产生乳酸，这类细菌称为乳酸细菌。根据产物的不同，乳酸发酵有 3 种类型：同型乳酸发酵、异型乳酸发酵和双歧发酵。微生物在降解底物的过程中，将释放出的电子交给 NAD、FAD 或 FMN 等电子载体，再经电子传递系统传给外源电子受体，从而生成水或其他还原型产物并放出能量的过程，称为呼吸作用。其中，以分子氧作为最终电子受体的称为有氧呼吸(aerobic respiration)，以氧化型无机化合物作为最终电子受体的称为无氧呼吸(anaerobic respiration)。呼吸作用与发酵作用的根本区别在于：电子载体不是将电子直接传递给底物降解的中间产物，而是交给电子传递系统，逐步释放出能量后再交给最终电子受体。

合成代谢(anabolic metabolism)是细胞利用简单的小分子物质合成复杂的大分子物质，并消耗能量的代谢。在合成代谢中，所需要的能量由 ATP 和质子动力提供。糖类、氨基酸、脂肪酸、嘌呤、嘧啶等主要细胞成分的合成代谢中，分解代谢的中间产物可作为前体进入合成代谢。例如，由分解代谢产生的丙酮酸、乙酰 CoA、草酰乙酸和三磷酸甘油醛等化合物，可作为生物合成反应的起始物。合成代谢有 2 个过程：①吸收，即生物体从外界不断摄取各种营养物及能量等。②合成，即利用吸收各种营养物、中间代谢物与能量转化成自身的组成物等(图 4-1)。

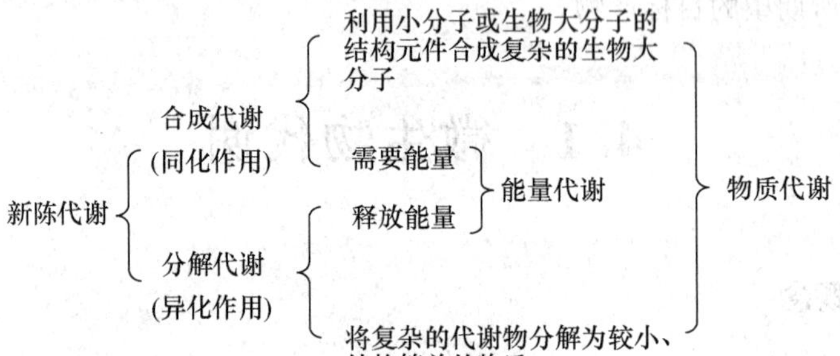

图 4-1　新陈代谢示意图

4.1.2　微生物代谢的特点

微生物细胞的生存方式与高等动植物细胞不同，微生物细胞能独立存在、自主生活。因此，微生物代谢类型比动植物丰富得多，根据同化对象的不同可以分为自养型和异养型 2 类；根据异化作用过程中是否需要氧，可分为需氧型和厌氧型 2 类。结合二者，微生物代谢方式可分为：①自养需氧型。能够自己制造有机物，在异化作用过程中又离不开氧气。例如，光合自养型的蓝藻，化能自养型的硝化细菌、铁细菌、硫细菌等。②自养厌氧型。能够自己制造有机物，在异化作用过程中又不需要氧气。例如红硫细菌科的细菌。③异养需氧型。自己不能制造有机物，需要利用现成的有机物，在异化作用过程中又离不开氧气。例如，醋酸菌、根瘤菌、圆褐固氮菌、一些放线菌等，以及绝大部分真菌。④异养厌氧型。自己不能制造有机物，需要利用现成的有机物，在异化作用过程中也不需要氧气。例如乳酸菌、产甲烷杆菌、链球菌等。

4.1.3 微生物代谢的类型

1. *初级代谢及初级代谢产物*

一般将微生物从外界吸收各种营养物质，通过分解代谢和合成代谢生成维持生命活动的物质和能量的过程，称为初级代谢。

初级代谢产物是指微生物产生的对自身生长和繁殖必需的物质，如蛋白质、核苷酸、多糖等以及形成这些物质的单体物质。它们是生命物质的基础建筑材料，在不同种类的微生物细胞中，初级代谢产物的种类基本相同。此外，初级代谢产物的合成在不停地进行着，任何一种产物的合成发生障碍都会影响微生物正常的生命活动，甚至导致死亡。

2. *次级代谢及次级代谢产物*

次级代谢是在一定的生长时期(一般是稳定期)，微生物以初级代谢产物为前体合成的对微生物本身的生命活动没有明确功能的物质的过程。

次级代谢产物是指微生物产生的往往对生物本身不是必需的一些物质，通常在微生物生长后期合成，如抗生素、生物碱、激素、色素、毒素等。次级代谢产物的生物合成途径及产物结构通常是复杂、各不相同的。能够产生次级代谢产物——抗生素的产生菌，在分类学上的位置和产生次级代谢产物的结构之间没有明显的内在联系。也就是说，同一种菌种，培养条件不同可以产生不同结构的抗生素，同一种抗生素可以由不同的菌种培养得到。

3. *初级代谢与次级代谢关系*

在微生物生长过程中，初级代谢和次级代谢共同维持了微生物的生长发育以及内外环境的适合条件。

初级代谢与次级代谢有很多不同：①产物不同。初级代谢产生的物质如单糖或单糖衍生物、核苷酸、维生素、氨基酸、脂肪酸等单体以及由它们组成的各种大分子聚合物，如蛋白质、核酸、多糖、脂质等是生命活动必需的物质。次级代谢合成的产物大多是分子结构比较复杂的化合物。根据其作用，可将其分为抗生素、激素、生物碱、毒素等类型，次级代谢产物可积累在细胞内，但通常都分泌到细胞外，有些与机体的分化有一定的关系，并在同其他生物的生存竞争中起着重要的作用。②存在范围不同。初级代谢的代谢系统、代谢途径和代谢产物在各类生物中都基本相同，它是一类普遍存在于各类微生物中的一种基本代谢类型。次级代谢只存在于某些微生物中，并且代谢途径和代谢产物因生物不同而不同，就是同种生物也会由于培养条件不同而产生不同的次级代谢产物。③对微生物的作用不同。微生物通过初级代谢，使营养物转化为结构物质、具生理活性物质或为生长提供能量，因此初级代谢产物，通常都是机体生存必不可少的物质，只要在这些物质的合成过程的某个环节上发生障碍，轻则引起生长停止，重则导致机体发生突变或死亡，是一种基本代谢类型。次级代谢产物一般对菌体自身的生命活动无明确功能，不参与细胞结构组成，也不是酶活性必需的，不是机体生长与繁殖所必需的物质，即使在次级代谢的某个环节上发生障碍，也不会导致机体生长的停止或死亡，至多只是影响机体合成某种次级代谢产物的能力。但许多次级代谢产物通常对人类和国民经济的发展有重大影响。④同微生物生长过程的关系不同。初级代谢自始至终存在于生活的菌体中，同菌体的生长过程呈平行关系，只有微生物大量生长，才能积累大量初级代谢产物。次级代谢则是在菌体生长到一定时期内(通常是微生物的对数生长期末期或稳定期)产生的，它与机体的生长不呈平行关系，一般可明显地表现为菌体的生长期和次级代谢产物形成期2个不同的时期。⑤对环境条件的敏感性或遗传稳定性明显不同。初级代谢产物对环境条件的变化敏感性小(即遗传稳定性大)，而次级代谢产物对环境条件变化很敏感，其产物的合成往往因环境条件变化而停止。⑥相关酶的专一性不同。相对来说催化初级代谢产物合成的酶专一性强，催化次级代谢产物合成的某些酶专一性不强，因此在某种次级代谢产物合成的培养基中加入不同的前体物时，往往可以导致机体合成不同类型的次级代谢产物。另外，催化次级代谢产物合成的酶往往是一些诱导酶，它们是在菌体对数生长末期或稳定生长期，由于某种中间代谢产物积累而诱导机体合成的一种能催化次级代谢产物合成的酶，这些酶通常因环境条件变化而不能合成。

初级代谢与次级代谢又有联系：①二者的合成途径有密切的联系。初级代谢产物是次级代谢产物合成的基础，次级代谢产物是初级代谢产物的衍生物，如β-内酰胺类抗生素是由半胱氨酸、缬氨酸等氨基酸形成的。②二者所用的酶有联系。初级代谢中的一些酶也是次级代谢中的酶。③二者在调控上有联系。由于它们在代谢途径上是相互交错的，所以在代谢调控上也相互影响。与次级代谢有关的初级代谢途径受到抑制时，次级代谢产物的合成必然受阻。由于次级代谢产物的合成远离初级代谢的主要途径，因此，改变环境条件易于影响其表达。

总的来说，在微生物的新陈代谢中，先产生初级代谢产物，后产生次级代谢产物。初级代谢是次级代谢的基础，它可为次级代谢产物合成提供前体物和所需要的能量。初级代谢产物合成中的关键性中间体也是次级代谢产物合成中的重要前体，比如糖降解过程中的乙酰CoA是合成四环素、红霉素的前体。在菌体生长阶段，被快速利用碳源的分解物阻遏了次级代谢酶系的合成。因此，只有在对数后期或稳定期，这类碳源被消耗完之后，解除了阻遏作用，次级代谢产物才能得以合成。而次级代谢则是初级代谢在特定条件下的继续与发展，可避免初级代谢过程中某种(或某些)中间体或产物过量积累对机体产生的毒害作用等。

4.1.4 微生物代谢的自我调节方式

生物体的新陈代谢活动是非常复杂的，每一种产物的合成都需要一系列的步骤和许多酶的参与，但一般情况下，微生物总是按需合成代谢产物，从不过多也不过少，这说明生物有自我调节能力。微生物代谢过程的调节方式表现在3个环节上。

1. 通道

指细胞膜上的输送系统。细胞膜对大多数亲水性分子起到一种屏障的作用，但它又具有输送某种化合物的系统，也就是通道。细胞膜透性是微生物代谢调节的重要方式，它控制着营养吸收和代谢产物的排出，其中有些是需能的。通道受ATP(透性酶起作用需要能量)的影响，也受透性酶活性的调节。

2. 通量

在原核生物中有2种控制代谢物通量的方法，即调节现有的酶量(通过增加或减少途径中关键的酶合成或降解速率)和改变已存在的酶分子的活性。酶量调节即合成调节，包括诱导和阻遏。其中阻遏又分末端产物阻遏和分解代谢物阻遏。调节酶活即共价修饰，别构效应，缔合与解离以及竞争性抑制作用。

3. 限制代谢库基质的接近

这在真核生物里非常明显。对于真核微生物来说，有很多代谢途径，每一个代谢途径可看作是一个代谢库，因为代谢途径都是在一定细胞器中进行的。因而这些代谢库一般就位于细胞器中，细胞器外围有膜，它们把各个代谢库隔开，这就使用于代谢的基质也相互隔开，彼此不能接近。这就可以保证每一个代谢途径可以利用各代谢库中的基质合成产物，从而起到控制代谢的目的。例如，在脉孢霉属中发现精氨酸有2个不同的代谢库，一个在细胞质中，另一个在液泡中。这2个参与精氨酸代谢酶的量有很大差别。这种类型的控制方式也出现在原核生物中，只不过各种酶以多酶复合物或细胞膜结合成整体的形式存在。

微生物的自我调节大都涉及酶促反应调节，故微生物代谢调节在很大程度上可以说是酶调节。研究微生物代谢调节具有极其重要的意义，可以通过对微生物的代谢途径加以控制，从而满足生产的需要，使代谢朝着人们所需要的方向发展。

4.2 微生物代谢的调节控制

微生物能稳定地进行遗传，但微生物也能惊人地改变细胞组成和代谢作用以适应环境的变化，存在于微生物细胞内的数千种酶和其他物质共同组成了一套完整的代谢调节机制。一种物质的代谢往往需要经过一系列的反应才能完成，前一步的反应产物一般又是下一步反应的底物，于是就形成了一条反应链(reaction chain)，在这个反应链中的各个酶就组成了整个反应的多酶体系(multienzyme system)。在多酶体系中，反应链的总速度决定于其中反应速度最慢的反应。反应链中速度最慢的反应即为限速反应。多酶体系的第一步反应往往是限速反应(rate-limiting reaction)，它限制着反应链的全部反应。微生物通过酶的诱导合成及对酶生成的阻遏或对酶活性的激活或抑制，特别是对限速反应的酶的影响，使细胞内物质代谢速度按照自身需求加以调节，即使环境条件强烈变化也可以保证细胞内各物质的平衡。

微生物的代谢调节分为初级代谢的调节控制与次级代谢的调节控制，这些调节往往共同作用、密切配合，达到最佳调节效果。

4.2.1 酶合成的调节

酶合成的调节是一种通过调节酶的合成量进而调节代谢速度的调节机制，这是一种在基因水平上(在原核生物中主要在转录水平上)的代谢调节。凡能促进酶生物合成的调节，称为诱导，而能阻碍酶生物合成的调节，则称为阻遏。与调节酶活性的反馈抑制等相比，通过调节酶的合成(即产物量)而实现代谢调节的方式是一类较为间接而缓慢的调节方式，其优点则是通过阻止酶的过量合成，有利于节约生物合成的原料和能量。酶合成的调节类型有：诱导和阻遏。

4.2.1.1 酶合成的诱导作用

1. 组成酶与诱导酶

在微生物中，有2类酶，即组成酶与诱导酶。组成酶(constitutive enzyme)是细胞固有的酶类，其合成是在相应的基因控制下进行的。它不因分解底物或其结构类似物的存在而受影响，例如 EMP 途径的有关酶类和大肠杆菌分解葡萄糖的酶就是组成酶。

诱导酶(induced enzyme)是只有在诱导物存在时才能合成的酶。例如大肠杆菌在含有乳糖培养基中所产生的β-半乳糖苷酶。

2. 酶诱导合成的类型

(1)同时诱导。即当诱导物加入后，微生物能同时或几乎同时诱导几种酶的合成，它主要存在于短的代谢途径中。例如，将乳糖加入到培养大肠杆菌的培养基后，即可同时诱导出β-半乳糖苷透性酶、β-半乳糖苷酶和半乳糖苷转乙酰酶的合成。

(2)顺序诱导。即先合成能分解底物的酶，再依次合成分解各中间代谢物的酶，以达到对较复杂代谢途径的分段调节。

4.2.1.2 酶合成的阻遏

在微生物的代谢过程中，当代谢途径中某末端产物积累到一定时，会反馈抑制合成途径某一关键酶活性，除了反馈抑制作用之外，它还能产生另一个效果：反馈阻遏(feedback repression)。通过这个作用可以阻止产物的合成速率。阻遏的类型主要有 2 种：末端代谢产物阻遏(end-product repression)和分解代谢产物阻遏(catabolite repression)。

(1)末端代谢产物阻遏。由某代谢途径末端产物过量累积而引起的阻遏。对直线式反应途径来说，末端产物阻遏的情况较为简单，即产物作用于代谢途径中的各种酶，使之受阻遏。对分支代谢途径来说，情况较为复杂。每种末端产物仅专一地阻遏合成它的那条分支途径的酶。代谢途径分支点以前的"公共酶"仅受所有分支途径末端产物的阻遏，因此称为多价阻遏作用。例如，在大肠杆菌合成甲硫氨酸的途径中，甲硫氨酸由高丝氨酸经胱硫醚和高半胱氨酸生成，生长在只有葡萄糖和无机盐培养基中的大肠杆菌中含有催化高丝氨酸合成甲硫氨酸的 3 种酶：同型丝氨酸转移酶、胱硫醚合成酶和同型半胱氨酸甲基化酶，但是当培养基中存在甲硫氨酸时，检测不到它们的存在，只有甲硫氨酸不存在时，可以测到它们的活性，表明这些酶均受到甲硫氨酸阻遏。

(2)分解代谢产物阻遏。这个作用是在研究混合碳源对微生物生长的影响时发现的。当时，有人将大肠杆菌培养在含乳糖和葡萄糖的培养基上，发现该菌优先利用葡萄糖，并于葡萄糖耗尽后才开始利用乳糖，这个现象称为葡萄糖效应。这说明葡萄糖的存在阻遏了分解乳糖酶系的合成。后来发现所有微生物可快速利用的能源都能阻遏另一种能缓慢利用能源所需的酶的形成，但是这种阻遏作用并非由于快速利用的碳源(或氮源等)本身直接作用的结果，而是通过碳源(或氮源等)在其分解过程中所产生的中间代谢物所引起的阻遏作用。这个过程可以引起微生物的二次生长(diauxic growth)。

4.2.1.3 酶合成调节的机制

酶合成调节的机制可用操纵子(operon)学说来解释。J. Monod(1961)的操纵子模型得到了很多遗传学和生理学数据的支持。所谓操纵子模型(operon model)就是在 DNA 的不同区段上至少有 4 种基因，即调节基因 *R*(编码阻遏物)、操纵基因 *O*(阻遏物结合、控制结构基因)、启动基因 *P*(RNA 聚合酶结合位点)和结构基因 *S*(转录 mRNA)。操纵基因、启动基因和结构基因又叫操纵子(operon)。根据操纵子的调节方式的不同可分为单一效应物调节、两种效应物的共同调节和弱化调节 3 种类型。

结构基因(structural genes)是决定某一多肽的 DNA 模板，可根据其上的碱基顺序转录出相应的 mRNA，再通过核糖体中的一些酶类将 mRNA 翻译成相应蛋白质。启动子(promoter)是能被依赖于DNA的RNA聚合酶所识别的碱基顺序，是RNA聚合酶的结合部位和转录起点，在许多情况下还包括促进这一过程的调节蛋白结合位点。操纵基因(operator)是位于启动基因和结构基因之间的一段碱基顺序，是阻遏蛋白的结合位点，能通过与阻遏物相结合来决定结构基因的转录是否能进行。调节基因(regulator gene)是用于编码组成型调节蛋白的基因，一般远离操纵子，但在原核生物中，可以位于操纵子旁边编码调节蛋白。诱导物(inducer)是起始酶诱导合成的物质，如乳糖等，与调节蛋白结合，抑制其与操纵基因的结合促进转录进行。辅阻遏物(corepressor)是阻遏酶产生的物质，如氨基酸和核苷酸等，调节蛋白结合，促进其与操纵基因的结合抑制转录进行，它们都是小分子信号物质，常被总称为效应物(effector)，可与调节蛋白相结合以使后者发生变构作用，并进一步提高或降低与操纵基因的结合能力。阻遏物(repressor)和阻遏物蛋白(aporepressor)二者都是由调节基因编码产生的特异性调节蛋白(regulatory protein)，它们是一类低分子量变构蛋白，有两个结合位点，一个与操纵基因结合，另一位点可与效应物结合。当调节蛋白与效应物结合后，就发生变构作用，变构后与操纵基因的结合能力可提高或下降。阻遏物是能在没有诱导物时与操纵基因结合的调节蛋白，而阻遏物蛋白只能在有辅阻遏物存在时才能与操纵基因结合(图4-2)。

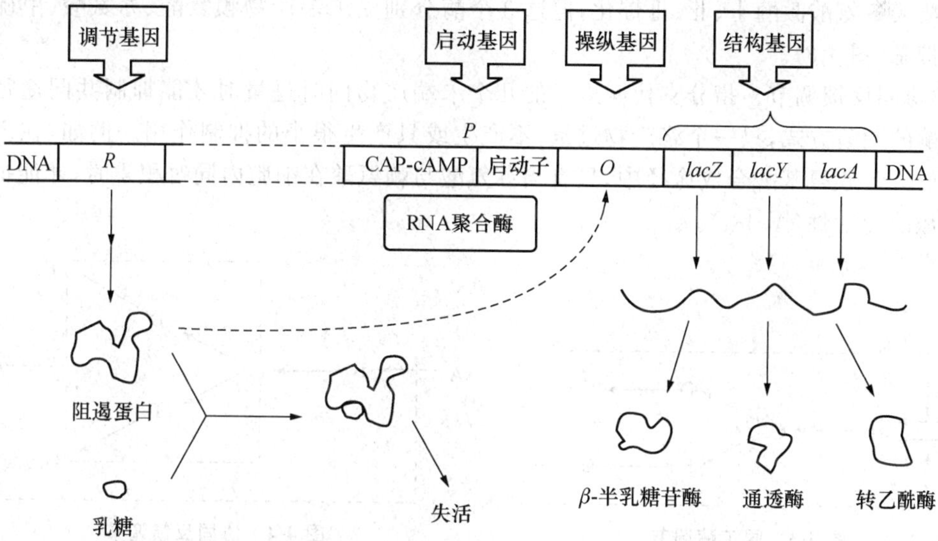

图4-2 乳糖操纵子模型解释分解代谢物的阻遏机制

4.2.2 酶活性的调节

酶活性调节是在分子水平上的一种代谢调节。改变酶分子活性可以调节新陈代谢的速率，酶活性调节包括2个方面：酶的激活作用与抑制作用。

4.2.2.1 酶的激活作用与抑制作用

酶活性的激活是指在某个酶促反应系统中，某种低分子质量的物质加入后，导致原来无活性或活性很低的酶转变为有活性或活性提高，使酶促反应速率提高的过程。而酶活性的抑制，指在某个酶促反应系统中，某种低分子质量的物质加入后，导致酶活力降低的过程。能够引起酶活性提高或降低的物质为激活剂或抑制剂。它们可以是内源物质，也可以是外源物质，这是能够进行人工调节的基础。

酶的激活作用和抑制作用是机体内存在的两个矛盾着的过程,并且普遍存在于微生物的代谢中。例如,天冬氨酸转氨甲酰酶(ATPase)催化嘧啶生物合成途径中的第1个反应,它的活力是受该途径的终产物胞苷三磷酸(CTP)的抑制。ATP是ATPase的第2个效应物,它活化ATPase,得以协调嘌呤和嘧啶的合成。

4.2.2.2 反馈抑制的类型

1. 直链式代谢途径中的反馈抑制

这是一种最简单的反馈抑制类型,它通过末端产物的浓度变化,对合成途径的关键酶进行调节。例如 *E. coli* 在合成异亮氨酸时,终产物异亮氨酸过多时可抑制途径中的第1个酶——苏氨酸脱氢酶的活性,最终导致异亮氨酸合成终止。

2. 分支代谢途径中的反馈抑制

分支合成途径有2个以上的末端产物。在分支代谢途径中,反馈抑制的情况较为复杂,主要类型有如下几种:

(1)同工酶调节。是微生物代谢中普遍存在的调节方式。同工酶可以催化同一个反应,但每一种由不同的终产物反馈调节。如 *E. coli* 天冬氨酸族氨基酸合成代谢的第1步反应可由3个同工酶天冬氨酸激酶Ⅰ、Ⅱ、Ⅲ催化,但这3个酶分别受末端产物赖氨酸、苏氨酸、甲硫氨酸的反馈抑制(图4-3)。

(2)协同反馈调节。指分支代谢途径的几个末端产物同时过量时才能抑制共同途径中的第1个酶的调节方式,只一个终产物过量,不产生或只产生很小的抑制作用。例如,在多黏芽孢杆菌的天冬族氨基酸合成途径中,只有当苏氨酸与赖氨酸在细胞内同时积累时,才能抑制天冬氨酸激酶的活性(图4-4)。

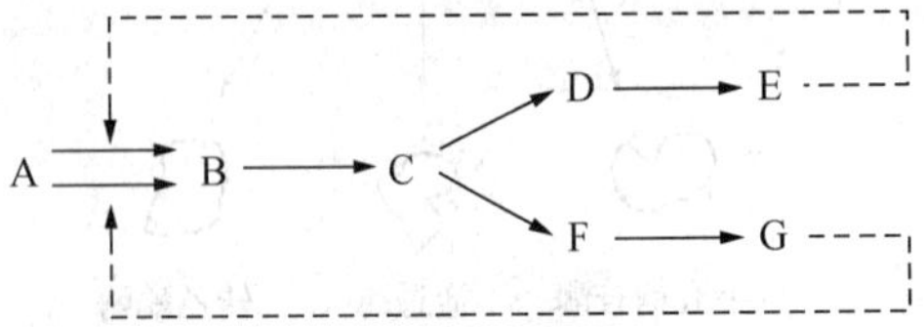

图4-3 同工酶调节

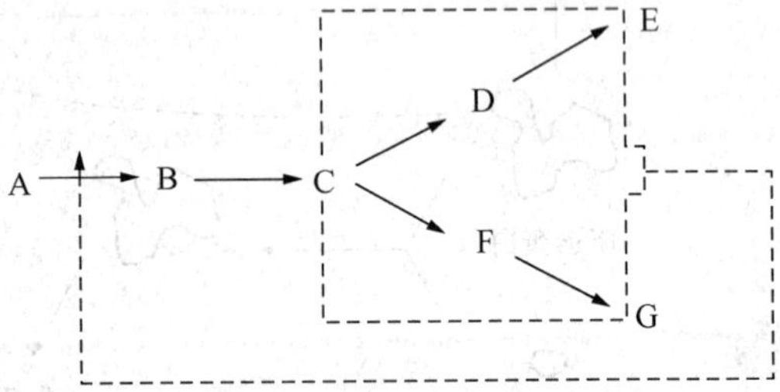

图4-4 协同反馈调节

(3)累积反馈抑制。分支途径中每一个末端产物单独存在时,只是部分地抑制共同途径中的第1个酶。各个终产物的抑制作用互不影响,同时过量存在时,抑制效果是累加的。如有2种不同的末端产物,分别能抑制第一个酶活力的30%和40%,二者同时过量时,抑制效果是30%+(100−30)×40%=58%。*E. coli* 的谷氨酰胺合成酶有8种化合物对其产生抑制作用,它们的抑制效果就是累加的(图4-5)。

(4)增效反馈抑制。分支途径中任何一种末端产物过量时,对共同反应中第1个酶的活性只有微弱的抑制作用,但当几个末端产物同时过量时,其抑制作用可超过各末端产物的抑制作用的总和。例如,在6-氨基嘌呤核苷酸和6-酮基嘌呤核苷酸的生物合成中,这两类核苷酸都能部分抑制磷酸核糖焦磷酸转酰胺酶的活性,但6-氨基嘌呤核苷酸和6-酮基嘌呤核苷酸的混合物(GMP+AMP或AMP+IMP)对该酶有强烈的抑制作用,超过了2种核苷酸单独存在时抑制作用的总和(图4-6)。

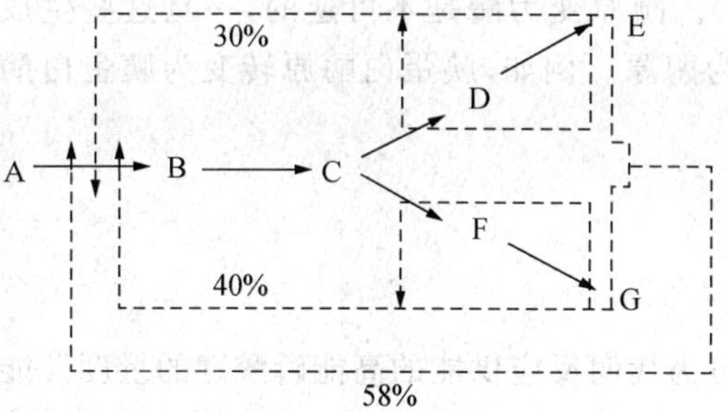

图 4-5 累积反馈抑制

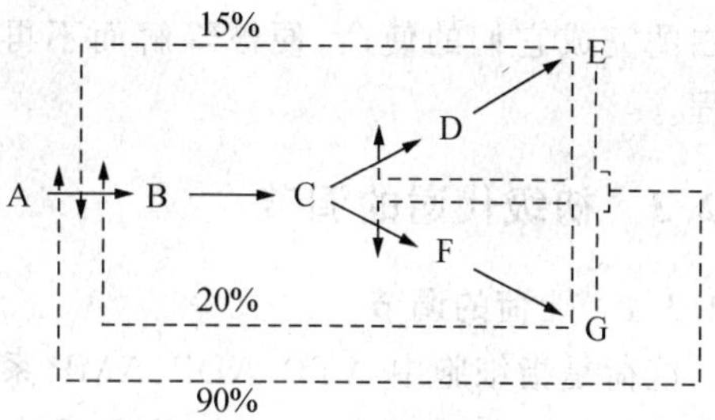

图 4-6 增效反馈抑制

(5)顺序反馈抑制。分支途径中几个末端产物只抑制分支点后面第1个酶,使分支点产物累积。结果分支点产物又反馈抑制了共同途径中的第1个酶,最后使整个代谢途径停止。典型的顺序反馈抑制例子是枯草杆菌芳香族氨基酸生物合成体系的调控以及球形红假单胞菌的苏氨酸合成途径中(图4-7)。

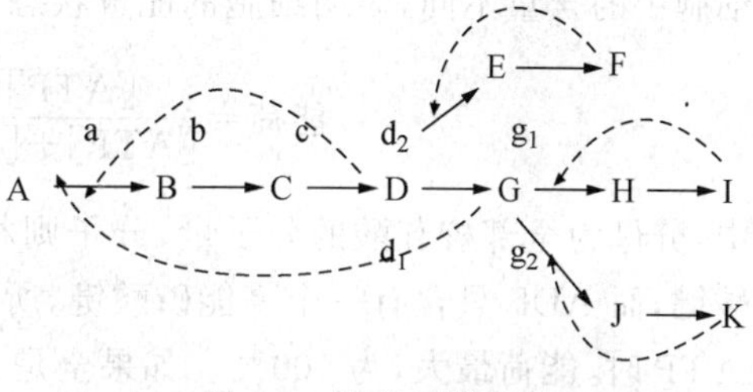

图 4-7 顺序反馈抑制

4.2.2.3 酶活性调节的机制

酶活性调节的机制一般可归纳为酶的变构调节(allosteric regulation),变构分子内部的化学修饰作用(chemical modification)、缔合(association)、离解(dissociation)、竞争性抑制(comptitive inhibition)等几个方面,其中研究的最清楚的是变构理论和酶分子的化学修饰调节理论,前者是通过酶分子空间构型上的变化引起酶活性的改变,后者通过酶分子本身化学组成上的改变来引起酶活性的变化,也即变构调节理论和变构分子内部的化学修饰作用。

1. 变构调节

变构调节理论是在变构酶的基础上提出来的。一般指小分子化合物与酶蛋白分子活性中心以外的某一部位特异结合,引起酶蛋白分子构象变化,从而改变酶的活性。受变构调节的酶就是变构酶(allosteric enzyme)。变构酶一般具有相当高的分子质量,并由多个亚基组成,这些亚基多是相同的。每个亚基都具有催化和变构调节的位点。还有另一类变构蛋白,本身没有催化活性,但是它们可以控制相应的酶的活性,或酶与蛋白质的合成。由于变构蛋白质主要起着调节酶促反应速率变化的作用,所以它们又被称为调节蛋白。例如,合成异亮氨酸的第1个酶是苏氨酸脱氨酶,这种酶被其末端产物异亮氨酸反馈抑制。研究表明,受反馈抑制的调节酶一般都是变构酶。

2. 共价修饰调节

共价修饰调节是通过对酶进行共价修饰,使酶分子共价键发生改变,进而改变酶的活性。受共价修饰调节的酶称为共价调节酶。共价修饰作用可分为可逆共价修饰和不可逆的共价修饰。

可逆的共价修饰,细胞中有些酶以活性形式和非活性形式存在,而且2种形式可以在其他酶的催化下进行共价修饰而互相转换。例如,磷酸化/去磷酸化;乙酰化/去乙酰化;甲基化/去甲基化等。

不可逆共价修饰,当功能需要时,无活性的酶原被相应的蛋白酶作用切去一小段肽链而被活化，故而又称为酶原激活(zymogen activation)。酶原变为酶是不可逆的，一旦这些生成的蛋白酶完成它们的使命，便被降解而不再恢复为酶原。例如，胰蛋白酶原转变为胰蛋白酶的过程。

4.2.3 初级代谢的调节

4.2.3.1 能荷的调节

能荷是指细胞中 ATP、ADP、AMP 系统中可为代谢反应供能的高能磷酸键的量度。能荷调节也称为腺苷酸调节，是指细胞通过改变 ATP、ADP、AMP 三者比例来调节其代谢活动。它能反映出细胞中的能量状态和腺苷酸的比例。ATP、ADP、AMP 所含能量依次递减，它们在细胞中的含量不同，表明细胞的能量状态不同。细胞的能荷可由以下公式计算：

$$能荷=\frac{[ATP]+1/2[ADP]}{[ATP]+[ADP]+[AMP]}\times 100\%$$

式中，分母为全部核苷酸的分子量，分子则相当于 ATP 的数目。由于 ATP 中含有两个高能磷酸键，而 ADP 只含有一个高能磷酸键，所以一个 ADP 只相当于半个 ATP。当细胞中全部为 ATP 时，能荷最大，为 100%。如果全是 AMP 时，则能荷最小为 0，当全部是 ADP 时，能荷为 50%。当细胞内 3 种腺苷酸同时存在时，能荷大小随三者比例的不同而不同。

正常情况下细胞的能荷值为 0.75～0.95。研究发现，ATP 的生成和 ATP 的消耗途径与细胞内能荷状态相呼应：高能荷时，ATP 生成过程被抑制，而 ATP 的利用过程被激发。当能荷值低时，其效应相反。所以说，能荷对代谢起着重要的调控作用。能荷不仅调节形成 ATP 的分解代谢酶类的活性，也调节利用 ATP 的生物合成酶类的活性。如细胞能荷较低时，则激活催化糖分解的某些酶或解除 ATP 对这些酶的抑制(如糖原磷酸化酶、磷酸果糖激酶、柠檬酸脱氢酶、柠檬酸合成酶等)，并能抑制糖原合成酶、1,6-二磷酸果糖激酶的活性，从而加速糖酵解及三羧酸循环的产能过程。当细胞能荷较高时，细胞中以 ATP 为主，这时 ATP 则抑制糖酵解和三羧酸循环的关键酶以及糖酵解过程，并激活多糖合成酶，从而抑制糖的分解，加速糖原的合成。

图 4-8 表示受能荷调节的酶系，曲线 R 表示 ATP 合成的酶系统，如磷酸果糖激酶、柠檬酸合成酶、异柠檬酸脱氢酶等。曲线 U 表示 ATP 消耗的酶系统，如磷酸核糖焦磷酸合成酶、柠檬酸裂解酶等。在细胞中，磷酸果糖激酶和异柠檬酸脱氢酶等分解酶类和 ATP 合成的酶受高能荷的抑制，而丙酮酸羧化酶、乙酰 CoA 羧化酶、天冬氨酸激酶等合成酶类和 ATP 消耗的酶却在同样高能荷下被活化。当能荷在 0.75 以上时，合成 ATP 的酶系活性迅速下降，ATP 合成受到抑制，而消耗 ATP 的酶系活性迅速上升。两种酶系达到平衡时的能荷大约是 0.85，此时处于抑制与活化的中间状态。这种现象存在于许多类型的细胞和组织中，并且能荷是相同的。例如，大肠杆菌的能荷在生长期是 0.8，静止期为 0.5。

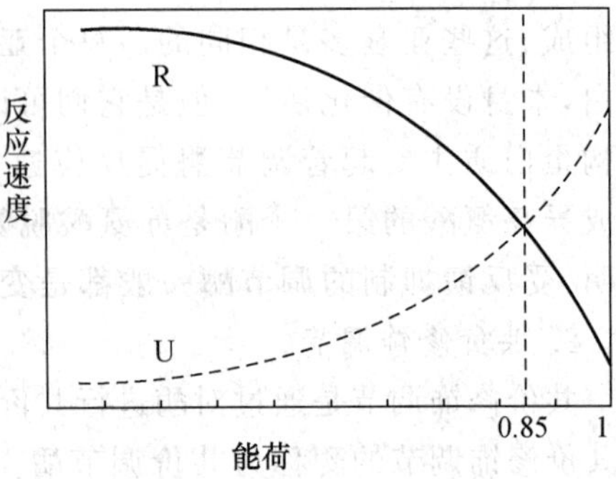

图 4-8 受能荷调节的酶系

R：ATP 合成的酶系统；U：ATP 消耗的酶系统

4.2.3.2 微生物膜的调节

在工业生产中,以代谢产物为目标的发酵通常对细胞膜的透性有一定要求,因此,我们就需要了解细胞膜中营养物质的进出方式。

单纯扩散(simple diffusion),又称被动扩散,属于物理扩散,由浓度高的地方向浓度低的地方扩散,不需要膜上载体蛋白和 ATP,运输的物质如脂肪酸、乙醇、甘油、苯等。因此,在发酵这些物质的时候只需要保持合成这些产物的培养基浓度,保持代谢产物的稳定代谢。促进扩散(facilitated diffusion),以浓度差为动力,由高浓度向低浓度运输,需要载体蛋白,但不需要 ATP,运输的物质有糖类、氨基酸等。因此在发酵这些代谢产物的时候不仅需要保持合成这些产物的培养基的浓度,还需要稳定的载体通道。主动运输(active transport),一类需要提供能量(包括 ATP、质子动势或离子泵等),并通过细胞膜上特异性载体蛋白构型的变化,使膜外环境中低浓度的溶质运入膜内的一种物质运输方式。运输的物质有糖类、大部分氨基酸和有机酸等。因此,在发酵这些代谢产物时,既需要提供能量、培养液浓度以及载体通道,还需要膜蛋白的识别功能。基团位移(group translocation),溶质在运送前后会发生分子结构的变化,因此,需要载体和 ATP,如磷酸转移酶系统等。

细胞在进行初级代谢产物的合成过程中,由于细胞内的各个生物反应器之间由生物膜分隔成多个区域,并且各中间产物之间的转运有专门的穿梭系统,因此需要维持特定的生长环境。

4.2.4 次级代谢的调节

次级代谢与初级代谢既有区别又有联系,次级代谢的产物多,合成与菌体生长不平行,受外界环境影响大,受菌体控制比较弱,因此,对次级代谢产物的代谢调节往往比对初级代谢产物调节复杂得多。

4.2.4.1 初级代谢对次级代谢的调节

次级代谢产物的合成途径并不是独立存在的,它与初级代谢产物合成途径间存在着紧密的联系。次级代谢产物往往都是以初级代谢产物为母体衍生出来的,而且催化特殊次级代谢产物合成反应的酶也可以从那些初级代谢途径的酶衍化而来。因此微生物的初级代谢对次级代谢具有调节作用。当初级代谢和次级代谢具有共同的合成途径时,初级代谢的终产物过量,往往会抑制次级代谢产物的合成,这是因为这些终产物抑制了在次级代谢产物合成中的重要的分支中间体的合成。

有些初级代谢产物可以抑制次级代谢物的合成。这种抑制有 2 个途径:

(1)代谢产物积累时,抑制了初级代谢和次级代谢中共同途径的某一步反应,最终抑制了次级代谢产物的合成。例如赖氨酸对青霉素生物合成的反馈调节就属于这种情况。青霉素的生物合成是从赖氨酸合成途径中分支出来的,α-氨基己二酸为分支的中间体,赖氨酸是初级代谢产物,能抑制本身合成途径中的第 1 个酶——高柠檬酸合成酶,因而使合成青霉素的前体 α-氨基己二酸的合成受到影响,进而导致青霉素的产量下降(图 4-9)。

(2)初级代谢产物直接参与了次级代谢产物的合成,这种初级代谢产物积累时,反馈抑制了它自身的合成,最终导致次级代谢产物的抑制。如图 4-9 中,缬氨酸是合成青霉素分子中四氢噻唑环的直接前体,但过量时又会反馈抑制自身合成途径中第 1 个酶——乙酰乳酸合成酶的活性,从而影响青霉素的合成(图 4-9)。

4.2.4.2 次级代谢的反馈抑制

次级代谢产物与人类的生活和健康有着密切的关系，因此对次级代谢的研究受到广泛重视，特别是在抗生素生产中，反馈调节是普遍存在的，而且最重要。抗生素次级代谢的反馈调节除初级代谢产物的反馈调节和前体的反馈调节外，还有次级代谢产物自身的反馈调节。

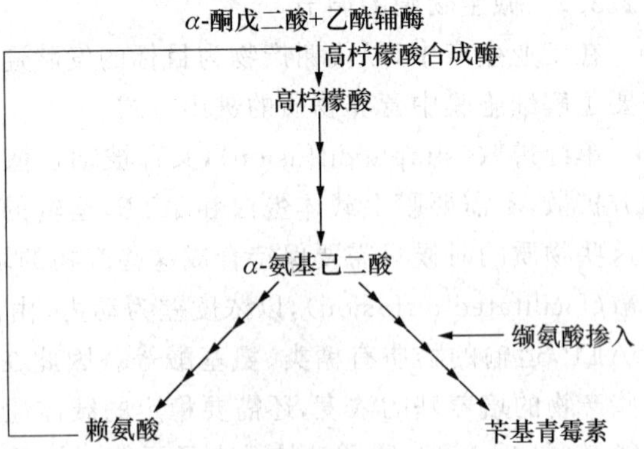

图 4-9 赖氨酸对青霉素生物合成的反馈调节

在许多抗生素的生产中发现，次生代谢产物对其本身合成有反馈作用。例如，卡那霉素能反馈抑制其合成途径中 *N*-乙酰卡那霉素酰基转移酶的活性；氯霉素能反馈抑制其合成途径中第 1 个酶——芳香胺合成酶的活性；霉酚酸能抑制合成途径最后一步的转甲基酶的活性。并且抗生素对自身产物的抑制有一定的规律，即产生菌抗生素生产能力与自身抑制所需的抗生素浓度呈正相关。产生菌产量越高，对自身抗生素的耐受力越强，产生菌产量越低，产生菌对抗生素就越敏感。比如，产黄青霉 Q_{176} 的生产能力是 420 μg/mL，加入浓度为 2 mg/mL 的外源青霉素可以抑制青霉素的合成，而产黄青霉 RL_{1951} 的生产能力是 125 μg/mL，加入浓度为 200 μg/mL 的外源青霉素就可以抑制青霉素的合成。

4.2.4.3 次级代谢酶合成的诱导调节

在次级代谢途径中，加入一些诱导物可以产生诱导酶，这些诱导酶可能是对次级代谢产物合成起重要作用的关键酶，因此可导致次生代谢物的合成量的提高。如顶头孢霉产生头孢菌素 C 时，加入蛋氨酸可诱导产生 β-内酰胺合成酶，而 β-内酰胺合成酶正是合成头孢菌素 C 的关键酶，这样头孢菌素产量就会提高。再如在链霉素的生产中，通常要加入甘露聚糖来提高链霉素的产量，原因就在于甘露聚糖是甘露糖链霉素酶合成的诱导物，而甘露糖链霉素酶恰恰又是合成链霉素的关键酶。所以说，诱导调节是抗生素生产的重要的调节作用（表 4-1）。诱导物可以是外源加入的，称为外源诱导剂，也有的是微生物代谢过程中产生的，称作内源诱导剂。

表 4-1 抗生素合成中的诱导

抗生素	产生菌	诱导剂	产生的酶
头孢菌素 C	*Cephalosporium acremonium*	蛋氨酸	β-内酰胺合成酶
磷霉素	*Streptomyces fradiae*	蛋氨酸	
链霉素	*Streptomyces griseus*	甘露聚糖	甘露糖链霉素酶
		A 因子	NADP 酶
四环素	*Streptomyces aureofaciens*	硫代氰酸卞	去水四环素合成酶
卡那霉素	*Streptomyces kanamyceticus*	6-氨基葡萄糖-2-脱氧链霉胺	卡那霉素-乙酰转移酶
加利红霉素	*Streptomyces galilaeus*	巴比妥	
利福霉素 SV	*Nocardia mediterranei*	硝酸钾	
利福霉素 B	*Nocardia mediterranei*	巴比妥	

4.2.5 营养物的调节

1. 碳代谢物调节

在发酵过程中,次级代谢产物往往在易被利用的碳源被耗尽时才开始合成。葡萄糖虽是微生物生长所需的良好碳源和能源,但是研究发现,葡萄糖对抗生素合成有抑制作用,这种现象存在于青霉素、放线菌素、链霉素和氯霉素等的合成中。如放线菌素合成中的氧化酚噁嗪合成酶,受葡萄糖的阻遏。再比如,在短杆菌肽合成中,葡萄糖分解产生的乙酸和丙酸,在低 pH 条件下对短杆菌肽的合成产生阻遏作用(表 4-2)。

表 4-2 碳降解物调节的次级代谢产物的合成

次级代谢产物	产生菌	干扰合成碳源	不干扰合成碳源
放线菌素	*Streptomyces antibioticus*	葡萄糖	半乳糖
	Streptomyces parvulus	葡萄糖	
杆菌肽	*Baccillus licheniformis*	葡萄糖	柠檬酸
苯并二氮唑	*Penicillium cyclopium*	葡萄糖	
头孢菌素 C	*Cephalosporium acremonium*	葡萄糖	蔗糖
氯霉素	*Streptomyces* sp.	葡萄糖	甘油
恩镰刀霉素	*Fusarium sambucinum*	葡萄糖	乳糖
麦角碱	*Claviceps purpurea*	葡萄糖	
赤霉素	*Fusarium monili forme*	葡萄糖	
吲哚霉素	*Streptomyces griseus*	葡萄糖	果糖
卡那霉素	*Streptomyces kanamycetius*	葡萄糖	半乳糖
丝裂霉素	*Streptomyces verticilatus*	葡萄糖	低葡萄糖
新霉素	*Streptomyces fradiae*	葡萄糖	麦芽糖
青霉素	*Penicillium chrysogemum*	葡萄糖	乳糖
灵菌红素	*Serratia marcescens*	葡萄糖	半乳糖
嘌呤霉素	*Streptomyces alboniger*	葡萄糖	甘油
盐霉素	*Streptomyces sioyaensis*	葡萄糖	麦芽糖
链霉素	*Streptomyces griseus*	葡萄糖	甘露糖、葡萄糖流加
链丝菌素	*Streptomyces lavendulae*	葡萄糖	

次级代谢产物的发酵生产中,为了解除碳源分解物的抑制效应,一般采取 2 种方法:一是采用不同碳源的配比,即葡萄糖和多糖(如淀粉)合理配比;二是采用流加方式将葡萄糖逐步加入发酵罐中,既利于前期产生菌的菌体细胞增殖,又利于后期次级代谢物的产生和积累。

2. 氮代谢物调节

氮源对构成微生物体的蛋白质和酶具有十分重要的作用。含氮底物的酶(蛋白酶、硝酸还原酶等)的合成受快速利用的氮源,尤其是氨的阻遏。一般能被迅速吸收利用的氮源(如 NH_4^+、NO_3^-、一些氨基酸等)对抗生素的产生与积累有抑制效应,培养基中这类氮源在几乎耗尽才开始产生和积累次级代谢产物。例如铵盐有利于灰色链霉菌迅速生长,但却不利于链霉素的合成。有益的氮源中脯氨酸虽然是被很缓慢利用的氮源，但它对链霉素发酵生产是最好的。NH_4^+ 的加入不仅能影响多烯类抗生素白六烯菌素的合成，而且能改变产生菌的生长周期，加入 NH_4^+ 后，菌体又迅速生长，而白六烯菌素的产量明显下降，菌体从合成期回到生长期。铵盐对多数抗生素的产生都有抑制作用。

3. 磷酸盐调节

磷酸盐在菌体的生长和次级代谢物的合成中均起着重要的作用，但高浓度的磷酸盐对抗生素等次级代谢物的合成有抑制作用。磷酸盐不仅是菌体生长最主要限制性营养成分，还是调节抗生素生物合成的重要参数。已发现过量磷酸盐对四环素类、氨基糖苷类和多烯大环内酯类等多种抗生素的生物合成产生抑制作用。所以，在工业生产中，磷酸盐常常被控制在适合菌体生长的浓度以下。当磷酸盐为 0.3～300 mmol/L 时，可促进菌体生长；浓度为 10 mmol/L 或大于 10 mmol/L 时，对许多抗生素的合成就产生阻遏；10 mmol/L 的磷酸盐就能完全抑制杀假丝菌素的合成。磷酸盐浓度高低还能调节发酵合成期出现的早晚，磷酸盐接近耗尽后，才开始进入合成期。因此若磷酸盐起始浓度高，合成期就迟。金霉素、万古霉素等的发酵都有此现象。磷酸盐还能使处于非生长状态的、产抗生素的菌体逆转成生长状态、不产抗生素的菌体。

磷酸盐调节抗生素的生物合成有不同的机制。按效应来说，有直接作用，即磷酸盐自身影响抗生素合成。也有间接作用，即磷酸盐调节胞内其他效应剂，如 ATP、腺苷酸、能荷和 cAMP 等，进而影响生物素的合成。具体地说，磷酸盐能影响生物素合成中磷酸酯酶和前体形成过程中某种酶的活性，ATP 直接影响某些抗生素合成和糖代谢中某些酶的活性。

4.2.6 其他因子的调节

1. 细胞膜通透性调节

微生物的细胞膜对于细胞内外物质的运输具有高度选择性。如果细胞膜对某物质不能运输或运输功能发生了障碍，其结果，一方面细胞内合成代谢的产物不能分泌到细胞外，必然会引起反馈调节作用，影响发酵物的生产量；另一方面可能使细胞外的营养物质不能进入细胞内，从而影响产物的合成，造成产量下降。例如在青霉素发酵中，产生菌细胞膜输入硫化物能力的大小，是影响青霉素发酵单位高低的一个因素，因为菌体内需要有足够的硫源来合成青霉素。利用诱变方法获得的青霉素高产菌株中，有的就是因为提高了细胞膜摄取无机硫酸盐的能力，即提高了细胞内硫酸盐的浓度，从而能有效地将无机硫转变为半胱氨酸，增加了合成青霉素的前体物质。因此，细胞膜通透性是代谢调节的一个重要方面。

2. 金属离子的调节

在多数情况下，微量金属离子是参与次级代谢产物合成酶的活化因子，甚至有时候在转录和翻译水平上起作用。

例如，Mg^{2+} 可以增加卡那霉素合成中卡那霉素乙酰化酶、乙酰卡那霉素氨基化酶和弗氏链霉菌的碱性磷酸酶的活力，促进这些酶的合成。

Zn^{2+} 促进黄曲霉毒素的产生，Mg^{2+} 增加青霉素的产量，在适量的 Mn^{2+} 浓度下可以调节某些真菌的碳代谢，延长次级代谢产物的合成时间。微生物在 Fe^{3+} 浓度低于 1 μmol/L 时，有时会形成铁载体。

3. 溶解氧的调节

溶解氧是一个调节次级代谢产物生物合成的重要因素。例如，在利用无细胞体系由青霉素N进行头孢菌素合成时，随着氧分压的增大，头孢菌素的合成被促进，同时加入KCN或降低搅拌速度，合成量则减少。对微小链霉菌生物合成手霉素和灰黄霉素生物合成的研究发现，在富氧条件下，这两种次级代谢产物和生物合成都被抑制，且发酵液中次级代谢产物各有关组分的比例在氧浓度增加的条件下被改变。

4. 生长速率的调节

次级代谢产物的生物合成既要有低的生长速率条件，又要在某一特定营养物缺乏时才能进行。例如，在恒化器中培养卡特利链霉菌(*Streptomyces cattleya*)时，只有控制低的菌体生长速率和在磷酸盐缺乏时，才能生物合成硫霉素。但是用同样的产生菌来生产头霉素C时，只需通过控制碳源、氮源或磷酸盐的浓度来降低其生长速率，就能生物合成头霉素C。对唐德链霉菌(*Streptomyces tendae*)连续培养研究生产日光霉素和胡桃霉素时发现，其主要控制因素是磷酸盐浓度和生长速率。低生长速率和磷酸盐的匮乏有利于日光霉素的合成，而高生长速率和高磷酸盐浓度有利于胡桃霉素的生物合成。

4.3 代谢控制在工业发酵中的应用

微生物在正常条件下，可以通过自我调节使机体内的代谢途径与代谢类型相互协调与平衡，通常不会过量累积代谢产物。在某种条件下，过量累积的中间代谢产物也能够被诱导酶转化为次级代谢产物。但是在发酵工业中，为了过量生产微生物代谢产物，就需控制分解和合成代谢，促使微生物过量生产各种初级和次级代谢产物。因为初级代谢产物与次级代谢产物在合成途径、合成时期与基因调控等方面有很大差异，所以控制方式也有所不同。初级代谢产物的形成一般只需要基础营养条件就能生成。而次级代谢产物的合成需要控制比较复杂的营养条件。所以为了过量生产微生物代谢产物，就需控制分解和合成代谢，促使微生物过量生产各种初级和次级代谢产物。发酵工业中对微生物代谢的控制方式主要有以下3种。

4.3.1 发酵条件控制

发酵条件既能影响微生物的生长，还能影响微生物的代谢。特别是在次级代谢物的生产中，这种影响更大。

1. 控制各种发酵工艺条件

同一微生物在同样的培养基中进行发酵，如果温度、pH、溶氧等发酵条件不同，可能造成发酵产物也不同。例如四环素发酵中，金色链霉菌既能产生四环素，也能生成金霉素，在低于30℃时，金色链霉菌合成金霉素的能力强，当温度超过35℃时，金霉素的合成几乎停止，只合成四环素。啤酒酵母在中性和酸性发酵条件下，可将葡萄糖发酵产生乙醇和CO_2，而在碱性条件下发酵，产物不是乙醇，而变成了甘油。再如谷氨酸发酵中，如果通氧不足，则生成的产物是乳酸或琥珀酸，而不能生成谷氨酸。除了温度、溶氧、pH之外，在发酵过程中需要控制的参数还有以下几个方面：基质含量、菌丝形态及浓度、产物浓度、泡沫控制等。控制不同的发酵条件，实际上就是通过影响微生物自身的代谢调节系统，而改变其代谢方向，使其按人们所需要的分向进行，进而使目标产物高浓度积累。

2. 使用诱导剂

许多与蛋白质、糖类和其他物质降解有关的水解酶类都属于诱导酶，在培养和发酵过程中加入适当的诱导物可以增加酶的产量，从而增加目标产物的产量。使用诱导剂可以提高一些初级代谢产物和次级代谢产物的产量，但有一个前提，那就是诱导物的用量要适当，因为在一定浓度范围内，产酶量与诱导物的用量成正比关系，当诱导物过量时，可能被微生物利用，产生对酶合成的阻遏。所以在生产上，一定要严格控制诱导剂的用量。

从槐豆荚中可分离到白色针状的槐糖结晶，该糖对拟康氏木霉（*Trichoderma pseudokoningu*）EA_3-867 的纤维素酶（C_1 和 Cx）有强力的诱导作用。在诱导纤维素酶活力，尤其是产酶速度上明显超过纤维素的诱导作用。槐糖的诱导作用与添加槐糖的时间和菌种有关，并受甘油强烈阻遏。在以纤维二糖（0.5%）为碳源培养时，木霉 EA_3-867 也能较迅速地形成纤维素酶，但在 EA_3-867 的甘油培养物中加入纤维二糖（5×10^{-4} mol/L）并不能诱导 Cx 酶。槐糖和纤维素对纤维素酶的诱导作用，无论在诱导胞外和胞内纤维素酶的成分上都有诱导作用。

3. 添加生物合成的前体

初级代谢途径和次级代谢途径中都存在终产物对合成自身的反馈抑制作用，要使终产物过量生产，就要设法避开反馈调节，添加生物合成的前体可避开这种反馈抑制。比如，在色氨酸合成的代谢中，最终产物色氨酸对代谢途径中的第1个酶有强烈的反馈抑制作用，使发酵产物色氨酸的合成受阻。而邻氨基苯甲酸作为前体仅参与色氨酸的最后阶段合成，如果在发酵中加入邻氨基苯甲酸，虽然最终产物色氨酸反馈抑制仍然存在，但是对前体转化色氨酸并无影响，从而可以大幅度提高发酵产量（图 4-10）。

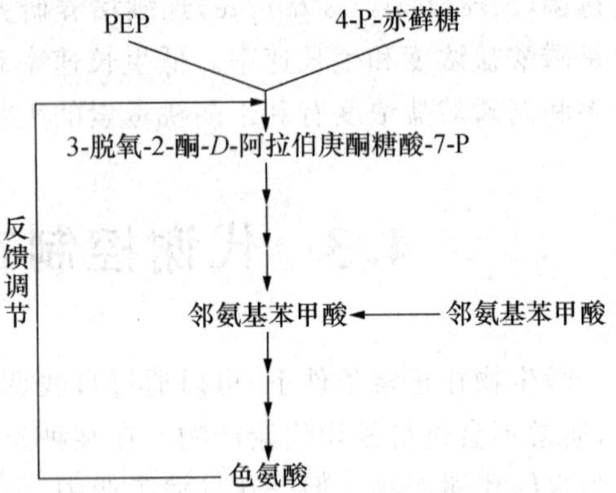

图 4-10　色氨酸生物合成途径

4. 控制培养基营养成分组成和浓度配比

培养基是微生物生长和代谢产物生成的物质基础。发酵生产中，在调节培养基营养的浓度和配比时，既要考虑微生物生长的需要，又要考虑发酵产物的合成。微生物能快速利用的能源有利于菌体的生长但不利于发酵产物的形成，而可慢速利用的能源虽然不利于菌体生长，但却有利于代谢产物的合成，而且快速利用能源越多，合成代谢产物的时期越迟。因此根据这一点，在实际中，提高发酵产品产量通常采用的方法是：在培养基中加入适量的速效碳源或者氮源，以促进生物菌体生长，还要加入充足的迟效碳源或氮源，促进发酵产物的形成。

比如，在青霉素的生产中，为了解决分解代谢物阻遏作用这一严重的问题，要在进入稳定生长期后，采用缓慢流加葡萄糖的办法，促使青霉素大量合成。可见，葡萄糖流加是青霉素发酵的一个关键技术。

4.3.2　改变细胞透性

控制细胞膜的渗透性可以促进细胞外营养物质进入细胞内或者细胞内代谢产物分泌到胞外，克服胞内产物的抑制作用，从而增强目标产物的代谢通量。

对细胞透性进行调控有多种不同的方法。从遗传学的角度来看，可以选育出细胞膜通透性的突变株；从后期调控角度看，可以根据物质跨膜转运机制的不同，采取相应的方法。

1. 渗透压冲击

在微生物发酵过程中，向培养基中加入无机盐 NaCl、KCl 和有机盐等可以增强培养基的离子强度，即改变渗透压，在胞内外产生渗透压差，细胞膜通透性发生变化。例如通过胞内外 Na^+、K^+ 浓度的变化协助某些细胞中的大分子物质转运，促进黄原胶的合成。5′-肌苷酸发酵是细胞膜通透性调控微生物合成的一个典型例证。日本人奈良发现 Mn^{2+} 对产氨短杆菌核苷酸的细胞膜通透性起着关键作用，Mn^{2+} 限量时可引起细胞形态变化，造成细胞膜发生变化，非常专一的细胞膜通透性被破坏，5′-肌苷酸发酵用于补救途径的酶分泌到培养基中，肌苷酸合成的前体次黄嘌呤和5-磷酸核糖也分泌到培养基中，结果在细胞外合成肌苷酸，此外由于细胞膜通透性的改变，通过合成途径生成的肌苷酸也被分泌到细胞外。

2. 电处理

电处理方法是指在一定参数的电场作用下，在细胞膜脂双层中形成孔洞的现象。由于过程短，高强度的电脉冲作用使生物膜的类脂分子层发生瞬间混乱，膜通透性暂时增大，即“穿孔”，改变膜内外物质的分配，起到改变代谢的目的。

3. 超声波处理

超声波在发酵工艺上的应用，可增加细胞膜的通透性和选择性，它能够在细胞表面瞬间造成微伤，使细胞壁局部破裂，从而改变细胞膜的通透性，使胞内物质释放或胞外物质进入细胞内，超声波导致的膜通透性改变可使 Na^+、K^+、Ca^{2+}，甚至几 kb 的质粒进入细胞。低频率超声波加载于微生物的发酵过程中，不仅加速细胞的生长，同时也可以促进次级代谢产物的产率。如在庆大霉素发酵时，使用在线低频率超声波处理，改变菌丝体胞壁对庆大霉素的吸附性能，使部分被胞壁吸附的庆大霉素释放到发酵液中，从而解除胞内产物的抑制作用，促进产物合成。

4. 化学调控方法

控制细胞膜中磷脂、甘油等成分的合成可以改变细胞膜的通透性，如生物素作为辅酶参与脂肪酸的合成进而影响磷脂的合成，添加有机溶剂如吐温或 C16～18 饱和脂肪酸通过拮抗脂肪酸的生物合成，导致磷脂合成不足，形成磷脂不足的细胞膜从而提高细胞膜对某些物质的通透性，由于不同来源的细胞膜其化学组成不尽相同，因而对某种细胞膜通透性有影响作用的化学试剂不一定适合于另一种细胞膜，因此具体选择何种化学方法还要具体分析。

4.3.3 菌种遗传特性的改变

代谢控制育种主要是通过特定突变株的选育，达到改变代谢途径，过量生产代谢产物的目的。在氨基酸发酵生产中，多数利用营养缺陷型菌株。例如，在赖氨酸发酵中利用谷氨酸棒杆菌(*Corynebacterium glutamicun*)高丝氨酸缺陷型菌株生产赖氨酸。赖氨酸是通过分支途径合成的，它的前体是天冬氨酸。天冬氨酸先经过天冬氨酸激酶催化，生成天冬氨酸磷酸，再经一系列反应，最后合成3个产物：苏氨酸、甲硫氨酸和赖氨酸。其中，苏氨酸和赖氨酸协同反馈抑制共同途径的第1个酶——天冬氨酸激酶的活性。如果使用高丝氨酸缺陷型菌株，由于该菌株高丝氨酸脱氢酶缺陷，因此丧失了合成高丝氨酸的能力，也就不能合成苏氨酸，从而也解除了对天冬氨酸激酶的协同反馈抑制，这样就能大量合成赖氨酸。再如通过选育抗反馈调节的突变株也可获得高产的菌株。其方法主要是将代谢物的结构类似物(抗代谢物)添加于培养基中,由于它们可以和正常的代谢物竞争同一酶系,因此使微生物不能够再将正常的代谢物用于细胞的生物合成,结果使菌体不能正常生长。如果将菌体诱变获得在抗代谢物中同时也能正常生长的突变株,则说明该突变株的有关酶系对某抗代谢物已不敏感,这样就解除了某些代谢物对有关酶系的反馈抑制和阻遏,从而获得抗反馈调节的突变株。这些特定突变株一般通过诱变育种获得,也可以通过杂交育种和原生质体融合育种的方法获得,近几年,利用基因工程改变微生物代谢的分子育种技术取得了很大的成就。

第5章 发酵工业的菌种

发酵工业生产包括菌种、生产工艺及生产设备3部分，菌种是整个发酵生产过程的基础。产量高、适应性强，遗传性状稳定的优良菌种，是发酵企业取得良好经济效益的保障。

随着微生物学研究的深入，微生物菌种资源的开发取得显著进展，新的生产菌种陆续涌现，使发酵生产从古老的酿造作坊发展为规模巨大、种类繁多的现代工业体系，其产品涉及食品、医药、石油、化工、新能源及环境保护等行业，覆盖了社会生产的各个领域，在满足人类各种物质需求的同时，也为社会创造了巨大的财富。菌种是发酵工业发展的源泉，得到一个合成新产物的菌种，意味着一种新产品的上市，一个新公司的崛起，甚至一个行业的革新。

微生物虽然是地球上分布最广、种类最多的一类生物，但野生菌种一般都不能直接用于发酵生产，优良的生产菌种是经过不断选育得到的。选育良种首先要根据科研或生产需要制定一个科学且切实可行的方案，该方案应包括以下实施内容：采集育种材料，从中选出原始目的菌种，对该菌种进行诱变处理或直接对该菌种进行遗传改造，对遗传突变菌群进行筛选，通过性能鉴定确定优良菌种，经小试、中试合格后方可投产使用。另需将选育得到的优良菌种备份妥善保藏，用于后续研究和生产。

5.1 生产菌种的分离及筛选

古代发酵生产主要是酿酒、造醋和某些面食品制作，取材范围窄，仅限于酵母菌、醋酸菌、乳酸菌之类的微生物。随着发酵工业的发展，为了生产新药物，开发生物能源，为了满足不断扩大的物质需求，人们一直努力从自然界中分离和筛选可以合成各种生物活性物质的微生物菌种。

5.1.1 含微生物样品的采集

任何样品只要其中含有可合成目标产物的微生物，都可以作为采集的材料。微生物适应性极强，遍布全球，除活火山口的极高温地区外，地球的气相、水相及陆相都有微生物的踪迹。

土壤是微生物生存的大本营，从土壤中曾筛选出许多极有价值的生产菌种。抗生素挽救了亿万人的生命，至今在医疗上仍发挥着重要作用，一些重要抗生素产生菌就来自土壤。从土壤中采集样品，要考虑到地域、土壤类型、土层、植被及气候条件对微生物生存的影响。南方土壤中微生物种类和数量一般都比北方多；有机质含量高的黑土和菜园土比贫瘠的山坡土微生物丰富；中性偏碱土壤适合细菌、放线菌的生长；而霉菌和酵母菌则要求偏酸性的土壤。不论何种土壤，5～25 cm 土层中微生物都比较多，每克土中往往有几十万甚至几十亿个微生物细胞，所以一般应在此层采集土样。植被也影响土壤微生物种群结构，豆科植被的土壤根瘤菌较多，果园土壤中酵母菌多。气候变化也会影响微生物的生存情况，早春冬季土壤微生物少，夏秋两季如不遭干旱，土壤微生物多样，因此 7—8 月是理想的采集土样时间。

江河湖海等水体也可以作为采样的目标，水体上层可分离到光合微生物，经过选育，可能成为新能源的合成者，水体下层有兼性或专性厌气菌，底层的污泥里有甲烷菌。在动植物的活体或遗体中，都存在着微生物。白蚁肠道中有许多分解纤维素和木质素的细菌，豆科植物根部有共生的根瘤菌，在药用植物的根茎及其他部位中可分离到产生黄酮等次生代谢产物的内生菌。

采样必须掌握微生物的生活习性、营养要求及生理特点。如森林的枯枝落叶上往往有纤维素酶产生菌存在；肉类加工厂的污水、污泥里可能生存着蛋白酶或脂肪酶产生菌；堆肥里能采集到耐高温菌种；在被石油污染的土壤中往往会找到降解石油的微生物。遵循这一原则，在某些特殊场所或极端环境中采集样品，可能分离到有价值的微生物新种。美国微生物工作者曾从用硝酸处理过的花生壳中获得一株以木质素作为唯一碳源的节杆菌，该菌能消化经硝酸处理过的花生壳，向此种消化物掺加适量的酿酒酵母，提高其蛋白质含量后，可作为鸡、猪、牛等禽畜的饲料添加剂。极端环境也是极佳的采样地点，盐碱土、盐湖中生活着嗜碱菌（alkaliphiles），这些细菌产生的耐碱蛋白酶、碱性纤维酶可作为洗涤剂的添加物，它们产生的碱性淀粉酶，可直接用于纺织及制革工业。

采集到含微生物的材料后，要立即将其置于经过灭菌处理，并带有编号的容器内密封保存。现场记录采集时间、地址、环境及气候情况，作为后期确定培养条件的参考。如果采集地点离工作位置很远，就要携带事先制作好的培养基斜面，在现场进行临时培养。采集样品上生活的是不同微生物的混合体，目的菌种在其中未必占有优势，因此需要按一定的流程对材料进行处理后，才能获得纯的微生物菌株（图 5-1）。

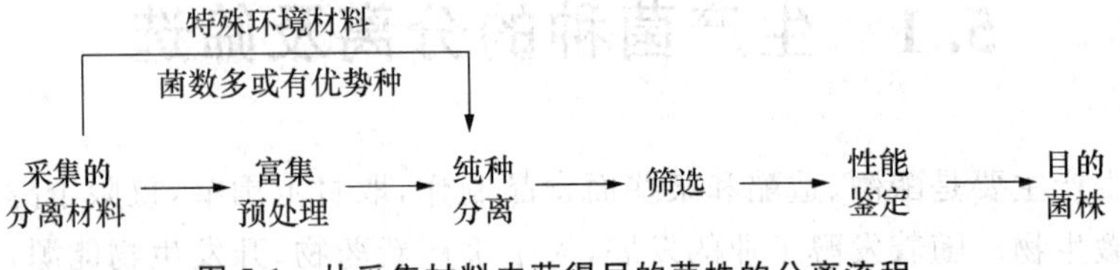

图 5-1　从采集材料中获得目的菌株的分离流程

野外采集育种材料，耗时费力、代价高，经过微生物研究者的多年工作后，筛选到有实际应用价值菌种的成功率越来越低。但一旦从中选育出能分泌有价值新产品的菌种，必将产生巨大的社会效益和经济价值。获得微生物新种的筛选任务一般由专门的研究机构承担。向菌种保藏单位索取或购买菌种，在已有菌种的基础上通过突变进行育种，是一种简单而见效快的实用方法，既免除野外采集的辛劳、节省费用，又可减少材料后处理及菌种鉴定的烦琐程序。

5.1.2　材料的预处理

根据微生物的生理生化特性，以物理、化学等方法对采集的材料进行处理，提高菌群中目的微生物的比例和数量，或使其成为优势种，有利于进一步的分离工作。

5.1.2.1 物理法

(1)热处理。不同微生物在耐热性上存在差异,通过升温,可增加材料中耐热微生物的比例。如链霉菌的孢子、芽孢杆菌都比革兰氏阴性菌耐热,只要适当提高温度,就会杀死耐热性差的微生物,虽然升温也会损伤一部分耐热的微生物,但总体上提高了耐热菌在菌群中的比例。

(2)离心法。在同一离心力作用下,各种微生物受力效应不同,用离心法会增加被处理材料中目的微生物数量,如对海水或污泥等材料采用离心法进行预处理,将能增加微生物的浓度。

(3)膜过滤法。让材料通过一定孔径的滤膜,进行预处理。如将采集的海水样品通过 0.22 μm 孔径的无菌滤膜,可浓缩产蛋白酶的低温菌,采用膜过滤法也可提高淡水水样中假单孢菌属微生物的浓度。

(4)空气搅拌法。通过搅动处理发霉腐烂的稻草,进而利用风筒或简单的沉淀室,可收集到大量的嗜热放线菌孢子。

5.1.2.2 化学法

在培养基中添加某些物质或化学药品能增加目的微生物的数量。在培养基中添加适量的几丁质,以增加链霉菌数量;在培养基中加一定量的碳酸钙,能增加嗜碱性放线菌的数量。

5.1.2.3 诱饵法

将石蜡、花粉、人类的毛发等制成诱饵,加入土样或水样中,诱导目的微生物在上面生长。如将涂有石蜡的木棒放进含采集材料的培养基中,诺卡氏菌就在木棒的表面生长形成群落。

表 5-1 是常用材料的预处理方法及效果。

表 5-1 常用材料的预处理方法及效果

方 法	处 理	材 料	分离出的菌株
物理方法	55℃,6 min	水、土壤、粪肥	小单胞菌属、嗜粪红球菌等
	100℃,1 h 或 40℃,2～6 h	土壤	链霉菌属、马杜拉菌属、小双胞菌属
	膜过滤法	水	小单胞菌属、内孢高温放线菌
	离心法	海水、污泥	链霉菌属
	空气搅拌法	发霉的稻草	嗜热放线菌等
化学方法	含 1%几丁质培养基	土壤	链霉菌属
	用 $CaCO_3$ 提高 pH	土壤	链霉菌属
诱饵法	涂石蜡的棒置于碳源培养基	土壤	诺卡氏菌
	花粉	土壤	游动放线菌属
	蛇皮	土壤	小瓶菌属
	人的头发	土壤	角质菌属

对于含菌少的材料,或分离某些稀有微生物时常采用富集培养,使材料中的目的微生物从劣势种转变成优势种,以增加分离的成功率。富集培养是使用选择性压力法进行的,主要是通过控制培养基营养成分或其他培养条件,达到富集目的。各种微生物的生长繁殖对营养和其他环境条件要求并不完全相同,为目的微生物提供最适生长增殖的碳、氮源及合适浓度,创造最佳的温度、pH、渗透压和溶解氧浓度,使其在人为创造的环境中发展成群落中的优势种。如

将碳酸氢盐作为培养基的唯一碳源，有利于化能自养菌富集。在富集放线菌时可先对育种材料进行40℃条件下20 min的恒温处理。如果将培养基pH控制在4.5～6，就为霉菌或酵母菌的繁殖创造了条件。

表5-2是某些化能异养菌的富集条件。

表5-2　某些化能异养菌的富集条件

添加到基本培养基中的物质		特殊环境条件	pH	富集的微生物
有机物/(g/L)	无机物/(g/L)			
乙醇　4.0	—	空气	7.0	固氮菌属
乙醇　4.0	NH_4Cl　1.0	空气	7.0	好氧菌，如假单胞菌
乙醇　4.0	$NaNO_3$　3.0	无(带塞瓶)	7.0	反硝化细菌
乙醇　4.0	NH_4Cl　1.0 Na_2SO_4　5.0	无(带塞瓶)	7.2	脱硫弧菌属
乙醇　4.0	NH_4Cl　1.0 $NaHCO_3$　1.0 $CaCO_3$　5.0	无(带塞瓶)	7.4	甲烷产生菌
葡萄糖　10.0	$CaCO_3$　5.0	纯氮气	7.0	巴氏梭菌
葡萄糖　10.0	NH_4Cl　1.0	无(带塞瓶)	7.0	发酵型细菌，如气杆菌

基础培养基成分为：$MgSO_4 \cdot 7H_2O$ 0.2 g/L，K_2HPO_4 1.0 g/L，$FeSO_4 \cdot 7H_2O$ 0.05 g/L，$CaCl_2$ 0.02 g/L，$MnCl_2 \cdot 4H_2O$ 0.002 g/L，$NaMoO_4 \cdot 2H_2O$ 0.001 g/L。常压，温度25～30℃，无照明。

此外，也可以用高温、高压、加抗生素等措施，抑杀其他微生物，富集目的菌种。如将采集到的材料加热至80℃保温1 h，可富集芽孢杆菌；把材料在高浓度蔗糖溶液中浸泡一定时间，可富集高渗酵母菌；向培养基中加四环素抑制细菌可富集霉菌。培养方式也是一种富集分离目的菌种的措施，如利用摇瓶进行分批培养，将培养的微生物反复多次接种到同一培养基中进行液体培养。富集成功的关键在于把握好转接时间，要在目的微生物生长繁殖的旺盛时期，将其转接到新培养基中。例如分离苯胺降解菌种时，以苯胺作为唯一碳源，每次转接时逐步提高苯胺在培养基中的浓度，转接时间要根据降解菌生长动态和底物降解情况确定。如能及时以一定接种量，转接到新培养基中，反复多次培养后，再将培养物划线接种到固体培养基上，即可得到苯胺降解菌的单菌落。

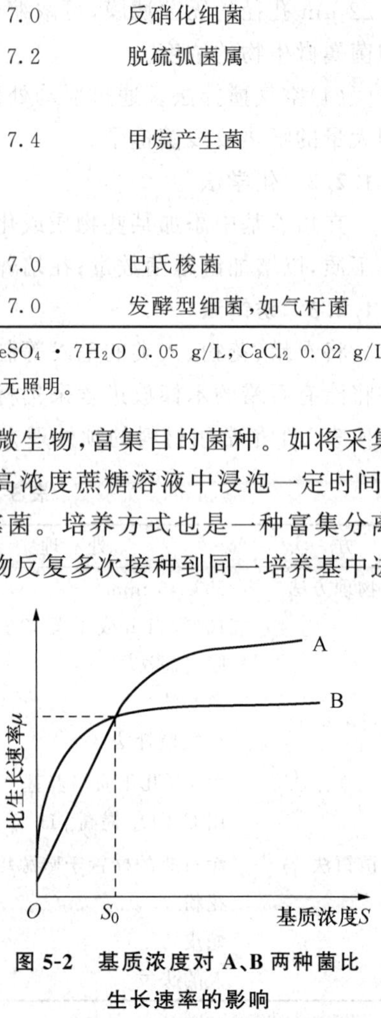

图5-2　基质浓度对A、B两种菌比生长速率的影响

连续培养是根据比生长速率与限制性基质浓度的相关性原理设计出来的一种富集方法。如图5-2所示，以纵坐标代表比生长速率(μ)，以横坐标代表基质浓度(S)，由于营养基质的种类和浓度会影响微生物的比生长速率，S_0为A、B两菌种相同比生长速率的浓度，当$S<S_0$，B菌保持的比生长速率高于A，B菌得到富集；反之，$S>S_0$时，A菌将得到富集。因此，调整基质浓度进行连续培养，会获得不同的菌种。用这种方式所得的菌种适合在连续发酵生产工艺中使用。

5.1.3 分离筛选方案的设计

5.1.3.1 菌种的分离

将菌种从采集材料中的混合菌群中挑选出来称菌种分离，是筛选前期的一项基础工作。设计分离方案，要从实际出发，再结合被分离微生物的特性进行综合考虑。如果分离出来的菌种将用于生产，可采用简便有效的划线法、稀释涂布法。这种分离方式比较粗放，分离出来的菌种只能达到“菌落纯”的效果。如果分离材料用于科研或育种就必须建立专用的分离“小室”，进行单细胞或单孢子分离，达到菌株纯，细胞纯。以下几种分离方法可以酌情选择使用。

1. 划线分离法

样品含菌量较少时，可用接种环蘸取部分样品，在事先准备好的培养基平面上划线，待单个菌落长好后，将目的菌落移至斜面培养基上。

2. 稀释涂布法

样品含菌量大时，先用无菌水作适当稀释，然后取一定量的稀释悬浊液，均匀涂在培养基上，使其形成单菌落，选所需菌落进行斜面培养。此法比较适用于易蔓延生长的微生物。

3. 单孢子或单细胞分离法

这种方法主要是针对真菌孢子或细胞的分离方法，不适用于细菌等较小细胞的分离。可以采用特殊的仪器，如单孢分离器。也可以采用毛细管分离法或小液滴分离法等。

(1)毛细管分离法。将待分离的样品，置于45～50℃的液态培养基中，摇匀，保温。用灭菌毛细管吸取含菌琼脂液，置于无菌载玻片上，用显微镜观察找出单孢子，用无菌镊子折断含有单孢子的那段毛细管，将其插入斜面培养基中。

(2)小液滴分离法。先将毛细吸管及载玻片灭菌，再将待分离的菌样制成稀释悬浊液，用毛细管吸取悬浊液，在载玻片上滴成呈纵横分布的小液滴后，逐滴镜检，用另外的毛细管吸取含单细胞或单孢子的液滴移至斜面培养基上。

5.1.3.2 菌种的筛选

1. 利用菌落特征进行筛选

这是一种极简便而高效的筛选方法，其依据是某些菌种在培养基上能产生特殊的形态。例如选择灰黄霉素生产菌荨麻青霉(*Penicillium urticae*)时可将菌样加入天冬酰胺培养基中制成平板，培养一段时间后，选出鱼卵状的菌落，对其进行连续数次分离培养，即可获得产量较高的菌株。对小单胞菌进行分离时，通常要从深棕色的菌落中分离目的菌株。而根据菌落的黏液形态、外观，可以筛选多糖产生菌。

2. 利用平皿上微生物的特殊反应进行筛选

首先根据目的微生物特有的生理特性及代谢特点，设计专用的筛选培养基，观察微生物在这种培养基上的生长情况或产生的生化反应进行筛选。

(1)透明圈法。适用于分离或筛选水解酶类产生菌及某些有机酸产生菌，其原理是观察培养基中难溶底物，被目的微生物水解后产生透明圈情况达到筛选之目的。如分离筛选淀粉酶产生菌，先以淀粉为唯一碳源制成混浊平板，均匀涂布菌样，保温培养，使其形成单菌落；用卢哥氏碘液浸涂平板，观察菌落周围出现的透明圈大小和透明度，筛选出淀粉酶产生菌。在含碳酸钙的混浊平板上涂布菌样，经保温培养后，根据菌落周围产生的透明圈的情况，可分离筛选乳酸菌。

(2)变色圈法。若在培养平板中,加某些指示剂或显色剂,使目的微生物代谢产物与其发生反应,呈现特有的色泽,可分离筛选相关菌种。如以果胶作唯一碳源,在平板上培养菌种,以刚果红染色,对比菌落周围出现绛红色深浅,可分离筛选果胶酶产生菌。

(3)抑菌圈法。常用于抗生素产生菌的分离筛选。靶标菌应采用对目的抗生素的敏感菌,将靶标菌混入营养琼脂中制成平板,在平板上涂布采集样品的菌悬液,如果在某单菌落周围形成靶标菌不能生长的抑菌圈,说明此单菌落可能分泌某些抑制靶标菌生长的物质,如青霉素产生菌对金黄色葡萄球菌形成抑菌圈。

(4)生长圈法。此法常用于分离筛选维生素、氨基酸或某些核苷酸产生菌,但运用此法时,要以相对应的营养缺陷型菌株作指示菌。先将试样涂在含高浓度指示菌但缺少相对应营养的平板上培养,样品中目的菌株能合成指示菌短缺的营养物质,其菌落周围必然出现混浊的生长圈。如筛选嘌呤产生菌时,以嘌呤营养缺陷型大肠杆菌 *E. coli* B94 作为指示菌,混入不含嘌呤的琼脂培养基制成平板,然后涂上菌样进行培养,如菌落周围出现生长圈者,即为嘌呤产生菌。

根据微生物的代谢特异性,在平板上还可以设计出许多分离筛选方式。总之,随着育种技术的发展,分离和筛选的创新方法也会不断出现。

在筛选工作中,满足被选菌种对培养条件的要求,对选择成败起着决定性作用。在土霉素产生菌选育过程中,菌种培养很重要,如果在初筛培养基中适当添加淀粉和硫酸铵,可筛选到能利用较高浓度的糖、氮及效价比原菌株略高的突变株,如重复进行筛选,就会选出糖、氮利用力强,效价比高的菌株。分离放线菌时,一般要用改良的 HV 琼脂培养基(组分为:土壤浸提液、腐殖酸、氯化钾、磷酸氢二钠)。分离蛋白酶产生菌时,酪蛋白应作为培养基中唯一碳源,其他培养条件(pH、温度、湿度、渗透压、供氧等)都会影响分离和选择的效果,如分离厌氧菌,必须隔绝空气培养。

3. 筛选菌种的确定

筛选符合需要的菌株,是万中选一,甚至是亿中选一,可谓“大海捞针”。因此设计筛选方案时,要分初筛和复筛 2 部分。初筛工作量极大,需要淘汰 90%以上的菌株,必须采用简单高效的方法,只作定性鉴别,尽量避免漏选,最好结合菌种分离工作进行。复筛是将通过初选后留下的菌株经摇瓶培养后,再确定优良菌株的过程。用摇瓶复筛时,每一菌株要重复培养 3~5 瓶,并结合不同组合的培养条件进行试验。对摇瓶培养物进行测定的精度要高,可选择紫外光谱、红外光谱、气相色谱、高效液相、质谱、核磁共振等方法。

筛选要全面衡量所选菌株的各项性能,如高产稳产性能、经济效益、对环境影响等。因此除考虑所选菌株的生产能力及其稳定性外,还要注意该菌种能否使用当地廉价的材料作培养基,菌株的最适培养温度较高,产物易从培养液中回收,对目前正在使用的生产设备和工艺有较好的适应性,污染物处理代价低等问题。

5.2 高产菌株的选育

直接从自然界中分离筛选出来并具有一定生产性能的菌株称为野生型菌株,它一般不能直接用于生产,只能作为菌种育种的原始材料。菌种选育包括自然选育和人工选育。自然选育是不经过人工处理,利用菌株的自然突变进行菌种筛选的过程。人工选育是以人为的方式改变微生物的遗传特性,从突变体中选出所需的菌株,包括诱变育种、杂交育种、原生质体融合技术及基因工程育种等。

5.2.1 自然选育

从微生物的自然突变体中直接选育出供生产用的菌种,这种操作历史悠久,人类开始发现和进行发酵产品的生产时,就有意或无意地在选育高产菌种,一直延续至今。早期发酵工业使用的菌种大都是从自然界中分离得到的,采用自然选育的方法。

地球上到底有多少种类微生物至今仍无法准确估计,据推测已经分离、培养并充分研究过的不超过其总数的1%,用于发酵生产的菌株更是极少数。在当今世界许多资源已濒临匮缺的情况下,唯有微生物资源的开发利用仍然潜力巨大。因此,大自然是微生物资源的宝库。从不同环境中分离筛选新的生产菌株仍是一项十分重要的工作。不过从自然界分离到的野生菌株,产物的合成能力低,只能作为育种的出发菌株,经精心的选育后才能成为高产菌种。第一株用于生产青霉素的菌种就是从美国伊利诺斯州长霉的葡萄柚中分离出来的野生菌株,青霉素合成能力低。最初的青霉素产生菌经表层培养,产量只有1～2 U/mL,经过几十年选育,其产量已达到60 000 U/mL。由于人工选育菌种过程比较复杂,从现有的发酵生产菌中,分离自然突变株培育良种,对一些生产单位来说是经典而有效的途径。如在已被噬菌体污染的发酵液中,分离出抗噬菌体的菌株,并选育得到既具噬菌体抗性又有高产特性的生产菌株。

生产菌种发生自然突变的原因有2种,一是环境中低强度辐射和低剂量诱变物质产生的效应,二是菌种细胞在DNA复制过程中碱基配对出现错误。自然突变可能产生正影响,但更大的可能是产生副作用,引起菌种退化。自然选育是一种简单易行的育种方法,凡从事发酵生产的单位都可以进行,但效率很低。如碱基配对错误引起的突变概率只有10^{-9}～10^{-8},再从中选出具有正效应的突变体概率更低。自然选育是一种简单易行的菌种选育方法,可以达到纯化菌种、防止菌种衰退、提高产量的目的。

5.2.2 诱变育种

诱变育种的基本原理是通过人为措施,处理微生物细胞,使其基因发生突变,从众多的突变体中选出优良菌株,运用最佳培养条件,将其培育成可供工业生产的高产菌种。目前发酵生产的菌种大多是通过诱变育成的,但诱变育种引起的突变,没有方向性,只能从大量无序的突变体中挑选目的菌株,筛选工作量极大。诱变育种的基本程序如图5-3所示。

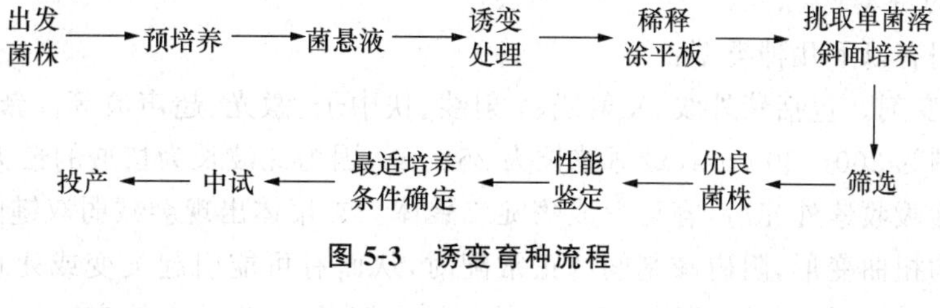

图5-3 诱变育种流程

5.2.2.1 挑选出发菌株

用来进行育种的起始菌株称为出发菌株,挑选出发菌株对提高育种效果有重要作用。一个适合的出发菌株,对诱变剂敏感性高,产生的变异性状明显。从自然界分离到的野生菌株,往往具备这一特点,发酵生产中选出的自发突变株,也有类似的性质,可以作为诱变的对象。应尽量挑选生命力强,生长快,少产色素,能积累一定所需产品,而产孢子较多的菌株作为育种出发菌株。从企业生产角度考虑,出发菌株最好具有糖、氮利用快,耐消泡剂,黏度小等特性。但在实际育种工作中,很难选到同时具有上述特点的菌株。因此,为了提高育种效率,缩短育种时间,一般都预先选出 3～4 个原始出发菌株,经逐代诱变处理,去劣存优选出最有价值的,作为正式的出发菌株。此外,为减少诱变育种产生的分离现象,最好挑选单倍体作为出发菌株。

选定出发菌株后,为提高育种效果减少负突变,还应通过划线分离和稀释分离等方法,使菌株进一步纯化。如果条件允许,运用显微操作设备分离出发菌株单孢子,再将其培养成单菌落。

5.2.2.2　菌悬液的制备

将出发菌株的菌体单细胞或孢子用生理盐水或缓冲溶液制备成菌悬液,菌悬液中的菌体必须是单细胞或单孢子,只有这样才能使被诱变的材料均匀接受处理,并减少诱变后的分离现象。为了提高诱变效果,待处理的微生物最好选用新鲜培养物,要有同步的生理活性,菌体细胞要处于生长旺盛的对数期。为此对处理材料要进行预培养,例如要对某种微生物细胞作诱变处理,先将其在新鲜斜面上培养 20～24 h,再转接于摇瓶的基本培养基中,37℃震荡培养 16 h后,6℃放置 1 h,达到生长同步,加一定浓度的嘌呤、嘧啶或酵母粉等含碱基物质丰富的组分(提供底物使 DNA 复制加速,增加诱变率),振荡 20～60 min,2℃保藏 10 min,离心洗涤 2 次,所得菌体用生理盐水或缓冲溶液制作菌悬液,将此菌悬液置于有玻璃珠的三角瓶中振荡 10 min,使菌体细胞充分分散。对滤液中的菌体计数,并调整其浓度至符合诱变处理要求。细菌、放线菌浓度应为 10^8 CFU/mL。如果以大肠杆菌作为诱变材料,因其相同菌龄的细胞大小比较一致,配制菌悬液时,只需作一定转速的离心沉降分离,获取同步的菌体细胞,不必进行前期培养。

以真菌孢子作诱变材料时,如该孢子对诱变剂比较敏感,可直接用斜面孢子进行处理,否则需先将材料置于液体培养基中振荡培养,获得刚萌发的孢子,经离心洗涤,再配制成孢子悬液。以不产孢子的真菌作诱变材料,应先对菌丝体进行培养,采用其尖端部分进行诱变处理。此外,直接用真菌的原生质体作材料进行诱变也可以获得较好的效果。据报道,李庆余等用紫外线处理阿氏假囊酵母原生质体后,筛选出的诱变体维生素 B_{12} 的产量提高了 1 倍。

5.2.2.3　诱变处理

1. 诱变剂的种类

常用诱变剂有以下几种类型:

(1)物理诱变剂。包括紫外线、X 射线、γ 射线、快中子、激光、超声波等。紫外线诱变处理的有效波长范围为 200～300 nm,最适波长为 254 nm,因为此波长为核酸的最大吸收峰,DNA 中的嘌呤和嘧啶吸收紫外光后,容易形成嘧啶二聚体。二聚体出现会减弱双键间氢键的作用,并引起双链结构扭曲变形,阻碍碱基间的正常配对,从而有可能引起突变或死亡。另外,二聚体的形成,会妨碍双链解开,因而影响 DNA 的复制和转录,产生诱变效应。

由于紫外线具有较强的杀菌作用,运用此类方法育种必须掌握好照射的剂量,当紫外光灯功率一定,灯与微生物样品间的照射距离固定时,照射剂量决定于照射时间的长短。在诱变处理前，先做预备试验，绘制照射时间与被处理微生物数量之间的致死曲线，以确定合适的照射时间。

X射线、γ射线、快中子等，通过电离辐射作用，引起微生物基因突变、染色体畸变，故可用于诱变育种。通常对菌悬液或平皿上的菌落进行直接照射处理。但各种微生物对射线敏感性也不一样，正式开展诱变照射前，也要预先进行试验，以确定较理想的照射剂量。

(2)化学诱变剂。化学诱变剂按照其作用特点，可分为3类：

①与DNA类似的化合物，如2-氨基嘌呤(AP)、5-溴尿嘧啶(BU)、8-氮鸟嘌呤等。这些化合物与DNA上的碱基结构相似，一旦进入DNA就会引起变异。

②亚硝类物质和烷化剂，如亚硝酸(NA)、亚硝基脲(NMU)、乙烯亚胺(EI)、硫酸二乙酯(DES)、亚硝基乙基尿烷(NEV)、甲基磺酸乙酯(EMS)等。此类物质的诱变作用机理是使DNA上的碱基配置发生变化，如亚硝酸使GC→AT转换，烷化剂使AT→GC转换。

③使DNA结构发生变化的化合物，如吖啶类化合物及其衍生物，此类物质能插入DNA的相邻碱基对中间，增加DNA长度，引起读框移动，造成基因突变。

化学诱变剂处理微生物的使用剂量少，无需特殊的仪器设备即可开展工作，此种处理方法目前已得到广泛应用。但诱变剂往往具有极强的毒性，使用时务必做好防护工作。

(3)生物诱变剂。如噬菌体，转座子等，都能诱发微生物基因突变。

2. 诱变剂的运用

包括诱变剂的选择，剂量的确定及诱变因子的组合等。由于各种诱变剂性质、作用机理不同，出发菌株对其敏感性也存在极大差异，诱变还受光、温度、pH、氧气浓度等外界因素的干扰，诱变效果不能预先设定。因此除借鉴以往的经验外，还必须做一定的辅助性预备试验，才能得到较好的结果。

选用诱变剂，要综合其作用机理及出发菌株的特性。如亚硝酸、硫酸二乙酯等主要引起碱基置换，突变后的回复率较高；而紫外线、吖啶等，诱发移码、染色体畸变，突变不易回复。通常对较稳定的菌株，要选作用强烈，诱变谱广的诱变剂，对遗传性不很稳定的菌株，选较温和的诱变剂。对具有诱变处理史的菌株，要避免采用原先的诱变剂。

诱变剂量要经过多次试验才能确定，试验中要绘制诱变剂用量与被处理菌株死亡率的致死曲线。有学者认为，使90%以上菌体死亡的高剂量条件下，存活菌株正突变较多，不易产生回复现象，可减少筛选工作量。而另一些学者则认为采用低剂量处理，使死亡率低于80%，甚至低于30%才能提高正突变率，高剂量处理会引起较多的负突变。对以上2种认识，只能通过具体试验，进一步分析诱变剂量对突变的影响，根据不同微生物的菌种特性确定诱变最佳剂量。

诱变方式分单因子处理和复合处理2种，用一种诱变剂一次性处理出发菌株，属单因子处理，操作较简便，可防止出发菌株遗传背景的复杂化，菌落类型分化过多等弊端，将减少筛选工作量，但处理效果往往不如复合处理，一般仅用于处理野生型出发菌株。复合处理是指两种或两种以上的诱变剂同时或依次分别处理出发菌株，也包括同种诱变剂的重复使用。遗传性稳定的菌株或经多次诱变处理后选出的菌株，适合采用这种方式，它可以扩大基因组DNA上的突变位点，增加突变率。如单一采用紫外线处理链霉素出发菌株，其突变率为31%，采用紫外线、γ射线进行复合处理，突变率就增加到43.6%。

3. 突变株的筛选

诱变处理后会产生很多突变体，但只有极少数正突变，筛选工作十分繁重，往往第一代出发菌株诱变后，选出的菌株不符合要求，只能作第二代出发菌株使用，如此反复操作，经多轮诱变和筛选，直至选出目的菌株。为了提高育种效率，以平板菌落特征预筛，淘汰大部分的低劣菌株，可以减轻筛选的负担，现以琼脂大通量筛选为例（图 5-4）说明此筛选过程。

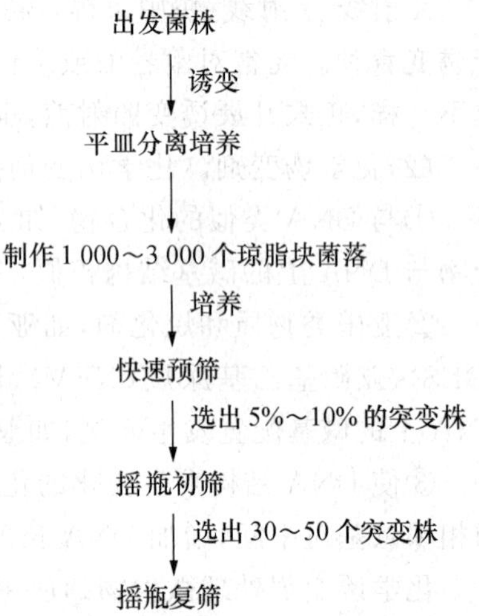

图 5-4　琼脂块大通量筛选流程

平板菌落预筛属于初筛的一种方法，在培养皿或特制的玻璃框平板上检出突变体。其中琼脂块大通量筛选技术，已在产抗生素和产酶类突变株的育种工作中广泛应用。此法一次可筛选 1 000～3 000 多个琼脂块上的菌落，采用此法时先要选用既有利于菌体生长，又能满足产物形成的培养基。用 20 mL 培养基制成平板，将诱变后的菌悬液涂布于平板上，每个平皿控制在 30～50 个菌落，适温培养至刚长出针尖状菌落，用内径为 6 cm 的打孔器，取出长菌落的各个琼脂块，分别移至灭菌的空白平皿中，适温培养至产物形成期，将琼脂块移至特定的检出板上。如筛选某种抗生素产生菌，检出板上采用对该抗生素敏感的靶标指示菌。如筛选酶类产生菌，则采用相应的底物，将带琼脂的检出板温育一定时间，通过测量各琼脂块形成的抑菌圈或水解圈的大小，挑选出优良菌株。

琼脂块法使菌落在各自的琼脂上生长避免相互干扰，而且每个菌落的产物都在相同体积的琼脂块上形成，摄取营养一致，能比较准确地判断各个菌落的生产能力高低，此法比常规筛选简便，能大幅度提高筛选量。但使用此法，要防止漏选，当突变株产物过多，琼脂板上活性圈太大，超出有效可比范围时，就很难比较真实活性的大小。另外，琼脂块法的培养条件与发酵条件有较大的差距，使优良菌株的生产能力不能充分表达出来，容易造成漏选，为缩小培养条件的差异，采用琼脂块法时，应使用发酵培养基。采用琼脂块法进行预选，很容易发生菌落间的相互污染，在筛选过程中应严格进行无菌操作。

摇瓶复筛是对各突变株生产能力进行确定的方法，为减少误差，培养条件要力求一致，尽量做到接近发酵生产实际，使突变株的生产能力不受干扰，避免漏选。此外，从突变株分离到筛选的过程中，要认真观察各种培养情况的变化，如菌株特性，菌落生长动态，培养过程中糖、氮的利用，生长速度，培养液 pH 及黏度变化等都要详细记录，以供参考。

新选出的优良突变株，不能立刻用于生产，还要进行各种试验，研究其纯度、遗传稳定性、生活能力、菌落特点、产孢子情况及保藏条件等，并采用正交试验等方法重新确定其最佳培养基及发酵条件。

5.2.3　杂交育种

杂交育种是将两个基因型不同的菌株进行结合，实现遗传物质重组，从重组体中分离筛选出具有优良生产性状的新菌株。杂交育种的目的性和方向性比诱变育种高。杂交育种变异范围大，如运用得法，甚至能创造新的微生物品种。

杂交育种的操作流程包括：①根据育种目标选出合适的原始亲本；②诱变处理原始亲本，

选出带有某种遗传标记和较强亲和力的直接亲本；③通过人工方法进行杂交，从重组体中分离筛选出目的菌株。所谓直接亲本是指杂交使用的配对菌株，它必须具有一定的遗传标记，这种带有遗传标记的菌株是通过诱变原始亲本后筛选得到的，通常采用颜色、营养缺陷或抗药性作为遗传标记。

为了满足杂交育种的需要，除经常使用完全培养基(complete medium，CM)，基本培养基(minimal medium，MM)及发酵培养基外，还需要有限培养基(limited medium，LM)和补充培养基(complementary medium，SM)以满足杂交和重组体的分离需要。有限培养基是在蒸馏水或MM中加入10%～20%的CM，混合均匀，即为LM。其营养仅满足两直接亲本生长达到菌丝体相互接触为止。根据向MM中加入的氨基酸、核酸和维生素种类的不同，补充培养基SM有多种类型，用来鉴别重组体。

1. 细菌的杂交育种

细菌不需要经历有性过程，即可直接分裂繁殖，但细菌的杂交需要F因子才能实现接合。F因子(fertility factor)，具有环状DNA双螺旋结构，是遗传稳定的质粒，它除以游离状态存在外，有时也和染色体结合。细菌有独特的接合方式，即遗传物质只能由供体菌(donor)转移至受体菌(receptor)。以大肠杆菌为例，具有F因子的大肠杆菌细胞为F^+，该细胞表面有性菌毛，杂交时作为供体。不带F因子的为F^-，是受体。当F因子和染色体结合时形成的Hfr菌株，因其与F^-菌株接合后重组率比F^+菌株高几百倍，故称为高频重组菌株。杂交时，先将Hfr菌株和F^-菌株培养至对数期，待细胞浓度达到10^8 CFU/mL时，将Hfr和F^-的细胞以1∶10或1∶20混合，在通气良好的情况下，置于37℃水浴中缓慢振荡，让其充分接合，然后用缓冲液稀释，将其涂布到基本培养基上，就可获得重组菌株。

2. 霉菌的杂交育种

霉菌杂交育种的原理是利用其准性生殖过程实现基因重组，从而在重组体中筛选出优良菌株。杂交时先将霉菌的两个直接亲本转接于完全培养基或有限培养基上，使两者的菌丝结合形成异核体。异核体菌丝繁殖时，两个直接亲本的细胞核会偶然融合，产生杂合二倍体。杂合二倍体在繁殖培养基上会出现生长变异斑点或扇面(角变)，从变异斑点或角变扇面上挑出孢子进行分离培养可得到杂合二倍体菌株。这些菌株细胞经多次分裂会形成各种分离子，通过选择性培养基就可以选出优良的分离子作为新菌种。

3. 酵母菌的杂交育种

酵母菌是低等的单细胞真核生物，因此存在有单倍体和二倍体生活史，单倍体细胞小，呈球状，在固体培养基上形成的菌落小而形态多变，液体培养繁殖较慢，细胞聚集成团，在孢子培养基上不产生子囊。酵母的二倍体细胞体积大，椭圆形，培养后形成的菌落大而形态较一致，在孢子培养基上能产生子囊。

自然条件下酵母菌的二倍体细胞，一般是通过出芽或裂殖的方式进行无性繁殖。但二倍体细胞在营养贫乏的环境中，通过减数分裂进行有性生殖，此时菌体产生子囊，每个子囊中有4个单倍体的子囊孢子，这些子囊孢子就是酵母菌的性细胞。2个性别不同的性细胞发育成熟后，在条件适合时，融合成合子，形成新的二倍体。酵母菌的杂交主要通过这种性别不同的子囊孢子或异质的单倍体菌株进行。但假丝酵母菌等，因其不能产生子囊孢子，只能以准性过程进行杂交。

酵母菌杂交过程需要先选出2个直接亲本，分别转接于产孢子培养基上，使其形成子囊。

然后用蜗牛酶处理成熟的子囊,水解子囊壁,获得子囊孢子,或者用硅藻土和石蜡油,通过研磨破壁获取孢子。将 2 个亲本的子囊孢子等量混合培养,通过结合,得到各种类型的结合子,培养这些结合子,从中筛选出优良菌株。为了提高酵母菌杂交育种效率,减少筛选工作量,可以使用显微操作,将子囊孢子分别配对,再以完全培养基进行微滴培养,使其形成合子。

5.2.4 原生质体融合技术育种

在 1978 年第三届国际工业微生物遗传学讨论会上,首次正式提出以原生质体融合(protoplast fusion)技术作为育种手段,此技术本质上属于杂交育种范畴,现已在微生物育种工作中被广泛采用。原生质体融合技术的原理,是通过人工方法去除两个遗传性状不同亲本微生物的细胞壁,诱导两者的原生质体融合,实现基因重组,从重组子中选育优良菌种。原生质体融合技术,使重组频率显著提高。据报道,某些霉菌重组率达到 1%左右,比准性重组率高千倍以上。原生质体融合技术,扩大了亲本选择范围,使不同种、属、科,甚至亲缘更远的微生物间进行杂交有了可能,有利于培育新的超级生产菌种。该育种技术的操作步骤如图 5-5 所示。

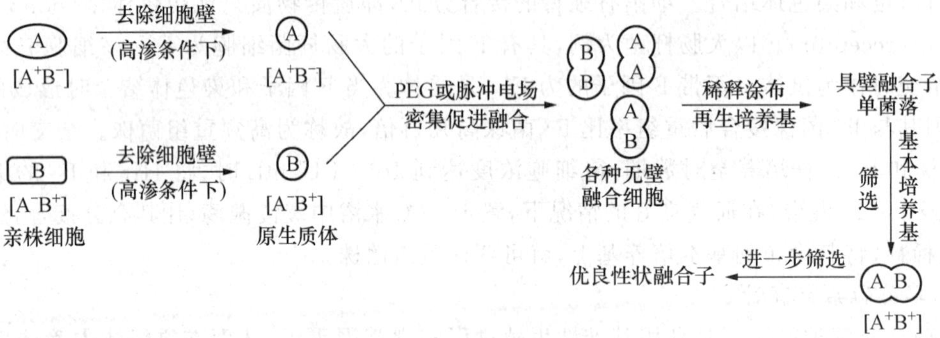

图 5-5 原生质体融合技术操作流程

5.2.4.1 标记亲本菌株的选择

两个亲本菌株遗传性状稳定,具有互补优势,并需要有可以识别的遗传标记。为了降低回复突变率,必须预先测定亲本遗传标记的稳定性。

5.2.4.2 原生质体制备

包括原生质体分离收集,纯化、活性鉴定及保存。制备原生质体,首先要除去菌体细胞的细胞壁。去壁方法有多种,一般都采用酶解法,此法效果好,处理时间短。酶解法就是通过酶水解微生物细胞壁,除去微生物的细胞壁,获得原生质体。去除细胞壁的过程:首先分别培养两亲本,将新鲜培养的亲本细胞移入一种高渗溶液中。加入相应的水解酶,在一定的温度、pH条件下,除去细胞壁,释放出原生质体。处理后的混合液过滤,滤液经低速离心,洗涤,将所得的原生质体悬浮于同种高渗溶液中,备用。为了获得数量多、质量高的原生质体,制备过程中应注意以下问题:

(1)菌龄。细菌一般适合在对数期分离原生质体,放线菌在对数期向静止期转换阶段比较合适,丝状真菌应用新鲜形成的菌丝作为材料。

(2)预处理。为了提高酶的水解效果,最好根据各类微生物细胞壁结构的特点,加入相关的化学药品进行先期处理。如革兰氏阴性细菌细胞壁中含有脂多糖类物质,如用 EDTA 预处理 1 h 左右,再加入溶菌酶,对水解细胞壁会有很好的效果。

(3)水解酶类的选择和使用。不同微生物,其细胞壁组成及结构差异极大,因此要选用合适的酶类去水解。放线菌的细胞壁主要成分是肽聚糖,应选用溶菌酶除壁;霉菌细胞壁主要成分是几丁质和纤维素,可采用蜗牛酶和纤维素酶进行水解。此外还要根据微生物种类调整酶的浓度,制备大肠杆菌的原生质体,溶菌酶浓度为 20~500 μg/mL,制备枯草杆菌原生质体大多采用 100 μg/mL 的浓度,最适酶浓度,还要随微生物的生理状态进行调整,处于对数期的大肠杆菌,可用 100 μg/mL 的溶菌酶去处理,当大肠杆菌处于饥饿条件时,应用 250 μg/mL 的浓度。确定酶解法除壁的温度,要兼顾酶水解最适温度和被处理菌株生长的最适温度,一般细菌除壁温度在 35℃左右,放线菌在 30~32℃,酵母菌在 28~30℃。酶解最适 pH 要根据酶的种类和被处理菌种的特性确定,制备青霉菌原生质体时 pH 在 5.4~6.5,枯草杆菌 pH 在 5.8~6.7,放线菌 pH 在 6.5~7.0。酶解时间可通过显微镜观察,定时取样,计算原生质体化的细胞与未除壁细胞的比例来确定。

5.2.4.3 原生质体的融合及其再生

在进行原生质体融合前,应先对其进行活力测定,活力高低影响融合效率及再生效果,可以采用染色法测定原生质体的活力。如以荧光素双醋酸酯(FDA)对原生质体染色,FDA 本身无荧光、无极性,可透过完整的原生质膜,一旦进入原生质体后,由于受到酯酶分解而产生具有荧光的极性物质荧光素。它不能自由出入原生质膜,因此有活力的细胞能产生荧光,无活力的原生质体不能分解 FDA,无荧光产生。此外,也可以将原生质体用酚藏花红染色,经染色后能显出红色的都有活性。计算原生质体总数,并通过染色证实有活性的原生质体数,就可以确定制备的原生质体样品活力的高低。将活力高的两亲本原生质体混合在具有一定 pH 的高渗稳定液中,加融合剂聚乙二醇(PEG)及一定浓度的 Ca^{2+}、Mg^{2+},20~30℃中 1~10 min,将混合液稀释 4~5 倍,(1 000~2 000)g 低速离心,将沉淀物悬浮后,移入高渗再生培养基中。

原生质融合除使用化学融合剂外,为减少污染也可以应用物理因素。如脉冲电场融合,此法不仅融合率高,还可以通过显微镜观察融合过程。如采用激光技术促进原生质体融合,则融合具有较强的定位性。

融合后的原生质体虽具有细胞的全能性,但没有繁殖能力,只有使原生质体再形成细胞壁,重新具有完整的细胞形态和结构,才能恢复分裂增殖能力,这个过程称为原生质体再生。各类微生物原生质体再生率不同,细菌在 90%以上,放线菌为 50%~60%,真菌 20%~70%,但是同一种微生物因再生条件的不同往往也有很大的差异。

5.2.4.4 原生质体重组子的筛选

原生质体融合后,除产生重组子外,还会形成异核体或其他杂合体系,它们都会在平板上形成菌落,因此,首先要从中检出并分离到重组子。利用营养缺陷型标记,抗药性标记,灭活原生质体技术及荧光染色法等都可以检出重组子。因为在原生质体融合中,亲本菌株的基因组间发生多次交换,产生多种基因组合,会得到多种类型的重组子,必须从这些重组子中筛选目的菌株进行进一步的研究。

5.2.5 基因工程育种

在微生物遗传学和分子生物学发展的基础上,1973 年诞生了以 DNA 分子重组进行育种的新技术。该技术能按照人的意愿事先设计新的遗传组合,然后通过分离供体菌目的基因,将其导入受体微生物细胞中进行复制表达,以获得性状优良的新生产菌株。这种育种技术称为基因工程育种,通过基因改造的新菌株称为"工程菌"。该育种手段突破了物种间的障碍,实现了各种生物之间的杂交。人类可以利用此法,按照主观需求进行定向育种,甚至创造新物种。1977 年 Ithakura K 等通过基因工程技术,成功实现了生长激素释放抑制因子在大肠杆菌中的有效表达,此后胰岛素、干扰素等来自不同生物的基因都成功克隆到微生物细胞中并得到表达。

目前基因工程在微生物育种中得到广泛的应用。如利用基因工程,从人类或其他动物体中分离相关基因,通过体外重组后,转入微生物细胞中获得表达,生产药物、疫苗,单克隆抗体及诊断试剂。通过基因工程已构建出生产多种氨基酸、酶制剂及抗生素的工程菌,并且大幅提高了生产能力。如通过基因工程将与氧传递有关的血红蛋白基因克隆到抗生素合成菌上,降低其对氧的敏感性,在通气不足的情况下,可大幅度提高抗生素的产量,从而改进了传统的发酵工艺。运用基因工程技术可以提高生产菌种的抗逆性,我国微生物工作者,用基因工程手段建构的活性干酵母和耐高温酵母,使酵母菌能在干燥常温条件下保存,降低了面包制作和啤酒生产的成本,生产效率得到提高。随着我国环境污染的日益严重,尝试将降解污染物的基因转入微生物细胞中,构建工程菌可用于消除环境污染。

基因工程育种技术包括:选取目的基因,选择合适的载体,目的基因与载体在细胞外连接,重组 DNA 分子形成转化子,将其导入受体细胞,利用遗传标记对重组体进行筛选,对工程菌发酵性状进行测定。

5.2.5.1 获取目的基因

基因是具有遗传功能的 DNA 片段,获取目的基因的方法很多,如化学合成法,构建 DNA 文库、cDNA 克隆法、PCR(聚合酶链式反应,polymerase chain reaction)法等,可以根据实际情况选用。化学合成法代价高,主要用于某些有特殊意义的短肽合成及基因密码子的大量修改。20 世纪 80 年代以来,DNA 自动测序技术发展迅猛,从各种生物体中获得大量的 DNA 序列信息,完成了许多微生物基因的测序工作,并构建了相应的基因文库,为化学合成目的基因和 PCR 法创造了极有利的条件。目前获得目的基因最简便而有效的方法是 PCR 法。PCR 是一个合成 DNA 的扩增循环反应,反应体系中,在引物和 dNTP 过量的情况下,经耐热 DNA 聚合酶催化,重复变性、退火、延伸的循环步骤。前一循环的产物 DNA 作为后一轮循环的合成模板,从而使产物 DNA 的扩增量达到 2^n,因此 PCR 法能在体外快速扩增目的基因,当反应进行 30 个循环后,能使目的基因数量达到原来的 10^6～10^7 倍。

5.2.5.2 目的基因与载体的连接

载体是一种能携带目的基因,并将其转入受体细胞内进行复制和表达的 DNA 分子。载体应有复制起始点,使其在受体细胞中有独立复制的能力,当载体与目的基因结合后,这种能力也不会受到影响。为了方便筛选工作,载体上应带有选择性遗传标记,抗药性是细菌常用的遗传标记,真核生物载体常用营养缺陷型标记。为了有利于目的基因的插入,载体要有 2 个以上的限制性内切酶识别位点。载体按来源分为质粒载体、噬菌体载体和黏粒。

质粒载体是闭环的双链 DNA、可克隆的目的基因片段最大约 10 kb。如 pBR322 大小为 4 361 bp,有一个复制起始点,属松弛型复制,该载体有四环素和氨苄青霉素 2 个抗性遗传标记和多个限制性内切酶的识别位点,是一种被普遍使用的商业化载体,其结构如图 5-6 所示。

噬菌体载体是 DNA 双链线性分子,如λ噬菌体,其两端各有黏性互补末端,属温和型噬菌体,可整合到受体细胞染色体的 DNA 上,随染色体的复制进行自我复制,用于克隆 38～54 kb

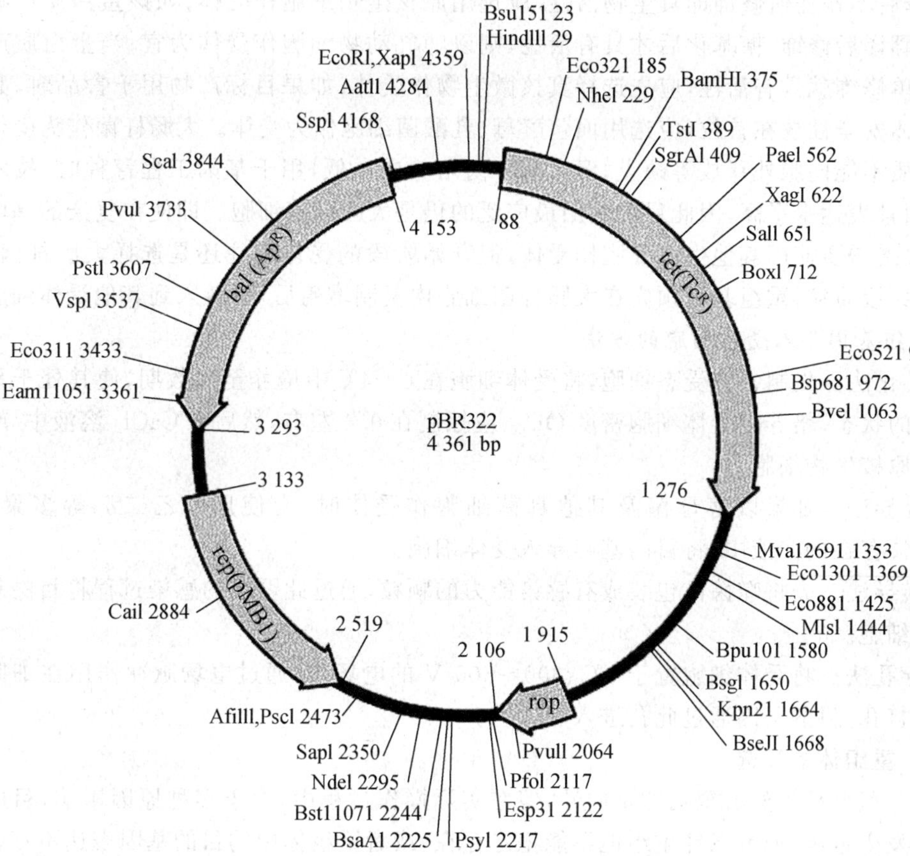

图 5-6 质粒 pBR322 的结构示意图

的 DNA 片段。

黏粒(cosmid),又称为柯斯质粒,是用λ噬菌体的黏性末端与大肠杆菌质粒的两个抗生素抗性基因连接,获得的人工构建质粒。此质粒有一个复制起始点,多个限制性内切酶识别点,具有高容量克隆能力,专用于克隆 40～50 kb 的目的基因片段,是真核生物基因工程育种常用的载体。

把目的基因 DNA 片段和质粒载体的 DNA 连接后,目的基因才能在受体细胞中复制和表达,两者的连接主要靠核酸限制性内切酶和 DNA 连接酶。用同种限制性内切酶将目的基因片段和载体 DNA 切割,如果只用一种内切酶进行切割,连接产生的重组体可能有相反的 2 种取向,筛选工作量增大,用 2 种不同的限制性内切酶切割可解决此问题,使目的基因 DNA 片段按一定方向插入到载体中,从而实现定向克隆。酶切后使用 T_4 噬菌体连接酶催化,在混合有 Mg^{2+}、ATP 和牛血清蛋白(BSA)等物质的缓冲溶液中,16℃,经 12～16 h 后可完成黏性末端的连接反应。

5.2.5.3 重组基因导入受体细胞

1. 受体细胞的选择

选用受体微生物细胞时要考虑其生理特征,受体细胞必须有较强的复制目的基因的能力,具有表达目的产物的辅助系统,产物的产量、质量及安全性等也需要考虑。如果目标是蛋白质产物，翻译后不作任何修饰即具生物活性，应选用原核生物细胞作受体；如该蛋白质产物要经过复杂的翻译后修饰、糖基化后才具有活性，则以哺乳动物细胞作受体为宜；当蛋白质产物只要经过简单修饰就具有活性，应先选择真核微生物作受体；如果目标产物用于食品时，必须把产物对人体安全性放在首位，应选用面包酵母、乳酸菌细胞作为受体。大肠杆菌作为受体存在表达蛋白质不能向胞外释放等缺点，但大肠杆菌培养成本低，用于基因工程育种时，技术操作较简便，而且表达水平高，因此目前使用最广泛的仍是大肠杆菌细胞。即使在复杂的基因工程操作中，最终需要使用其他生物细胞作受体，但开始阶段的受体往往还是选择大肠杆菌细胞，然后建构穿梭质粒，重组基因预先在大肠杆菌细胞内复制增殖后，再转入到其他受体细胞中。

2. 重组基因导入受体细胞的方法

(1)转化法。先制备感受态细胞，将受体细胞在0～4℃中培养至对数期，使其处于易接受外来基因的状态，培养时受体细胞密度OD_{600}应控制在0.4左右，然后在$CaCl_2$溶液中导入，此法常用于原核生物细胞。

(2)介导法。如果以酵母菌及其他真菌细胞作受体时，常使用聚乙二醇等多聚物，在Ca^{2+}、Mg^{2+}存在的溶液中，将目的基因导入受体细胞。

(3)转导法。先将噬菌体包装成有感染能力的颗粒，通过此颗粒的感染过程将目的基因转导进受体细胞。

(4)穿孔法。将受体细胞置于0℃、300～600 V的电场中，通过电场脉冲作用在细胞壁及细胞膜上打孔，目的基因通过此孔进入受体内。

5.2.5.4 重组体的筛选

基因工程育种虽然有很强的定向性，但在实际操作过程中，由于多种原因影响，目的基因可能没有发生重组，或者已经重组但不能稳定存在，或者重组体中的目的基因表达不正常。因此，重组基因转入受体细胞后所得培养物中，存在许多其他细胞，必须通过筛选才能获得所需的目的重组体。

筛选方法很多，如检测抗生素抗性及营养缺陷型，也可以检测酶活性及免疫法检测，而利用碱基配对原则进行的核酸分子杂交是筛选重组体的最常用方法。用核酸杂交法筛选重组体时，先将目的基因DNA变性，使其呈单链状，然后将其结合到硝酸纤维素等介质表面，将此介质与有放射性^{32}P作标记的单链DNA探针共同保温，当目的DNA的核苷酸序列与探针序列互补时，就会形成杂合分子，使用放射性自显影法，就能筛选出重组体，此外生物素等非放射性物质，也常用来制作DNA探针，筛选时通过产生的显色反应来鉴定重组体。

5.2.5.5 提高重组体内目的基因的表达效率

对筛选出的重组体要根据其特性，设计培养基，优化其发酵条件，使目的基因能高效表达。重组菌既要保证自身生长，还要表达外源基因，如果目的产物的表达需要诱导物启动，就要在适当的培养阶段加入一定浓度的诱导物。例如以大肠杆菌作受体时，如果选用乳糖启动子，在培养基中必须加IPTG(异丙基-*β*-*D*-硫代半乳糖苷)来诱导产物的表达。

携带目的基因的DNA片段进入受体细胞是目的基因表达的生物学基础，但工程菌培养的过程中，重组质粒在菌体中的存在并不稳定，有的菌体即使含有重组质粒但不表达，质粒也可能多倍体化。培养的工程菌不是真正的纯种，实际上是一个含质粒数量不同，甚至不含质粒或虽含质粒但不表达的混合细胞群，在这个群体中，含正常数量质粒的工程菌的生长处于劣势，必然会降低目标产物的表达效率，为减少这种负面影响，首先在质粒设计时，要加入抗性标记，在工程菌的后续培养时，只需在培养基中加入相应的标记物，就能阻止不含质粒菌体的繁殖。例如重组质粒带有卡那霉素抗性，在培养基中加一定浓度的卡那霉素，就可以使含正常质粒的细胞保持生长优势，使目标产物能够高效表达。此外工程菌培养时的其他环境因素，如pH、溶氧浓度、培养温度等也会影响菌体繁殖时质粒的稳定性，要通过培养试验进行优化。另外，采取适当措施降低工程菌的生长速率能防止质粒丢失现象的产生。通过间歇供氧，改变连续培养的稀释速率也可以提高质粒的稳定性。

随着分子遗传学理论和实验技术的发展，基因工程育种已经发展为一个成熟的技术体系。重组工程的建立，实现了基因体外定向诱变，使目的基因能按预先设定的目标加以改造，通过删除目的基因DNA上的某些碱基序列，在目的基因中插入一个或若干个核苷酸序列或将目的基因DNA片段上的碱基对进行置换等技术，使目的基因的DNA发生重排，改变基因的一些功能，能使受体细胞表达的产品性状更加优良。在改善蛋白质分子性质方面已有许多成功实例，如利用基因定向诱变的方法，提高了产品T_4溶菌酶的稳定性，提高了酪氨酰tRNA合成酶的活性等。运用重组工程技术建立了不同于宿主细胞的重组系统，由噬菌体重组酶介导的重组技术不需要限制性内切酶和连接酶就可以克隆目的基因，减少了遗传工程育种工作中的酶切、连接及纯化等环节，简化了操作技术，缩短了育种周期，提高了育种效率，有利于培育出更多的优质高产新菌种，以满足发酵工业的需要。

5.2.6 高通量技术在育种中的应用

5.2.6.1 高通量技术简介

高通量筛选技术（high throughput screening，HTS）起源于20世纪50年代，当时主要用于研发新药物。至20世纪80年代作为HTS工具载体的微孔板技术日益完善，各种先进检测技术及高灵敏度测试仪器先后研发成功并投入使用，使HTS对样品的测定具有快速、灵敏、准确的特点。到20世纪90年代中期，先进分析技术和计算机操作系统相结合，并在HTS平台上得到运用，使其每天能完成几千个甚至上万个样品的自动化检测。目前HTS已发展成综合运用信息技术、自动化控制技术，在使用微型生物反应器、微流控芯片等微型化技术基础上，可以对微量样品进行自动测试，其处理速度已高达每天10万件以上。HTS作为一种先进的检测工具，已发展到比较成熟的阶段，只要选择相应的设置条件，就能在耗材极少的情况下对海量的各种微量样品进行高效、快速、准确的自动分析。目前该技术已广泛应用于科研及许多生产领域，并取得显著的成效。

5.2.6.2 高通量筛选装置

目前已经研发出多种自动化高通量筛选系统，可以连续自动进行培养基灭菌、分装、接种、转接、产物提取、分析及数据收集工作，一套先进的微生物高通量筛选检测装置，主要由以下5大部分组成：

1. 遗传多样性菌种库制备系统

配备有自动化平板培养基制备及分装设备，单克隆制备、识别和提取装置。在产生微生物突变体后，由该系统完成单克隆构建、分布、识别、挑选及平板制备等任务。

2. 微生物微量培养系统

由其承担菌种培养工作，研发良种优化培育工艺。该系统由多功能陈列式高通量培养体系、表型微陈列体系、微型生物反应器、微流控芯片等组成。

表型微陈列体系主要用于突变株遗传特性分析及培养基优化研究，一次能进行 2 000 组实验。

微反应器是 HTS 的关键设备，是在微孔板基础上发展起来的微生物微量培养装置，有孔板式反应器、按摇瓶或发酵罐原型微化的分体式反应器和微流控芯片实验室等 3 种类型。这些反应器都有在线检测功能，可同时测量 pH、溶氧 DO 值、CO_2 分压、光密度值 OD 等参数，微反应器内以荧光原料制成 pH、DO 膜片，通过膜片在不同溶液中产生的荧光效应转化成数字信号，并传输到联机的电脑上。微反应器体积小，单个反应孔的工作容积只有几毫升甚至几微升，但都能满足菌体生长和产物生成的需要，还可以用来保存样品和进行检测。为了减少原材料及样品的消耗，进一步提高工作效率，微反应器的工作容积在不断缩小，反应孔数量在逐渐增加。现在已有单个工作容积为 10～15 μL 的 384 孔微反应器。美国和德国的公司甚至拥有 1 536 孔的微反应器，具有极强大的高通量检测能力。

3. 微量样品自动化处理系统

包括高通量细胞裂解器、自动化液体处理设备、微生物代谢产物陈列式微分离分析仪器等。能自动完成菌体裂解、离心、提取及代谢产物纯化等工作。

4. 检测分析系统

对样品进行快速实时微流检测，该系统配备各种光学检测和色谱检测设备，有微孔板阅读器、生物大分子检测仪、高通量质谱仪等分析检测装置，通常与培养系统相连接。

5. 数据管理及信息处理系统

负责筛选结果的统计和目标菌株的判断。

国内学者以微孔板为基础，配以相应检测设备，形成有自己特色的高通量筛选系统。杨瑶等曾用 96 孔板和酶标仪的双波长紫外分光光度法配合，对 6-羟基烟酸转化菌进行高通量筛选，1.5 h 就可以完成 1 500 个菌株的检测，并筛选出高转化率的菌株，如以高效液相进行同样的检测，则需要 500 h。

常用的微孔板有 12 孔、24 孔、48 孔及 96 孔等不同规格，孔底分锥形、圆底和平底，有浅孔板和深孔板，使用时根据菌种培养要求和筛选通量要求进行选择。据报道，大肠杆菌和酵母菌等选育出的菌株，在 96 微孔板生长，其代谢产物和摇瓶培养水平相当。鉴于微孔板不能在线检测各种数据，因此对很多好气性强的菌种，其培养条件与发酵生产实际有较大的差距，仍需不断改进。

目前在改进微孔板性能方面也做了大量工作，按照菌种特性，设计出许多方案。在提高微孔板转速，加强通气和控温性能，保证物料更均匀地混合，减少水分蒸发及杜绝交叉污染等方面都有新的改进。John 等将谷氨酸棒状杆菌置于旋转式微孔板中培养，经改进后的微孔板体积溶氧系数 K_{La} 达到 130 h^{-1}。将微孔板培养结果与摇瓶培养及发酵罐培养结果对比，各项参数都具有一致性。Wolfgang 等在改良的微孔板中培养放线菌，菌体浓度、抗生素产量都达到或接近摇瓶及发酵罐培养的水平。

5.2.6.3 高通量技术在微生物育种中的应用

HTS 能在短时间内完成大量的检测工作，在育种工作中凡涉及从海量信息中搜寻目的信息时都可以采用，是提高育种效率不可缺少的工具。

1. HTS 用于微生物资源开发

20 世纪辉瑞公司为了从土壤中搜寻新的抗生素菌种，组织了 56 名相关部门的科技人员，使用当时的 HTS 技术,花费近 1 年时间对 10 万个土样中的微生物进行检测,从中分离出产新抗生素的微生物——土霉素产生菌。对其进行诱变、筛选、优化、培养,最终建立了规模化的土霉素发酵生产体系,这是高通量筛选技术在育种工作上成功应用的一个经典实例。当今 HTS 在极端微生物资源开发,特殊环境中各种污染物分解微生物筛选等方面发挥着重要作用。

2. 利用 HTS 从突变库中筛选目的菌株

构建多样性的突变菌种库,并从中筛选出优良菌株,是微生物育种的常规手段。虽然菌种库构建技术已有极大发展,但筛选始终是诱变育种工作的瓶颈,即使运用基因工程技术构建出的工程菌,也存在着表型筛选问题,如果仍采用人工筛选方法,操作过程繁杂,耗时费力,而且难免会出现漏选现象,运用 HTS 技术进行筛选,短时间内即可对成千上万个突变株进行高效检测,尤其适用于初筛工作。

3. HTS 用于菌株培养条件的优化

在培养基优化的研究上,使用 HTS 将不受传统试验的因素和水平数量限制,因而能设计多因子实验及平行实验,提高了整个试验的准确性和精密度。谭俊等用高通量技术对红曲色素高产菌的培养基进行优化筛选,菌株在选定的优化培养基上生长,产物红曲色素产量提高近 1/3,而且整个试验研究的周期极大缩短,并节省了各种原材料。

4. HTS 在基因工程育种中用于 DNA 测序

使用 HTS 能同时对几百万个突变位点进行测序,也能对多个样本同时测序,从而建立起基因组学平台,确定功能基因组,使许多工业生产菌种的基因序列得到确定并公布。以此序列与未改造的出发菌株基因组序列进行比对分析,可建立起表型与基因型之间的确切联系,以这种基因信息为基础进行基因工程育种,就能很快发现需要改造的靶点,可以运用插入、替代或敲除等手段进行菌种重建,以获得优良的新工程菌。杨慧林等使用 HTS 对鸟苷工业生产菌解淀粉芽孢杆菌的出发菌株进行全基因测序后,通过对鸟苷合成系统生物学分析,对可能提高鸟苷产率的关键基因位点进行定向改造后,获得了高产工程菌。总之,现代育种技术借助高通量筛选技术必将获得重大进展。

5.3 菌种退化及其防治措施

5.3.1 菌种退化的原因

与任何生物一样,微生物的遗传稳定性总是相对的,变异则是绝对的。优良菌种从开始发酵生产就不断发生变异,菌种退化现象是变异的具体表现,它使一个优良菌种在生产或保藏过程中逐渐丧失原有的发酵特性。例如形态和生理特性的改变,包括菌落大小、颜色、细胞形态、生长速度、产孢量;发酵能力、糖化能力及目的产物合成能力下降;对不良环境(噬菌体感染、低温等)的抵抗能力减弱,退化的发生使优良菌种的生产性状劣化。

菌种发生退化的主要原因之一,就是那些控制生产性状的基因发生负突变。工业微生物发酵采用的优良菌种,都是以低产但生命力强的野生菌种作为原始出发菌株,经各种育种方法产生突变,进而通过择优筛选获得的。因此生产中采用的优良菌种大都是人为培育的特殊菌株,其中有许多还属于营养缺陷型,所以在接种传代过程中往往发生回复突变,即向野生型方向演化。这些退化的菌体细胞生命力强，繁殖速度快，经若干次传代培养后会逐渐富集，在菌群中占有优势，最后成为主导者。由此可见，菌种退化是一个积累负变的过程。发酵生产过程中，菌群中出现个别回复性突变菌体，如未及时发现和清除，随着传代次数的增加，负变个体比例不断增大并最终占据优势，导致产量降低。

如果培育的优良菌种属于多核细胞，决定高产的基因只存在于某一个核上，或者即使是单核菌种，但 DNA 双链上涉及高产的突变点仅存在一条链上时，随传代过程中细胞的不断分裂，使遗传性状发生分离，造成菌种退化。许多产抗生素的菌种，其产物合成受质粒控制，在传代过程中如发生质粒脱落或细胞核内 DNA 复制速度超过质粒复制时，也会引起菌种退化。

影响菌种退化的条件首先与菌种的生理状态有关，处于生长对数期的细胞新陈代谢旺，比休眠的菌株容易发生负变。菌种的回复突变都是通过传代体现的，在菌株生产或保藏过程中，菌种的接种传代次数越多，退化越严重。如表 5-3 所示，随传代次数增加，在菌落中低产菌体逐渐占据优势，链霉素生产菌转接至第六代时，低产菌落类型所占比例从开始的 4.8%上升至 45.5%，如此严重的退化，使生产能力几乎下降了 40%。菌种的培养和保藏条件对退化也有明显的影响，优良菌种只有在满足其要求的环境下培养才能高产，环境一旦变化，可能会诱发低产菌株出现，而且随时间的延续，低产菌株的数量也会逐渐增加。例如淀粉酶生产菌，在不同培养基上同样经历 10 次传代，在马铃薯-葡萄糖培养基上的菌株，酶产量未见明显下降，而在麦芽汁-酵母培养基上的菌株，酶产量逐代下降，显示出菌种的严重退化现象。此外培养温度、湿度、pH 及通气状况都会影响菌种退化的速度。高温会明显地加剧退化，很多产抗生素的高产菌种，在高温环境中会发生质粒脱落，导致产量下降。

表 5-3 链霉素产生菌传代后菌种退化情况 %

传代次数	生产能力	高产菌落比例	低产菌落比例
第一代	100	95.2	4.8
第二代	95.2	94.2	5.8
第三代	87.9	84.4	15.6
第四代	71.1	82.1	17.9
第五代	64.7	67.3	32.7
第六代	60.7	54.3	45.7

5.3.2 菌种退化的防止措施

发酵工业生产使用的优良菌种，其重要性状都属于数量遗传，这些性状在生产过程中最容易发生退化，任何优良菌种的退化是必然趋势，但可以采取以下有效措施延缓退化的进程。

1. 选育不易退化的优良菌种

应避免选择多核微生物细胞作为育种材料，放线菌和霉菌的细胞常含几个核，甚至是异核体，育种时应采用孢子作材料。在诱变育种时合理使用诱变剂种类和剂量，如采用较高剂量的诱变剂，使 DNA 中的一条链发生突变时，另一条链不再作为合成模板，会降低分离概率。还可以进行多次诱变，防止退化，如利用诱变得到黄嘌呤缺陷型产腺苷酸菌株后，再采取诱变手段，使其增加鸟嘌呤缺陷，突变位点的增加可以减少回复突变的发生。

2. 控制传代次数

微生物的负突变都在繁殖过程中发生的。在生产，特别是保藏过程中，要控制传代次数，例如低温冰箱保藏的生产用斜面菌种，使用时每转接一代最好多接些斜面，以满足较长时间的需要。

3. 提供优良的培养条件

选择何种培养条件才能有效延缓退化，需要经过多次试验才能确定。例如试验证明，在培养基中加入一定量的糖蜜、天冬酰胺、谷氨酰胺或甘露醇时，能有效延缓赤霉素产生菌的退化。在菌种保藏时选用营养相对贫乏的培养基，降低代谢水平，能减少变异发生的概率，也能延缓退化发生。此外改变温度、湿度及供氧状况等都可以延迟退化。如在栖土曲霉 3.942 发酵过程中，把培养温度从 28～30℃提高到 33～34℃，可以防止产孢子能力的衰退。

4. 菌种复壮

菌种复壮可分为 2 种情况：一种是狭义的复壮，是指在菌种已发生衰退的情况下，通过纯种分离和测定发酵生产性能等方法，从衰退的群体中找出尚未衰退的个体，以达到恢复该菌原有性状的一种措施。另一种是广义的复壮，是指在菌种的生产性能尚未衰退前，有意识地进行纯种分离和生产性能的测定工作，以期菌种的生产性能逐步有所提高。例如对产放线菌素菌种的分生孢子，用－30～－10℃处理 5～7 d，杀死 80％的孢子，留下抗逆性强的个体实现菌种复壮。对寄生性微生物的退化菌种，将其重新接种在相应的寄主体内可实现复壮。例如苏云金杆菌经长期人工培养后，会发生退化，其产物毒性减退，杀虫率下降。此时，将菌株细胞反复几代接种于青虫幼虫体内，然后通过分离可获得复壮的菌种。

5.4 菌种保藏

5.4.1 菌种保藏的原理

菌种保藏是根据微生物的不同特性，创造相应条件，使其处于休眠状态。休眠时菌体细胞代谢水平低，生长受抑制，难以繁殖，变异概率极小，能长期保持纯种的原有特性。在进行菌种保藏时，首先要采用选育到的典型纯种菌株的孢子或芽孢作为保存材料。

影响菌种保藏的主要因素有培养基成分、温度、湿度、光照、供氧情况及 pH 等。虽然微生物种类繁多，代谢及生态特征多样，保藏方法也各不相同，但一般都是通过减少营养、低温、干燥、避光、缺氧等方法，促进或维持被保藏的菌种处于休眠状态。

5.4.2 菌种保藏的方法

菌种保藏有多种方法，以下是一些常用的方法，可以根据需要选用。如生产企业保存菌种可以选用成本低、操作简便而且通用的方法，对长期贮藏的菌种资源则可选择复杂的保藏方法。

1. 斜面冰箱保藏法

适用于短期保藏细菌、放线菌、酵母菌及丝状真菌，预先将需保藏的菌株接种在斜面培养基上，待生长好后置于 4℃冰箱中，保藏期 3～6 个月。此法虽然简便易行，但保藏期间菌种生长繁殖没有完全停止，易发生突变，而且转接次数要比其他方法多，易造成污染，也容易发生菌种退化。

斜面保藏菌种的效果受培养条件制约，为取得良好的保藏效果，首先要通过多次试验确定某菌种适合的保藏培养基，其次要严防水分蒸发，引起培养基劣化。因此，把斜面试管上的棉塞改为消毒过的橡皮塞效果会更好些。也可以在斜面上覆盖一层 1 cm 厚的矿物油，如液体石蜡，防止水分蒸发，隔绝空气，延长菌种保藏期，这种方法也称为覆盖惰性液体法。但对能将石蜡作碳源利用或对石蜡敏感的微生物，不能采用石蜡作覆盖物。

2. 悬液保藏法

这是一种简单、实用的寡营养保藏法。适用于肠杆菌科细菌、丝状真菌和酵母菌的保藏。只需要将这些微生物的菌种悬浮在无菌蒸馏水、生理盐水或 pH 为 6.5 的磷酸缓冲液中，密封好试管口，防止水分蒸发，置于 10℃或 18～20℃环境中保存即可。

3. 干燥保藏法

干燥缺水环境能使微生物处于休眠状态，此法对产孢子或芽孢的微生物尤其适用。沙土、土壤、麦麸、滤纸条或硅胶等，只要经过灭菌及其他相关处理后，都可以作为微生物干燥保存的载体。例如沙土管保藏法，保藏菌种时先将黄沙或河沙过 24 目筛，用 10%～20%盐酸浸泡除去有机质，冲洗至中性，烘干后，装入安瓿管，加塞灭菌，保藏的菌体细胞用无菌水制成悬液，将数滴菌悬液注入盛沙的安瓿管内，使其中的孢子或芽孢吸附在沙土上，放入干燥器中，吸干水分，用火焰密封管口即可。

4. 真空冷冻干燥保藏法

把用保护剂溶液制备成的菌悬液，置于安瓿管内，快速冷冻，再抽成真空，使菌体脱水，火焰密封管口，保存于低温环境中。除不适用于丝状真菌外，其他微生物均可采用此法进行保藏。由于安瓿管内的菌种处于干燥、缺氧、低温环境中，微生物的生长和代谢都暂时停止，不易发生变异，因此菌种保存期可长达 5 年左右，是国内外微生物菌种保藏中心常用的一种方法，对保存头孢菌素、卡那霉素等抗生素生产菌种及生物制品菌种尤于适用。

5. 超低温保藏法

可采用超低温冰箱保存，将微生物培养液中加入 10%左右的甘油作为保护剂，振荡混匀后转入密闭的菌种保藏管中，直接置于－80℃超低温冰箱即可长期保藏。而液氮超低温保藏法的保存期更长，效果更好，但操作复杂，费用较高，先将要保存的菌种放入 10%甘油或二甲基亚砜保护剂中，装入安瓿管内，密封管口，逐步降温，先降至 0℃，然后每分钟降 1℃，直至－35℃，最后置于液氮罐中(低于－150℃)。如欲恢复培养，必须对保藏菌种进行快速解冻，从液氮罐中取出保藏管后，立即放进 38～40℃的水浴中振荡 1 min 使管内的冷冻菌液全部融化，然后转接使用。

6. 寄主保藏法

一些不能用人工方法培养的微生物，如病毒、立克次氏体、螺旋体等，保存时就先将其接入原寄主体内，再以此作载体进行保藏。

保存的菌种，一旦取出用于重新培养时，都要先进行活化，然后检查其发酵性状，在其中筛选出未发生退化的高产菌体进行扩大培养和发酵生产。

5.4.3 国内外主要的菌种保藏机构

菌种是极宝贵的资源，世界上很多国家都设有菌种保藏机构，对已经获得的纯种进行收集、整理、鉴定、评价和保存，并对外提供这些菌种以便开发利用。一些菌种保藏单位都编有保藏菌种的目录并建立了相关的网站，供研究人员和育种工作者查询。菌种保藏机构也受理专利保存、委托寄存及菌种定购等业务。

5.4.3.1 国内的主要菌种保藏机构及其网址

1. 中国普通微生物菌种保藏管理中心（China General Microbiological Culture Collection Center，简称 CGMCC）

网址：http://www.cgmcc.net

CGMCC 设立在中国科学院微生物研究所，成立于 1979 年，是以提供专业技术服务为主的公益性机构，1995 年获得布达佩斯条约国际保藏中心的资格，是我国唯一同时提供一般菌种资源服务和专利生物材料保存的国家级保藏中心。

2. 中国典型培养物保藏中心（China Center for Type Culture Collection，简称 CCTCC）

网址：http://www.cctcc.org

于 1985 年由国家知识产权局（原中国专利局）指定、经教育部（原国家教委）批准建立的专利微生物保藏机构，受理国内外用于专利程序的微生物保藏。CCTCC 保藏的微生物包括细菌、放线菌、酵母菌、真菌、单细胞藻类、人和动物细胞系、转基因细胞、杂交瘤、原生动物，地衣，植物组织培养、植物种子、动植物病毒、噬菌体、质粒和基因文库等各类微生物（生物材料/菌种）。1987 年 CCTCC 加入世界培养物保藏联盟（World Federation for Culture Collections，WFCC），经世界知识产权组织（WIPO）审核批准，自 1995 年 7 月 1 日起成为布达佩斯条约国际确认的微生物保藏单位（International Depository Authority，IDA）。

3. 中国工业微生物菌种保藏管理中心（China Center of Industrial Culture Collection，简称 CICC）

网址：http://www.china-cicc.org

CICC 成立于 1953 年，是专业从事工业微生物菌种保藏管理的国家级公益性资源机构，也是国际菌种保藏联合会（WFCC）和中国微生物菌种保藏管理委员会成员之一，中心挂靠中国食品发酵工业研究院，负责全国工业领域生产与研究应用微生物菌种的收集、鉴定、评价、保藏、供应与国际交流、微生物菌种保藏技术与应用技术的研究与培训等。CICC 目前保藏国内外各类工业微生物菌种 10 153 株，30 余万备份，其中细菌 4 445 株，酵母菌 3 222 株，霉菌 2 220 株，大型真菌 266 株。共计 212 个属，839 个种，基本覆盖了食品与发酵行业各类生产和科研用微生物。

4. 中国农业微生物菌种保藏管理中心（Agricultural Culture Collection of China，简称 ACCC）

网址：http://www.accc.org.cn

ACCC 成立于 1979 年，设在中国农业科学院农业资源与农业区划研究所，是中国国家级农业微生物菌种保藏管理专门机构，负责全国农业微生物菌种资源的收集、鉴定、评价、保藏、供应及国际交流任务。ACCC 的研究方向涉及农业微生物资源的收集、整理、鉴定与保藏，农业微生物资源功能、挖掘与评价，以及农业微生物资源可持续及高效利用技术研究。

5. 中国药学微生物菌种保藏管理中心（China Pharmaceutical Culture Collection，简称 CPCC）

网址：http://www.cpcc.ac.cn

CPCC 始建于 1958 年，是国家级药学微生物菌种保藏管理专门机构，也是国际菌种保藏联合会和中国微生物菌种保藏管理委员会成员之一，承担着药学微生物菌种负责的收集、鉴定、评价、保藏、供应与国际交流等任务。中心所保藏的各类微生物资源来源丰富多样，收藏菌种以放线菌为特色，具有抗病毒、抗真菌、抗耐药菌、抗结核、抗肿瘤和酶抑制剂等多种生物活性。菌种主要包括以下 4 类：已知微生物药物产生菌、历年筛选过程中获得的各类生物活性物质产生菌、生物活性检定菌株和模式菌株、新药筛选菌株。

5.4.3.2　国外一些菌种保藏机构及其网址

1. 美国典型培养物保藏中心（American Type Culture Collection，简称 ATCC）

网址：http://www.atcc.org

ATCC 是一个私人、非盈利的生物资源中心，其任务侧重于收购、认证、生产和保存微生物菌种。该中心保藏有 900 个属中的 18 000 株细菌菌株；2 000 株动物病毒和 1 000 株的植物病毒；超过 49 000 株，1 500 属真菌，2 000 种原生生物。该中心从事农业、遗传学、应用微生物、免疫学、细胞生物学、工业微生物学、菌种保藏方法、医学微生物学、分子生物学、植物病理学、普通微生物学、分类学、食品科学等的研究。

2. 美国农业部菌种保藏中心（Agricultural Research Service Culture Collection，简称 ARS，即原 NRRL）

网址：http://nrrl.ncaur.usda.gov

是由美国农业部农业研究中心支持的政府性质的菌种保藏中心。主要从事农业、应用微生物、基因工程、工业微生物、菌种保藏方法、环境保护、分子生物学、食品安全、普通微生物、分类学的研究。并提供细菌、真菌、酵母的鉴定服务。

3. 英国国家微生物菌种保藏中心（The United Kingdom National Culture Collection，简称 UKNCC）

网址：http://www.ukncc.co.uk

是英国国家菌种保藏中心，提供菌种和细胞服务，保藏的菌种包括：放线菌、藻类、动物细胞、细菌、丝状真菌、原生动物、支原体和酵母。

4. 德国微生物与细胞培养物保藏中心（German Collection of Microorganisms and Cell Cultures，简称 DSMZ）

网址：http://www.dsmz.de

DSMZ 成立于 1969 年，是德国的国家菌种保藏中心，也是欧洲规模最大的生物资源中心，该中心一直致力于细菌、真菌、质粒、抗生素、人体和动物细胞、植物病毒等的分类、鉴定和保藏工作。

第6章 发酵工业的培养基及原料处理

培养基是指人工配制的供微生物、植物和动物细胞生长繁殖或积累代谢产物的各种营养物质的混合物。主要用于微生物等的分离、培养、鉴定以及菌种保藏等方面。

培养基在发酵工业上是提供微生物生长、繁殖及代谢的需要，最主要是有利于积累大量的发酵产品。培养基的成分及配比合适与否，对微生物的生长，发酵产品的生物合成、提取，甚至最后对成品的产量、质量都会产生相当大的影响。

6.1 发酵生产上使用的培养基及要求

发酵工业培养基是工业发酵微生物生长和分泌发酵产物的营养基质，根据生产工艺的要求及不同的用途一般可分为斜面培养基、孢子培养基、种子培养基和发酵培养基。

6.1.1 斜面培养基

斜面培养基是供微生物菌种保藏、繁殖及扩大用的一种固体培养基，对这种培养基的要求是能使菌体生长快速、健壮，而且不易引起菌种的变异。一般斜面培养基中碳源和氮源含量不宜过多，二者的比例也应该适中。特别是碳源，多了会引起 pH 波动，微生物在贫氧的环境下利用碳源形成酸性物质从而造成 pH 的下降。无机盐浓度也要控制适当，以免影响菌种特性。

6.1.2 孢子培养基

孢子培养基是供菌种繁殖孢子的一种常用固体培养基，对这种培养基的要求是能使菌体迅速生长，产生较多优质的孢子，并要求这种培养基不易引起菌种变异。所以对孢子培养基的基本配制要求是：第一，营养基本保证，不要太丰富（特别是有机氮源），否则不易产孢子。如灰色链霉菌在葡萄糖一硝酸盐和其他盐类的培养基上都能很好地生长和产孢子，但若加入 0.5%酵母膏或酪蛋白后，就只长菌丝而不长孢子。第二，所用无机盐的浓度要适量，不然也会影响孢子量和孢子颜色。第三，要注意孢子培养基的 pH 和湿度。

生产上常用的孢子培养基有：麸皮培养基、小米培养基、大米培养基、玉米碎屑培养基和用葡萄糖、蛋白胨、牛肉膏和食盐等配制成的琼脂斜面培养基。大米和小米常用作霉菌孢子培养基，因为它们含氮量少，疏松、表面积大，所以是较好的孢子培养基。大米培养基的水分需控制在 21%～50%，而曲房空气湿度需控制在 90%～100%。

6.1.3 种子培养基

种子培养基是供孢子发芽长出大量菌丝体或不产生孢子繁殖出大量细胞，并使孢子或细胞长得粗壮，并具有较高的活力和纯度的一种培养基。所以种子培养基具有下面一些特点：

(1)必须有较完全和丰富的营养物质，特别需要充足的氮源和生长因子(主要是维生素类)，但总浓度以略稀薄为好，这样可达到较高的溶解氧，供大量菌体生长繁殖。

(2)供孢子发芽生长用的种子培养基，可添加一些易被吸收利用、营养丰富和完全的天然有机氮源，因为有些氨基酸能刺激孢子发芽。但无机氮源容易被利用，有利于菌体迅速生长，所以在种子培养基中常包括有机和无机氮源。

(3)种子培养基成分还应考虑与发酵培养基的主要成分相近。最后一级的种子培养基的主要成分和培养条件应尽可能地与发酵培养基保持一致，以减少种子培养物转入发酵培养基后，菌体为适应环境而需要的酶诱导、渗透压适应等时间，并使菌体迅速转入旺盛生长。这样可使种子进入发酵培养基后能迅速适应，缩短延滞期快速生长。对于非生长联动型产物的发酵，种子培养基就不需要添加用于形成产物的物质。

(4)种子培养基的成分要考虑在微生物代谢过程中能维持稳定的 pH，控制碳氮比，应使培养过程中 pH 稳定在适当的范围内。培养基的组成还要根据不同菌种的生理特征而定。

为了扩大发酵罐的接种量，往往先将斜面菌种接入相对体积较小的种子罐进行培养。有限数量的斜面菌种可以在种子罐中生长繁殖到一定数量，以缩短发酵罐菌体生长繁殖的时间，提高发酵罐设备的利用率，这种流程称为二级发酵。如果再将种子罐的菌种扩大到较大的二级种子罐培养后再移入发酵罐中，这样的流程称为三级发酵。这取决于菌种的性质(孢子数、孢子发芽率及生长速度)及发酵罐中种子液的最低接种量，种子罐与发酵罐的容积比等。

6.1.4 发酵培养基

发酵培养基是供菌体生长、繁殖和发酵产品生物合成之用，是发酵生产中最主要的培养基，它不仅耗用大量的原材料，而且也是决定发酵生产成功与否的重要因素。培养基要适当地丰富和完全，适合于菌种的生理特性和需求，使菌种迅速生长，能在较短的周期内充分的产生菌体并合成发酵产品。

发酵培养基既要使种子接种后能迅速生长，达到一定的菌体密度或菌丝浓度，又要使长好的菌体或菌丝能迅速合成所需产物。因此，发酵培养基的组成除有菌体生长所必需的元素和化合物外，还要有产物所需的特定元素、前体和促进剂等。但若因生长和生物合成产物需要的总碳源、氮源、磷源等的浓度太高，或生长和合成两阶段各需的最佳条件要求不同时，则可考虑培养基用分批补料来满足培养基成分和配比的选择。

发酵培养基的选择从以下 3 个方面考虑：

(1)根据产物合成的特点来设计发酵培养基。对菌体生长与产物相偶联的发酵类型，充分满足细胞生长繁殖的培养基就能获得最大的产物。对于生产氨基酸等含氮的化合物的，它的发酵培养基除供给充足的碳源物质外，还应该添加足够的铵盐或尿素等氮素化合物。

(2)发酵培养基的各种营养物质的浓度应尽可能高些，这样在同等或相近的转化率条件下有利于提高单位容积发酵罐的利用率，增加经济效益。

(3)发酵培养基需耗用大量原料，因此，原料来源、原材料的质量以及价格等必须予以重视。

6.2 培养基的主要原料

工业生产不同于实验室，工业发酵生产使用的培养基需要更多地考虑原料的来源和成本。工业发酵培养基除了包含微生物生长繁殖所必需的碳源、氮源、无机盐、微量元素和生长因子等营养成分，有的还含有前体物质、产物促进剂和抑制剂等。

选择原料发酵生产时，从工艺的角度着眼，凡是任何含有可发酵性糖或可变为发酵糖的原料，都可作为发酵生产的原料。对于工业上大规模投入生产的原料，除了要提出工艺上的要求外，还要提出生产管理和经济上的要求，因此，在选择工业上大规模发酵生产的原料时，应考虑到下列条件：

(1)因地制宜，就地取材，原料产地离工厂要近，便于运输，节省费用。

(2)要求原料内碳水化合物含量较多，蛋白质含量要适当，适合微生物的需要和吸收利用。

(3)原料资源要丰富，容易收集。由于发酵生产需要大量原料，要保证一定的库存量。

(4)原料要容易贮藏。考虑到新鲜原料内含水量多，不耐久藏，最好选择经干燥后，含水极少的干原料，易于保藏，不宜霉烂。

(5)对人的身体无损害，影响发酵过程的杂质含量应当极少，或者几乎不含。

(6)原料价格低廉，可降低产品成本。

此外，还应当考虑到大力节约粮食原料，尽量少用或不用粮食原料，充分利用当地的非粮食原料，广泛利用野生植物原料，同时利用农林副产物和植物原料，以及亚硫酸盐纸浆废液等，对于节约粮食原料有着重要意义。

培养基中营养物质浓度合适时微生物才能生长良好，营养物质浓度过低时不能满足微生物正常生长所需，浓度过高时则可能对微生物生长起抑制作用。例如高浓度糖类物质、无机盐、重金属离子等不仅不能维持和促进微生物的生长，反而起到抑菌或杀菌作用。另外，培养基中各营养物质之间的浓度配比也直接影响微生物的生长繁殖和代谢产物的形成和积累，其中碳氮比(C/N)的影响最大。严格地讲，碳氮比指培养基中碳元素与氮元素的物质的量的比值，有时也指培养基中还原糖与粗蛋白之比。例如，在利用微生物发酵生产谷氨酸的过程中，培养基碳氮比为 4∶1 时，菌体大量繁殖，谷氨酸积累少；当培养基碳氮比为 3∶1 时，菌体繁殖受到抑制，谷氨酸产量则大量增加。再如，在抗生素发酵生产过程中，可以通过控制培养基中速效氮(或碳)源与迟效氮(或碳)源之间的比例来控制和协调菌体生长与抗生素的合成。

发酵工业培养基应满足以下基本要求：①培养基能够满足产物最经济的合成；②发酵后所形成的副产物尽可能少；③黏度适中，具有适当的渗透压；④选用的原料和浓度有利于目的产物的合成；⑤一定条件下，各种成分理化性质相对稳定，彼此间不能产生化学反应；⑥培养基的原料因地制宜，质优价廉，成本低；⑦所选用的培养基应能满足总体工艺的要求，如不应该影响通气、提取、纯化及废物处理等。

6.2.1 培养基的成分

6.2.1.1 碳源物质

凡是用于构成微生物细胞和代谢产物中碳素来源的营养物质均称为碳源物质。其主要作用是供给菌种生命活动所需要的能量,也是产生各种代谢产物和细胞内贮藏物质的主要原料。不同微生物要求的碳源不同,是由菌种自身的酶系(组成酶或诱导酶)所决定。

常用的碳源物质包括糖类、脂类、有机酸及低碳醇等。自养微生物还可以以 CO_2 或碳酸盐为唯一碳源进行代谢生产。但工业上所用的微生物大多数属于异养型,碳源以糖类为主。其中单糖优于多糖,己糖优于戊糖,如葡萄糖、果糖几乎能被一切微生物所利用(但是会引起葡萄糖效应和中期溶氧不足等问题)。

除了个别工业发酵培养基需要较纯的糖类外,多数以葡萄糖母液、糖蜜、亚硫酸纸浆废液、玉米粉、薯干粉、一些野生植物淀粉及纤维素、半纤维素等代替。根据不同微生物的情况和要求,对原料进行处理、部分处理和不处理。

其他糖类:多糖如淀粉和纤维素。淀粉还可以克服葡萄糖代谢过快引起的分解代谢物阻遏作用,并且价格低廉,来源丰富。蔗糖、麦芽糖、乳糖等双糖常用于抗生素、氨基酸、酶类的发酵。

脂类:如植物油,动物油等脂类,具备较活跃的脂肪酶的微生物可利用脂类为碳源,但是耗氧量会增加,因此要提供更多的氧。

有机酸:有机酸或其盐类、醇类能作为碳源。但使培养基 pH 有较大幅度变化,因此需要添加氨水调节培养基初始 pH。

低碳醇类:石油、石蜡、天然气、甲醇、乙醇等石油化工产品,也是许多微生物的碳源。如嗜甲烷棒状杆菌利用甲醇为碳源产生单细胞蛋白;乳糖发酵短杆菌,以乙醇为碳源生产谷氨酸。

6.2.1.2 氮源物质

凡是能被微生物用来构成菌体物质或代谢产物中氮素来源的物质通常被称为氮源物质。氮源物质的主要功能是构成菌体细胞结构的物质(如氨基酸、蛋白质、核酸),合成含氮的代谢产物。工业发酵上常用的氮源分为 2 类:无机氮源和有机氮源。

1. 无机氮源

主要包括氨水、硫酸铵、尿素、硝酸钠、硝酸铵、氯化铵、磷酸氢二铵等。其被利用速度及吸收速度均快于有机氮源,也被称为速效氮源。一般情况下作为辅佐氮源。一般能利用无机氮化合物作为唯一氮源的微生物,都能利用铵盐,但并不能都利用硝酸盐。微生物利用铵盐时,由于铵离子被吸收,而造成培养基 pH 降低。相反,在利用硝酸盐时,常因硝酸根离子被吸收,而使培养基 pH 增高,前者称为生理酸性氮源,后者称为生理碱性氮源。生理酸性氮源和生理碱性氮源常被用来做发酵过程中培养基 pH 调节的一种有效手段。

2. 有机氮源

工业上常用的有机氮源有尿素、黄豆饼粉、花生饼粉、棉籽饼粉、玉米浆、蛋白胨、酵母粉、鱼粉、蚕蛹粉和菌丝体、酿酒工业的酒糟等,除尿素外,都是其他产业的下脚料或副产品,价格低廉,但成分复杂。

尿素:能分泌脲酶的微生物才能利用,其氮含量高达 50%,但是营养成分单一,一般抗生素和氨基酸发酵生产菌株可以利用。

玉米浆:一般含 10%左右的乳酸,pH 在 4 左右,一般用于抗生素发酵。

蛋白胨：动物组织和植物水解制备，实验室中常用的有机氮源。

这些有机氮源中除富含蛋白质外，还有氨基酸、糖类、脂肪、无机盐和生长素等，是微生物良好的营养物质。有机含氮原料是否需要处理，则视具体情况而定。处理的目地有的是为了获得稳定的成分，有的是为了加速利用，有的是为了除去过多的某种成分。

根据发酵生产需要选择使用无机氮源和有机氮源，或者两者混合使用。

6.2.1.3 无机盐

培养基及发酵液中都需要加入一些无机盐类，它是微生物生命活动中不可缺少的物质。无机盐在微生物发酵生产上的主要功能是：①构成菌体的成分；②作为酶的组成部分或其激活剂、抑制剂；③调节培养基的渗透压、pH以及氧化还原电位；④作为自养菌的能源等。当盐浓度太高时，对微生物生长有抑制作用，而在较低浓度时却能刺激生长。

微生物常用的无机盐包括P、S、K、Mg、Ca、Na、Fe，常常以盐的形式加入培养基。如磷酸盐、钾盐、镁盐、钙盐等。K^+、Na^+、Ca^{2+}等虽然不是细胞的组成成分，但是与维持细胞的渗透压和细胞通透性相关，并且是许多酶的激活剂，这些无机盐常用的浓度为0.1～1 mmol/L。

对于其他渠道可能带入的过多的某种无机离子在发酵过程中必须加以考虑，使用时注意无机盐的形式。

6.2.1.4 微量元素和生长因子

微生物还可以利用一些Cu、Zn、Mn、Mo和Co等无机盐，这些无机盐的浓度为0.01～0.1 mmol/L，常称为微量元素。例如，Co是发酵微生物B_{12}的激活剂。由于微生物对其需要量很小，一般在复合培养基中其他原料所含的微量元素足以满足微生物生长的需要，除特殊需要外，一般不另外加入。

凡是微生物生长不可缺少的、微量的、特殊的有机物质，如氨基酸、嘌呤、嘧啶、维生素等均称为生长因子。其主要作用为：提供微生物重要化学物质、辅助因子（辅酶和辅基）的组分和参与代谢等。

有机氮源是这些生长因子的重要来源，多数有机氮源含有较多的B族维生素和微量元素及一些微生物生长不可缺少的生长因子（表6-1和表6-2）。

表6-1 某些微生物生长所需的生长因子

μg/mL

微生物	生长因子	需要量	微生物	生长因子	需要量
弱氧化醋酸杆菌	对氨基苯甲酸	0～10	阿拉伯聚糖乳杆菌	烟碱酸	0.1
丙酮丁醇梭菌	对氨基苯甲酸	0.15	阿拉伯聚糖乳杆菌	泛酸	0.02
典型肺炎球菌	胆碱	6	阿拉伯聚糖乳杆菌	甲硫氨酸	10
弱氧化醋酸杆菌	烟碱酸	3	粪链球菌	叶酸	200
肠膜状明串珠菌	吡哆酸	0.025	粪链球菌	精氨酸	50
金黄色链球菌	硫胺素	0.5	戴氏乳杆菌	色氨酸	8
肠膜状乳杆菌	胱氨酸	5	戴氏乳杆菌	胸腺核苷	0～2
白喉棒杆菌	β-丙氨酸	1.5	干酪乳杆菌	生物素	1
破伤风梭状芽孢杆菌	尿嘧啶	0～4	干酪乳杆菌	麻黄素	0.05

表 6-2 维生素与有关化合物在代谢中的作用

化合物	代谢中的作用
对氨基苯甲酸	四氢叶酸的前体，一碳单位转移的辅酶
生物素	催化反应酶的辅酶
辅酶 M	甲烷形成中的辅酶
叶酸	四氢叶酸包括在一碳单位转移辅酶中
氯高铁血红素	细胞色素的前体
硫辛酸	丙酮酸脱氢酶复合物的辅基
尼克酸	NAD/NADP 的前体，它们是许多脱氢酶的辅基
吡哆醇(B_6)	磷酸吡哆醇是转氨酶和氨基酸脱羧酶的辅基
核黄素(B_2)	黄素单磷酸 FMN 和 FAD 的前体，它们是黄素蛋白的辅基
B_{12}	辅酶 B_{12} 包括在重排反应里(为谷氨酸变位酶)
硫氨素(B_1)	硫氨素焦磷酸脱羧酶，转醛醇酶和转酮醇酶的辅基
维生素 K	甲基醌类的前体，起电子载体作用(如延胡索酸还原酶)

6.2.1.5 前体物质

前体物质指添加到发酵培养基中的，并不促进微生物生长，而是直接经微生物的生物合成过程结合到产物分子上或者经微生物菌体内的酶系催化生成产物，其自身结构基本不变，而产物产量却因此提高的物质。前体物质可看作是一种底物。例如，前体物质最早在青霉素发酵中发现，添加玉米浆可提高青霉素 G 的含量，深入研究发现玉米浆中含有苯乙酸，苯乙酸是青霉素 G 的侧链，即苯乙酸是青霉素 G 发酵的前体物质。不同青霉素的侧链不同，如青霉素 V，侧链是苯氧乙酸。

前体使用时普遍采用流加的方法，前体一般都有毒性，浓度过大对菌体的生长不利，而且相对价格较高，添加过多，容易引起挥发和氧化，流加也有利于提高前体的转化率。

6.2.1.6 产物促进剂和抑制剂

产物促进剂和抑制剂是指那些非细胞生长所必需的营养物质，又非前体，但加入后却能提高产量的一类添加剂。

1. 促进剂

并不是前体或营养物质，但却能提高产量的物质。

作用方式：或影响微生物正常代谢；或促进中间产物的累积；或提高次级代谢产物量。例如，巴比妥盐能增加生产菌菌丝的抗自溶能力，达到推迟菌体自溶目的，增加链霉素和利福霉素等抗生素的积累。谷氨酸棒状杆菌生产赖氨酸时，加入红霉素可以提高产量 25%以上，加入表面活性剂可以增加产量 30%以上。

2. 抑制剂

一些对生产菌株代谢途径有某种调节能力的物质。

抑制某些代谢途径的进行，同时刺激另一个代谢途径，从而改变代谢途径。如酵母厌氧发酵中加入亚硫酸盐或碱类，可以促进酒精发酵转入甘油发酵。淘汰杂菌的抑制剂，如真菌发酵中加入抑制细菌的抗生素，带抗生素抗性的工程菌发酵中加入抗生素，淘汰非重组细胞或突变细胞。

6.2.2 培养基成分的变化及控制方法

1. 碳源浓度的变化及其控制

迅速利用的碳源，能较迅速地参与代谢、合成菌体和产生能量，并产生分解产物，因此有利于菌体生长。缓慢利用的碳源，多数为聚合物，被菌体缓慢利用，有利于延长产物分泌期，有利于延长代谢产物的合成，特别有利于延长次级代谢产物的合成。

一般来说，迅速利用的碳源，在发酵过程中对缩短菌体生长期是有利的，但是，这类碳源的代谢分解产物会抑制合成次级代谢产物酶的形成，进而抑制次级代谢产物的合成（分解产物阻遏）。对迅速利用的碳源来说浓度的控制是非常重要的。

2. 氮浓度的变化及其控制

氮源主要是用来构成菌体中的蛋白质、核酸等含氮物质，以及含氮代谢产物中的氮。

迅速利用的氮源，如氨基酸、硫酸铵等，对缩短菌体生长期是有利的。缓慢利用的氮源，如黄豆饼粉、花生饼粉、棉籽饼粉等，对延长次级代谢产物的分泌期、提高产物的产量是有好处的。但是与缓慢利用的碳源一样，若一次投料加入，也容易促进菌体生长和养分过早耗尽，以致菌体过早衰老而自溶，从而缩短产物的分泌期。

发酵初期，迅速利用的氮源是菌体发育、生长和繁殖所用的主要氮源，而大部分缓慢利用的氮源要在容易利用的氮源接近消耗完时才被利用。

发酵中后期，菌体正常代谢和合成产物所需的氮主要来自缓慢利用的氮源。

为了调节生长代谢及防止菌体衰老自溶，除基础培养基中的氮源以外，在发酵过程中还可补加一定数量的氮源，其方法有：根据产生菌的代谢情况，在发酵过程中添加某些具有调节生长代谢作用的有机氮源，如酵母粉、玉米浆、尿素等。补加无机氮源可采用补加氨水或硫酸铵的方法。氨水既可作为无机氮源，又可调节 pH。

3. 磷酸盐浓度对代谢的影响及其控制

磷是微生物菌体生长繁殖所必需的成分，也是合成代谢产物所必需的，微生物生长良好所需的磷酸盐浓度一般为 0.32～300 mmol/L，有益于合成次级代谢产物所允许的最高浓度仅为 1.0 mmol/L，提高到 10 mmol/L，会明显抑制其合成。相比之下，菌体生长所需的浓度比次级代谢产物合成所允许的浓度大得多，两者平均相差几十倍至上百倍。因此控制磷酸盐浓度对微生物发酵，特别是次级代谢产物发酵来说就更为重要。

磷酸盐浓度的控制，一般是在基础培养基中采用适当的浓度。其最适浓度取决于菌种特性、培养条件、培养基组成和来源等因素，磷酸盐的最适浓度，必须结合当地的具体条件和使用的原材料通过实验确定。培养基中的磷含量，还可能因配制方法和灭菌条件的不同而引起含量的变化。

4. 前体浓度对代谢的影响及其控制

为了控制抗生素产生菌的生物合成方向及增加抗生素产量，在一些抗生素发酵过程中加入化学前体物质。例如为了提高青霉素 G 的产量，在青霉素发酵中加入苯乙酸等。但是多数前体物质对产生菌有毒。

前体不仅具有毒性，而且还可以被霉菌氧化。在青霉素发酵的中后期，霉菌氧化苯乙酸的能力逐渐增加，有相当一部分前体可被霉菌氧化掉。因此，发酵过程中加入前体的数量一定不宜过多，必须采用少量多次或连续流加的方法加入。

例如，在红霉素发酵前期加入大量的前体——丙醇，会抑制红霉素的合成，并增加丙醇的损失，加入前体的数量太少，则不能保证红霉素高产，因此宜采用多次少量加入前体的方法，可以保证红霉素合成的合适条件及减少前体的损失。

6.2.3 影响培养基质量的因素

1. 原材料质量的影响

由于配制培养基的原材料品种较多，成分复杂，加上它们的来源广泛，加工方法不同，制备出来的培养基质量难以保证稳定。

有机氮源的质量是引起生产水平波动的主要因素之一。引起有机氮源变化的原因主要是原材料品种、产地、加工方法和贮存条件。

碳源对发酵的影响虽不如有机氮源那样明显，但也有因原材料的品种、产地、加工方法、成分含量及杂质含量的不同而引起合成产物量的波动。

油脂的品种有很多。用于工业发酵的有豆油、玉米油、米糠油和鱼油等。它们的质量差异较大，特别是鱼油的成分复杂。

培养基中使用的无机盐和前体等化学物质，其组成明确，有一定的质量规格，较易控制。但有的化学物质，由于杂质含量变化，对生产水平也有影响，如碳酸钙中的氧化钙含量高时，就显著影响培养基的 pH 和磷酸盐的含量，对生产是不利的。

2. 水质的影响

培养基是以水为介质的，发酵工业中所用的水，有深井水、地表水、自来水或蒸馏水。配制孢子培养基有时就要用自来水或蒸馏水，而配制发酵培养基一般用深井水，有的工厂还用地表水。水中含的无机离子和其他杂质与环境有关，深井水的水质可因地质情况、水源深度、采水季节及环境条件而不同，地表水的水质受环境污染的影响更大。因此，必须对水质定期化验检查，特别要注意地表水的水质，必要时需经处理后方能使用。

3. 灭菌操作的影响

工业生产中均采用蒸汽灭菌方法杀灭培养基中的有机体。在灭菌过程中，培养基中的营养成分能产生降解或某些化学反应，蒸汽压力越大或灭菌时间越长，营养成分破坏得越多，同时某些营养成分之间的化学反应越强。这将使菌体需要的营养成分减少，同时产生某些对微生物代谢有害的物质，从而影响菌体的生长或某些代谢作用。

4. 其他因素的影响

培养基的 pH 对菌体的生长代谢有较大的影响。在工业上，以改变培养基成分的配比，使在发酵过程中的 pH 变化适合菌种代谢的要求，或者直接用酸或碱进行调节。

另一个影响因素是培养基本身的黏度，特别是用如淀粉、黄豆饼粉、花生饼粉等所配制的培养基比较稠厚，对空气的利用、染菌率的控制以及各项参数的自控都不利，对提取精制也有影响。

6.3 原料的处理

微生物工业的原料多采用一些天然的物质，它们大多是农副产品或其他工业的下脚料，这些原料来源丰富、价格低廉，除含有丰富的碳氮源外，还有维生素和微量元素，具有一定的缓冲能力等，这些都是有利的方面。但是这些原料因为来源和加工不同，其中含有较多的杂质，许多都会对发酵产生不利的影响，因此需要根据具体的情况进行处理。为适于各种微生物利用的情况和要求，需对原料进行处理或者部分处理。

常需进行预处理的包括淀粉质原料、纤维素、糖蜜和亚硫酸纸浆废液等。

6.3.1 原料处理的目的

处理的目的有的是为了获得稳定的成分，有的是为了加速原料的利用，有的是为了除去过多的杂质或某种成分。

发酵工厂在进行生产前，必须先将原料中混杂的泥块、石块、小铁钉、杂草等杂质除去。例如含淀粉质的原料大都是植物的块根或块茎，当从土壤收获起来时，由于收集不够注意，往往混有沙土、杂物，甚至金属等夹杂物。这些杂物特别是铁片、石块等，容易使粉碎机的筛板磨损，使机器发生故障，机械设备的运转部位由于磨损而损坏。还有些杂质会使输料泵、研磨机等设备的内部机械零件遭到损坏，严重影响正常生产。有时遇有大量或大块的杂物时，甚至会堵塞阀门、管路和输料泵，使生产停顿。此外，杂质存在也会对生产中的反应过程产生不良影响。所以在生产前，必须先要经过原料处理。

6.3.2 原料处理的过程

原料的处理过程一般包括预处理、蒸煮、糖化等，预处理主要是粉碎、除杂、过筛等。

在发酵生产中，各种原料都必须先经过粉碎。例如谷物或薯类原料来源的淀粉，都是植物体内的储备物质，常以颗粒状态储备于细胞之中，受植物组织与细胞壁的保护，既不能溶于水，也不易和淀粉水解酶接触。为了使植物组织破坏，淀粉释放，采用机械加工，使之粉碎。把原料进行粉碎后成为粉末原料，其目的是要增加原料受热面积，有利于淀粉颗粒的吸水膨胀、糊化，提高热处理效率，缩短热处理时间。另外，粉末状原料加水混合后容易流动输送。

其次对于一些带壳原料，则必须将原料的皮壳破碎除去，原料中还会混有各种泥块、石块、小铁钉、杂草等杂质，需要人工或机器进行除杂。

原料进行蒸煮前，预先经过粉碎，以增加原料与蒸汽的接触面，提高热处理的效率，原料的粉碎粒度对蒸煮与糖化有很大关系。所以除杂后的物料需要经过振荡筛或者粒度分选机等设备进行筛选，选择适合蒸煮与糖化的物料粒度。原料粉碎度随原料的种类和蒸煮方法的不同而有差异，当采用较高的压力和较高的温度蒸煮时，无论是连续蒸煮还是间歇蒸煮，一般都采用较粗的粒度。相反，在略低的压力和温度下蒸煮时，物料的粒度则要求细些。但是，原料经过粉碎以后，物料的粒度一般要求均匀一些，粒度大小不要相差太大。如果粒度不一致的程度太大，则由于不同粒度的蒸煮条件各不相同，在同一蒸煮条件下，形成物料的糊化程度就会不一致。

薯类、谷类、野生植物等淀粉质原料，吸水后在高温高压条件下进行蒸煮，使植物组织和细胞彻底破裂，原料内含的颗粒，由于吸水膨胀而破坏，使淀粉由颗粒变成溶解状态的糊液，目的是使它易受淀粉酶的作用，把淀粉水解成可发酵性糖。其次，由于原料表面附着大量的微生物，如果不将这些微生物杀死，会引起发酵过程的严重污染，使生产失败。通过高温高压蒸煮后，对原料起到了一定的杀菌作用。

淀粉质原料经过蒸煮，原料内部的淀粉粒膜破裂，内容物流出，变成可溶性淀粉，这一过程叫糊化。整个蒸煮糊化过程，可分两步进行：第一步是淀粉颗粒吸收水分而膨胀，第二步是当加热到一定温度时细胞破裂，内容物流出而糊化。

下面着重介绍淀粉质原料、纤维素、糖蜜和亚硫酸纸浆废液的处理过程。

6.3.3 淀粉质原料的处理

在工业生产中，往往需要使淀粉质原料转化成为短链糊精、寡糖、双糖或者单糖才能为微生物所利用。

6.3.3.1 淀粉的组成和特性

1. 淀粉颗粒的外观

淀粉是一种白色无定形结晶粉末，不溶于冷水和有机溶剂，其内部呈复杂的结晶组织。随原料品种和种类的不同，淀粉颗粒具有不同的形状和大小。形状不规则，大致上可分为圆形、椭圆形和多角形。

一般说来，水分含量高、蛋白少的植物，颗粒较大，形状较整齐，大多为圆形或卵形，如马铃薯、甘薯的淀粉。颗粒较大的薯类淀粉较易糊化，颗粒较小的谷物淀粉相对较难糊化。

2. 淀粉分子的组成

淀粉的本质是由葡萄糖脱水聚合而成的，可以表示为$(C_6H_{10}O_5)_n$。可分为直链淀粉和支链淀粉，直链淀粉通过α-1，4-糖苷键连接。支链淀粉的直链部分通过α-1，4-糖苷键连接，分支点则由α-1，6-糖苷键连接（图 6-1 和图 6-2）。

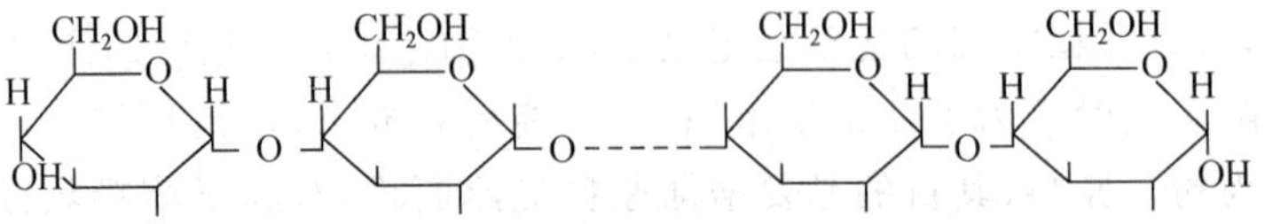

图 6-1 直链淀粉结构图

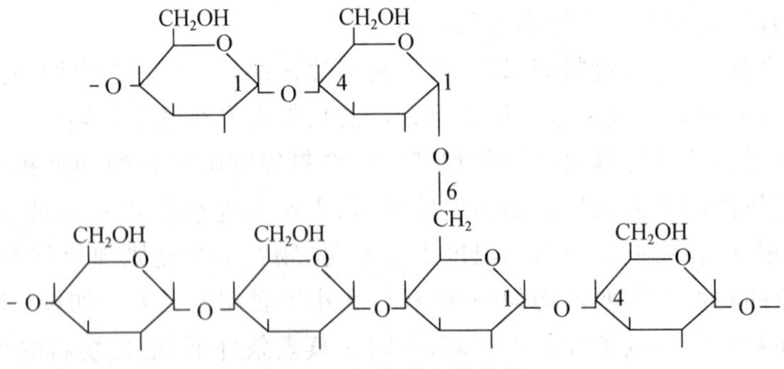

图 6-2 支链淀粉结构图

3. 淀粉的理化性质

淀粉一般呈白色粉末状，在热水中能溶胀。淀粉没有还原性，也没有甜味，不溶于冷水，也不溶于酒精、乙醚等有机溶剂。表 6-3 是直链淀粉与支链淀粉的理化性质比较。

表 6-3 直链淀粉与支链淀粉的比较

比较项目	直链淀粉	支链淀粉
糖苷键	α-1,6-糖苷键	α-1,4-糖苷键,α-1,6-糖苷键
分子质量	小,一般几万	大,可达数百万
聚合度	低 100～6 000	高 1 000～3 000 000
溶解性	胶体	加温加压才溶解
黏度	低	高
遇碘反应	蓝色,络合反应	紫红色,非络合反应

4. 淀粉质的处理

淀粉质原料的处理过程一般如下:先加热糊化,糊化后,继续提高温度使之溶解或液化,最后是水解糖化,生成葡萄糖。

糊化:淀粉在热水中吸收水而膨胀,最后淀粉颗粒破裂,淀粉分子溶于水中形成一种均一的糊状胶体溶液,这就是糊化。淀粉的糊化温度为 72℃。

溶解或液化:淀粉糊化后,如果提高温度至 130℃,由于支链淀粉(几乎)全部溶解,网状结构彻底破坏,淀粉溶液的黏度迅速下降,变为流动性较好的醪液,这种现象称为淀粉的溶解或液化。

糖化:淀粉经糊化、液化后,水解淀粉为葡萄糖的过程称为糖化,所制得的糖液称为淀粉水解糖液。水解的方法一般有酸法、酶法和酸酶结合法等。

利用淀粉质原料制备淀粉要经过粗淀粉的精制过程,除去蛋白质、纤维素、脂类物质、灰分等。精制后的淀粉纯度为 83%～84%。

6.3.3.2 淀粉水解的原理

1. 淀粉的水解反应

淀粉糖化中的反应本质是 α-1,4-糖苷键和 α-1,6-糖苷键被打开,分子量逐渐减小,糖苷键的断裂是随机的。反应趋势是:淀粉→糊精→低聚糖→葡萄糖。

糊精:淀粉经酶法或化学方法水解得到的降解产物,为数个至数十个葡萄糖单位的寡糖和聚糖的混合物。

低聚糖:也称寡糖,指含有 2～10 个糖苷键聚合而成的化合物。最常见的低聚糖是二糖,亦称双糖,是 2 个单糖通过糖苷键结合而成的,如蔗糖、乳糖、麦芽糖。

2. 葡萄糖的复合反应

葡萄糖在热和酸的情况下发生聚合反应,生成异麦芽糖(α-1,6 键结合)、龙胆二糖(β-1,6 键结合)等低聚糖,这就是淀粉水解过程中的葡萄糖的复合反应。反应可逆,可经过再加酸水解一次来提高葡萄糖的利用率。

水解过程常出现葡萄糖的复合反应和分解反应,复合反应是葡萄糖重新聚合成二糖,如龙胆二糖和异麦芽糖,这些是非发酵性糖。

3. 葡萄糖的分解反应

淀粉水解过程中,葡萄糖还会发生较弱的脱水反应,生成 5-羟甲基糖醛,又进一步分解为乙酰丙酸、甲酸等这些物质相互聚合,或与氨基酸聚合,生成有色物质。复合反应和水解反应的强弱与温度、压力、水解时间和葡萄糖浓度有关(图 6-3 和图 6-4)。

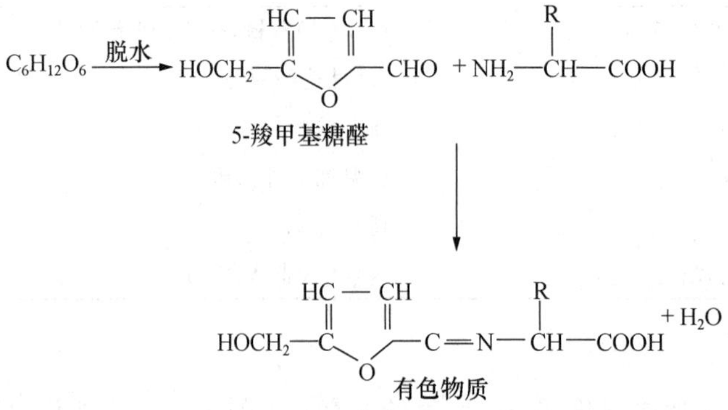

图 6-3　葡萄糖的脱水分解反应

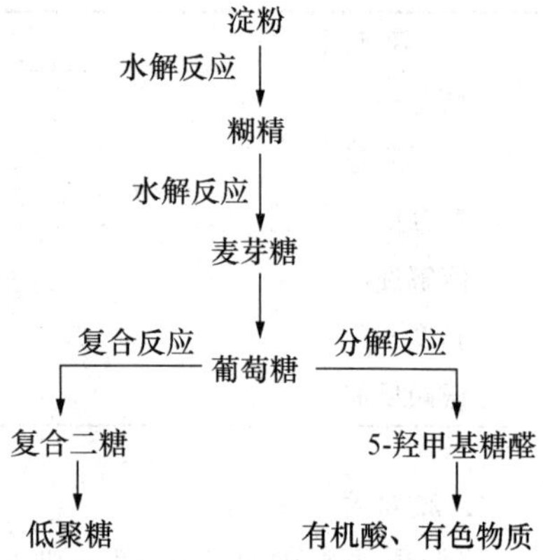

图 6-4　淀粉水解过程中发生的化学反应

6.3.3.3　淀粉质原料的水解方法

目前淀粉质原料普遍采用的糖化方法有酸法、酶法和两者结合的酸酶法。

1. 淀粉的酸法水解

酸解法是淀粉水解糖制备的传统方法,它是在淀粉液中加入无机酸(现在也用有机酸),在高温高压下将淀粉水解为葡萄糖的方法。应用极为普遍,氨基酸工业、核苷酸工业一般都采用酸水解法(图 6-5)。

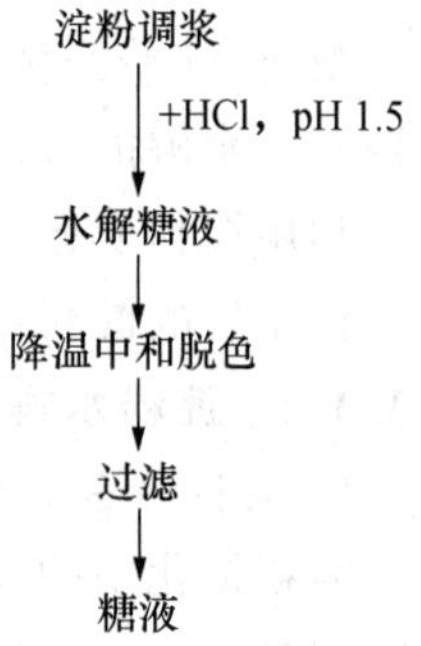

图 6-5　淀粉酸法水解工艺流程

(1)调浆。淀粉通常加水配成一定浓度的淀粉乳(10～12°Bé,即含干淀粉 17.8%～21.8%)。

(2)加酸。盐酸量为干淀粉的 0.5%～0.8%,调 pH 1.0～1.5。

(3)糖化。将淀粉乳压入水解罐,边进料边加热,控制进料速度,并使乳液温度不超过糊化温度,以免结块,温度低些糖的色泽好。进料毕,即升高压力至 2.8～3.0 kg/cm^2,根据淀粉质料和用酸量而保持一定时间,使淀粉水解完全,一般保压时间为 15～30 min,直至糖化完全。淀粉在这种条件下水解所得糖液含糖 16%～20%,糖液的 DE 值达到 90%～92%。

$$DE = \frac{\text{还原糖}}{\text{干物质}} \times 100\%$$

(4)水解糖液冷却、中和脱色和过滤。糖液放出冷至 70℃左右,用纯碱或碱液中和至 pH 4.0～4.5,使蛋白质等胶体沉淀完全。同时添加 0.1%的活性炭脱色,在温度不低于 60℃下进行过滤。

优点:工艺简单、水解时间短、设备生产能力大。

缺点:高温高压以及酸的腐蚀对设备有一定要求;副反应多,影响水解液质量;对原料要求严格,原料淀粉颗粒必须大小均匀,否则水解不均一不彻底;废水难处理。

2. 淀粉的酶法水解

酶解法是先用专一性很强的淀粉酶将原料淀粉水解为糊精和低聚糖,再用糖化酶继续水解为葡萄糖的制糖工艺。酶解法一般分为两步进行:液化和糖化,因为都用到酶,所以又称双酶水解法。

淀粉的酶法水解就是利用 α-淀粉酶和糖化酶等的作用,使淀粉转化为葡萄糖。其工艺过程见图 6-6。

优点:条件温和,设备要求低;酶专一性强,副反应少;淀粉液初始浓度较高,要求较低(颗粒大小可以不均一);糖液颜色浅,较纯净。

缺点:生产周期长(常需要数十个小时),需要专门设备(如培养酶的设备),过滤困难(酶是蛋白质)。但随着酶制剂工业的发展,酶法取代酸法是淀粉水解糖技术发展的必然趋势。

酶对淀粉的水解具有专一性,水解完全,并且没有副反应,水解液葡萄糖纯度很高(DE 值 98%以上),浓度为(25%～30%),效率高,一般比酸法提高 12%,同时用酶水解淀粉代谢产物比较多,酶本身又是蛋白质,水解液的营养丰富。

表 6-4 是淀粉酸法水解与酶法水解的比较。

水解淀粉的酶统称为淀粉酶,主要有 4 种,它们互相结合,使淀粉彻底水解。

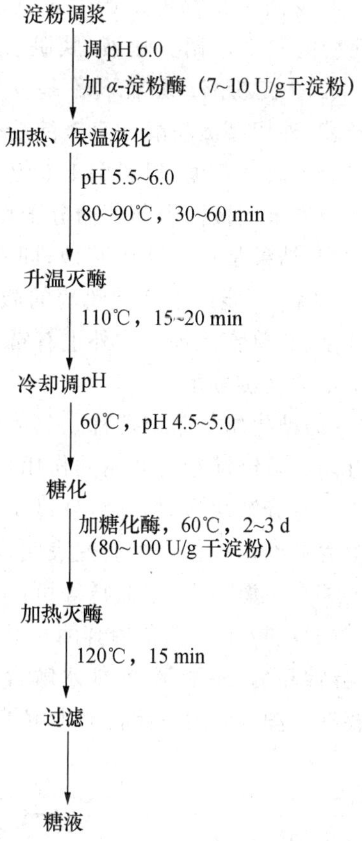

图 6-6　淀粉酶法水解工艺流程

(1)α-淀粉酶。系统名称 α-1,4-葡萄糖-4-葡聚糖水解酶,又称为液化酶。它对直链淀粉的作用是将直链的淀粉分子 α-1,4 键任意地不规则的分解为若干短链的糊精,糊精继续分解,最后反应产物为 13%的葡萄糖及 87%的麦芽糖,但是糊精变为糖的速度是极为缓慢的。α-淀粉酶对支链淀粉的作用是将支链淀粉的 α-1,4 键任意地、不规则地,并能越过 α-1,6 键分解为若干短链,但不能分解其中的 α-1,6 键,而遗留下含有 α-1,6 键的糊精,最后产物为麦芽糖及少量糊精和葡萄糖。淀粉受到 α-淀粉酶的作用后,醪液黏度降低,而且迅速地生成较多的糊精,故称为糊精化作用,或液化作用。

表 6-4　淀粉酸法水解与酶法水解的比较

酸　法	酶　法
葡萄糖值(DE)90%～92%	葡萄糖值(DE)98%以上
含非发酵性糖、NaCl 等杂质,精制较难	糖化液纯度高,易于精制
糖化液具苦味,色深	糖化液不具苦味,色浅
高温、高压	常温、常压
淀粉浆浓度低	淀粉浆浓度高
收率较低,成本较高	收率比酸法提高 10%,成本降低 10%
多次结晶,才能制得纯葡萄糖	可一次结晶制得纯葡萄糖
废液利用率低	废液利用率高
酸用量少,糖化时间短	酶用量大,糖化时间长

不少微生物都可以产生 α-淀粉酶，其中芽孢杆菌和曲霉属中的一些菌株已被利用作为 α-淀粉酶的生产菌。唾液、胰脏、麦芽也含有 α-淀粉酶。

(2)β-淀粉酶。系统名称是 α-1,4-葡聚糖-4-麦芽糖水解酶，其他名称有淀粉-(1,4)-麦芽糖苷酶，外切型淀粉酶。直链淀粉受 β-淀粉酶的作用后生成麦芽糖。支链淀粉在 1,6 键以前可以分解成麦芽糖，但遇到 1,6 键就无法使其分解，故遗留具有 1,6 键的 β 界限糊精。它是从非还原性末端按两个葡萄糖分子切断糖苷键，所以不产生葡萄糖。被 β-淀粉酶所打断的键发生改变，结果是形成 β-麦芽糖，即麦芽糖的半缩醛羟基是 β-构型的(α-淀粉酶产生的麦芽糖仍为 α-构型)。能产生 β-淀粉酶的微生物很少，据报道有多黏芽孢杆菌、巨大芽孢杆菌、蜡状芽孢杆菌、假单胞菌等。此外也有霉菌产 β-淀粉酶的报道。高等植物中如甘薯、大豆、麦芽等含有丰富的 β-淀粉酶。

(3)糖化酶。系统名称 α-1,4-葡聚糖-葡萄糖水解酶，其他名称有葡萄糖淀粉酶、淀粉葡萄糖苷酶。直链淀粉受此酶的作用后，每次切下一个葡萄糖单元，生成葡萄糖，而不生成麦芽糖。对 1,6 键分解缓慢，但却能越过 1,6 键继续水解 1,4 键，这是与 β-淀粉酶不同之处，该酶也能分解麦芽糖。根据许多研究表明，酒精发酵率的高低与糖化剂中葡萄糖产生酶的含量有极密切的关系。黑曲霉，米曲霉等可产生这种酶。

(4)淀粉-1,6-葡萄糖苷酶。系统名称为支链淀粉-6-葡聚糖水解酶，其他名称有界限糊精酶、异淀粉酶、R-酶等，它能水解含 α-1,6 键的糊精而生成葡萄糖。在植物、酵母、细菌、霉菌中都存在。图 6-7 为各淀粉酶水解淀粉示意图。

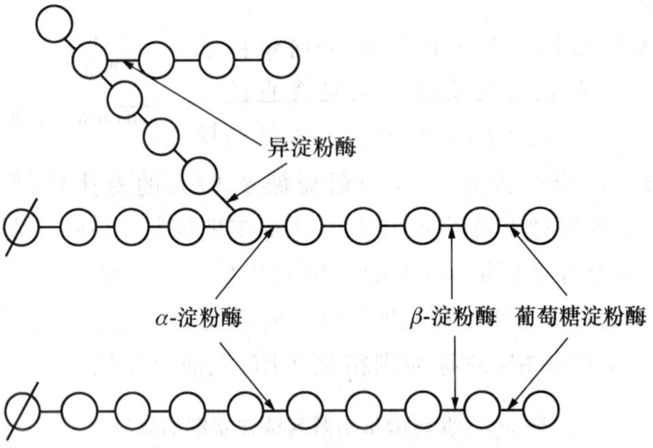

图 6-7　淀粉酶作用示意图

○表示葡萄糖残基；∅表示还原端葡萄糖残基

由于菌种不同，各种淀粉酶的含量也不一样。例如，黄曲霉含有 α-淀粉酶多，含其他 3 种酶少。黑曲霉则含有 α-淀粉酶少，含其他 3 种酶多。虽然黄曲霉及黑曲霉都含有 α-淀粉酶，但性质又不相同，黄曲霉中含的 α-淀粉酶不耐酸，黑曲霉中所含的 α-淀粉酶比较耐酸。细菌中的枯草杆菌富含 α-淀粉酶，且具有耐热性(耐热 75～90℃，有的甚至达到 105℃)。同一种酶由于来源不同，也具有不同的理化性质。不同来源的糖化酶对淀粉的分解限度亦有不同。

由于曲酶中还含有转移葡萄糖苷酶，它将葡萄糖与麦芽糖或葡萄糖与葡萄糖进行 α-1,6-糖苷键结合，生成潘糖和异麦芽糖，这些都是非发酵性糖，所以这种酶对发酵是有害的。

根霉没有转移葡萄糖苷酶。黑曲霉在选育中也以少含转移葡萄糖苷酶作为指标之一，目前有些黑曲霉菌中该酶已非常少。

3. 淀粉的酸酶法水解

该法是结合了酸法和酶法的水解糖制备工艺，兼具两者特点。又可分为酸酶法和酶酸法2种。

(1)酸酶法。先将淀粉用酸水解成糊精和低聚糖，再用糖化酶将其水解为葡萄糖的工艺。有些原料的淀粉，如玉米、小麦的淀粉颗粒坚实，用α-淀粉酶短时间内往往作用不彻底，因此有些工厂就先用酸将淀粉水解到一定程度(DE值约为15%)，再用糖化酶糖化，解决了这一问题。

(2)酶酸法。是先用α-淀粉酶将原料淀粉水解到一定程度，过滤除去杂质后，再用酸完全水解的工艺。该法适用于较粗的原料，如大米淀粉，可以弥补酸法对原料要求较高的缺点，提高原料利用率。

6.3.4 纤维质原料的处理

我国是农业国，据估计每年有10亿吨纤维素物质，全球纤维素物质就更多。除部分作为饲料，大部分没有得到合理利用，如果将一部分有效地转化为发酵工业的原料，意义十分重大。

天然纤维素的平均分子量为$(6\sim10)\times10^7$，基本结构是由原纤维素构成的微纤维束集合而成。原纤维是由15～40根有结晶部和非晶体性构成的纤维分子长链所组成。纤维素的结晶部分是由纤维分子进行非常整齐规则的折叠排列形成。葡萄糖基原游离羟基位置上均已形成氢键，只有在无定型区才有部分游离羟基存在。因此，纤维素的结晶部分比非晶体部分难分解得多。

天然纤维素通常只含有50%～60%纤维素，含有21%～24%的半纤维素，12%～25%的木质素。木质素和半纤维素形成牢固结合层，紧密地包围着纤维素，阻碍酶与纤维素的接触。因此，要提高糖化速度，必须除去木质素，或破坏木质素与半纤维素的结合层。除去木质素之后，纤维素的空隙增大。随着与酶接触的有效比表面积增大而糖化速度明显提高。因此，可以说影响糖化速度的主要因素是结晶度、有效比表面积、内部孔隙及其分布、聚合度等。为了提高糖化速度，促进糖化，破坏结晶构造，脱去木质层的预处理是非常重要的。

6.3.4.1 纤维素的预处理

1. 物理法

有微粉碎处理、蒸煮和爆碎处理以及微波处理法等。

(1)微粉碎处理。用球磨或碾磨将纤维素物质粉碎，然后用纤维素酶处理，在其他条件相同的情况下，糖化效果与粉碎度有关。另外，经粉碎的纤维素粉末具有膨润性，体积小，可以提高基质浓度，以便得到高浓度糖化液，但是粉碎耗能大。

(2)蒸煮和爆碎处理。所谓蒸煮处理，是用150～200℃的饱和水蒸气处理10～20 min，使木质素的α-丙烯乙醚及部分β-丙烯乙醚裂开，破坏木质素和半纤维素的结合层。所谓爆碎处理，是在几十个大气压下，以220～240℃饱和水蒸气瞬间处理几十秒至几分钟后，立即降至常压，使纤维素爆碎松散，空隙增大。

(3)微波处理。微波指在3×10^5 MHz范围的电磁波。需在密封容器中进行，糖化率随温度的升高而升高，处理的温度以210～220℃为宜。

2. 化学处理

臭氧和碱、酸、有机溶剂都有降低结晶度、溶解及脱去木质素的作用。有人对各种化学处理剂通过实验进行选择(处理前,先使原料在 2 mm 以下或过 42～80 目筛),得出如下结论:①在各种化学处理剂中,原料糖化率较高的有 NaOH,醇-NaOH,醇-酸,酸酐-过氧化氢,Na_2S-NaOH,亚硫酸等,其中以 Na_2S-NaOH 复合液处理效果最佳;②酸处理几乎是无效果的,仅仅是伴随着酸糖化而导致糖的生成,其量有限。

另外,以 10%正丁胺回流处理稻草,也取得较好结果,正丁胺可回收 99%,不需水洗,不用酸中和,可直接用于糖化。

3. 微生物处理

很多微生物都能产生木质素分解酶,但活性低,难以得到应用。木腐菌中的白腐菌具有较强的分解木质素能力。最近,关于白腐菌分泌胞外氧化酶将木质素分子的某些键裂开的机制已经清楚。用白腐菌处理比较省能,副产物可回收利用,缺点是培养时间太长。

6.3.4.2 纤维素的糖化处理

纤维素水解的方法很多,如有浓酸水解法、稀酸水解法、酶水解法、固体酸催化水解法、亚临界及超临界水解法等,这里我们就浓酸水解法、稀酸水解法和酶水解法进行简要介绍。

1. 浓酸水解法

指用高浓度酸进行纤维素类物质水解的方法,一般盐酸的使用浓度为 41%～42%,硫酸的使用浓度为 65%～72%,硝酸的使用浓度为 80%～85%。

浓酸水解的原理是:结晶纤维素在较低的温度下可完全溶解于浓酸中,生成含几个葡萄糖单元的低聚糖(主要是纤维四糖)。把此溶液加水稀释再加热,经一定时间后就可把纤维四糖水解为葡萄糖,产率较高。

浓酸水解的特点:效果好,但要消耗大量浓酸,糖的回收率高,最高可达 90%以上。但水解所用的时间长,高浓度的酸对设备的腐蚀严重,环境污染大。

用该方法水解 100 kg 干木柴,浓硫酸消耗量可降到 30 kg。初期生成的葡萄糖,长期与强酸接触,会分解为乙酰丙酸、蚁酸等,使葡萄糖产率降低。

浓硫酸水解的研究比较早,技术较为成熟。但由于浓酸的使用及酸的回收较为困难,限制了该方法的发展。

2. 稀酸水解法

指采用较低的酸浓度,如 2%～5%硫酸,在保温、加压的条件下完成纤维素的水解。

稀酸水解的原理是:溶液中的氢离子对 β-1,4-糖苷键的氧原子进行质子化,然后水分子进攻 α-C 原子而使 β-1,4-糖苷键发生断裂,从而使纤维素分解为糖类物质(图 6-8)。

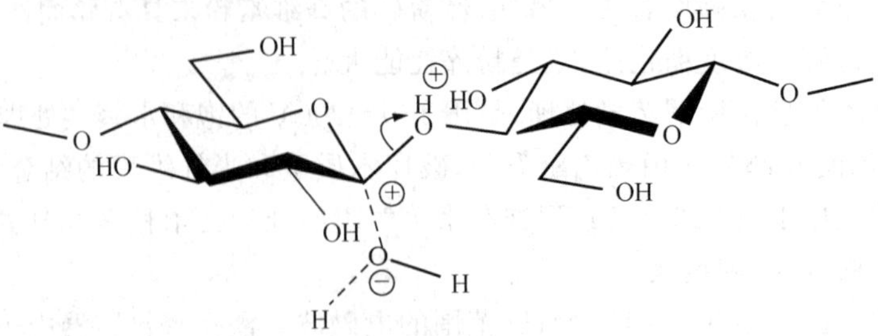

图 6-8 稀酸水解纤维素原理

用稀酸水解纤维素,原料和酸的接触面积越大,则水解效果越好,因此,原料粉碎是必要的。水解完成后要进行中和。水解液中除含有戊糖和己糖外，还含有糠醛、萜烯、甲醇、甲醛、甲酸等挥发性物质和腐殖质、木质素、树脂酸、单宁、糠醛酸、植物性甾醇等非挥发性有机物质，以及游离的硫酸等。

水解完成后需进行中和，工艺如下：

(1)添加石灰乳使 pH 达到 4.6～5.2；

(2)保持水解液在 80～86℃的温度，并通风 1 h，以驱除醛类等挥发性杂质和促进有机胶体下沉；

(3)再添加石灰乳中和使 pH 达到 6.5～6.8，静置澄清，整个过程保持温度 80℃；

(4)添加硫酸亚铁等以除去单宁及其衍生物。

酸水解还可与酶水解结合使用。如将纤维素溶于磷酸溶液，再用盐酸处理，使其呈均匀溶液，此时纤维素已变成葡萄糖和纤维寡糖。接着再用固定化纤维素酶处理，使它完全变成葡萄糖。最后回收溶解纤维素所用的磷酸。

3. 酶水解法

即利用纤维素酶对纤维素类物质进行水解的方法。

纤维素酶是一种多酶体系，目前已发现有 C_1 酶，Cx 及 β-葡萄糖苷酶。C_1 酶是从纤维素长链非还原性末端，以纤维二糖为单位，切割 β-1，4-糖苷键的外切酶。Cx 酶是切断纤维素长链内的任意糖苷键的内切酶。Cx 酶的作用可为 C_1 酶提供更多的非还原性末端。C_1 酶和 Cx 酶单独使用时活性较低，两者混合后活性则提高很多。β-葡萄糖苷酶将纤维素二糖水解成葡萄糖，可解除纤维二糖对 C_1 酶和 Cx 酶的抑制作用。因此，在纤维素的糖化过程中，β-葡萄糖苷酶的不足，往往成为糖化反应的限速因子。

产纤维素酶的微生物相当广泛，细菌、放线菌、霉菌及担子菌类都能产生纤维素酶。但能产生胞外纤维素酶系的种类则主要局限于木霉属(*Trichoderma*)、漆斑菌属(*Myrothecium*)、青霉属(*Penicillium*)等少数丝状真菌。

大多数纤维素酶是诱导产生的，不溶性纤维素是如何诱导纤维素酶的产生是尚未解决的难题。现证明槐糖(2-葡萄糖-β-葡萄糖苷)可以诱导绿色木霉产生纤维素酶。而疣孢漆斑霉(*Myrothecium Verrucaria*)的 Cx 酶是组成酶。许多实验证明，易代谢的碳源可阻遏纤维素酶的合成。因此，选育抗降解物阻遏突变株是改进酶活力的好办法。

用纤维素酶糖化纤维素的最大缺点是糖化速度慢。其原因有 4 方面：①基质纤维素结构的难分解性。②酶活性低，尤其是 β-葡萄糖苷酶活性太低。例如，有一绿色木霉的 C_1 酶活性为 140 U/mg，Cx 酶活性为 2 410 U/mg，而 β-葡萄糖苷酶只有 54 U/mg；③纤维素糖化过程中的生成物——纤维二糖及葡萄糖分别抑制 C_1、Cx 酶及 β-葡萄糖苷酶活性。由于 β-葡萄糖苷酶活性低，使纤维二糖积累，抑制了 C_1、Cx 酶活性。④木糖的积累。木糖由半纤维素水解产生(由于预处理未能除去半纤维素)，当反应液中木糖浓度达到 5%时，木糖对纤维素酶的抑制率可达到 10%。

为了减少纤维二糖、葡萄糖、木糖等的抑制作用，研究者们提出了 2 个解决方案：一是开发管式连续反应器和多段式酶糖化反应器，用此反应器进行间歇式反应时，投料浓度可达到 15%，糖化率达 85%，时间是 24 h。二是设法移去葡萄糖。在酒精发酵中可采用同步糖化发酵(simultaneous saccharification fermentation，简称 SSF)工艺。例如，在酶法糖化的同时，接入能利用木糖的休哈塔假丝酵母(*Candida shehatae*)菌株与酿酒酵母，降低木糖和葡萄糖浓度，减少对纤维素酶的抑制作用，从而提高糖化效率。但可能出现的另一个问题是酶和酵母所需的温度不一致性，要解决这一矛盾，就要筛选出耐高温的产酒精酵母，如一株克鲁维式酵母（*Klwveromy cesmarxianus*）能在48℃生长，与纤维素酶的最适温度50℃相一致。

6.3.5　其他原料的处理

6.3.5.1　糖蜜的处理方法

糖蜜是制糖生产时的结晶母液，是制糖工业的副产物，是主要的发酵工业原料。将提纯的甘蔗汁或甜菜汁熬成带有结晶的糖膏，用离心机分出结晶糖后，所余母液叫“蜜糖”。蜜糖尚含较多蔗糖，可连续熬煮分离多次，最后得到一种母液，无法再熬煮结晶，即为糖蜜。糖蜜含有丰富的糖类物质、含氮物质、无机盐和维生素，总糖可达45%～75%，水分含量18%～36%，粗蛋白质2.5%～8%，粗灰分4%～12.5%，pH 5～7.5。颜色从黄色、棕黄色至暗褐色，略带甜味及糖香，有的带硫黄或焦糖味。糖蜜分甘蔗糖蜜、甜菜糖蜜和葡萄糖蜜。可用作酵母、味精、有机酸等发酵制品的主要碳源物质。糖蜜不仅有糖分，而且含有一定比例的杂质，其中有些是有用的，但是许多会对发酵产生不利的影响。例如，用于谷氨酸发酵，有害物质包括胶体成分、钙盐和生物素，所以，进行发酵时必须经过预处理。

糖蜜预处理过程主要包括澄清处理和脱钙处理，有些发酵中还需要去除生物素。柠檬酸发酵，糖蜜中铁离子含量高会导致异柠檬酸的生成，预处理时需加入黄血盐去除多余的铁离子。

糖蜜的澄清处理，主要目的就是除去其中的灰分和胶体物质。具体澄清方法主要有2种：酸处理法和石灰处理法。

酸处理法的主要工艺流程：

糖蜜稀释（1∶1）→调 pH 至 2.0→加热（95～100℃），20 min→中和（15%石灰乳）→沉淀过滤→澄清液

石灰处理法的主要工艺流程：

糖蜜稀释（1∶1）→调 pH（15%石灰乳）至 7.5→加热（100℃），30 min→酸中和→沉淀过滤→澄清液

两种方法各有优缺点，反应过程中会产生大量不溶性的钙盐，一定要去除彻底，否则影响发酵生产的正常运行。

糖蜜中含有大量的钙盐，虽然澄清处理去除了一些，但一般仍要进行脱钙处理，通常加入一些钙离子沉淀剂以脱钙，如Na_2SO_4、Na_2CO_3、Na_2SiO_3、Na_3PO_4、草酸、草酸钾等。例如，以纯碱（Na_2CO_3）进行脱钙，向糖蜜中加入4%的纯碱，稀释到30%，80℃加热30 min，沉淀过滤，糖蜜中的钙盐浓度可以降低到0.02%～0.06%。

6.3.5.2　亚硫酸纸浆废液的处理方法

亚硫酸纸张废液中含有戊糖和己糖，可作为微生物繁殖利用。但必须除去SO_2、亚硫酸盐、糠醛等杂质。亚硫酸纸浆废液处理的主要工艺流程如下：

（1）加温通风1 h，以驱除其中的挥发性物质和SO_2。

（2）添加石灰乳调节 pH 至 4.5～5.0，保持温度 80℃，并继续通风。

（3）为除去单宁等杂质，可添加亚硫酸铁，并继续通风 1～2 h，则可驱除 56%～87%的SO_2，32%～41%的糠醛，43%～71%的甲醛，45%～64%的有机挥发酸。

（4）中和液维持 80～85℃，再添加石灰乳使 pH 为 6.5～6.8，使醛基和亚硫酸的结合物分

解，并加入硫酸铵。

(5)中和结束后，静置 24 h 吸取上清液，过滤后冷却备用。

6.3.5.3 酒糟的处理方法

酒糟，别名红糟、酒醅糟等，是米、麦、高粱等酿酒后剩余的残渣。

酒糟营养丰富，含有多种有机化合物、B 族维生素和纤维素等，是一种良好的微生物培养原料，只要在酒糟中加入适当的辅料，就能适合多种微生物的生长，既可以解决微生物的生产成本，又可以解决环境污染问题。

酒糟除了含有戊糖、己糖外，还含有对微生物生长不利的醇类、醛类和酸性物质，例如糠醛、有机酸、单宁等，特别是有机酸类物质较多，对于微生物发酵影响较大，使用前必须进行处理，杂质的去除方法与亚硫酸纸浆废液处理的主要工艺流程基本相同。

6.4 培养基的设计与筛选

发酵工业培养基的设计、原料处理和配制是发酵工程的重要操作单元之一。

6.4.1 培养基的选择

首先必须做好调查研究工作，了解菌种的来源、生活习惯、生理生化特性和一般的营养要求。表 6-5 是四大类微生物的典型培养基。

表 6-5 四大类微生物的典型培养基

微生物类型	常用培养基名称	培养及成分/(g/L)
自养型细菌	化学合成	碳源：空气中 CO_2；氮源：$(NH_4)_2SO_4$ 0.04；无机盐类：粉状硫 1，$MgSO_4 \cdot 7H_2O$ 0.05，KH_2PO_4 0.4，$FeSO_4 \cdot 7H_2O$ 0.001，$CaCl_2$ 0.025；pH：2.0～4.0
异养型细菌	牛肉膏蛋白胨培养基	碳源：牛肉膏 0.5；氮源：蛋白胨 1.0；无机盐类：NaCl 0.5；生物素：牛肉膏中；pH：7.0～7.2
放线菌	高氏一号培养基	碳源：可溶性淀粉 2.0；氮源：KNO_3 0.1；无机盐类：KH_2PO_4 0.05，NaCl 0.05，$MgSO_4 \cdot 7H_2O$ 0.05，$FeSO_4 \cdot 7H_2O$ 0.001；pH：7.0～7.2
	PDA 培养基	碳源：葡萄糖 2.0；其他营养成分均存在于 20%马铃薯煮出汁中，pH 自然
酵母菌	麦芽汁、米曲汁、豆芽汁	各种营养成分均存在于汁中，pH 自然
霉菌	察氏培养基	碳源：蔗糖 3.0；氮源：$NaNO_3$ 0.3；无机盐类：KH_2PO_4 0.1，KCl 0.05，$MgSO_4 \cdot 7H_2O$ 0.05，$FeSO_4 \cdot 7H_2O$ 0.001；pH：4.0～6.0
	麦芽汁、米曲汁、豆芽汁	各种营养成分均存在于汁中，pH 自然
	PDA 培养基	碳源：葡萄糖 2.0；其他营养成分均存在于 20%马铃薯煮出汁中，pH 自然

工业生产主要应用细菌、放线菌、酵母菌和霉菌 4 大类微生物。它们对营养的要求既有共性,也有各自的特性,应根据不同类型微生物的生理特性考虑培养基的组成。

其次,对生产菌种的培养条件,生物合成的代谢途径,代谢产物的化学性质、分子结构、一般提炼方法和产品质量要求等也需要有所了解,以便在选择培养基时做到心中有数。

最好先选择一种较好的化学合成培养基做基础,开始时先做一些摇瓶试验,然后进一步做小型发酵罐培养,摸索菌种对各种主要有机碳源和氮源的利用情况和产生代谢产物的能力。

注意培养过程中的 pH 变化,观察适合于菌种生长繁殖和代谢产物形成的两种不同 pH,不断调整配比来适应上述各种情况。

6.4.2 工业发酵培养基原料的选择

完善的培养基设计是实验室试验、工厂试验和生产规模放大中的一个重要步骤。培养基是否适合于菌体的生长或累积代谢产物,对终产品得率的影响非常大。培养基设计中,应考虑的问题很多,如是否能满足微生物的生长和积累代谢产物的需求、产品来源是否廉价广泛、是否利于产物的分离纯化等,主要包括以下方面:

(1)必须提供合成微生物细胞和发酵产物的基本成分。

①做出细胞生长和产物形成的化学计算的平衡:碳源和能源+氮源+其他需要→细胞+产物+CO_2+H_2O+热量。

通过计算可以获得生产一定数量的细胞时所需要的营养物的最低数量。在了解一定数量的生物体所能生产出的产物的数量后,就有可能计算出形成产物时所需的底物数量。但生物合成过程非常复杂,仅仅依靠计算是不可能获得准确数字的。

②组成微生物的元素包括 C、H、O、N、S、P、Mg 和 K(表 6-6),这些元素都要在方程式中予以平衡。

表 6-6 细菌、酵母和霉菌的元素组成 按干重%计

元素	细菌	酵母	霉菌
碳	50～53	45～50	40～63
氢	7	7	—
氮	12～15	7.5～11	7～10
磷	2.0～3.3	0.8～2.0	0.4～4.5
硫	0.2～1.0	0.01～0.24	0.1～0.5
钾	1.0～4.5	1.0～4.0	0.2～2.5
钠	0.5～1.0	0.01～0.1	0.02～0.5
钙	0.01～1.1	0.1～0.3	0.1～0.4
镁	0.1～0.5	0.1～0.5	0.1～0.5
氯	0.5	—	—
铁	0.02～0.2	0.01～0.5	0.1～0.2

细菌(Lurfa,1980;Herbert,1976;Aiba 等,1973);酵母(Aiba 等,1973;Herbert,1976);霉菌(Lilly,1965;Aiba,1973)

在培养基中有些元素的含量往往超过需要量,如 P 和 K。而其他元素含量则接近最低

值，如 Zn、Cu 等。在许多培养基中增加磷酸盐浓度，其用意是增加培养基的缓冲容量，这一点，在设计培养基时要引起注意。

③有些微生物不能合成的特定营养物，如氨基酸、维生素或核苷酸，需要在培养基中加入适量的纯净的化合物或含有该物质的混合物。

④有些发酵产物，如抗生素等，除了配制培养基以外，还要通过中间补料法，一方面初始培养基中的碳及氮的代谢予以适当的控制，另一方面间歇添加各种养料和前体类物质，引导发酵走向合成产物的途径。

(2)根据经济效益选择培养基原料。考虑经济节约，尽量少用或不用粮食，努力节约用粮，或以其他原料代粮。

①糖类是主要的碳源。碳源的代用方向主要是寻找植物淀粉、纤维水解物，以废糖蜜代替淀粉、糊精和葡萄糖，以工业葡萄糖代替食用葡萄糖。

②有机氮源的节约和代替主要为减少或代替黄豆饼粉、花生饼粉、食用蛋白胨和酵母粉等含有丰富蛋白质的原料。代用的原料可以是棉籽饼粉、玉米浆、蚕蛹粉、酒糟等，以及各种食品工业下脚料等。这些代用品大多蛋白质含量丰富，氮源充足，价格低廉，便于就地取材，方便运输。

(3)有利于减少培养基原料的单耗，即提高单位营养物质所合成产物数量或最大产率。

(4)有利于提高培养基和产物的浓度，以提高单位容积发酵罐的生产能力。

(5)有利于提高产物的合成速度，缩短发酵周期。

(6)尽量减少副产物的形成，便于产物的分离纯化。

(7)所用原料尽可能减少对发酵过程中通气搅拌的影响，利于提高氧的利用率，降低能耗。

(8)有利于产品的分离纯化，并尽可能减少产生“三废”的物质。

6.4.3 培养基的优化

微生物发酵的培养基，各营养物质配比，以及它们之间的相互作用是非常微妙的。一株优良菌株，要使其潜力充分发挥出来，培养基的优化是必不可少的重要步骤。由于发酵培养基成分众多，各因素间存在交互作用，很难建立理论模型从理论上进行推导。若进行全面实验，优化工作量大且复杂。一般来说，培养基优化实验总是先从简单的单因素试验开始，逐步过渡到复杂的多因素试验。每一种优化试验设计都有它的优点和缺点，优化试验不可能经过几次试验就得以完成。

6.4.3.1 单因素试验

单因素试验是一种简单的优化方法。这种方法是通过一次改变一个因素，而其他因素保持不变，逐个因素进行考察的优化方法。如发酵培养基可用的碳源物质有淀粉、葡萄糖、糖蜜、各种小分子的糖等。究竟哪种碳源物质是最适的，我们可以设计培养基的其他成分不变，每一个处理只加入一种碳源物质，根据试验结果确定最佳的碳源。

单因素试验毕竟是一个初步的实验，培养基中的各因素间存在交互作用是显而易见的，所以采用多因素试验优化培养基是必然的。

6.4.3.2 正交试验

正交设计是一种研究多因素试验的方法。它利用一套规格化的正交表，仅挑选部分有代表性的水平组合进行试验，通过表格化计算，统计分析试验结果，从中找出较优的处理组合。

正交试验设计均衡分散性好，有很强的代表性，对试验结果能进行有效的比较。

正交试验的步骤大致如下：

(1)首先是确定试验的因素和水平。如需要确定玉米粉(2%、3.5%、5.0%)、麸皮(1%、2%、3%)和磷酸氢二钾(0.05%、0.10%、0.15%)对菌丝产量的影响，确定哪一个组合的培养基配比最利于菌丝体生长。这是一个3因素3水平的试验，如果把全部的试验组合都进行的话，按照排列组合为$3^3=27$个试验组合。

(2)根据因子和水平数选用合适的正交表。如可利用正交表$L_9(3^4)$安排试验组合。其中"L"代表正交表；L右下角的数字"9"表示有9个试验数目(9行)，括号内的底数"3"表示因素的水平数，括号内3的指数"4"指的因素数，即用这张正交表最多可以安排4因素3水平的试验。常用的正交表已由数学工作者制定出来，供进行正交设计时选用。

(3)根据正交表给出的试验方案，进行试验。

首先，确定每种实验组合的检测标准量，即正交实验表头设计(表6-7)。

表6-7 正交试验表头设计 %

水平	玉米粉	麸皮	磷酸氢二钾
1	2.0	1.0	0.05
2	3.5	2.0	0.10
3	5.0	3.0	0.15

然后根据$L_9(3^4)$正交表(表6-8)的方案，确定每一个试验的玉米粉、麸皮和磷酸氢二钾的用量。

表6-8 $L_9(3^4)$正交表 %

试验号	玉米粉	麸皮	磷酸氢二钾	其他
1	1	1	1	1
2	1	2	2	2
3	1	3	3	3
4	2	1	2	3
5	2	2	3	1
6	2	3	1	2
7	3	1	3	2
8	3	2	1	3
9	3	3	2	1

如试验1，玉米粉是2.0%，麸皮用量是1.0%，磷酸氢二钾用量是0.05%；试验2，玉米粉是2.0%，麸皮用量是2.0%，磷酸氢二钾用量是0.10%；依此类推。

按正交表的要求完成试验，以菌丝干重评价试验效果(表6-9)，统计分析。

(4)对实验结果进行分析。根据实验结果可以进行直观分析和方差分析，直观分析的方法如下：

表 6-9 $L_9(3^4)$正交试验结果表

试验号	玉米粉/%	麸皮/%	磷酸氢二钾/%	其他	菌丝干重/(1/100 mL)
1	2.0	1.0	0.05		1.681
2	2.0	2.0	0.10		1.891
3	2.0	3.0	0.15		2.011
4	3.5	1.0	0.10		2.434
5	3.5	2.0	0.15		2.960
6	3.5	3.0	0.05		3.028
7	5.0	1.0	0.15		3.616
8	5.0	2.0	0.10		3.628
9	5.0	3.0	0.05		3.253
K1	5.583	7.731	7.962		
K2	8.422	8.479	7.953		
K3	10.497	8.292	8.587		
k1	1.861	2.577	2.654		
k2	2.807	2.826	2.651		
k3	3.499	2.764	2.862		
R	1.638	0.249	0.211		

分别对每次实验各因素的一水平的实验结果求和，即 K1；再对每次实验各因素的二水平的实验结果求和，即 K2；再对每次实验各因素的三水平的实验结果求和，即 K3。分别求出各因素各水平结果的平均值，即 K1/3、K2/3、K3/3。分别要找出平均值最大值与最小值之间的差值 R，根据 R 的大小，可以判断各因素对实验结果的影响大小。

从实验结果可以看出，玉米粉 5.0%、麸皮 2.0%、磷酸氢二钾 0.10%是最优配比。从 R 值可以看出它们对生物量的影响：玉米粉＞麸皮＞磷酸氢二钾。

方差分析方法请参考相关书籍。

6.4.3.3 其他

除单因素试验和正交试验外，多种优化方法已用于发酵培养基的优化。如在众多因素中需要确定重要因素可采用 Plakett-Burman 设计法，或限制性随机平衡法(restricted random balance design)。确定因素的最佳水平除可采用正交设计外，还可采用响应面分析法、均匀设计等。其中正交设计、均匀设计和响应面法在微生物的培养基优化中应用最为普遍。

均匀设计(uniform design)是在数论方法的基础上提出来的一种实验设计方法。均匀设计舍弃了正交设计中交互作用的考虑，相对于正交试验，均匀设计更经济。均匀设计的基础思想是舍弃“齐全可比”的要求，通过提高试验点“均匀分散”的程度，使试验点具有更好的代表性，使得能用较少的试验获得较多的信息。

响应曲面法(response surface methodology)是 Box 和 Wilson 等在 20 世纪 50 年代提出来的，它是在统计学和数学基础上建立起来的。它能用最经济的方式、很少的实验数量对实验进行函数化分析，采用回归分析建立因子与响应值之间的关系。从而可以对因素之间的关系进行精确的阐释，从而实现对实验方案的预测和优化。

6.5 培养基的灭菌

6.5.1 分批灭菌

分批灭菌又称为间歇灭菌，就是将配制好的培养基全部输入到发酵罐内或其他装置中，通入蒸汽将培养基和所用设备加热至灭菌温度后维持一定时间，再冷却到接种温度，这一工艺过程也称为实罐灭菌。分批灭菌过程包括升温、保温和冷却等 3 个阶段。图 6-9 是培养基分批灭菌过程中温度变化情况。

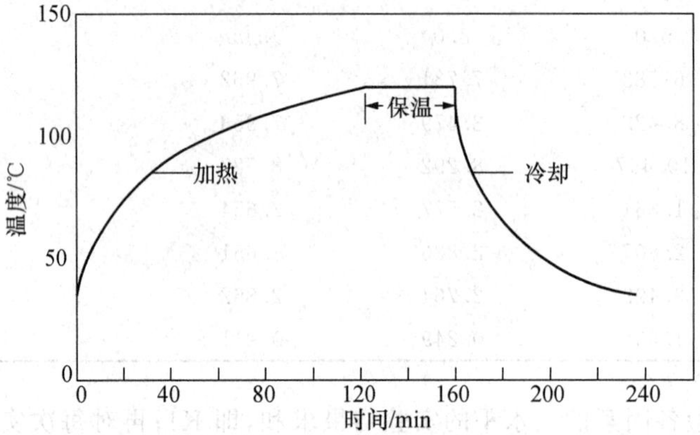

图 6-9 培养基分批灭菌过程中的温度变化

在培养基灭菌之前，通常应先将与罐相连的分空气过滤器用蒸汽灭菌并用空气吹干。分批灭菌时，先将输料管路内的污水放掉冲净，然后将配制好的培养基用泵送至发酵罐（种子罐或补料罐）内，同时开动搅拌器进行灭菌。灭菌前先将各排气阀打开，将蒸汽引入夹层或蛇管进行预热，当罐温升至 80～90℃，将排气阀逐渐关小。这段预热时间是为了使物料溶胀和受热均匀，预热后再将蒸汽直接通入到培养基中，这样可以减少冷凝水量。当温度升到灭菌温度 121℃，罐压为 1×10^5 Pa（表压）时，打开接种、补料、消泡剂、酸、碱等管道阀门进行排汽，并调节好各进汽和排汽阀门的排汽量，使罐压和温度保持在一定水平上进行保温。生产中通常采用的保温时间为 30～60 min。在保温的过程中应注意凡在培养基液面下的各种入口管道都通入蒸汽，即"三路进汽"，蒸汽从通风口、取样口和出料口进入罐内直接加热；而在液面以上的管道口则应排放蒸汽，即"四路出汽"，蒸汽从排气、接种、进料和消沫剂管排汽，这样做可以不留灭菌死角。保温结束时，先关闭排汽阀门，再关闭进汽阀门，待罐内压力低于无菌空气压力后，立即向罐内通入无菌空气，以维持罐压。在夹层或蛇管中通冷水进行快速冷却，使培养基的温度降至所需温度。分批灭菌的进汽、排汽及冷却水管路系统如图 6-10 所示。

分批灭菌不需要其他设备，操作简单易行，规模较小的发酵罐往往采用分批灭菌的方法。主要缺点是加热和冷却所需时间较长，增加了发酵前的准备时间，也就相应地延长了发酵周期，使发酵罐的利用率降低。所以大型发酵罐采用这种方法在经济上是不合理的。同时，分批灭菌无法采用高温短时间灭菌，因而不可避免地使培养基中营养成分遭到一定程度的破坏。但是对于极易发泡或黏度很大难以连续灭菌的培养基，即使对于大型发酵罐也不得不采用分批灭菌的方法。

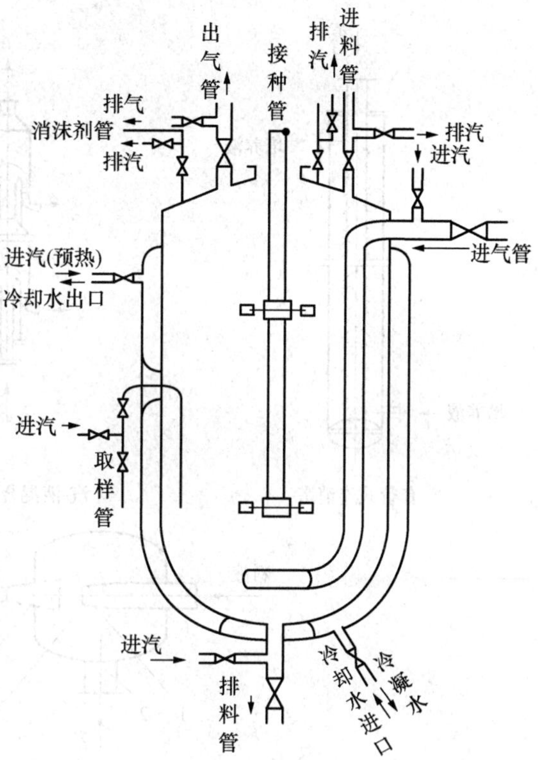

图 6-10　分批灭菌的进汽、排汽及冷却水管路系统

6.5.2　连续灭菌

在培养基的灭菌过程中，除了微生物的死亡外，还伴随着培养基营养成分的破坏，而分批灭菌由于升降温的时间长，所以对培养基营养成分的破坏大，而以高温、快速为特征的连续灭菌可以在一定程度上解决这个问题。连续灭菌时，培养基可在短时间内加热到保温温度，并且能很快地被冷却，保温时间很短，有利于减少培养基中营养物质的破坏。连续灭菌是将培养基通过专门设计的灭菌器，进行连续流动灭菌后，进入预先灭过菌的发酵罐中的灭菌方式，也称之为连消。图 6-11 是连续灭菌的基本流程。

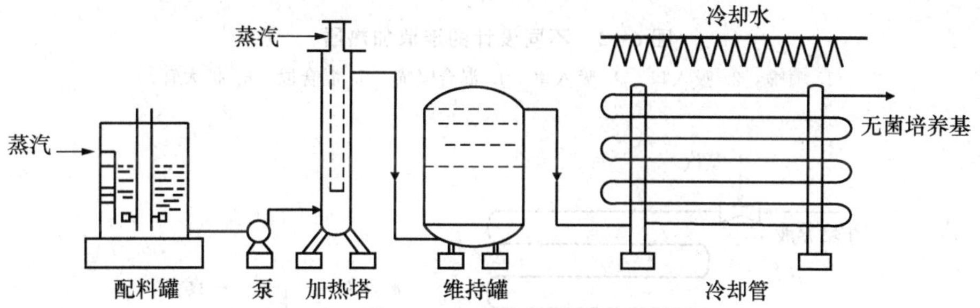

图 6-11　培养基连续灭菌的基本流程

连续灭菌是在短时间加热使料液温度达到灭菌温度 126～132℃，在维持罐中保温 5～8 min，快速冷却后进入事先已经灭菌的发酵罐中。

连续灭菌的主要设备是连消的加热器(连消塔等)，有多种的设计(图 6-12)。

连消加热器加上维持、冷却设备组成连续灭菌过程，图 6-13 为喷射加热连续灭菌流程。由喷射加热、管道维持、真空冷却组成。蒸汽直接喷入加热器与培养基混合，使培养基温度急速上升到预定灭菌温度，在灭菌温度下的保温时间由维持管道的长度来保证。灭菌后培养基通过膨胀阀进入真空冷却器急速冷却。此流程由于受热时间短，因而不致引起培养基的严重破坏，并能保证培养基先进先出，避免过热或灭菌不彻底的现象。要注意其真空系统要求严格密封，以免重新污染。

图 6-14 为薄板换热器(加热或冷却)连续灭菌流程。在此流程里，培养基在设备中同时完

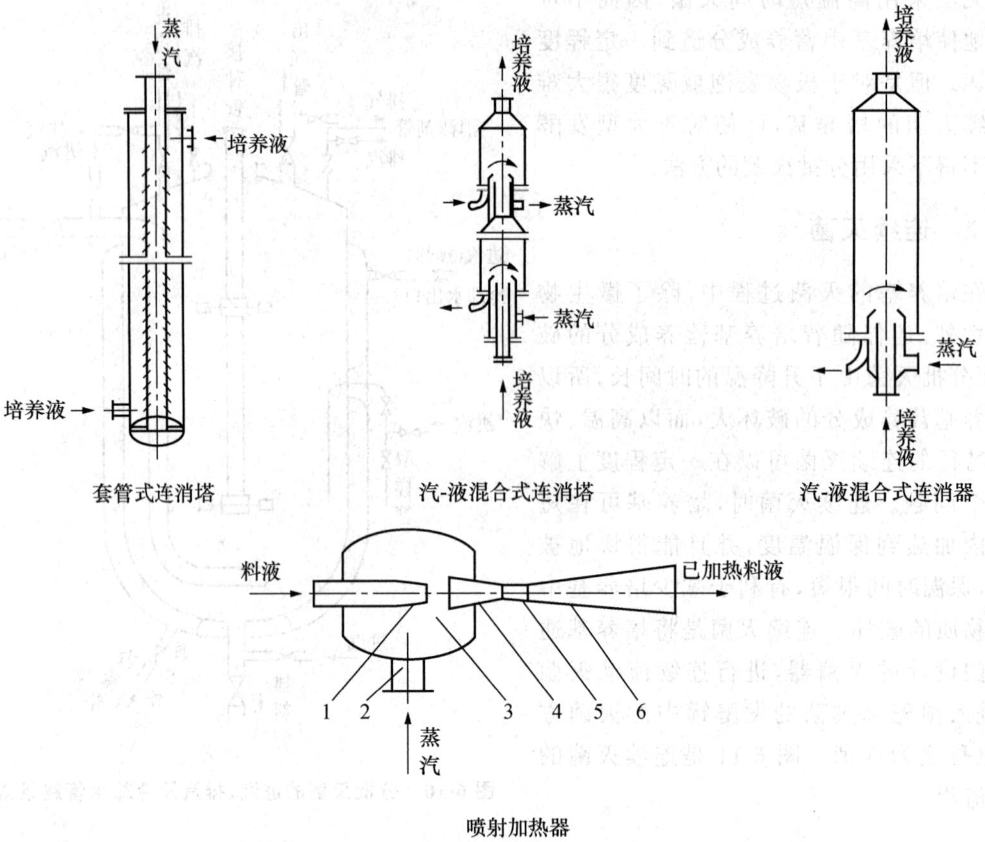

图 6-12　不同设计的连消加热器

1. 喷嘴　2. 吸入口　3. 吸入室　4. 混合喷嘴　5. 混合段　6. 扩大管

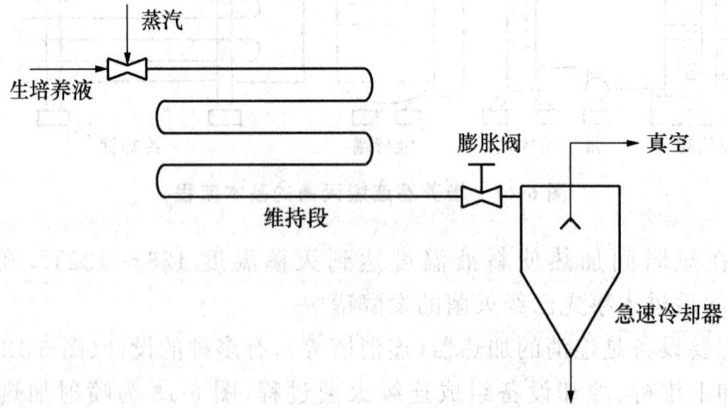

图 6-13　喷射加热与真空冷却连续灭菌流程

成预热、灭菌及冷却过程，蒸汽加热段使培养基温度升高，经维持段保温一段时间，然后在薄板换热器的另一段冷却。虽然加热和冷却所需时间比使用喷射式连续灭菌稍长，但灭菌周期则比间歇灭菌小得多。由于生培养基的预热过程也是灭菌过的培养基的冷却过程，所以节约了蒸汽及冷却水的用量。

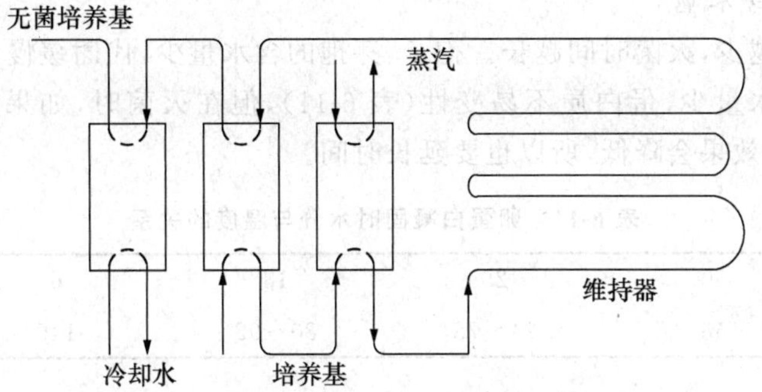

图 6-14 薄板换热器与余热回收连续灭菌流程

6.5.3 影响培养基灭菌的因素

培养基要达到较好的灭菌效果受多种因素的影响，主要表现在以下几个方面：

1. 培养基成分

培养基中的油脂、糖类和蛋白质会增加微生物的耐热性，使微生物的受热死亡速率变慢，这主要是因为有机物质会在微生物细胞外形成一层薄膜，影响热的传递，所以灭菌温度就应提高或延长灭菌时间。例如，大肠杆菌在水中加热至 60～65℃ 即死亡。在 10％糖液中，需 70℃，4～6 min。在 30％糖液中，需 70℃，30 min。但灭菌时，对灭菌效果和营养成分的保持都应兼顾，即使培养基彻底灭菌又要尽可能减少培养基营养成分的破坏。相反培养基中高浓度的盐类、色素会减弱微生物细胞的耐热性，一般较易灭菌。

2. 培养基成分的颗粒度

培养基成分的颗粒越大，灭菌时蒸汽穿透所需的时间越长，灭菌难，颗粒小，灭菌容易。一般对小于 1 mm 颗粒的培养基，可不必考虑颗粒对灭菌的影响，但对于含有少量大颗粒及粗纤维培养基的灭菌，特别是存在凝结成团的胶体时会影响灭菌效果，则应适当提高灭菌温度或过滤除去。

3. 培养基的 pH

pH 对微生物的耐热性影响很大。微生物一般在 pH 6.0～8.0 时最耐热，pH＜6.0，氢离子易渗入微生物细胞内，从而改变细胞的生理反应促使其死亡。培养基 pH 愈低，灭菌所需的时间愈短。培养基的 pH 与灭菌时间的关系见表 6-10。

表 6-10 培养基的 pH 与灭菌时间的关系

温度/℃	孢子数/（个/mL）	灭菌时间/min				
		pH 6.1	pH 5.3	pH 5.0	pH 4.7	pH 4.5
120	10 000	8	7	5	3	3
115	10 000	25	25	12	13	13
110	10 000	70	65	35	30	24
100	10 000	340	720	180	150	150

4. 微生物细胞含水量

微生物含水量越少，灭菌时间越长。孢子、芽孢的含水量少，代谢缓慢，要很长时间的高温才能杀死。因为含水量少，蛋白质不易变性（表6-11），但在灭菌时，如果是含水量很高的物品，高温蒸汽的穿透效果会降低，所以也要延长时间。

表 6-11 卵蛋白凝固时水分与温度的关系

水分/%	50	25	18	6	0
凝固温度/℃	56	74～78	80～92	145	160～170

5. 微生物性质与数量

各种微生物对热的抵抗力相差较大，细菌的营养体、酵母、霉菌的菌丝体对热较为敏感，而放线菌和霉菌孢子、芽孢等对热的抵抗力较强。处于不同生长阶段的微生物，所需灭菌的温度与时间也不相同，繁殖期的微生物对高温的抵抗力要比衰老时期抵抗力小得多，这与衰老时期微生物细胞中蛋白质的含水量低有关。在同一温度下，微生物的数量越多，则所需的灭菌时间越长，因为微生物在数量比较多的时候，其中耐热个体出现的机会也越多，表6-12为培养基中不同数量的微生物孢子在105℃下灭菌所需的时间。天然原料尤其是麸皮等植物性原料配成的培养基，一般含菌量较高，而用纯化学试剂配制成的合成培养基，含菌量低。

表 6-12 培养基中微生物孢子在105℃灭菌时所需的时间

培养基中微生物孢子数/(CFU/mL)	9	9×10^2	9×10^4	9×10^6	9×10^8
105℃灭菌所需时间/min	2	14	20	36	48

6. 冷空气排除情况

高压蒸汽灭菌的关键问题是为热的传导提供良好条件，而其中最重要的是使冷空气从灭菌器中顺利排出。因为冷空气导热性差，阻碍蒸汽接触欲灭菌物品，并且还可减低蒸汽分压使之不能达到应有的温度。如果灭菌器内冷空气排除不彻底，压力表所显示的压力不单是罐内蒸汽的压力，还有空气的分压，罐内的实际温度低于压力表所对应的温度，造成灭菌温度不够（表6-13）。检验灭菌器内空气排除度，可采用多种方法。最好的办法是灭菌锅上同时装有压力表和温度计。

表 6-13 空气排除程度与温度的关系

蒸汽压力/atm	罐内实际温度/℃				
	未排除空气	排除1/3空气	排除1/2空气	排除2/3空气	完全排除空气
0.3	72	90	94	100	109
0.7	90	100	105	109	115
1.0	100	109	112	115	121
1.3	109	115	118	121	126
1.5	115	121	124	126	130

注：$1\ atm=1.01\times10^5 Pa$

7. 泡沫

在培养基灭菌过程中，培养基中产生的泡沫对灭菌很不利，因为泡沫中的空气形成隔热层，使热量难以渗透进去，不易杀死其中潜伏的微生物。因而无论是分批灭菌还是连续灭菌，对易起泡沫的培养基均需加消泡剂，以防止或消除泡沫。

8. 搅拌

在灭菌的过程中进行搅拌是为了使培养基充分混匀，不至于造成局部过热或灭菌死角，在保证不过多的破坏营养物质的前提下达到彻底灭菌的目的。搅拌只在预热时开，当向罐中进蒸汽时，应关闭搅拌。

第7章 空气除菌

绝大多数工业发酵均是利用好氧微生物进行纯种培养，无论是生长还是合成代谢产物都需要消耗大量的溶解氧，用于基质同化、菌体生长和产物代谢。这些氧气的来源是空气，但空气中含有各种各样的微生物，它们一旦随空气进入发酵液，便会在适合的条件下大量繁殖，并与目的微生物竞争性消耗培养基中的营养物质，产生各种副产物，从而干扰、破坏预定发酵的正常进行，严重的会使发酵彻底失败，造成严重的经济损失。

空气除菌不彻底是发酵染菌的主要原因之一。例如一个通气量为 40 m^3/min 的发酵罐，一天所需的空气量高达 5.75×10^4 m^3，假如所用的空气中含菌量 10^4 个/m^3，那么一天将有 5.75×10^8 个微生物细胞进入发酵罐，那么多的杂菌带入，完全可以导致发酵失败。因此空气的除菌就成为好氧发酵工程上的一个重要环节。

空气除菌的方法很多，如过滤除菌、热杀菌、静电除菌、辐射杀菌等，各种除菌方法的除菌效果、设备条件、经济指标各不相同。实际生产中所需的除菌程度要根据发酵工艺而定，既要避免染菌，又要尽量简化除菌流程，以减少设备投资和正常运转的动力消耗。如酵母培养过程中，无菌程度要求不严格，采用离心式鼓风机通风就可以满足。而一些氨基酸、抗生素等的发酵，耗氧量大，无菌程度要求也严格，并要求有一定的温度和压力，空气必须经过严格的处理后才能通入发酵罐。

7.1 发酵对无菌空气的要求及空气除菌的方法

7.1.1 发酵对无菌空气的要求

空气主要是由 N_2、O_2、CO_2、惰性气体、水蒸气以及悬浮在空气中的尘埃等组成的混合物。通常微生物在固体或液体培养基中繁殖后，很多细小而轻的菌体、芽孢或孢子会随水分的蒸发、物料的转移被气流带入空气中或黏附于灰尘上随风飘浮。它们在空气中的含量和种类随地区、高低、季节、空气中尘埃多少和人们的活动情况而变化。一般寒冷的北方比暖和、潮湿的南方含菌量少，离地面越高含菌量越少，农村比工业城市空气含菌量少。空气中的微生物以细菌和细菌芽孢为主，也有酵母、霉菌、放线菌和噬菌体。据统计一般城市的空气中含菌量为 $10^3\sim10^4$ CFU/m^3。

不同的发酵工业生产中，由于所用菌种的生产能力强弱、生长速度的快慢、发酵周期的长短、产物的性质、培养基的营养成分和 pH 的差异等，对所用的空气质量有不同的要求。其中，空气的无菌程度是一项关键指标。如酵母培养过程,因它的培养基是以糖源为主,能利用无机氮源,有机氮比较少,适宜的 pH 较低,在这种条件下,一般细菌较难繁殖,而酵母的繁殖速度较快,在繁殖过程中能抵抗少量的杂菌影响,因而对空气无菌程度的要求不如氨基酸、抗生素发酵那么严格。而氨基酸与抗生素发酵因周期长短不同,对无菌空气的要求也不同。总的来说,影响因素比较复杂,需要根据具体的工艺情况而决定。发酵工业生产中应用的"无菌空气"是指通过除菌处理使空气中含菌量降低到零或极低,从而使污染的可能性降低至极小。一般按染菌率为 10^{-3} 来计算,即 1 000 次发酵周期所用的无菌空气只允许 1 次染菌。

对不同的生物发酵生产和同一工厂的不同生产区域(环节),应有不同的空气无菌度的要求。空气无菌程度用空气洁净度来表示,空气洁净度是指洁净环境中空气含尘(微粒)量多少的程度,含尘浓度高则洁净度低,含尘浓度低则洁净度高。空气洁净度的具体高低是用空气洁净度级别来区分的,而这种级别又是用操作时间内空气的计数含尘量(就是单位容积空气中所含某种大小微粒的数量)来表示的,也就是从某一个低的含尘浓度起到不超过另一个高的含尘浓度为止,这一含尘浓度范围定为某一个空气洁净级别。我国参考美国、日本等的标准也提出了空气洁净级别(表 7-1)。

表 7-1 环境空气洁净度等级

生产区分类	洁净级别/级①	每升空气中 ≥0.5 μm 尘粒数	每升空气中 ≥5 μm 尘粒数②	菌落数/皿③
控制区	100 000 级	≤3 500	≤25	≤10
	10 000 级	≤350	≤2.5	≤3
洁净区	1 000 级	≤35	≤0.25	≤2
	100 级	≤3.5	0	≤1

注:①洁净室空气洁净度等级的检验,应以动态条件下测试的尘粒数为依据。②对于空气洁净度为 100 级的洁净室内 ≥5 μm 尘粒的计算应进行多次采样。当其多次出现时,方可认为该测试数值是可靠的。③9 cm 双碟露置 0.5 h,37℃培养 24 h。

发酵使用的无菌空气除对空气的无菌程度有要求外,还要充分考虑空气的温度、湿度与压力。

要准确测定空气中的含菌量来决定过滤设备或查定经过过滤的空气含菌量(或无菌程度)是比较困难的,一般采用培养法和光学法测定其近似值。前者在微生物学中已有介绍,后者系用粒子计数器通过微粒对光线的散射作用来测量粒子的大小和含量。这种仪器可以测量空气中直径为 0.3～0.5 μm 微粒的各种浓度,比较准确,但它只是微粒观念,不能反映空气中活菌的数量。

7.1.2 空气除菌的方法

空气除菌就是除去或杀灭空气中的微生物。破坏微生物体活性的方法很多,如辐射杀菌、加热杀菌、化学药物杀菌,都是将有机体蛋白变性而破坏其活力。而静电吸附和介质过滤除菌的方法是把微生物的粒子用分离的方法除去。

空气净化的方法有辐射杀菌、静电除菌、热杀菌和过滤除菌。

7.1.2.1 辐射杀菌

辐射杀菌技术是指利用电磁射线、加速电子照射被杀菌的对象从而杀死微生物的一种杀菌技术。从理论上来说,α 射线、β 射线、γ 射线、紫外线、超声波等从理论上都能破坏蛋白质等生物活性物质，从而起到杀菌作用。辐射灭菌目前仅用于一些器皿表面的灭菌及有限空间内空气的灭菌，对大规模空气的灭菌还不能采用此种方法。

7.1.2.2 静电除菌

此种除菌方法是化工、冶金等工业生产中净化空气使用的方法，在发酵工业中也可使用。静电除菌的特点是能量消耗少，处理 1 000 m^3 的空气每小时只耗电 0.2～0.8 kW，空气的压头损失小（400～2 000 Pa），对于 1 μm 的尘埃捕集效率可达 99%以上，但是设备庞大，属高压技术。

静电除菌原理是使空气中的灰尘成为载电体，然后将其捕集在电极上，通过这种静电引力吸附带电粒子而达到除菌除尘的目的。悬浮于空气中的微生物，其孢子大多带有不同的电荷，没有带电荷的微粒进入高压静电场时都会被电离成带电微粒，但对于一些直径很小的微粒，它所带的电荷很小，当产生的引力等于或小于气流对微粒的作用力或微粒布朗扩散运动的动量时，则微粒不能被吸附而沉降，所以静电除尘灭菌对很小的微粒效率较低。

静电除菌装置分为电离区和捕集区。电离区的作用是使空气中的微生物微粒被电离而带上正电荷，它是由一系列等距平行且接地的极板构成，极板之间是用钨丝或不锈钢丝构成的放电线。在放电线上通入 10 kV 的直流电压，与接地板之间就会形成电位梯度很强的不均匀电场。这样空气在通过时，它所带的微生物微粒就会带上正电荷。而捕集区的作用是吸附带电的微粒。捕集区是由高压极板和接地极板构成，它们交错排列、间隔较窄，并且与气流方向平行。在高压极板上加 5 kV 的直流电压，极板之间就会形成一个均匀电场。当气流和带电微粒通过时，由于受到库仑力的作用，带电微粒产生一个向负极板移动的速度，虽然气流向正极板拖带，但是带电微粒的合速度仍然是向负极板移动，最终吸附在极板上。通过这样一个电离及吸附的过程，空气中的微生物微粒就可以被除去（图 7-1）。

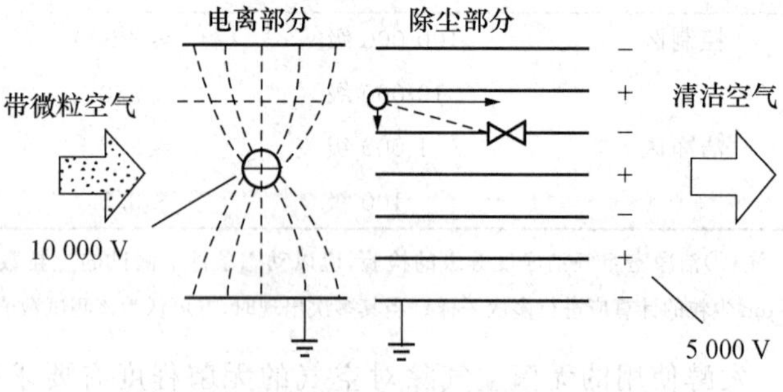

图 7-1 静电除尘示意图

用静电除菌进行空气净化，阻力小（约 10 kPa）、耗电少。但由于极板间距小、电压高，要求极板很平直，安装间距均匀才能保证电场电势均匀，达到较好的除菌效果。另外使用该方法一次性的投资费用大。常用于洁净工作台，洁净工作室所需无菌空气的第一次除尘，配合高效过滤器使用。

7.1.2.3 热杀菌

空气加热杀菌与培养基加热灭菌，都是用加热法把杂菌杀死，但两者在本质上稍有区别。空气加热杀菌属于干热杀菌，是基于加热后微生物体内的蛋白质（酶）氧化变性而致死亡。培养基灭菌则是湿热灭菌，是利用蛋白质（酶）的凝固作用而致使菌体死亡。热杀菌是有效的、可靠的杀菌方法，但是如果采用蒸汽或电热来加热大量的空气，以达到杀菌目的，则要消耗大量的能源和增加大量的换热设备，这是十分不经济的。利用空气压缩时放出的热量进行保温杀菌，这就比较经济（图 7-2）。空气进口温度若为 21℃，空气的出口温度为 187～198℃，压力为 0.7 MPa。热杀菌的流程通常是先经预热，例如把空气预热到 60～70℃（一般可用低温热源加热，如利用废热），然后进入压缩机压缩，并在 200℃以上的温度下维持一段时间，以便杀死杂菌，再进入发酵罐。为了改善维持段的保温、杀菌效果和使空气在维持段内有足够的停留时间，维持装置也常采用容器或多程列管换热器的形式，其中以多程列管换热器的效果最佳。

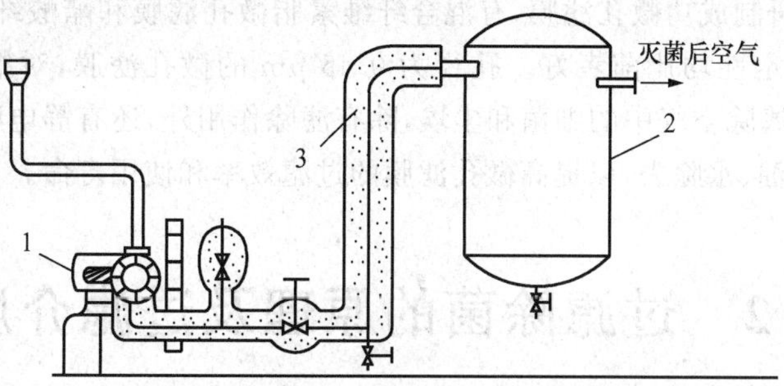

图 7-2　热杀菌流程

1. 空气压缩机　2. 贮罐　3. 保温维持管

若是空气经压缩后温度升高用于灭菌是完全可行的，对制备大量无菌空气具有特别的意义。但在实际应用时，对培养装置与空气压缩机的相对位置，连接压缩机与培养装置之间的管道的灭菌以及管道的长度等问题都必须加以考虑。采用热杀菌装置时，还应装空气冷却器，排除冷凝水，以防止在管道设备死角积聚而造成杂菌繁殖的场所。在进入发酵罐前应加装分过滤器以保证安全，但采用这样系统的压缩机能量消耗会相应增大，压缩机耐热性能要增加，它的零部件也要选用耐热材料加工。

以上空气除菌、杀菌的方法中，加热杀菌可以杀灭难以用过滤除去的噬菌体。但用蒸汽或电加热费用较高，无法用于处理大量空气。利用空气压缩热杀菌技术，由于是干热杀菌，必须维持一定时间的高温。压缩空气的压力应维持一定的压力，压缩空气的压力越高，消耗的动力也就越大，同时保温时需要较大的维持管道等，经济上不是十分合理。静电除菌一般除菌效率在85%～99%，除菌效率达不到无菌要求，只能作为初步除菌，因此至今工业上的空气除菌几乎都是采用过滤除菌。

7.1.2.4　过滤除菌

过滤除菌法是让含菌空气通过过滤介质以阻截空气中所含微生物，而取得无菌空气的方法。通过过滤处理的空气可达无菌，并有足够的压力和适宜的温度以供耗氧培养过程之用。该法是目前广泛用来获得大量无菌空气的常规方法。常用的过滤介质有棉花，活性炭，玻璃纤维，有机合成纤维，有机、无机和金属烧结材料等。由于被过滤的微生物粒子很小，一般只有0.5～2 μm，而过滤介质的材料一般孔隙直径都是微粒直径的几倍到几十倍，因此过滤机理比较复杂。同时，由于空气在压缩过程带入的油雾和水蒸气冷凝的水雾影响，使过滤的因素变化更多。过滤除菌按其机制不同而分为绝对过滤和深层过滤。绝对过滤是利用微孔滤膜，其孔隙小于0.5 μm，甚至小于0.1 μm(一般细菌大小为1 μm)，将空气中的细菌除去，主要特点是过滤介质孔隙小于或大大小于被过滤的微粒直径。深层过滤又分为2种：一种是以纤维(棉花、玻璃纤维、尼龙等)或颗粒状(活性炭)介质为过滤层，这种过滤层比较深，其空隙一般大于50 μm，即远大于细菌，因此这种除菌不是真正意义上的过滤作用，而是靠静电、扩散、惯性和阻截等作用将细菌截留在滤层中。另一种是用超细玻璃纤维(纸)、石棉板、烧结金属板、聚乙烯醇、聚四氟乙烯等为介质，这种滤层比较薄，但是孔隙仍大于0.5 μm，因此仍属于深层过滤的范畴。

绝对过滤易于控制过滤后空气质量，节约能量和时间，操作简便，它是多年来受到国内外科学工作者注意和研究的问题。它是采用很细小的纤维介质制成，介质空隙小于 0.5 μm，如纤维素脂微孔滤膜(孔径≤0.5 μm，厚度 0.15 nm)、聚四氟乙烯微孔滤膜(孔径 0.2 μm 或 0.5 μm、孔率 80%)。我国也已研制成功微孔滤膜，有混合纤维素脂微孔滤膜和醋酸纤维素微孔滤膜，后者的热稳定性和化学稳定性均比前者好。孔径为 0.45 μm 的微孔滤膜，对细菌的过滤效果可达 100%，微孔滤膜用于滤除空气中的细菌和尘埃，除有滤除作用外，还有静电吸附作用。在空气过滤之前应将空气中的油、水除去，以提高微孔滤膜的过滤效率和使用寿命。

7.2 过滤除菌的原理及过滤介质

7.2.1 过滤除菌的原理

以棉花、玻璃纤维、尼龙等纤维类或者活性炭作为介质填充成一定厚度的过滤层，或者将玻璃纤维、聚乙烯醇、聚四氟乙烯、金属烧结材料制成过滤层，其介质间的空隙度大于被滤除的尘埃或微生物。那么悬浮于空气中的微生物菌体何以能被过滤除去呢？当气流通过滤层时，基于滤层纤维的层层阻碍，迫使空气在流动过程中出现无数次改变气流速度大小和方向的绕流运动，从而使微生物微粒与滤层纤维间产生撞击、拦截、布朗扩散、重力及静电引力等作用，将其中的尘埃和微生物截留在介质层内，达到过滤除菌的目的。图 7-3 所示为过滤时各种除菌机理的示意图。

7.2.1.1 惯性截留作用

过滤器中的滤层交织着无数的纤维，并形成层层网格，随着纤维直径的减小和填充密度的增大，所形成的网格也就越细致、紧密，网格的层数也就越多，纤维间的间隙就越小。当含有微生物颗粒的空气通过滤层时，空气流仅能从纤维间的间隙通过，由于纤维纵横交错，层层叠叠，迫使空气流不断地改变它的运动方向和速度大小。空气中的微粒在运动中与气流具有一致的方向，当达到某一速度时，微粒具有了一定的惯性力。鉴于微生物颗粒的惯性大于空气，因而当空气流遇阻而绕道前进时，微生物颗粒不能及时改变它的运动方向，其结果便将撞击纤维并被截留于纤维的表面。图 7-4 表示的是一条纤维对气流的影响。

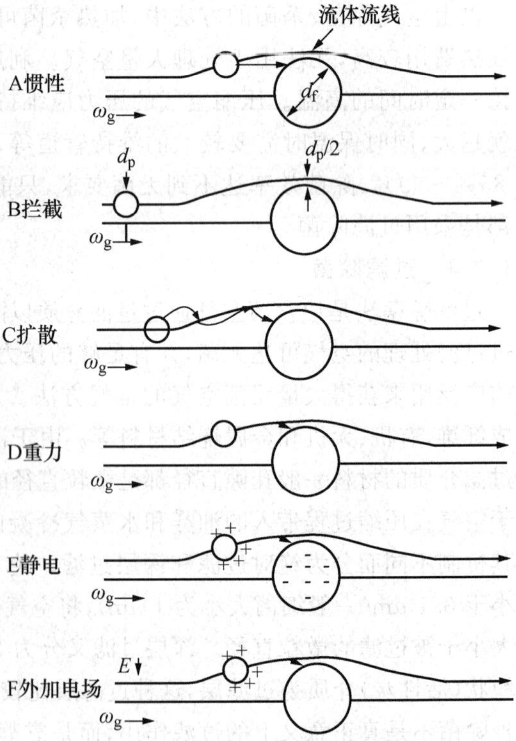

图 7-3 过滤除菌时各种除菌机理示意图

d_f. 纤维直径 d_p. 颗粒直径

ω_g. 空气流速 E. 电场强度

图 7-4 中纤维能滞留微粒的宽度区域 b 与纤维直径 d_f 之比，称为单纤维的惯性撞击捕获效率 η_1：

$$\eta_1 = \frac{b}{d_f} \tag{7-1}$$

纤维滞留微粒的宽度 b 的大小由微粒的运动惯性所决定,微粒的运动惯性越大,它受气流换向干扰越小,b 值就越大。同时实践证明,捕获效率是微粒惯性力的无因次准数 φ 的函数:

$$\eta_1 = f(\varphi) \tag{7-2}$$

准数 φ 与纤维的直径、微粒的直径、微粒的运动速度的关系为:

$$\varphi = \frac{c p_p d_p v_0}{18 \mu d_f} \tag{7-3}$$

式中:c—层流滑动修正系数;

v_0—微粒(即空气)的流速(m/s);

d_f—纤维直径(m);

d_p—微粒直径(m);

p_p—微粒密度(kg/m^3);

μ—空气黏度(N・s/m^2)。

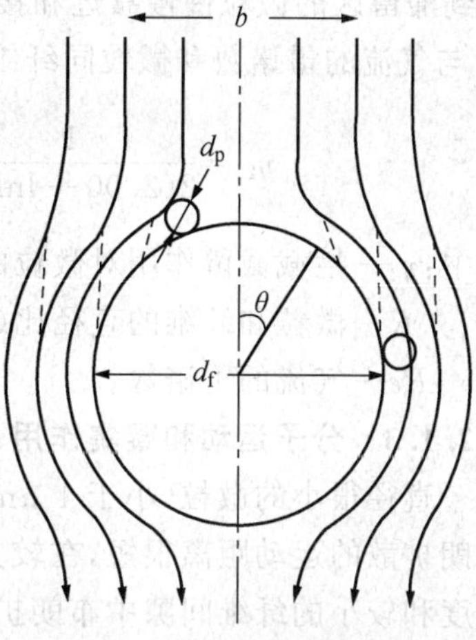

图 7-4 单纤维空气流线图

d_f. 纤维直径 d_P. 颗粒直径

b. 气流宽度

—空气流线 ┈颗粒流线

由式(7-3)可见,空气流速是影响捕获效率的重要参数。惯性撞击截流作用的大小取决于颗粒的动能和纤维的阻力,其中尤以气流的流速显得更为重要。惯性力与气流流速成正比,当空气流速过低时惯性撞击截留作用很小,甚至接近于零。当空气的流速增大时,惯性撞击截留作用起主导作用。

7.2.1.2 拦截滞留作用

在一定条件下,空气速度是影响截留速度的重要参数,改变气流的流速就是改变微粒的运动惯力。通过改变气流速度,可以使惯性截留作用接近于零,此时的气流速度称为惯性截留的临界气流速度(V_C)。临界速度与纤维直径 d_f、微粒直径 d_p、气体物理性质有关。空气温度为 20℃,微粒重度 γ_p = 1.0 g/cm^3 时,各种直径纤维的空气流速的临界速度见图 7-5。气流速度在临界速度以下,微粒不能因惯性截留于纤维上,截留效率显著下降,但实践证明,随着气流速度的继续下降,纤维对微粒的截留作用又回升,说明有另一种机理在起作用。

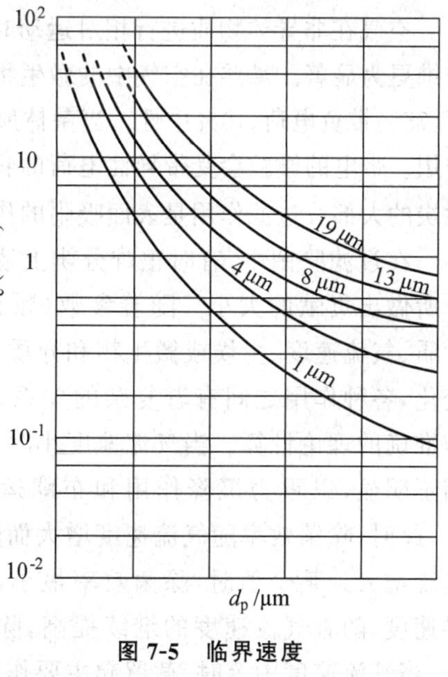

图 7-5 临界速度

因为微生物微粒直径很小,质量很轻,它随气流流动慢慢靠近纤维时,微粒所在主导气流流线受纤维所阻改变流动方向,绕过纤维前进,并在纤维的周边形成一层边界滞留区。滞留区的气流流速更慢,进到滞留区的微粒慢慢靠近和接触纤维而被黏附截留。这种拦截滞留作用对微粒的捕获效率η_2与气流的雷诺数和微粒同纤维的直径比的关系为：

$$\eta_2=\frac{1}{2(2.00-\ln Re)}\left[2(1+R)\ln(1+R)-(1+R)+\frac{1}{1+R}\right] \tag{7-4}$$

式中：η_2—拦截截留作用对微粒的捕集效率；

R—微粒和纤维的直径比($R=d_p/d_f$)；

Re—气流的雷诺数。

7.2.1.3　分子运动和凝集作用

直径很小的微粒(小于1 μm)在很慢的气流中能产生不规则的直线运转称为布朗扩散。布朗扩散的运动距离很短，在较大的气速、较大的纤维间隙中是不起作用的，但在很慢的气流速度和较小的纤维间隙中布朗扩散作用大大增加微粒与纤维的接触滞留机会。假设微粒扩散运动的距离为x，则离纤维表面距离小于等于x的气流微粒会因为扩散运动而与纤维接触，截留在纤维上。由于布朗扩散截留作用的存在，往往使较小的微粒凝集为较大的微粒，大大增加了纤维的截留效率。

扩散作用捕集效率可用拦截作用捕集效率的经验公式计算，但其中微粒的直径则应以扩散距离代入计算，故得下式：

$$\eta_3=\frac{1}{2(2.0-\ln Re)}\left[2\left(1+\frac{x}{d_f}\right)\ln\left(1+\frac{x}{d_f}\right)-\left(1+\frac{x}{d_f}\right)+\frac{1}{1+\frac{x}{d_f}}\right] \tag{7-5}$$

式中：η_3—布朗扩散运动捕集效率；

x—微粒扩散运动的最大距离(m)。

7.2.1.4　静电吸附作用

空气在非导体物质进行相对运动时，由于摩擦会产生诱导电荷，特别是纤维和树脂处理过的纤维更为显著。悬浮在空气中的微生物颗粒大多带有不同的电荷，如枯草杆菌孢子15%带正电荷，75%带负电荷，10%中性。当菌体所带的电荷与介质所带的电荷相反时，就会发生静电吸引作用。带电的微粒会受带异性电荷的物体吸引而沉降。此外表面吸附也归属于这个范畴，如活性炭的大部分过滤作用是表面吸附的作用。

在过滤除菌中，有时很难分辨上述各种机理各自所做出贡献的大小。随着参数(颗粒性质、介质性质、气流速度、尘埃或微生物和介质所带电荷)的变化，各种作用之间有着复杂的关系，目前还未能作准确的理论计算。当气流速度小时，惯性截留作用不明显，以重力沉降作用和布朗运动的作用为主，此时，除菌效率随气流速度增大而降低，当气流速度增大到某个值时，除菌效率最小，此时达到临界速度，随着气流速度的继续提高，除菌效率又提升；当气流速度中等时，截留起主要作用(图7-6)。

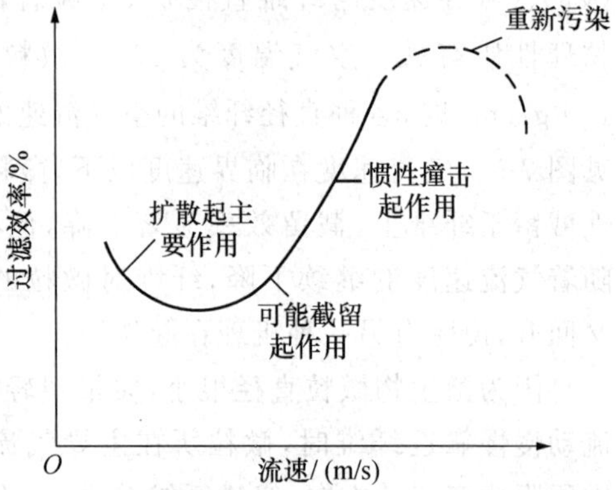

图7-6　过滤效率与空气流速的关系

7.2.1.5 沉降作用

重力沉降起到一个稳定的分离作用，当微粒所受的重力大于气流对它的拖带力时微粒就沉降。就单一的重力沉降情况来看，大颗粒比小颗粒作用显著，对于小颗粒只有气流速度很慢才起作用。一般它是配合拦截截留作用的，即在纤维的边界滞留区内微粒的沉降作用提高了拦截截留的效率。

7.2.2 过滤介质

过滤介质是过滤除菌的关键，它的好坏不但影响到介质的消耗、过滤过程动力消耗、操作劳动强度、维护管理等，而且决定设备结构、尺寸，还关系到运转过程的可靠性。过去一直采用棉花纤维或玻璃纤维结合活性炭使用，由于缺点很多，故近年来很多研究者正致力于新过滤介质的研究和开发，并已获得一定成绩。例如超细玻璃纤维、各种合成纤维、微孔烧结材料和微孔超滤膜等各种新型过滤介质，正在逐渐取代原有的棉花-活性炭过滤介质，而得到开发应用。下面对各种过滤介质做简要介绍。

1. 棉花

棉花是最早使用的过滤介质，棉花随品种的不同，过滤性能有较大的差别，一般选用细长纤维且疏松的新棉花为过滤介质，同时是未脱脂的棉花（脱脂棉花易于吸水而使体积变小），压缩后仍有弹性。选用棉花纤维的直径为16～20 μm，长度适中，2～3 cm，实重度为1 520 kg/m³，填充率为8.5%～10%。装填时要分层均匀铺放，最后压紧，装填密度以150～200 kg/m³ 为宜。装填均匀是最重要的一点，必须严格做到，否则将会严重影响过滤效果。为了使棉花装填平整，可先将棉花弹成比筒稍大的棉垫后再放入过滤器内。

2. 玻璃纤维

作为散装填充过滤器的玻璃纤维，需选用无碱的，实重度 2 600 kg/m³，填充密度 130～280 kg/m³，一般直径为 8～19 μm，而纤维直径越小越好，但由于纤维直径越小，其强度越低，很容易断碎而造成堵塞，增大阻力。因此填充系数不宜太大，一般采用 6%～10%，它的阻力损失一般比棉花小。如果采用硅硼玻璃纤维，则可得到较细直径（0.5 μm）的高强度纤维。玻璃纤维的过滤效率随填充密度和填充厚度增大而提高（表 7-2）。玻璃纤维填充的最大缺点是：更换过滤介质时易造成碎末飞扬，使皮肤发痒，甚至出现过敏现象。

表 7-2 玻璃纤维的过滤效率

纤维直径/μm	填充密度/(kg/m³)	填充厚度/cm	过滤效率/%
20	72	5.08	22
18.5	224	5.08	97
18.5	224	10.16	99.3
18.5	224	15.24	99.7

3. 活性炭

活性炭有非常大的表面积，通过吸附作用捕集微生物。通常采用小圆柱体的颗粒活性炭，直径 3 mm，长 5～10 mm，实重度为 1 140 kg/m³，填充密度为 470～530 kg/m³，填充率为 44%。要求活性炭质地坚硬，不易被压碎，颗粒均匀，填充前应将粉末和细粒筛去。因其粒子间空隙很大，故阻力很小，仅为棉花的1/12，但它的过滤效率很低。目前常与棉花联合使用，即在两层棉花中夹一层活性炭，以降低滤层阻力。活性炭的好坏还决定于它的强度和表面积，表面积小，则吸附性能差，过滤效率低。强度不足，则很容易破碎，堵塞孔隙，增大气流阻力，它的用量约为整个过滤层的1/3～1/2。

4. 石棉滤板

石棉滤板是采用20%的蓝石棉和80%的纸浆纤维混合打浆而成。由于纤维直径比较粗，纤维间隙比较大，虽然滤板较厚(3～5 mm)，但过滤效率还是比较低，只适宜用于分过滤器。其特点是湿强度较大，受潮时也不易穿孔或折断，能耐受蒸汽反复杀菌，使用时间较长。

5. 超细玻璃纤维纸

这种纤维系用无碱玻璃纤维制成，直径仅1～2 μm，纤维特别细小，不宜散装填充，而采用造纸的方法做成0.25～1 mm厚的纤维纸。它所形成的网格空隙为0.5～5 μm，比棉花小10～15倍，故具有高的过滤效率。超细玻璃纤维纸属于高速过滤介质。在低速过滤时，它的过滤机理以拦截扩散作用机理为主。当气流速度超过临界速度时，属于惯性冲击，气流速度越高，效率越高。生产上操作的气流速度应避开效率最低的临界气速。

超细玻璃纤维滤纸虽然有较高的过滤效率，但由于纤维细短，强度很差，容易受空气冲击而破坏，特别是受湿以后，这样细短的纤维间隙很小，水分在纤维间因毛细管表面力作用，使纤维松散，强度大大下降。为增加强度可采用树脂处理，用树脂处理时要注意所用树脂的浓度，树脂过浓，则会堵塞网格小孔，降低过滤效率和增加空气的阻力。一般只用2%～5%的2124酚醛树脂的95%酒精溶液进行浸渍、搽抹或喷洒处理，这可提高机械强度，防止冲击穿孔，还能湿润。如果同时采用硅酮等疏水剂处理可防湿润，强度更大。采用加厚滤纸可提高强度，同时也可提高过滤效率，但增大了过滤阻力。

目前，国内多数都是多层复合使用超细纤维滤纸，目的是增加强度和进一步提高过滤效果。但实际上过滤效果并无显著提高，虽是多层使用，但滤层间并无重新分布空气的空间，故不可能达到多层过滤的要求。紧密迭合的多层滤纸，形成稍厚的超细纤维滤垫，过滤效果不但没有提高，反而大大增加压力损失。

超细纤维滤纸的一个很大的弱点就是抗湿性能差，一旦滤纸受潮，强度和过滤效率就会明显下降。目前已研制成JU型除菌滤纸，它是在制纸过程中加入适量疏水剂处理，起到抗油、水、蒸汽等作用。这种滤纸还具有坚韧、不怕折叠，抗湿强度高等特点，同时又具有很高的过滤效率和较低的过滤阻力等优点。

6. 烧结材料

烧结材料过滤介质种类很多，有烧结金属(蒙太尔合金、青铜等)、烧结陶瓷、烧结塑料等。制造时用这些材料微粒末加压成型，使其处于熔点温度下黏结固定，由于只是表面粉末熔融黏结，内部粒子间的间隙仍得以保持，故形成的介质具有微孔通道，能起到微孔过滤的作用。

目前我国生产的蒙乃尔合金粉末烧结板(或烧结管)是由钛锰合金金属粉末烧结而成，具有强度高、寿命长、能耐高温、使用方便等优点。它的过滤性能与孔径大小有关，而孔径又随粉末的粒度及烧结条件而异，一般为5～10 μm(汞压法测定)，过滤效果中等。

7.3 过滤除菌的工艺流程及相关设备

7.3.1 两级冷却、分离、加热的空气除菌流程

这是一个比较完善的空气除菌流程。它可以适应各种气候条件，能充分地分离空气中含有的水分，使空气在低的相对湿度下进入过滤器，提高过滤除菌效率。

这种流程的特点是：两次冷却、两次分离、适当加热。两次冷却、两次分离油水的主要优点是可节约冷却用水，油和水雾分离除去比较完全，保证干过滤。经第一次冷却后，大部分的水、油都已结成较大的雾粒，且雾粒浓度比较大，故适宜用旋风分离器分离。第二级冷却器使空气进一步冷却后析出较小的雾粒，宜采用丝网分离器分离，这类分离器可分离较小直径的雾粒且分离效果高。经两次分离后，空气带的雾沫就较小，两级冷却可以减少油膜污染对传热的影响。图 7-7 为两级冷却、分离、加热除菌流程示意。

两级冷却、分离、加热除菌流程尤其适用于潮湿地区，其他地区可根据当地的情况，对流程中的设备作适当的增减。

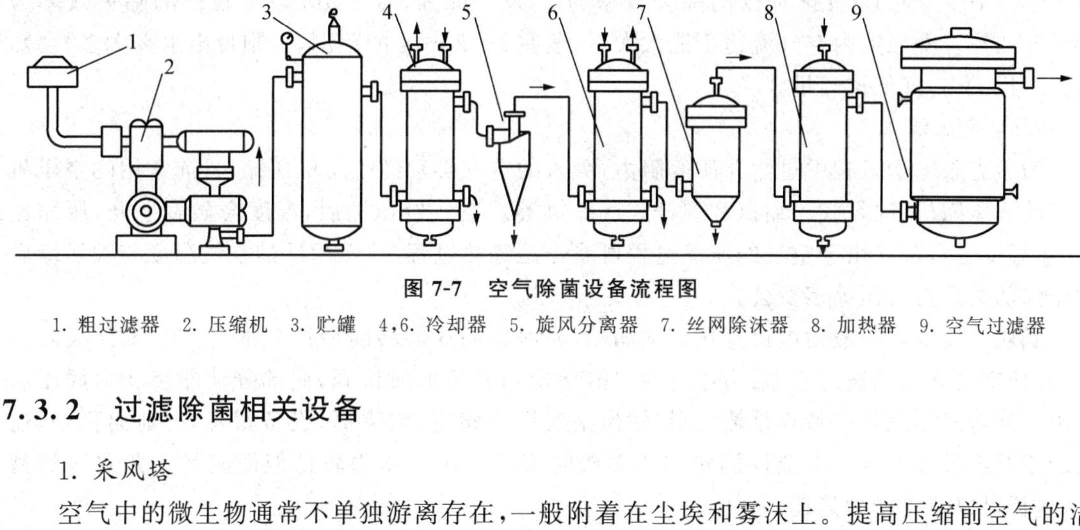

图 7-7 空气除菌设备流程图

1. 粗过滤器 2. 压缩机 3. 贮罐 4,6. 冷却器 5. 旋风分离器 7. 丝网除沫器 8. 加热器 9. 空气过滤器

7.3.2 过滤除菌相关设备

1. 采风塔

空气中的微生物通常不单独游离存在，一般附着在尘埃和雾沫上。提高压缩前空气的洁净度的主要措施是提高空气吸气口的位置和加强吸入空气的前过滤。一般认为，高度每上升 10 m，空气中微生物量下降一个数量级，因此，空气吸入口一般都选在比较洁净处，并尽量提高吸入口的高度，以减少吸入空气的尘埃含量和微生物含量。在工厂空气吸入口安装位置选择时，应选择在当地的上风口地点，并远离尘埃集中处，高度一般在 10 m 左右，设计流速 8 m/s。可建在空压机房的屋顶上。

2. 粗过滤器

吸入的空气在进入压缩机前先通过粗过滤器过滤(或前置高效过滤器)，可以保护空气压缩机，延长空气压缩机的使用寿命，滤去空气中颗粒较大的尘埃，减少进入空气压缩机的灰尘和微生物含量及压缩机的磨损，并减轻主过滤器的负荷，提高除菌空气的质量。对于这种前置过滤器，要求过滤效率高，阻力小，容灰量大，否则会增加压缩机的吸入负荷和降低压缩机的排

气量。通常采用布袋过滤器、填料过滤器、油浴洗涤和水雾除尘装置等，流速 0.1～0.5 m/s。

采用布袋过滤结构最简单，只要将滤布缝制成与骨架相同形状的布袋，紧套于焊在进气管的骨架上，并缝紧所有会造成短路的空隙。其过滤效率和阻力损失要视所选用的滤布结构情况和过滤面积而定。布质结实细致，则过滤效率高，但阻力大。最好采用毛质绒布效果较好，现多采用合成纤维滤布。气流速度越大，则阻力越大，且过滤效率也低。一般要求空气流速在 2～2.5 $m^3/(m^2 \cdot min)$。滤布要定期换洗，以减少阻力损失和提高过滤效率。

填料式粗过滤器一般用油浸铁回丝、玻璃纤维或其他合成纤维等作填料，过滤效果比布袋过滤稍好，阻力损失也较小，但结构较复杂，占地面积也较大，内部填料经常洗换才能保持一定的过滤作用，操作比较麻烦。

油浴洗涤装置是在空气进入装置后要通过油箱中的油层洗涤，空气中的微粒被油黏附逐渐沉降于油箱底部而被除去，经过油浴的空气因带有油雾，需要经过百叶窗式的圆盘，分离较大颗粒油雾，再经过滤网分离小颗粒油雾后，由中心管吸入压缩机。这种洗涤器效果比较好，若有分离不彻底的油雾进入压缩机时也无影响，阻力也不大，但耗油量大。

水雾除尘装置是空气从设备底部进入，经上部喷下的水雾洗涤，将空气中的灰尘、微生物微粒黏附沉降，从底部排出。带有微细小水雾的洁净空气经上部过滤网过滤后排出，进入压缩机经洗涤后的空气可除去大部分的微粒和小部分微小粒子，一般对 0.5 μm 粒子的过滤效率为 50%～70%，对 1.0 μm 粒子的除去效率为 55%～88%，对 5 μm 以上粒子的除去效率为 90%～99%。洗涤室内空气流速不能太大，一般在 1～2 m/s 的范围，否则带出水雾太多，会影响压缩机工作，降低排气量。

3. 空气压缩机

为了克服输送过程中过滤介质等阻力，吸入的空气必须经空压机压缩，目前常用的空压机有涡轮式压缩机、往复式压缩机和螺杆式压缩机等。空气经压缩后，温度会显著上升，压缩比愈高，温度也愈高。由于空气的压缩过程可看作是绝热过程，故压缩后的空气温度与被压缩后的压强的关系符合压缩多变公式。

涡轮式压缩机一般由电机直接带动涡轮，靠涡轮高速旋转时所产生的“空穴”现象吸入空气，并使空气获得高速离心力，再通过固定的导轮和涡轮形成机壳，使部分动能转变为静压后输出。涡轮式压缩机的特点是输气量、输出空气压力稳定，效率高，设备紧凑，占地面积小，输出的空气不带油雾等。在选择涡轮式压缩机时应选择出口压力较低但能满足工艺要求的型号，这样可以节省动力消耗。

往复式压缩机是靠活塞在汽缸内的往复运动而将空气抽吸和压出的，因此出口压力不够稳定，且汽缸内要加入润滑油以润滑活塞，这样又容易使空气中带进油雾。

螺杆式压缩机是容积式压缩机中的一种，空气的压缩是靠装置于机壳内相互平行啮合的阴阳转子的齿槽之容积变化而沿着转子轴线由吸入侧推向前排出侧，完成吸入、压缩、排气 3 个工作过程。螺杆压缩机具有优良的可靠性能，如机组质量轻、振动小、噪声低、操作方便、易损件少，运行效率高等。

4. 空气贮罐

空气贮罐的作用是消除压缩机排出空气量的脉动，维持稳定的空气压力，同时也可以利用重力沉降作用分离部分油雾。大多数是将贮罐紧接着压缩机安装，虽然由于空气温度较高，容器要求稍大，但对设备防腐，冷却器热交换都有好处。特别是当采用往复式空气压缩机时，由于排气压力不稳定，在其后安装空气贮罐，可以使后面的管道、空气压力稳定，气流速度均匀。贮罐的结构较简单，是一个装有安全阀、压力表的空罐壳体，有些单位在罐内加装冷却蛇管，利用空气冷却器排出的冷却水进行冷却，提高冷却水的利用率。也有在贮罐内加装导筒，使进入贮罐的热空气沿一定路线流过，增加一定热杀菌效果。

5. 空气冷却器

空气压缩机出口温度一般在120℃左右，若将此高温压缩空气直接通入空气过滤器，会引起过滤介质的炭化或燃烧，而且还会增大培养装置的降温负荷，给培养过程温度的控制带来困难，同时高温空气还会增加培养液水分的蒸发，对微生物的生长和生物合成都是不利的，因此要将压缩空气降温。另外在潮湿地域和季节，空气中含水量较高，为了避免过滤介质受潮而失效，冷却还可以达到降湿的目的。用于空气冷却的设备一般有列管式换热器和翘板式换热器两种。列管式换热器进行冷却时，其传热系数大约为105 $J/(m^2 \cdot s \cdot K)$。翘板式换热器则以强制流动的冷空气冷却，其总传热系数可达350 $J/(m^2 \cdot s \cdot K)$。

一般中小型工厂采用两级空气冷却器串联来冷却压缩空气。在夏季第一级冷却器可用循环水来冷却压缩空气，第二级冷却器采用9℃左右的低温水来冷却压缩空气。由于空气被冷却到露点以下会有凝结水析出，故冷却器外壳的下部应设置排除凝结水的接管口。

6. 气液分离器

经冷却降温后的空气相对湿度增大，超过其饱和度时(或空气温度冷却至露点以下时)，就会析出水来，使过滤介质受潮失效，因此压缩后的湿空气要除水，同时由于空气经压缩机后不可避免地会夹带润滑油，故除水的同时尚需进行除油。在实际操作中，将空气压缩后，经过冷却，就会有大量水蒸气及油凝结下来，经油水分离器分离后再通过过滤器。油水分离器有2类：一类是利用离心力进行沉降的旋风分离器，另一类是利用惯性进行拦截的介质过滤器。旋风分离器是利用气流从切线方向进入容器，在容器内形成旋转运动时产生的离心力场来分离重度较大的微粒。介质过滤器是利用填料的惯性拦截作用，将空气中的水雾和油雾分离出来。填料的成分有焦炭、活性炭、瓷环、金属丝网、塑料丝网等，分离效率随表面积增大而增大。

7. 空气的加热

压缩空气冷却到一定温度，分去油水后，空气的相对湿度仍为100%，若不加热升温，只要湿度稍有所降低，便会再度析出水分，使过滤介质受潮而降低或丧失过滤效能。所以必须将冷却除水后的压缩空气加热到一定温度，使相对湿度降低，才能输入过滤器。压缩空气加热温度的选择对保证空气干燥，保证空气过滤器的除菌效率十分关键。一般来讲，降温后的温度与升温后的温度温差在10～15℃，即能保证相对湿度降低至一定水平，满足进入过滤器的要求。空气的加热一般采用列管式换热器来实现。

8. 空气过滤器

空气过滤器是过滤除菌的最主要设备，它区分为总过滤器和分过滤器。总过滤器是为全部发酵罐或某一个车间发酵罐或某一个品种发酵罐提供无菌空气的过滤器。分过滤器是空气经总过滤器过滤除菌后，在进入发酵罐之前，为确保万无一失，对空气再进行一次过滤的过滤器。

总过滤器的体积较大，因为它承担着为多个发酵罐提供无菌空气的任务。一般设计为立式圆筒形，内部填充过滤介质，也称介质层过滤器，空气由下向上通过过滤介质，以达到除菌目的。过滤器外部设计有夹层，用于灭菌前后对过滤介质的加热和保温。生产上使用的过滤器其滤层长度 1～2 m,采用多孔板将过滤介质分成几层,层与层之间留有一定的空间,使气流在此空间中进行重分布,避免短路的危险(图 7-8)。

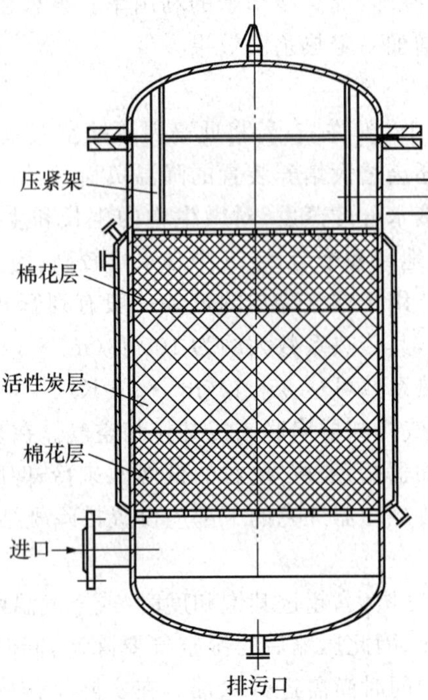

图 7-8　介质层过滤器结构图

分过滤器的体积较小,因为它只为一个发酵罐过滤无菌空气,有平板式、管式、接迭式等(图 7-9)。这类过滤器介质填充不需很厚,但除菌效率较高。

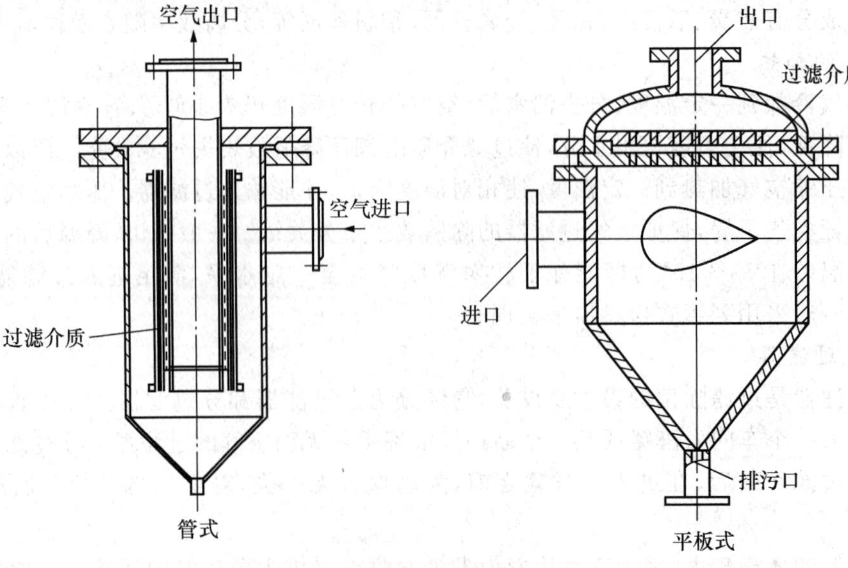

图 7-9　分过滤器

第8章

发酵及过程控制

微生物发酵过程是一个非常复杂的动态过程，涉及微生物细胞生长、繁殖、产酶，以及酶催化的生化反应过程。发酵水平高低不仅取决于生产菌种本身的性能，而且要赋予其合适的条件，才能使它的生产能力充分表达出来。为此我们需要研究菌体的生长、繁殖和代谢的规律，了解菌种对环境的物理化学条件要求，如种子质量、接种量、培养温度、pH、培养基组成，以及溶解氧的需求等。由于发酵的复杂性和多样性，研究其变化规律是相当困难的，特别是抗生素等次级代谢产物的发酵规律。这是因为，在一个发酵过程中要涉及许许多多的酶促反应，这些酶促反应受到各式各样的调控机制的影响。为了掌握发酵过程中微生物代谢的基本变化规律，我们可以通过各种监测手段和传感器来监测并记录整个发酵过程中与代谢变化有关的各个参数，并根据各个参数的变化情况，结合代谢调控的基础理论，有效地控制发酵过程，使微生物的代谢变化沿着人们所需要的方向进行，达到预期的生产水平。

8.1　种子制备工艺及质量控制

菌种在发酵工业中起着重要作用，是决定发酵产品是否具有产业化和商品化价值的关键因素，是发酵工业的灵魂。早期发酵工业用的优良菌种都是从自然界分离得到，再经过人工选育驯化而来。随着分子生物学的发展，人们可以在基因水平上对微生物进行有目的的改造即基因工程育种技术，再通过对基因工程菌的培养和高效表达，大大提高了发酵水平，建立起了新型的发酵产业。

现代发酵工业用发酵罐规模从数十吨至数千吨，大量的碳、氮源等营养通过微生物在很短时间内转化成菌体细胞或代谢物，需要数量庞大、代谢旺盛的微生物细胞群体，这就必须对种子进行扩大培养。种子扩大培养是指将保存在沙土管、冷冻干燥管等中处于休眠状态的生产菌种接入试管斜面活化后，再经过摇瓶及种子罐逐级扩大培养，最终获得一定数量和质量的纯种的过程。种子扩大培养的目的是：接种量的需要，缩短发酵时间、保证生产水平的需要。

8.1.1　种子的要求

种子的优劣对整个发酵生产起到至关重要的作用，种子进入发酵罐后在保证菌种自身代谢特性能充分地表达出来同时，还要尽量缩短发酵周期，提高设备利用效率，降低生产成本。作为工业发酵用种子应满足以下基本的要求：①细胞生命旺盛有活力，移种至大罐后能迅速生长，缩短发酵延迟期；②菌体总量及浓度能满足大罐发酵接种量的要求；③生理状态稳定；④无污染，无杂菌；⑤有稳定的生产能力。

8.1.2 种子制备的工艺流程及对发酵的影响

对于不同的产品发酵，根据菌种的特性、生长的快慢、要求接种量的大小等因素决定种子扩大培养的级数。种子扩大培养级数愈少，愈利于简化工艺及控制，并可减少种子染菌的机会。级数愈大，愈难于控制、易染菌、易变异，管理困难，一般种子扩大培养级数以 2～4 级为宜。氨基酸发酵由于细菌生长繁殖速度快，采用 2 级种子扩大培养即可满足发酵所需种子；而对放线菌发酵的抗生素生产来说，因为菌体生长速度慢，则常常需采用 3 级种子扩大培养才能满足大罐发酵需求(图 8-1)。

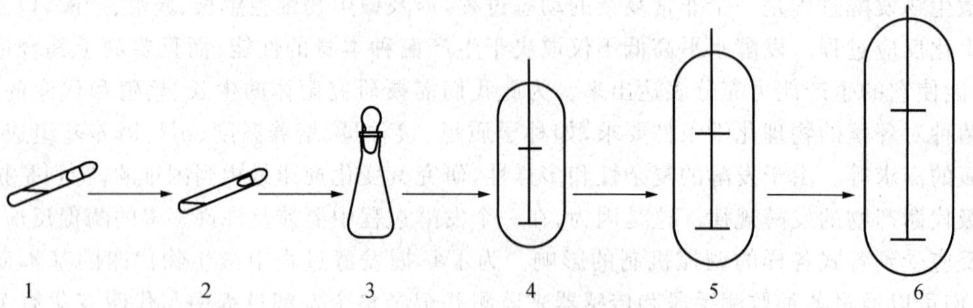

图 8-1　种子扩大培养流程图

1. 沙土管　2. 试管斜面　3. 摇瓶种子　4. 一级种子罐　5. 二级种子罐　6. 发酵罐

8.1.3 影响种子质量的因素

影响种子罐培养的主要因素包括营养条件、培养条件、染菌控制、种子罐的级数和接种量的控制等。种子罐培养除了根据菌种特性或生产条件选择恰当的培养基以外，还应当为菌种的生长创造一个最合理的培养条件。影响种子质量的主要因素如下：

1. 种子培养基质量

种子培养基主要是为微生物细胞快速生长繁殖提供营养。原材料主要影响种子的培养基组成，不同产地的原料，其基本营养成分、组成有所差别，尤其是金属离子情况差异很大，从而导致培养基营养成分发生改变。而对于发霉等质量较差的原料，将直接影响培养基的组成，对种子的影响就更不言而喻了。

2. 培养条件

培养条件包括温度、pH、通气量和搅拌速度等因素。一般来说，在适温范围内，温度越高菌体生长速度越快，同时也应注意温度过高菌体容易老化的问题。pH 主要影响菌体的生长和代谢，通气和搅拌主要影响培养基中的溶氧，同时通气量过大或搅拌速度过快，容易导致菌丝断裂和菌体自溶。

3. 接种量和菌龄

一般来说，在发酵生产过程比较合适的接种在 5%～20%，菌龄选择对数生长期，这样可以在短时间内生产大量菌丝，缩短发酵周期。

4. 染菌控制

种子扩大培养中一旦发现染菌，整个批次发酵种子要全部处理掉，重新生产新的种子液，对整个大罐发酵产生直接影响。

5. 种子罐级数

一般来说，种子罐级数越多，产量就越高，但由于微生物在生长过程中，种子罐级数越多，变异的概率就越大，所以种子罐级数并不是越多越好。一般选择1～2级比较合适，当然这还要依据生产规模和菌种的遗传稳定性来决定。

8.2 发酵控制常用代谢参数

发酵过程中需要监测的参数很多，根据这些参数的性质，可区分为物理参数、化学参数和生物参数3类，主要控制参数及控制方法见表8-1。

表8-1 发酵过程主要检测控制参数一览表

参数类别	参数名称	单位	检测方法	意义及主要作用
物理参数	温度	K，℃	温度传感器	影响细胞生长、产物合成
	罐压强	Pa	压力表	通常维持正压、增加氧的溶解
	通气量（V/V）	$m^3/(m^3 \cdot min)$或$L/(L \cdot min)$	转子流量计	提供氧气、废气排出
	搅拌转速	r/min	测速计	混合物料、增加溶氧
	搅拌功率	W		影响搅拌、溶氧
	发酵液黏度	Pa·s	黏度计	反映菌体、溶氧、产物变化
	料液量	m^3，L	液位指示	反映发酵液体积变化
	泡沫高度	m	传感器	反映代谢情况
	加热蒸汽压强	Pa	压力表	影响灭菌速度与时间
	冷却剂温度	K，℃	温度传感器	影响冷却速度及效果
	空气湿度	kg/kg	湿度计	影响固体发酵效果
	流加量	kg/h	转子流量计	反映发酵强度
化学参数	pH		玻璃电极	反映细胞代谢情况
	溶解氧浓度	mg/L	溶氧电极	反映氧供需情况
	废气中氧分压	Pa	氧分析仪	了解耗氧情况
	氧化还原电位	mV	电位差计	反映菌体代谢情况
	溶解CO_2浓度	mg/L	传感器	了解CO_2对代谢影响情况
	废气CO_2分压	Pa	CO_2分析仪	反映菌体呼吸情况
	总糖	g/L	取样测定	了解发酵进程、判断是否补料
	基质浓度	g/L	取样测定	反映代谢速率及效率
	产物浓度	g/L	取样测定	反映产物合成速率
	前体浓度	mg/L	取样测定	了解反应速率及效率
	氨基氮	mg/L	取样测定	判断终点
生物参数	浊度	光密度	取样测定	反映菌体生长情况
	菌体浓度	g/L	取样测定	反映菌体生长情况
	菌体干重	g/100 mL	取样测定	反映菌体生长情况
	细胞计数	个/mL	取样测定	反映菌体生长情况
	酶活性	U/mL	取样测定	反映代谢速率
	细胞生长速率	个/min	取样测定	反映细胞生长情况

微生物发酵是在一定条件下进行的，其代谢变化是通过各种检测参数反映出来的。特别是菌体生长代谢过程中 pH 的变化，它是菌体生长和代谢的综合表现。一般发酵过程主要控制参数有以下几种：

(1)pH。发酵液的 pH 是发酵过程中各种生化反应的综合结果，它是发酵工艺控制的重要参数之一。pH 的高低与菌体生长和产物生成有着重要的关系。

(2)温度。指发酵整个过程或不同阶段中所维持的温度。它的高低与发酵中的酶反应速率、氧在培养液中的溶解度和传递速率、菌体生长速率以及产物生成速率等有密切关系。不同的菌种，不同产品，发酵不同阶段所维持的温度亦不同。

(3)DO。溶解氧浓度，是好氧菌发酵的关键因素之一。溶氧的变化，可了解产生菌对氧利用的规律，反映发酵的异常情况，也可作为发酵中间控制的参数及设备供氧能力的指标。溶氧一般用绝对含量(mg/L)来表示，也可用氧在培养液中饱和度的百分数(%)来表示。

(4)基质浓度。是发酵液中碳、氮、磷等重要营养物质的浓度。它们的变化对产生菌的生长和产物的合成有着重要的影响，也是提高代谢产物产量的重要控制手段。因此，在发酵过程中，必须定时测定碳(还原糖和总糖)、氮(氨基氮或铵氮)等基质的浓度。

(5)通气量。指每分钟内每单位体积发酵液通入空气的体积，也可叫通风比，也是好氧发酵的控制参数。它的大小与氧的传递和其他控制参数有关，一般控制在 0.5～1.0 L/(L・min)。

(6)罐压。指发酵过程中发酵罐维持的压力。罐内维持正压可以防止外界空气中的杂菌侵入而避免污染，以保证纯种的培养。同时罐压的高低还与氧和 CO_2 在培养液中的溶解度有关，间接影响菌体代谢。罐压一般维持在 0.02～0.05 MPa。

(7)搅拌转速。指搅拌器在发酵过程中的转速(r/min)。对好氧性发酵，在发酵的不同阶段控制发酵罐搅拌器不同的转数，以调节培养基中的溶氧。它的大小与氧在发酵液中的传递速率和发酵液的均匀性有关。

(8)搅拌功率。是指搅拌器搅拌时所消耗的功率，常指每立方米发酵液所消耗的功率(kW/m^3)。它的大小与体积氧传递系数 K_La 有关。

(9)发酵液黏度。黏度大小可以作为细胞生长或细胞形态的一项标志，也能反映发酵罐中菌丝分裂过程的情况，通常用表观黏度表示。它的大小可改变氧传递的阻力，又可表示相对菌体浓度。

(10)发酵液浊度。浊度是能及时反映单细胞生长状况的参数，用于澄清培养液中低浓度非丝状菌的测量，测得的 OD 值与细胞浓度呈线性关系。一般采用分光光度计在波长 420～660 nm 测量。浊度对氨基酸、核苷酸等产品的生产是极其重要的。

(11)料液流量。是控制流体进料的参数。

(12)产物的浓度。是发酵产物产量高低或代谢正常与否的重要参数，也是决定发酵周期长短的根据。

(13)氧化还原电位。培养基的氧化还原电位是影响微生物生长及其生化活性的因素之一。对各种微生物而言，培养基最适宜的与所允许的最大电位值，与微生物本身的种类和生理状态有关。氧化还原电位常作为控制发酵过程的参数之一，特别是厌氧发酵和某些氨基酸发酵是在限氧条件下进行的，溶氧电极已不能精确使用，这时用氧化还原电位参数控制则较为理想。

(14)废气中的氧含量。废气中的氧含量与产生菌的摄氧率和 K_La(体积氧传递系数)有关。从废气中的氧和 CO_2 的含量可以算出产生菌的摄氧率、呼吸商和发酵罐的供氧能力。

(15)废气中的 CO_2 含量。废气中的 CO_2 就是产生菌呼吸放出的 CO_2。测定它可以算出产生菌的呼吸商,从而了解产生菌的呼吸代谢规律。

(16)菌丝形态。丝状菌发酵过程中菌丝形态的改变是生化代谢变化的反映。一般都以菌丝形态作为衡量种子质量、区分发酵阶段、控制发酵过程的代谢变化和决定发酵周期长短的依据之一。

(17)菌浓。是控制微生物发酵的重要参数之一,特别是对抗生素等次级代谢产物的发酵。它的大小和变化速度对菌体的生化反应有影响,因此测定菌体浓度具有重要意义。菌浓与培养液的表观黏度有关,间接影响发酵液的溶氧浓度。在生产上,常常根据菌浓来决定适合的补料量和供氧量,以保证生产达到预期的水平。

根据菌浓、DO、基质浓度、废气中的 CO_2 含量和产物浓度等相关参数,即可得出如菌体的比生长速率、氧比消耗速率、糖比消耗速率、氮比消耗速率、产物比生成速率和呼吸商等发酵参数。这些参数是控制菌体的代谢、何时补料和供氧水平等工艺条件的主要依据。

8.3 基质浓度变化及控制

基质是为微生物生长及产物合成提供的营养,主要包括碳源、氮源、无机盐、微量元素和生长因子等。在发酵过程中,营养基质是生产菌种代谢的基础,既关系到菌种的生长情况,又关系到代谢产物的形成。不同的菌种以及同一种菌种在不同的条件下对营养基质的种类和浓度都有不同的要求。在分批发酵过程中,若培养基过于丰富,会使菌体生长过盛,发酵液黏度增大,影响传质和传热状况,影响溶氧,还使细胞不得不花费许多能量来维持其生存环境,即用于非生产的能量增高,最终不利于代谢产物的合成。若培养基浓度过低,会使菌体营养不足,影响菌体生长和产物的合成,使设备利用率降低。所以在发酵过程中要及时了解发酵液的浓度变化,并根据微生物的需要,及时补充各种微生物生长代谢所需基质,提高发酵产物的产量。下面分别就碳源、氮源和磷酸盐浓度变化对发酵过程的影响和控制进行分析讨论。

8.3.1 碳源浓度变化及控制

碳源是发酵微生物的能量和碳素的来源,根据微生物对其利用快慢不同,又分为能快速利用的速效碳源和缓慢利用的缓效碳源。速效碳源能够较迅速地参与细胞代谢、菌体合成、产生能量和产物合成,因此有利于菌体生长。但有时碳源利用过快也可能产生碳分解代谢产物阻遏现象,如产生葡萄糖效应。缓效碳源大多数为菌体缓慢利用,有利于延长代谢产物的合成,特别有利于延长次级代谢产物的分泌期,也为许多次级代谢发酵如抗生素发酵所采用,如乳糖是青霉素发酵的最适碳源。在青霉素的早期研究中发现,在迅速利用的葡萄糖培养基中,菌体生长良好,但青霉素合成量很少。相反,在缓慢利用的乳糖培养基中,青霉素的产量明显增加。发酵中通过缓慢滴加葡萄糖以代替乳糖,仍然可以得到很好的效果,说明糖的缓慢利用是青霉素合成的关键因素。在工业发酵培养基中通常采用含速效碳和缓效碳的混合碳源,就是根据这个原理来调节控制菌体的生长和产物的合成。

控制碳源的浓度，可采用经验性方法和动力学方法。前者通过定期测定碳源浓度，了解碳源物质利用是否正常及发酵液内剩余碳源的量，根据应保持碳源的浓度及时采取措施，进行补料，维持正常发酵。补糖时间、补糖量和补糖方式要根据不同代谢类型来确定。补糖的量要参考碳源的消耗速度、pH 的变化，菌体浓度，菌体形态，消沫剂使用情况，罐内发酵液实际体积等情况进行综合考虑。动力学方法主要是根据菌体的比生长速率、糖比消耗速率及产物的比生产速率等动力学参数来控制。

碳源测定包括发酵液中总糖和还原糖的测定。总糖是指发酵液中各种糖的总和，是分析和计算发酵过程中碳消耗的主要依据。还原糖是发酵液中含有醛基的单糖，通常指葡萄糖。

8.3.2 氮源浓度变化及控制

氮源是用来构成细胞中含氮的物质和含氮的微生物细胞代谢物。如前所述，氮源有无机氮源和有机氮源 2 大类，它们对菌体代谢都能产生明显的影响。氮源物质的不足会影响微生物的生长、繁殖和代谢产物的合成。但氮源物质过量、将导致菌体生长过于旺盛，对代谢产物的合成不利。所以保持发酵液中适当的氮源浓度，对提高发酵单位是非常重要的。因此，监测发酵液中氮的浓度，并及时补充氮源物质是提高微生物代谢产量的重要方法。

氮源像碳源一样，也分快速利用的氮源和缓慢利用的氮源。前者如氨基态氮——氨基酸(或硫酸铵等)和玉米浆等。后者如黄豆饼粉、花生饼粉、棉籽饼粉等。速效氮源容易被菌体所利用，促进菌体生长，但对某些代谢产物的合成，特别是某些抗生素的合成产生调节作用，影响产量。缓慢利用的氮源对延长次级代谢产物的分泌期、提高产物的产量是有好处的，但一次投入，也容易促进菌体生长和养分过早耗尽，以致菌体过早衰老而自溶，缩短产物的分泌期。综上所述，对微生物发酵来说，也要选择适当的氮源和适当的浓度。

发酵培养基一般是选用同时含有快速利用和缓慢利用的混合氮源，但也有使用单一的铵盐或有机氮源(如黄豆饼粉)作为唯一氮源的培养基。为了调节菌体生长和防止菌体衰老自溶，除了基础培养基中的氮源外，还要在发酵过程中补加氮源来控制浓度，生产上一般采用的方法有：

(1)补加有机氮源。根据产生菌的代谢情况，可在发酵过程中添加某些具有调节生长代谢作用的有机氮，如酵母粉、玉米浆、尿素等。如土霉素发酵中，补加酵母粉，可提高发酵单位。

(2)补加无机氮源。补加氨水或硫酸铵是工业上常用的方法。氨水既可作为无机氮源，又可调节 pH。在抗生素发酵工业中，通氨是提高发酵产量的有效措施。当 pH 偏高而又需补氮时，就可补加硫酸铵，以达到提高氮含量同时又调节 pH 的双重目的。还可补充其他无机氮源对发酵过程进行控制。

氮源的测定一般是测定氨基氮和氨氮，常用方法是甲醛测定法。测定时，加热或加碱除去氨气，测出的氮为氨基氮。如果不加热或不加碱，则测出的氮为氨基氮和氨氮的总和。

8.3.3 磷酸盐浓度影响及控制

发酵液中的磷酸盐与菌体合成、代谢产物的形成有关。研究发现，高浓度的无机磷酸盐促进菌体生长，但是磷酸盐在促进许多代谢产物合成的同时，也抑制一些微生物代谢产物的合成。因此，必须对发酵液中的磷浓度进行监控，通过对发酵液中磷酸盐浓度的调节来控制菌体代谢和产物合成。磷酸盐对于初级代谢产物合成的影响，往往是通过促进生长而间接产生的，对于次级代谢产物来说，机制就比较复杂。

发酵液中磷的供应以磷酸盐为主。发酵液中磷的含量是以磷酸根来计算的。磷酸盐浓度的控制，一般是在基础培养基中采用适当的浓度。对于初级代谢来说，要求不如次级代谢那样严格。其最适浓度取决于菌种特性、培养条件、培养基组成和来源等因素，即使同种抗生素发酵，不同地区，不同工厂所用的磷酸盐浓度也不一致。培养基中的磷含量，还可能因配制方法和灭菌条件不同，而出现含量上的差异。在发酵过程中有时发现代谢缓慢的情况，还可补加磷酸盐。在四环素发酵中，间歇、微量添加磷酸二氢钾有利于提高四环素的产量。如果磷含量过高，可以加入磷酸盐的络合剂，降低其浓度，从而控制磷对发酵的影响。

8.4 温度对发酵的影响及控制

由于微生物的种类不同，所具有的酶系及其性质也不同，因此所要求的温度也不同。有些微生物在生长、繁殖和产物合成等各个阶段的最适温度是不同的。因此，要想获得最高的发酵产量，在发酵的各个阶段都应该对发酵温度进行适当的调整。如处于发酵延迟期的菌体对温度十分敏感，最好在其最适生长温度范围内对其进行培养，这样可以缩短延迟期和孢子萌发时间。通常情况下，在最适温度范围内提高对数生长期的温度，有利于菌体的生长。例如，提高枯草芽孢杆菌发酵前期的最适温度，对该菌的生长产生明显的促进作用。总之，温度对发酵的影响是多方面的，既会影响到微生物细胞的生长，也会影响发酵液黏度、细胞膜的通透性、生物酶的活性，以及菌体的代谢途径和产物合成的方向等。因此在发酵过程中必须保证稳定而适宜的温度环境。

8.4.1 温度对微生物生长和发酵的影响

1. 温度对微生物细胞生长的影响

在达到最适温度之前，温度越高，反应速度越快，呼吸强度越强，必然导致细胞生长繁殖加快。同时随着温度的上升，酶的失活速度也在加快，菌体衰老提前，发酵周期缩短，对发酵后期生产尤其是产物生成可能带来极为不利的影响。大多数微生物生长在20～40℃，嗜冷菌在20℃以下生长速率最大，嗜热菌在40℃以上也能生长良好。

2. 温度对发酵液物理性质的影响

随着温度的升高，发酵液黏度不断下降，物质传递和物质交换速度加快，对发酵产生积极的影响。但同时由于温度的升高，发酵液中溶解氧浓度不断地下降，直接影响了细胞的呼吸代谢，从而影响到细胞代谢和产物的生物合成。

3. 温度对代谢途径和产物合成的影响

温度能够改变菌体代谢产物的合成方向。例如，在四环素的发酵过程中，生产菌株金色链霉菌同时也能产生金霉素，当温度低于30℃时，金色链霉菌合成金霉素的能力较强。随着温度的升高，合成四环素的能力也逐渐增强，当温度提高到35℃时则只合成四环素，而金霉素的合成几乎处于停止状态。

温度还影响多组分次级代谢产物的组分比例，微生物的代谢机制等。

8.4.2 温度在发酵中的变化规律

在发酵过程中，随着微生物对培养基的利用，以及搅拌器的机械搅拌作用，将会产生一定的热量。同时，发酵罐因罐壁的热辐射和水分部分蒸发也带走一些热量，发酵过程释放出来的净热量统称为发酵热。发酵热包括生物热、搅拌热、蒸发热和辐射热等，是引起发酵过程中温度变化的根本原因。

(1)生物热($Q_{生物}$)。微生物生长繁殖过程中产生的热量，是发酵液中的营养基质(主要是碳水化合物、脂肪和蛋白质等)被微生物分解成 CO_2、水和其他物质时释放出来的代谢热。释放出的热量一部分用来合成高能化合物，供微生物合成和代谢活动的需要，另一部分用来合成代谢产物，其余的以热的形式散发出来，导致发酵温度的升高。在发酵过程中，生物热的产生有很强的时间性，在菌体生长的不同时期，由于菌体细胞的呼吸作用和发酵作用强度不同所产生的热量也不同。在菌体处于对数生长期时，菌体细胞繁殖旺盛，呼吸作用剧烈，细胞数量多，产生的热量也多。

(2)搅拌热($Q_{搅拌}$)。在机械搅拌通气发酵罐中，由于搅拌器旋转，发酵液与搅拌器、发酵液与罐壁之间因摩擦而产生的热量。

(3)蒸发热($Q_{蒸发}$)。发酵过程中因水分蒸发以及气体排出带出的热量。蒸发热因发酵温度、季节、通气条件的不同而有所变化。

(4)辐射热($Q_{辐射}$)。由于罐内发酵温度高于罐外周围环境温度，发酵液通过罐体向外辐射的部分热量。辐射热的大小决定于罐内温度与外界温度的差值大小，一般随着季节变化而有所不同。

图 8-2 是四环素发酵过程中发酵热的变化。

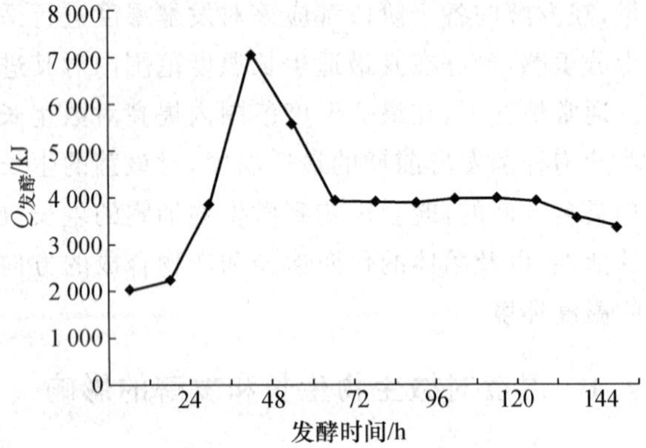

图 8-2 四环素发酵的发酵热变化

$$Q_{发酵}=Q_{生物}+Q_{搅拌}-Q_{蒸发}-Q_{辐射}$$

由于 $Q_{生物}$ 与 $Q_{蒸发}$ 在发酵过程中随时间变化而变化，因此发酵热在发酵的整个过程中也随时间变化，而发酵通常是在一定温度下进行的。为了发酵温度维持稳定，必须采取措施控制发酵液温度，如可采用在夹层或者沉浸蛇管内通入冷却水(或热水)来控制，在冬季小罐由于产热量小于散热量也可以用热水来保温。一般抗生素发酵过程中最大发酵热为 3 000～7 000 kcal/(t·h)。

8.4.3 温度的控制和最适温度选择

为了使微生物的生长速率最快，代谢产物的产率最高，在发酵过程中必须根据菌种的特性，严格选择和控制最适合的温度。由于菌种、培养条件、酶反应体系、所处的生长阶段等的不同，菌体的最合适生长温度均有所不同。

温度的选择要综合参考其他发酵条件而定。例如，在通气条件较差的情况下，最合适的发酵温度会比正常良好通气条件下低一些。这是由于在较低的温度下，氧溶解度相对大些，菌体的生长速率相对小，从而弥补了因通气不足而造成的代谢异常。培养基成分和浓度也对温度有一定的影响，在使用较稀或易被利用的培养基(营养)时，降低培养温度，限制微生物的生长繁殖，可防止养料过早被耗尽而出现菌丝过早自溶，从而提高代谢产物的产量。

通常菌体的最适生长温度与产物最适合成温度并不相同。所以在整个发酵过程中往往不能把发酵温度控制在一个温度内。例如，在抗生素的发酵中，生长初期抗生素还未开始合成，菌丝浓度较低，在此阶段主要是促进菌丝生长繁殖，因此，应优先考虑最适合菌体生长的温度。到了抗生素合成期时，菌丝已增长到一定浓度，这时应把温度调整到适合产物合成的温度。在梅岭霉素的发酵中，发酵前期(0～76 h)将温度控制在30℃，不仅可以缩短产生菌的生长适应期，且可提前进入梅岭霉素的合成期。中后期(76 h左右)将温度调低到28℃，可以维持菌的正常代谢，使产物合成速率与整个发酵水平提高。因此，对各种生产菌的培养，其各个发酵阶段适当温度的选择要从各方面因素综合考虑。通过实验和实际生产过程研究其规律性，从而能有效提高代谢产物产量。

8.5 溶解氧对发酵的影响及控制

8.5.1 溶解氧对发酵的影响

氧由于是气态，极难溶于水，在纯水和发酵液中的溶解度都极小，而微生物只能利用溶解状态的氧。所以在好氧通风发酵中，溶氧的大小往往是发酵控制的重要指标。溶氧水平的高低不但会直接影响到菌体的生长、产物合成，还可能造成泡沫的形成和增加污染杂菌的机会。好氧通风发酵过程中需要不断进行通风和搅拌，才能满足不同发酵时期对氧的需求。如谷氨酸发酵，供氧不足时，谷氨酸积累会明显降低，产生大量乳酸和琥珀酸。好氧发酵并不是溶氧愈大愈好，溶氧高虽然有利于菌体生长和产物合成，但溶氧太大有时反而抑制产物的形成。不同的好氧发酵往往都有自身的临界氧浓度和最适氧浓度。

临界氧浓度一般指不影响菌的呼吸所允许的最低氧浓度。如对产物形成而言便称之为产物合成的临界氧浓度。

生物合成最适氧浓度与临界氧浓度是不同的，是指溶解氧浓度对生物合成有一最适范围，过低过高时对产物合成和最终产量都未必有利。最适溶氧浓度的大小与菌体和产物合成代谢的特性有关，具体情况应由实验来确定。如在氨基酸发酵中，根据发酵需氧要求不同可分为3类：第一类有谷氨酸、谷氨酰胺、精氨酸和脯氨酸等谷氨酸系氨基酸，它们在菌体呼吸充足的条件下，产量才最大，如果供氧不足，氨基酸合成就会受到强烈的抑制，大量积累乳酸和琥珀酸。第二类，包括异亮氨酸、赖氨酸、苏氨酸和天冬氨酸，即天冬氨酸系氨基酸，供氧充足可得最高产量，但供氧受限，产量受影响并不明显。第三类，有亮氨酸、缬氨酸和苯丙氨酸，仅在供氧受限、细胞呼吸受抑制时，才能获得最大量的氨基酸，如果供氧充足，产物形成反而受到抑制。

氨基酸合成的需氧程度产生上述差别的原因是由于它们的生物合成途径不同，不同的代谢途径产生不同数量的NAD(P)H，当然再氧化所需要的溶氧量也不同。第一类代谢途径产生的NADH量最多，因此NADH氧化的需氧量为最多，供氧愈多，合成氨基酸当然亦愈顺利。第二类代谢途径产生的 NADH 量不多，因而与供氧量关系不明显。第三类并不经 TCA 循环，NADH 产量很少，过量供氧，反而起到抑制作用。肌苷发酵也有类似的结果。由此可知，供氧大小是与产物的生物合成途径有关。

在抗生素发酵过程中，菌体的生长阶段和产物合成阶段都有一个临界氧浓度，分别为 $C_{临'}$ 和 $C_{临''}$。两者的关系有：①大致相同；② $C_{临'} > C_{临''}$；③ $C_{临'} < C_{临''}$。

8.5.2 微生物对氧的需求

好氧微生物生长和代谢均需要氧气，因此供氧必须满足微生物在不同阶段的需要，在不同的环境条件下，各种不同的微生物的需氧量或呼吸强度是不同的。微生物的需氧量常用呼吸强度和摄氧率 2 种方法来表示，呼吸强度是指单位质量的干菌体在单位时间内所吸取的氧量，以 Q_{O_2} 表示，单位为 mmol O_2/(g 干菌体·h)。摄氧率是指单位体积培养液在单位时间内的耗氧量，以 r 表示，单位为 mmol O_2/(L·h)。呼吸强度可以表示微生物的相对吸氧量，但是，当培养液中有固体成分存在时，对测定有困难，这时可用摄氧率来表示。微生物在发酵过程中的摄氧率取决于微生物的呼吸强度和单位体积菌体浓度。

当不存在其他限制性基质时，溶解氧浓度高于临界值，细胞的比耗氧速率保持恒定。在临界氧浓度以下，微生物的呼吸速率随溶解氧浓度降低而显著下降，细胞处于半厌氧状态，代谢活动受到阻碍。培养液中维持微生物呼吸和代谢所需氧的供给需保持与耗氧的平衡，才能满足微生物对氧的利用。例如谷氨酸发酵在菌体生长期，希望糖的消耗最大限度地用于合成菌体，而在谷氨酸生成期，则希望糖的消耗最大限度地用于合成谷氨酸。因此，在菌体生长期，供氧必须满足菌体呼吸的需氧量，若菌体的需氧量得不到满足，则菌体呼吸受到抑制，从而抑制生长，引起乳酸等副产物的积累，菌体收率降低。但是供氧并非越大越好，当供氧满足菌体需要，菌体的生长速率达最大值，如果再提高供氧，不但不能促进生长，造成浪费，并且高氧水平抑制生长，同时高氧水平下生长的菌体也不能有效地产生谷氨酸。

8.5.3 影响微生物需氧量的因素

在好氧微生物发酵过程中影响微生物需氧量的因素很多，除了和菌体本身的遗传特性有关外，还和下列一些因素有关：

(1)培养基。培养基的成分和浓度对生产菌的需氧量影响是显著的。培养基中碳源的种类和浓度对微生物的需氧量的影响尤其显著。一般来说，碳源在一定范围内，需氧量随碳源浓度的增加而增加。在补料分批发酵过程中，菌种的需氧量随补入的碳源浓度而变化，一般补料后，摄氧率均呈现不同程度的增大。

(2)菌龄及细胞浓度。不同的生产菌种，其需氧量各异。同一菌种的不同生长阶段，其需氧量也不同。一般说，菌体处于对数生长阶段的呼吸强度较高，生长阶段的摄氧率大于产物合成期的摄氧率。在分批发酵过程中，摄氧率在对数期后期达到最大值。因此认为培养液的摄氧率达最高时，表明培养液中菌体浓度达到了最大值。

(3)培养液中溶解氧浓度的影响。在发酵过程中，培养液中的溶解氧浓度高于菌体生长的临界氧浓度时，菌体的呼吸就不受影响，菌体的各种代谢活动不受干扰。如果培养液中的溶氧浓度低于菌体生长的临界氧浓度时，菌体的许多生化代谢就可能受到影响，严重时会产生不可逆的抑制菌体生长和产物合成的现象。

(4)培养条件。实践经验表明,微生物呼吸强度的临界值除受到培养基组成的影响外,还与培养液的 pH、温度等培养条件相关。一般说,温度愈高,营养成分愈丰富,其呼吸强度的临界值也相应增高。

(5)有毒产物的形成及积累。在发酵过程中,有时会产生一些对菌体生长有毒性的物质,如 CO_2 等代谢产物,如不能及时从培养液中排除,势必影响菌体的呼吸,进而影响菌体的代谢活动。

8.5.4 发酵液中溶解氧的控制

发酵液中溶氧的变化是供需平衡的结果,因此调节发酵液中的溶氧也是从供氧与需氧两个方面考虑。

8.5.4.1 从供氧方面考虑

提高氧传质推动力,下式是供氧方程式

$$\frac{dC}{dt}=K_{La}(C^*-C)$$

式中:dC/dt—单位时间内培养液氧浓度的变化[mmol O_2/(L·h)];

C^*—在罐内氧分压下培养液中氧的饱和浓度(mmol O_2/L);

C—测定的氧浓度(mmol O_2/L);

K_{La}—体积氧传递系数[(m/h)·(m^2/m^3)或 h^{-1}];

从上式分析,使 K_{La} 和(C^*-C)增加均能使发酵液的供氧改善。

1. 增加氧传递的推动力(C^*-C)

增加(C^*-C),理论上一是提高发酵液 C^*,二是降低发酵液 C。降低发酵液中的 C,可采取减少通气量或降低搅拌转速等方式使发酵液的 C 降低。但在实际应用中不具意义。

提高发酵液 C^* 可采用的方法有:①降低培养温度。②改变发酵液的性质。一般来说,发酵液中溶质含量越高,氧的溶解度越小。降低培养基中营养物质的含量,可提高饱和溶氧浓度。③提高氧分压。在系统总压力小于 0.5 MPa 时,氧在溶液中的溶解度与氧的分压成直线关系。气相中氧浓度增加,溶液中氧浓度也增加。但这几种方法在实际应用上均有较大的局限性,如发酵温度是不可能任意改变的。发酵培养基的组成也是依据生产菌种的生理特性和生物合成代谢产物的需要而确定的,也不可任意改动。实际应用中可在发酵后期采用补水的方法,降低发酵液表观黏度来改善通气效果。提高氧分压可以有 2 个方法,一是提高罐压,二是向发酵液通入纯氧气。但提高罐压增加了设备负担,同时 CO_2 在发酵液中的溶解度也增加(CO_2 在水中的溶解度是 O_2 的 30 倍)。通入纯氧能显著提高饱和溶氧浓度,但该方法成本极高,且不安全。

2. 提高体积氧传递系数 K_{La}

经过长时间的研究和生产实践证实,影响发酵设备的 K_{La} 的主要因素有搅拌效率、空气流速、发酵液的物理化学性质、泡沫状态、空气分布器形状和发酵罐的结构等。在这些因素中,一些因素不具备实际的调节作用,如发酵罐的结构和空气分布器形状,因为发酵罐一旦建成,是不可能随意改变的。

具调节作用的主要是搅拌效率和空气流速。发酵罐内搅拌器的作用有:①使发酵罐内的温度和营养物质浓度均一,使组成发酵液的三相系统充分混合;②把引入发酵液中的空气分散成小气泡,增加了气-液接触面积;③强化发酵液的湍流程度,降低气泡周围的液膜厚度和湍流中的流体的阻力,从而提高氧的转移速率;④减少菌丝结团,降低细胞壁周围的液膜阻力,有利于菌体对氧的吸收,同时可尽快排除细胞代谢产生的“废气”和“废物”,有利于细胞的代谢活动。

已知空气流速的变化会引起 K_{La} 的改变,当空气流速达气泛点(指在特定条件下,通入发酵罐内的空气流速达某一值时,使搅拌功率下降,当空气流速再增加时,搅拌功率不再下降,此时的空气流速称为“气泛点”)时,K_{La} 不再增加。

实验测出搅拌功率对抗生素产率的影响远大于空气流速。高搅拌转速,不仅使通入罐内的空气得以充分的分散,增加气-液接触面积,而且还可以延长空气在罐内的停留时间,提高了 K_La。空气流速过大,不利于空气在罐内的分散与停留,同时导致发酵液浓缩,影响氧的传递。但空气流速过低,因代谢产生的废气不能及时排除等原因,也会影响氧的传递。因此,要提高发酵罐的供氧能力,采用提高搅拌功率,适当降低空气流速,是一种有效的方法。需要指出的是如果搅拌速度快,由于剪切速度增大,菌丝体会受到损伤,影响菌丝体的正常代谢,同时浪费能源。

8.5.4.2 从需氧方面考虑

影响微生物需氧量的因素有:①菌种。不同生产菌种对氧的需要不一样,这是由于不同种类微生物氧化酶系统类型和数量不同造成的。②菌龄。一般来说,幼龄菌的呼吸强度大,以后随菌龄的增长,呼吸强度反而下降。③菌体浓度。发酵初期,菌体的呼吸强度大,但此时菌量少,总体上需氧量还不会很大。随菌体的生长繁殖,菌浓迅速增加,需氧量也迅速增加。④培养基。培养基的成分对菌体的摄氧率的影响是显著的。

在设备供氧一定的情况下,通过控制基质浓度减少菌的生长速率,从而控制菌体量,可达到限制菌对氧的大量消耗从而提高溶氧水平,有利于代谢产物的合成而提高产量。

表 8-2 是各种控制溶氧方法的比较。

表 8-2 各种控制溶氧方法的比较

方法	作用于	投资	运行成本	效果	其他
气体成分	C^*	中	高	好	安全要求高
搅拌速度	K_{La}	高	中	较好	有一定限度,避免过分剪切;可能引起泡沫
挡板	K_{La}	低	低	一般	设备改装
通气速率	K_{La}	低	中	较好	可能引起泡沫
罐压	C^*	低	低	一般	设备耐压要求高
基质浓度	K_{La},C^*	低	低	较好	受菌体要求限制
温度	C^*	低	低	一般	受菌体要求限制
表面活性剂	K_{La}	低	低	较好	要求对菌体没有毒性

8.6 pH 对发酵的影响及控制

培养基的 pH 影响到发酵过程中各种酶活性,对微生物菌体的生长及产物的合成也有重要的影响，是发酵过程的一项重点检测参数。因此，必须掌握发酵过程中 pH 的变化规律，以便及时进行调控，使其一直处于生产的最佳状态。

8.6.1 pH 对发酵的影响

发酵过程中微生物正常生长需维持在一定的 pH 下，pH 对微生物的生长和代谢产物生成都有很大影响。不同的微生物对 pH 的要求不同，每种微生物都有自己的生长最适 pH 和耐受的 pH。大多数细菌的最适 pH 为 7.0 左右，放线菌的最适 pH 为 6.5～8.0，霉菌和酵母的最适 pH 为 4～6。通常许多微生物生长繁殖阶段的最适 pH 与产物合成最适 pH 是不一样的，这不仅与菌种特性有关，也与产物的化学性质有关。如青霉菌生长最适 pH 为 6.5～7.2，而青霉素合成最适 pH 为 6.2～6.8。

pH 对发酵的影响主要有以下几个方面：①改变膜电荷状态，引起原生质膜的渗透性改变，影响细胞的结构与形态。如产黄青霉的细胞壁厚度随 pH 的增加而减小，从而导致菌丝膨胀变形，而随 pH 下降，菌丝形状又可恢复正常。②影响培养基中某些重要营养物质和中间代谢产物的解离，从而影响微生物对这些物质的吸收利用。③影响代谢产物的合成途径。黑曲霉在 pH 为 2～3 的情况下，发酵产生柠檬酸，而在 pH 接近中性时，则生成草酸和葡萄糖酸。④影响产物的稳定性。青霉素在碱性条件下发酵单位低，就与青霉素的稳定性差有关。⑤影响酶的活性。由于酶作用均有其最适的 pH，所以在不适宜的 pH 下，微生物细胞中某些酶的活性受到抑制，从而影响菌体对基质的利用和产物的合成(图 8-3)。

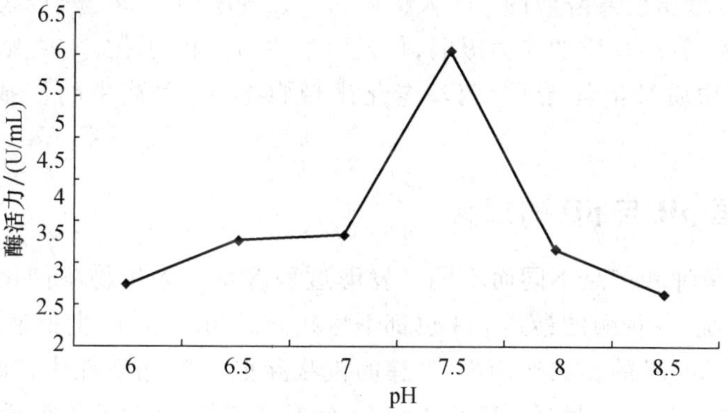

图 8-3 pH 对海藻酸酶活力的影响

8.6.2 影响 pH 变化的因素

在发酵过程中，pH 的变化往往是动态变化的。一方面发酵 pH 因通气条件、碳源与氮源的比例、消泡剂的使用等因素而变化。另一方面菌体本身又具有一定的调节环境 pH 的能力，通过菌体自我调节从而构建发酵最适 pH 的环境。发酵 pH 通常主要取决于微生物的种类、基础培养基的组成和发酵条件。

当外界环境发生较大变化时，pH 将会不断波动。凡是导致酸性物质生成或释放，碱性物质的消耗都会引起发酵液的 pH 下降。反之，凡是造成碱性物质的生成或释放、酸性物质的利用将使 pH 上升。

引起发酵液中 pH 下降的因素还有：①碳源过多，耗糖过快，特别是葡萄糖过量或者中间补糖过多;②消泡剂加量过多;③生理酸性物质的存在,氮源被利用,使 pH 下降。

引起发酵液 pH 上升的因素有:①氮源过多,氨基氮释放,使 pH 上升;②生理碱性物质存在;③中间补料中氨水或尿素等碱性物质的加量过多,使 pH 上升;④菌体自溶,导致氨基氮释放而使 pH 上升。

pH 的变化会引起各种酶活力的改变,影响菌对基质的利用速度和细胞的结构,以致影响菌体的生长和产物的合成。pH 还会影响菌体细胞膜电荷状况,引起膜的渗透性改变,从而影响菌体对营养的吸收和代谢产物的形成等。因此,确定发酵过程中的最佳 pH 及采取有效控制措施是保证或提高产量的重要环节。

8.6.3 pH 在发酵过程中的变化规律

发酵液 pH 的变化是微生物菌体在代谢过程中产酸、产碱代谢的综合结果。发酵过程中,由于微生物对培养基中碳源和氮源等营养基质的利用情况不同,造成培养基中酸性物质(如有机酸)或碱性物质(如氨基氮)的积累,从而使 pH 产生变化。培养基中碳源过多,会使有机酸大量积累而使 pH 下降,而氮源过多,会使培养基中的氨基氮大量积累而使 pH 上升。

发酵生产菌在代谢过程中,菌体自身具有一定的调节 pH 的能力。如以产生利福霉素 SV 的地中海诺卡氏菌进行发酵研究,采用 pH 6.0、6.8、7.5 三个出发值,结果发现最终的 pH 都达到 7.5 左右,菌丝和发酵单位都达到正常水平。

在微生物发酵的不同阶段,其 pH 的变化也各不相同。在发酵前期,主要是菌体细胞的快速繁殖,菌体的快速增殖使发酵液的 pH 大幅波动。在发酵中后期——产物合成阶段,菌体生长繁殖减缓,分解碳、氮源物质的能力减弱,使发酵液中 pH 相对稳定。在临近发酵终点时,由于培养基中的营养物质被消耗殆尽,菌丝老化出现自溶,发酵液中的氨基氮增加,造成 pH 上升。

8.6.4 发酵最适 pH 与 pH 的控制

发酵的 pH 随菌种和产品不同而不同。发酵过程涉及诸多生物酶催化反应,发酵实质就是多酶复合反应系统,各种酶的最适 pH 也都不尽相同。同一菌种,生长最适 pH 可能与产物合成的最适 pH 是不一样的。如产丙酮-丁醇的梭状芽孢杆菌,pH 在中性时,菌种生长良好,但产物产量很低,实际发酵的最适 pH 为 5～6。链霉素产生菌生长的最适 pH 为 6.2～7.0,而合成链霉素的最适 pH 为 6.8～7.3。因此,应该按发酵过程的不同阶段分别控制不同的 pH 范围,使产物的产量达到最大。

最适 pH 通常是根据实验结果来确定的。将发酵培养基调节成不同的出发 pH,进行发酵,在发酵过程中,实时调节监测 pH,以分别维持出发 pH,或者利用缓冲液来配制培养基,定时观察菌体的生长情况,以菌体生长达到最高值的 pH 为菌体生长的最适 pH。以同样的方法,可测得产物合成的最适 pH。

在确定最适发酵 pH 时,还要考虑培养温度的影响,若温度提高或降低,最适 pH 也可能发生变动。

在实际发酵生产中,控制和调节 pH 的方法主要有:①精心设计发酵培养基基础配方,使碳源、氮源、无机盐等配比均衡。②加入缓冲剂,以控制培养基 pH 的变化。常用缓冲剂有碳酸钙、磷酸钙。其中碳酸钙使用最普遍,主要作用是中和各种酸类产物,防止 pH 的急剧下降。

③流加酸碱性物质。在发酵过程出现 pH 过高或过低的情况时，可以直接加入酸或碱类物质加以调节，使之迅速恢复正常。如加入氨水、尿素等提高 pH，特别是次级代谢产物抗生素发酵，常用此法。④中间补糖控制。在存在碳分解代谢物阻遏代谢中，可通过中间补糖操作，既可避免代谢阻遏现象的出现，又可以降低培养基 pH。最成功的例子是青霉素的补料工艺，利用控制葡萄糖的补加速率控制 pH 的变化范围，其青霉素产量比用恒定的加糖速率、加酸或加碱来控制工艺的产量提高 25%。

8.7 CO_2 对发酵的影响

CO_2 既是微生物生长繁殖过程中的代谢产物，也是诸多产物合成反应所需的基质。既对微生物生长和发酵具有刺激作用，也可用作细胞代谢和微生物发酵的重要指标。有人把细胞量和尾气中 CO_2 的生成相关联，通过碳元素平衡来估算细胞的生长速率和细胞量。据相关报道溶解在发酵液中的 CO_2 对氨基酸、抗生素等产品的发酵具有抑制或刺激作用。

8.7.1 CO_2 对菌体生长及产物形成的影响

CO_2 对微生物生长有直接作用，微生物代谢产生的 CO_2 浓度高于 0.090 mol/L 时，微生物细胞的呼吸速率和糖类的代谢将会下降。CO_2 的分压达到 0.08×10^5 Pa 时，青霉素的合成会下降 40%左右。酒精发酵液中 CO_2 浓度为 1.5×10^{-2} mol/L 时，会严重抑制酵母的生长。当微生物生长受到抑制时，也会阻碍基质的变化和 ATP 的生成量，并进一步影响产物的合成。

研究表明，在供氧充分的条件下，细胞的最大需氧量与细胞的呼吸速率相等时，如果基质中 CO_2 的浓度达到 0.05×10^5 Pa 以上时，组氨酸的产率将降低；而 CO_2 的浓度超过 0.13×10^5 Pa 时，精氨酸发酵的产率急剧下降。

通过增加罐压来提高溶解氧是发酵工业上时常使用的方法，但是这样做的同时也会增加 CO_2 的分压，从而影响到产物的产量。典型的例子是纤维素的发酵，为了提高溶解氧，增加罐压，结果使得 CO_2 的分压也增加了，高浓度的 CO_2 使菌体的生长和呼吸受到某程度的抑制，从而降低了纤维素的产量。

8.7.2 CO_2 与菌体生长的关系

菌体形态也受到 CO_2 影响。以产黄青霉菌为例，当 CO_2 分压为 0.01×10^5 Pa 时，菌丝主要呈丝状；当 CO_2 分压为 $(0.02\sim0.03)\times10^5$ Pa 时，菌丝主要呈膨胀、粗短状；当 CO_2 分压为 0.08×10^5 Pa 时，则出现球状或酵母状，致使青霉素合成受阻。

8.7.3 CO_2 与 pH 的关系

发酵过程随着罐压的增加和细胞代谢加快，CO_2 浓度也在不断地增加，这时如不改变搅拌转速来打碎过多的泡沫，CO_2 就不易排出，而在罐底形成碳酸导致发酵液的 pH 下降。

8.7.4 尾气中 CO_2 与尾气中 O_2 之间的关系

通过仪器，可以分析尾气中 CO_2 和 O_2 的含量变化，发酵过程中尾气中的 O_2 含量变化与

CO_2 含量变化成反向同步关系。并由此看出菌的生长、呼吸情况，求出呼吸商(RQ)值。

呼吸商：RQ=CER/OUR

CER：CO_2 释放率(mol CO_2/L·h)；OUR：菌耗氧率(mol O_2/L·h)。

CER=$Q_{CO_2}\cdot X$，式中 Q_{CO_2} 为比 CO_2 释放率(mol CO_2/(g·h))，X 为菌体干重(g/L)。

OUR=$Q_{O_2}\cdot X$，式中 Q_{O_2} 为呼吸强度[mol O_2/(g·h)]，X 为菌体干重(g/L)。

RQ 值可以反映菌体的代谢情况。如酵母发酵过程中，RQ=1 时，表示糖代谢进行有氧分解代谢途径仅供菌体细胞生长，无产物形成；如 RQ>1.1 时，表示进行的是 EMP 途径，生成酒精；RQ=0.93 时，生成柠檬酸；RQ<0.7 时，表示生成酒精被当作基质再利用。青霉素发酵时，RQ=0.909 菌体生长；RQ=1 菌体维持；RQ=4 合成青霉素。

菌体利用不同的基质时，其 RQ 值也有不同。大肠杆菌以各种化合物为基质时的 RQ 值见表 8-3。

表 8-3 大肠杆菌以各种化合物为基质的 RQ 值

基质名称	甘油	乙酸	葡萄糖	乳酸	丙酮酸	琥珀酸
RQ 值	0.80	0.96	1.00	1.02	1.26	1.12

实际生产中，RQ 测得值往往明显小于理论值，说明发酵过程中存在着不完全氧化的中间代谢产物和葡萄糖以外的碳源。如油的存在会使 RQ 值下降，而葡萄糖的比例增加，RQ 会迅速增加。说明油加入不利于菌体生长，而葡萄糖是有利于菌体生长的。

CO_2 浓度的控制应根据其对发酵的影响而定。如果 CO_2 对产物的合成有抑制作用，应设法降低其浓度。如有促进作用，则应提高其浓度。通气和搅拌速率的大小，可调节 CO_2 的溶解度。在发酵罐中不断通入空气，既可保持溶解氧在临界值以上，又可使产生的 CO_2 随废气排出，降低其的浓度。所以，通气搅拌是抑制 CO_2 浓度的一种有效方法。例如，在 5 m^3 发酵罐中进行四环素发酵试验，发酵前 30～40 h，通气量维持在 75 m^3/h，搅拌速率为 85 r/min 以提高 CO_2 的浓度。40 h 以后，通气量和搅拌速率分别提高到 120 m^3/h 和 145 r/min，以降低 CO_2 浓度，四环素的产量可提高 30%左右。

8.8 泡沫的形成及控制

通气发酵过程中，产生一定数量的泡沫是必然的正常现象，但过多的持久性泡沫会给发酵带来诸多不利影响，必须加以控制。

8.8.1 泡沫的危害

发酵中通气搅拌和代谢产生的气体是泡沫产生的原因。泡沫形成条件有气-液两相共存和表面张力大的物质存在。发酵过程中形成的泡沫主要有 2 种类型：一种是发酵液液面上的泡沫，气相所占的比例大，与液体有较明显的界限，如发酵前期的泡沫。另一种是分散于发酵液中的泡沫，又称流态泡沫，比较稳定，与液体之间无明显的界限，其实质是由气溶胶构成的胶体系统。其分散相主要是空气和代谢产生的 CO_2，连续相是发酵液，泡沫间隔着一层液膜而被彼此分开不相连通。

泡沫的危害主要有：①导致发酵罐的装料系数减少，若不加以控制，还会造成排气管大量逃液的损失；②泡沫升到罐顶有可能从轴封渗出，增加污染杂菌的机会，并使部分菌丝黏附在罐盖或罐壁上而失去作用；③泡沫严重时还会影响通气搅拌的正常进行，从而妨碍菌体的呼吸，造成代谢异常或菌体自溶。因此，控制泡沫即是保证正常发酵的基本条件。

8.8.2 影响泡沫消长的因素

发酵过程中泡沫形成的多少与通气搅拌的剧烈程度、培养基的成分、发酵温度和发酵液的pH等因素有关。培养基中的玉米浆、蛋白胨、花生饼粉、黄豆饼粉、酵母粉、糖蜜等都是主要的发泡物质。此外，培养基的pH、灭菌方法、灭菌温度和时间也会改变培养基的性质，从而影响培养基的起泡能力。在发酵过程中，发酵液的性质随菌体的代谢活动不断变化，是泡沫消长的重要因素。另外，菌体也有稳定泡沫的作用，在发酵后期菌体自溶，可溶性蛋白增加，又会促进泡沫增多(图8-4)。

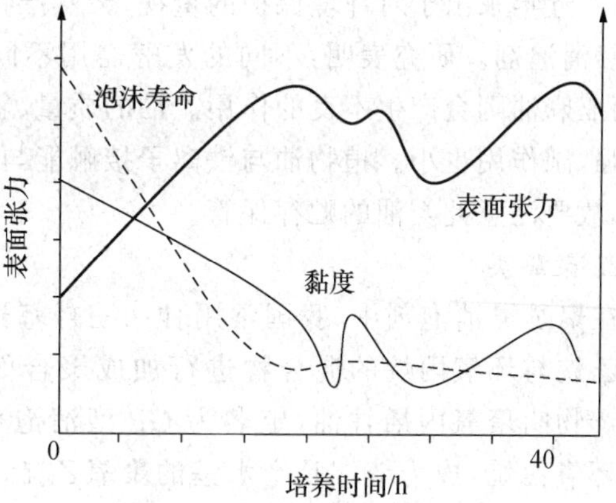

图 8-4 霉菌发酵过程中培养液的性质与泡沫的关系

8.8.3 泡沫的消除

泡沫的控制，可以采用3种途径：①调整培养基中的成分(如少加或缓加易起泡的原材料)，或改变某些物理化学参数(如pH、温度、通气和搅拌)，或者改变发酵工艺(如采用分次投料)来控制，以减少泡沫形成的机会，但这些方法的效果有一定的限度。②采用机械消泡或消泡剂消除已形成的泡沫。机械消泡即利用物理方法，使泡沫液膜的局部受力，打破液膜原来受力平衡而使泡沫破灭。消泡剂消泡即通过化学方法，降低泡沫液膜的表面张力，使泡沫破灭。③采用菌种选育的方法，筛选出不产生流态泡沫的菌种，来消除起泡的内在因素。如土霉素生产菌株，通过杂交育种，选育出不产流态泡沫的菌株。

工业生产上，通常采用二者组合的方法消除泡沫。

8.8.3.1 机械消泡

机械消泡是一种物理作用，主要是利用机械所引起的强烈振动或变化使泡沫破裂而消沫。消沫装置可安装在罐内或罐外。罐内可在搅拌轴上方安装消泡桨，形式多样，泡沫在巨大的离心作用力下被压碎。罐内消泡法最常用的消泡装置是耙式消泡器。罐外法是将泡沫引出罐外，通过喷嘴的加速作用或离心叶片的离心力作用粉碎泡沫。罐外消泡法中最常用的消泡装置是旋转叶片式消泡器。

机械消泡的优点在于不需引进外界物质，如消泡剂，从而减少染菌机会，节省原材料和不会增加下游操作的负担。其缺点是不能从根本上消除泡沫的成因，消泡效果不明显。

8.8.3.2 化学消泡

化学消泡是通过加入消泡剂，使泡沫破裂的方法。消泡剂都是表面活性剂，具有较低表面张力，或者是降低泡沫液膜的机械强度，或者是降低液膜的表面黏度，或者兼有两者的作用，达到破裂泡沫的目的。

发酵工业常用的消泡剂分天然油脂类、聚醚类、高级醇类等。常用的天然油脂有玉米油、豆油、米糠油、棉籽油、鱼油和猪油等，这些物质除作消泡剂外，还可兼作碳源使用。

1. 天然油脂

最早使用的消泡剂，来源容易，价格低廉，使用简单，一般来说没有明显副作用，如豆油、菜油、鱼油等。有些油是发酵产物的前体，如豆油是红霉素的前体，鱼油是螺旋霉素的前体。分子中无亲水基团，在发酵液中难铺展，所以消泡活性差，用量大，一般为发酵液的 0.1%～0.2%。近年来出于对环境保护的重视，天然产物消泡剂的地位又有些提高，而且还在研究新的天然消泡剂。研究表明：不同的发酵需用不同的天然油脂，如土霉素发酵，豆油、玉米油较好，而亚麻油则会产生不良的作用。油的质量、新鲜程度对消泡能力有影响，新鲜的油脂消泡能力强，副作用也小。植物油与铁离子接触能与氧形成过氧化物，对四环素，卡那霉素的合成不利，故要注意此类油的贮存保管。

2. 聚醚类

在聚醚类消泡剂中，我国常用甘油三羟基聚醚。它是以甘油为起始剂，由环氧丙烷，或环氧乙烷与环氧丙烷的混合物进行加成聚合而制成的。只在甘油分子上加成聚合环氧丙烷的产物叫聚氧丙烯甘油，定名为 GP 型消泡剂。在 GP 型消泡剂的聚丙二醇链节末端再加成环氧乙烷，成为链端是亲水基的聚氧乙烯氧丙烯甘油，也叫 GPE 型消泡剂(泡敌)。用于链霉素的基础培养基中，抑泡效果明显，可全部代替食用油，也未发现不良影响，消泡效力一般相当于豆油的 60～80 倍。GPE 亲水性好，在发泡介质中易铺展，消泡能力强，作用快，溶解度大，所以消泡维持时间短，适用于黏稠的发酵液，如用于四环素发酵，消泡效果很好，用量为 0.03%～0.035%。

8.9 染菌分析及控制

发酵过程中污染杂菌的现象称为染菌。染菌是发酵工业的大敌，工业发酵稳定生产的关键因素之一是：在整个发酵过程中维持纯种培养，避免杂菌污染。

发酵工业自从采用纯种培养技术以后，产率有了很大的提高，然而发酵过程中染菌的问题至今仍是现代发酵工业的严重问题。工业发酵过程中，杂菌的污染轻者影响产率、产物提取率和产品质量，重者导致“倒罐”。浪费大量的原材料，造成严重的经济损失。因此，必须采取有力措施，严格执行发酵操作程序，密切监测染菌情况，随时加以控制。

8.9.1 染菌原因分析

染菌的途径多样，表现出的现象也多样，因而追查杂菌的来源多数情况下是非常困难的，从现有的经验可从下述几个方面进行分析。

表 8-4 是一份抗生素发酵染菌原因的分析统计资料，从表中可以看出，因设备问题，包括穿孔、渗漏等造成的染菌占第 1 位，占 33%左右。空气净化系统问题造成的染菌占第二位，占 20%左右。种子和操作问题造成的染菌占第三、四位，占 10%左右。

表 8-4 一份抗生素发酵染菌原因的分析统计 %

染菌原因	比例	染菌原因	比例
种子带菌或怀疑种子带菌	9.6	接种管穿孔	0.3
罐压跌零造成污染	0.2	阀门泄漏	1.5
培养基灭菌不彻底	0.8	搅拌轴密封泄漏	2.1
空气系统带菌	20	罐基泄漏	1.5
泡沫升至罐顶	0.5	其他设备泄漏	10.1
夹层穿孔	12.4	操作问题	10.2
其他管道穿孔	5.9	原因不明	24.9

染菌在发酵生产中是不可能完全避免的,关键的问题是如何进行染菌原因分析,准确判断出染菌的原因,避免染菌的再次发生。

1. 从染菌的规模和时间分析

在发酵过程中,如果是种子罐和发酵罐同时大面积染菌,杂菌的主要原因可能是空气净化系统,如空气过滤器失效或空气管道渗漏造成的,其次考虑种子制备工序。如果只是发酵罐大面积染菌,除考虑空气净化系统带菌外,还要重点检查接种管道、补料系统。发酵培养基采用连续灭菌工艺时,还要严格检查连消系统是否带入杂菌。如果是部分发酵罐在发酵早期染菌,可能是培养基灭菌不彻底,或种子罐带菌,或接种管道灭菌不彻底造成的。如果是发酵的中后期染菌,重点分析补料系统和加消泡剂系统,个别发酵罐连续染菌,就从单个罐体查找杂菌来源,如罐内是否有"死角"或冷却系统有渗漏。当然还要检查附件,个别罐批的染菌,其原因很难追查,要具体情况具体分析。

2. 从杂菌类型分析

发酵过程染菌,出现多种杂菌的概率大,只出现一种杂菌的概率较小。染耐热芽孢杆菌,这与培养基灭菌不彻底或设备内部有"死角"关系甚大。污染的杂菌是不耐热的球菌或杆菌时,可从空气净化系统和冷却系统进行追查。

8.9.2 防治污染的措施

在实际生产中,防治污染的发生没有灵丹妙药,主要是加强管理,可从以下方法进行:

8.9.2.1 培养基和种子的无菌试验

无菌试验方法有肉汤培养法、双碟培养法、斜面培养法。其中以酚红肉汤培养法和双碟培养法结合起来进行无菌检查用得较多。

(1)肉汤培养法。直接用装有酚红肉汤的无菌试管取样,然后放入37℃恒温箱内培养。定时观察试管内肉汤培养基的颜色变化,同时进行显微镜观察。

(2)斜面培养法。先用空白无菌试管取样,然后在无菌条件下接种于斜面培养基上,置于37℃恒温箱内培养。定时观察有无杂菌菌落生长。

(3)双碟培养法。种子罐样品先取入肉汤培养基中,然后无菌条件下在双碟培养基上面划线,剩下的肉汤培养物在恒温箱内培养6~8 h后重复划线一次。发酵罐培养液直接取入空白无菌试管中,于37℃下培养6~8 h后在双碟培养基上划线。24 h内的双碟定时在灯光下检查有无杂菌生长。24～48 h 的双碟 1 d 检查一次，以防生长缓慢的杂菌漏检。正常生产过程中，种子罐和发酵罐每隔 8 h 取样一次，进行无菌检查。

无菌试验的结果一般需要 8～12 h 才能作出判断。为了缩短判断时间，有时向培养基中加入赤霉素、对氨基苯甲酸等以促进杂菌的生长。

8.9.2.2 设备的定期检查、维修

(1)对空气净化系统。防止空气净化系统带菌的主要措施有提高空气进口的空气洁净度，除尽压缩空气中夹带的油和水，以保持过滤介质的除菌效率。油水分离器应定时排放油水，尤其是在夏、秋两季，由于空气湿度较大，如不及时排放，将会影响总过滤器。过滤器灭菌时要防止过滤介质被冲翻，还要防止发酵液倒流入空气过滤器内。

(2)对蒸汽的要求。要重视蒸汽质量，采用饱和蒸汽，按照不同灭菌工艺要求提供稳定的蒸汽压力，灭菌过程中蒸汽压力不可以大幅度地波动，以保证灭菌质量。

(3)对设备的要求。发酵罐及其附属设备应做到无“渗漏”，无“死角”，管件阀门应保证严密不渗漏，管道和夹层应定期检查是否发生渗漏。连续灭菌设备要定期拆卸清洗。无菌操作室和菌种培养间定期消毒，以保持良好的操作环境

8.9.2.3 严格、规范的操作

生产过程的每一个环节都按操作规程严格执行，切不可为图方便简化规程。如菌种组的工作人员要严格按工艺规程制备生产种子，对进入无菌室的全部物料、器械实行灭菌。发酵过程的无菌检查工作，要严格执行，不可省略。发酵罐放罐之后，对罐体和附属设备进行全面清洗和检查，清除罐内的残渣，除尽罐壁上的污垢。配制培养基时，要防止物料结块或带入异物，配料罐和输送料液系统要定期清洗消毒。在实罐灭菌、空罐灭菌、培养基连续灭菌、各种管道的灭菌等操作过程中，要严格执行工艺规程要求。灭菌中要保证蒸汽畅通，保证蒸汽压力与温度的对应关系，保证空气排尽。

8.9.3 染菌后的挽救措施

发酵污染杂菌后，依据染菌时间、所染杂菌的危害性酌情进行处理。

1. 种子罐染菌的处理

种子罐染菌后坚决不能向发酵罐移种，高压蒸汽灭菌后放罐。待接种的发酵罐可以从其他处于对数生长期的发酵罐进行移种。

2. 发酵罐染菌的处理

发酵罐前期染菌，污染的杂菌对产生菌的危害性大，采用蒸汽灭菌处理后放罐。如果危害性不大，可用重新灭菌、重新接种的方式处理，如营养成分消耗较多，可放掉部分培养液后补入部分新培养基后进行灭菌，重新接种。如污染的杂菌量少且生长缓慢，可以继续发酵，但要时刻注意杂菌数量和代谢的变化。在发酵的中后期染菌，一是加入适量的杀菌剂，如某些抗生素或呋喃西林，抑制杂菌的生长。二是降低培养温度或控制补料量来控制杂菌的生长速度。如果采用上述两种措施仍不见效，就要考虑提前放罐。

3. 染菌后的设备处理

染菌后的罐体用甲醛等化学物质处理，再用蒸汽灭菌(包括各种附属设备)。在再次投料之前，要彻底清洗罐体、附件，同时进行严密程度检查，以防渗漏。染菌后的处理非常重要，很多大面积染菌都是由于处理不彻底而造成的系统污染，造成出现连续污染。

8.9.4 噬菌体污染与防治

噬菌体在自然界广泛存在，抗生素、氨基酸等产品发酵过程中时有噬菌体污染发生，轻者造成生产能力大幅度下降，重者造成长时间停产。噬菌体污染发生后，导致发酵异常现象出现，如发酵液突然转稀、泡沫增多、菌体染色不均匀、短时间内菌体大量自溶、溶氧浓度回升提前、产物合成停止等现象。

8.9.4.1 噬菌体污染的征兆

以谷氨酸发酵为例，发生噬菌体污染后，会出现以下特征：①发酵前期菌丝量不上升或回落；②pH 逐渐上升达 8.0 以上，不下降；③糖耗缓慢或停止；④产生大量泡沫，有时发酵液呈黏状可拔丝；⑤谷氨酸产生量甚少，或增长极为缓慢，或停止；⑥镜检菌体数少，菌体不规则；⑦发酵液残糖高，颜色重(红色、灰色)，有刺激性气味。

8.9.4.2 噬菌体的检查

发酵过程怀疑是噬菌体污染发生，如能取发酵液进行电镜是最好的方法，可准确判断是否发生了噬菌体污染。如无电镜，也可以采用以下方法：

1. 双层琼脂平板法

双层琼脂平板法是经典的噬菌体检查方法，根据在双层琼脂平板法能否形成噬菌斑，可进行判断。实验方法如下：

(1)双层琼脂平板的制备。先用 10 mL 2%的琼脂培养基作底层平板，再加入 5 mL 冷至45℃的 1%琼脂含菌的上层培养基(其中含 0.2 mL 发酵菌种悬液和 0.1 mL 待检发酵液)作为上层平板。

(2)在发酵菌适宜的温度下培养，若是细菌，一般培养 16～20 h。

(3)检查有无透明的噬菌斑出现。

2. 液体培养检查法

也是一种常用的判断噬菌体污染的实验方法，将培养基、发酵菌株及待检发酵液混合培养，观察培养液是否有变清现象。

3. 斑点试验法

预先制备好含发酵菌株的平板，再用少许发酵液在平板上点种，培养后观察是否有噬菌斑出现。

4. 玻片快速培养法

将发酵菌种、发酵液和少量琼脂培养基(含 0.5%～1%的琼脂)混匀后涂布于无菌载玻片上，经短期培养后，在低倍镜下观察是否有噬菌斑。

8.9.4.3 噬菌体的防治

发酵液污染噬菌体，原因一是菌种自身可能带有的溶源性噬菌体，二是生产环境中有噬菌体的存在。预防噬菌体污染的发生，可采取的措施有：

(1)不使用可疑菌种。

(2)保护生产环境，避免环境中噬菌体产生。如不向环境中排放活菌，发酵失败的罐批一定要灭菌后才能排放。

(3)选育抗噬菌体菌株。

(4)菌株定期轮换。单一菌株使用时间一长，就有可能出现该菌株的噬菌体。

8.9.4.4 噬菌体污染后的补救措施

如果一旦发现噬菌体污染，可根据污染时间和程度采取一定的补救措施。

(1)发酵前期污染噬菌体，因为此时耗糖还不多，常用以下措施。

①补加抗性种子，并根据发酵液中的营养多少，适当补加营养物质。

②补加约50%的已培养至对数期的正常的发酵液，再进行发酵。

③若噬菌体轻度污染，菌体仍能较正常地生长，并积累代谢产物，则可照常进行发酵。若污染严重，则加热灭活噬菌体后，放罐。

(2)若在发酵中后期污染了噬菌体，则应考虑提前放罐，尽快提取产物。发酵罐、管道及用具均应彻底灭菌，防止噬菌体扩散而造成新的污染。并及时改用抗该噬菌体的生产菌株。

(3)对某些产品可用药物防治噬菌体。选择能特异性地抑制噬菌体而对生产菌株及其发酵产物的积累和提取均无影响，又符合卫生要求、对人无毒的药物。尽可能选活性高、用药量少、价格低的药物。

防治噬菌体污染的关键是环境的控制，尤其是发酵液的处理，要求取样、洗罐等任何含有细胞的物质都要进行灭活处理。

第9章 发酵产物的提取

发酵产物的分离、提取和精制是指从发酵液或酶反应液中分离、纯化产品的过程，或称下游技术，是生物技术转化为生产力时不可缺少的重要环节，是利用产物和杂质物理化学性质的不同，提取产物(或从系统中除去杂质)的操作，因而对产物和杂质的性质必须尽可能地了解。在工业生产规模的前提下考虑分离精制方法时，必须注意以下几点：①能够达到所要求的纯度；②收率高；③生产成本尽可能低；④工艺过程尽可能缩短和简化；⑤生产中所产生的废物能够处理；⑥实验过程能够成功地进行放大。据此，不断对精制的各种单元操作进行组合试验，最后得出最适于产物精制的方法。

9.1 发酵产物提取的一般工艺过程

从发酵液中分离有关产物是一个生物化工过程，它是由一些生物化工的操作单元组成，由于发酵产品的种类多，性质各异，故使用的操作单元很多，如沉淀、萃取、蒸发、结晶、干燥等。

9.1.1 发酵液中提取产物的特点

利用微生物发酵生产的各种产品，由于所用原料、菌种、工艺过程等的不同，发酵液特性也不同，所以预处理和提取、精制方法的选择也有差异。大多数发酵产物存在于发酵液中，也有少数存在于菌体内，或发酵液和菌体内都有。各种发酵产物往往浓度较低，并与种种溶解和悬浮的杂质混在一起，要分离提纯发酵产物，首先要针对发酵液的特性进行预处理。

发酵液的特性一般可归纳为：

(1)发酵液大部分是水，一般含水量达90%～99%。

(2)发酵液中发酵产物浓度较低，除酒精、柠檬酸、葡萄糖酸等少数发酵产物浓度在10%以上外，其余大多都在10%以下，而抗生素的浓度更低，一般在1%以下。

(3)发酵液中的悬浮固形物主要是菌体和蛋白质的胶状物，不仅使发酵液黏度增加，不利于过滤，同时增加了提取和精制后工序的操作困难。在浓缩过程中变得更黏稠，同时容易产生泡沫。采用溶媒萃取法提取时，由于蛋白质的存在会产生乳化，从而使溶媒相和水相分层困难。采用离子交换法提取时，蛋白质的存在会降低树脂的吸附量。

(4)发酵液的培养基残留成分中还含有无机盐类、非蛋白质大分子杂质及其降解产物,对提取和精制均有一定的影响。

(5)发酵液中除了发酵产物外常有其他少量的代谢副产物,有的结构特性与发酵产物极为近似,这就给分离提纯操作带来困难。

(6)发酵液中还含有色素、热原质、毒性物质等有机杂质。尽管它们的确切组成还不十分明确,但它们对提取影响很大,为了保证发酵产品的质量和卫生标准,应通过预处理将其除去。

9.1.2 提取的原理

尽管发酵产物多种多样,其分离、提取的原理是:利用目的物与杂质特性上的差异,采用不同方法、工艺使目的物与杂质得到分离,这些特性包括分子量、分子结构、极性、电解性、在各种溶剂中的溶解性等。

对一种未知发酵产品的发酵液进行提取时,应首先研究该发酵产物是属于哪一类型,是属酸性、碱性、两性物质或其大致等电点以及在各种溶剂中的溶解情况等。一般采用纸电泳或纸层析,通过各种不同的溶媒系统,初步确定其大致类型以及是单一成分还是几种成分的混合物。其次研究其稳定性,将发酵物在各种不同的温度、pH 进行处理,检查有效物质的特性。了解该发酵产物在哪种适合条件下进行提取和精制而不受破坏。同时在保证质量的前提下,尽可能提高其效率。

对于某些发酵产品在提取和精制过程中要注意防止变性和降解现象的发生,例如酶制剂、抗生素、单细胞蛋白、氨基酸、核酸等。由于其大分子空间结构主要依靠氢键、盐键和范德华引力而形成,强酸、强碱、高温、剧烈的机械作用、强烈的辐射等都可能导致大分子活性的丧失和不稳定。因此在提取和精制中要注意避免 pH 过高或过低、高温、激烈搅拌和产生大量泡沫,避免和重金属离子及其他蛋白质变性剂接触。有必要用有机溶剂处理时,必须在低温下短时间内进行。有些酶以金属离子或小分子有机化合物为辅基,提取精制时,要防止这些辅基的流失。此外,在发酵液中,除所需要的酶以外,常常还同时存在蛋白酶,为防止发酵液中所需的酶被蛋白酶分解,要及早除去蛋白酶或使其失活。

9.1.3 提取的一般工艺过程

从成熟发酵液中提取目的产物的一般工艺过程如下:

(1)发酵液的预处理与固液分离。无论目的产物是存在于细胞内或被分泌到细胞外,或在细胞内外都存在,大多数的提取过程都首先进行固液分离。

(2)初步纯化。这一步骤的主要目的是除去与目标产物性质有较大差异的物质(杂质),使目的产物的浓度显著提高。因此,也有人称该步骤为提取,以区别于高度纯化(精制)。

(3)高度纯化。这一步骤的主要目的是除去与目标产物有相似化学结构或物理性质的杂质,极大提高产品的纯度,达到使用的要求,因此,也有人称该步骤为精制。

(4)成品加工。根据产品的要求,经精制后获得的高纯度产品,还需一些加工步骤,如浓缩、无菌过滤、去热源、干燥、分装等(图 9-1)。

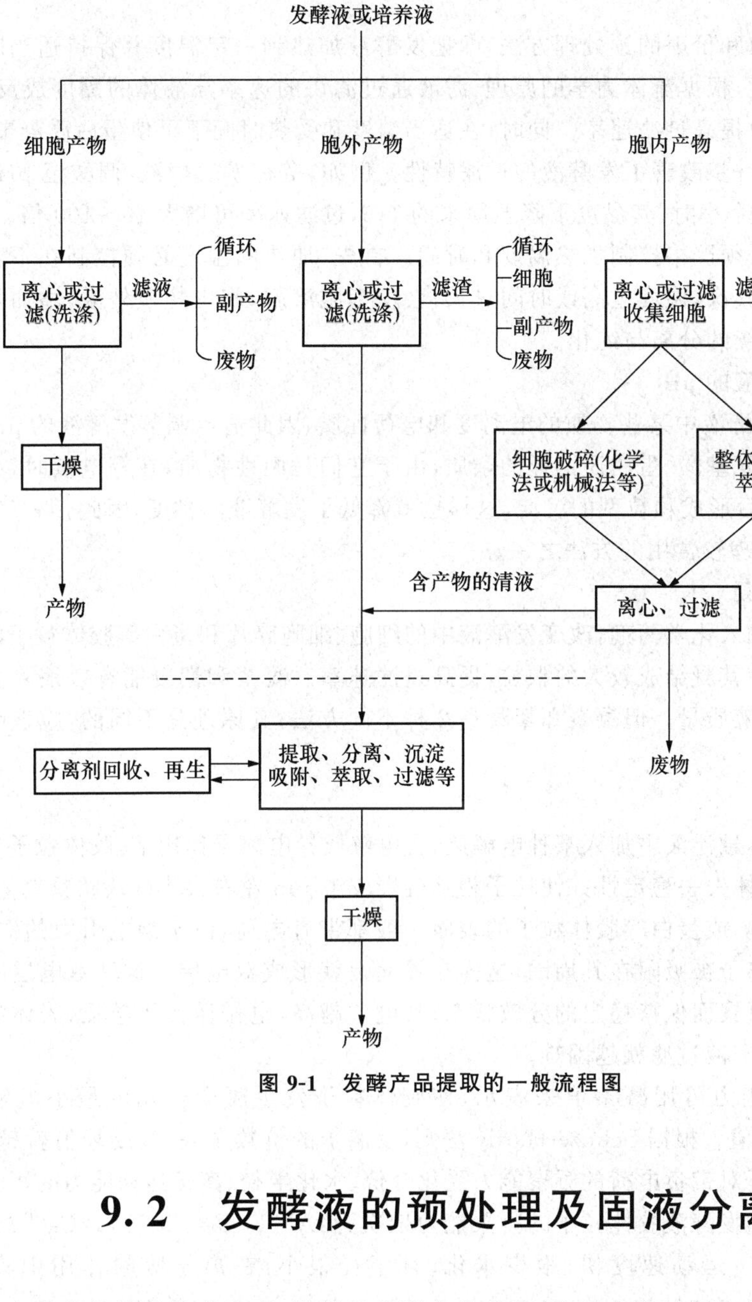

图 9-1 发酵产品提取的一般流程图

9.2 发酵液的预处理及固液分离

无论发酵产物是菌体或胞内、胞外的代谢产物或酶，发酵产物的提取首先都需要进行发酵液的固液分离。为了固液分离的顺利进行，一般需先进行预处理，预处理可以达到2个目的，一是改变发酵液的性质，如黏稠性，以利于固液分离，二是可以除去部分杂质。

9.2.1 发酵液的预处理

各种发酵产品，由于菌种不同和发酵液特性不同，其预处理方法的选择也有所不同，预处理的方法也取决于可分离物质的性质，如对pH和热的稳定性、是蛋白质还是非蛋白质、分子的质量和大小等。主要方法有以下几种。

9.2.1.1 加热法

加热法是最简单和价廉的预处理方法，即把发酵液加热到一定温度并保持适当时间。加热可降低液体的黏度，根据流体力学的原理，滤液通过滤饼的速率与液体的黏度成反比，可见降低液体黏度可有效提高过滤速率。同时，在适当温度和受热时间下可使蛋白质凝聚，形成较大颗粒的凝聚物，进一步改善了发酵液的过滤特性。例如，链霉素发酵液，调酸至 pH 3.0 后，加热至 70℃，维持半个小时，其黏度下降至原来的 1/6，过滤速率可增大 10～100 倍。

使用加热法时必须严格控制加热温度和时间。首先，加热的温度必须控制在不影响目的产物活性的范围内；其次，温度过高或时间过长，会使细胞溶解，胞内物质外溢，增加发酵液的复杂性，影响产物后续的分离与纯化。

9.2.1.2 调节发酵液的 pH

pH 直接影响发酵液中某些物质的电离度和电荷性质，因此适当调节发酵液的 pH 可改善其过滤性，例如对于氨基酸、蛋白质这样的杂质，由于它们是两性物质，在等电点时，其溶解度最小，通过调节 pH 后形成颗粒型的沉淀，这样也就降低了发酵液的黏度，因此，调节发酵液的 pH 也是发酵液预处理较常用的方法之一。

9.2.1.3 凝聚和絮凝

指向发酵液中加入化学药剂，改变发酵液中的细胞、细胞碎片和蛋白等胶体粒子的分散状态，破坏其稳定性，使其凝结成较大的颗粒，提高过滤速率。凝聚和絮凝能有效地除去杂蛋白和固体杂质，提高滤液质量。但凝聚和絮凝是 2 种不同方法，其原理是不同的，应该明确区分开来，不可混淆。

1. 凝聚

凝聚是指向胶体悬浮液中加入某种电解质，在电解质异电离子作用下，胶体粒子的双电层电位降低，从而使胶体失去稳定性并使粒子相互凝聚成 1 mm 左右大小的块状凝聚体的过程。

发酵液中的细胞，或蛋白等胶体粒子的表面一般都带有电荷，由于静电引力的作用，使溶液中带相反电荷的离子被吸附在其周围，这样在界面上就形成双电层。这种双电层的结构使胶体粒子之间不易凝聚而保持稳定的分散状态，其电位越高，电排斥作用越强，胶体粒子的分散程度也就越大，发酵液过滤就越困难。

电解质的凝聚能力可用凝聚值来表示，使胶体粒子发生凝聚作用的最小电解质浓度(mmol/L)称为凝聚值。根据 Schuze-Hardy 法则，反离子的价数越高，其凝聚值就越小，即凝聚能力越强。阳离子对带负电荷的凝聚能力受化合价、水化半径、离子运动能力的影响，所以，阳离子对带负电荷的发酵液胶体粒子的凝聚能力依次为：$Al^{3+} > Fe^{3+} > H^+ > Ca^{2+} > Mg^{2+} > K^+ > Na^+ > Li^+$（$H^+$ 运动速度快，很少水化，且半径很小，在离子吸附作用中具有特殊的地位）。

常用的凝聚剂有 $Al_2(SO_4)_3 \cdot 18H_2O$、$AlCl_3 \cdot 6H_2O$、$ZnSO_4$、$FeCl_3$、$FeSO_4 \cdot 7H_2O$、$H_2SO_4$、HCl、NaOH、$Na_2CO_3$、$Al(OH)_3$ 等。

2. 絮凝

絮凝是指使用絮凝剂将胶体粒子交联成网，形成 10 mm 左右大小的絮凝团的过程。其中絮凝剂主要起架桥作用。

采用凝聚方法得到的凝聚体，其颗粒常常只有 1 mm 左右，比较细小，有时还不能有效地进行分离。而采用絮凝方法则常可形成粗大的絮凝体，可达 10 mm 左右，使发酵液较容易分离。

絮凝剂是一种能溶于水的高分子聚合物，具有长链状结构，其链节上带有许多活性官能团，包括带电荷的阳离子或阴离子基团以及不带电荷的非离子型基团，这些基团能强烈地吸附在胶体粒子的表面，使其形成较大的絮凝团。根据其来源不同，工业上使用的絮凝剂可分为如下 3 类：①有机高分子聚合物，如聚丙烯酰胺类衍生物和聚苯乙烯类衍生物等；②无机高分子聚合物，如聚合铝盐和聚合铁盐等；③天然有机高分子絮凝剂，如海藻酸钠、明胶、骨胶、壳聚糖等。

目前最常用的絮凝剂是有机合成的聚丙烯酰胺类衍生物，其优点是用量少（一般以 mg/L 计），絮凝速度快，分离效果好，应用广泛，缺点是具有一定毒性。

9.2.1.4　添加助滤剂

助滤剂是一种不可压缩的多孔微粒，它能使滤饼疏松，滤速增大。这是因为使用助滤剂后，悬浮液中大量的细微粒子被吸附到助滤剂的表面上，从而改变了滤饼结构，使滤饼的可压缩性下降，过滤阻力降低。

常用的助滤剂有硅藻土、纤维素、石棉粉、珍珠岩、白土、炭粒和淀粉等。其中最常用的是硅藻土，它具有极大的吸附和渗透能力，能滤除 0.1～1.0 μm 的粒子，而且化学性能稳定，既是优良的过滤介质，同时也是优良的助滤剂。

9.2.1.5　添加反应剂

在某些情况下，通过添加一些不影响目的产物的反应剂，可消除发酵液中某些杂质对过滤的影响，从而提高过滤速率。

加入的反应剂与某些可溶性盐类发生反应，生成不溶性沉淀，如 $CaSO_4$、$AlPO_4$ 等。生成的沉淀物能防止菌体黏结，使菌丝具有块状结构，另外沉淀物本身可作为助滤剂，并且能使胶状物和悬浮物凝固，从而改善过滤性能。若能正确选择反应剂和反应条件，则可使过滤速率提高 3～10 倍。

如果发酵液中含有不溶性的多糖物质，则最好先用酶将它转化为单糖，以提高过滤速率。例如，万古霉素用淀粉作培养基，发酵液过滤前加入 0.025％的淀粉酶，搅拌 30 min 后，再加 2.5％硅藻土作助滤剂，可使过滤速率提高 5 倍。

9.2.1.6　其他方法

发酵液中杂质很多，其中有些杂质不仅直接影响产品质量和产物收率，同时对后续的提取和精制有很大影响，因此，在预处理时，必须采用适当方法使这些杂质沉淀，在固液分离时除去，以利于后面的提取和精制过程能顺利进行。如添加草酸盐以除去 Ca^{2+}、Mg^{2+} 和 Fe^{2+} 等高价无机离子；加酒精、丙酮等有机溶剂或一些表面活性剂使蛋白变性，形成沉淀等。

9.2.2　发酵液的固液分离

9.2.2.1　概述

固液分离是生物产品分离纯化过程中重要的单元操作。在生产中，培养基、发酵液、一些中间产品和半成品均须进行固液分离。其中，发酵液的种类多、成分复杂、黏度大，属于非牛顿型流体，因此，发酵液的固液分离最为困难。

发酵液固液分离的方法主要是离心和过滤。具体的固液分离方法和设备应根据发酵液的特性进行选择。对于丝状菌，如霉菌和放线菌，体形比较大，一般采用过滤的方法处理发酵液；

而单细胞的细菌和酵母菌，高速离心的效果比较好。但即使固形物粒径较小，通过预处理改善发酵液的特性，也可用过滤实现固液分离。例如，在氨基酸的发酵液中，菌体很小，如果在预处理过程中进行絮凝，并添加助滤剂，就可使用板框过滤机分离菌体。

9.2.2.2　过滤

过滤就是利用多孔性介质（如滤布）截留固液悬浮物中的固体颗粒，从而实现固液分离的方法。微生物发酵液属于非牛顿型液体，在悬浮液中含有大量的菌体、细胞或细胞碎片以及残余的固体培养基，这些固体颗粒均可通过过滤操作减少或除去。目前，在发酵工业中，过滤的方法还是以传统的板框过滤或真空过滤等为主。随着膜分离技术的发展，过滤已超出了传统意义上固液分离的范畴。选择性和高效性使膜分离技术在生物产品的分离提取中蕴含着巨大的潜力。

过滤是发酵液处理中常用的单元操作，通过过滤可获得20%～30%（*W*/*V*）细胞浓度的淤浆，或40%（*W*/*V*）以上浓度的细胞固体。

1. 澄清过滤

在澄清过滤中，所用的过滤介质为硅藻土、砂、颗粒活性炭、玻璃珠和塑料颗粒等，填充于过滤器内部即构成过滤层；也有用烧结陶瓷、烧结金属、黏合塑料及用金属丝绕成的管子等组成的成型颗粒滤层。当悬浮液通过过滤层时，固体颗粒被阻拦或吸附在滤层的颗粒上，使滤液得以澄清，所以这种方法叫澄清过滤。该法适合于固体含量少于0.1 g/100 mL、颗粒直径在5～100 μm的悬浮液的过滤分离，如麦芽汁、酒类和饮料等的澄清。

2. 滤饼过滤

滤饼过滤的过滤介质是滤布。悬浮液通过滤布时，固体颗粒被阻拦形成滤饼或滤渣。悬浮液本身形成的滤饼起主要过滤作用（图9-2）。滤饼过滤一般用于过滤固体含量大于0.1 g/100 mL的悬浮液。就滤饼过滤而言，如果按过滤推动力的不同，又可分为常压过滤、加压过滤和真空过滤3类。常压过滤效率低，所以只适合于过滤易分离的物料。例如，啤酒糖化醪的过滤。而加压和真空过滤在发酵工业中应用比较广泛。设备一般为板框压滤机和鼓式真空过滤机等。

3. 错流过滤

在一般过滤中，滤液的流动方向与滤饼基本垂直，采用这种方法时，随着过滤过程的进行，所积累形成的滤渣阻力很大，过滤速率迅速下降。为了维持较高的过滤速率，有效的方法是设法阻止滤渣的加厚，或者当滤渣达到一定厚度时采用反洗除去滤渣。

错流过滤，又称切向流过滤或十字流过滤，是一种维持恒压下高速过滤的技术。其操作特点是使悬浮液在过滤介质表面作切向流动，利用流动的剪切作用将过滤介质表面的滤渣移走（图9-2）。

工业上可采用的过滤设备很多，如板框过滤机、真空旋转过滤机、管式过滤器、蜂窝式过滤器等。设备简单，操作容易，适用于大颗粒固体过滤分离。缺点是分离速度低，分离效果受物料性质变化的影响，劳动强度大。

9.2.2.3　离心

依靠惯性离心力的作用而实现的沉降过程称为离心。对于两相密度差较小，颗粒粒度较细的非均相体系，在重力场中的沉降效率很低，甚至不能完全分离，若改用离心可以大大提高沉降速度。

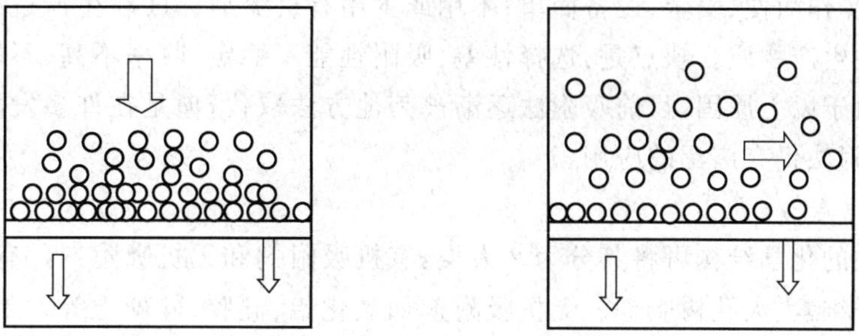

滤饼过滤　　　　错流过滤

图 9-2　滤饼过滤及错流过滤

离心是广泛使用的一种固液分离手段。它在发酵工业中应用十分广泛。从啤酒和果酒的澄清、谷氨酸结晶的分离,至发酵液菌体、细胞的回收或除去,以及液液相的分离都大量使用离心分离技术。

离心分离与过滤相比,具有分离速度快,效率高,液相澄清度好,操作时卫生条件好等优点,适合于大规模的分离过程。但是,离心分离设备投资费用高,能耗较大,固相干燥程度不如过滤操作。

离心可采用的设备很多,如高速冷冻离心机、碟片式离心机、管式离心机、倾析式离心机、框式离心机等。高速冷冻离心机适用于粒径小、热稳定差的物质回收,分离效果好,但处理量小,不适宜大规模工业应用,常用于实验室;碟片式离心机可连续操作,操作稳定性较好,适用于大规模工业应用,但操作时出渣、清洗复杂,固形物含水量高,总的分离效率低;管式离心机转速高,分离效果较好、固形物含水量低,但容量有限,拆装频繁、处理量小、噪声大;倾析式离心机可连续操作,适宜工业应用,操作稳定,但对很小颗粒的固形物回收困难,设备投资高;框式离心机实质为离心力作用下的过滤,适用于大颗粒固形物的回收,操作较简单、适用于工业应用,但不能连续操作,分离效果较差,离心的设备投资高,操作成本也高。

9.3　初步纯化

初步纯化的目的是将目的产物与发酵液中存在的大量杂质进行分离,使目的产物的浓度得到极大的提高,处理物的体积降低。在初步纯化以前,从发酵液中获得目的产物面对的是大体积的发酵液,而目的产物在发酵液中浓度很低,经初步纯化以后,处理物的体积大幅度下降,目的物的浓度大幅度提高。因此,初步纯化的目的并不要求目的产物的纯度很高,只要达到与发酵液中大量杂质分离的目的即可,所以也称该步骤为提取。

初步纯化可采用的方法很多,常用的有吸附法、沉淀法、萃取法等。

9.3.1　吸附法

吸附法是用一种吸附剂将被提取物吸附在其上,然后用一种溶液(剂)再将被吸附的物质洗脱下来,达到浓缩和提取的目的。

吸附一方面是将发酵产品吸附并浓缩,另一方面是去除杂质、色素物质、有毒物质等。吸附法的优点是：操作简便、安全、设备简单；不用或少用有机溶剂；pH 在生产过程中变化小，适用于稳定较差的生产物质。缺点是：选择性差、吸附性能不稳定、收率不高、不能连续操作、劳动强度大等。由于以上原因，目前吸附法逐渐被其他方法取代，但是在许多发酵产品的提取、精制过程中，吸附法仍有广泛的应用。

1. 吸附剂种类

根据吸附剂的化学结构可将其分为 2 大类：有机吸附剂和无机吸附剂。有机吸附剂如活性炭、聚酰胺、纤维素、大孔树脂等。无机吸附剂如氧化铝、硅胶、硅藻土等。工业上常用的是活性炭、硅藻土、氧化铝等。

活性炭是疏水或非极性吸附剂，能从极性溶剂或水溶剂中吸附溶质。氧化铝、硅胶等是亲水或极性吸附剂，适用于非极性或极性较差的溶剂中吸附溶质。

2. 吸附剂应用

以活性炭吸附抗生素为例进行说明。

抗生素发酵滤液中加入活性炭，搅拌或振摇一定时间，使抗生素有效成分吸附在活性炭上。过滤弃去滤液，炭饼洗涤以去除部分杂质，然后进行洗脱，得到抗生素洗脱液。吸附操作时的注意事项：①调节适当的 pH。发酵液的酸碱度与吸附效率密切相关。如青霉素吸附应在微碱性条件。②保持一定温度。吸附能力一般是随温度升高而增大，提高温度的同时，须考虑抗生素的稳定性。③活性炭的用量。根据吸附容量、发酵液效价和性质而定，通常为 0.5%～3%。④吸附时间。发酵滤液与活性炭混合均匀，充分搅拌，30～50 min 后即可吸附完全。⑤洗脱剂。通常是各种稀的无机酸或碱、各种有机溶剂。洗脱时选择适当的 pH 和温度。洗脱剂用量常为发酵液的 5%～10%，分多次加入。

9.3.2 沉淀法

沉淀法是通过改变条件或加入某种试剂，使发酵产物离开溶液，生成不溶性颗粒而沉降析出的过程，是常被用作初步分离的一种手段。沉淀法具有设备简单、成本低、原料易得、收率高、浓缩倍数高和操作简单等优点，不足之处在于过滤困难、产品质量较低、需要重新精制。根据所加入的沉淀剂不同，沉淀法可以分成以下几类：

1. 等电点沉淀法

等电点沉淀法是利用两性电解质(氨基酸、核苷酸、蛋白质、酶、核酸等)在电中性时溶解度最低的原理进行分离纯化。在低离子强度下，调 pH 至等电点，使两性电解质所带净电荷为零，大大降低其溶解度。由于不同的两性电解质具有不同的等电点，通过等电点法可以把它们分离。等电点法的优点是许多蛋白质的等电点在酸性范围内，而许多无机酸价廉且为食品标准所允许，因此对于残余的酸，无须除去即可进行下一步纯化操作。主要缺点是蛋白质对低 pH 较敏感，酸化时可能会引起蛋白质失活。需要注意的是蛋白质与金属离子结合后，等电点会偏移，因此在加入金属离子后，用等电点法沉淀时，需要考虑到这点。

2. 盐酸盐法

在发酵液中加入盐酸，使氨基酸成为氨基酸盐酸盐析出，再加碱中和到氨基酸的等电点，使氨基酸沉淀析出。例如，以盐酸盐法提取谷氨酸时，主要是利用谷氨酸在冷的浓盐酸溶液中不溶，形成谷氨酸盐酸盐晶体进行分离提纯。

3. 金属盐法

在发酵液中加入重金属盐(Zn^{2+}、Ca^{2+}、Co^{2+}、Cu^{2+}等),使难溶的氨基酸金属盐沉淀析出。沉淀经溶解后,调 pH 至氨基酸等电点,使氨基酸沉淀析出。如锌盐法提取谷氨酸。

发酵液加入硫酸锌($ZnSO_4 \cdot 7H_2O$),调 pH 至 6.3,使谷氨酸与硫酸锌作用,生成谷氨酸锌盐沉淀,酸性条件下,将沉淀溶解,调 pH(2.4±0.2),谷氨酸晶体析出。工艺流程如图 9-3 所示。

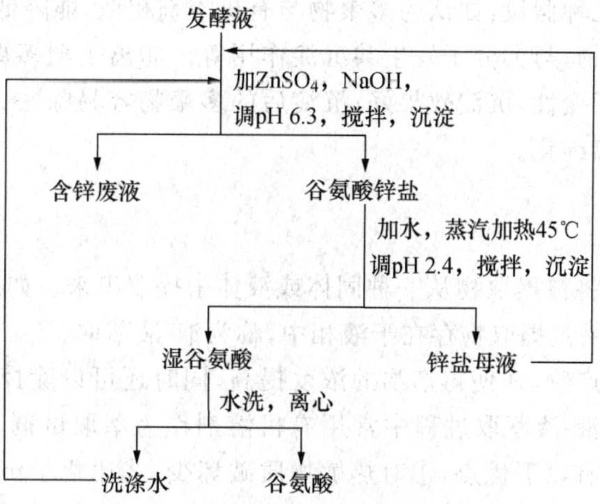

图 9-3 锌盐法提取谷氨酸工艺流程

4. 有机溶剂沉淀法

许多有机溶剂(如丙酮、乙醇等)能使溶于水的小分子物质以及核酸、蛋白质等生物大分子沉淀。有机溶剂沉淀的原理是:由于加入了有机溶剂,会使水与有机溶剂混合液的介电常数降低,因而导致不同粒子表面,具有相反电性离子基团之间的吸引力增大,带电溶质相互吸引凝聚。对于具有水化层的生物分子,有机溶剂与水的作用,使得这些分子表面脱水而相互聚集析出。

有机溶剂沉淀法可用于酶制剂、氨基酸、抗生素等的提取。例如,将一定量的某些能与水相混合的有机溶剂加入酶的溶液中,利用酶蛋白与杂蛋白在有机溶剂-水混合体系中的沉淀情况不同,使酶蛋白与杂蛋白分离并得以浓缩。酶蛋白沉淀析出后,可再分级提纯。在氨基酸的提取中,首先去除发酵液菌体杂质,加有机溶剂(如甲醇、乙醇等),调 pH 至氨基酸等电点,使氨基酸析出。

有机溶剂沉淀法的优点是分辨能力高,沉淀后不需要脱盐;沉淀易固液分离;有机溶剂易蒸发,残留低,还可以蒸馏回收。缺点是容易引起蛋白质变性失活,并且有机溶剂易燃易爆。应用时,注意降低温度,以增加收率、减少蛋白质变性。另外有机溶剂加入水中,常会放热,操作时需要进行冷却。

5. 盐析法

也称中性盐沉淀法,是蛋白质提纯工作中使用最早的方法之一。

蛋白质等生物大分子是以亲水胶体形式存在于水溶液中,无外界影响时,呈稳定的分散状态,原因第一是蛋白为两性物质,表面存在电性,由于静电作用,分子相互排斥。第二是蛋白质分子表明有一层水膜,水膜层保护蛋白粒子,避免因相互碰撞而聚集沉淀。要使蛋白质沉淀,就必须中和其表面电荷和破坏其水膜。中性盐的亲水性大于蛋白质的亲水性,当加入大量中性盐时,它们能夺取蛋白质表面的电荷,破坏其水膜,从而使蛋白质沉淀析出。

盐析用的中性盐有硫酸铵、硫酸镁、氯化钠等,生产上常用硫酸铵。盐析法的优点是成本低、操作简单、安全和对许多生物活性物质具有稳定作用。缺点是加入的大量的中性盐,在后续的提纯步骤中可能需要脱盐。

6. 非离子型多聚物沉淀

非离子型多聚物可用于选择性沉淀从而纯化蛋白质,应用最多的是聚乙二醇(PEG)。对于多聚物作用机制,有几种假设:如认为多聚物与有机溶剂相似,能降低水化度使蛋白质沉淀;或者与大分子形成复合物,与大分子发生共沉淀作用等。非离子型多聚物沉淀法操作条件温和,不易引起生物大分子变性,沉淀效果好,沉淀后的多聚物容易除去,广泛应用于核酸、蛋白质、细菌和病毒等的分离纯化。

9.3.3 萃取法

萃取是用一种溶剂将被提取物从一种固体或液体中提取出来。如果被提取物存在于固相中,称为固-液萃取。如果被提取物存在于液相中,称为液-液萃取。

萃取不仅可以提取产物,还使得产物的浓度提高,同时还可以除掉部分其他类似物质,使产物得到初步纯化。在液-液萃取过程中常用有机溶剂作为萃取试剂,因此液-液萃取常称为溶剂萃取。溶剂萃取具有以下优点:①对热敏物质破坏少;②比化学沉淀法分离纯度高;③便于连续操作,生产能力大,周期短,容易实现自动化控制等。但溶剂使用量大,对设备和安全的要求高。近年来溶剂萃取法和其他新型分离技术结合,产生了一系列新型分离技术,如超临界流体萃取、双水相萃取技术等,用于生物制品如酶、蛋白质、氨基酸等提取、精制。

9.3.3.1 溶剂萃取

在溶剂萃取中,被提取的溶液称为料液,从料液中提取出来的物质称为溶质,用来进行萃取的溶剂称为萃取剂,溶质转移到萃取剂中与萃取剂形成的溶液称为萃取液,而溶质已被萃取的料液称为萃余液。

溶剂萃取选用的溶剂必须与被萃取的溶液互不相溶,溶剂对被萃取的溶质有选择性溶解能力。萃取过程中溶质在两相中经充分震荡平衡后,按一定的比例进行分配。溶质在两相达到平衡后的分配比例受分配定律支配,即在一定温度、一定压力下,溶质在两相中的浓度分配是一个常数。即:

$$K=\frac{c_1}{c_2}$$

式中:K—分配系数;

c_1—分配达到平衡后,萃取相中溶质的浓度;

c_2—分配达到平衡后,萃余相中溶质的浓度。

应用该式需满足 3 个条件:①稀溶液;②溶质对溶剂之间互溶度没有影响;③必须是同一种分子类型,即不发生缔合或解离。

若料液中含有 A、B 两种溶质,但 A、B 两种溶质的分配系数不同,萃取液中 A、B 的相对浓度就不同于萃余液 A、B 的相对浓度。假如 A 的分配系数大于 B 的分配系数,萃取液中 A 的浓度就会高于 B,这样 A、B 两种溶质就得到一定程度的分离。萃取剂对 A、B 两种溶质分离能力的大小可用分离因素 β 表示。

$$\beta=\frac{c_{LA}}{c_{LB}}\div\frac{c_{RA}}{c_{RB}}=\frac{K_A}{K_B}$$

式中：β—分离因素；

c_{LA}—溶质A在萃取相中的浓度；

c_{LB}—溶质B在萃取相中的浓度；

c_{RA}—溶质A在萃余相中的浓度；

c_{RB}—溶质B在萃余相中的浓度。

由上式可见，β 值越大，A、B的分离效果越好。

工业上萃取通常包括3个步骤：①混合。料液与萃取剂充分混合形成乳浊液，萃取目标物质从料液转入萃取剂。②分离。乳浊液被分离为萃取液相和萃余液相。③回收溶剂。从萃取液相（有时需从萃余液相）中分离并回收有机溶剂。

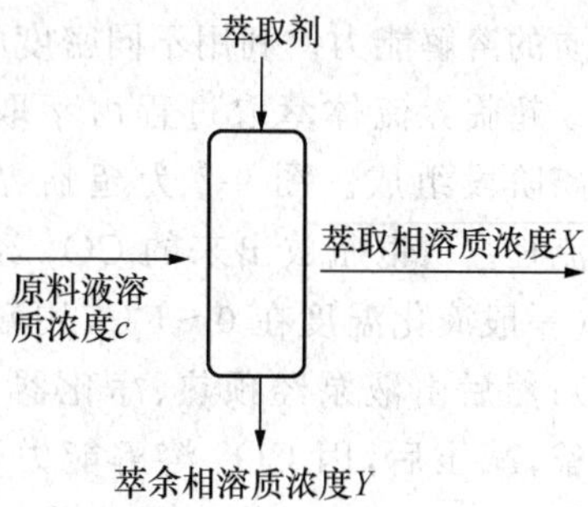

图9-4　单级萃取示意图

因此萃取流程中包括混合器、分离器、回收器。

萃取操作流程分为单级萃取（图9-4）和多级萃取，多级萃取又可分为多级错流萃取和多级逆流萃取（图9-5和图9-6）。

(1)单级萃取。只使用一个混合器和一个分离器的萃取。流程最简单，一般收率不高。

(2)多级错流萃取。每级都加入新鲜萃取溶剂，溶剂消耗多，萃取液产物平均浓度较稀，优点是萃取较完全。

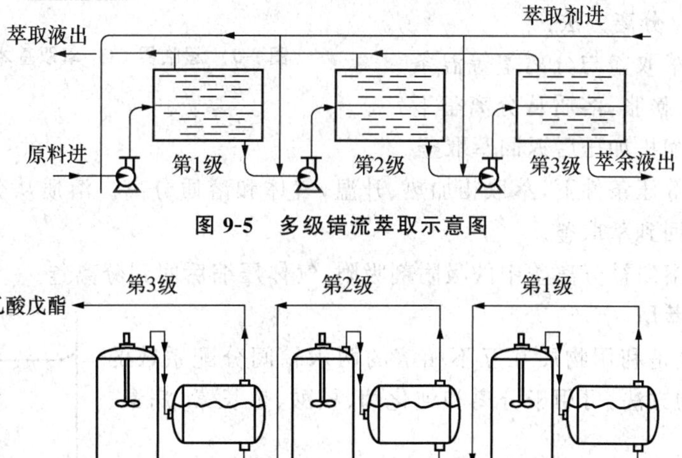

图9-5　多级错流萃取示意图

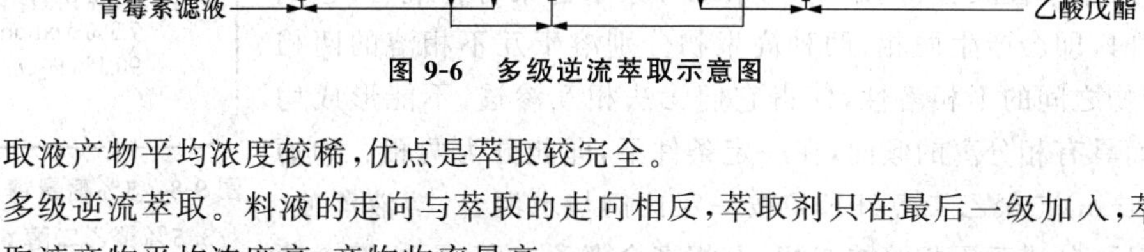

图9-6　多级逆流萃取示意图

(3)多级逆流萃取。料液的走向与萃取的走向相反，萃取剂只在最后一级加入，萃取剂消耗少，萃取液产物平均浓度高，产物收率最高。

萃取时，常发生乳化。产生乳化后会造成有机溶剂相和水相分层困难。如果发酵液夹带有机溶剂微滴，会造成发酵单位的损失。反之，有机溶剂相夹带发酵液微滴，会对以后的精制造成困难，所以必须破坏乳化。乳浊液破坏方法很多，常用的有以下几种，如过滤和离心分离、加热、稀释法、吸附法、加电解质(中和离子型乳浊液的电荷)等。

9.3.3.2 超临界流体萃取

超临界流体萃取是将超临界流体作为萃取剂，从固体或液体中萃取出某些高沸点或热敏性成分，达到分离和提纯的目的。超临界流体是物质处于临界温度、临界压力之上的一种流体状态，兼有气体、液体两重性的特点，即密度接近液体，而黏度和扩散系数与气体相似。因此它不仅具有液体溶剂相当的萃取能力，而且具有传质扩散速度快的优点。在超临界流体萃取中，主要是溶剂(超临界流体状态)密度的大幅度增加，导致溶剂对溶质的作用力增大，从而形成了溶解物质的能力，在临界点附近，压力或温度的变化会引起超临界流体密度的大幅度变化，而溶剂萃取能力主要取决于其密度。因此，通过调节压力和温度，改变溶剂密度，进而改变其对物质的溶解能力。利用不同密度的溶剂对物质溶解能力的差异，实现萃取和分离的操作。

超临界流体萃取过程由萃取阶段和分离阶段组成。图 9-7 为超临界萃取典型流程。从钢瓶放出来的 CO_2 经冷箱液化(一般液化温度在 0～5℃，用氟利昂制冷)；然后由液泵经预热、净化器，打入萃取釜，减压后，因 CO_2 溶解能力下降，萃取物与 CO_2 分离，萃取物从分离釜底部放出，CO_2 从分离釜上部排出后进入冷箱循环使用。

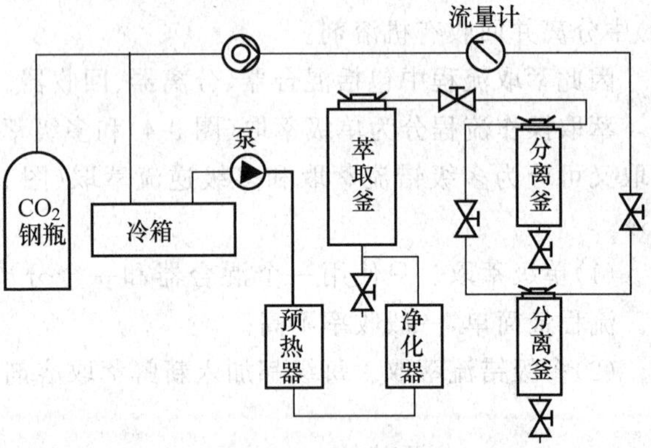

图 9-7 超临界 CO_2 萃取基本流程图

萃取物与 CO_2 分离方法：

(1)等温法。萃取釜与分离釜等温条件下，萃取相减压、膨胀，溶质从分离釜下部取出，气体经压缩机加压后返回萃取釜。

(2)等压法。等压条件下，萃取相加热、升温，气体和溶质分离。溶质从分离釜下部取出，气体冷却、压缩后回到萃取釜。

(3)吸附法。溶质被分离釜中的吸附剂吸附，气体压缩后回到分离釜。

9.3.3.3 双水相萃取

双水相萃取法是利用物质在互不相溶的两水箱间分配系数的差异来进行萃取的方法，可用于分离和纯化酶、核酸、生长素、病毒、干扰素等。

大多数亲水性聚合物水溶液与第二种亲水性聚合物混合，达到一定浓度时，即会产生两相，两种高聚物分别溶于互不相溶的两相中。高聚物之间的不相溶性，使得它们无法相互渗透，不能形成均一相，从而具有相分离的倾向，在一定条件下，即能分为两相。如葡聚糖(dextran)与聚乙二醇(PEG)按一定比例与水混合，溶液浑浊，静置平衡后，分成互不相溶的二相，上相富含聚乙二醇，下相富含葡聚糖(图 9-8)。

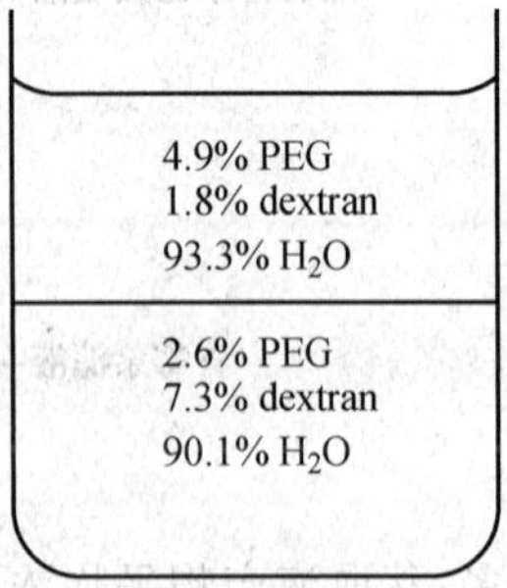

图 9-8 5%葡聚糖 500 与 3.5%聚乙二醇 6 000 形成的两水相系统

聚合物与盐类溶液也能形成两相，这是由于盐析作用，如与碱性磷酸盐或硫酸盐形成的两相。

溶质在两水相间的分配主要由其表面性质所决定，通过在两相的选择性分配而得到分离。分配能力的大小可用分配系数 K 表示。分配系数与溶质的浓度和相体积比无关，主要取决于相系统的性质、被萃取物质的表面性质和温度。

9.4 高度纯化

经初步纯化后，体积已大大缩小，但一般纯度不高，所以常称为粗提物或粗品。为了达到产品的要求，需对粗提物进行进一步的提纯，提高其纯度，以达到产品要求的质量，因此也称为精制。

精制的方法很多，如采用色谱技术、膜分离技术、结晶等。需要说明的是，在发酵产物的分离、提取、提纯过程中所采用的各个方法，并不存在一个界限指明某种方法只用于初步纯化，而另一种方法只用于高度纯化。事实上，初步纯化中的方法都可以用于精制，如沉淀法，被沉淀的产物可以被溶解后再次沉淀，使产品的纯度提高。色谱法也可用于初步纯化，如链霉素的提取，初步纯化采用的是离子交换树脂吸附的方法。另外有些方法可能更多地被用于除去在精制过程中存在的微量杂质，如链霉菌在精制过程中，可采用活性炭吸附的方法除去热源物质。

9.4.1 色谱法

色谱法是一类相似分离方法的总称，在这种分离方法中必须有两个相：固定相和流动相。固定相是表面积很大或多孔性的固体，顾名思义固定相在操作过程中不具流动性，流动相是液体或气体。当流动相流过固定相时，由于不同物质在两相中的分配情况不同，经过多次的差别分配而达到分离。

色谱也称层析，根据固定相性质和形状的不同，可分为柱色谱（也称柱层析）、纸色谱（也称纸层析）、薄层色谱（薄层层析）等。

根据色谱分离的机理，主要可分为吸附色谱、分配色谱、离子交换色谱、凝胶过滤色谱等。

9.4.1.1 吸附色谱

利用吸附剂（固定相）对不同物质的吸附能力不同而达到分离不同物质的目的。

被提取的物质先吸附在固定相上，然后用一种溶剂（流动相）再将被吸附物质洗脱下来。常用的吸附剂有：硅胶、氧化铝、活性炭、纤维素、聚酰胺、硅藻土等。

在吸附色谱中，吸附剂的选择是一个关键，不同吸附剂的性质不同，适宜分离的物质也不同。如氧化铝适宜于亲脂性成分的分离，活性炭有不同的颗粒大小，一般来说，对极性弱的化合物的吸附能力大于极性强的化合物。

吸附色谱的缺点是选择性差，吸附量小，不适宜工业化大生产的应用。但在科研工作中，对于新物质的提取分离可采用吸附法，如新抗生素的提取。

9.4.1.2 分配色谱

1941 年，Martin 和 Synge 用含水的硅胶（固定相）填柱，氯仿（流动相）洗脱，提取分离氨基酸。

它的原理是利用各个组分在硅胶水和有机溶剂中的溶解度不同，或说分配比不同而达到分离不同物质的目的，因此称为分配色谱。

9.4.1.3 离子交换色谱

离子交换技术是根据物质的酸碱度、极性和分子大小的差异予以分离的技术。它所使用的离子交换剂（离子交换树脂）是能和其他物质发生离子交换的物质，分为无机离子交换剂和有机离子交换剂。在发酵工业中，用离子交换树脂法分离提纯各种生物活性代谢物质，具有成本低、操作方便、设备简单、提炼效率高、节约大量有机溶剂等优点。

1. 离子交换原理

离子交换树脂是具有一定孔隙度的高分子化合物，化合物的亲水性质使溶剂分子扩散到树脂颗粒内部。离子交换树脂具有酸性或碱性功能团，能交换阳、阴离子。大多数发酵产物都具有酸性或碱性功能团，在溶液中以离子形式存在，能与树脂的活性功能团交换。离子交换过程是：①离子吸附或扩散到树脂表面；②离子穿过树脂表面，吸附或扩散至树脂内部的活性中心；③离子与树脂中自由离子交换；④交换出来的离子从活性中心扩散到树脂表面；⑤离子再由树脂表面扩散至溶液中。

2. 离子交换树脂的结构与分类

离子交换树脂分为2部分，一部分是不能移动的、多价的高分子基团，构成树脂的骨架，使树脂具有不溶解性和化学稳定的性质；另一部分是可移动的离子，构成树脂的活性基团。活性基团可移动的离子在骨架中进出，产生离子交换现象。

根据离子交换树脂官能团的性质，将树脂分为阳离子交换树脂、阴离子交换树脂、选择性离子交换树脂、两性离子交换树脂等。

（1）阳离子交换树脂。这种树脂能与阳离子发生交换，所以称为阳离子交换树脂。阳离子交换树脂分为强酸性、中强酸性、弱酸性。强酸性阳离子交换树脂含有磺酸基（$—SO_3H$），中强酸性含有磷酸基（$—PO_3H_2$）、亚磷酸基（$—HPO_2H$），弱酸性含有羧基（—COOH）、酚羟基（$—C_6H_4OH$）。树脂在离子交换时，反应如下：

强酸性：$R—SO_3H^+ + Na^+ \rightarrow R—SO_3Na^+ + H^+$

弱酸性：$R—COOH^+ + Na^+ \rightarrow R—COONa^+ + H^+$

（2）阴离子交换树脂。这种树脂能与阴离子发生交换，所以称为阴离子交换树脂。阴离子交换树脂分为强碱性、弱碱性。强碱性树脂含有季胺基[$—N(CH_3)_3OH$]，而弱碱性树脂含有伯、仲、叔胺基（$—NH_2$，—NHR，$—NR_2$）等，交换反应如下：

强碱性：$R—N^+(CH_3)_3OH^- + Cl^- \rightarrow R—N^+(CH_3)_3Cl^- + OH^-$

弱碱性：$R—N^+(CH_3)_2HOH^- + Cl^- \rightarrow R—N^+(CH_3)_2HCl^- + OH^-$

（3）选择性离子交换树脂。又称螯合性离子交换树脂，它与金属离子形成螯合物的基团，是对某些离子具有特殊选择性的树脂。树脂内如果含有能与某种离子生成螯合物的有机分子基团，那么在交换中优先选择与这种离子结合。例如，用含汞树脂分离含巯基化合物（如辅酶A、谷胱甘肽等）。

（4）两性离子交换树脂。树脂同时含有酸性、碱性集团，有强碱-弱酸[$—N(CH_3)—COOH$]和弱碱-弱酸（$—NH_2—COOH$）两种类型。

3. 树脂和操作条件的选择

采用离子交换法提取或去除离子型物质时，首先要选择合适的树脂。强碱性离子一般选用弱酸性树脂，如用强酸性树脂，会造成解吸困难。弱碱性离子宜用强酸性树脂，如果用弱酸性树脂，不易吸附。同理，强酸性离子选用弱碱性树脂，弱酸性离子用强碱性树脂。如果要吸附大分子离子，选择交联度较低的树脂，以便大分子扩散到树脂内部。

选择合适的操作条件，需考虑以下因素：

(1)pH。pH 满足在产物稳定范围内、产物离子化以及树脂能解离 3 个条件。

(2)树脂类型。酸性树脂根据其可交换基团是 Na^+ 或 H^+ 区分为 Na 型或 H 型，碱性树脂也可根据其可交换基团是 Cl^- 或 OH^- 区分为 Cl 型或 OH 型。弱酸性和弱碱性树脂宜采用 Na 型或 Cl 型，强酸性和强碱性树脂可采用任何类型，若产物在酸、碱性条件下易破坏，不宜选用 Cl 型或 OH 型树脂。

(3)产物浓度。低价离子浓度增加有利于交换上树脂，而高价离子稀释时易被吸附。

(4)洗脱条件。一般应和吸附条件相反。如碱性条件下吸附，则解吸应在酸性条件下进行。

9.4.1.4 凝胶过滤色谱

又称凝胶排阻色谱、分子筛色谱，是根据物质分子的大小进行分离的方法。凝胶有许多种，如葡聚糖凝胶、聚丙烯酰胺凝胶、琼脂糖凝胶等。

凝胶色谱法是指混合物随流动相流经装有凝胶(固定相)的色谱柱时，混合物中各物质因分子大小不同而达到分离的技术，具有操作方便、设备简单、不需要使用有机溶剂、对高分子物质分离效果好的优点。在发酵工业中，可用于脱盐、高分子溶液的浓缩、除热原物质，还广泛用于酶、蛋白质、氨基酸、核酸、核苷酸、激素、多糖、抗生素等物质的分离、提纯。

1. 凝胶色谱法原理

凝胶是具有很微细的多孔网状结构的物质，当含有各种组分的样品溶液缓慢流经凝胶色谱柱时，各种物质在色谱柱同时进行 2 种运动：垂直向下运动和无定向的扩散运动。大分子物质直径较大，不能进入凝胶颗粒的微孔中，被排阻在凝胶颗粒之外，只能随流动相顺着颗粒间隙下流，向下移动的速度较快。小分子物质除了在凝胶颗粒间隙中扩散，还可以进入颗粒的微孔中，因此在它向下移动的过程中，不断地进入和扩散，使得小分子物质下移速度落后于大分子物质，于是样品溶液中分子大小不同的物质，顺序地流出柱外而得到分离。

凝胶可分为天然凝胶和人工合成凝胶，天然凝胶有马铃薯淀粉凝胶、琼脂和琼脂糖凝胶等，人工合成凝胶有聚丙烯酰胺凝胶、葡聚糖凝胶等。

2. 凝胶色谱法的应用

(1)脱盐。通过凝胶色谱，可将高分子(如蛋白质、核酸、多糖等)溶液中的相对分子质量低的杂质除去。与透析法相比较，凝胶色谱法脱盐速度更快、更安全。

(2)去除热原物质。热原物质是微生物产生的某些使人发热的物质，如某些多糖蛋白复合物等。DEAE-A-25 凝胶对热原物质的吸附能力较强。当含有热原物质的去离子水通过凝胶时，热原物质被除去，即可得到适于制备注射剂的无热原水。

(3)纯化青霉素。青霉素致敏被认为是由于产品中存在一些高分子杂质，如青霉素聚合物或青霉素降解物青霉烯酸与蛋白质结合形成的青霉噻唑蛋白质。青霉噻唑蛋白质是具有强烈致敏性的完全抗原，这种高分子杂质可用凝胶色谱法分离。

(4)浓缩高分子溶液。干燥的葡萄糖凝胶颗粒内部有一定的孔隙容积。干燥的凝胶颗粒投入稀的高分子溶液中时，水和低相对分子质量的物质会进入凝胶粒子内部的孔隙，直到充满为止，而高分子物质则排阻于凝胶颗粒之外。通过离心或过滤，分离出膨胀的凝胶颗粒，得到浓缩的高分子溶液，而其中的离子强度和 pH 保持不变。这种方法特别适用于不稳定的生物高分子溶液的浓缩。

9.4.2 膜分离法

近年来，膜分离技术已广泛地应用在生物工程、食品、化工、医药和环保等领域。膜分离过程的实质是物质通过膜的传递速度不同而得到分离。虽然膜分离的机理、操作方式各异，但它们具有相同的优点：过程一般较简单，操作方便，费用较低，效率较高，无相变，可在常温下操作，既节能又特别适用于热敏性物质的分离纯化。

膜分离的推动力不同，一般有浓度差、电位差和压力差 3 种。常见的膜过滤有渗透、透析、电渗析、反渗透、纳滤、超滤和微滤等。

膜过滤器可设计为板框式、管式、中空纤维式或螺旋卷式等，操作简单，效果好，可无菌操作。

9.4.2.1 膜分离技术分类

(1)透析。透析是利用膜两侧浓度差，使溶质从浓度高的一侧，通过膜孔扩散到浓度低的一侧，从而实现分离的过程。

(2)电渗析。电渗析是一种以电位差为推动力，利用离子交换膜选择性地使阴离子或阳离子通过的性质，达到从溶液中分离电解质目的的膜分离操作。

(3)微滤。微孔过滤，利用孔径 0.025～14 μm 的多孔膜，过滤含有微粒的溶液，将微粒从溶液中除去，达到净化、分离和浓缩的目的。推动力为压力差，通常为 0.1～0.5 MPa。

(4)超滤。滤膜孔径为 1～20 nm，用于过滤含有微粒和大分子的溶液。超滤以压力差为推动力，通常为 0.1～0.6 MPa。

(5)反渗透。用反渗透膜(孔径 0.1～1 nm)，对溶液施加压力，使溶剂通过反渗透膜，从溶液中分离的操作。反渗透膜选择性地只能透过溶剂而不使溶质透过，截留所有可溶物。反渗透也是压力差为推动力，操作压达 3～10 MPa。

(6)纳米过滤。以压力差为推动力，用纳米过滤膜(孔径约 2 nm)，从溶液中分离出相对分子质量为 300～1 000 的物质的膜分离过程。纳米过滤的特点是在过滤分离过程中，能截留小分子有机物，同时透析出盐，达到浓缩和透析目的；操作压力低，节约动力。

9.4.2.2 离子交换膜电渗析法

离子交换膜电渗析技术是利用可解离基团，在外加电场作用下，经有选择透过性的高分子膜，使各种带电性物质分离的技术。

根据膜结构离子交换膜可分为非均相、半均相和均相离子交换膜；按作用可分为阳离子交换膜、阴离子交换膜和具有特种性能的离子交换膜；根据膜的应用可分为电渗透浓缩用膜、电渗透脱盐用膜、电解离膜、对特定离子具有选择透过性的离子交换膜、扩散渗透用离子交换膜、反渗透用离子交换膜。在发酵工业中，可利用离子交换膜的选择透过性，进行抗生素、柠檬酸和氨基酸等产物的提纯。

工业用离子交换膜应具备离子透过性高，导电性好，电解质扩散量小，水迁移量小，有一定机械强度，化学稳定性好，膜结构均匀一致，表面光洁，膨胀性小，价格便宜等特点。

9.5 成品加工

发酵产物经过提取、精制后，还必须完成浓缩、结晶以及干燥等单元操作，才能获得质量合格的成品。

9.5.1 浓缩

浓缩通常在发酵液提取后和结晶前进行，有时贯穿于整个发酵产品提取过程。浓缩是将低浓度的溶液通过除去一定量的溶剂，转变为高浓度溶液。常用的浓缩方法有以下4种。

1. *蒸发浓缩法*

蒸发是将稀溶液加热沸腾，使溶液中部分溶剂汽化后除去，从而将溶液浓缩的过程。它常作为下一工序的预处理(如结晶、干燥之前)，以缩小被处理料液体积，节约能源和操作费用，提高收得率。

蒸发设备通常是指创造蒸发必要条件的设备组合，由蒸发器、冷凝器、抽气泵等组成。工业上为了强化蒸发过程，一般采用的蒸发设备都是在沸腾状态下进行。因为液体在沸腾状态下，给热系数高、传递速度高。为强化蒸发，还可采用真空蒸发。真空蒸发时沸点降低，具有许多优点，如对热敏性物料破坏减少、减少蒸发器所需传热面积等。由于各种溶液性质不同，蒸发要求的条件差别很大，所以选择蒸发器时，必须考虑溶液的耐热性、结晶性、发泡性、腐蚀性、黏滞性。

2. *冰冻浓缩法*

冰冻浓缩法常用于工业发酵中生物大分子和具有生理活性的发酵产品的浓缩。冰冻时分子结成冰，盐类、发酵产品不进入冰内。浓缩时先将待浓缩溶液冷却，使之成为固体，然后缓慢熔解，利用溶质和溶剂熔解点的差别，达到去除大部分溶剂的目的。例如，冰冻法浓缩酶制剂的盐溶液时，纯水结晶浮在液面，酶集中在下层溶液，移去上层冰块可得酶的浓缩液。

3. *吸收浓缩法*

通过吸收剂直接吸收除去溶液中溶剂分子，使溶液浓缩。吸附剂与溶液不起化学反应，对生物大分子、发酵产品无吸附作用，易于溶液分开。吸附剂除去溶剂后，可反复使用。实验室中常用的吸附剂有聚乙二醇、蔗糖、凝胶等。

4. *超滤浓缩法*

超滤是利用特别的薄膜对溶液中各种溶质分子进行选择性过滤，适用于生物大分子的发酵产品，特别是酶和蛋白质的浓缩或脱盐，具有成本低、操作方便、条件温和、较好保持生物大分子生理活性、回收率高等优点。

9.5.2 结晶

结晶是过饱和溶液的缓慢冷却(或蒸发)使溶质成晶体析出的过程。结晶过程具有高度选择性，只有同类分子或离子才能结合成晶体，因此析出的晶体很纯粹。很多发酵产品如味精、柠檬酸、核苷酸、酶制剂、抗生素等，通过结晶的方法来制取高纯度产品。

9.5.2.1 结晶原理

晶体置于未饱和溶液中，会吸附能量而溶解，同时已溶解的固体也会放能而重新结晶析出。溶解与结晶处于动态平衡时的溶液称为饱和溶液，物质的溶解度主要由它的化学性质和溶液的性质决定，也与温度有关。溶解度与温度的关系可以用饱和曲线描述。从理论上讲，任一温度下超过饱和曲线，就会有固体溶质析出。但实际上用缓慢冷却方式或移除部分溶剂的方法使溶液微呈过饱和，通常并没有晶体析出，只有达到某种程度的过饱和状态，才会有晶体自然析出。晶体的产生最初是形成极为细小的晶核，然后晶体再成长为一定大小的晶体。开始有晶核形成的过饱和浓度与温度的关系用过饱和曲线来描述(图9-9)。由此把温度-浓度图分成 3 个区域：①稳定(不饱和)区。SS 线以下，在此区域内即使有晶体存在也会自动溶解，不会发生结晶。②第一亚稳区。SS 线及 T′T′线之间，在此区域内不会自发成核，当加入晶种时，结晶会生长，但不会产生新晶核。③第二亚稳区。TT 线与 T′T′线之间，在此区域内也不会自发成核，但加入晶种后，在结晶生长的同时会有新晶核产生。④不稳区。在 TT 线以上，是自发成核区域，瞬时出现大量微小晶核，发生晶核泛滥。

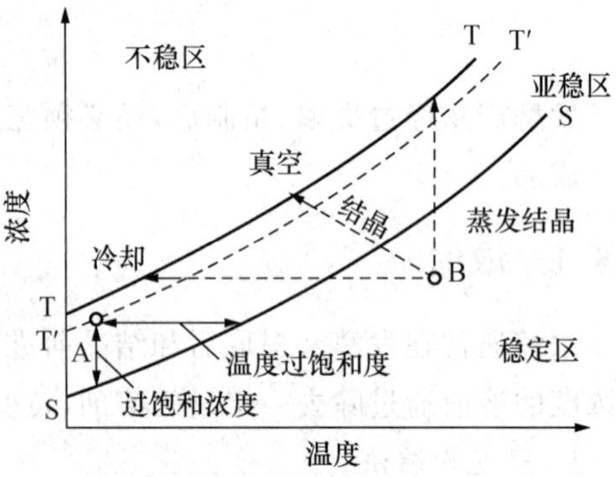

图 9-9 饱和曲线与过饱和曲线

SS 线，溶解度曲线；T′T′线，第一过饱和溶解度曲线；TT 线，第二过饱和溶解度曲线

溶液在亚稳区或不稳区才能结晶，在不稳区结晶形成很快，易形成大量细小晶体，这是工业结晶所不希望的。为获得颗粒较大、整齐的晶体，通常加入晶种后，把溶液浓度控制在亚稳区，使在较长时间内，在晶体表面上慢慢长大。使溶液达到结晶区域，有以下方法：

(1)冷却结晶。将一定浓度溶液冷却到亚稳区域以上。

(2)蒸发结晶。将稀溶液加热去除部分溶剂，使浓度达到亚稳区域以上。

(3)真空结晶。利用真空使溶液同时冷却和蒸发。

9.5.2.2 起晶方法

(1)自然起晶法。将溶液用蒸发浓缩方法排除大量溶剂，使溶液浓度进入过饱和不稳区，溶液自然结晶，大量生成晶核。随晶核生成，溶液浓度迅速下降，降至亚稳区下部，不再生成晶核，晶体只在已有晶面上长大。自然起晶法起晶迅速，但难以控制晶核数量，而且需要的过饱和浓度较高，耗热多，蒸发时间长。

(2)刺激起晶法。溶液以蒸发浓缩法排除部分溶剂，使溶液浓度进入亚稳区，再加以冷却从而进入不稳区，生成晶核，晶核数量达到一定时，改变条件，回升一些温度，进入亚稳区，然后再慢慢冷却，同时搅拌，使晶体长大，如味精、柠檬酸结晶可采用此法。

(3)晶种起晶法。溶液浓缩到亚稳区，加一定大小、数量的晶种，缓慢搅拌，使晶种均匀悬浮于溶液中。溶液中饱和溶液慢慢扩散到晶种周围，在晶种各晶面上排列，使晶种长大。晶种起晶法操作比较方便，在保持不产生新晶核的条件下，适当提高饱和浓度可增加结晶速度，产品大小均匀，晶型一致。工业结晶过程大多采用此法。

9.5.3　成品干燥

干燥是利用热能使湿物料中的湿分(水或其他溶剂)汽化而除去。干燥是发酵产品提取过程中最后一个环节。许多发酵产品,如味精、酶制剂、柠檬酸、酵母等,需要进行干燥以除去物料中的水分,使产品便于储存、运输,并防止产品的变性、变质。

9.5.3.1　常用干燥方法

(1)对流加热干燥法。又称空气加热干燥法,它是利用加热的空气,将热量带入干燥器并传给物料,使物料水分汽化,水蒸气由空气带走。空气既是载热体,又是载湿体。此法在工业发酵中得到广泛应用,常用的有气流干燥、沸腾干燥、喷雾干燥等。

(2)接触加热干燥法。又称加热面传热干燥法,即利用加热面与物料相接触的方法传热给湿物料,使水分汽化。例如箱式干燥和真空干燥等。

(3)红外线干燥法。利用红外线辐射作为热源,向湿物料供热。按波长可分为近红外和远红外,后者干燥速度更快,但能耗较大。

(4)冷冻升华干燥法。物料冷冻至冰点以下,使水分结冰,然后在较高的真空条件下,使冰直接升华而除去。此法适合具有生理活性的生物大分子和酶制剂、维生素、抗生素等发酵产品的干燥。

9.5.3.2　工业发酵中常用的干燥过程

1. 气流干燥

气流干燥就是把呈泥状、粉粒状或块状的湿物料,经过适当方法使之分散于热气流中,在与热气流并流输送的同时,进行干燥而得到粉粒状干燥制品的过程。适用于味精、柠檬酸、葡萄糖等的干燥。

气流干燥具有以下优点:干燥强度大;干燥时间短,适用于热敏性或低熔点物料的干燥;热效率高;处理量大;设备简单;应用范围广。缺点是:气流速度较高,粒子有一定磨损和粉碎,因此不太适用于对成品外形有一定要求的物料或非常黏稠的液体物料,热利用效率较低。

气流干燥器类型很多,目前我国常用的可分为长管式气流干燥器(长 10～20 m)、短管式气流干燥器(长 4 m 左右)、旋风气流干燥器和短管旋风气流干燥器等。

长管式气流干燥味精的流程如图 9-10 所示。空气被鼓风机抽吸,经过过滤器、空气加热气后,被送入气流干燥管。味精(含水分约 4%)经料斗和分配器均匀地由干燥管的下部送入,由热空气流送入干燥管脱水干燥,再经过旋风分离器分离,进入振筛分级得到味精产品(含水约 0.2%)。尾气经粉回收器回收味精粉末后,排入大气。

2. 沸腾干燥

沸腾干燥是利用热的空气流体使孔板上的粒状物料呈流化沸腾状态,使水分迅速汽化达到干燥的目的。干燥时,使气流速度与颗粒的沉降速度相等,粒子在气体中呈悬浮状态。目前沸腾干燥法在柠檬酸、四环素、土霉素等产品的干燥上广泛使用。

沸腾干燥的优点是传热传质速率高、干燥温度均匀、控制容易、对无严重凝聚现象的湿物料,颗粒直径 30 μm 至 6 mm 一般都适用。缺点是对气流速度有要求,应在使颗粒流化范围内,要求较高的热风压强使物料流态化;此外因摩擦作用较强,对易碎物料或对表面形状、光泽有所要求的不宜采用。

沸腾干燥设备的种类很多,按照操作条件可分为连续的和间歇的沸腾操作;按照设备结构

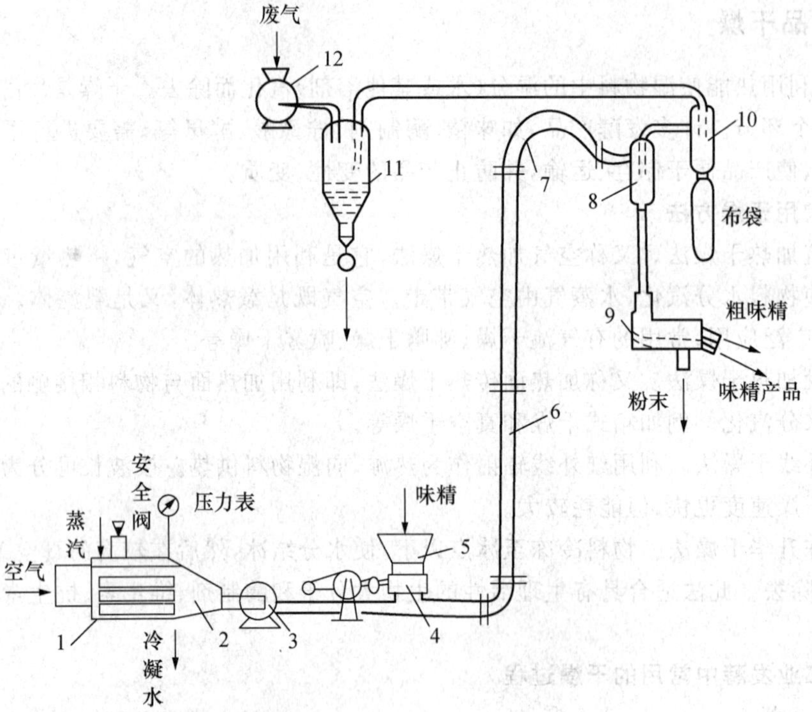

图 9-10　长管气流干燥味精流程

1. 空气过滤器　2. 空气加热器　3. 鼓风机　4. 加料器　5. 料斗　6. 干燥管　7. 缓冲管　8. 分离器　9. 振动筛　10. 二次分离器　11. 湿式收集器　12. 排风机

和形式，可分为单层沸腾干燥器、多层沸腾干燥器、沸腾床干燥器、振动沸腾干燥器、脉动沸腾干燥器以及喷雾沸腾造粒干燥器等。图 9-11 为卧式多室沸腾干燥器。

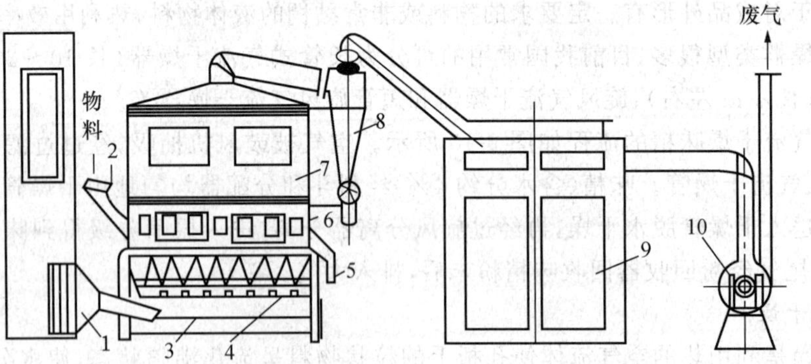

图 9-11　卧式多室沸腾干燥器

1. 空气加热器　2. 料斗　3. 风道　4. 风口　5. 成品出口　6. 视镜　7. 干燥室　8. 旋风分离器　9. 细粉回收器　10. 离心通风机

卧式多室沸腾干燥的干燥箱内平放有一块多孔金属板，在金属筛板上垂直安装数块分隔板，将干燥箱分为多个室，以延长物料在箱内的平均停留时间，同时可借助物料与分隔板的撞击作用，使颗粒获得垂直方向的运动，改善物料与热空气的混合效果。

热空气从金属筛板下方的热空气通道送入，物料由上面加料口加入，热空气通过筛板上的小孔使物料颗粒悬浮起来，并激烈地形成混合状态，犹如沸腾一样。热空气使物料颗粒所含水分蒸发，吸湿的废气从干燥箱的上部经旋风分离器排出，废气中夹带的物料微粒被旋风分离器收集。被干燥的物料在箱内沿水平方向移动，从产品出口排出。

3. 喷雾干燥

喷雾干燥是利用不同的喷雾器，将溶液、乳浊液、悬浊液或浆料喷成雾状，使其在干燥室中与热空气接触，水分被蒸发而成为粉末状或颗粒状的产品。酶制剂、酵母粉、链霉素及其他药品或各种热敏性物料，多采用喷雾干燥方法。

喷雾干燥具有以下优点：干燥速度快，干燥时间短；干燥过程中液滴的温度不高，产品质量较好；适宜连续化大规模生产。缺点是：干燥强度较小；干燥设备比较庞大，占地面积较大，设备投资费用较大；热利用率较低，功能消耗较多；废气中回收微粒的分离装置要求较高。

按照喷雾方法不同，喷雾干燥可分为压力式喷雾干燥、气流式喷雾干燥和离心喷雾干燥。

(1)压力式喷雾干燥。利用喷嘴在高压之下(5.1～20.3 MPa)将物料喷成均匀的雾滴。此法不适用于悬浮液的喷雾。

(2)气流式喷雾干燥。利用压缩空气(压强为147～490 kPa)通过气流喷雾器而使液体喷成雾状，适用于各种料液的喷雾。气流喷雾干燥器的流程如图9-12所示。

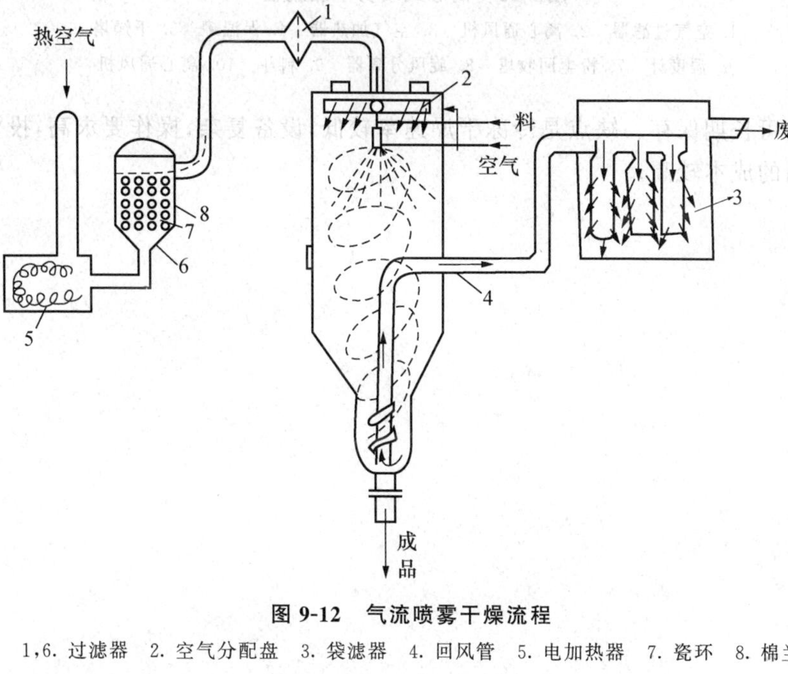

图9-12 气流喷雾干燥流程

1,6. 过滤器 2. 空气分配盘 3. 袋滤器 4. 回风管 5. 电加热器 7. 瓷环 8. 棉兰

(3)离心喷雾干燥。将料液注于急速旋转的喷雾盆上，借助离心力的作用，使料液分散成雾状。此法适用于各种料液的喷雾，应用较广，但功率消耗比压力式喷雾干燥大。离心式喷雾干燥器的流程如图9-13所示。

4. 冷冻干燥

即冷冻升华干燥，在冷冻干燥过程中，被干燥的产品首先进行预冻，然后在真空状态下进行升华，使水分直接由冰变成汽而获得干燥。冷冻干燥可以有效地干燥热敏性物料，而不致影响其生物活性或效价。冷冻干燥后物料呈多孔的海绵状结构，保持完整的形态、完整的生物活

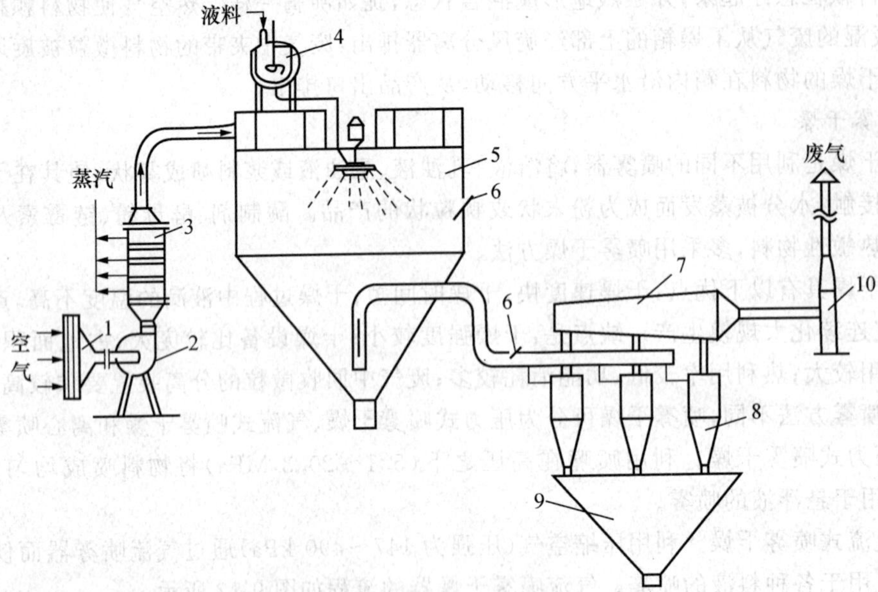

图 9-13　离心式喷雾干燥流程

1. 空气过滤器　2. 离心通风机　3. 空气加热器　4. 保温罐　5. 干燥塔
6. 温度计　7. 粉尘回收塔　8. 旋风分离器　9. 料斗　10. 离心通风机

性和溶解度，并可长期保存。缺点是冷冻干燥速率较低，设备复杂，操作要求高，投资和管理耗费较大，使成品的成本较高。

第10章 发酵设备和提取设备

发酵生产需多种设备、系统配套完成，如无菌空气系统、蒸汽系统、发酵设备(微生物培养)、提取设备等，在这一章中我们主要讨论发酵设备和提取设备。

10.1 发酵设备

发酵设备是提供了微生物生命活动和积累代谢产物的场所。由于微生物发酵分厌氧和好氧，发酵物的形态有固体和液体的区分，因此发酵设备也多种多样。我们先按发酵物的形态区分，发酵设备可以区分为固体发酵设备和液体发酵设备 2 大类。如果这一步按发酵过程中对氧的需求，又可以区分为厌氧的固体发酵和好氧的固体发酵，厌氧的固体发酵如中国白酒的酿造，是在酒窖池中进行的。好氧的固体发酵可分为浅盘固体发酵和深层固体发酵，浅盘固体发酵所需的设备简单，如用曲盘发酵。深层固体发酵相对较复杂，如采用强制通风的深层固体发酵床或固体发酵罐等。液体发酵也同样可区分为厌氧液体发酵和好氧液体发酵，如酒精、啤酒和丙酮-丁醇发酵等均属厌氧液体发酵，其发酵设备不需供氧，结构一般较为简单。好氧液体发酵是在发酵过程中，需不断通入无菌空气的发酵，如氨基酸、有机酸、酶制剂、抗生素发酵等，发酵设备需具备通气搅拌的能力。

发酵工业生产上应用的发酵设备形式种类很多，容量大小不一。近年来，发酵设备趋向大容量发展，大型发酵罐具有简化管理，节约投资，降低生产成本以及利于自控等优点。

10.1.1 固体发酵设备

固体发酵是微生物在具有一定温度和湿度的固体表面进行生长、繁殖并积累代谢产物。根据固体发酵过程中对氧的需求，固体发酵也可区分为厌氧固体发酵和好氧固体发酵。厌氧固体发酵如中国白酒的酿造，是在酒窖池中进行的。酒窖池也就是在地下挖出的一个数立方米大小的窖池，将经蒸煮、拌曲后的发酵物料装入窖池，然后用泥土等将窖池封盖，经过数月时间完成发酵。

好氧的固体发酵设备的形式较多，如浅盘式、箱式、填充床式、转鼓式、搅拌式等。

浅盘式是一种传统、简单的固体发酵设备，它采用曲盘(底部有孔或无孔的托盘)或帘子装载固体发酵培养基，培养基堆积的厚度为 10～15 cm，曲盘放置在控温、控湿的发酵室中进行发酵。浅盘发酵的设备要求非常简单，但它需要很大的发酵室面积，劳动力强度大，另外一个很大的缺点是无菌控制难。

箱式固体发酵设备的外观是一个大型的箱体，箱体内部设计有装料的料床、通风、翻料、进料、出料结构，箱体可以控温、控湿。简单的箱式固体发酵设备类似一个可以控温、控湿的大温箱，内部设计放置多层的浅盘。箱式固体发酵设备在条件控制上优于浅盘式，但是它不适合大规模的生产。

填充床式固体发酵设备是一种常用的固体深层好氧发酵设备，这种设备的特点是在一个密闭的空间内设计有床式的筛板，固体物料放置在有孔的筛板上，堆积的高度可达 1 m 或更高，在筛板床下进行强制通风，空气通过筛板床上的固体物料，然后经排风口排出发酵室外。这种固体发酵方式也称强制通风深层固体发酵(图 10-1)。

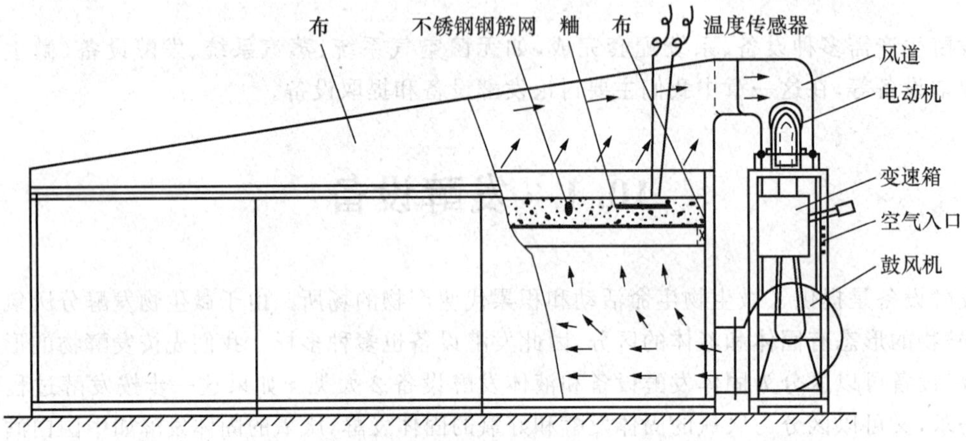

图 10-1　强制通风深层固体发酵设备示意图

转鼓式固体发酵设备是一个滚动状态的转鼓(罐体)，固体物料装入转鼓内，转鼓上设计有料、气进出口及接种口等，转鼓在外力带动下缓慢地旋转，以达到混匀物料的目的(图 10-2)。

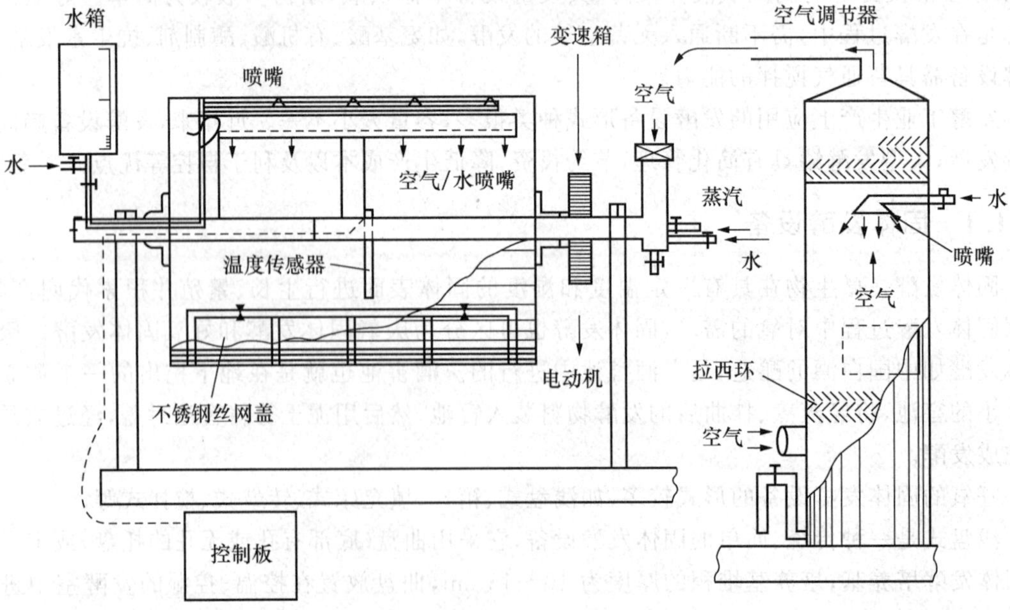

图 10-2　转鼓式固体发酵设备

搅拌式固体发酵设备与转鼓式固体发酵设备的区别是，罐体内的固体物料混匀不是依靠罐体的转动，而是在罐体内部设计有搅拌器，罐体可以是立式的，也可以是卧式的。与转鼓式相似，罐体上设计有料、气进出口及接种口等。

与浅盘式、填充床式固体发酵设备比较，转鼓式和搅拌式固体发酵设备的无菌状态大为改善，可以达到纯菌发酵，温度等发酵条件控制、物料均匀度等都优于浅盘式和填充床式。它们可能是真正意义上的固体发酵罐。

除上述设备外，还有旋转圆盘式、流化床式、压力脉动式等固体好氧发酵设备。

10.1.2 液体发酵设备

液体发酵是微生物发酵生产的主要方式，根据发酵过程中是否通氧，液体发酵也区分为厌氧液体发酵和好氧液体发酵，传统的酒精、丙酮-丁醇发酵是厌氧液体发酵，抗生素、有机酸、氨基酸发酵是好氧液体发酵。相对于固体发酵，液体发酵设备比较成熟。

10.1.2.1 厌氧液体发酵设备

厌氧液体发酵设备结构比较简单，没有通气和搅拌装置，如酒精发酵罐（图 10-3）、啤酒发酵的锥形罐等，以酒精发酵罐进行说明。

酒精发酵罐是罐体为圆柱形、立式的金属容器，罐底和罐顶部为碟形或锥形结构。罐顶安装有各种管路，包括进料管、接种管、废汽回收管等，和各种测量仪表，如压力表、温度测量仪表等，罐底设计有排料口。在罐体上设计有取样口和温度计插孔等。为了便于观察和清洗、检修，发酵罐顶部一般设计有视孔、人孔等。对于大型发酵罐，为了便于维修和清洗，往往在近罐底也设计有人孔。

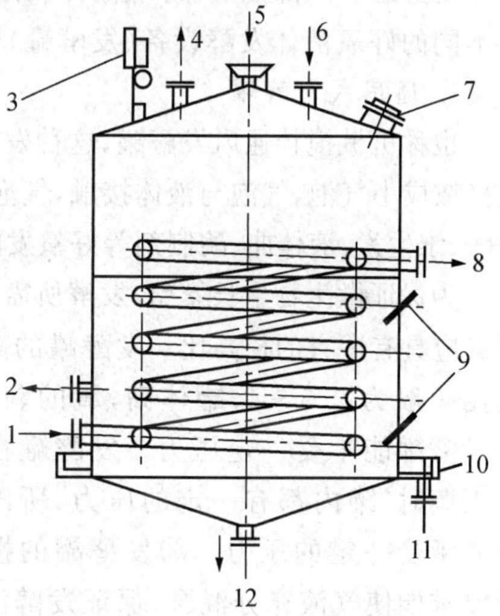

图 10-3 酒精发酵罐

1. 冷却水入口 2. 取样口 3. 压力表 4. CO_2 气体出口 5. 喷淋水入口 6. 料液及酒母入口 7. 人孔 8. 冷却水出口 9. 温度计 10. 喷淋水收集槽 11. 喷淋水出口 12. 发酵液及污水排出口

冷却装置是发酵罐重要结构，对于中小型发酵罐，多采用罐顶喷淋的方式进行冷却，但对于大型发酵罐，由于罐外壁冷却面积不能满足冷却要求，一般采用罐内装冷却蛇管，或罐内蛇管冷却加罐外喷淋冷却结合的方式。

由人工操作洗涤发酵罐，劳动强度大，为改善工人的劳动强度和提高操作效率，酒精发酵罐已逐步采用水力喷射洗涤（图 10-4），该装置由一根两头装有喷嘴的洒水管组成，两头喷水管弯有一定的弧度，喷水管上有一定数量的小孔，喷水管水平安装，喷水管通过接头和供水管相连接。喷水管以一定速度喷出水，借喷出水形成的反作用力，喷水管自动旋转，旋转过程中，喷水管内的洗涤水由喷水孔均匀喷洒在罐壁、罐顶和罐底上，从而达到水力洗涤的目的。

10.1.2.2 好氧液体发酵设备

20 世纪中叶通过研究青霉素发酵生产，建立了深层通气搅拌发酵技术，也称深层培养技术。青霉素发酵是好氧发酵，因此需要设计一种好氧的液体发酵设备，即我们现在所称的通气

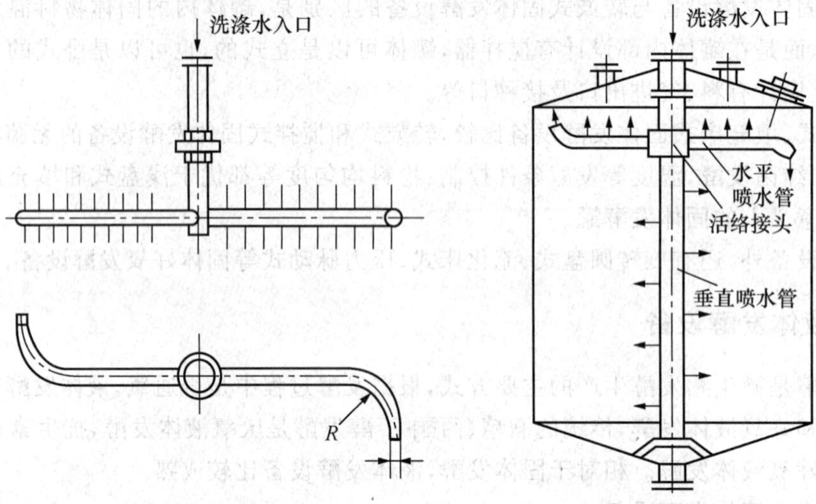

水力洗涤装置　　　　水力喷射洗涤装置

图 10-4　酒精发酵罐的水力洗涤装置

搅拌发酵罐。从那以后，好氧液体发酵设备取得了长足进步，根据不同发酵产品的特点，发展出不同的好氧液体发酵设备（发酵罐），如通用式、自吸式、气升式等。

1. 通用式发酵罐

也称机械搅拌通风发酵罐，这种发酵罐的特点是：空气以一定压力进入发酵罐，搅拌桨将空气打散成小气泡，气泡与液体接触，气泡中的氧溶入液体中以供微生物利用。抗生素、有机酸、氨基酸、维生素、液体曲、酶制剂等好氧发酵都可以采用这种发酵罐，所以称为通用式发酵罐。

为保证微生物生长繁殖、发酵所需要的氧气供给，发酵罐必须满足以下几个基本条件：①发酵罐应具有适宜的径高比。发酵罐的高度与直径之比一般为 2.5～4，罐体高，氧的利用率较高。②发酵罐能承受一定压力。发酵罐在正常工作或灭菌时，罐内都有一定的压力，所以发酵罐必须能承受一定的压力。③发酵罐的搅拌通风装置要求能使气液充分混合，保证发酵液必需的溶解氧。④发酵罐应具有足够的冷却/加热面积。一方面是微生物生长代谢过程放出大量的热量，为降低温度需要冷却；另一方面在发酵的后期，往往又需要加温以保证正常的发酵温度，所以为了控制发酵过程不同阶段所需的温度，应有足够的冷却/加热面积。⑤发酵罐内应避免死角，死角藏污纳垢，难以彻底灭菌，易造成染菌。⑥搅拌器轴封严密，尽量减少泄漏。

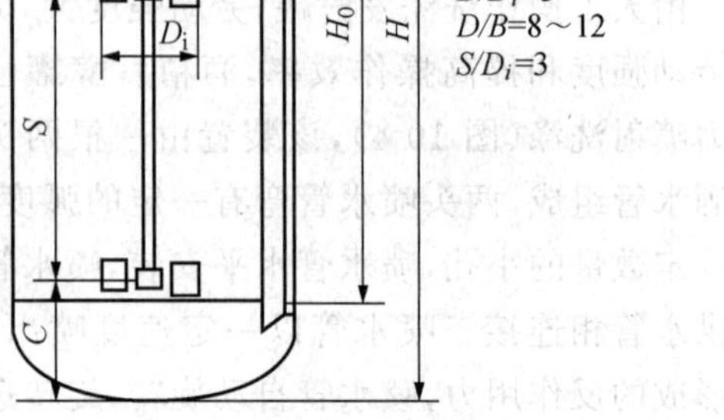

图 10-5　通用式发酵罐比例尺寸

H. 罐身高　H_0. 罐高　*D*. 罐直径　D_i. 搅拌叶轮直径　*B*. 挡板宽　*C*. 下搅拌叶轮与罐底距离　*S*. 相邻搅拌叶轮距离

通用式发酵罐在设计上有基本的尺寸比例（图 10-5）。

罐的高度（*H*）与罐直径（*D*）之比一般为

2.5～4。高位发酵罐高度与直径之比可以达到10以上，优点是提高了空气的利用率，但是需要高压力的压缩空气的，顶层发酵物料与底层发酵物料不易混合均匀，且厂房高，操作不便。

搅拌器直径(D_i)一般为罐直径的1/3，发酵罐通常装有2～3组搅拌器，搅拌器的间距(S)约为搅拌器直径的3倍，大型发酵罐或液体深度大的发酵罐一般安装3组搅拌器，最下面一组搅拌器通常与风管出口较接近。

从结构上看，发酵罐主要包括：罐体、传动装置、换热装置、管路等几大部分，图10-6和图10-7分别是大型和小型发酵罐结构。

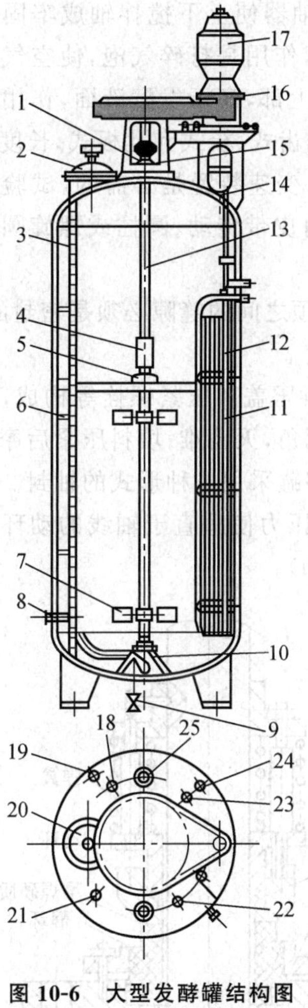

图10-6　大型发酵罐结构图

1. 轴封　2. 人孔　3. 梯子　4. 联轴器　5. 中间轴承　6. 热点偶接口　7. 搅拌器　8. 通风管　9. 放料口　10. 底轴承　11. 温度计　12. 冷却管　13. 轴　14. 取样口　15. 轴承支柱　16. 传动装置　17. 电机　18. 压力表　19. 取样口　20. 灯孔　21. 进料口　22. 补料口 23. 排气口　24. 回流口　25. 视孔

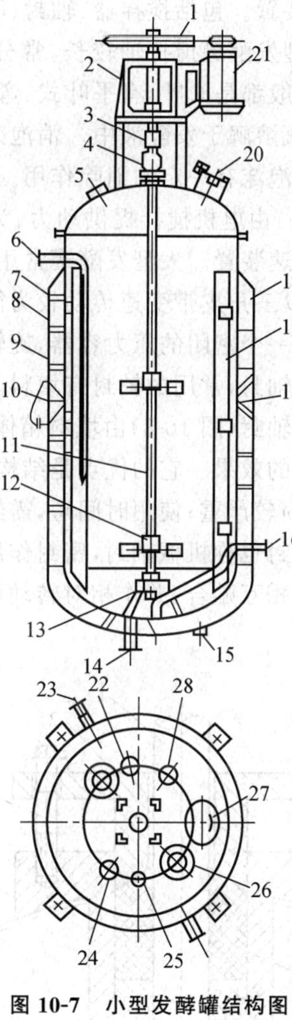

图10-7　小型发酵罐结构图

1. 传动装置　2. 轴承支柱　3. 联轴器　4. 轴封　5. 视孔　6. 取样口　7. 冷却水出口　8. 夹层　9. 螺旋片　10. 温度计　11. 轴　12. 搅拌器　13. 底轴承　14. 放料口　15. 冷却水进口　16. 通风管　17. 热点偶接口　18. 挡板　19. 压力表　20. 手孔　21. 电机　22. 排气口　23. 取样口　24. 进料口　25. 压力表接口　26. 窥孔　27. 手孔　28. 补料口

(1)罐体。由圆柱体罐身及椭圆形或碟形罐顶和罐底组成,在罐顶上有人孔(大型发酵罐)或手孔(小型发酵罐)、灯孔、视孔、接种口、排气管、进料管等,取样管可在罐顶上,也可在罐身上,视操作方便而定。压力表也安装在罐顶上。

在罐身上的接管有冷却水进出管、空气管、温度计插管等,各种测控仪表传感器(也称探头、电极)接口如温度传感器、pH 电极、溶氧电极等一般也装在罐身上。在罐体上,管路越少越好,能合并在一起的应合并,如进料口和补料口可合为一个接口等。通风管设计在罐身的底部,放料可利用通风管压出,也可在罐底另设单独的放料口。

(2)传动装置。包括搅拌器、轴封、联轴器、消泡桨、电机等。搅拌器由搅拌轴和桨叶(搅拌桨)组成。大型发酵罐搅拌轴较长,常分为 2～3 段,用联轴器使上下搅拌轴成牢固的刚性连接。搅拌桨一般都是 6 叶,有平叶式、弯叶式、箭叶式 3 种,作用是打碎气泡,使空气与发酵液均匀接触,使氧溶解于发酵液中。消泡桨安装在搅拌器的上部,高于发酵液面,作用是对发酵过程中产生的泡沫有一定的消除作用。常用的消泡桨有锯齿式、梳式和孔板式,长度约为发酵罐直径的 2/3。由电机搅拌提供动力,为能调节搅拌转速,变速装置是必需的,试验用的小型罐采用无级变速装置。大型发酵罐常用的变速装置有三角皮带传动、圆柱或螺旋圆锥齿轮减速装置,其中以三角皮带变速传动较为简便。

发酵罐是一个密闭的压力容器,旋转的搅拌器轴与罐顶之间的缝隙必须是密封的,这个密封的装置就是轴封,常用的轴封有填料函式和端面式 2 种。

填料函式轴封(图 10-8)由填料箱体、填料底衬套、填料压盖和压紧螺栓等构成,使旋转搅拌轴达到密封的效果。它的优点是结构简单,缺点是:有死角,灭菌难;填料压紧后摩擦功率消耗大,轴的磨损较严重;使用时间短,需经常维修,一般小型罐采用这种形式的轴封。

端面式轴封也称机械轴封,密封作用是靠弹性元件的压力使垂直于轴线的动环和静环光滑表面紧密地相互贴合,并作相对转动而达到密封(图 10-9)。

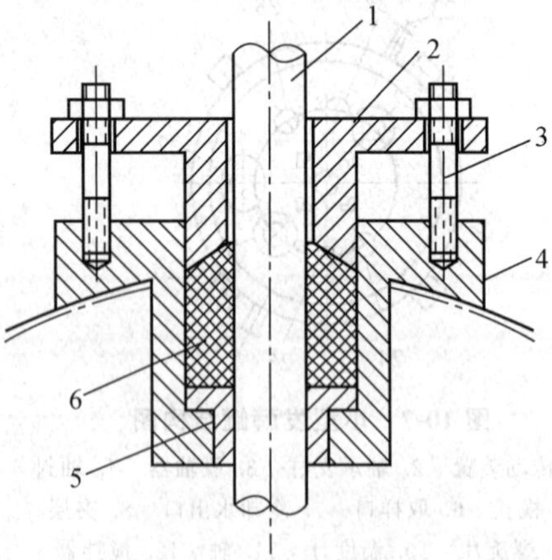

图 10-8　填料函式轴封

1. 转轴　2. 填料压盖　3. 压紧螺栓
4. 填料箱体　5. 铜环　6. 填料

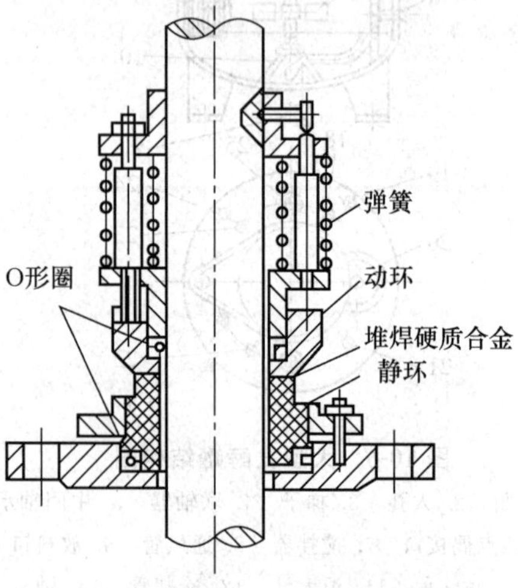

图 10-9　单端面式轴封

端面式轴封的优点是:无死角,密封可靠,摩擦功率耗损小,使用寿命长,在一个较长的使用期中不会泄漏,因此得到广泛应用。但端面式轴封结构较复杂,装拆不便,对动环及静环的表面光洁度及平直度要求高。

(3)换热装置。发酵过程需要控制温度,因此发酵罐需有换热装置。常用的换热装置有2种,夹套式换热装置和蛇管换热装置。

夹套式换热装置也就是在发酵罐外,加上一层夹层,通过向夹层内通入冷水或热水给发酵罐冷却或加热。这种装置多应用于小型的发酵罐,夹层的高度比静止发酵液面稍高即可。夹层换热装置的优点是:结构简单,加工容易,罐内无冷却装置,罐内清洁灭菌容易。缺点是:传热壁较厚,水流速低,对发酵降温效果比较差,除非采用冷冻盐水或冷冻水作为冷却水。

较大型的发酵罐常用蛇管换热装置,竖式的蛇管分组安装于发酵罐内,4组或6组。这种装置的优点是:水在管内的流速大,传热效果好。缺点是:蛇管安装在罐内,可能会产生死角,罐内清洁灭菌增加了一定的困难。

(4)管路。发酵罐上管路有:气管、水管、进料管、出料管和蒸汽管,它们被设计在发酵罐的不同位置。

空气管的进口在发酵罐的底部,常用的分布装置是单管式,管口向下对罐底中央,空气由管口喷出反弹上升,被搅拌器打碎成小气泡,与发酵液充分混合。排气管在发酵罐的顶部。

蒸汽管、水管、进料管一般设计在罐身或罐体的顶部,出料管设计在罐的底部。如前所述,在罐体上,尽量减少管路,一方面可以节省投资,另一方面也减少染菌机会。管路越短越好,安装整齐美观。

(5)其他。发酵罐中还有其他一些装置,如挡板、梯子。挡板安装4～6组,挡板的作用是改变发酵液流的方向,防止形成中心下降的锥形漩涡,提高气液的混合效果。在大型发酵罐内,因为安装有蛇管,蛇管起到了挡板的作用,所以不再安装单独的挡板。梯子是为工人进入发酵罐进行检修、清洗等工作。

2. 自吸式发酵罐

自吸式发酵罐是一种不需要空气压缩机,而在搅拌过程中自吸入空气的发酵罐。自吸式发酵罐的研究始于20世纪60年代,应用于醋酸发酵,搅拌转子的转数高,达到1 450 r/min。自吸式发酵罐的优点是:①节约了空气净化系统设备,如空气压缩机、冷却器、油水分离器等,相应也减少了设备投资和厂房占地面积;②设备便于自动化、连续化控制,减少了劳动力,降低了劳动强度;③设备结构简单,溶氧效果好,操作方便。缺点是:由于罐压较低,对某些产品生产容易造成染菌。

自吸式发酵罐结构如图10-10所示,其主要的构件是自吸搅拌器及导轮,简称为转子及定子。转子由罐底向上升入罐内的主轴带动,当转子转动时空气则由导气管吸入。转子的形式有九叶轮、六叶轮、三叶轮、十字形叶轮等多种,叶轮均为空心形。

转子启动前浸没在液体中,当启动转子高速旋转时,转子空膛内的流体从中心被甩向外缘时,在转子中心处形成负压,转子转速愈大,所造成的负压也愈大,由于转子的空膛用管道与大气相通,因此空气不断地被吸入,甩向叶轮的外缘,通过导向叶轮而使气液均匀分布甩出。又由于转子的搅拌作用,气液在叶轮周围形成强烈的混合流(湍流),使刚离开叶轮的空气立即在不断循环的发酵液中分裂成细微的气泡,并在湍流状态下混合,翻腾、扩散到整个罐中,因此自吸式充气装置是在搅拌的同时完成了充气作用。

3. 带升式发酵罐

带升式发酵罐是一种没有机械搅拌的发酵罐,这种发酵罐的结构简单,因为无机械搅拌,

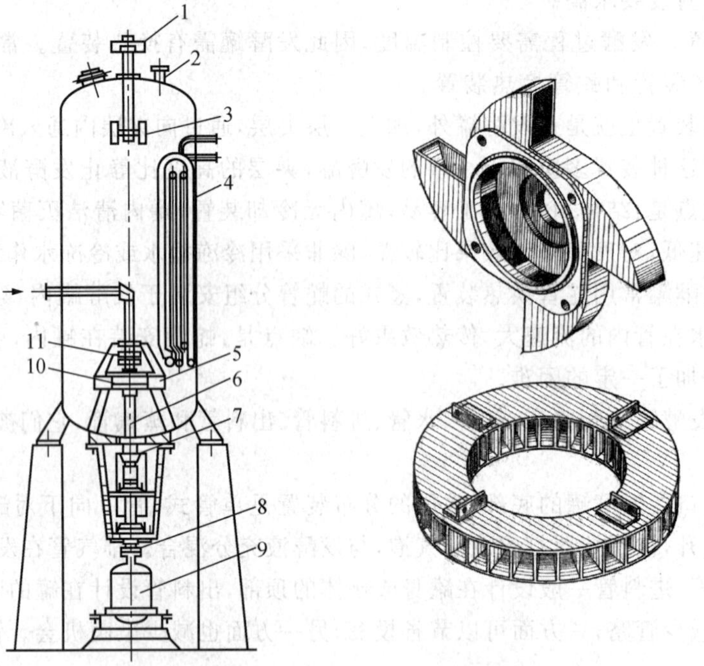

图 10-10　自吸式发酵罐结构

1. 皮带轮　2. 排气管　3. 消泡器　4. 冷却排管　5. 定子　6. 轴　7. 双端面轴封　8. 联轴器　9. 电机　10. 转子　11. 端面轴封　右上为转子结构　右下为定子结构

节省了动力，噪声小，维修等都比较方便(图 10-11)。

带升式发酵罐的工作机理是在罐内或罐外设计有上升管，在上升管的下部有空气喷嘴，空气喷嘴高速喷出空气(290～300 m/s)，借高速空气的作用，上升管内的液体向上流动，同时空气泡被分割细碎，与发酵液密切接触。上升管设计在罐内的是内循环带升式发酵罐，上升管设计在罐外的是外循环带升式发酵罐。

4. 伍式发酵罐

伍式发酵罐的搅拌器设计独特，是 6 根弯曲的空气管焊接于圆盘上，这样也起到了空气分配的作用。空气的轴导入，经过搅拌器的空心管吹出，与被搅拌器甩出的液体相混合。在搅拌器的上部，有一个套筒，发酵液在套筒外侧上升，由套筒内部下降，形成循环(图 10-12)。伍式发酵罐多应用于纸浆废液发酵生产酵母。设备的缺点是结构复杂，清洗套筒较困难，功率消耗也较高。

5. 文氏管发酵罐

文氏管发酵罐也没有机械搅拌，因此设备结构简单，节省动力消耗。文氏管是有收缩段的管道，设计在罐的外部(图 10-13)。原理是用泵将发酵液压入文氏管中，由于文氏管的收缩段，液体的流速增加，形成真空将空气吸入，并使气泡分散与液体混合，增加发酵液中的溶解氧。这种设备的优点是：吸氧的效率高，气、液、固三相混合均匀。缺点是：气体吸入量与液体循环量之比较低，对于好氧量较大的微生物发酵不适宜。

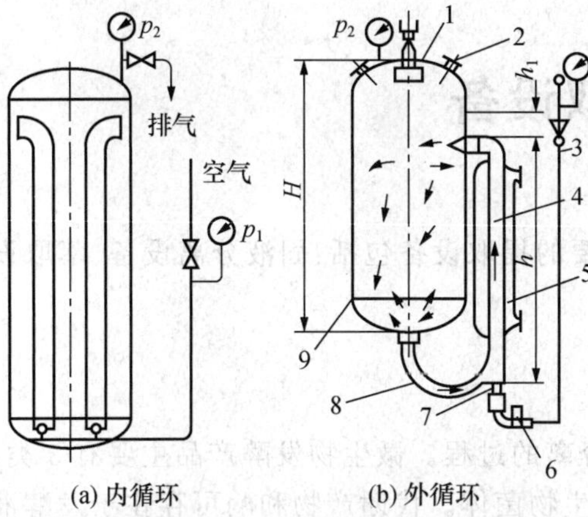

图 10-11 带升式发酵罐结构图

1. 人孔 2. 视孔 3. 空气管 4. 上升管
5. 冷却器 6. 单向阀门 7. 空气喷嘴
8. 带升管 9. 罐体

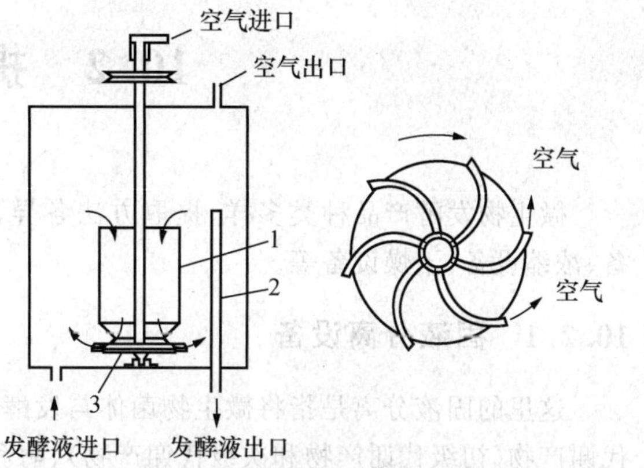

图 10-12 伍式发酵罐结构图

1. 套筒 2. 溢流管
3. 搅拌器

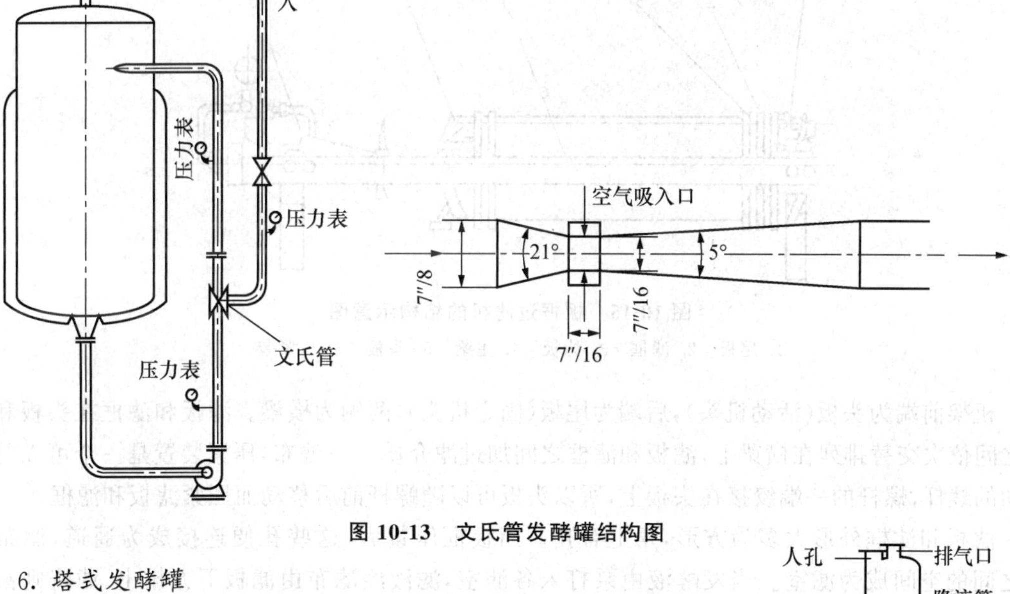

图 10-13 文氏管发酵罐结构图

6. 塔式发酵罐

也称空气搅拌高位发酵罐，该发酵罐的特点是：罐身高，罐身的高度可以达到罐直径的 6 倍或以上。这种发酵罐也没有机械搅拌，设备简单，节省动力。罐内装有多层的筛板，每层筛板上有导流筒。空气从罐底部进入，沿筛板一层层上升，由于液位高，空气利用率高。缺点是：罐底部有沉淀现象，温高时降温较难（图 10-14）。

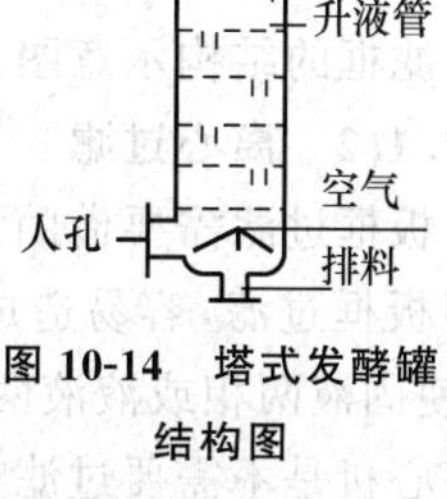

图 10-14 塔式发酵罐结构图

10.2 提取设备

微生物发酵产品种类多样，提取方法各异，主要的提取设备包括：固液分离设备、萃取设备、浓缩设备、干燥设备等。

10.2.1 固液分离设备

这里的固液分离是指将微生物菌体与发酵液分离的过程。微生物发酵产品主要有3类：代谢产物（初级代谢产物和次级代谢产物）、酶和微生物菌体。代谢产物和酶可存在于发酵液中，也可存在于菌体细胞内，或在发酵液和菌体细胞中都存在。但无论是哪一种情况，大多数的发酵产品在提取过程中都需进行固液分离。获得微生物菌体细胞也需进行固液分离。过滤和离心是目前生产上采用的2种主要方法。

10.2.1.1 板框过滤

板框过滤是一种常用的加压过滤设备，利用过滤介质两端的压力差作为推动力使固体颗粒与液体分开。板框过滤机的结构可以分为3部分：机架、滤板和滤框、压力装置（图10-15）。

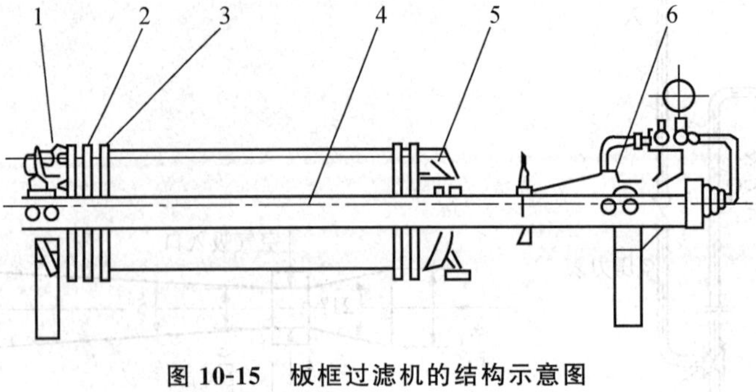

图 10-15 板框过滤机的结构示意图

1. 尾板 2. 滤框 3. 滤板 4. 主梁 5. 头板 6. 压紧装置

机架前端为头板（活动机头），后端为尾板（固定机头），两侧为横梁。滤板和滤框在头板和尾板之间依次交替排列在横梁上，滤板和滤框之间加过滤介质——滤布，压紧装置是一个可以前后移动的螺杆，螺杆的一端绞接在头板上，所以头板可以随螺杆前后移动而压紧滤板和滤框。

滤板和滤框外形大多为方形，角上有孔。当板框压紧后，这些孔便连接成为通道，滤布与框之间的空间成为滤室。当发酵液由泵打入各滤室，滤液经滤布由滤板下方排出，滤渣则留在滤室中形成滤饼。滤板的表面有方形、条形或其他形式凹凸纹路，以利于排液，图10-16是滤板和滤框的结构示意图。

10.2.1.2 离心过滤

板框过滤需要借助滤布，但是在发酵生产中，发酵液往往很黏稠，含有胶体性质的颗粒，若采用板框过滤，容易造成滤布的堵塞，影响过滤的效果。离心过滤是利用离心机产生的离心力，使固液两相或液液两相得以分离的方法。虽然有些离心机转筒内铺有滤布，但有许多类型的离心机是不需要过滤介质的。

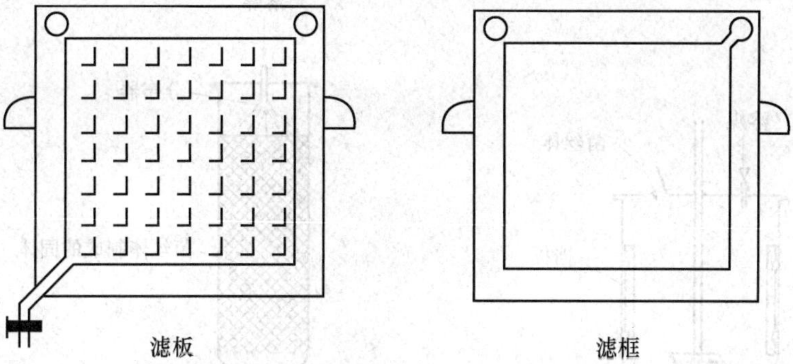

图 10-16 滤板和滤框的结构示意图

1. 保留固体式离心机

这种离心机是在分离过程中，离心产生的沉积物积累到一定质量后，需停机人工清除转鼓内沉积物的一种离心机。转鼓一般可容纳60～80 kg沉积物。在发酵工业中，这种离心机被用来澄清啤酒、葡萄酒、麦芽汁等，但不适用于抗生素等发酵液的固液分离。

2. 自动排出固体沉积物的离心机

保留固体式离心机的最大缺点是离心产生的沉积物达到一定质量后，必须停机除去沉积物，对于固形物较多的发酵液是不适用的。自动排出固体沉积物的离心机是一种不需要停机排出固体沉积物的离心机，它不仅被用于啤酒、葡萄酒、麦芽汁的澄清，也可应用于放线菌、霉菌、酵母发酵液的固液分离(图 10-17)。

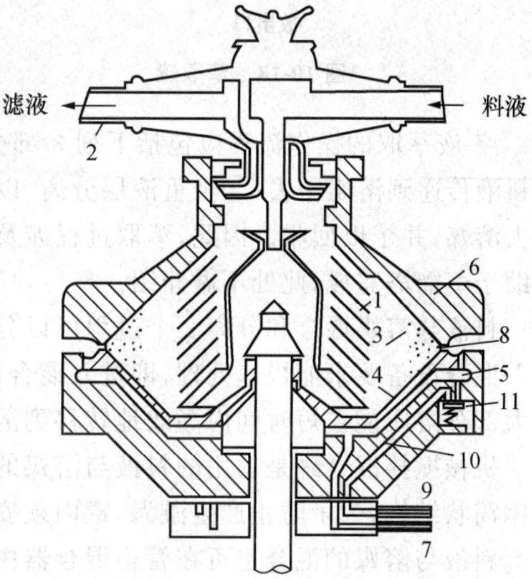

图 10-17 自动排出固体沉积物离心机转鼓工作原理示意图

1. 碟片 2. 接管 3. 锥形环隙空间 4. 活动底 5. 空腔 6. 转鼓盖 7. 进水管 8. 密封垫圈 9. 压力水管道 10. 槽道 11. 阀门

这种离心机的一个显著特点是转鼓底是活动的，转鼓在正常运转时，根据定时器的控制，定期自动将转鼓底部向下开启一定距离，在转鼓的最大直径处打开一条狭窄的环隙，使离心沉积物和洗涤水一起在离心力的作用下从狭窄处抛出，并从周围的汇集管里排出离心机。

由于是自动排除离心沉积物，不必停机，排除沉积物的时间仅几分钟，因此大大节省了工作时间。

10.2.2 溶媒萃取设备

1. 萃取罐、萃取塔

溶媒萃取分为液-固萃取和液-液萃取2类。通常，液-固萃取设备比较简单，分批操作时用带搅拌的萃取罐(图 10-18)，连续操作时可采用萃取塔(图 10-19)。

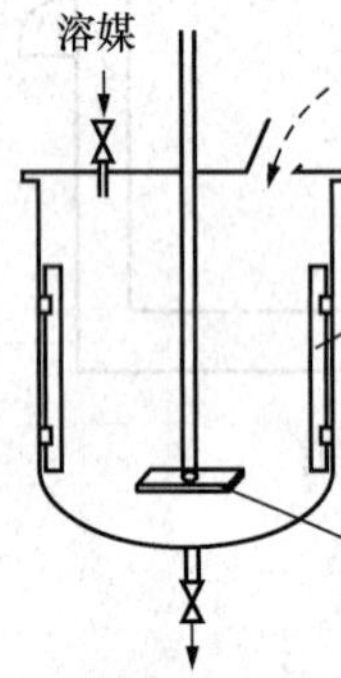

图 10-18　萃取罐

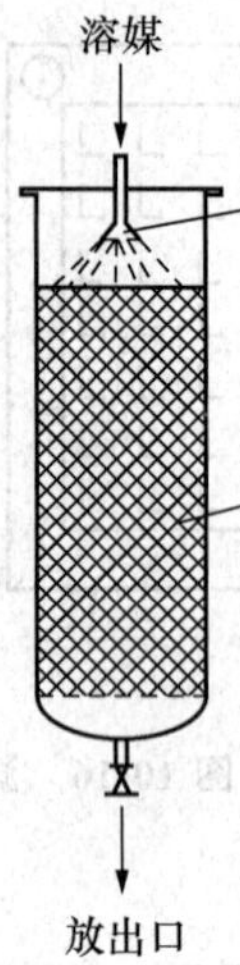

图 10-19　萃取塔

液-液萃取的操作流程应包括下列 3 部分：①料液与加入的溶媒充分接触和混合，使溶质从料液传递到溶媒中去；②轻重液层分离，以达到浓缩和提纯之目的；③从萃取相和萃余相中除去溶媒，并予以回收。因此，萃取过程涉及混合、分离和溶媒回收的设备。溶媒回收一般都借助于蒸馏塔完成，此处不做介绍。

料液与溶媒混合和分离 2 个过程可以分别在 2 个设备中进行，也可以在同一个设备中进行。混合设备要求能快速处理，即进入混合设备的料液与溶媒应处于湍流状态，迅速混匀，以便大部分溶质能在短时间内高效地转移到溶媒中去。

机械搅拌混合罐是常用的料液与溶媒的混合装置，结构简单，一般为一个配有搅拌器的不锈钢筒状结构，为了防止产生漩涡，罐内须安装挡板。

料液与溶媒的混合也可在管道混合器中进行，用泵将料液与溶媒按一定比例同时压入管道混合器中，并使料液与溶媒混合液在管道混合器达到产生湍流的状态，流体在管内平均停留时间 10～20 s。

料液与溶媒混合设备还有喷射式混合器，它是一种用较高压的泵将液体送入混合器中进行混合的设备，特点是体积小，效率高。

最简单的轻重液层分离方法是：将混合液静置一段时间，轻重液分层后分别放出。这种静置分层的方法，会在轻重液的交界面形成一层乳化层，此时可以采用离心的方法进行轻重液的分离，常用的设备有管式超速离心机、碟片式离心机等。

2. 管式超速离心机

管式超速离心机大大缩小了转鼓直径，成倍地提高了转速，转速可达 20 000 r/min 以上。它的分离结构是一个长管式转筒（转鼓），转筒上端悬在挠性轴上，下端由底轴支撑，通过皮带传动，转筒内有 3 片互呈 120°的挡流板，使转筒内料液能随转筒同步旋转（图 10-20）。

通过压力将料液自转筒底部喷嘴送入，液体在转筒内同步旋转。轻重液体因受到的惯性离心力大小不同而分层，重液层贴在转筒的内壁，轻液则挨着重液，位于转筒的中部。由于料液在压力下不断进入，使管内分层液体持续向上流动，轻液自近轴心的流出孔排出，重液则从离轴心稍远的流出孔排出。

管式超速离心机也可用于分离直径小于 0.5 μm 的粒子如细菌菌体、胶体粒子等，因为转筒的体积小，所以适用于固体颗粒浓度在0.5%～1%的悬浮液的分离。

3. 碟片式离心机

碟片式离心机的结构大体可以分为3部分，一是机械传动部分，二是由转鼓碟片架、碟片组成的分离部分，三是输送部分，在机内输送已分离的轻重液。

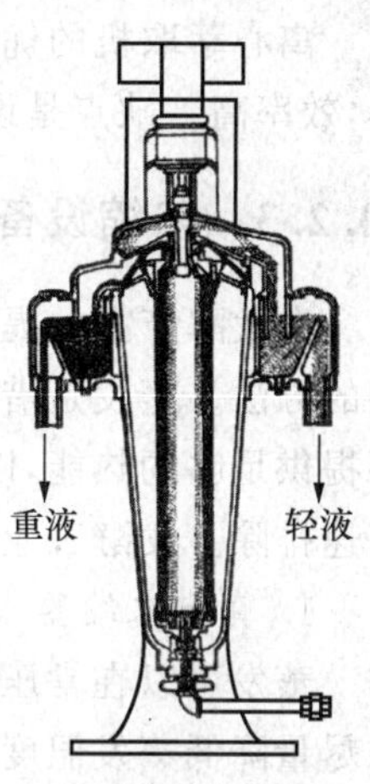

图 10-20 管式超速离心机

碟片式离心机工作原理是：欲分离的料液从碟片架顶部加入，进入转鼓后，因离心力作用，料液自碟片架底部通道流向外围，固体残渣被甩向鼓壁。碟片是碗形的金属片，通常有40～50片，多的可达100片以上。每个碟片上开有内外两圈对称分布的圆孔，它们至中心的距离不等，当碟片叠齐时，这些对应的圆孔便形成若干垂直通道。当转鼓旋转时，因离心力作用，料液分流于各相邻二碟片之间的间隙中，在每一层的间隙中，轻液流向中心，重液流向鼓壁，于是轻重液分开(图10-21)。

4. 离心萃取机

上述各种混合设备和离心分离设备都是单一性能的，即每一级萃取均需配备混合设备和分离设备，而离心萃取机是将混合和分离在同一个设备内进行，并可连续地进行多级逆流萃取。连续逆流萃取机按转鼓的位置，可分为卧式和立式2类，图10-22是立式离心萃取机示意图。

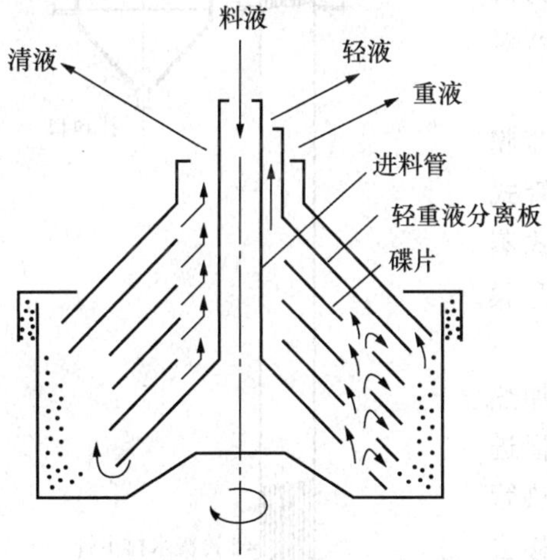

图 10-21 碟片式离心机工作原理示意图

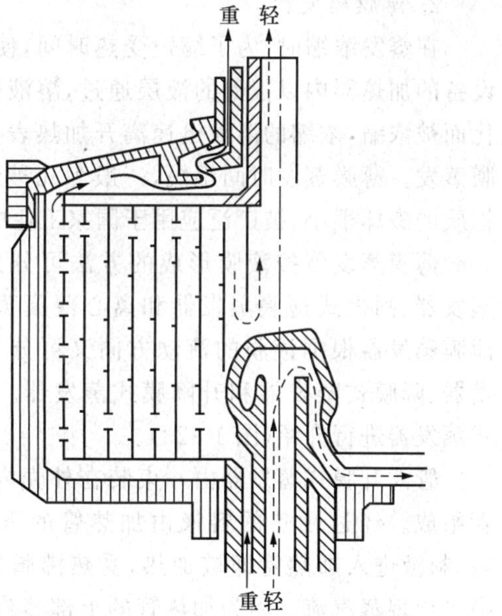

图 10-22 立式离心萃取机示意图

设备的主要部件是转鼓，转鼓内有多层同心圆筒，即圆形的萃取板，圆筒外侧有一圈圈的挡板——导流板，圆筒的上端或下端有开孔。与碟片式离心机不同的是，开孔不是形成通道，相邻两个圆筒之间的开孔是相互错开的。两液相流经同心圆筒时，两液相可充分接触混合。在圆筒之间的空间，两液相又可分离，流经下一圆筒时，新的接触面又重新形成。重液由近转轴中心处进入转鼓，从转鼓外缘流出。轻液从转鼓周缘进入，由轴心通道流出。

离心萃取机的优点是可以处理密度差小或易乳化的物料，并且设备结构紧凑，占地面积小，效率高。缺点是设备费用比较高，动能消耗大。

10.2.3 浓缩设备

在发酵产品的提取过程中，浓缩几乎是一个必不可少的步骤，蒸发浓缩是发酵工业中最常用的方法。蒸发是借助加热作用使溶液中的水或溶剂挥发的过程，所以蒸发的必要条件是需要提供足够的热能，以维持溶液沸腾的温度，补充因溶剂汽化带走的热能，同时促使溶剂蒸汽迅速排除。发酵工业中常用的蒸发设备有真空浓缩器和薄膜蒸发器等。

1. 真空浓缩器

蒸发可以在常压下进行，但微生物产品大多对温度比较敏感，为了减少对物质的破坏，要求尽量降低蒸发温度和缩短蒸发时间，因此真空浓缩在发酵工业上被普遍采用。

真空浓缩器是一种结构简单，易于操作的蒸发浓缩设备。主体结构是一个带夹层的容器，连接一系列附属设备，包括热蒸汽、真空泵、冷却器、贮罐等。操作时，待浓缩的溶液置于浓缩器内部，蒸汽通过夹层进行加热。真空泵直接接入浓缩器内部抽真空。溶液在真空状态下，可在较低温度下沸腾汽化。蒸发温度的高低，取决于真空度的大小和浓缩的溶剂性质。

真空浓缩器的优点是能够处理黏性较大、容易起泡的溶液。

2. 薄膜蒸发器

在蒸发浓缩时，为了缩短受热时间，使溶液在蒸发设备的加热器内以很薄的液层通过，溶液受热升温、汽化而被浓缩，浓缩的溶液迅速离开加热表面，这称为薄膜蒸发。薄膜蒸发时间很短，一般为几秒到几十秒，对物质的破坏很小，被广泛应用于国家工业中。

薄膜蒸发器按液膜形成的方法可分为：管式薄膜蒸发器、刮板式薄膜蒸发器和离心薄膜蒸发器。管式薄膜蒸发器根据液膜的流动方向又可分为：升膜式蒸发器、降膜式蒸发器和升降膜式蒸发器。以管式升膜式蒸发器进行介绍(图 10-23)。

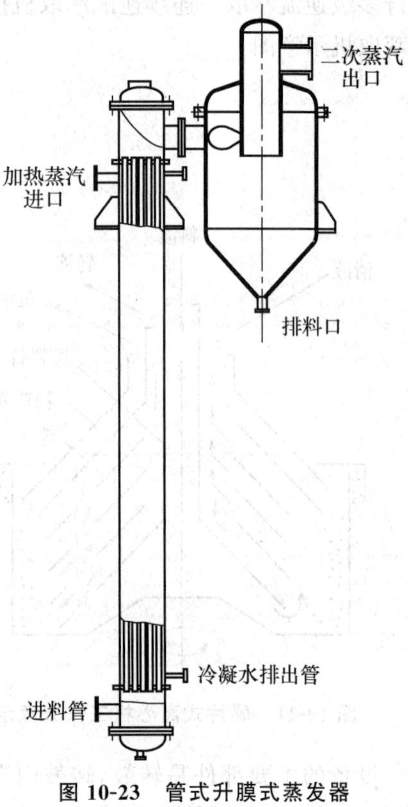

图 10-23 管式升膜式蒸发器

管式升膜式蒸发器由一束装在外壳内很长的加热管组成。经过预热的料液由加热管的下部进料管进入，料液进入加热管即被加热，受热沸腾后，在加热管中央出现蒸汽流。因为加热管的上部蒸汽被不断移去(抽真空减压、冷却)，蒸汽密度急剧变小，促使浓缩液与二次蒸汽一并上升，速度极快，将物料拉成一层液膜，沿管壁迅速上升，继续蒸发至顶部，从加热管上端进入分离器分离，二次蒸汽由分离器的顶部排出，浓缩液从分离器的底部排出。

10.2.4 干燥设备

大多数发酵产品都需要进行干燥处理，以除去其中的水分，方便保存、运输和使用。干燥的方法很多，按照热源和供热方式可分为：空气干燥、加热面传热干燥、红外线干燥、冷冻干燥、微波干燥等。目前，发酵工业上主要采用的是空气干燥，它是利用加热后的热空气，将热量带入干燥器并传给物料，使物料的水分汽化，形成水蒸气，然后再被空气带走。按工作原理不同，空气干燥又可分为气流干燥、沸腾干燥和喷雾干燥。

1. 气流干燥

气流干燥是利用高速热气流将湿物料进行干燥的方法，在气流干燥中，物料在气流中呈悬浮状态，气固接触表面积大，接触时间极短，一般为 0.5～2 s，适用于热敏性物料的干燥。

气流干燥的设备结构简单，适用性广。但气流速度较高，对物料有一定的磨损，因此对晶形有一定要求的物料不宜采用。另外因为干燥时间短，热气流与物料接触时间也短，故热能利用率也比较低。

2. 沸腾干燥

沸腾干燥是利用热空气流体使孔板上的颗粒状或粉状湿物料呈沸腾状态的干燥过程。沸腾干燥装置包括热风发生器、沸腾干燥室、粉尘捕集器等，可分为单层和多层沸腾干燥器，单层的沸腾干燥器又有单室、多室之分。

沸腾干燥的特点是传热传质速率高，干燥温度均匀，容易控制。干燥、冷却可连续进行，干燥与分级也能同时完成，有利于连续化和自动化控制。设备紧凑，占地面积小，结构简单，生产能力高，动力消耗少。其缺点是连续操作时，物料在干燥器内停留时间不一，干燥度不够均匀，对结晶物料有磨损作用。

3. 喷雾干燥

喷雾干燥是利用各种不同的喷雾器，将乳浊液或悬浮液喷成雾状，形成具有较大表面积的分散微粒，与热空气发生强烈的热交换，迅速排除自身的水分，在几秒到几十秒内获得干燥，形成粉末。喷雾干燥方法按照液体雾化的方式可分为压力喷雾法、气流喷雾法和离心喷雾法。

压力喷雾法是利用高压泵，以 50～200 MPa 的高压将液体从直径 0.5～1.5 mm 的喷孔喷出，分散成 50～150 μm 的液滴。气流喷雾法是依靠 2.5～6.0 MPa 的压缩空气通过喷嘴时产生的高速度，将液体喷出并雾化。这种喷嘴的孔径较大，一般在 1～4 mm，故能够处理悬浮液和黏性较大的液体。离心喷雾法是利用水平方向高速旋转的圆盘给予溶液以离心力，将其高速甩出，形成薄膜或液滴，同时又受周围空气的摩擦、阻碍等作用，形成细雾。

雾滴与热空气相遇，迅速获得干燥，形成粉末。

有关干燥设备流程可参考第 9 章中成品干燥相关内容。

第11章 酒和酒精的发酵生产

凡含有酒精的饮料或饮品，均称作“酒”，人类至少有 5 000 年的酿酒的历史。酒的种类多样，酿酒的工艺方法也各不一样，但它们都是以糖质原料，经微生物发酵后制得。酒精发酵生产的机理与酒基本相同，本质上也是糖类物质经微生物发酵作用生成乙醇，然后经蒸馏等工艺过程制得高浓度的酒精。

11.1 酒类概述

11.1.1 酒类的起源

酒，是人类各民族民众在长期的历史发展过程中创造的一大饮料。世界上最古老的实物酒是伊朗撒玛利出土的葡萄酒，距今 3 000 多年，仍芳醇弥人。我国是酒的故乡，酒的酿造已有相当悠久的历史，作为世界上酿酒最早的国家之一，因而也是酒文化的发源地。在中国数千年的文明发展史中，酒与文化的发展基本上是同步进行的。

中国最古老的实物酒是西安出土的汉代御酒，据专家考证系粮食酒（也有专家认证为黄酒）至今仍香醇可饮，可谓奇也。中国甲骨文中早就出现了酒字和与酒有关的醴、尊、酉等字，从中可以佐证酒的存在之久。至于文史中的记载更是不胜枚举，如中国第一部诗歌总集《诗经》中有“即醉以酒，即饱以德”（《大雅・即醉》）的诗句；《周易》、《周礼》、《礼记》、《左传》等典籍中，关于古代酒俗的记载更多，如“酒者可以养老也”（《礼记》）、“酒以成礼”（《左传》）等。这说明酒存在着多种用途，是生活习俗中必不可少的。

关于中国酒类的起源，最晚在夏代已能人工造酒。《战国策》中有“帝女令仪狄造酒，进之于禹”。据考古发掘，发现龙山文化遗址中，已有许多陶制酒器，在甲骨文中也有记载。藁城县台西村商代墓葬出土之酵母，在地下 3 000 年后，出土时还有发酵作用。1 600 年前的晋代文人江统在其《酒法》一文中有段非常精辟的总括：“酒之所兴，肇自上皇；或云仪狄，一日杜康。有饭不尽，委之空桑，积郁成味，久蓄气芳，本出于此，不由奇方。”传说上古黄帝时期，轩辕族人杜康无意间发现树槽中发霉的粮食散发出香味，品尝则有点微辣的味道，同时还有香味，后来杜康经过无数次实验，终于做成了酒。再后来，杜康的名字就被人们用作酒名，有曹操的诗“何以解忧，唯有杜康”为证。现在学术界比较接近的看法是：杜康很可能是周秦时期的一个著名的酿酒家，其所酿造的美酒在陕西、河南一带享有盛誉。

至殷商时期，我国已摆脱原始酿酒的方法，开始进入制曲酿酒阶段。《尚书》记载商王武丁和大臣的对话:“若作酒醪,尔惟曲蘖。”曲蘖就是酒曲,是一种制酒的糖化发酵剂。这就证明距今3 200多年前,我国已经成熟地采用酒曲来酿造酒类。酒曲酿酒,糖化与发酵两过程合为一体,被称为“复式发酵法”,一直是我国具有独特民族风格的谷物酿酒技艺的源泉,又是世界酿酒史上的空前创造。

汉代班固在《白虎通・考点》中亦有芳香的药酒意思的解释。罗山蟒张乡天湖商代墓地,发现了我国现存最早的古酒,它装在一件青铜所制的容器内,密封良好。至今还能测出成分,证明每100 mL酒内含有8 239 mg甲酸乙酯,并有果香气味,说明这是一种浓郁型香酒,与甲骨文所记载的相吻合。周代酿酒已发展成独立的且具有相当规模的手工业作坊,并设置有专门管理酿酒的“酒正”、“酒人”、“郁人”、“浆人”、“大酋”等官职。

据《神农本草》所载,酒起源于远古与神农时代。《世本八种》(增订本)陈其荣谓:“仪狄始作,酒醪,变五味,少康(杜康)作秫酒。”仪狄、少康皆夏朝人,即夏代始有酒。此时的酒类,恐是果实花木为之,非谷类之酒。谷类之酒应源于农业兴盛之后。谷类酿成之酒,应始于殷。殷代农业生产兴盛,农产物既盛,用之作酒,势所必然,已为多数学者公认。

早初酒应当是果酒和米酒。夏之后,经商周、历秦汉,以至于唐宋、皆是以果实或粮食蒸煮,加曲发酵,经压榨、过滤后制得的酒。无论是吴姬压酒劝客尝,还是武松大碗豪饮景阳冈,喝的应是果酒或米酒。随着人类的进步发展,酿酒工艺也在原来基础上进一步发展,最大的突破就是对酒精的提纯,通过蒸馏,提高了酒精的浓度,即蒸馏酒的出现。

数千年来,中国的酿酒事业在历史的变迁中,分支分流以至于酿造出了许多更具有地方特色,更能反映当地风土人情的,不同地域和不同民族的名酒和酒礼、酒俗。

西方各国的酒品主要是谷物酒,长期沿用麦芽糖化加酵母的酿造法。直到19世纪90年代,法国人卡尔迈特从我国引进酒曲,从中分离出糖化力强并能起糖化作用的霉菌菌株,应用于酒精生产上,名曰“阿米诺法”,才突破了西方以麦芽糖化剂酿酒的传统工艺。

11.1.2　酒的分类

市场上出售的酒各式各样、名目繁多,有曲酒、果酒、啤酒等。目前,酒的分类各国、各地分类的方法也不尽统一,但从传统的方法和多数人的习惯来说,可以从下面几个方面来划分。

11.1.2.1　按原材料分类

根据酿酒所用的原材料不同,可以划分为3类。

(1)粮食酒。就是以粮食为主要原料生产的酒。例如高粱酒、糯米酒、苞谷酒等。

(2)果酒。就是用水果果实为原料生产的酒,如葡萄酒、苹果酒、橘子酒、梨子酒、香槟酒等。

(3)代粮酒。就是用粮食和果类以外的原料,比如野生植物淀粉原料或含糖原料生产的酒,习惯称为代粮酒,或者叫代用品酒。例如,用青杠子、薯干、木薯、芭蕉芋、糖蜜等为原料生产的酒均为代粮酒。

11.1.2.2　按生产工艺分类

目前,按照生产工艺的特征来分,可以分为3大类。

(1)蒸馏酒。在生产工艺中必须经过蒸馏过程才取得最终产品的酒。如我国的白酒,外国的白兰地、威士忌,伏特加、朗姆酒。

(2)酿造酒。又称为非蒸馏酒,在生产过程中不需要经过蒸馏便形成了最终产品。如黄酒、啤酒、葡萄酒和其他类型果酒等。

(3)配制酒。又称再制酒,用蒸馏酒或酿造酒为酒基,再人工配入甜味辅料、香料、色素,或浸泡药材、果皮、果实、动植物等而形成的最终产品的酒,如果露酒、香槟酒、汽酒及药酒、滋补酒等。

11.1.2.3 按发酵特征分类

按发酵特征来分类,也是一种常见的方法,可分为3种。

(1)液态法酒。即采用液体酒精发酵,经蒸馏等工艺生产的白酒。

(2)半液态法酒。采用介于液体发酵和固体发酵之间的发酵方式生产的酒,主要有两广一带的米烧酒和黄酒。

(3)固态法酒。采用固态发酵工艺酿制的酒,是我国传统的酿酒工艺方法,我国生产的大曲酒、小曲酒均在此列。

11.1.2.4 按酒精含量分类

按酒精含量的多少来划分,习惯将酒分为高度酒(国外又称烈性酒)和低度酒2种。前者包括我国的白酒(烧酒)和用蒸馏工艺生产的洋酒。后者包括酿造酒类。由于国内外没有一个统一的标准来量度,故一般根据酿造酒的酒精度在20%以下来进行区分。

高度酒又可进一步划分为高度白酒(50%以上)、降度白酒(又称中度白酒,40%~50%)和低度白酒(40%以下)。

低度酒由于酒种门类多,酒种间的酒度相差很大,还没有统一划分法。但啤酒自1980年以来,国外已有明确的区分方法。一般的啤酒其酒精含量在3.5%~5%之间,故国外把含酒精2.5%~3.5%的称为淡啤酒,1%~2.5%含量的称为低醇啤酒,1%以下的酒精含量则称为无醇啤酒。

11.1.2.5 按商品特性分类

酒类按商品的特性可分为白酒、黄酒、果酒、啤酒,药酒和配制酒6类。这6类酒中,根据酒的颜色又可分为有色酒和无色酒。黄酒、果酒、啤酒、药酒和配制酒属于有色酒,白酒属于无色酒。一般有色酒的酒度比较低,无色酒的酒度要高些。

(1)有色酒。从口味上根据甜淡的程度可分为甜型、半甜型、干型和半干型。甜的叫甜型或半甜型;不甜的叫干型或半干型。以葡萄酒为例,"干"型酒含糖占0.5%以下,口感不甜;"半干"型,含糖0.5%~1.2%,口感微弱的甜味;"半甜"型,含糖1.2%~5%,口感较甜;"甜"型,含糖5%以上,口感很甜。我国的黄酒,也借用西方对葡萄酒的划分法分类。啤酒是有色酒,按色泽的深浅又可分为浅色啤酒、浓色啤酒、黑色啤酒等。

(2)无色酒。如茅台酒、董酒、西凤酒等因其无色透明,通常称为白酒。其实,白酒并非白色的酒。无色酒根据酒精含量可分为低度酒、中度酒、高度酒。酒精容量的百分比称为酒的度数,每含1%称为1°。一般认为40°以下的称为低度白酒,含40°~50°的称为中度白酒(亦称降度白酒),50°以上的称为高度白酒。

11.1.2.6 其他分类法

单就按生产工艺分类的蒸馏酒而言,从世界范围来看,有2种分类方法:一种是按原料为主、兼顾生产工艺,另一种则是按糖化发酵剂来分类。按原料分类可分为淀粉类和含糖类。按糖化发酵剂分则可分为3大类。

(1)用酒曲作糖化发酵剂。这类酒用淀粉质原料来酿造,称为东方传统烧酒,茅台酒、日本烧酎等均采用此法。

(2)先以麦芽为糖化剂，后加发酵剂。这种生产方法制酒，西方各国用得比较多，例如英国的威士忌就是此法酿制的。

(3)在原料中只加入发酵剂。如以果类为原料酿制的各类白兰地，以甘蔗为原料的朗姆酒，以及最有名的法国科涅克白兰地等都是采用这种工艺生产的酒类。

此外，还有按商品价值区分，按酒液是否能产生气泡区分的方法，啤酒、香槟是起泡酒(又称发泡酒)，等等。

总之，酒的分类还没有统一的法规、标准或模式，只能凭传统习惯和经验粗略地划分，而且多属定性分类。

11.1.3 酒的简介

中国酒品种繁多，用料广泛，五谷杂粮、瓜果皆可酿酒，分类的标准和方法不尽相同，有以原料进行分类的，有以酒精含量高低分类的，也有以酒的特性分类的。最为常见的分类方法有2种：一是生产厂家根据酿制工艺来分类，二是经营部门根据经营习惯来分类。习惯上大都采用经营部门的分类法，将中国酒分为白酒、黄酒、果酒、配制酒(药酒)和啤酒等5类。

11.1.3.1 白酒

白酒是以谷物为主要原料，以大曲、小曲或麸曲及酒母等为糖化发酵剂，经蒸煮、糖化、发酵、蒸馏而制成的蒸馏酒，也称烧酒。酒质无色(或微黄)透明，气味芳香纯正，入口绵甜爽净，酒精含量较高，经贮存老熟后，具有以酯类为主体的复合香味。

白酒为中国特有的一种蒸馏酒，由淀粉或糖质原料制成酒醅或发酵后，再经蒸馏而得。据《本草纲目》记载："烧酒非古法也，自元时创始，其法用浓酒和糟入甑(指蒸锅)，蒸令气上，用器承滴露"。由此可以得出，我国白酒的生产已有很长的历史。

优质白酒必须有适当的贮存期，少则贮存3～6个月，多在一年以上。如我国著名的茅台酒，要求贮存3年以上。

根据白酒生产工艺中使用糖化发酵剂——曲的不同，白酒分为"大曲酒"、"小曲酒"、"麸曲酒"、"混曲酒"等。大曲使用小麦、大麦、豌豆等为原料踩制而成，因其块形大，故得此名，主要包含曲霉菌和酵母；小曲以米粉为原料，加入中草药等辅料制成，因曲块小而称为小曲，主要包含毛霉菌、根霉菌和酵母；麸曲是以麸皮为载体培养的纯种曲霉或根霉，麸曲酒生产过程中还需加纯种酵母。

白酒香味成分种类有：醇类、酯类、酸类、醛酮类化合物、缩醛类、芳香族化合物、含氮化合物和呋喃化合物等。

酯类是具有芳香的化合物，在各种香型白酒中起着重要作用，是形成酒体香气浓郁的主要因素，己酸乙酯、乳酸乙酯和乙酸乙酯是白酒的重要香味成分。

11.1.3.2 啤酒

啤酒是人类最古老的酒精饮料之一，20世纪初传入中国，根据英语Beer译成中文"啤酒"。

啤酒是以大麦芽、酒花、水为主要原料，经酵母发酵作用酿制而成的含CO_2的一种低浓度酒精饮料。啤酒乙醇含量很少，少量饮用对身体健康有益，被称为"液体面包"。除德国外，现在国际上的啤酒生产大部分均添加大米为辅助原料，辅助原料的用量一般不超过麦芽用量的 50%。

11.1.3.3 果酒

果酒是以新鲜水果为原料，在保存水果原有营养成分的情况下，利用自然发酵或人工添加酵母菌来分解糖分，产生酒精及其他副产物。伴随着酒精和副产物的产生，果酒内部发生一系列复杂的生化反应，最终赋予果酒独特的风味及色泽，同时具有保健、营养价值。

果酒清亮透明、酸甜适口、醇厚纯净而无异味，具有原果实特有的芳香，与白酒、啤酒等其他酒类相比，果酒的营养价值更高，果酒里含有大量的多酚，可以起到抑制脂肪在人体中堆积的作用，它含有人体所需多种氨基酸和维生素 B_1、维生素 B_2、维生素 C 及铁、钾、镁、锌等矿质元素，果酒中酒精含量一般为 5%～10%，最高的也只有 14%，适当饮用果酒对健康是有益的。

在果酒中，葡萄酒是世界性产品，其产量、消费量和贸易量均居第一位。其次是苹果酒，在英国、法国、瑞士等国较普遍，美国和中国也有酿造。在中国市面上有很多国产葡萄酒品牌都比较受欢迎。再有是柑橘酒、枣酒、梨酒、杨梅酒、柿酒、刺梨酒等，它们在原料选择上要求并不严格，也无专门用的酿造品种，只要含糖量高，果肉致密，香气浓郁，出汁率高的果品都可以用来酿酒。

11.1.3.4 配制酒

配制酒是露酒的一种俗称，它是指以蒸馏酒、酿造酒或食用酒精为酒基，以食用的动物、植物及食品添加剂为呈色、呈香、呈味物质，按浸泡和复蒸馏等生产工艺加工而成的饮用酒。配制酒是古老的酒种之一，历史文化源远流长。伴随着社会的进步、科学技术的发展、人们生活水平的提高以及保健意识的增强，兼收并蓄国际先进经验，采用一系列先进的工艺处理方法，使近年来配制酒产品在质量、风格、功能等方面有了长足的发展和提高。

药酒是以成品酒（大多用白酒）为酒基，配各种中药材和糖料，经过酿造或浸泡制成，具有不同作用的酒品。药酒可以分为 2 大类：一类是滋补酒，它既是一种饮料酒，又有滋补作用，如竹叶青酒、五味子酒；另一类是利用酒精提取中药材中的有效成分，以提高药物的疗效，此种酒是真正的药酒，大都在中药店出售。

11.1.3.5 黄酒

黄酒是我国生产历史悠久的传统酒品，因其色黄亮而得名。以糯米、黍米和大米为原料，经酒药、曲发酵压榨而成。酒性醇和，适于长期贮存，有越陈越香的特点，属低度发酵的原汁酒。酒度一般在 8°～20°之间。黄酒的特点是酒质醇厚幽香，味感谐和鲜美，有一定的营养价值。黄酒除饮用外，还可作为中药的“药引子”。在烹饪菜肴时，它又是一种调料，对于鱼、肉等荤腥菜肴有去腥提味的作用。黄酒是我国南方和一些亚洲国家人民喜爱的酒品。黄酒根据其原料、酿造工艺和风味特点的不同，可以划分成以下 3 种类型：

(1)江南糯米黄酒。江南黄酒以浙江绍兴黄酒为代表，主产在江南地区，生产历史悠久。它是以糯米为原料，以酒药和麸曲为糖化发酵剂酿制而成。其酒质醇厚，色、香、味都高于一般黄酒。存放时间越长越好。由于原料的配比不同，加上酿造工艺的变化，形成了各种风格的优良品种，主要品种有加饭酒、花雕酒、善酿酒、香雪酒等。酒度在 13°～20°之间。

(2)福建红曲黄酒。福建红曲黄酒以糯米、粳米为原料，以红曲为糖化发酵剂酿制而成。代表品种是福建老酒和龙岩沉缸酒，具有酒味芬芳，醇和柔润的特点。酒度在 15°左右。

(3)山东黍米黄酒。黍米黄酒是我国北方黄酒的主要品种，最早创于山东即墨，现在北方各地已有广泛生产。以黍米为原料，以米曲霉制成的麸曲为糖化剂酿制而成，具有酒液浓郁，清香爽口的特点，在黄酒中独具一格。即墨黄酒还可分为清酒、老酒、兰陵美酒等品种，酒度通常在12°左右。

黄酒质量的高低也是按其色、香、味3个方面进行评定的，色泽以浅黄澄清(即墨黄酒除外)、无沉淀物者为优，香气以浓郁者为优，味道以醇厚稍甜、无酸涩味者为优。

黄酒大多采用陶质坛装，泥土封口，以助酯化，故越陈越香。保存的环境要凉爽，温度要平稳。由于黄酒是低度酒，开坛后要及时销售，时间久了，易被污染而变质。

11.2 啤酒发酵

啤酒是以大麦为原料，啤酒花为香料，经过发芽、糖化、发酵而制成的一种低酒精含量的原汁酒，通常人们把它看成为一种清凉饮料。啤酒的特点是酒精含量在2%～5%(体积含量)之间，有显著的麦芽和啤酒花的清香，味道纯正爽口。啤酒含有大量的CO_2和丰富的营养，能帮助消化，促进食欲，有清凉舒适之感，所以深受人们的喜爱。啤酒中含有11种维生素和17种氨基酸。1 L啤酒经消化后产生的热量，相当于10个鸡蛋或500 g瘦肉或200 mL牛奶所生产的热量，故有"液体面包"之称。

11.2.1 啤酒生产的历史及种类

11.2.1.1 啤酒生产的历史

啤酒的起源与谷物相关，据考证人类使用谷物制造酒类饮料已有8 000多年的历史。已知最古老的酒类文献，是公元前6 000年左右，古巴比伦人用黏土板雕刻的献祭中用到了啤酒。

公元前4 000年美索不达米亚地区已有用大麦、小麦、蜂蜜制作各种啤酒。公元前3 000年起开始使用苦味剂。公元前18世纪，古巴比伦国王汉穆拉比颁布的法典中，已有关于啤酒的详细记载。

啤酒的酿造技术是由埃及通过希腊传到西欧的。公元1～2世纪，古罗马政治家普利尼曾提到过啤酒的生产方法，其中包括酒花的使用。

17～18世纪，德国啤酒盛行，一度使葡萄酒不景气。19世纪初，英国的啤酒生产大规模工业化。19世纪中叶，德国巴伐利亚州开始出现下面发酵法，酿出的啤酒由于风味好，逐渐在全国流行。目前在德国，92%的啤酒是下面发酵法生产的。德国在19世纪颁布法令，严格规定啤酒的原料以保持啤酒的纯度，而且由于实行下面发酵法和进行有规律的酵母纯粹培养，从而提高了啤酒的质量，成为近代慕尼黑啤酒享有盛誉的基础。在美洲新大陆，17世纪初由荷兰、英国的新教徒带入啤酒酿造技术，1637年在马萨诸塞建立了最初的啤酒工厂。不久，啤酒作为近代工业迅速发展，使美国成为超过德国的啤酒生产国。

19世纪，酿造学家相继阐明有关酿造技术。1845年，巴林阐明发酵度理论；1857年，巴斯德确立生物发酵学说；1881年，汉森发明了酵母纯种培养法，使啤酒酿造科学得到飞跃的进步，由神秘化、经验主义走向科学化。1874年，林德冷发明了冷冻机，使啤酒的工业化大生产成为现实。目前全世界啤酒年产量已居各种酒类之首。

中国近代啤酒行业是从西方传入的，多建立在租界或者沿海地区。我国最早建立的啤酒厂是1900年俄国人在哈尔滨市建立的乌卢布列希夫斯基啤酒厂。随后，外国商人纷纷在中国建立啤酒厂，如 1901 年俄国人和德国人联合建立了哈盖迈耶尔-柳切尔曼啤酒厂，1903 年德国人和英国人合营在青岛建立了英德啤酒公司(青岛啤酒厂前身)，1905 年德国人在哈尔滨建立了梭忌怒啤酒厂等，这些啤酒厂都是由外国商人自主经营。

中国人最早自建的啤酒厂是 1904 年在哈尔滨建立的东北三省啤酒厂，其次是 1914 年建立的五洲啤酒汽水厂(哈尔滨)，1915 年建立的北京双合盛啤酒厂，1920 年建立的山东烟台醴泉啤酒厂(烟台啤酒厂前身)，1935 年建立的广州五羊啤酒厂(广州啤酒厂前身)。

1949 年以前，是啤酒行业的萌芽阶段。这一阶段中国的啤酒业发展缓慢，分布不广，产量较低，且绝大多数啤酒厂在外国资本和民族资本、民国政府之间交替经营，经营极其不稳定。此外，酒花、麦芽发酵等原料主要依靠进口，酿造机械完全靠进口，生产酿造技术完全掌握在外国专家手中，啤酒生产与消费的区域性和市场认可度不高，造成了啤酒行业规模比较小，发展缓慢。同时，由于这个阶段外国侵略、战争等因素造成国内经济困难，居民消费能力不高，饮用者主要集中于在华外国人、外国军队、上层华人，消费范围不广泛。到 1949 年，我国只有七八家啤酒厂，啤酒年产量只有 700 万 L。

1949 年以后，中国啤酒工业发展较快，中国的啤酒行业从单纯的对外依赖中，通过合作和引进技术，实现了啤酒酿造生产技术、原料的国产化，逐步摆脱了原料依赖进口的落后状态，尤其初期通过接收资本主义和官僚资本控制的啤酒企业，实现了啤酒产业国产化。1959 年，中国啤酒行业进入调整和发展期，在这个阶段，通过对啤酒行业相关技术的消化、研究，国内积累了一批啤酒行业人才，也集中建设了一批啤酒厂，产量逐渐增加，啤酒行业开始步入发展轨道。统计资料显示，1978 年底，中国啤酒行业年产量已经达到了 40 000 万 L，是新中国成立初期的 50 多倍。

1979 年改革开放以后，中国的啤酒行业同其他行业一样进入了快速发展期，借助国家一系列的优惠政策，很多省市自治区从国外引进先进的技术和设备，建立了啤酒厂，包括一些偏远的或不发达的省市自治区都积极投入建设啤酒厂。一些重大的国有企业和部门也建立了自己的轻工业产业，啤酒也在投资行业之中。在这一阶段，我国的啤酒工业高速发展，其主要特点是扩建和新建的啤酒厂如雨后春笋，啤酒生产规模也逐步扩大，在有的省份，几乎每个县市都有啤酒厂。伴随国外啤酒消费文化传入中国，人们消费能力的提升，对啤酒的消费需求越来越强，形成了供销两旺的情况，啤酒行业快速发展，生产规模也逐步扩大，年增长率达 30%以上。

1982 年，全国啤酒产量为 117 000 万 L，1985 年，啤酒产量就实现了翻番，总产量达到 310 000 万 L。到 1988 年年底，全国啤酒厂家达到 800 多个，总产量达 662 000 万 L，仅次于美国、德国，是世界第三大生产国。

11.2.1.2 啤酒种类

啤酒种类繁多，常用的啤酒分类方法有以下几种：

1. 根据原麦汁浓度分类

这是啤酒最常用的分类方法，在啤酒产品上标示的 8°、10°、11°、12°、14°等，是啤酒的原麦汁浓度，不是啤酒的酒度。根据原麦汁浓度，啤酒可分为：

(1)营养啤酒。原麦汁浓度为 2.5%～5%，酒精含量 0.5%～1.8%。

(2)佐餐啤酒。原麦汁浓度 4%～9%，酒精含量 1.2%～2.5%。

(3)贮藏啤酒。原麦汁浓度 10%～14%，酒精含量 3.2%～4.2%，这是世界各国畅销的啤酒。

(4)高浓度啤酒。原麦汁浓度 14%～18%，最高 22%，酒精含量 3.5%～5.5%。

2. 根据啤酒色泽分类

(1)淡色啤酒。色度 5～14 EBC,外观淡黄色或金黄色。淡色啤酒是啤酒产量最大的一种。

(2)浓色啤酒。色度 15～40 EBC,外观红棕色或棕黄色。

(3)黑色啤酒。色度大于40 EBC,深红褐色至黑色。

3. 根据杀菌方法分类

(1)鲜啤酒。啤酒包装后,不经巴氏灭菌的啤酒。这种啤酒味道鲜美,但容易变质,保质期7 d左右。

(2)熟啤酒。经过巴氏杀菌的啤酒。可以存放较长时间,可用于外地销售,优级啤酒保质期为 120 d。

(3)纯生啤酒。不经巴氏灭菌,而用无菌过滤和灌装的啤酒。啤酒口味淡爽、纯正,啤酒稳定性好,稳定性 4 个月以上。

4. 根据包装容器分类

(1)瓶装啤酒。用玻璃瓶包装销售的啤酒,是最常见的啤酒包装。国内主要为 640 mL 和 355 mL 2 种玻璃瓶包装。国际上还有 500 mL 和 330 mL 等其他规格。

(2)易拉罐装啤酒。采用铝合金材料的易拉罐包装的啤酒,规格多为 355 mL。便于携带,但成本高。

(3)桶装啤酒。多采用材料为不锈钢,容量为 30 L 的容器。多在宾馆、饭店使用,并配有专门售酒机。由于酒桶内存在压力,可以保持啤酒的卫生。

5. 根据啤酒酵母性质分类

(1)上面发酵啤酒。指采用上面酵母发酵的啤酒。上面酵母是发酵过程中,酵母浮到发酵面上的酵母,发酵温度 15～20℃。上面发酵啤酒,啤酒的香味突出。

(2)下面发酵啤酒。指采用下面酵母发酵的啤酒。下面酵母是发酵过程中,酵母凝聚沉淀到发酵容器底部,发酵温度 5～10℃。下面发酵啤酒,香味柔和。下面发酵啤酒是世界上绝大部分国家采用的方法,我国的啤酒也均为下面发酵啤酒。

6. 其他

如干啤,指发酵度深,啤酒中糖含量 1.0%～1.5%的啤酒;无醇啤酒,指啤酒中酒精含量低于 0.5%的啤酒。还有扎啤、白啤、冰啤、果味啤酒等。

11.2.1.3 几种著名的啤酒简介

(1)比尔森啤酒(Pilsen beer)。发源地在捷克的比尔森啤酒厂,使用极软的酿造水,优质的二棱大麦芽和酒花,采用煮沸糖化法制成 11%～12%的麦汁,经低温长时间的下面发酵,酿造成世界著名的淡色啤酒,是世界上啤酒的主导产品。中国目前绝大多数的啤酒均为此种啤酒。特点为色泽浅,泡沫洁白细腻挂杯,酒花香味浓而清爽,酒花苦味重而不长,口味醇和爽口,二氧化碳气杀口力强。

(2)多特蒙德啤酒(Dortmunder beer)。它是起源于德国多特蒙德地区的淡色啤酒。酿造用水的水质较硬,采用煮出糖化法,酒花用量低,原麦汁浓度为 13%左右,经低温长时间的下面发酵而成。该啤酒颜色较深,苦味较轻,酒精含量较高,口味甘淡。

(3)慕尼黑啤酒(Mumich dark beer)。德国巴州慕尼黑罗汶啤酒厂的产品,利用硬度较高的酿造水,特制麦芽和焦香麦芽,采用三次煮沸糖化法,原麦汁浓度为 12%～13%,经低温长时间的下面发酵，贮酒7～10周而制得。色泽较深，有浓郁的麦芽焦香味，口味浓醇而不甜，苦味较轻。

(4)博克啤酒(Bock beer)。是一种下面发酵的烈性啤酒，棕红色，原产地也为德国。发酵度极低，有醇厚的麦芽香气，口感柔和醇厚，泡沫持久。

(5)英国棕色爱尔啤酒(English Brown Ale)。是英国最畅销的上面发酵啤酒。酿造用水的水质极硬，采用浸出糖化法，麦汁煮沸时加糖，原麦汁浓度为11%～12%。色泽呈琥珀色，麦芽香味浓，口感甜而醇厚，爽口微酸。

(6)司陶特(Stout)黑啤酒。是一种爱尔兰生产的上面发酵黑啤酒。都布林Guinmess生产的司陶特是世界上最受欢迎的品牌之一。特点为色泽深厚，酒花苦味重，有明显的焦香麦芽味，口感干而醇，泡沫好。

除上述外，美国的百威啤酒、丹麦的嘉士伯啤酒、荷兰的喜力啤酒、日本的麒麟和朝日啤酒、新加坡的虎牌啤酒和我国的青岛啤酒都是具有一定知名度的啤酒。

11.2.2 啤酒酵母

习惯上，根据发酵过程中酵母是悬浮在液面上，还是凝集沉淀在下面分为上面酵母和下面酵母。我国和多数国家使用的都是下面酵母，只有部分英、美啤酒厂采用上面酵母。

上面酵母原定名为*Saccharomyces cerevisiae*(酿酒酵母)，下面酵母为*S. carlsbergencis*(卡尔斯伯酵母)，近来认为实际是同一种。尽管如此，两者仍有许多不同之处，这些不同造成了工艺上的某些差异。

上面酵母和下面酵母都有很多菌株，而且各国著名的啤酒厂均有自己独特的酵母菌株。这些菌株在形态、细胞大小、子囊孢子数和形状、灭活温度、发酵力、凝聚力以及形成双乙酰高峰值和双乙酰还原速度均有明显的差别，因此酿成啤酒风味也不同。

11.2.3 啤酒发酵的工艺过程

11.2.3.1 原辅料和生产用水

主要原料有大麦、水和酒花。为改善麦汁浸出物的组成，完善啤酒风味和色泽，增强啤酒的保存性，糖化时，常用大米、大麦、玉米和蔗糖等作为补助原料。

(1)大麦。大麦经发芽后制的大麦芽，烘干后保存待用。干大麦芽内含各种水解酶和丰富的可浸出物，容易制备符合啤酒发酵所用的麦芽汁。大麦蛋白质的种类和含量，与大麦发芽力、酵母菌的生长、啤酒的适口性、泡沫持久性以及非生物稳定性等有密切关系。麦芽在干燥处理时，脂肪酶遭破坏，因此脂肪仍留在麦芽中，很少会转到麦芽汁中。大麦中的多酚物质主要集中于胚乳、糊粉层和种皮中，与蛋白质共热时，生成不溶性沉淀物除去。

(2)大米。目前除德国外，均添加大米辅助原料。大米淀粉含量比大麦、玉米高出10%～20%，而蛋白质含量低于两者3%左右，代替部分麦芽作为辅助原料，主要提供淀粉来源，一般用量为25%～45%，对改善啤酒风味有利。

(3)酒花。是一种多年生蔓生攀援草本植物，雄雌异株，生产上主要用雌花，又称蛇麻花、啤酒花、忽布花等。

酒花的作用主要是赋予啤酒香味和爽口苦味，提高啤酒泡沫的持久性，沉淀蛋白质，利于啤酒澄清；抑制杂菌，增强麦芽汁和啤酒的防腐能力。酒花的含水量10%左右，0℃贮藏在干燥处。

酒花直接加入麦芽汁中共煮时，有效成分仅有30%左右浸出。也可将酒花中的有效成分提取出来成为酒花制品，在麦芽汁制备过程中加入，常见的有酒花粉、酒花浸膏、酒花油等。

(4)水。是啤酒的重要原料之一，习惯上称为酿造水。水的品质直接关系到啤酒风味和质量，酿造水必须符合饮用水的标准。水的硬度是指水中存在的钙盐和镁盐的浓度，酿制浅色啤酒要求水的总硬度不超过4.28 mmol/L。

11.2.3.2 麦芽的制备

从原料大麦经加工制成麦芽的过程称为制麦芽。大麦发芽时，产生各种分解酶，淀粉和蛋白质等发生轻度水解，麦粒胚乳细胞的细胞壁受半纤维素酶和蛋白水解酶作用变成网状结构，便于糖化时各种水解酶进入胚乳细胞内，进一步将淀粉和蛋白质水解。麦芽经干燥处理，除去过多的水分和生腥味，具有特殊的色香味，对啤酒风味产生很大的影响。制麦芽工艺决定麦芽汁的质量和啤酒的类型，麦芽质量直接关系到啤酒的酿造工艺和成品质量。

新收获的大麦，因种皮通透性较差，发芽率低且不均匀，需入库置于30～40℃下贮藏6～8周，通风降温，干燥，控制含水量在13%以下，充分后熟，达到正常的发芽力。后熟主要受外界温度、湿度、含氧量等条件的影响。

制备麦芽的工艺流程如图11-1所示。

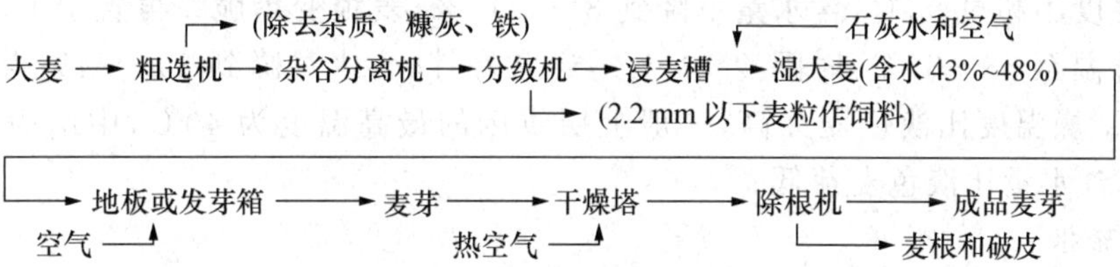

图11-1 制备麦芽的工艺流程

1. 浸麦

用13～18℃的清洁水浸渍大麦，通风，大麦充分吸水吸氧，洗涤除尘除杂及部分易污染微生物，浸出麦皮内的部分有害成分，为发芽提供条件。还常用到饱和澄清的石灰水、甲醛溶液、高锰酸钾溶液以及0.1%～0.3%的碱溶液。周期60～80 h，浸渍后含水量43%～48%。

2. 发芽

大麦经浸渍吸水，通入饱和湿空气，在最适温度为13～18℃，相对湿度在85%以上的环境下发芽生长形成新组织。发芽过程避免阳光直射形成叶绿素，并及时通风供氧，排出积累的CO_2。发芽后期，残留一定浓度的CO_2保持适当的呼吸强度。经过发芽，大麦所含的少量非活性酶被激活，形成许多新的水解酶。由于各种水解酶的协同作用，麦粒本身含有的大分子物质在不同程度上被分解成小分子物质，一部分留在胚乳细胞里，一部分供胚发育新组织，长成新幼根和幼芽，一部分作为新陈代谢的能源，被消耗于细胞内的合成反应。所以大麦发芽时同时存在分解和合成两种作用相反的生物化学变化。

麦粒发芽最常用开放箱式法。浸渍好的大麦装入发芽箱，麦粒高度0.6～1 m，立即翻拌，排出浸渍水。停止翻拌，堆积麦粒，先通入13～14℃的干空气，每隔6 h通风10 min，麦粒表面没有多余水分后，改用13～14℃的湿空气通风，每隔8 h翻拌1次，堆积24 h，麦粒长出麦根。发芽进入旺盛期，麦芽层的温度上升较快，此时增加翻拌次数和通入饱和湿空气的次数，控制温度不超过 20℃。旺盛期过后,温度上升较慢,减少通风和翻拌次数。培养 7～9 d,长成胚芽梢达到麦粒长度 3/4 左右的麦芽,含水量高达 40%～44%。培养后期,停止翻拌和通风,使根芽凋萎。

3. 干燥

将麦芽干燥,除去根芽和生腥味的干麦芽,避免根芽的不良口味带入啤酒中,防止营养物质继续被消耗以及根芽生长,停止酶的催化作用。干燥过程分成烘干和焙焦两段。水分由 42%～45%降到 10%左右称为萎凋阶段,脱水比较容易。前期和中期麦芽的生长和生化反应还在继续,后期停止生长。水分由 10%下降到 5%以下称为焙焦阶段,脱水比较困难,主要是化学反应和脱水,形成麦芽特有的色、香、味。麦芽经干燥处理,各种酶的活力均有所下降,有不同的残存量。淀粉 75℃以下部分被酶分解,相当一部分蛋白质转变成可溶性含氮物,83～85℃时未分解的部分变性凝固,不会进入麦芽汁影响啤酒的稳定性。还原糖与氨基酸或其他简单含氮物生成具有芳香味的类黑精,对啤酒的生泡性和泡沫持性有良好作用。所含二甲硫前体物发生变化,产物经酵母菌发酵生成二甲硫。

烘干麦芽时先将麦芽置于干燥炉的上层金属网烘床上,厚度为 30～50 cm,强通风缓慢升温以迅速排出水分,温度不超过 35℃。一般开始阶段每隔 4～5 h 翻拌 1 次,以后每隔 2～3 h 翻拌 1 次,含水量从 42%左右降低到 25%～30%。然后移至中层金属网烘床,缓慢升温,最高温度不超过 55℃,含水量下降到 8%～12%,麦根变焦脆。再置于下层金属网烘床上焙焦,升温至 83～85℃,时间 4～4.5 h,经常翻拌,含水量降到 3%～4%得淡色麦芽。浓色麦芽的干燥温度比淡色麦芽高,一般上层烘床的最高温度为 40℃,中层为 60℃,下层达到 105℃,含水量比淡色麦芽低。

4. 麦芽除根

麦根含有苦涩味物质、色素和蛋白质,对啤酒的风味、色泽和稳定性都不利,麦根吸湿性强,干麦芽立即除根。

5. 麦芽保存

干麦芽除根稍冷后立即送入立仓贮存。贮存期间,麦芽的淀粉酶和糖化酶活力以及酸度都有所提高。麦芽吸收少量水分,粉碎时谷皮不碎,对麦汁过滤有利,所以比直接使用新鲜麦芽糖化效果好。

11.2.3.3 麦芽汁的制备

麦芽汁的制备也称糖化。把贮藏 40～60 d 的麦芽粉碎成砂粒大小的颗粒,按比例添加处理水,依靠麦芽自身所含的各种水解酶,将淀粉、蛋白质等大分子物质分解成可溶性小分子物质,如糊精、低聚糖、麦芽糖和胨、肽、氨基酸等,制成营养丰富、适合于酵母生长和发酵的麦芽汁。未经分离麦糟的糖化混合液称为糖化醪,经过滤除去麦糟称为麦芽汁(麦汁)。质量好的麦芽汁一般浸出率可达到 80%,其中 60%由酶水解后溶出。

1. 麦芽粉碎

粉碎后主要分为谷皮、粗粉及细粉 3 部分,一般要求粗粉∶细粉＝1∶2.5 以上,谷皮破而不碎,麦芽汁过滤时能形成过滤性能良好的过滤层。麦芽含水量的高低影响粉碎效果,适当的水分含量为 5%～8%。粉碎方法通常有干法、湿法和增湿法 3 种。干法粉碎目前都采用辊式粉碎机。湿法粉碎时麦芽先在 50℃温水中浸泡 15～20 min,含水量达到 30%左右,边粉碎边加入 3 倍的水调浆。增湿法是喷洒水雾使麦芽水分在 90～120 s 内增加 1%～2%,粉碎后麦芽粒大小适宜,谷皮无碎片,麦芽汁过滤时速度快,颜色浅,涩味淡。

2. 麦芽汁的制备

粉碎辅料,经煮沸糊化与粉碎麦芽和温水的混合物合并后糖化,结束后过滤,滤汁添加酒花并煮沸,除去热凝固物及酒花糟,再冷却除去冷凝固物,得到麦芽汁。

糖化方法有煮出法和浸出法2类。煮出法又分为一次、两次、三次煮出法。三次煮出法适宜于酿造浓色啤酒。生产淡色啤酒一般采用两次煮出糖化法,在糊化锅中前后进行过2次煮沸操作,第1次将辅助原料在糊化锅中煮沸糊化后进入糖化锅糖化,第2次煮沸部分糖化醪液,尤其是浓醪,将麦糟中残余生淀粉再次糊化,再进糖化锅,未煮沸部分的酶活再作用于糊化后的残淀粉,提高浸出率。两次煮出糖化法操作流程如图11-2所示。

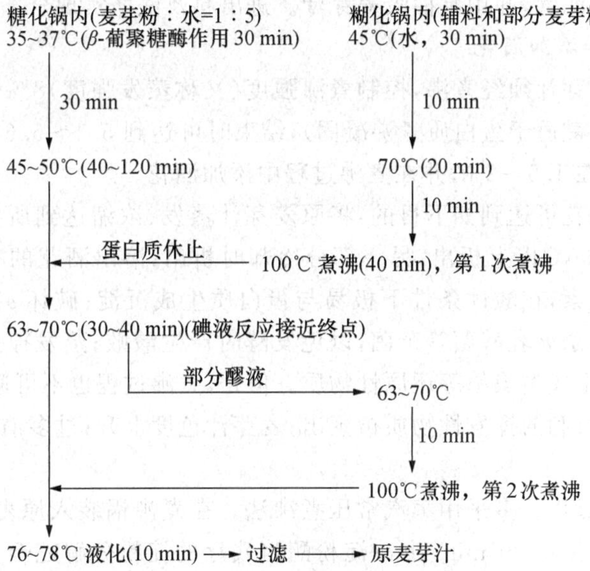

图 11-2 两次煮出糖化法操作流程图

(1)将粉碎麦粒和水按料水比1∶5在糖化锅中拌匀,35～37℃下浸渍30 min,让β-葡聚糖酶作用,分解大麦胚乳细胞壁,在30 min内升温至50℃,保温40～120 min,分解蛋白质。

(2)在糊化锅中将粉碎麦粒与其用量30%的大米细粉用45℃温水拌匀,料水比为1∶5,保温20 min分解蛋白质,10 min内升温至70℃,糊化、液化和糖化同时进行20 min。最后在10 min内升温至100℃煮沸40 min。

(3)将煮沸的糊化醪从糊化锅泵入糖化锅,温度达到63～70℃,维持30～40 min,每隔5 min用碘液检查糖化情况,至反应液呈黄色,糖化基本接近终点,完成糖化。然后将大约总量1/3的糖化浓醪泵入糊化锅,在10～20 min内加热至沸,立即泵回糖化锅,使混合醪的温度达到76～78℃,保温10 min进行彻底糖化,随之各种酶活力都丧失。上述糖化醪液经过滤得到原麦芽汁。还可以采用外加酶法进行糖化,如α-淀粉酶(液化酶),中性蛋白酶,异淀粉酶等,缩短糖化周期,提高浸出物收率。

3. 糖化醪的过滤

过滤方法主要有过滤槽法、压滤机法及快速过滤槽法3种。

(1)过滤槽法。从过滤槽底通入76～78℃的热水,以浸没滤板为度,将糖化醪充分搅拌,尽快泵入过滤槽，使用耕糟机翻拌均匀，静置 20 min 左右，自然沉降，形成过滤层。谷皮类最先下沉，随后是未分解的淀粉和蛋白质，滤层厚度 30～45 cm，温度 55～70℃。初始流出的原麦芽汁回槽再次过滤，直至澄清，泵入煮沸锅。过滤完立即洗槽，回收醪糟中残留的浸出物，洗槽水温度适当，洗出液的残糖量在 0.5%～1.5%，回收利用。

(2)压滤机法。先泵入 80℃热水使压滤机预热，将糖化醪液搅拌泵入压滤机，流入速度稳定连续，使板框内均匀地充满醪液，而后打开原麦芽汁排出阀，澄清后泵入煮沸锅。操作压力为 30～50 kPa。过滤完后，关闭排出阀，从相反方向泵入 75～78℃热水洗槽，至流出液糖浓度为 0.5%～1.5%为止，再用蒸汽或压缩空气将压滤机内残汁压出，清糟时间为 5 min。

(3)快速过滤槽法。快速过滤槽是一种新型的过滤设备，有矩形槽和圆柱锥底槽 2 种。槽下部有代替滤板的 7 层滤管，并用泵抽吸麦芽汁。进出料及洗涤实现全部自动化。

4. 原麦芽汁煮沸和添加酒花

经过滤得到的原麦芽汁须经煮沸，控制煮沸强度(又称蒸发强度)8%～10%(适当增大更有利)；麦芽汁 pH 5.2(最适于蛋白质煮沸凝固)，结束时可达到 5.4～5.6，若偏高添加磷酸调整；一般煮沸时间控制在 1.5～2 h，并在煮沸过程中添加酒花。

通过煮沸和添加酒花可达到如下目的：将原麦芽汁蒸发、浓缩达到所要求的浓度；蛋白质呈片状析出，一部分在 60℃以上析出，另一部分冷却时析出；溶出酒花的有效成分，单宁煮沸时缩合成红色的单宁色素，在酸性条件下极易与蛋白质生成沉淀；破坏 α-淀粉酶及其他酶的活性，稳定麦芽汁成分；杀灭乳酸菌等杂菌，以免发酵时产生酸败；蒸发掉挥发性的异味物质，如酒花油中香叶烯等；生成类黑精等还原性物质。但是，煮沸过程也不可避免地产生一些副作用，如部分对啤酒香气有利的挥发性物质被蒸出；麦芽汁色度上升；过多消耗还原性物质，产生强烈涩味等。

(1)煮沸方法及其操作。多采用蒸汽常压煮沸法。在煮沸锅装入原麦芽汁和洗槽水组成的混合液，加热至 80℃保持 30 min，让 α-淀粉酶将残存的淀粉分解完全。升温至沸腾，保持 60～90 min，按时添加酒花。煮沸结束后，测定并固定麦芽汁的浓度。

(2)酒花添加量及添加方法。煮沸过程中一般分 3 次添加酒花，用量为 0.13～0.20 kg/100 L 麦芽汁，初沸时加入酒花总量的 20%，40 min 后再加 40%，结束前加入余下的 40%。生产上单独添加酒花或各种酒花制品，也有将两者混合使用的。目的是凝固蛋白质、促苦、增香。添加时，按目的不同使用不同质量的酒花。如用于压泡的酒花，要求单宁含量高，以凝聚蛋白质，可用等级稍差的酒花；促苦，以 α-酸含量高的酒花为主；增香，则使用芳香油含量高，但香叶烯、异丁酸二甲丁酯等对酒花香味起副作用的成分较少的香型酒花。

5. 麦芽汁的澄清、冷却、充氧

(1)澄清。包括去除热凝固物和冷凝固物 2 部分。目前通常使用回旋沉淀槽除去热凝固物。将煮沸的麦芽汁(若用完整酒花须先用酒花分离器除去酒花糟)沿槽壁切线方向(进口管的位置距槽底 1/3 处)高速泵入槽内，形成快速旋转的旋涡，颗粒物质快速沉积于槽底中央，得到澄清麦芽汁(积聚高度达到槽身直径的 0.8～1.0 倍)。离槽底 2/3 处、1/3 处和底部各有 1 个放料口。

(2)冷却。采用薄板冷却器冷却，使麦芽汁温度降到主发酵最适温度 6～7℃，析出大量的冷凝固物，麦芽汁和冷却剂(如冰水、酒精水等)分别从薄板两面引入。通常冷却 1～2 h，再用无菌压缩空气将麦芽汁顶出。

(3)充氧。酵母接种到冷麦芽汁中细胞数达不到主发酵阶段的要求，必须在添加酵母前或同时通入无菌空气至饱和，达到 8 mg/L，满足酵母细胞增殖的需要。冷麦芽汁浓度越低、温度越低、与空气接触面越大以及通气压力越高，溶氧越多。充氧也会使啤酒花树脂、酒花油以及单宁等多酚物质被氧化，色度变深，使啤酒苦味变粗糙，产生后苦。

11.2.3.4 啤酒发酵

啤酒发酵过程，前期是有氧呼吸，主要是酵母细胞的增殖，后期则是厌氧发酵，酵母细胞利用麦芽汁中的营养成分生成酒精、杂醇油和有机酸等。

1. 啤酒酵母

(1)干酵母复水活化。啤酒活性干酵母是来源于国内较为优良的下面发酵啤酒酵母。下面发酵度在大于或等于 62%，凝集性强，本斯值(酵母凝聚力)为 2.0，降糖速度为 10℃，5 d，12.5～3.8°Bé。使用方法为复水活化：①材料容器要求：容器必须洁净，可密封的；水必须为凉开水；麦汁必须蒸沸后取用。②复水活化步骤：(a)4～6°Bé 麦汁的制备。取煮沸后的 10～12° Bé 麦汁，加等量凉开水，迅速冷却至 30～32℃，加入到可密封的洁净容器中。(b)取一定量的干酵母加入到 4～6°Bé 的麦汁中，麦汁用量为干酵母的 5～10 倍。(c)每隔 10 min 摇2 min。活化 2 h，即可倒入发酵灌内。然后泵麦汁即可开始发酵。

(2)发酵控制。发酵起始温度为 11℃，发酵最高温度为 15℃，啤酒活性干酵母用量为 0.4‰(相对麦汁体积)，48～72 h 后开始保压，此时糖度在 4.5°Bé 左右，其他控制条件根据各种生啤操作工艺，保持不变(如保压时间、降温速度、压力等)。发酵起始温度为 15℃以上时，酵母用量为 0.3‰，24 h 后降糖到 4.5°Bé 左右，即可保压。发酵起始温度为 8～9℃时，酵母用量为 0.5‰，一般要 5～10 d 降糖到 4.5°Bé 左右，即可保压。

(3)酵母的回收和贮存。主发酵(也称前发酵)需 6～7 d。主发酵结束后，将发酵液(俗称嫩啤酒)从酒液排出口引入后发酵罐，进行后发酵。排完后及时回收发酵槽底部的酵母，过筛时，先加等量无菌冰水混匀，再用 80～100 目框式网过滤除去蛋白质、酒花树脂和其他较大的杂质，然后把酵母细胞放入盆内，注入无菌冰水搅拌均匀，静置 3～4 h 后，倾去上层悬浊液，再用冰水漂洗。最后用 2～4℃无菌冰水贮存，时间不超过 3 d，定期更换冰水。使用前最好用少量冷麦芽汁活化，在 10℃下培养，一般使用 7～8 代。

2. 发酵工艺过程

(1)主发酵工艺过程。主发酵实际上分 2 步进行，即酵母先增殖除去冷凝固物和死酵母，再泵入主发酵池，同时添加麦芽汁进行主发酵。一罐发酵法新技术不再严格划分主发酵和后发酵 2 个阶段，露天大型圆柱锥底发酵罐具有发酵周期短、酵母回收操作方便等优点。

冷却至 5～7℃的麦芽汁泵入酵母增殖池后，添加扩大培养的酵母液或由上次主发酵后回收贮养的酵母泥 0.5%～0.6%。一般添加 0.8～1.0 L/100 L 酵母泥，先与麦芽汁 1∶1 的比例混匀，通入无菌空气，使酵母细胞悬浮并送入酵母增殖池的麦芽汁中，充分混匀，放置 12～24 h。分离凝固物后，5～7℃下酵母培养液和新麦芽汁同时流进发酵罐，在 12～18 h 内装满发酵罐，保证麦芽汁中缬氨酸的供应，防止生成多量的双乙酰。进入主酵罐后，溶解氧已基本耗尽，进行 5～7 d 的主发酵。控制最高品温为 8～10℃，最终温度降至 3.5～5℃，外观糖度从 12%降到 3.5%～5.5%。正常情况下，主发酵结束后，发酵液的外观发酵度在 50%～60%。

主发酵的工艺流程按泡沫的形成和消退可分为：低泡期、高泡期、落泡期、泡盖形成期 4 个时期。

①低泡期:酵母进入发酵池(罐)后 4～5 h,发酵液表面出现洁白致密的泡沫,从四周开始向中间蔓延,逐渐形成菜花状,高度可达 15～20 cm,时间为 24～48 h,品温每天上升 0.5～0.8℃,耗糖 0.3%～0.5%。

②高泡期:是发酵的最旺盛期。低泡期后,泡沫层呈卷曲状隆起,高达 25～30 cm,轻轻吹开,能看到 CO_2 气泡冒出。高泡期形成的泡沫厚而紧密,由于麦芽汁中酒花树脂等被氧化,泡沫层逐渐变为棕黄色。高泡期的品温与啤酒质量有密切关系,如品温控制在 7.8～8.5℃,则整个主发酵期为 9～11 d,高泡期为 3～4 d,成品酒的口味较柔和;若品温为 9～11℃,则发酵速度可加快,高泡期仅 2～3 d,但啤酒口味淡薄。高泡期间,发酵液每天降糖 1%～1.5%。发酵后期会形成较多的高级醇、有机酸以及酯类和 α-乙酰羟基酸。

③落泡期:高泡期过后,酵母增殖停止,温度开始下降,降糖速度变慢,泡沫逐渐减退并且颜色加深为棕褐色。落泡期约 2 d,每天品温下降 0.4～0.9℃,耗糖 0.5%～0.8%。落泡期结束后,酵母细胞已大部分沉淀。

④泡盖形成期:落泡期后,良好的发酵泡沫层逐渐由蛋白质及多酚类氧化物等物质相互凝聚形成一层褐色膜状泡盖,覆盖在发酵液表面,厚度 2～5 cm。泡盖形成期为 1～2 d,每天降糖 0.1%～0.5%。当可发酵性糖为 1.3%左右时,加速降温至 3.5～5℃,主发酵即告结束。捞去泡盖,除去发酵液中的蛋白质、氧化的酒花树脂、色素物质、酵母死细胞,发酵液具有酒花及麦芽香,口味醇厚、柔和、杀口,无明显的酵母味和过重的苦味,再送入后发酵罐。

(2)后发酵工艺过程。主发酵结束后捞去泡盖,嫩啤酒温度为 3.5～5℃,可发酵性糖含量为 1.3%～1.5%,酵母数控制在$(5\sim8)\times10^6$ CFU/mL。下酒时室温为 3.5～5℃,将符合上述要求的嫩啤酒从后发酵罐的下口送入罐内(此操作称为下酒),罐上部留 5～15 cm 的空隙。开始几天敞口发酵,酵母细胞在下酒过程中被悬浮,酒液吸收氧,所以初始发酵比较旺盛。约 24 h 后,罐上口有白沫升起,有浓 CO_2 的气味。经过 2～3 d,褐色的酒花树脂和蛋白质凝固物会溢出罐外。再过 2～3 d,泡沫下落,此时加盖封罐,封口盖用 75%的酒精擦拭杀菌保持洁净。封罐后 5～10 d,罐压达到 40～50 kPa,保持稳定,以免影响酒液的澄清和 CO_2 的饱和。待后发酵进行 15～20 d 后,在以后的 6～7 d 内酒温降至 1～1.5℃,维持约 15 d 后,再降温至 0℃左右,再经过 15 d 左右即告成熟。整个周期一般为 50 d 左右。

11.2.4 啤酒发酵工艺的改进

传统发酵生产的啤酒,虽然口味协调纯正,风味柔和,但酿造期较长。目前大多数啤酒厂在保留了传统发酵工艺的基础上,采用了露天圆柱体锥底发酵罐进行现代啤酒发酵,可大大缩短发酵时间,提高生产效率。

缩短生产周期,主要是缩短后酵期,其次是主酵期。缩短主酵期的措施有:①采用麦汁递加法、流加法以缩短酵母繁殖延滞期;②加大酵母接种量,减少繁殖时间;③提高主酵期温度;④保持酵母悬浮状态,加强与基质的接触等。缩短后酵期的措施有:①保持较高温度,利用酵母本身的还原酶,促进双乙酰还原,排除嫩啤酒生青味,加速成熟;②人工充 CO_2 代替自然饱和;③离心或加添加剂,以加速酒的澄清。

随着我国啤酒行业的迅速发展,各大小啤酒厂努力在扩大生产规模、提高啤酒质量、降低生产成本、增强企业竞争力上下功夫。就降低原料成本而言,可通过适当提高辅料比例,或采用优质价廉的原料替代传统大麦来实现。如果在不影响啤酒风味、色泽,保证产品质量的前提下，以优质价廉的小黑麦，替代传统大麦酿造风格独特的特种啤酒，不仅可减少资金外流，降低产品成本，而且亦可加速推广小黑麦在我国大面积种植，并逐步形成粮食市场，使原料、生产、销售成为一条龙，促进我国农业与谷物加工业的发展。

11.2.5 成品啤酒

经后发酵的啤酒还有少量悬浮的酵母及蛋白质等杂质，通常采用棉饼过滤法、硅藻土过滤法、纸板过滤法、离心分离法和超滤法等除去杂质。目前常用棉饼过滤法和硅藻土过滤法。

11.2.5.1 棉饼过滤法

1. 挑选过滤棉

选择洁白，无异味、酸臭味和漂白粉味，纤维长短适中的滤棉。

2. 洗棉

用过的棉饼被啤酒内的微粒、酵母和胶体物质所饱和，从滤酒机上卸下后及时清洗，洗棉用水与酿造用水相同。先在洗棉机中放 2/3 的水，开动循环泵，将撕松的棉饼投入洗棉机，继续加水连续地循环漂洗，直至出水无泡沫为止，漂洗时间约需 2 h。停止进水，加热到 80～85℃保温杀菌 1 h 左右。杀菌后及时用冷水漂洗和降温，漂洗到流出水清亮透明为止，降温至 35℃以下。每次洗棉补充 2%～2.5%的新棉，弥补流失的滤棉纤维，保持滤棉饼的厚度。

3. 压棉

即制作棉饼，直接关系到滤酒的质量。将适量洗净的滤棉放入压棉机框内，整理均匀，使中间部分稍高，四周用手向下塞紧，保持内部结构均匀。开启空压机，缓慢升压至 350～420 kPa，控水时间不少于 30 s，确保棉饼的强度，使水流尽。棉饼厚度为 4～4.5 cm，比板框深度大 0.5～1 cm，保证压紧板框时棉饼会胀满间隙，各片棉饼的厚度相差不超过 0.5 cm，尽量保持均匀一致。压制好的棉饼放在 0～2℃的低温洁净处，时间不宜超过 1 d。滤棉长期使用后进行再生处理：将滤棉在 0.2%～0.4%漂白粉水中浸泡 20～30 min，用清水洗涤，然后置于 0.05%～0.1%盐酸水中浸泡 30～60 min，最后用清水洗至不含盐酸为止。

4. 过滤

将至少 2 台过滤机串联，形成双效或多效过滤。棉饼装入过滤机后，用泵走水 20 min，同时往清酒罐及贮酒罐中通入 CO_2。先用上次过滤的酒尾，接着用待过滤酒液将过滤机内的水顶出，并截取一定量的酒头，根据流出液的色泽及顶水时间加以控制，一般为 5～10 min。然后把过滤机出酒管的一端接到清酒罐入口上。打开连接在合流器后面冷却器的阀门，进行正式过滤，酒温为－1℃，流速通常为 3 500 L/h。滤酒泵的压力为 40～60 kPa，滤酒开始时的压差为 20～30 kPa。过滤过程中，保持贮酒罐、合流器、清酒罐的压力稳定。当过滤压差达到 100～150 kPa 时，停止过滤，关闭冷却器，利用上述的酒头将过滤机内的酒顶出，开始部分入清酒罐，其余的作酒尾。再用 CO_2 将过滤机内的酒尾顶尽。过滤机走清水洗涤滤棉至出水清澈为止，然后卸出棉饼，放入洗棉室。送入清酒罐的啤酒，以 CO_2 保持罐压为 120 kPa。

过滤换棉时，可只换第 1 台过滤机的滤棉，改为尾台过滤机，原来的第 2 台机改为第 1 台，如此更迭反复使用。走水时，先将水顺过滤方向送入板框，终端排出，检查滤酒机有无漏水的地方，带走短纤毛，形成顺向过滤结构，时间一般为 20～30 min。在滤酒机前必须安装过冷却器和合流器。前者将啤酒的温度降至 0℃以下，充分析出冷凝固物被除去，使 CO_2 的溶解更为稳定。后者在过滤开始和结束时平稳地切换清酒罐，可以混合过滤 2 个以上贮酒罐的酒液，起到调节、补偿的作用。一般 40 片滤酒机的滤速以 3 000～3 500 L/h 为宜，累积滤酒数量在 80 000 L 左右。严格区分酒头和清酒，及时切换清酒进入清酒罐。滤完后，酒尾进入残酒罐。压滤时，清酒罐压力会不断上升，打开排气阀向外排气，维持 137～157 kPa 的罐压，以防 CO_2 逃逸或产生大量泡沫。

11.2.5.2 硅藻土过滤法

将粗粒硅藻土和啤酒的混合液泵入滤板，在滤板表面形成厚度为 1～3.5 mm 的涂层，第 1 次涂层为粗粒硅藻土。在啤酒中再加入粗粒、细粒各半的硅藻土，二次过滤形成涂层。每次用量为 400～500 g/m^2。而后送入硅藻土含量为 0.8～3 g/L 的啤酒混合液，起初流出的酒液不清，返回重滤，滤液澄清后送入清酒罐。过滤期间的压差每小时上升 20～40 kPa，压力达到 300～400 kPa 时，停止过滤。先用水将硅藻土中的啤酒洗涤出来，然后打开过滤机将硅藻土冲掉，再重新安装备用。

11.3 白酒酿造

白酒又名烧酒或火酒，指发酵后，经蒸馏，酒度高、颜色无色透明或浅的饮用酒。

世界范围内，白酒一般可分为 7 大类：①中国白酒；②白兰地；③威士忌；④朗姆酒；⑤伏特加；⑥杜松子酒；⑦其他蒸馏酒。

白兰地(Brandy)是以葡萄或其他水果为原料，经发酵、蒸馏、橡木桶贮存，调配而成的蒸馏酒，酒度为 38%～43%(*V*/*V*)。法国科涅克(Cognec，又译为干邑)镇是最著名的白兰地产地。现市场上常见的科涅克白兰地有：HENNESSY(轩尼诗)、MARTELL(马爹利)、REMY MARTIN(人头马)等。

威士忌(Whisky 或 Whiskey)是以谷物及大麦芽为原料，经发酵、蒸馏、贮存、调兑而成的蒸馏酒，酒精含量为 42%～45%。苏格兰生产的威士忌最负盛名，是英国重要的出口商品之一。威士忌虽然酒度很高，但都是高浓度低饮，如加入 2/3 的苏打水、加冰或调制成鸡尾酒在饭前饮用。

朗姆酒(Rum)是以甘蔗糖蜜或蔗汁为原料，经发酵、蒸馏、贮存和勾兑而制成的蒸馏酒，酒精含量为 40%以上。朗姆酒的著名产地为西印度群岛的牙买加、古巴、海地等加勒比海国家。是国际上通畅型产品，也是世界上消费量较大的酒种之一。朗姆酒呈琥珀色，蔗香明显、浓郁，味醇和、圆润、回味甘美，没有冲辣的刺激感，杯中余香悠长，具有特殊的风格。

伏特加(Vodka)源于俄罗斯和波兰，深受这两个国家的消费者喜爱，可誉为这两个国家的国酒。传统的伏特加是大麦经糖化发酵、蒸馏而成，酒度 38%～50%。伏特加可以单独饮用，也可以调配鸡尾酒以及与其他饮料混合后饮用。

杜松子酒又称金酒(Gin)，酒精含量 35%以上。因使用法国高山上的一种松树果实——杜松子等香料，有杜松子的幽雅香气，故名杜松子酒。杜松子具有利尿作用，开始视为特效药用的饮料，后来逐渐发展成为饮料酒中的一种定型产品。杜松子酒很少直接饮用，大多用于调制鸡尾酒。

除上述外，墨西哥的龙舌兰酒，北欧、东欧的烈酒、利口酒等都是具有一定声誉的蒸馏酒。

国外白酒酿造多采用液体发酵的方法，虽然目前我国也有液体发酵酿造的白酒，但传统的中国白酒的酿造都是采用固态或半固态发酵，并以曲作为糖化剂和发酵剂。因此，在这一节中，我们主要介绍传统中国白酒的酿造方法。

11.3.1 中国白酒的种类

中国白酒种类繁多，产品各具特色，工艺各有特点，很难有一个统一的分类方法，现介绍3种最主要的分类方法。

11.3.1.1 按糖化发酵剂分类

(1)大曲白酒。大曲白酒是以大曲为糖化发酵剂生产的白酒。大曲使用小麦、大麦、豌豆等为原料踩制而成，因其块形大，故得此名。

(2)小曲白酒。小曲白酒是以小曲为糖化发酵剂生产的白酒。小曲以米粉为原料，加入中草药等辅料制成，因曲块小而称为小曲。小曲有时也称为酒药、米曲、白曲等。

(3)麸曲白酒。麸曲白酒是以麸皮为载体培养的纯种曲霉或根霉，加纯种酵母生产的白酒。

(4)混合曲酒。以大曲和小曲混合为糖化发酵剂生产的白酒。

11.3.1.2 按酒度分类

(1)高度白酒。酒精含量为51%以上的白酒，称为高度白酒。

(2)降度白酒。酒精含量为41%～50%的白酒称为降度白酒，又称中度酒。

(3)低度白酒。酒精含量在40%以下的白酒称为低度白酒。

11.3.1.3 按酒的香型分类

这是中国白酒独特的分类方法，按此方法可将中国白酒划分为：

(1)酱香型。贵州茅台酒是此类酒的典型代表，一般酒精含量为52%～54%，有一股类似豆类发酵时发出的酱香味。这种酒的特征是：酱香突出，幽雅细腻，酒体丰富醇厚，回味悠长，香而不艳，低而不淡。

(2)浓香型。以四川泸州老窖大曲酒和四川五粮液为代表，一般酒精含量为60%，主要特征是窖香浓郁，绵甜甘冽，香味协调，尾净余长。它以己酸乙酯为主体香。

(3)清香型。以山西杏花村汾酒为代表，一般酒精含量为65%。主要特征是清香醇正，诸味协调，醇甜柔和，余味爽净，甘润爽口。以乙酸乙酯和乳酸乙酯两者的结合为主体香。

以上3种香型是中国白酒最主要的香型，除上述外，也有一些香型被认定。

(4)米香型。以桂林三花酒和全州湘山酒为代表。一般酒精含量为55%，其特点是米香纯正、清雅，入口绵甜，落口爽净，回味怡畅。初步认为其主体香味成分是β-苯乙醇、乳酸乙酯和乙酸乙酯。

(5)凤香型。以陕西西凤酒为代表。其主要特点是醇香秀雅，醇厚甘润，诸味谐调，余味爽净。以乙酸乙酯为主，一定量的己酸乙酯为辅，构成该酒酒体的复合香气。

(6)其他香型。因为中国白酒的香型非常复杂，一些传统名酒难以归类，暂时划为其他香型白酒，如贵州的董酒，江西的四特酒等。

11.3.2 曲和曲的制造

曲是传统酿造的糖化、发酵剂。是以含淀粉和蛋白质的原料为培养基，培养多种微生物，并富集大量的酶类，用作酿酒的糖化和发酵剂。曲可以区分为大曲、小曲、麸曲和液体曲。曲除作为糖化和发酵剂外，还是酒的香味物质。

11.3.2.1 大曲的生产及制备工艺

根据制曲过程中控制的最高温度不同，可分为高温曲（最高温度达 60℃以上）和中温曲（最高温不超过 50℃）2 种类型。大曲酒的香型与大曲的类型有关，用高温曲酿酒，酒香浓。高温曲含水量低，pH 低，淀粉含量低，糖化力和液化力也较低。大曲的生产工艺如图 11-3 和图 11-4 所示。

曲母 → ；水 →

小麦(100%) → 润料 → 磨碎 → 粗麦粉 → 拌料 → 踩曲 → 曲砖

→ 堆积培养 → 成品曲 → 出室 → 贮存

图 11-3 高温曲的生产工艺流程

大麦60%+豌豆40% → 混合 → 粉碎 → 加水搅拌 → 踩曲 → 曲砖 →

入曲室培养 → 成品曲 → 贮存 → 陈曲

图 11-4 中温曲的生产工艺流程

1. 高温曲的生产工艺

(1)原料粉碎。生产高温曲时，把麦粒除杂后，加入 5%～10%水，拌匀，润料 3～4 h。而后磨碎，要求麦皮呈薄片，麦心呈比例为 1∶1 的粗粉和细粉状。

(2)踩曲。将粗细粉料与水拌和，用踩曲机将用水和好的曲料压制成砖形（曲坯），曲坯含水量为 36%～40%。踩曲季节以春末夏初到中秋节前后为宜。生产高温曲，配料时加入麦粉质量 4%～8%的曲母，以保证有足量微生物。

(3)曲坯堆积培养。高温曲培养可分为堆曲，盖草及洒水，翻曲，拆曲 4 个操作步骤。①堆曲：将曲坯放置 1～2 h，晾干表面，移入地面上铺一层稻草的曲室培养，三横三竖相间交错排列，堆 4～5 层，空间用干稻草填充，便于空气流通。最后在门窗悬挂草席，防止风直吹曲坯，引起水分蒸发过快。②盖草及洒水：用乱稻草盖上堆好的曲坯进行保温。不时在草层上洒些水，以水不流入草下的曲坯为适度，然后关闭曲室门窗。③翻曲：曲坯温度逐渐升高，一般经过 5～9 d，温度高达 60℃左右，此时曲坯表面可看到霉菌斑点，内部黄色曲较多，口尝有甜香味，立即进行第 1 次翻曲。再过 7 d 左右进行第 2 次翻曲，调节曲坯的温湿度，使曲坯均匀成熟。翻曲时应更换干草，加大曲坯间距，改原来的平放堆积为侧放堆积。④拆曲：翻曲后 15 d 左右，稍开门窗换气。再过 25～35 d 后，曲坯大部分已干燥，品温接近室温，此时可取出曲坯。成品曲呈黄、白、黑 3 种颜色，以红心的金黄色为最好。

2. 中温曲的生产工艺

(1)制曲坯。与高温曲生产相似，生产中温曲时，也是先将原料大麦和豌豆按比例称量后混合，粉碎，细粉（过 20 目孔筛）与粗粉按一定比例混合（夏季为 30∶70，冬季为 20∶80），加水搅拌后踩曲制成曲坯，然后入曲室培养。

(2)曲坯堆积培养。①入室排列：调节好曲室温度，控制在 15～20℃。曲坯入室同高温曲放置方式相同，曲室地面铺有稻壳，间距和行距分别为 2～3 cm 和 3～4 cm，堆放 3 层，排成品字形，每层之间用苇秆隔开。②长霉：曲坯稍干后即用草席或麻袋遮盖起来，再洒些水，防止水分蒸发过快，关闭曲室门窗。大约经过 24 h，曲坯表面出现白色霉菌斑点，36～72 h 后，品温可达到 38～39℃，表面可看到根霉菌丝、拟内孢霉的粉状霉点和酵母的针点状菌落。③晾霉：打开曲室门窗除湿和降温，但不让空气对流，防止曲皮发生干裂。再揭去上层遮盖物，放倒侧立的坯块，加大间距，降低曲坯的水分和温度，保证表面菌丛不致过厚。晾霉期一般为 2～3 d，每天翻曲 1 次，曲坯层逐次增加。④起潮火：曲坯表面干燥，不粘手时，关闭曲室门窗，进入潮火阶段。待品温升到 36～38℃时进行翻曲，抽去苇秆，曲坯层由 5 层增加到 6 层，排列成人字形。以后每 1～2 d 翻曲 1 次，每天 2 次放潮，曲室门窗两开两关，品温两起两落。⑤大火(高温)阶段：经过 4～5 d，品温达 45～46℃时，进入大火阶段。曲坯已达 7 层，微生物仍然生长旺盛，菌丝由表及里生长，水分及热量由里向外散发。通过开启门窗大小来调节品温，在 44～46℃下维持 7～8 d。每天须翻曲 1 次。结束时，基本上有 50%～70%的曲块已成熟。⑥后火阶段：品温逐渐下降至 32℃左右，维持 3～5 d，让微生物繁殖充分，曲心水分会继续蒸发干燥。⑦养曲：曲坯已不再发出热量，需用外加热将品温维持在 32℃一段时间，把曲心残余的水分蒸完。

(3)出室。从曲室取出曲坯贮存，间距保持 1 cm。

3. 成曲的贮存

成品曲贮存 3～4 个月后才可使用。贮存期间，曲坯中的产酸细菌因环境干燥而停止繁殖甚至死亡，所以使用陈曲酿酒，酒醅的 pH 不会太低。陈曲的酶活力较低，酵母数也较少，酿酒时间虽相对延长，但酒的质量好。

11.3.2.2 小曲的生产及制备工艺

1. 酒药的生产

也称酒曲丸，药小曲。酒药用生米粉作培养基，添加中草药及种曲，有的还添加白土泥作填充剂。按添加中草药的品种和数量可分为单一药小曲、多药小曲和纯种药小曲，制备方法各不相同。

单一药小曲，如图 11-5 所示，只添加一种香药草粉，接种曲母培养而成。如桂林酒曲丸。

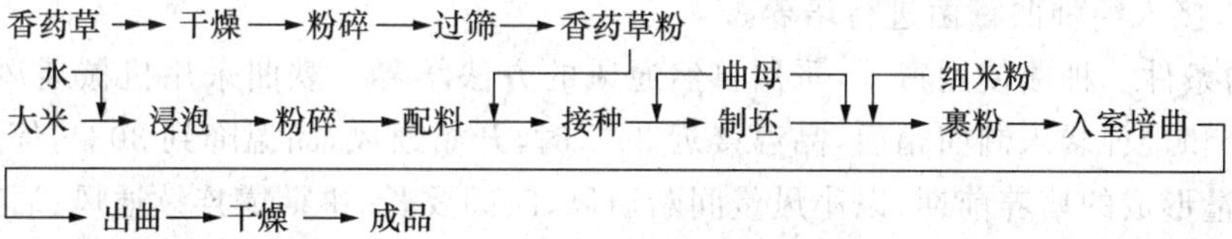

图 11-5　单一药小曲生产工艺流程

(1)原料处理。将大米浸泡 3～6 h，滤去水分。用粉碎机粉碎，选用过 180 目筛的米粉，用来制作酒药坯，细米粉留作裹粉用。

(2)配料、制坯和裹粉。将米粉和细米粉(用量之比为 3∶1)、处理过的香药草粉(用量为米粉的 13%)和曲母(上次制备的酒药)混合，加入米粉 60%左右的水。制坯和裹粉时曲母的用量分别为米粉的 2%和 4%。制成饼块后切成小块，再在竹匾上筛成圆粒(称为酒药坯)。在酒药坯上洒匀少许水，然后倒入盛有少量裹粉材料(细米粉和曲母粉按比例拌匀)的竹匾中滚动，多次洒水至裹粉材料完全均匀地沾在药坯上。

(3)培曲。入曲室培养，0～20 h 为前期，温度控制在 28～31℃，不超过 37℃，霉菌繁殖旺盛；第 20～45 h 为中期，温度控制在 28～30℃，不超过 35℃，酵母开始大量繁殖；第 46～90 h

为后期，品温逐渐下降，曲子成熟。

(4)出曲。取出曲坯，放入烘房烘干备用。要求成品曲外观呈淡黄色，无黑点，质松，具有酒药芳香，含水 12%～14%，总酸不超过 0.6 g/100 g。

2. 酒曲饼的生产

又称大酒饼，主要含有根霉和酵母。以大米为原料和大豆为辅料(按 5∶1 配比)，分别在常压下煮透，加水 80%～85%(以大米计)，大米蒸熟出饭摊晾至 36℃左右，加入冷却的黄豆混匀，添加 10%的中草药和 40%的白癣泥，接种大米用量 1.0%的曲种及填充料，拌匀，压制成正方形酒曲饼，品温 30℃，入室培养 7 d。成熟曲 60℃下干燥 3 d，贮存备用。

3. 无药白曲的生产

俗称颗粒白曲。以大米糠和少量大米粉为原料，将通过 40 目筛的新鲜米糠和米粉(按 4∶1 配比)混匀，100℃杀菌 1 h。放冷，不添加中草药，接种米粉 4%的纯培养根霉和 2.0%～3.0%米曲汁培养的酵母菌，充分拌匀，制成球形药坯。然后放在已杀菌的竹筛上，入室保温保湿培养 90 h 左右。曲子成熟即出室，在 40℃下干燥至含水量在 10%以下，贮藏备用。

4. 浓缩甜酒药的生产

以玉米粉和黄豆饼水解液为培养基，利用种子罐液体深层通风培养根霉菌，收集菌丝体加入到米粉(比例为 1∶2)中，拌匀后制成小方块，再放在已灭菌的竹筛上，二次入室于 35～37℃下培养 10～15 h。品温上升到 40℃时，立即翻曲。成熟后，在 50℃以下干燥到含水量 10%以下。

11.3.2.3 麸曲的生产

麸曲的主要作用是将淀粉转化为葡萄糖等可发酵性糖；麸曲含 20%左右的淀粉，本身也是糖化原料，所含营养物质为酵母生长所需要，有些物质是白酒中芳香成分的前体物。制曲时加酒糟可以：调节材料的酸度；起到疏松作用；提供蛋白质、核酸等营养物质；充分利用酒糟中芳香物质的前体物，经发酵后转变成白酒中的芳香成分；进一步利用酒糟的残余淀粉。

麸曲的制作过程如下：

(1)配料。以麸皮为主原料，加入麸皮质量 5%～10%的新鲜酒糟和填充剂以及占麸皮质量 70%的水，接入纯种曲霉菌进行培养。

(2)制曲条件。种曲使用帘子，采用自然通风的方法培养。麸曲采用机械通风制曲，曲料经蒸煮、扬冷和接种装入制曲箱后，品温接近 34℃时，开始通风，品温降到 30℃，停止通风。在菌丝尚未大量形成的培养前期，以小风量间断通风，时间要长；中期需连续通风；后期品温提高到 37～39℃，此时通风量适当加以调整。曲料堆积厚度一般为 25～30 cm，控制培养温度 30～32℃，培养后期为排潮将温度提高到 37～39℃，一般水分控制在 50%～54%，曲室内相对湿度为 95%左右，调节 pH 至 5.0 左右较好。

11.3.3 酒母的制备

麸曲是采用纯种霉菌菌种，以麸皮为原料经人工控制温度和湿度培养而成的，它主要起糖化作用。酿酒时，需要与酵母菌(纯培养酒母)混合进行酒精发酵。

酒母的制备有 2 种培养方法，一种是机制酒母，另一种是大缸酒母。

1. 机制酒母的培养

先将加水总量(原料量的 5 倍)2/3 的水加入锅中，加热到 50～60℃，加入用温水调好的玉米粉乳或薯干粉乳，边加边搅拌，再加热至沸，糊化 40 min，加入剩余水量，冷却到 60℃，加入原料量10%～15%的糖化曲。55～58℃下再保温糖化3～4 h，使糖化醪的滤液浓度达到7～8°Bé。最后调整酸度至0.45～0.55，加热至沸，立即泵入已空消过的卡氏罐中，装液量为65%左右。糖化液在卡氏罐中再次灭菌，冷却到25～28℃，接入5%的酵母菌，培养15 h左右，每隔6 h摇动卡氏罐1次。培养结束时，糖度的消耗不超过初始糖度的2/3；升酸幅度不超过0.1；镜检时酵母数为(0.8～1.2)×10^8 CFU/mL，出芽率在25%以上，细胞健壮，无杂菌。

2. 大缸酒母的培养

制备酒母醪的原料尽量使用玉米。制备时，取投料量4%～7%的玉米，先在原料中加入原料量15%～20%的鲜酒糟，混匀，堆积润料1～2 h，然后常压蒸煮40 min。将占总水量[料：水=1：(3～4)]2/3的水及曲粉投入缸内，再加入熟料，搅匀。调整酸度至0.3，加入剩余水，调节品温至25～27℃，接入接种量约为10%的酒母，拌匀。加盖培养，品温保持在25～26℃，不超过30℃，培养8～10 h。接种后4 h左右打耙，把料顶盖耙去，以后每隔3 h打耙1次。培养结束时，酒母醪酸度为0.3～0.4，出芽率为20%～30%最适宜，细胞数为(1.0～1.2)×10^8 CFU/mL，死亡率一般为1%～3%，杂菌极少，无杆菌。

11.3.4 白酒的酿造工艺

固态发酵是我国白酒生产的传统工艺，米酒的生产一般采用半固态法。由于我国白酒生产工艺极其多样，不可能给出一个统一的工艺过程，在此，我们选择几种典型的工艺给予介绍。

11.3.4.1 浓香型大曲酒的生产

续渣法是浓香型大曲酒的一种生产工艺，工艺特点是：续糟配料和混蒸混烧。所谓续糟配料，就是在原出窖糟醅中，每一甑投入一定数量的酿酒原料高粱与一定数量的填充辅料糠壳，拌和均匀进行蒸煮。每轮发酵结束，均如此操作。这样，一个窖池的发酵糟醅，连续不断，周而复始，一边添入新料，同时排出部分旧料，如此循环不断使用。所谓混蒸混烧，是指在将要进行蒸馏取酒的糟醅中按比例加入原料、辅料，通过人工操作上甑将物料装入甑桶。调整好火力，做到首先缓火蒸馏取酒，然后加大火力进一步糊化高粱原料。在同一蒸馏甑桶内，采取先以取酒为主，后以蒸粮为主的工艺方法(图11-6)。

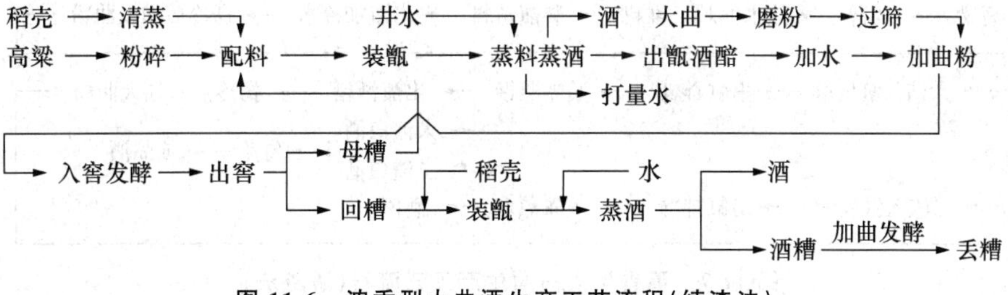

图11-6 浓香型大曲酒生产工艺流程(续渣法)

(1)原料粉碎。原料为糯高粱、新鲜干燥不带霉味的金黄色稻壳和高温曲。高粱磨碎后，过20目筛孔的粗粒占28%，细粒占72%；大曲磨成曲粉；稻壳不作处理。

(2)蒸料前操作。发酵结束出窖，粮糟(即以前加料、发酵、蒸料后的丢糟)加入约25%的高粱粉和约6%的稻壳装甑。母糟(成熟酒醅)用量很大(约80%)。窖底粮糟含水较多，生产上需收集黄水，就是在起窖时，将窖下部的粮糟移到窖底部较高的一端进行“滴窖降水”，滴出其中的黄水，至少在12 h以上。黄水含酒精4.5%左右和醋酸、腐殖质、酵母菌体自溶物，以及己酸菌等，并含有白酒香味的前体物，因此黄水是人工培窖的好材料，也可蒸出黄水酒。

(3)蒸料。续渣法蒸料蒸酒是同步进行的，“造香靠发酵，提香靠蒸馏”，发酵完毕后进行蒸馏，将酒精和其他挥发性物质从酒醅中提取出来，并排除杂质；同时将新添加的生料蒸熟。采用固态装甑蒸馏的方式，甑桶类似于填料蒸馏塔，酒醅既是含酒精成分的物料，又是蒸馏塔的填充料。酒醅和新料混合后装入甑桶，粮糟必须疏松，桶中堆料要求中间低四周高，装甑时间一般为 35～45 min，加热蒸汽要缓慢，控制好蒸汽压、温度和流酒速度是蒸酒的关键操作。蒸酒时，流酒温度为 35℃左右，速度一般控制在 3～4 kg/min，时间 15～20 min。收集流酒前，先接取酒头 0.5 kg，酒头含有大量高级醇，长期贮存后变成香味物质，可用来勾兑酒。酒尾含有大量高级脂肪酸酯类，使酒味变涩，但香味强烈，可用来勾兑液态法制造的白酒，提高香味。还可将酒尾冲淡至酒精含量 20%后，均匀洒到酒醅上再发酵，使白酒香味更浓。

(4)出甑加水下曲。蒸料蒸酒后，向粮糟中加入原料量 70%～80%温度 80℃以上的热水，充分吸水保浆，控制入窖水分约 54%，再放在帘子上通风降温，夏天降到比气温低 2～3℃，冬天降到 13℃左右，加大曲粉。粮糟和回糟的大曲粉用量分别为高粱粉的 19%～21%和 9%～11%。

(5)发酵。入窖发酵：将发酵原料入窖，严格控制淀粉浓度为 16%左右，温度约 18℃，水分为 55%左右，酸度在 20 以下。每装完 2 甑粮糟踩窖 1 次，减少空气，抑制好气性细菌繁殖，形成缓慢的正常发酵。入窖完，用踩柔的黄泥将窖顶密封，开始发酵。发酵过程定时检查窖温，升温幅度大体为 10～15℃。窖泥中以细菌为主的多种微生物共存，以香醅为养料来源，经过微生物的缓慢生化反应产生酒液的主体香气成分。

(6)勾兑和贮存。新蒸馏得到的白酒必须贮存半年以上经勾兑调味陈酿才成为成品酒。

11.3.4.2　清香型大曲酒的生产

汾酒是清香型大曲酒代表，采用清渣法工艺，即所用高粱和辅料都是单独蒸煮（称为清蒸），拌曲，装入陶瓷缸后埋于土中，发酵 28 d 后，取出蒸馏。蒸酒后的醅不再配入新料，只加曲进行第 2 次发酵，28 d 后再取出蒸酒，糟不再利用，丢弃。2 次蒸馏所得白酒，经勾兑后成汾酒。整个操作环境和工具干净，形成汾酒清香、醇甜的风味(图 11-7)。

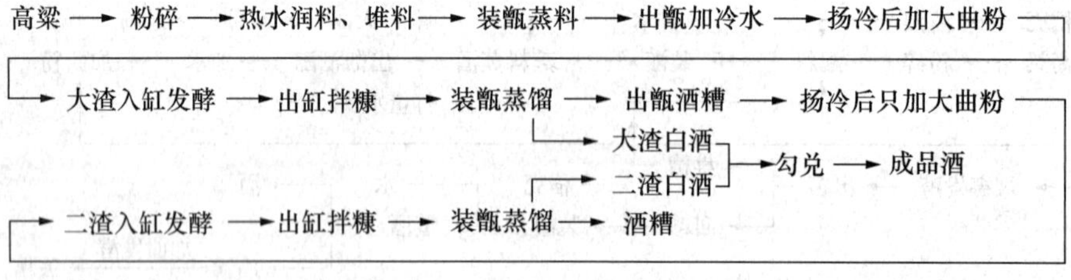

图 11-7　清香型大曲酒生产工艺流程(清渣法)

(1)原料粉碎。高粱粉碎成 4～8 瓣/粒，细粉不超过 20%，大曲采用清茬、红心和后火 3 种中温曲按 30%∶30%∶40%混合后使用。第 1 次和第 2 次发酵用的大曲，能通过 1.2 mm 筛孔的细粉分别为不超过 55%和 70%～75%。

(2)蒸料前操作。用 80℃左右的热水对高粱粉进行润料，吸水膨胀利于糊化，用水量为 60%左右。拌匀后堆料 18～20 h，加覆盖物，料温不断上升可达 50℃左右，产生某些芳香物质和口味成分。堆料期间翻料 2～3 次，有时还需补加水，保证所有物料的淀粉颗粒内部被水浸润,有利于蒸料彻底。

(3)蒸料。高粱粉采用清蒸法蒸料糊化,底锅水沸腾时,将高粱粉均匀撒入甑桶,待蒸汽均匀滋润后,在表面泼上 60℃热水,然后铺盖辅料,加盖芦席后加大蒸汽量。蒸料 80 min 后,达到"熟而不黏,内无生心、有高粱糁香味,无异杂味"。

(4)出甑加水下曲。蒸料结束,立即出甑,将高粱粉堆成长方形后,泼入原料量 28%~30%温度 18~20℃的井水,立即翻拌,充分吸水,即可通风晾渣。扬晾后,加入高粱粉质量 9%~11%的大曲粉,充分拌匀后装缸发酵。

(5)发酵。将酒醅装入陶瓷缸,用石板缸盖盖严,再用清蒸过的小米壳盖封缸口,将缸埋入土中,缸口与地面齐平。酒醅的温度和水分是保证正常发酵的关键,温度一般为 10~16℃,夏季时低于室温 1~2℃,含水量控制在 52%左右。发酵特点是中温、长周期发酵,发酵规律是"前缓、中挺、后缓落"。整个发酵过程前期(7~8 d)温度缓慢地上升到 30℃左右,微生物生长繁殖,霉菌糖化较迅速,淀粉含量急剧下降,还原糖含量迅速增加,开始形成酒精,酸度上升快;中期(10 d 左右)维持温度 30℃左右,微生物生长繁殖及发酵作用极旺盛,淀粉含量急剧下降,酒精含量显著增加,可达 12%,酸度增加缓慢;后期(11 d 左右)温度缓慢下降,糖化发酵作用很微弱,霉菌逐渐减少,酵母逐渐死亡,酒精发酵几乎停止,酸度增加较快,温度停止上升,主要生成酒的香味物质(酯化过程)。总发酵周期 28 d,发酵 1~12 d 内,隔天检查 1 次品温。酒醅随着发酵作用逐渐下沉,正常情况下可下沉 1/4。

(6)出缸、蒸馏和入缸再发酵。第一次发酵结束后出缸,在成熟酒醅中加入清蒸过的米糠(约为 25%,稻壳∶小米壳=3∶1),翻拌均匀后装甑蒸馏。蒸馏遵循"蒸汽二小一大"、"材料二干一湿"、"缓汽蒸酒,大汽追尾"的原则。即装甑打底时材料要干,蒸汽要小,在打底基础上,材料可湿些(即少用辅料),蒸汽应大些,装到最上层材料也要干,蒸汽宜小,盖上甑盖后缓汽蒸酒,最后大汽追尾至蒸尽酒精。控制流酒速度 3~4 kg/min,温度 25~30℃,收集到的流酒用于勾兑。收到的酒头(酒度 75°以上),可回缸发酵,酒尾重新蒸馏。流酒结束后,敞口排酸 10 min。蒸酒后进行第 2 次发酵(二渣),往甑桶中的母糟加入 30℃的温水,出甑将物料迅速扬冷到 35~38℃,加入物料量 10%的大曲,翻拌均匀,装缸发酵。温度控制在 20~25℃,含水量在 60%左右。二渣含糠量大,比较疏松,装缸时带入空气多,须适当压紧,喷洒少量酒尾,防止好气性细菌生长繁殖过快,发酵周期为 28 d。成熟酒醅出缸加少量小米壳,拌匀后装甑蒸酒。糟不再回收利用。

(7)勾兑和贮存。二次蒸馏得到的白酒,经勾兑、调味、陈酿才成为成品酒。

11.3.4.3 酱香型大曲酒的生产

以茅台酒、郎酒为代表的酱香型大曲酒的生产工艺有其独自的特点:使用高温曲;使用整粒和破碎粒高粱为生产原料;下曲后堆料,收集自然界微生物进行第 2 次制曲;多轮次发酵;用曲量大;生产周期长(图 11-8)。

(1)下沙操作。茅台酒生产一般每年 10 月份后投料,下窖温度低,发酵平缓,酒质好。将粉碎后的高粱称为沙,将总投料量 50%的高粱(整粒∶碎粒=8∶2)用 90℃热水润料,加入未经蒸酒、酸度在 3.1 以上的优质酒醅拌匀,混蒸,称为下沙。蒸料后将物料摊晾,并泼洒 35℃以上温水补足水分(称作"打量水")。润料热水和"打量水"的总用量为投料量的 56%~60%。加入高粱投料量 10%的曲粉,翻拌均匀后堆料,收集自然界的酵母菌等微生物进行堆积发酵,一般需要 4~5 d,待堆顶品温达到要求的温度后即入窖发酵,时间大约 30 d。

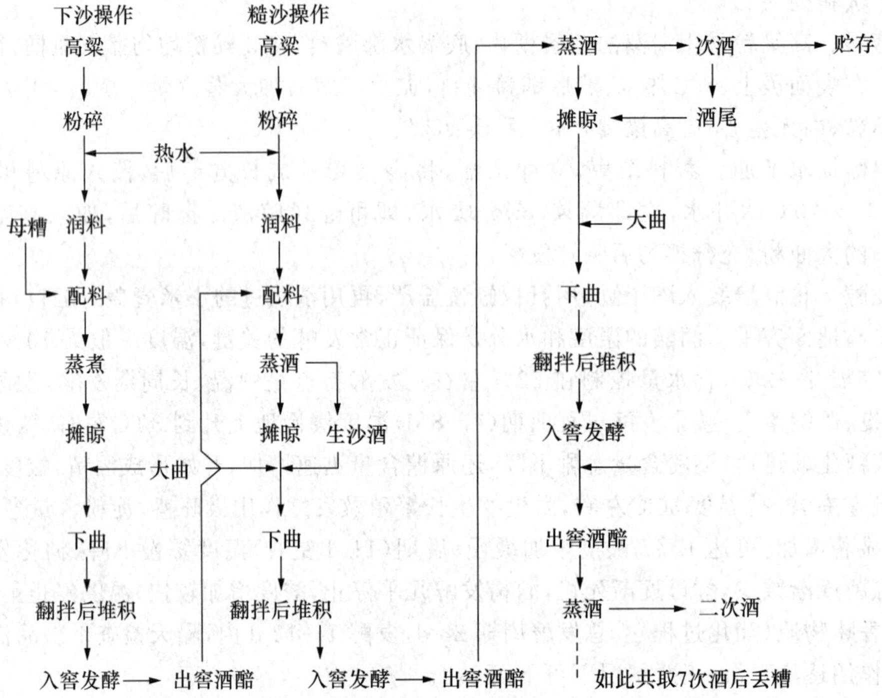

图 11-8 酱香型大曲酒生产工艺流程

(2)糙沙操作。将高粱(整粒∶碎粒=7∶3)按下沙操作步骤处理,不同点是加入等量的下沙操作时制备的出窖酒醅。收集馏出液(生沙酒),再泼回到经混蒸后已摊晾的酒糟中,按下沙操作步骤得到糙沙酒醅。

(3)蒸酒和再发酵。将糙沙酒醅取出蒸馏,按质收集馏出液,得第 1 次原酒(也称糙沙酒),甜味好,但味冲,生涩味和酸味重,入库贮存。收集的酒尾仍泼回到经蒸酒后摊晾的酒糟中,加入用量更大的曲粉,再进行入窖发酵,蒸馏得到 2 次酒(也称回沙酒),酒香重,味醇和,略有涩味。按上法重复操作,直至取到 7 次酒后丢糟。发酵原料经过多轮次发酵后,原料的成分被充分利用。多轮次发酵,1、2 轮次加曲量最大,3、4、5 轮次适当多加,而 7、8 轮次酌情减少,3、4、5、6 轮次酒质好,最后一次 7 次酒称丢糟酒,酒质较差。

(4)分型分等入库。收集到的 7 次酒,分别入库贮存。按不同窖位来源的酒醅蒸酒,又可将 7 次酒再分成 3 种香型,蒸馏窖顶部、中部和底部的酒醅所得分别称为酱香型白酒、醇甜型白酒、窖底香型白酒。经过 3 年贮存,进行勾兑调配。

11.3.4.4 麸曲白酒的生产

麸曲白酒是采用纯种麸曲和酒母代替大曲作糖化剂和发酵剂所生产的蒸馏酒。

麸曲白酒主要有混烧法和清蒸法 2 种生产工艺,如图 11-9 和图 11-10 所示。

(1)原料粉碎。要求粉碎后能通过 1.5～2.5 mm 的筛孔。

(2)配料。入池材料的淀粉浓度控制在 14%～16%,成熟酒醅含水 70%,酒精含量约 10%(*V*/*V*,对霉菌的淀粉酶活力和酵母的发酵力几乎不产生抑制作用)。还加入原料量的 20%～30%玉米芯或稻壳、花生壳和小米壳等填充料,混合均匀,保持疏松。

(3)润料蒸煮。一般润料温度 50℃左右,物料含水 50%～54%,时间 2～4 h。采用常压蒸

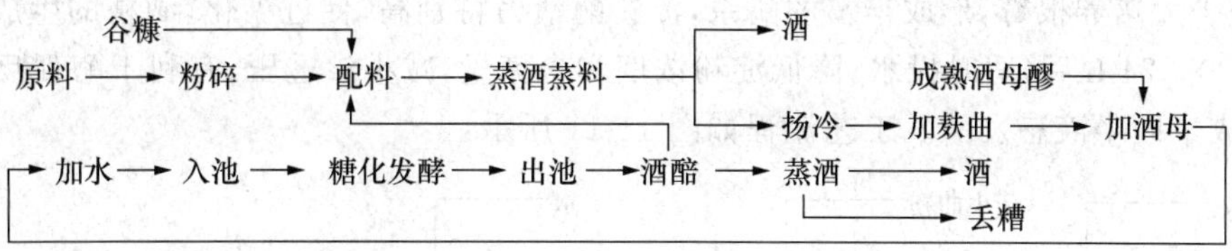

图 11-9 麸曲白酒生产工艺流程(混烧法)

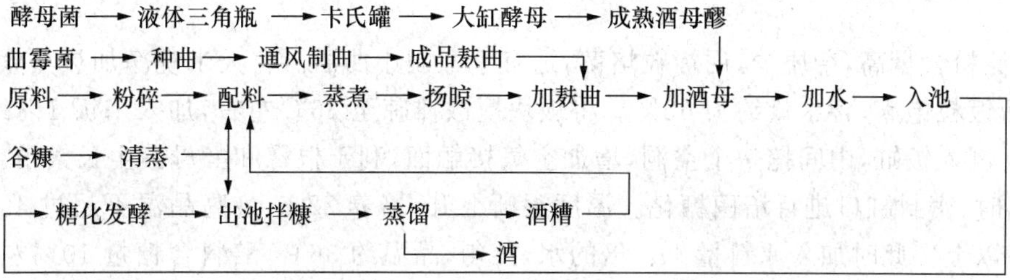

图 11-10 麸曲白酒生产工艺流程(清蒸法)

煮,温度在100℃以上,时间50 min左右。蒸煮有清蒸和混烧2种方法。清蒸法是原料和酒精蒸馏分开单独蒸煮。混烧法是蒸煮原料和蒸馏酒精同时进行,前期温度85~95℃,目的是蒸酒,进入后期再提高蒸煮温度,促进糊化,保证原料蒸透。

(4)晾渣及加曲、酒母和水。连续通风冷却,风温10~18℃,风速适宜,粮醅层厚度不超过3 cm,保持料层疏松、均匀,温度降至25~35℃时加入用量为原料量的6%~10%的麸曲。再将酒母醪和浆水混合,边搅拌边加入,补充粮醅水分,促进酶的作用,并均匀分散生成的酒精,减少对酵母的毒害。酒母用量一般为投料量的4%~7%,加浆水根据入池水分决定。

(5)入池发酵。采用边糖化边发酵的工艺,发酵温度较低,糖化速度缓慢,升温慢,酵母不会早衰,芳香物质生成量较多,酒质较好。使用纯种麸曲和酵母,发酵周期要短5 d左右。温度的变化是前期上升缓慢,中期平稳,后期缓落。入池发酵24 h内酵母菌大量繁殖,酒精含量很低;24 h后开始进入主发酵期,24~28 h酒精生成量明显增加,72 h后增加很少,酒精浓度一般在5%~6%,而酸度上升较快(主要生成乳酸、醋酸和丁酸),此时应立即出池蒸馏。发酵使用水泥池,粮醅入池后,用泥封池,不让空气和外界微生物入池。一般控制入池粮醅的淀粉浓度在14%~16%,来控制发酵过程中升温的幅度,温度在15~25℃,酸度0.5~0.8,含水量控制在58%~62%。

(6)蒸馏。甲醇等低沸点却比酒精易挥发,成为头级杂质(酒头)。异戊醇等高级醇难被蒸出,成为尾级杂质(酒尾)。使用土甑蒸馏,操作要点和大曲酒蒸馏基本相同,流酒温度控制在25~35℃,流度3~4 kg/min,根据酒的质量留取酒头和酒尾。

(7)人工催陈。为缩短贮存时间,近年来采用热处理或微波处理技术加速酒中分子的重新排列和酯化反应,获得人工催陈的效果。

11.3.4.5 小曲酒的生产

小曲酒的生产因各地制曲和糖化发酵工艺不同而不同,可分为"先培菌糖化,后投水发酵"和"边糖化边发酵"2种方法,但前者应用较多。

1."先培菌糖化,后投水发酵"法

该法是小曲酒生产的典型工艺,采用药小曲,用曲量少。发酵前期(大约20 h)是固态发酵，主要是扩大培养根霉，形成丰富的酶系，淀粉酶活力特别高，促进糖化，酒精的生成量极少；培菌糖化 20～24 h 后，适时投水，降低淀粉浓度和含糖量，减小渗透压，有利于酶促反应，发酵由固态转成半固半液态发酵。工艺流程如图 11-11 所示：

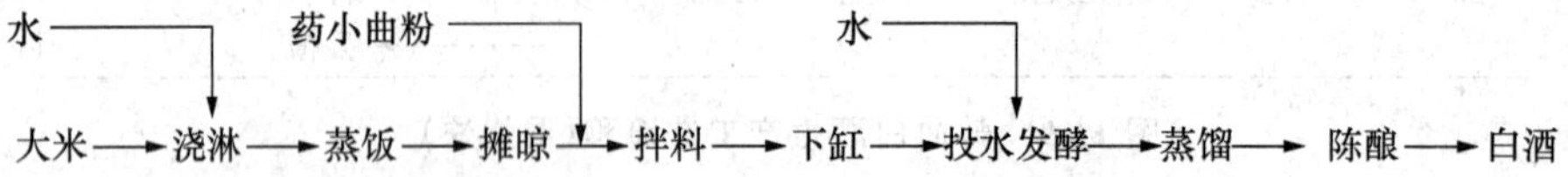

图 11-11 “先培菌糖化，后投水发酵”法小曲酒生产工艺流程

大米淀粉含量高，杂质少，用饭粒培菌，适宜于酿制小曲酒。将大米洗净加热蒸煮，分次泼水，蒸熟后饭粒饱满，含水量约为 62%。将饭块搅散摊晾至 36℃左右，加入米饭 1%的药小曲粉，拌匀。倒入饭缸，中间挖一个空洞，增加空气接触面，利于根霉和酵母菌生长繁殖。当品温降到 34℃时，密封缸口进行培菌糖化。温度逐渐上升，培养 22 h，最高品温不超过 42℃，糖化率达 70%以上。此时加入原料量 1.2 倍的水，拌匀，品温约 36℃，醅料含糖量 10%左右，酒精量为 2%～3%，总酸不超过 0.7%。将泡水醅料转入醅缸，然后入室发酵 7 d 结束，含酒精量约 12%，残糖量接近 0，总酸量不超过 1.5%。将成熟酒醅蒸馏，采用去头截尾的间歇蒸馏工艺，得小曲白酒。将初馏酒在恒定低温下贮藏 1 年以上，再经勾兑配为成品酒。

2.“边糖化边发酵”法

根霉在半固半液状态下生长，淀粉酶活力不太强，要求用曲量大，发酵前期就开始有酒精生成。采用半固半液态发酵，发酵周期要短一些。工艺流程如图 11-12 所示。

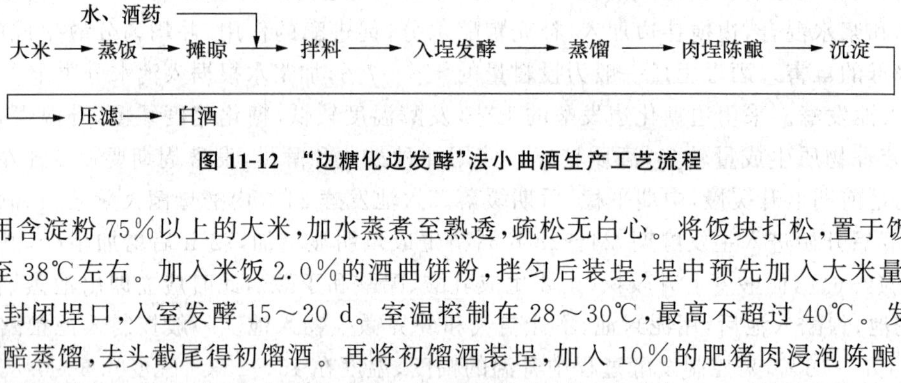

图 11-12 “边糖化边发酵”法小曲酒生产工艺流程

选用含淀粉 75%以上的大米，加水蒸煮至熟透，疏松无白心。将饭块打松，置于饭床上通风摊晾至 38℃左右。加入米饭 2.0%的酒曲饼粉，拌匀后装埕，埕中预先加入大米量约 70%的清水，封闭埕口，入室发酵 15～20 d。室温控制在 28～30℃，最高不超过 40℃。发酵结束后，将酒醅蒸馏，去头截尾得初馏酒。再将初馏酒装埕，加入 10%的肥猪肉浸泡陈酿 3 个月，使脂肪缓慢溶解，吸附杂质，并起酯化作用，提高老熟度，使酒香醇可口，具有独特的豉味。取出陈酿酒，自然沉淀 20 d 以上，除去上层油脂和池底沉淀物，吸出中间部分的清酒，经勾兑为成品酒。

11.3.5 白酒的贮存和勾兑

新生产的白酒，一般都要经过分质贮存一段时间后，再精心勾兑调味后，方能灌装，短期贮存出厂。

11.3.5.1 白酒的贮存

刚蒸馏出来的新白酒一般都有暴辣、冲鼻、刺激性大等缺点。经过一段时间贮存（也称自然老熟或陈酿）后，酒液口味会变得醇香、柔和。根据生产工艺特点、种类、香型、等级的不同，白酒有不同的贮存期。酱香型白酒贮存期较长，如茅台酒的贮存期达 3 年以上；浓香型白酒约

1年以上;清香型白酒仅1年左右。白酒在贮存过程中由于酒液中的溶解氧以及外界光和热等因素的影响,发生了一系列的物理、化学变化。物理变化主要是酒精分子和水分子发生缔合后形成一种分子缔合体系,不仅表现出混合液体积上的收缩,可能也是白酒经过贮存后口味变得柔和的原因。由于酒液中丙烯醛、硫化氢和硫醇等杂味物质的挥发,含量减少,从而酒液品质变好。化学变化主要是指贮存过程中酒液中发生的一系列氧化、还原、酯化和缩合等化学反应,促进白酒老熟,减少酒液的刺激性,增加酒香。由于乙醛与乙醇缩合生成具有花果清香的乙缩醛,减少乙醛的辛辣味,增加酒香。乙醇被氧化成乙醛,一部分乙醛与醇类物质形成缩醛;另一部分乙醛进一步氧化成乙酸,乙酸与乙醇生成具有香味的乙酸乙酯。发生有机酸与醇类物质的酯化反应,继续形成酯类物质对酒液增香。

11.3.5.2 白酒的勾兑和调味

将同一类型具有不同香味的白酒,按一定的比例进行掺兑,使成品酒具有独特风格,包括勾兑基础酒和调味2部分。调味的效果与基础酒的质量有密切关系。调味前有必要对基础酒进行勾兑,使酒体初具成品酒的风格。

(1)勾兑基础酒。基础酒就是勾兑用的酒,质量上要求接近成品酒的水平。勾兑基础酒是运用好各种酒的配比关系,使酒中的各种微量成分重新协调平衡,烘托出基础酒的口味、香气和风格特点。如泸州特曲酒勾兑的配比为双轮底酒10%左右,粮糟酒65%,酒糟加曲再发酵的红糟酒20%,丢糟黄水酒5%。还有在普通酒中掺兑一定量的老酒,带涩味的酒与带酸味的酒、带辣味的酒与带酸味的酒相勾兑。

(2)调味。勾兑基础酒后酒品质有一定提高,但尚未完全达到成品酒的质量标准,还要调味来进一步提高酒品质。用基础酒0.01%~0.1%的调味酒对基础酒在口味和香气上的不足进行弥补,明显改善酒质。调味酒是采用独特工艺生产的具有各种特点的特色酒,在香气和口味上表现为特香、特甜、特浓、特醇、特暴辣。要备有多种高质量的调味酒,才能做好调味工作。

11.4 酒精发酵

酒精发酵是指以淀粉质、糖蜜、工业废液及纤维素等原料,利用产酒酵母菌发酵生产酒精的过程。用于生产酒精的淀粉质原料、糖质原料和辅料与生产白酒的原料基本相同。来源丰富的野生植物原料含有一定量的淀粉和糖分,可节省大量的工业用粮,目前已能用橡子、蕨根、土茯苓等野生植物原料生产酒精;纤维原料资源十分丰富,是有潜力的酒精生产原料;糖蜜是酒精发酵生产的重要原料;某些工业废液,如造纸工业的废液,经处理后,也可用于酒精发酵生产。

11.4.1 淀粉质原料生产酒精

以淀粉质原料发酵生产酒精,主要包括原料的蒸煮、糖化、发酵和蒸馏等步骤。

11.4.1.1 淀粉质原料的蒸煮

淀粉质原料粉碎后,进行蒸煮,淀粉颗粒由于吸水膨化而分解,成为溶解状态的糊液,易与淀粉酶起作用,水解成可发酵性的糖,有利于酵母菌种进行酒精发酵。蒸煮的方法多样,有高温高压蒸煮,也有低温低压蒸煮;有连续蒸煮,也有间歇式蒸煮。

1. 高温高压蒸煮

采用高温高压蒸煮,蒸煮时间较短,效率高,生产能力大,还可对原料灭菌处理,防止发酵过程中污染杂菌。蒸煮又分为高温高压间歇式和高温高压连续式蒸煮工艺。

(1)高温高压间歇蒸煮。这种蒸煮方式的设备简单,操作容易,蒸煮质量比较稳定。但能源消耗大、操作繁琐。每锅蒸煮原料必须经过进料、升压、排乏气、保压蒸煮、放醪等操作,生产效率不高,不适应大规模的工业生产。工艺流程如图 11-13 所示。

原料 → 粉碎 → 加水拌料 → 泵 → 蒸煮锅 → 升温 → 蒸煮 → 放醪

图 11-13　高温高压间歇蒸煮工艺流程

①加水。一般常使用回收的热水。块状或粒状原料要求水温在 80℃以上,粉状原料要求水温在 50℃左右。一般依据原料内淀粉与水的含量和糖化醪要求含有 16%～17%干物质来确定原料的加水比。一般薯干原料的加水比为 1∶(3.2～3.4),谷类原料为 1∶(2.8～3.0),粉状原料为 1∶4.0。把水和物料加入拌料罐进行混合后送入蒸煮锅。

②投料。间歇蒸煮时,蒸煮锅最大装料量不超过 75%,锅内液面距离顶部不应少于 70 cm。颗粒状原料投料时,可通入少量蒸汽便于上下翻动起搅拌作用,防止结块生团;粉状原料先在拌料桶内调匀后,再送入蒸煮锅内,投料时间应控制在 15～20 min。

③升温。投料完毕后,关闭加料盖,打开排气阀,通入蒸汽排除蒸煮锅内的冷空气,然后关闭排气阀,使锅内压力缓慢升到工艺规定的压力和温度,控制升压升温时间在 30～45 min。还可在升温前先浸泡原料 30 min,吸水均匀,便于原料内淀粉溶解出来。

④蒸煮。当料温达到要求时,保压保温维持一定的时间,糊化原料。为使物料受热均匀和彻底糊化,利用放汽来加强蒸煮锅内料液的循环翻动,混合均匀。接近规定最高压力时,第一次放汽 2～3 min,以后每隔一段时间放气,每次时间为 1～2 min,至蒸煮结束为止。

⑤排醪。实际生产中排醪时间不宜过快,一般控制在 10～15 min 内,速度过快会使醪液从糖化罐内喷出。也可预先在糖化罐中加入适量冷水,保证糖化醪浓度,然后再排醪,完毕后将蒸煮锅内的余压放完,再进下一锅料。

(2)高温高压连续蒸煮。目前,大多数工厂都采用高温高压连续蒸煮的方式,具有糊化充分,杀菌彻底,蒸汽用量少,蒸汽消耗相对较省,速度快和效率高等优点。根据蒸煮设备形式的不同,又可分为锅式、柱式和管式 3 种。

锅式连续蒸煮是将原有的几个间歇式蒸煮锅改装后串连起来,并增加一个预煮锅和一个气液分离器来连续蒸煮原料。管式连续蒸煮是通过加热器和管道来完成的,物料先经过加热器在较高温度和压力下,与蒸汽在短时间内充分混合,完成热交换,通过管道转弯处产生压力的间歇变化,使醪液发生收缩膨胀、减压汽化、冲击等变化,从而使淀粉软化和破碎,进行快速蒸煮。柱式连续蒸煮是介于锅式和管式之间的一种流程。

2. 低温低压蒸煮

采用低温低压蒸煮生产上一般添加 α-淀粉酶,加速淀粉的液化。主要的工艺流程如图 11-14 所示。

木薯干片粉碎后,粒度达到 1.0～2.0 mm,加入 α-淀粉酶和 55℃热水,混合均匀。调整合适的加水比,保温 55℃左右,按不同来源的 α-淀粉酶控制粉浆的 pH,一般在 5.0～7.0 之间。加入液化型淀粉酶,用往复泵送入喷射加热器,加热至 88℃,在 3 个低温蒸煮罐中维持液化

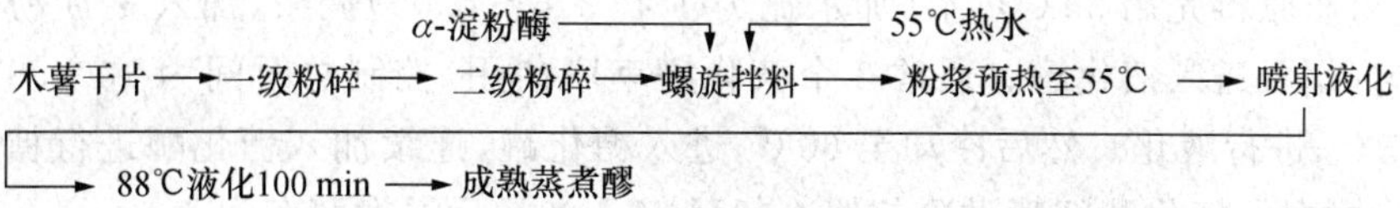

图 11-14 低温低压蒸煮工艺流程

100 min,达到规定的液化要求。蒸煮醪冷却至 60℃后,加入糖化酶进行糖化,时间维持 30 min。糖化完毕后,将糖化醪冷却至 30℃,利用耐高温酵母进行酒精发酵。

11.4.1.2 淀粉质原料的糖化

该过程是指蒸煮后的蒸煮醪,经糖化酶的作用,产生小分子发酵性糖的过程,也可以用曲完成该过程。有关淀粉酶的生产方法见第 17 章酶制剂的生产。

1. 间歇糖化工艺

通常是与原料间歇蒸煮相适应,主要控制以下因素:

(1)加水量。通常先将糖化罐洗净,加入适量冷水,总水量为原料的 3～4 倍,再放入蒸煮醪,使醪液保持在 14～16°Bé,保证酵母菌能正常发酵。也可根据酵母菌的耐酒精能力来确定发酵醪的浓度。

(2)加酶量。根据酶的糖化单位来确定,保证糖化醪质量稳定和节约原料。一般按 180～250 U/g 淀粉加入糖化酶或液体曲、固体曲。

(3)温度。主要根据糖化酶的最佳作用温度来确定,通常控制温度在(60±1)℃。

(4)pH。糖化酶的最适 pH 一般在 4.0～6.0 之间。为不影响酶的活性,又能抑制杂菌,pH 常控制在 4.0～4.5,也适合于酵母进行酒精发酵。

(5)糖化时间。一般均采用 30 min。

(6)糖化效率。酒精生产的淀粉糖化率一般为 35%～50%,糖化醪中还原糖量一般控制在 3%～5%。

2. 连续糖化工艺

把糖化工段的几个主要工序分在不同的设备中进行连续操作,有利于生产自动化和连续化,缩短糖化周期。目前采用的有以下几种方法:

(1)混合冷却法。该工艺的特点是将糖化工序中的前冷却和糖化在糖化罐中进行,后冷却在专用的冷却设备中进行。糊化和液化的糊化醪在充分搅拌和冷却的情况下不断加入糖化剂,糖化罐保持 58～60℃,糖化 30 min,糖化醪连续从糖化罐底部排出,然后经冷却设备冷却至 30℃,送入发酵罐。

(2)真空冷却法。该工艺的特点是前冷却、糖化和后冷却 3 个工序在 3 个不同设备中进行。前冷却在真空冷却设备中进行,经真空冷却器冷却后的醪液不断地进入糖化罐,连续地加入糖化剂,并维持糖化温度在 58～60℃,时间约 30 min,糖化完成后,经喷淋冷却器将糖化醪冷却至 28～30℃,送入发酵罐。

(3)二级真空冷却法。对蒸煮醪的前冷却和后冷却均采用真空冷却的糖化工艺称为二级真空冷却糖化法。该工艺从糖化醪到糖化罐中流出这一段操作,与一级真空冷却连续糖化工艺完全相同。不同的是糖化醪从糖化罐中流出时,经过一过滤器后进入二级真空冷却器中冷却。

(4)双酶法连续糖化工艺。所谓双酶法连续糖化即利用 α-淀粉酶和糖化酶处理的连续糖化过程。淀粉质原料先用 55℃热水(加水比为 1∶(3.5～4.0))调浆,加入 α-淀粉酶,进行搅拌,混合均匀,用泵送入液化罐。通常 3 个液化罐串联使用,控制总时间为 100～120 min,温度为 85～95℃,进行液化。然后冷却至 60℃,进入糖化罐,连续加入糖化酶进行糖化,控制时间为 30 min 左右。糖化醪经喷淋冷却器冷却至 28～30℃后送发酵车间。

有关淀粉水解的原理,淀粉酶的性质等可参考第 6 章相关内容。

11.4.1.3 酒精发酵

酒精发酵过程实质上是酵母菌利用可发酵性糖在嫌气条件下产生乙醇的代谢过程。

1. 酒精酵母的培养

通常把酵母称为酒母,酵母菌种是影响酒精发酵的关键。在酒精发酵醪中,酵母细胞数一般控制在(0.8～1.5)×10^9 CFU/mL。为满足大生产所需要的酵母细胞数量,要选择最佳培养条件进行扩大培养。

(1)实验室阶段酒母的扩大培养。这是酒母扩大培养的开始。以糖蜜酒精酵母的培养为例培养过程如图 11-15 所示。

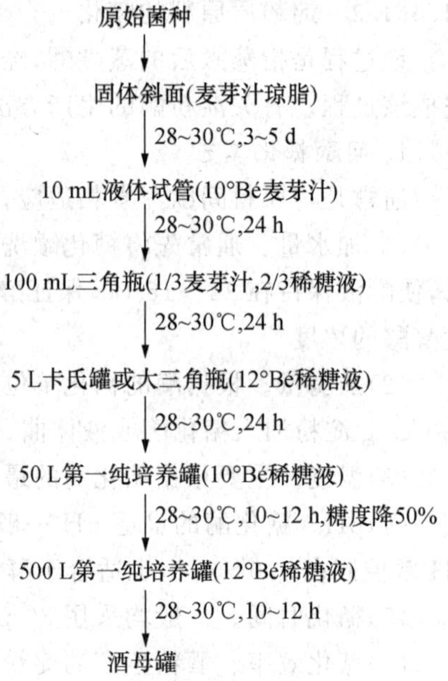

图 11-15 酒精酵母扩大培养流程(糖蜜)

将原始菌种转接,于(28±1)℃培养 3～5 d,当斜面长出白色酵母菌苔时,即为成熟。无菌操作条件下将试管菌种接入三角瓶中,摇匀后,置(28±1)℃培养 15～20 h,当液面上积聚大量白色 CO_2 泡沫时,作为酵母种子。一般采用单独灭菌的酒母糖化醪作培养基,卡氏罐培养,调 pH 4.0 左右,接种后 28～30℃保温培养 18～20 h,待液面冒出大量的 CO_2 泡沫时,即为培养成熟。

(2)酒母车间扩大培养。所用培养基以大生产的原料为主,适当添加一些营养物质。根据生产原料不同,培养工艺也有所差异。淀粉质原料一般在制备酒母糖化醪时用玉米较好,糖浓度控制在 12～14°Bé。采用糖蜜原料作培养基制备酒母一般不单独进行灭菌,必须进行稀释、酸化、加营养盐和澄清等处理,主要调整 pH 至 4.0～4.5,稀释后糖浓度为 18～22°Bé。培养罐的操作过程如图 11-16 所示。

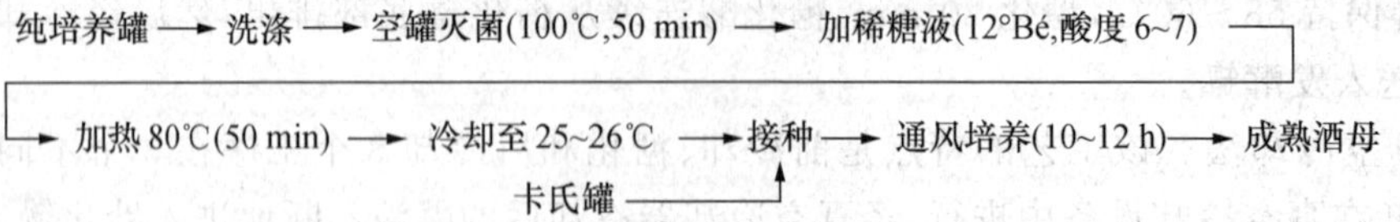

图 11-16 酒精酵母培养罐扩大培养流程(糖蜜)

酒母车间扩大培养,可采用间歇式、半连续或连续等方式。

①间歇式培养法。将制备好的酒母糖化醪或稀糖蜜泵入洗净并灭菌的酒母罐中,接入卡氏罐酒母,通入无菌空气,混合均匀,培养成熟后接入大酒母罐继续扩大培养,成熟后接入发酵罐进行酒精发酵。通常采用循环接种法,小酒母罐培养成熟后,分割出 2/3 酒母接入大酒母罐进行培养。小酒母罐中剩余酒母再补进酒母糖化醪或体积分数为 12%～14%,酸度 6～7 的

稀糖液，28～30℃继续培养，至发酵度为65%时，开始通入无菌空气，一般经12～14 h成熟。酒母培养成熟后重复上法再进行分割。而大酒母罐培养成熟后则全部送去发酵车间，作为酒精发酵的种子。成熟酒母醪酵母细胞数为(1.0～1.2)×10^9 CFU/mL，含酒精为3%～4%。

②半连续培养法。第一级和第二级培养罐采用间歇式培养，进入酒母罐后采用半连续培养。稀糖液连续流入酒母罐，成熟的酒母自罐底定时送至发酵罐。一般控制第一、二级培养罐的工艺条件为：向蒸汽灭菌过的培养罐中加入约12°Bé的稀糖液，再用蒸汽煮沸10 min。冷却后添加营养盐，调pH 3.8～4.2，接入酵母菌种，保温30～32℃，采用间歇通风。第二培养罐的体积是第一培养罐的10倍左右，培养时间略短，一般在12～16 h。酵母细胞数达(1.0～1.2)×10^9 CFU/mL，耗糖率达到50%时成熟。酒母罐的培养条件与培养罐基本相同，体积是第二培养罐的10倍，每隔8 h左右流出90%成熟酒母，再连续加入稀糖液，通入无菌空气培养，重复循环。一般隔5～7 d，将酒母罐放尽，清洗灭菌一次。

③连续培养法。连续培养是在酒母罐中连续添加糖液和营养盐，控制糖液浓度、酸度、通风量等，保持酵母生长的最适条件和培养罐中酵母数的恒定，在糖蜜酒精生产中应用较多。一般将3个酒母罐串联，酒母稀糖液连续地从罐的上部流入，不断通入无菌空气，而培养成熟的酒母也不断地流入发酵罐中。一般通气量为2～3 $m^3/(m^3 \cdot h)$。酒母培养罐的总体积为发酵罐的12%～15%。流加稀糖液的体积分数控制在12%～14%，温度为15～20℃，酸度为6～7，酒母培养的最佳温度为27～28℃，一般经5～7 d，放空酒母罐、清洗、杀菌。糖消耗率约55%的酒母成熟含酒精体积分数为3%～4%，酵母数为(1.5～1.8)×10^9CFU/mL。

2. *淀粉质原料的酒精发酵工艺*

将已培养成熟的酒母泵入发酵罐后，酒母在发酵罐中继续增殖。由于发酵罐的体积比酒母罐大得多，生长环境和条件发生变化。整个酒精发酵过程根据酵母的增殖情况，可分为3个不同的阶段。

(1)酒精发酵状态

①前发酵期。酵母利用糖化醪中丰富的营养物质和溶解氧迅速增殖，糖化酶继续缓慢地进行糖化作用，将淀粉和糊精转化成糖。但酵母数量相对较少，所以发酵作用不强，酒精和CO_2的生成量很少，糖分消耗较慢，温度上升不快，发酵外观平静，一般为10 h左右。前发酵期的长短与酒母用量、耗糖率、糖化醪温度等因素有关，通常用8%～10%的接种量，以耗糖率为35%～40%的酒母醪为宜。

②主发酵期。酵母细胞已大量形成，醪液细胞数约达1.0×10^9CFU/mL，溶解氧基本耗完，酵母便以无氧酵解的形式，把糖分转化为酒精和CO_2，进入主发酵期。此时期发酵旺盛，糖分含量迅速下降，酒精逐渐累积，CO_2大量产生，发酵温度上升很快。加强控制主发酵温度以32～34℃为好。主发酵期的长短主要取决于醪液的浓度、酵母生长情况，一般为12 h左右。

③后发酵期。发酵进入后发酵，糖分大部分被消耗，残存的淀粉和糊精仍继续非常缓慢地被糖化，生成很少量的葡萄糖。糖浓度下降缓慢，生成酒精、CO_2量减少，发酵作用逐渐减弱，温度下降控制在30～32℃，需40 h左右。后发酵的快慢决定于糖化剂中糊精酶的含量。酵母数量多只能使主发酵提前，但并不能加速后发酵。

以上3个阶段不是截然分开的，发酵过程的长短，除受糖化剂种类、酵母菌性能、酵母接种量等因素影响外，还与发酵方式、醪液浓度、发酵温度、原料品种等有关，一般糖化醪浓度控制为16～18°Bé，整个发酵时间为60～72 h。若采用连续发酵方式，一开始就处于主发酵状态，没有前发酵过程，所以其发酵时间要比间歇发酵时间短得多。

(2)酒精发酵工艺。因糖化醪进入发酵罐的方式不同，可分为间歇式、半连续式和连续式3种发酵形式。

①间歇式发酵法。整个发酵全过程在一个发酵罐中完成。该方法还可根据具体的工艺采用不同的操作方式。一般有以下几种操作方法：

(a)一次加满法。适用于糖化锅与发酵罐容积相差不大的情况。将糖化醪量10%的酒母放入发酵罐，再加入冷却至27～29℃的糖化醪，经60～72 h即可完成发酵。

(b)分次添加法。适用于糖化锅容量小、发酵罐容量大的情况。把糖化醪分次加入发酵罐，在发酵罐中先加入1/3左右的糖化醪，接入约10%的酒母，隔2～3 h后，第2次加入糖化醪，按时依次添加到发酵罐总容积的85%～90%为止，总时间控制在8～10 h为宜。此法发酵更快处于旺盛阶段，有利于抑制杂菌生长，方便温度的控制。

(c)连续添加法。适用于连续蒸煮、连续糖化的酒精生产。先将酒母泵入发酵罐，然后根据确定的连续流加速度，一般6～8 h加满一个发酵罐。

(d)分割主发酵醪法。利用发酵正常的主发酵阶段的发酵醪，分割出1/3到第2罐，然后2罐同时加满糖化醪，第1罐发酵完毕送去蒸馏，第2罐在进入发酵旺盛期时，重复上述操作连续分割。此法减少酒母的培养次数，缩短前发酵期。

②半连续发酵法。该法在主发酵阶段采用连续发酵，而后发酵阶段采用间歇发酵。按流加方式又可分2种。一种是将数个发酵罐连接起来，前3个罐保持连续发酵状态，后几个罐为间歇式发酵。另一种是先制备1/3体积的酒母，加入第1个发酵罐，在保持主发酵状态下流加糖化醪，满罐后流入第2罐，待第2罐加至1/3体积时，糖化醪转流加至第2罐，重复上述操作，直至末罐。从第1罐至末罐，逐个将发酵成熟醪送去蒸馏。此法一般由7～8罐组成一组，各罐用管道从上部至下一罐底部串联而成。

③连续发酵法。把数个发酵罐串联起来进行发酵，醪液从前罐的上部管路溢流进入后一罐的底部，新鲜糖化醪不断流入首罐，成熟醪从末罐不断流出，醪液浓度依罐次序逐渐降低，酒精含量依次增高，每个发酵罐内的醪液流量、浓度、酒精含量、酵母细胞数、pH以及温度等都应相对稳定。发酵作用开始就处于主发酵状态，没有前发酵期。一般15 d左右换接一次酒母。

11.4.2 糖蜜原料生产酒精

以糖蜜为原料生产酒精，主要是原料的前处理。糖蜜原料主要含蔗糖和还原糖类，可被酵母直接发酵生成酒精，不需蒸煮糖化。甜菜糖蜜多为碱性，甘蔗糖一般微酸性，不适宜酵母的生长和发酵；含有5%～12%的胶体物质、焦糖和黑色素等，对酵母的酒精发酵作用抑制较大；灰分含量大，一般为5%～16%，必须进行稀释、酸化、澄清、添加营养盐等处理。

11.4.2.1 糖蜜发酵前处理

1. 糖蜜的稀释

糖蜜干物质浓度大约在80～90°Bé之间，总糖分在50%以上，酵母的增殖、合成酶系及通过细胞质膜均难以进行。通常采用单浓度稀释流程和双浓度稀释流程2种方法，工艺流程如图11-17和图11-18所示。前者把浓糖蜜稀释成含糖22%～25%的稀糖液，酒母培养和酒精发酵用同一种浓度。后者稀释成2种浓度，一种体积分数为12%～14%的稀糖液供酵母培养用;另一种作为发酵的基本稀糖液,体积分数为33%～35%,避免糖液浓度高、渗透压大而影响酵母的生长。

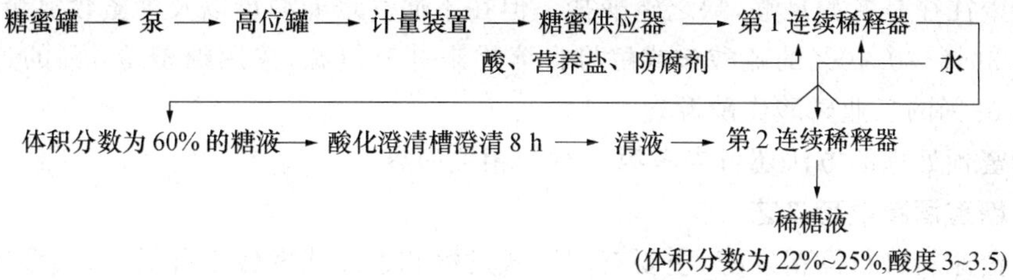

图 11-17 单浓度稀糖液的制备工艺流程

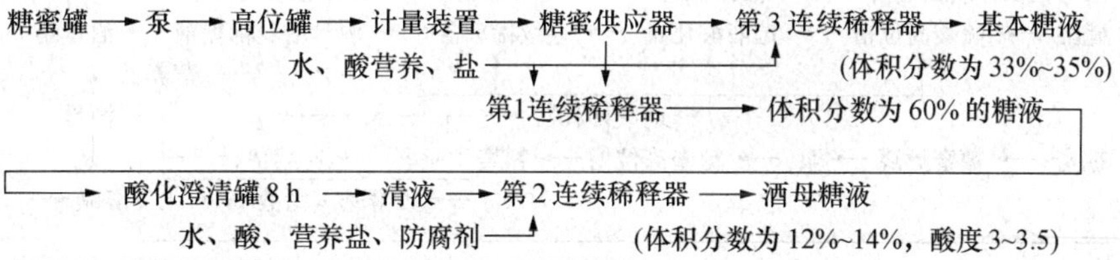

图 11-18 双浓度稀糖液的制备工艺流程

2. 糖蜜的酸化、杀菌处理

糖蜜中含有大量的杂菌,用酸调整稀糖液的酸度抑制杂菌生长,还加速灰分与胶体物质的沉淀作用,调整pH至4.0～4.5,适合酵母生长繁殖。甜菜糖蜜加酸可去除其中的Ca^{2+}。

稀糖液的杀菌一般有2种方法,一种是加热灭菌法,对已稀释和酸化的稀糖液,通蒸汽加热到80～90℃,维持1 h杀菌,还有利于澄清。另一种是用药物防腐的方法,常用防腐剂有漂白粉、甲醛、氟化钠、五氯苯酚钠、抗乳酸菌素、土霉素、青霉素等。

3. 糖蜜的澄清处理

糖蜜稀释、酸化和杀菌后,会产生灰分、胶体等的沉淀,必须进行澄清处理。常用有3种方法,一种是冷酸处理法,先将浓糖蜜稀释至50°Bé左右,加入糖蜜量0.2%～0.3%的浓H_2SO_4,通风1 h,静止澄清8 h,取出上清液用于制备稀糖液。通风可除去SO_2或NO_2等有害气体以及挥发性酸和其他挥发物质;还可增加糖液中的含氧量,以利于酵母的增殖。另一种是热酸处理法,通常将酸化杀菌和澄清同时进行,工艺上采用阶段稀释法,第一阶段先用60℃温水将糖蜜稀释至55～58°Bé,添加浓H_2SO_4调整pH达3～3.8,进行酸化,静止5～6 h。第二阶段再稀释到酵母培养液所需的体积分数12%～14%,而发酵醪用的糖蜜经连续稀释后,再一次加水稀释至所需要的浓度,流入主发酵罐内。第三种方法是添加聚丙烯酰胺(PAM)絮凝剂法,先将糖蜜稀释至40～50°Bé,用H_2SO_4调pH至3.0～3.8,然后加热至100℃,加入约0.008%的PAM,搅拌使其混合均匀,静置澄清1 h,取上清液制备稀糖液,可大大缩短澄清时间。压滤法和离心机分离法也可对稀糖液进行澄清处理。

4. 营养盐的添加

稀糖液中需要适当补充必需的氮源、磷源、镁盐和生长素等营养成分。甘蔗糖蜜需添加0.1%～0.12%的氮源或0.05%～0.06%的尿素,或采用酵母自溶物作为氮素补充物,也可采用分解蛋白质能力强的曲霉菌制成麸曲作为氮源补充,这样还能补充酵母需要的生长素;通常添加糖蜜用量 0.04%～0.05% 的硫酸镁和 0.25%～0.3% 的磷酸盐类或过磷酸钙，如 Na_2HPO_4、K_2HPO_4 等；一般是添加适量的玉米浆、米糠或麸曲自溶物等作为酵母生长素的补充。甜菜糖蜜往往是氮源足够，缺乏磷酸盐。但在不通气培养酒母以及糖蜜含氮量低时，可加入糖蜜量 0.36%～0.40% 的硫酸铵或酵母自溶物来补充氮源；采用糖蜜量 1% 的过磷酸钙或直接添加 0.03% 的工业磷酸作磷源。

有关糖蜜预处理的方法还可参考第 6 章的相关内容。

11.4.2.2 糖蜜酒精发酵工艺

采用糖蜜原料进行酒精发酵，主要有间歇式发酵和连续式发酵 2 种类型，大多数糖蜜酒精厂都采用连续发酵法，工艺流程如图 11-19 所示。

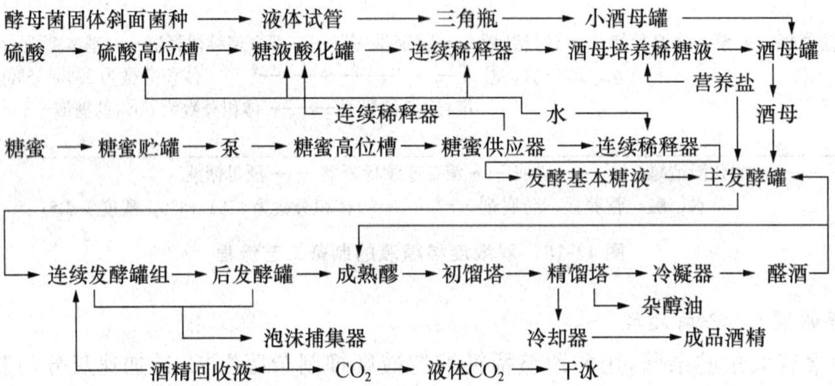

图 11-19 糖蜜酒精连续发酵法工艺流程

1. 间歇式发酵法

从进料到发酵完毕均在一个罐中进行。根据发酵工艺和设备的不同，又可分为以下几种发酵方法：

(1)开放式。发酵罐敞开罐口，罐内装有冷却管和加热管。将体积分数为 20% 的稀糖液泵入发酵罐，接入 10% 的酵母菌种，温度 30～32℃，时间 30～40 h，成熟醪含酒精为 7%～9%(V/V)。

(2)密闭式。密闭容器内进行发酵，嫌气性发酵条件好，发酵稳定，可以回收 CO_2，酒精损失较少。稀糖液送入密闭式发酵罐，冷却至 30℃时接入酒母，保温 30～35℃发酵，时间 30～40 h，成熟醪含酒精 6%～8%(V/V)，发酵率 86%～87%。

(3)分割式发酵法。此法是利用发酵正常的主发酵醪，将其抽出一部分(1/3 或 1/2)送入第二发酵罐，作为第二发酵罐的酒母，再用稀糖液加满这两个发酵罐，第一罐发酵完毕后蒸馏，而第二发酵罐在进入主发酵期时，依上述方法又分割出主发酵醪，依次进行发酵。此法优点是节省酒母的制备，分割主发酵醪作为酒母，接种量较大，可以缩短发酵时间。

(4)分段添加发酵法。在发酵罐中加入 10%～20% 的成熟酒母，分多次加入基本稀糖液。第一、二次添加量为 20%，通空气 1 h，第三次加入 40%～50%，通气 15～20 min。降糖到 5.5%～6% 时，开始添加基本稀糖液，提高到 7.5% 左右，最后一次添加时，稀糖液浓度为 5.5～6.5°Bé，保证成熟醪的酒精 8.5%～9%(V/V)，温度 30～35℃，时间 36～45 h。

(5)连续流加发酵法。先将发酵醪总量约 30% 的成熟酒母醪一次加入发酵罐，然后加入等比例 14%(*V*/*V*)的稀糖液,通入空气混匀。约经过 2 h,连续加入 32%～35%(*V*/*V*)的基本稀糖液,并维持糖液浓度在 10%(*V*/*V*)左右。温度控制在 30～34℃,总时间 15～20 h,成熟醪酒精可达到 9%(*V*/*V*)以上。

2. 连续式发酵法

(1)多级连续发酵法。通常采用 9～10 个发酵罐串联,酒母和基本稀糖液稳速连续地流入前两个发酵罐,醪液从前发酵罐上部沿连通管流入后发酵罐底部,顺次连续流动,酵母完成增殖和发酵的全过程,成熟醪从最后的发酵罐中连续排出,送去蒸馏。

(2)通气搅拌多级连续发酵法。串联发酵罐中,第一个罐连续或间歇通气搅拌,在均相(或均质)情况下进行糖蜜酒精连续发酵,保证有足够数量的酵母,通过连续流加基本稀糖液,使酵母迅速处于对数生长期。采用双流和多流系统,糖液同时流入前 2～3 个发酵罐,保持酵母一定的比生长速度。

(3)酵母循环使用的多级连续发酵法。4 个发酵罐串联,发酵醪由第 4 个发酵罐的下部放出,约为发酵醪 15%的酵母浆沉降回收,送至酒母罐再培养。发酵结束发酵醪用泵送入沉降槽,通过高速离心分离器将醪液和酵母分离,醪液送去蒸馏,酵母重回活化罐中,如此反复使用 15 次左右,再重新接种。酒精产率增加 2%左右,发酵时间可缩短 8～10 h。

11.4.3 纤维质原料生产酒精

木质纤维素是自然界广泛存在的资源,研究开发以木质纤维素为原料生产乙醇等生物质能源具有重要的意义。

木质纤维素原料主要由纤维素、半纤维素和木质素构成,以木质纤维素生产乙醇,生产过程主要包括原料预处理、木质纤维素的水解、酒精发酵、酒精蒸馏等生产单元。

木质纤维素原料复杂、酶解发酵率低、能耗物耗高、工艺废水处理困难等,目前还有许多科学及工程化难题需解决。但近年来,随着研究的深入,已经取得了一定进展。

11.4.3.1 纤维素的预处理

纤维质原料结构是:葡萄糖以 β-1,4-糖苷键连接形成长链分子,15～40 根纤维素长链分子形成原纤维,原纤维形成微纤维束,微纤维束集合形成纤维质。在天然纤维质中含 50%～60%纤维素、21%～24%半纤维素、12%～25%木质素。

木质纤维素预处理的方法有:物理方法主要有机械粉碎、蒸煮、膨胀等;化学方法包括酸处理、碱处理等;生物方法则是利用白腐菌、褐腐菌、软腐菌等微生物产生的一些酶来降解木质素和半纤维素(相关内容见第 6 章)。以下介绍几种近年来出现的新方法。

1. 蒸汽爆破技术

蒸汽爆破技术是当今应用范围最广的木质纤维素预处理技术。先将原料通 200～240℃的高压蒸汽处理,然后迅速减压,使纤维素爆裂,木质素和纤维素分离。爆破过程中产生的醋酸及其他有机酸可将半纤维素溶解,使纤维素暴露出来,增大了微纤维与酶的可及性。此外,瞬时爆破产生的压力可使样品破碎降解,增大了反应的可接触面积。用蒸汽爆破法处理葵花秆,在 220℃的预处理温度条件下得到了 60.6%的最高葡萄糖产率。若使物料粉碎到同样的粒径尺寸,蒸汽爆破法需要的能量仅为机械粉碎法的 30%,但蒸汽爆破法形成的降解物如呋喃、脂肪酸和芳香类化合物等对发酵和酶解有抑制作用。

2. 高能辐射

高能射线辐射属于物理方法的一种。其能使纤维素聚合度下降,结构松散,从而提高纤维素的水解效率。现在最常见的辐照源为放射性同位素 Co-60 或 Cs-137。木质纤维素分子在高能射线的作用下被活化和激发,导致部分共价键断裂形成自由基,这些自由基又通过交联反应或链剪切反应进一步诱发纤维素糖化。与常规方法相比较,高能辐射处理具有操作简单、处理时间短、处理量大、不污染环境等特点。有研究报道,在最佳处理剂量 1 000～1 500 kGy 的条件下,用 Co-60 γ 射线辐照与纤维素酶协同处理稻草,纤维素转化率最高可达 88.7%,可溶性还原糖得率为 21.44%。

3. 超临界流体技术

超临界流体技术是利用温度及压力均高于临界点的流体来降解纤维素物质,其最主要的影响因子为温度和压力。流体达到临界状态时,溶剂化能力急剧增强,电离程度随之增大,打破了木质素的包裹作用,同时也降低了纤维素的聚合度,使纤维素可以很快地溶解在超临界溶剂中,并迅速分解成低聚糖最后转化成葡萄糖。

4. 微波处理

微波即频率在 300 MHz 至 300 GHz 的电磁波。在快速变化的高频电磁场作用下,被加热介质中的水分子的极性取向会随着外电场的改变而变化。分子的高速运动使微波场的场能转化为介质内的热能,从而导致原材料温度升高,产生热化、膨化等一系列反应,破坏了纤维素分子间的氢键,提高了纤维素的反应能力和基质浓度,且处理时间短,操作方便。

5. 超声波技术

超声波是频率高于 20 000 Hz 的声波,其产生的巨大能量使木质纤维素受到振动而破碎,释放出可降解的多糖。超声波也可使液体流动而产生大量的微小气泡,微小气泡(空化核)在声场的作用下振动产生声压。当声压到达一定数值时,气泡急速增长,接着突然闭合产生冲击波,并产生上千个大气压力,破坏木质纤维素结构使其分散于液体中。

6. 有机溶剂法

有机溶剂法是将木质纤维素原料用有机溶剂与无机酸催化剂的混合物处理,达到脱除半纤维素和木质素并分离出纤维素成分的目的。常见的有机溶剂有甲醇、乙醇、丙酮、乙二醇和四氢化糠醇等。此外,某些有机酸如草酸、水杨酸和邻醋酸基苯甲酸也能达到无机酸催化剂的效果。木质纤维素原料经有机溶剂处理后纤维素水解率比较高。

7. 离子液体处理

近年来,离子液体作为一种较为理想的纤维素反应介质和替代溶剂成为国内外纤维素研究领域的热点。离子液体是一种在室温或低温条件下由无机阴离子和有机阳离子相互结合而成的呈液态的盐类化合物。与一般有机溶剂相比较而言,离子液体具有难挥发,无毒性且无污染等优势。

11.4.3.2　纤维素糖化

纤维素是一种己聚糖,半纤维素主要是戊聚糖,糖化就是指纤维素和半纤维素水解成含几个单糖的低聚糖的过程。

1. 酸水解法

无机酸催化纤维素分解的机理是:酸在水中解离并产生 H^+,H^+ 与水构成不稳定的水合氢离子。当纤维链上的 β-1,4-葡萄糖苷键和水合氢离子接触时,后者将一个 H^+ 交给 β-1,4-

葡萄糖苷键上的氧，使得这个氧变成不稳定的 4 价氧，当氧键断裂时，与水反应生成 2 个羟基，并重新放出 H^+，溶液中游离 H^+ 浓度越高，水解速度越快，故多采用强酸。又可分为稀酸水解、浓酸水解。稀酸水解一般要求在高温高压条件下进行，能耗大，时间要求严格，时间过短原料水解不完全，时间过长会使单糖进一步降解成糠醛等化学物质，糠醛等降解物对后续微生物发酵有毒副作用，此时最好选用特定的菌种。

2. 酶水解法

产纤维素酶的微生物有真菌和细菌，典型的木霉纤维素酶是 3 种酶的混合物，包括葡聚糖内切酶(EG)、纤维二糖水解酶(CBH)和 β-葡萄糖苷酶(BG)。首先，葡聚糖内切酶作用于微纤维的非结晶区，使其露出许多非还原性末端，随后葡聚糖外切酶从非还原性末端依次分解产生纤维二糖，随后部分降解的纤维素进一步由葡聚糖酶内切和葡聚糖外切酶协同作用，分解生成纤维二糖、三糖等低聚糖，最后由 β-葡聚糖苷酶作用分解成葡萄糖。纤维素酶水解的限制步骤是葡聚糖内切酶对无定型纤维素的水解，产生新的非还原末端，进而实现葡聚糖外切酶和 β-葡萄糖苷酶的作用。酶水解的最大优点是反应条件温和、能耗低、效率高、选择性强、三废少，缺点是速度慢、周期长。

目前纤维素酶主要依赖真菌中的霉菌生产，活力仍很低，与淀粉酶相比通常要相差 2 个数量级以上，使纤维素的水解速率和效率都极其低下，生产成本过高，这也是酶法降解纤维素的技术瓶颈。获得纤维素酶高产、高活力菌株，优化酶组分组成，并在此基础上采用固定化酶等进一步提高酶的稳定性和使用寿命，是解决这一问题的根本所在。

11.4.3.3 酒精发酵

1. 菌株

木质纤维素水解液中主要含有葡萄糖、木糖和 L-阿拉伯糖，以及少量半乳糖、甘露糖和鼠李糖等。葡萄糖是大多数微生物可以利用的碳源，因此要提高木质纤维素类生物质转化为乙醇的效率，就要筛选出能够利用其他糖类发酵的菌株。

目前菌株筛选的方法主要有从自然界中筛选、诱变育种、原生质体融合以及基因工程育种等。为获得优良的生物质发酵菌株，国内外学者通过诱变育种、原生质融合、基因工程技术对野生菌进行改造，来扩大发酵菌株所利用的底物。

2. 发酵方式

根据目前研究情况可将发酵工艺流程大体分为：分步水解发酵、同步糖化发酵、直接微生物转化等。

分步水解发酵 (separate enzymatic hydrolysis and fermentation，SHF)，该技术是木质纤维素生物质糖化和发酵分别在不同的反应器中进行。其优点是糖化(纤维素酶最适温度 45～50℃)和发酵(产乙醇微生物最适温度 28～37℃)都能够在各自最适条件下进行。缺点是糖化过程中葡萄糖和纤维二糖的积累会抑制纤维素酶的活力，最终导致产率的降低。研究发现，当葡萄糖浓度达 3 g/L 时，β-葡糖苷酶的活力将降低 75%，纤维二糖的浓度达到 6 g/L 时，纤维素酶的活力将降低 60%。

同步糖化发酵(simultaneous saccharification and fermentation，SSF)，该技术可解决高浓度糖对纤维素酶的反馈抑制问题，但难点在于选择合适的反应温度，需要既能够适于糖化纤维素酶又能满足发酵菌株发酵，另一不足是 SSF 中菌种不能回收重复利用。

直接微生物转化(direct microbial conversion，DMC)，又称联合生物加工(CBP)，是将多

糖水解酶的产生、水解糖化、混合糖发酵融入一个反应器中，整个过程由一种或多种微生物共同作用，来降低底物和原料的消耗及纤维素酶的成本。利用基因工程技术将 *Zymomonas mobilis* 的丙酮酸脱羧酶和乙醇氢酶基因导入分解纤维素梭杆菌（*Clostridium cellulolyticum*），获得的新菌株与野生菌株相比，发酵 145 h 后纤维素降解率提高 150%，乙醇浓度增加 53%。这项研究表明，利用基因工程技术获得 *C. cellulolyticum* 工程菌可以大大提高纤维素发酵的效率。

用木质纤维素制燃料酒精的开发取决于若干关键技术，即原料的前处理、酶解以及发酵的菌种、发酵方式和发酵抑制物的去除。需同时采用这些技术来为最后发酵生产酒精做好准备，其中原料的前处理最为关键。前处理技术决定抑制物的产生、酶解程度以及最终酒精产量。一直以来，以木糖聚合的半纤维素未被用来发酵生产酒精，造成制燃料酒精工艺中半纤维素成分的浪费。伴随着纤维素和半纤维素被用于产酒精，前处理工艺会发生变化，去除木质素，且获得高回收率葡萄糖和木糖的前处理方法将会是未来发展的方向。今后，木质纤维素制酒精的生产工艺将以获得高回收率的葡萄糖和木糖并同时发酵产酒精为方向，将会使发酵产酒精理论产量和实际产量都大幅提高，以使木质纤维素制燃料酒精的生产成本降低，为大规模的工业化运用奠定基础。

11.4.4 酒精蒸馏

11.4.4.1 酒精蒸馏的工艺过程

目前，所采用的生产流程主要有单塔式、双塔式和三塔式等蒸馏流程。

1. 单塔式酒精蒸馏

发酵成熟醪首先进入分凝器，冷凝酒精蒸汽，同时将成熟醪液预热，然后经过气液分离器由塔中下部进入塔内，加热蒸汽由塔底蒸汽加热管进入，酒精蒸汽逐板上升，经过塔提馏段与精馏段后，进入分凝器，这时大部分凝结成液体，仍然流回塔内。在分凝器内未凝结的蒸汽，则进到冷凝器冷凝成液体，在酒精冷却器内冷却到室温，检查浓度合格即为成品。酒糟由塔底经调节器排出，部分酒糟蒸汽经过蒸汽冷却器和废液检验器检验，确定排出废液是否含酒精。该工艺设备简单，管路少，塔身较高，一般蒸馏塔下段为粗馏段，上段为精馏段(图 11-20)，生产的酒精质量较差。

2. 双塔式酒精蒸馏

该工艺把单塔的提馏段与精馏段分开，形成两个塔，即粗馏塔和精馏塔(图 11-21)。粗馏塔将发酵成熟醪中的酒精分离出来，并排出酒糟等固形物。精馏塔将粗馏塔分离出来的酒精加以浓缩，并排出大部分挥发性杂质。在酒精生产中，又可分为气相进塔和液相进塔 2 种类型。

气相进塔：从粗馏塔塔顶出来的粗酒精蒸汽，通过连接管进入精馏塔。发酵成熟醪首先泵入预热器，与精馏塔蒸出的酒精蒸汽进行热交换，预热至 40℃左右，然后进入粗馏塔顶部，底部用蒸汽加热。塔顶约为 50%(*V*/*V*)的酒精蒸汽直接进入精馏塔，酒糟则由粗馏塔底部排糟器自动排出。精馏塔塔底也用蒸汽加热，由粗馏塔来的粗酒精经精馏塔提浓后，酒精蒸气由塔顶进入醪液预热器，未被冷凝下来的酒精蒸汽再进入两个冷凝器，其冷凝液全部回流入精馏塔，部分还未被冷凝的气体则进入冷凝器，该冷凝液含杂质较多，不再流回塔中，而作为工业酒精出厂。经过一系列冷凝处理后，还未被冷凝的为 CO_2 气体和低沸点杂质，由排管排至大气中。成品酒精在塔顶回流管以下，即从第 4～6 块塔板上液相取出，经成品冷却器、检酒器，达到质量标准后送入酒库。蒸尽酒精的余馏水，经排出管排到精馏塔外，进行废水处理。

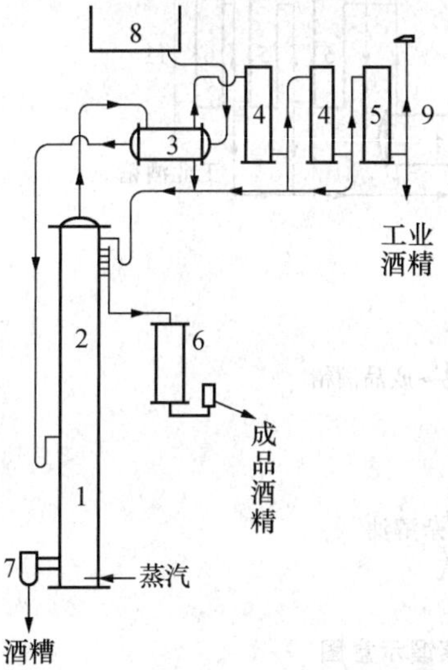

图 11-20　单塔式酒精连续蒸馏示意图

1. 提馏段　2. 精馏段　3. 预热器　4. 分凝器　5. 冷凝冷却器　6. 冷却器　7. 酒糟排出控制器　8. 酵液箱　9. 排醛器

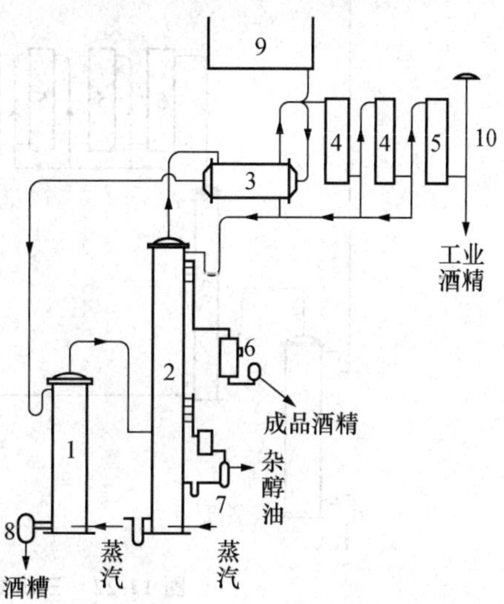

图 11-21　双塔式酒精连续蒸馏示意图

1. 粗馏塔　2. 精馏塔　3. 预热器　4. 分凝器　5. 冷凝冷却器　6. 冷却器　7. 杂醇油分离器　8. 酒糟排除控制器　9. 酵液箱　10. 排醛器

液相进塔：将粗馏塔出来的酒精蒸汽冷凝成液体后，再进入精馏塔。增加一次排杂的机会，酒精成品质量更有保证，但会增加蒸汽和冷却水的消耗。由于液相进塔，进料塔板上气液两相平衡，一般酒精浓度较高，因此液相进塔的进料位置应比气相进塔高 2～3 层。

3. 三塔式酒精蒸馏

该流程在粗馏塔和精馏塔之间比双塔蒸馏多一个排醛塔（又称分馏塔，图 11-22），排除醛酯类头级杂质。精馏塔浓缩酒精，排除杂质，以获得精馏酒精。三塔蒸馏按粗酒精由粗馏塔进入排醛塔以及脱醛酒进入精馏塔的形式不同又可分为 3 类：①直接式：两者都是气体状态；②半直接式：前者是气体状态，而后者是液体状态；③间接式：两者都是液体状态。

11.4.4.2　酒精蒸馏工艺条件的控制

在酒精蒸馏过程中，为保证粗馏塔、精馏塔的稳定操作，不仅要控制好回流比，而且必须严格控制蒸汽压力、进料速度、冷却水量以及成品酒精和杂醇油的提取等。生产上成品、半成品的计量和分析必须准确，塔中各控制点的温度稳定，出酒和进醪速度稳定。采取工艺条件如下：

(1)在双塔式流程中，粗馏塔的控制条件为塔底温度达到 105～108℃，以保证塔底不跑酒为原则，塔底压力为 19.6～24.5 kPa，塔顶温度为 92～95℃。精馏塔的塔底温度为 102～104℃，塔底压力为 13.7～15.7 kPa，塔中部温度为 86～93℃，塔顶温度为 78～79℃。为了保证成品酒精的质量，控制精馏塔第二、第三冷凝器的酒温为 35～40℃。

(2)生产高纯度酒精的三塔式流程主要是排醛塔的控制。其中粗馏塔和精馏塔的工艺控制与双塔式蒸馏流程相同。排醛塔一般控制塔底温度为 84～86℃，塔底压力为 9.8 kPa，塔顶温度为 78～79℃，排醛塔第二冷凝器酒温控制在 40℃左右。

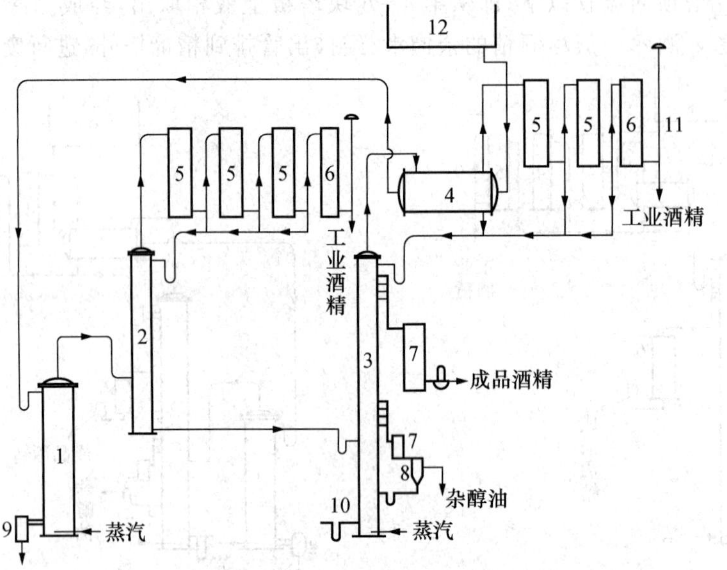

图 11-22　三塔式酒精连续蒸馏示意图

1. 粗馏塔　2. 排醛塔　3. 精馏塔　4. 预热器　5. 分凝器　6. 冷凝冷却器　7. 冷却器　8. 杂醇油分离器　9. 酒糟排除控制器　10. U 形废液排除控制器　11. 排醛器　12. 醪液箱

(3)蒸馏过程中进醪量稳定性的控制，通常是先用泵将成熟醪泵入高位罐，然后通过安装的液位自动控制器来控制进醪的稳定性。

第12章 丙酮-丁醇发酵生产

丙酮、丁醇是一种良好的有机溶剂，是有机合成的重要原料，在国防、橡胶和涂料工业上有重要作用。

早在19世纪，已经发现丁醇是杂醇油的一种成分。1862年，巴斯德在研究丁醇发酵时，发现细菌能产生丁醇。不久A. Fitz用丁酸芽孢杆菌（*Bacillus butylicum*）研究了这一反应。1887年Gruber分离出淀粉芽孢杆菌［*B. amylobacter*（*Clostridium butylicum*）］，波兰人Prazmowski将用于该过程的厌氧微生物命名为梭菌（*Clostridium*）。1905年Schardinger发现了能产生丙酮及同时能产生丙酮和丁醇的微生物。1914年Chain Weizmann分离到*Clostridium acetobutylicum*（丙酮-丁醇梭菌），使丙酮-丁醇的产量有了大幅度的提高，由于Weizmann的贡献，丙酮-丁醇发酵才进入实际应用的工业发酵生产。

1916年第一次世界大战期间，丙酮被用于制造无烟火药，需求量急剧增加，于是着手研究发酵法生产丙酮-丁醇的技术改进，直到1930年完成。至此，发酵法生产丙酮-丁醇一直是当时的主要方法，建有很大的发酵工厂，装备有数百吨的发酵罐，每天消耗的原料玉米也高达数百吨。

战争期间丙酮用处大，丁醇的用处较少，后来发现丁醇是汽车外壳涂料的良好溶剂。第二次世界大战再次使丙酮的需求量大增，由于当时玉米价格较高，发明了用糖蜜发酵生产丙酮-丁醇的方法，丙酮-丁醇发酵进入黄金时期。1960年后，由于以石油为原料的化学合成丙酮-丁醇更经济，美国和其他一些国家相继停止了发酵生产。发酵法生产在我国和一些发展中国家得以保留，我国目前是2种方法并用。

12.1 丙酮-丁醇的生产方法

12.1.1 合成法

丙酮在煤炭、泥煤、木材等热裂时形成，能以化学方法由丙烯经异丙醇制备，丙烯的来源是丰富的。用石油气中的丙烯制成异丙醇，再经脱氢制得丙酮。

$$\underset{\text{丙烯}}{CH_3CH{=}CH_2} + H_2O \longrightarrow \underset{\text{异丙醇}}{CH_3CHOHCH_3} \longrightarrow \underset{\text{丙酮}}{CH_3COCH_3} + H_2$$

乙酸蒸汽在400℃，经金属铈催化也可制得丙酮。

$$2CH_3COOH \longrightarrow CH_3COCH_3 + CO_2 + H_2O$$

乙酸　　　　丙酮

丁醇的合成有丙烯羰基合成法和乙醛醇醛缩合法。

羰基合成法：丙烯、一氧化碳和氢经钴或铑催化羰基合成反应生成正丁醛和异丁醛，经加氢得正丁醇和异丁醇。

$$CH_3CH{=}CH_2 + CO + H_2 \longrightarrow CH_3CH_2CH_2CHO + (CH_3)_2CHCHO$$

丙烯　　　　正丁醛　　　　异丁醛

$$CH_3CH_2CH_2CHO + H_2 \longrightarrow CH_3CH_2CH_2CH_2OH$$

正丁醛　　　　正丁醇

$$(CH_3)_2CHCHO + H_2 \longrightarrow (CH_3)_2CHCH_2OH$$

异丁醛　　　　异丁醇

醇醛缩合法：由两个分子乙醛，经缩合并脱水，可制得巴豆醛，巴豆醛在镍铬催化剂存在下，加氢生成正丁醇。

$$2CH_3CHO \longrightarrow CH_3CH{=}CHCHO + H_2O$$

乙醛　　　　巴豆醛

$$CH_3CH{=}CHCHO + 2H_2 \longrightarrow CH_3CH_2CH_2CH_2OH$$

巴豆醛　　　　正丁醇

12.1.2　发酵法

与酒精发酵一样，以淀粉质、糖蜜、纸浆废液或野生植物等为原料，利用丙酮-丁醇菌所分泌的酶分解淀粉成糖类，再经过复杂的微生物代谢作用，生成丙酮、丁醇、乙醇等产物。

12.2　淀粉质原料的丙酮-丁醇发酵

12.2.1　丙酮-丁醇菌的特性

能产生丙酮、丁醇的微生物很多，一般认为用于丙酮-丁醇生产的微生物为梭菌属(*Clostridium*)，在广义上属于丁酸菌族。丁酸菌是厌氧、有鞭毛、能运动的杆菌，产生孢子时菌体成为纺锤状或鼓槌状。细胞内含有淀粉粒，能被碘液染成深蓝色。丙酮-丁醇菌除具有丁酸菌的通性外，还具有能发酵糖产生丙酮、丁醇等中性产品的能力。在中性培养基中发酵时，一般丁酸菌和丙酮菌均能产生丁酸和醋酸。当培养基的酸度增加到一定值后，一般丁酸菌即停止发酵，且菌体的繁殖也停止，但是丙酮-丁醇菌则不然，当培养基的酸度达到最高点后，由于有脱羧能力，酸度下降，并产生中性的产品——丙酮、丁醇、乙醇等(图 12-1)。

由于丙酮-丁醇菌的上述特性，为区别于一般丁酸菌，将能引起丙酮、丁醇发酵的细菌命名为丙酮-丁醇菌(*Clostridium acetobutylicum*)。根据梭菌发酵产物的不同，人们将其分成 3 个不同的类型(表 12-1)。

(1)丙酮-丁醇菌(*Clostridium acetobutylicum*)。能发酵玉米、马铃薯等淀粉质原料和蔗糖等糖质原料而产生丙酮、丁醇、乙醇、CO_2、H_2 和少量有机酸。丙酮(Acetone)∶丁醇(Butomol)∶乙醇(Ethanol)＝3∶6∶1。发酵温度为 35～36℃，用玉米发酵时玉米浓度为 5%～8%，用马铃薯发酵时，发酵醪中鲜马铃薯量为 20%，发酵时间 48～60 h。

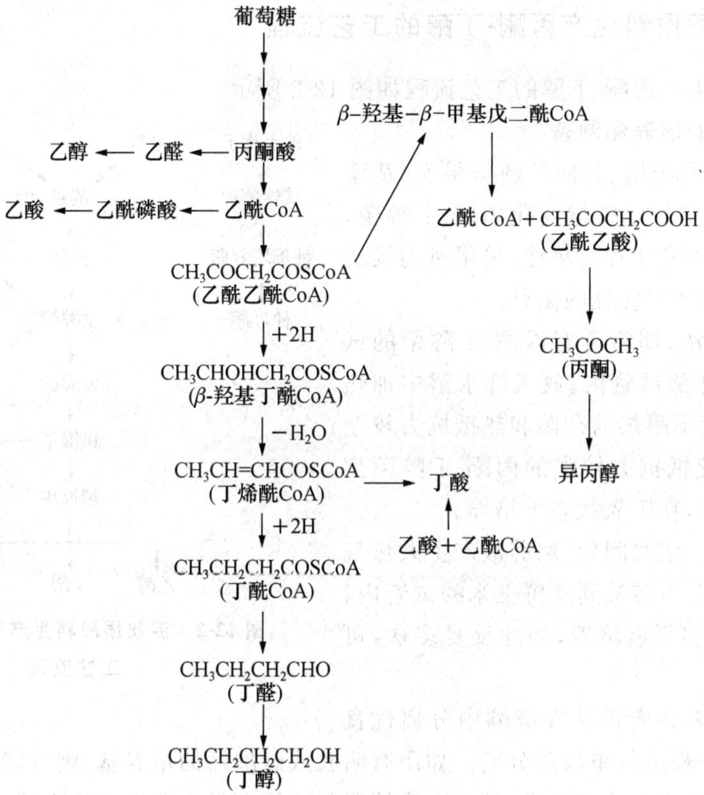

图 12-1 丙酮-丁醇形成途径

表 12-1 3 种具有工业重要性的梭菌及其发酵产物 %

发酵产物	*C. butyricum* 丁酸型	*C. acetobutylicum* 丙酮-丁醇型	*C. butylicum* 丁醇-异丙醇型
丁酸	76	4	17
乙酸	42	14	17
丁醇	—	56	59
丙酮	—	22	—
异丙醇	—	—	12
乙醇	—	7	—
乙酰乙醇	—	6	—
CO_2	188	221	204
H_2	235	135	78
折合总	96	98	96

结果表示是：摩尔产物/100 mol 被发酵葡萄糖。

(2)丁基梭菌(*C.butylicum*)。主要产生丁醇和异丙醇，也产生少量有机酸。

(3)丁酸梭菌(*C.butyricum*)。主要发酵产物为丁酸和乙酸。

12.2.2 淀粉质原料生产丙酮-丁醇的工艺流程

淀粉质原料生产丙酮-丁醇的工艺流程如图12-2所示。

12.2.2.1 种母的培养和制备

丙酮-丁醇菌在土壤、粪便及新鲜果实、蔬菜的表面上均有存在。分离与纯化丙酮-丁醇菌，可利用其孢子的厌氧性和耐热性，采用热淘汰法和厌氧培养法，以获得优良的菌种。

所谓热淘汰法，即将含有丙酮-丁醇菌的试样接入5%的玉米醪试管内，放入沸水浴中加热1～2 min，以杀死不耐热的杂菌和热抵抗力较差的孢子，保留对热抵抗力较强的丙酮-丁醇菌孢子，然后立即冷却，在厌氧状态下培养。

玉米醪培养一定时间后，培养液产生大量气体，醪盖上升，此时可转接到新鲜玉米醪试管内，同法进行热淘汰和厌氧培养，如此反复多次，可获得较好的菌株。

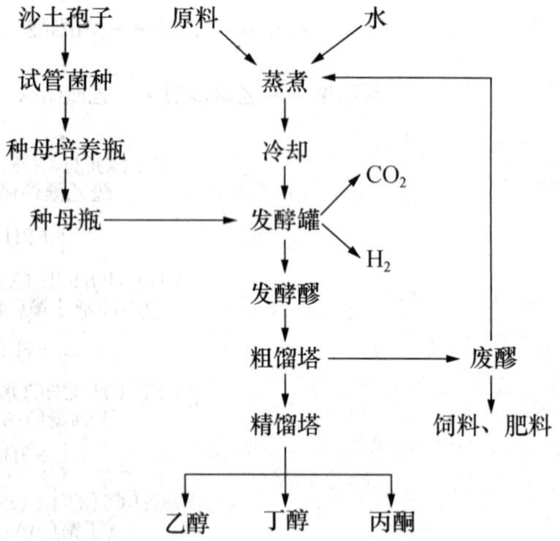

图12-2 淀粉质原料生产丙酮-丁醇的工艺流程

欲获得纯培养或者需从发酵醪中分离优良菌株，可用嫌气平板进行单菌落分离。如用有明胶或碳酸钙的培养基，则可能出现溶解圈。然后接入玉米醪中测定气体产生量、醪盖上升情况和丙酮产量。获得的优良菌种用沙土管保存。

由于丙酮-丁醇发酵时，易受杂菌侵染而导致酸败，所以，丙酮-丁醇发酵须经常进行菌种的分离与纯化工作，以保证正常生产。

12.2.2.2 丙酮-丁醇菌扩大培养

沙土孢子⟶试管菌种⟶种母瓶⟶第一种母罐⟶第二种母罐⟶发酵罐。

(1)试管菌种的培养。砂土管是较好的梭菌保藏方法，选取优良菌种的砂土孢子接入10 mL 5%浓度的玉米醪中，并将此管在100℃沸水中热处理1～2 min，迅速冷却至37℃，置于真空干燥器内进行培养(抽真空，温度保持在37～39℃)。

(2)种母瓶培养。将试管菌种接种到盛有5%浓度的玉米醪液的种母瓶中，在常压下培养24 h，即可接入第一种母罐。一般丙酮-丁醇菌孢子萌发时，要求嫌气条件较高，营养体繁殖时，由于本身产生的 H_2 和 CO_2 已能满足嫌气条件。

(3)第一种母罐。其中盛有6%浓度的玉米醪，接入种母瓶的醪液，培养12～15 h后，可接入第二种母罐。

(4)第二种母罐。其中盛有8%浓度的玉米醪，接入第一种母罐醪液，培养约20 h，然后将总量1/3～1/2接入发酵罐。

12.2.3 发酵

12.2.3.1 发酵醪制备

目前国内都以8%玉米粉作发酵醪。原料经粉碎加水后蒸煮即可。蒸煮发酵醪时常加入一定量的废醪(10%～25%)，这不仅增加部分营养，而且降低黏度。蒸煮过程也是灭菌过程，因而蒸煮多以高温连续蒸煮为主，冷却后进入发酵罐，制备好的种醪也从种母罐同时流入发酵罐。

12.2.3.2 发酵过程生化变化

发酵过程通常经过3个阶段，即前发酵期、主发酵期和后发酵期，整个发酵过程在48～72 h内完成。

(1)前发酵期。该阶段主要为菌种繁殖期，细胞数激增。由于产生了醋酸和丁酸，使发酵醪酸度增加，所以也称为增酸期。同时由于丙酮-丁醇菌活动的结果，也产生少量的溶剂。前发酵期通常为开始发酵后的15～18 h，此阶段淀粉的消耗量为30%左右。

(2)主发酵期。丙酮-丁醇菌已能旺盛发挥它的发酵特性，将前阶段产生的醋酸、丁酸等变为丙酮、丁醇等溶剂。在此阶段气体发生量达到最高峰，酸度下降至原有酸度的1/2左右，溶剂生成很快，此时期在发酵后18～40 h。

(3)后发酵期。酸度达最低后，又稍为上升，维持一定水平至发酵结束。此时产气放缓，溶剂也稍有增加，但由于丙酮-丁醇菌在此时期已开始自溶，部分丙酮-丁醇菌产生孢子，所以丙酮-丁醇菌的活菌数逐渐减少，发酵逐渐衰弱，此时期发酵后在48～70 h。

12.2.3.3 发酵方法

丙酮-丁醇生产在初期大多采用间歇发酵法(包括一次加料法、分次流加法)，因为当时人们认为丙酮-丁醇菌经多次移植后就呈现生理上的衰退，所以不适宜采用连续方法。后来发现采用串联式的连续发酵法，其溶剂产量可提高约20%，所以目前多采用连续发酵法。

12.2.3.4 影响发酵的主要因素

1. 温度

丙酮-丁醇菌最适生长温度为36～37℃。正常生长时期最高温度为40℃左右。当发酵温度增高时，溶剂产量降低，残糖量增加。

2. 培养基的pH

培养基中性时，丙酮-丁醇菌具有使淀粉发酵成醋酸、丁酸等的能力，同时使pH下降。在酸性培养基中，具有将醋酸、丁酸变为丙酮、丁醇的能力。丙酮-丁醇菌生长繁殖要求的pH为5.5～7.0，当pH低于4或高于8时，丙酮-丁醇菌的生长繁殖完全停止。另外，在不同的生长阶段对pH的要求也有所不同，发酵的第1阶段pH可以较高，如果开始pH过低，丙酮-丁醇菌生长不良。发酵第2阶段，最适pH下降为4.3～5.3较适合。

3. 培养基的氧化还原情况

丙酮-丁醇菌是厌氧菌，氧对它有毒害作用。厌氧条件不仅和氧有关，而且更和培养基的氧化还原值有关。通常$rH_2=7.9$时，能正常发酵，当rH_2向氧化方面变动为10.2时，则不能进入第2阶段发酵。当rH_2再增大时，菌体不仅不能生长繁殖，而且逐渐死亡。

丙酮-丁醇菌由于发酵时能产生H_2、CO_2，所以，只要开始发酵时能建立厌氧状态，以后则由于在发酵过程中培养基继续为放出的H_2和CO_2所饱和，就能阻止空气中氧气入内，并且醪液是胶状物，培养基的黏度和固体颗粒对造成厌氧条件也有帮助。

4. 醪液浓度

丙酮-丁醇菌虽然能产生丙酮、丁醇，但如果醪液中丙酮、丁醇量过高，对菌体本身也有毒害作用。所以，丙酮-丁醇发酵时所采用的醪液浓度一般为8%～10%。在此范围内，发酵醪内溶剂的最高浓度只能达到25 g/L。其中丙酮为8.5 g/L，丁醇为15 g/L，乙醇为1.5 g/L。

发酵醪中丁醇量如超过 15 g/L,对丙酮-丁醇菌有抑制作用,因此丙酮-丁醇发酵,醪液的浓度需要配合菌种能忍耐溶剂的浓度决定。

12.2.4 提取

丙酮和丁醇大部分存在于发酵醪中,可采用蒸馏的方法将其提取出来。生产上先经一个连续工作的蒸馏塔,将溶剂几乎全部蒸馏出来,然后再经过分馏进一步纯化。

12.3 糖蜜原料的丙酮-丁醇发酵

糖蜜也可用于丙酮-丁醇发酵,无论是甘蔗糖蜜还是甜菜糖蜜都适用。下面简要介绍以糖蜜原料发酵生产丙酮-丁醇。

丙酮-丁醇梭菌可以糖蜜为原料发酵生产丙酮、丁醇,但必须向糖蜜中加入一定量的玉米粉,以创造适合丙酮-丁醇梭菌发酵的条件。此外,人们发现其他的梭菌也适用于糖蜜发酵生产丙酮、丁醇。如糖丁酸梭菌(*C. saccharobutylicum*),特别是梅氏丁酸梭菌(*C. madisonii*)及糖醋丁酸梭菌(*C. saccharacetobutylicum*)也可以糖蜜原料发酵生产丙酮、丁醇,并且不需要加入淀粉质原料,只需加入氮、磷源后就可进行发酵。菌株的繁殖扩大培养与以玉米粉为原料基本相同,只是需加入一些糖蜜,以使菌株适应于这种基质。

糖蜜用水及蒸汽稀释到糖含量为 5%～7%,按需要加入过磷酸盐或磷酸铵(约为糖量的 0.3%)。将醪液灭菌(多数采用连续灭菌的方式),然后泵入发酵罐中。

为了使发酵更迅速地启动,先泵入一部分醪液,其余部分在发酵启动后再分批加入,这样可使得那些较玉米淀粉难以利用的物质也被发酵利用了,发酵成熟的发酵醪连续流出。

在以糖蜜为原料发酵时,pH 的调整极其重要,pH 开始为 6.7,然后需迅速地下降到 5.2～5.6。

12.4 丙酮-丁醇发酵能力的提高

在丙酮-丁醇的生产上,长期以来一直是合成法与发酵法并存。为了增强发酵法生产丙酮-丁醇的竞争力,最根本的还是要提高溶剂的产量。提高溶剂产量可以从以下几个方面进行:

(1)菌种选育。由于丙酮-丁醇菌本身受溶剂的影响很大,特别是丁醇的浓度的影响,当丁醇在发酵液中的浓度达到 1.5%时,即抑制发酵,因此,溶剂产量的高低往往和菌株对丁醇的耐受力相关。现发现耐丁醇的突变株与野生型菌株的细胞膜类脂成分有所不同,当野生型菌株的生长进入稳定期时,不饱和脂肪酸的百分率与饱和脂肪酸百分率比的增加是一致的。可是耐丁醇菌株,在同一时期在这一比率上呈现出明显的变化,即不饱和脂肪酸的比例随时间延长而增加。这表明,耐丁醇突变株与细胞膜类脂中不饱和脂肪酸存在一定关系。也曾有报道丙酮-丁醇梭菌的不产自溶素的突变株比亲本菌株更抗丁醇,说明耐丁醇与自溶素活力间有一定的相关性。

(2)发酵过程中加入乙酸和丁酸。有试验表明,在正常的培养基中,在接种后和培养 24 h

后加入 2 g/L 的乙酸和丁酸，对溶剂的产生有一定的影响(表 12-2)。

表 12-2　加入有机酸对溶剂产量的影响

项目	CK	乙酸/(g/L)		丁酸/(g/L)		(乙酸+丁酸)/(g/L)
		2	2*	2	2*	2+2
消耗糖量/(g/L)	65.8	66.6	67.6	62.7	57.6	66.6
糖转化率/(mg 溶剂/g 糖)	32.4	34.1	32.7	35.1	34.9	34.7
总溶剂量/(g/L)	21.3	23.4	22.5	23.4	20.7	24.7
丁醇/(g/L)	15.0	14.7	13.2	15.3	14.5	15.2
丙酮/(g/L)	4.8	7.4	6.9	6.1	5.3	7.4
乙醇/(g/L)	1.5	1.3	2.4	2.0	0.9	2.1
丁醇/丙酮	3	2	1.9	2.5	2.8	2

* 为培养 24 h 后加入。

从表 12-2 中可以看出，接种后加入 2 g/L 的乙酸，可增加丙酮的形成，总溶剂量也增加了，达 23.4 g/L，并且糖的转化率也提高了。加入 2 g/L 丁酸或同时加入 2 g/L 乙酸和 2 g/L 丁酸，也都增加了丙酮和总的溶剂量，糖转化率提高。

(3)培养液合适的碳氮比。培养液适当的碳氮比是获得正常溶剂产量的关键，高与低的比例均非适宜。

(4)醪液的流加速度。醪液的流加速度随不同生长期而改变，可以获得较稳定的连续培养。

(5)培养液中的还原性化合物。消除培养液内还原性化合物，如用真空法、通氮法等消除氢气，有利于提高产量。

(6)消除溶剂对菌的抑制作用。采用方法有：加入蓖麻油、活性炭、多种聚合树脂等的吸附溶剂；加入油醇等萃取溶剂，不断地移去产生的溶剂，并不断地补加碳源(图 12-3)。

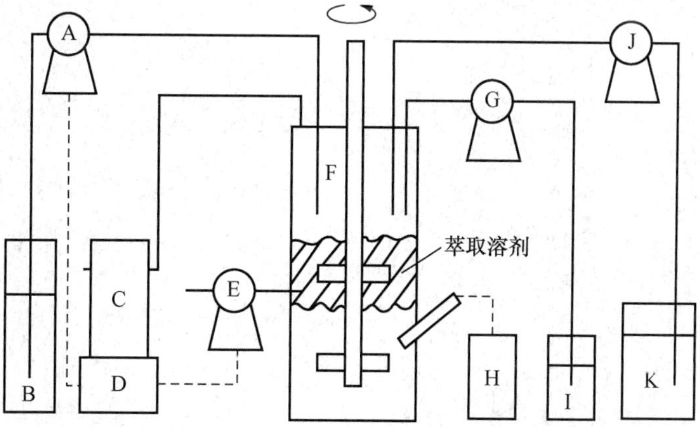

图 12-3　萃取发酵系统示意图

A,E,G,J. 管泵　B. 油醇　C. 气量计　D. 脉冲计数器

F. 发酵罐　H. pH 计　I. 5 mol/L NaOH 溶液　K. 50%葡萄糖液

(7)采用固定化细胞的生产溶剂。例如,可以用海藻酸钙固定菌细胞或孢子,以 N_2 维持嫌气和无菌。固定的营养细胞如果处于溶剂产生期,在整个延续期间,溶剂会连续产生。固定化孢子可以避免细胞代谢活动的干扰,在胶体内的活性细胞充分生长后,能够恢复高生产能力,实验结果表明连续生产完全可能。固定化细胞的丁醇产率比常规的分批发酵要高得多。

第13章 有机酸发酵生产

许多微生物都可以产生有机酸，如细菌产生的有机酸有：乙酸、丙酮酸、丙酸、乳酸、琥珀酸、α-酮戊二酸、聚-β-羟基丁酸等。真菌产生的有机酸有：柠檬酸、葡萄糖酸、苹果酸、丁烯二酸等。有不少的有机酸可以用化学合成法生产，而且成本只有发酵法的 1/3～1/2，但担心化学合成的物质有潜在的危害，食用的有机酸趋向于用发酵法生产。

13.1 柠檬酸发酵

柠檬酸(citric acid)又名枸橼酸，学名 2-羟基丙烷-1,2,3-三羧酸。柠檬酸具有令人愉快的酸味，安全无毒，被广泛用于食品和饮料的酸味剂，还可作为增溶剂、缓冲剂、抗氧化剂、脱腥脱臭剂、螯合剂等。

柠檬酸及其盐类在药物、化妆品行业也有着广泛用途。另外，工业上利用柠檬酸的螯合性能用于大型锅炉的清洗和油井管道除污。为了消除磷酸盐的污染，可以采用易被生物降解的柠檬酸代替三聚磷酸盐用于各种洗衣粉和洗涤剂。此外，柠檬酸还用于无氢电镀、水泥缓凝等方面。柠檬酸与醇类反应形成的柠檬酸三乙酯、柠檬酸异丙酯等都是多种纤维树脂、乙烯基树脂的增塑剂。

13.1.1 柠檬酸发酵生产的菌种

13.1.1.1 柠檬酸产生菌

1893 年 Wehner 就发现某些青霉能分泌柠檬酸，但实践证明青霉并不适宜作为柠檬酸工业化生产的菌种。之后，研究者又发现曲霉，特别是黑曲霉(*Aspergillus niger*)能分泌大量的柠檬酸。此外，泡盛曲霉(*A. awamori*)、温特曲霉(*A. wentii*)、宇佐美曲霉(*A. usamii*)、海枣曲霉(*A. phoenicis*)、炭黑曲霉(*A. carbonarius*)、棒曲霉(*A. clavatus*)和斋藤曲霉(*A. saitoi*)也能大量分泌柠檬酸。但是目前用于工业化生产菌种几乎都是黑曲霉。

如果采用石油、乙酸、乙醇等为原料时，只有酵母才可作为柠檬酸的生产菌株。如解脂假丝酵母(*Candida lipolytica*)、热带假丝酵母(*C. tropicalis*)、季也蒙假丝酵母(*C. guilliermondii*)等假丝酵母，以及毕赤酵母、汉逊酵母和红酵母属菌种也都能发酵正烷烃产生柠檬酸。

除霉菌和酵母外，不少细菌，如节杆菌、诺卡氏菌、放线菌等也能产生少量柠檬酸。

13.1.1.2 高产柠檬酸菌株的特征

柠檬酸生产菌株 TD-01、Co-827 是我国天津工业微生物研究所和上海工业微生物研究所等科研单位的研究人员经反复选育而获得的高产优良菌株。

其具有以下优良特性：

(1)能利用薯干粉、木薯粉、玉米粉、大米粉、小麦粉、马铃薯、糖蜜、淀粉、葡萄糖母液等原料发酵生产柠檬酸。

(2)能耐高浓度柠檬酸(150 g/L 以上)，又不利用和分解柠檬酸。

(3)能耐高浓度葡萄糖，可以产生和分泌大量酸性 α-淀粉酶和酸性糖化酶。其 α-淀粉酶在 pH 为 2.0 时仍能保持原活力的 80%以上；最适作用 pH 为 4.0～4.6，最适温度为 60～65℃。

(4)能抗微量金属离子，尤其能抗较高浓度的 Mn^{2+}、Zn^{2+}、Cu^{2+}。所以，配制发酵培养基无须使用去离子水。

(5)在深层液体通风培养时，能形成大量的细小菌丝球，菌丝球直径为 0.1 mm，数量达 10^4 个/mL 以上，极大地降低发酵醪的黏度。

(6)在以葡萄糖为唯一碳源的合成培养基上生长不好，形成小菌落，孢子形成能力弱。

(7)在生长、繁殖期，细胞内具有较高水平的氨基酸、NH_4^+，即 NH_4^+ 库水平高，而蛋白质、核酸水平低。

(8)具有氰化物非敏感性呼吸侧链，此呼吸侧链不产生 ATP，解除了 ATP 对磷酸果糖激酶(PFK)的反馈抑制。使 EMP 代谢流增大，丙酮酸和草酰乙酸生成水平提高，柠檬酸产率提高。

具有上述优良特性的柠檬酸产生菌 TD-01、Co-827，发酵 4 d 产酸量 150～180 g/L，糖酸转化率为 95%左右。

13.1.1.3 黑曲霉柠檬酸产生菌的代谢工程育种

优良的微生物菌种是发酵工业的基础和关键，国内外有很多关于以黑曲霉发酵生产柠檬酸育种的研究报道。

综合以往的研究，主要集中于以下几方面：

(1)我国黑曲霉(*A. niger*)柠檬酸生产菌，在以木薯等薯类为原料时，有时会产生副产物草酸，建议破坏或敲除草酰乙酸脱水酶基因。从而使初始发酵 pH 不迅速降低到 1.5～2.0，而是较长时间地维持在 pH 4.5～5.0，有利于黑曲霉产酶和糖化，会进一步提高柠檬酸产率。

(2)采用基因工程手段对黑曲霉柠檬酸菌株中氰化物敏感性呼吸酶即泛醌氧化酶的遗传基因(*aoxl*)进行破坏，降低正常呼吸链的酶活力，或者选育 SHAM(水杨基羟肟酸)抗性株，抑制氰化物敏感性呼吸链，增大氰化物非敏感性呼吸链在整个呼吸中的比例，可启动柠檬酸积累的同时，也能提高柠檬酸的生产速度。

(3)采用基因工程操作破坏或敲除编码海藻糖-6-磷酸合成酶的基因(*tpsA* 或 *tpsB*)，使其突变株不能合成海藻糖-6-磷酸，从而黑曲霉的己糖激酶活性不被抑制，就可提高糖酵解途径的代谢流和增加柠檬酸的生成。

(4)采用离子注入等诱变方法，选育耐铝、锰离子能力强、通透性高的高产突变株。

(5)采用基因工程增强丙酮酸羧化酶基因及其表达，固定更多的 CO_2 生成草酰乙酸，从而提高黑曲霉柠檬酸菌株的产酸量和糖酸转化率。

13.1.2 柠檬酸发酵

13.1.2.1 柠檬酸发酵的原料及营养要求

1. 原料

目前实际用于柠檬酸发酵生产的原料可分为糖质原料和石油烷烃原料2大类。糖质原料包括甘薯、薯干、木薯、木薯干、马铃薯、薯渣等薯类，玉米、小麦、面粉、大米等谷物类，各种淀粉、淀粉水解糖（单糖、双糖、糊精、饴糖、葡萄糖母液）、糖蜜以及各种含糖果实、糖食加工的下脚料等，石油烷烃原料包括正烷烃、乙酸、乙醇等。

工业生产上对原料的选择需要考虑多方面综合因素，除价格低廉、产酸高、生产稳定、技术可行外，还要考虑货源广、易购买、贮运方便、综合利用价值高，以及生产安全、三废少等诸多方面因素。

2. 原料的预处理

含淀粉或糖质的原料，发酵前往往需要进行预处理，如去杂质、去霉块、粉碎、液化以及去金属离子等。

(1)淀粉原料的液化。虽然柠檬酸生产菌黑曲霉能产生和分泌淀粉酶和糖化酶，但是为了缩短发酵时间，对于各种淀粉以及薯干、木薯、玉米粉等都需预先进行液化。目前柠檬酸发酵生产均采用酶法进行液化，将α-淀粉酶直接加入料液中，在一定温度下（80～105℃，视酶的耐热程度而定）作用一定时间，通常液化终点控制在料液与碘反应不呈蓝色为止，对于以淀粉为原料的柠檬酸生产菌种，使液化液的DE值在20%左右即可。

(2)糖蜜原料的预处理。国外柠檬酸生产主要以糖蜜为原料。糖蜜除含有丰富的糖分外，还含有大量的金属离子以及硫胺素、核黄素等生长因子。其中，金属离子会明显影响黑曲霉产生柠檬酸的能力，因此需要进行预处理。预处理的方法很多，最常用的方法是添加黄血盐［亚铁氰化钾，$K_4(CN)_6Fe$］或者经硫酸、磷酸处理，也可添加活性炭、EDTA、单宁、石灰以及通过离子交换树脂等，还可采用几种方法交替处理。

黄血盐的添加可采用一次或多次加入，用量依糖蜜中金属离子和总氮而定，一般在0.06%～0.3%。在灭菌后接种前先加少量黄血盐，之后根据菌体的生长和产酸情况再分次加入。

3. 柠檬酸发酵的营养要求

发酵过程中有两方面营养要求：一是在发酵初始阶段提供黑曲霉生长繁殖的营养需要和维持生命活动的能量，二是作为生物合成柠檬酸的基质。

前者除要提供碳（能）源物质外，还需一定的氮源和其他生长因子，由于过量含氮物质不利于柠檬酸的产生，因此柠檬酸发酵培养基中含氮量的控制十分重要。目前国内所用的柠檬酸发酵培养基主要原料是各种含淀粉的农副产品，它们既含丰富的碳水化合物（主要成分），也含有一定的蛋白质之类的氮源和微量元素等物质。但由于各种农副产物原料的蛋白质含量不尽相同，所以需适当地调整含氮量，表13-1列出国内柠檬酸发酵原料的氮调节措施。作为氮源除原料中含有的有机氮外，应采用随着氮的消耗而使发酵培养基的pH下降的生理酸性物质，以氨盐（硫酸铵、氯化铵、尿素等）为最好，硝酸盐不适用。

表 13-1　农副产品原料柠檬酸发酵的调氮措施

原料	淀粉含量/%	蛋白质含量/%	调氮措施
薯干	60～65	4～6	—
木薯	65～70	1～3	添加玉米粉、豆饼粉、麸皮、米糠或尿素
玉米粉	68～72	8～9	液化后去渣,除去部分蛋白
小麦及淀粉	76	3	加麸皮或玉米粉
面粉	70～72	11～12	洗面筋后与薯干合用
淀粉	80～85	＜2	加玉米粉或麸皮
大米	75～76	7～8	液化去渣除去部分蛋白
葡萄糖母液	＞40		加麸皮或玉米粉或胚油、饼粉

13.1.2.2　柠檬酸发酵的生产工艺

工业上生产柠檬酸的方法主要有深层液体发酵法、浅盘液体法以及固体原料的浅层制曲或厚层通风制曲法,但是近年来随着工业生产规模的扩大,后两种方法已基本被淘汰。

1. *液体深层发酵法*

(1)工艺流程。柠檬酸深层发酵一般都采用不锈钢机械搅拌通气发酵罐,大部分为 50～100 m^3,目前已发展至 250～600 m^3。为减少搅拌对丝状菌丝的剪切作用,多采用箭叶式搅拌器。近年来,国内大型柠檬酸发酵罐多采用喷环装置,它是在罐的底部安装一个气液型喷射混合搅拌装置和环流反应器,以增加气液混合并可减少一组以上搅拌叶,能明显起到省电节能的作用。

深层通气发酵是柠檬酸发酵生产的主要方法。国内以淀粉质粗原料为培养基,发酵周期为 50～70 h,产酸一般为 11%～13%,最高达 15%,糖酸(一水柠檬酸)转化率为 90%～104%。国外以淀粉水解糖为原料,发酵周期 5 d 以上,产酸达 19%。

目前国内柠檬酸发酵生产菌种多数采用黑曲霉 Co-827 或 γ-130 及由它们衍生的菌株,具体工艺流程如图 13-1 所示。

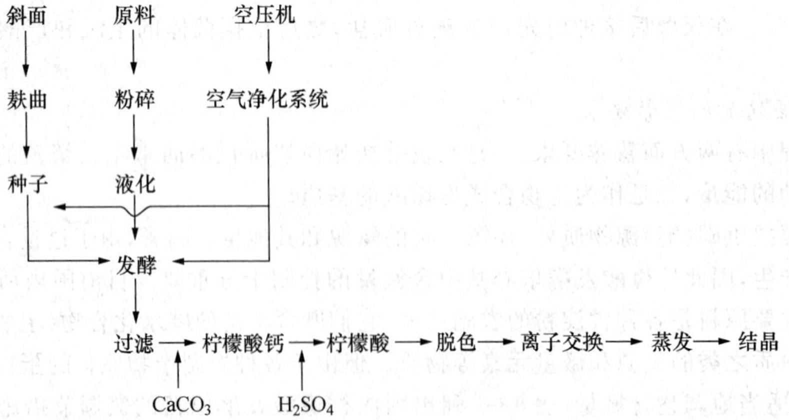

图 13-1　黑曲霉发酵生产柠檬酸的工艺流程

①斜面种子培养。斜面培养基为 10～12°Bé 的麦芽汁或米曲汁,也可采用马铃薯培养基,

33～35℃培养 4～5 d，至斜面长满孢子即可。

②麸曲制备。1 000 mL 三角烧瓶装麸皮 40 g 左右，麸皮选用较粗者为好，必要时应先用水洗涤除去淀粉，含水量控制在 60%～65%，培养温度约 34℃，培养 1 d 后要“敲瓶”一次，使之上下翻动，培养好的麸曲应仔细观察有无其他霉菌污染并抽样做摇瓶产酸测定，合格者低于 20℃保藏。

③种子罐培养。种子罐体积一般为发酵罐的 1/10，薯干粉浓度为 8%～14%，比发酵罐浓度稀些，但需要添加一定量含氮物质，如 0.3% $(NH_4)_2SO_4$ 或尿素或适量的麸皮等，培养温度为 34℃，培养时间 16～24 h，至略微产酸即可转入发酵罐中。

④发酵。发酵罐薯干粉浓度一般为 18%～22%，搅拌转速 90～110 r/min，培养温度 35℃。采用二级通风，前期(16～24 h 以前)低风量，以利于菌丝生长和糖化酶的作用，以后通风比为 1：(0.1～0.15)(体积比)，发酵时间 50～70 h，产酸 12%～15%，糖酸转化率 90%～104%。

(2)操作要点。

①溶氧对柠檬酸发酵的影响。黑曲霉是需氧菌，在一定范围内培养基的溶氧分压几乎与产酸成正比，溶氧分压低，产酸明显受影响，甚至完全不产酸。特别是在发酵 15～30 h 这一阶段，菌体大量生长繁殖耗氧量最大，而产酸阶段耗氧虽略有减弱，但在这一时期缺氧造成的损伤是不可逆的。因此，在整个发酵过程中一刻也不能停止通气和搅拌，才能保证溶氧的供应。黑曲霉生长期溶氧分压不得低于 1.8 kPa，产酸期溶氧分压不得低于 3.2 kPa。加大通气或搅拌均可提高溶氧分压，但通气搅拌需耗用大量电能，而且强烈搅拌的剪切力有可能损伤菌丝，过度的通气不仅易产生泡沫，而且有可能降低 CO_2 的浓度，影响 CO_2 固定，因此，必须根据发酵设备、培养基以及菌种特性情况，合理控制通气和搅拌，既保证所需溶氧的供应，又经济节能。

②菌丝球形成的影响。黑曲霉发酵生产柠檬酸时，菌丝球的形成与产酸密切相关。菌丝球的大小、结构和数量对产酸有明显影响。发酵过程若产生分支状菌丝、不成小球，则一般产酸很差。若菌丝球大而结实，产酸也不好；若菌丝球伸“脚”菌丝太多，产酸也受影响。只有形成小而紧密、核心部分呈空心状的菌丝球产酸才良好。因为这种菌丝球增大了菌丝与培养基接触面，利于对营养物质和溶氧的吸收，同时形成了菌丝球改善了培养基的流体性质，利于氧的传递。实验证明在以薯干为原料的柠檬酸发酵中，菌丝球的含量在 1 000 个/mL 以上，菌丝球直径在 0.1 mm 左右，菌丝球表面毛糙，其发酵产酸最好。菌丝球的产生与否以及其结构、数量除了与生产菌株特性有关外，也与接种量、培养基组分、发酵罐结构等有关。接种量大(孢子数多)形成的菌丝球多而小，反之则菌丝球大而少，培养基黏稠度大有利于形成较紧密的菌丝球。

③微量元素与柠檬酸发酵。已知 Mg、Zn、Mn、Cu、Fe 和 S、P、K、Na 等元素都是黑曲霉生长所必需的，其中 Fe^{2+}、Cu^{2+} 和 Mn^{2+} 三种元素对柠檬酸发酵的影响较为显著。Fe^{2+} 是生物体内多种酶的组成部分，特别是氧化还原过程必须有铁存在，Fe^{2+} 又是 TCA 循环中顺乌头酸酶等的激活剂，因此传统上认为铁的缺乏是柠檬酸积累的必要条件之一。但事实并非如此简单，只有在磷、锌、锰等充裕时才呈现这种作用。另外，Cu^{2+} 对 Fe^{2+} 有拮抗作用，Cu^{2+} 也是黑曲霉生长所必需的，它是多种酶的组分，Cu^{2+} 不仅能拮抗 Fe^{2+} 的作用，对 Mn^{2+} 的负效应也有抵消作用，但高浓度 Cu^{2+} 对柠檬酸产生也有毒害作用。

Mn^{2+} 参与黑曲霉的多种代谢，Mn^{2+} 既是异柠檬酸脱氢酶和草酰乙酸酶的组成部分，又是 TCA 循环中多种酶的激活剂，还参与蛋白质、核酸的合成，Mn^{2+} 浓度高时，柠檬酸合成明显受影响。而当 Mn^{2+} 缺乏时，核酸、蛋白质合成受阻，而使细胞内的铵离子水平升高，铵离子水平升高解除了柠檬酸和 ATP 对磷酸果糖激酶(PFK 酶)的抑制，从而增加 EMP 代谢流量，丙酮酸和草酰乙酸水平升高，使柠檬酸大量积累。

2. 固体发酵法

利用农副产品加工后的副产物如甘薯、木薯的薯渣、苹果渣等，添加麸皮、米糠等含蛋白辅料和无机盐，就可进行固体发酵生产柠檬酸。此法虽投资少，但劳动强度大、劳动生产率低，不适于大规模工业化生产。固体发酵工艺流程如图 13-2 所示。

麸曲种子以麸皮为主料，添加 0.5% $CaCO_3$ 和 0.25% $(NH_4)_2SO_4$ 以及等量的水，灭菌后接种培养，主料的含水量以 70%为宜。可用搪瓷盘或木盘装曲，曲层厚度一般为 5 cm 左右，曲室温度 35℃，相对湿度控制在 85%～90%，培养 20～40 h 品温可能上升至 40℃，此时应降低室温，以后维持在 35℃左右。由于曲架上下层温差较大，故发酵 40 h 后应将曲盘上下调换。发酵周期 4 d，产酸率(曲中柠檬酸对原料总糖的百分比)约 70%。固体发酵应注意曲房的消毒工作，要经常用甲醛或硫黄熏蒸，麸曲培养结束后加热水浸泡，然后过滤并用钙盐法提取柠檬酸。

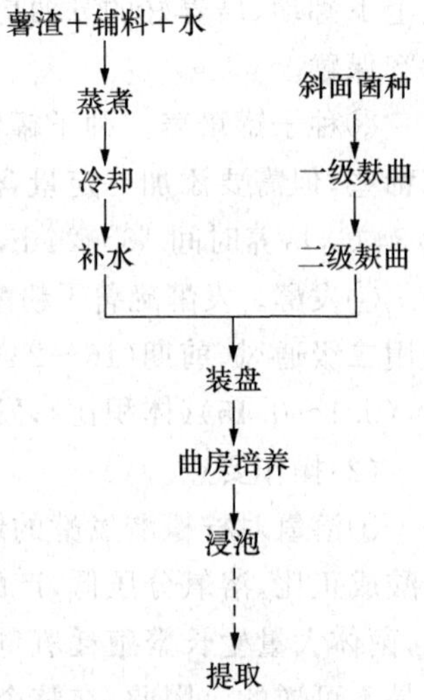

图 13-2　固体发酵生产柠檬酸的工艺流程

3. 液体表面发酵法

表面发酵法也称浅盘发酵法。它是柠檬酸生产的一种传统方法，国外已有悠久历史，且至今有些国家仍然采用。表面发酵法的优点是设备投资较少、动力消耗较低，所用原料价格低廉、粗放，生产也易控制。该法是将培养液盛于浅盘中接入孢子进行发酵，浅盘大小为：长 2～4 m、宽 1～2 m、高 0.15～0.25 m，每盘可装培养液 0.5～1 m^3。盘子用不锈钢或高纯度铝或木料(涂料处理)制成，培养室装有盘架，每个盘架的一端装有通风管和鸭嘴形的通风口供接种孢子和通风之用。发酵室内装有通风、温度、湿度调节装置，整个发酵室是密闭的，可进行清洗消毒操作。

发酵培养液以糖蜜为原料，灭菌前用黄血盐处理，培养基的糖浓度 14%左右，需加入适量硝酸铵、氯化钙及其他无机盐。培养基灭菌后通过管道注入盘内，液层高约 10 cm，并直接接入孢子，同时通入热的无菌空气使发酵维持在 30℃。培养 2 d 转入产柠檬酸期并且产生热量，此时要通入空气使温度继续维持在 30℃。孢子萌发后形成菌丝在培养基表面形成皱皮，千万不能让皱皮下沉，否则影响产酸。最简单的为一次发酵法，即接种后发酵 12 d 至发酵终了，然后放料取出菌丝体，清洗盘子后重新装入灭菌培养基。此外，也可采用置换法，即一次发酵终了后，将酸液从菌膜底下排出，再从膜的下方通入无菌水将菌膜中残存的柠檬酸浸出并排放，然后通入新鲜培养基继续发酵。也可采用添加法，即先注入生长期培养基，液层厚约3 cm，待菌膜形成后排出生长液，然后通入产酸培养基，液层厚 10～12 cm，直到发酵终了。表面发酵法的柠檬酸产酸可达 8%～9%，但糖的转化率较低，一般仅 50%～60%。

4. 石油发酵生产柠檬酸工艺

20 世纪 70 年代国内外曾开展过以正烷烃为原料的石油发酵柠檬酸的研究热潮。以 C_9～C_{20} 正烷烃为主要原料，生产菌种为解脂假丝酵母、热带假丝酵母等，采用深层发酵法生产柠檬酸。培养基除正烷烃(浓度 6%～9%)外，还要添加酵母膏、铵盐、磷酸盐和碳酸钙，温度 28～

30℃,发酵 4 d,产酸可达 10%～12%。总酸对石油的转化率在 100%～140%(对一水柠檬酸理论转化率为 250%)。烷烃转化为柠檬酸时需耗去更多的氧,因此要求发酵设备具有更好的传质效果以提供更多的溶氧。与黑曲霉发酵生产柠檬酸不同,酵母发酵生产柠檬酸时需要培养基的 pH 维持在 5～6,因此发酵产酸后要添加中和剂 $CaCO_3$,也可流加 NaOH 中和。

假丝酵母发酵石油生产柠檬酸最大问题是:在产生柠檬酸的同时,产生几乎等量的异柠檬酸,由于两种柠檬酸在化学性质上存在较大差异,使产物提取产生很大困难。曾经通过诱变育种获得对单氟乙酸敏感的菌株,使柠檬酸与异柠檬酸的比例由亲株的 50∶50 变为 60∶40,也有报道称甚至达到 97∶3。由于柠檬酸主要用于食品工业,石油发酵生产柠檬酸的安全问题一直为人们所关注和争论,后来世界出现石油危机,因此 20 世纪 70 年代后期石油发酵生产柠檬酸的工作也告中止。

5. 其他发酵方法

多年来研究者不断地进行各种柠檬酸发酵新方法的探索,发表过不少文章和专利,如柠檬酸的连续发酵法,固定化黑曲霉孢子发酵生产柠檬酸等,但至今尚未获得适合工业化生产的工艺方法。

固定化细胞生产柠檬酸一般是利用产柠檬酸的黑曲霉菌株,在斜面或麸曲上培养使之产生孢子,然后收集孢子制成孢子悬液,再经海藻酸钠制成固定化细胞(孢子)。发酵生产柠檬酸前先将固定化孢子浸泡在低浓度糖液中预培养 1 d 左右至孢子萌发,然后转入发酵培养基中进行发酵产酸。从已报道的结果看,固定化细胞的发酵产酸不如游离细胞,残糖也较高。虽然固定化细胞可重复使用多次,但是至今未能推广应用。

13.1.3 柠檬酸的生物合成与调节

13.1.3.1 黑曲霉柠檬酸生物合成途径

已知生长在葡萄糖培养基上的黑曲霉存在着糖酵解途径(EMP)、磷酸戊糖途径(HMP)、三羧酸(TCA)循环和乙醛酸循环的酶系。经过多年研究,现在普遍认为,黑曲霉利用糖类产生柠檬酸的生物合成途径是:葡萄糖经 EMP 或 HMP 降解,形成丙酮酸;丙酮酸一方面氧化脱羧生成乙酰 CoA,另一方面经 CO_2 固定羧化成草酰乙酸;然后草酰乙酸与乙酰 CoA 缩合生成柠檬酸(图 13-3)。

柠檬酸产生菌黑曲霉在生长期和产酸期都存在着 EMP 和 HMP 代谢,说明葡萄糖的降解是通过两条途径共同完成的。但是,在生长期 EMP∶HMP 为 2∶1,而产酸期两者的比例为 4∶1,即产酸期有 80%的葡萄糖是通过 EMP 代谢的。这是因为在生长期还需要通过 HMP 提供合成核酸等所需的前体物质。而在产酸期葡萄糖主要是通过 EMP 而降解,这对柠檬酸的发酵生产是非常重要的。因为 1 mol 葡萄糖经 EMP 降解可得到 2 mol 丙酮酸,再经脱羧和 CO_2 固定后,可使 1 mol 葡萄糖合成 1 mol 柠檬酸,这样就能获得较高的糖酸转化率(以质量计,葡萄糖合成柠檬酸的理论转化率为 106.7%,对一水柠檬酸的理论转化率为 116.7%)。

黑曲霉中也存在 TCA 和乙醛酸循环的酶系。但在产柠檬酸阶段,这两个循环均被阻断或减弱。因此,合成柠檬酸所需的草酰乙酸必须由含三碳的羧酸来提供。已知丙酮酸和磷酸烯醇式丙酮酸均能经羧化作用固定 CO_2 而形成草酰乙酸。经证实,在黑曲霉产柠檬酸阶段主要是通过丙酮酸羧化酶的催化作用,使丙酮酸固定 CO_2 而形成草酰乙酸。

葡萄糖合成柠檬酸的总反应式为:

$$2C_6H_{12}O_6 + 3O_2 \longrightarrow 2C_6H_8O_7 + 4H_2O$$

13.1.3.2 黑曲霉柠檬酸发酵的代谢调控

柠檬酸是中枢代谢途径——TCA 循环中一员，是许多组织和微生物中广泛存在的一种重要有机酸，它不仅为许多微生物利用同化，而且是一种重要的代谢调节因子。通常微生物细胞中合成的柠檬酸进一步经 TCA 循环，生物合成其他有机酸，提供合成细胞物质的中间体或彻底氧化产生能量，为细胞活动和需能合成代谢提供能量。因此正常生长的细胞中柠檬酸是不会过量积累的。那么为什么黑曲霉柠檬酸产生菌能大量积累柠檬酸呢？对此问题的任何解释必须涉及：①产物柠檬酸是怎样反馈调节柠檬酸生物合成途径？同时最终如何解除的？②什么机制导致柠檬酸积累？

黑曲霉柠檬酸积累的代谢调节如图 13-4 所示。柠檬酸生物合成中有关酶的调节性质如表 13-2 所示。

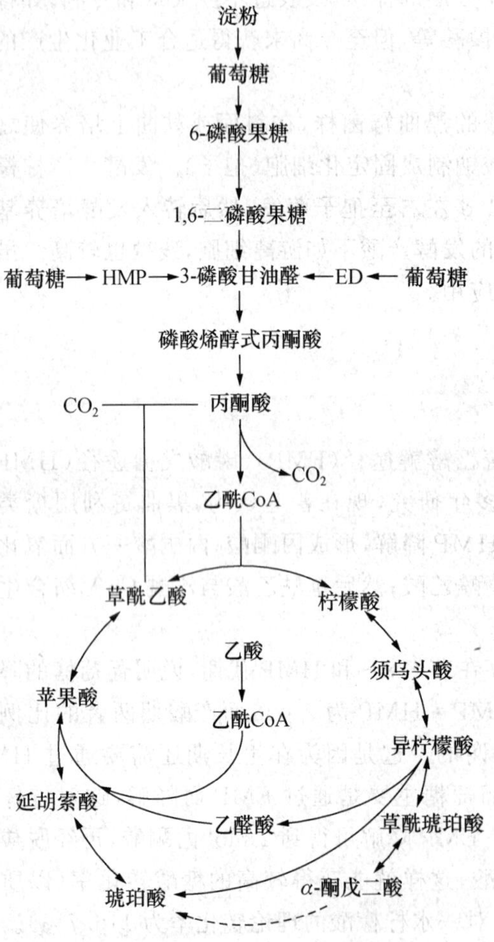

图 13-3 柠檬酸生物合成途径

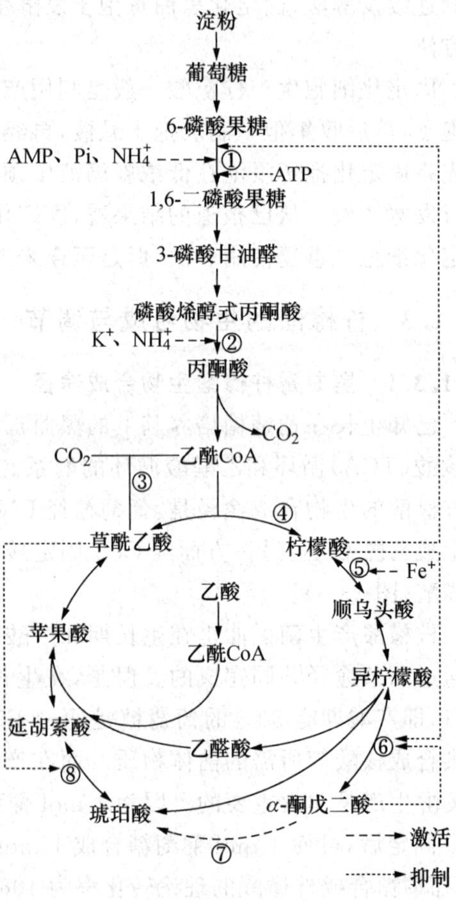

图 13-4 黑曲霉柠檬酸积累的代谢调节

①磷酸果糖激酶(PFK) ②丙酮酸激酶(PK) ③丙酮酸羧化酶 ④柠檬酸合成酶 ⑤顺乌头酸水合酶 ⑥异柠檬酸脱氢酶 ⑦α-酮戊二酸脱氢酶 ⑧琥珀酸脱氢酶

表 13-2 柠檬酸生物合成有关酶的调节性质

酶	底物亲和力	激活剂	抑制剂
磷酸果糖激酶	F-6-P: $S_{0.5}$=1.7 mmol/L n=4	NH_4^+ AMP Pi	柠檬酸: K_i=0.25 mmol/L PEP: $I_{0.5}$=0.25 mmol/L ATP(浓度较高时)
丙酮酸激酶	ATP: K_m=0.05 mmol/L PEP: K_m=0.026 mmol/L	NH_4^+: K_m=26 mmol/L K^+: K_m=20 mmol/L	
丙酮酸羧化酶	ADP: K_m—0.05 mmol/L PYP: K_m=0.28 mmol/L CO_2: K_m=1.33 mmol/L ATP: K_m=0.28 mmol/L	K^+	ASP: K_i=1.9 mmol/L Pi: K_i=40～140 mmol/L
柠檬酸合成酶	乙酰 CoA: K_m=0.01 mmol/L 草酰乙酸: K_m=0.004 5 mmol/L	K^+ NH_4^+	CoA: K_i=0.25 mmol/L ATP-Mg: K_i≈6 mmol/L
异柠檬酸氢酶	异柠檬酸: K_m=0.01 mmol/L NADP: K_m=0.05 mmol/L		柠檬酸: K_i=0.15 mmol/L NADPH: $I_{0.5}$=0.04 mmol/L α-酮戊二酸 $S_{0.5}$=1 mmol/L
琥珀酸氢酶			草酰乙酸: K_i=0.001 mmol/L

1. 糖酵解及丙酮酸代谢的调节

(1)磷酸果糖激酶(PFK)的调节。黑曲霉柠檬酸产生菌的 PFK 酶是糖酵解途径中第 1 个调节酶，也是决定 EMP 途径代谢流量的最关键酶。此酶受正常的生理浓度范围的柠檬酸和 ATP 的抑制，为 AMP、Pi、NH_4^+ 所激活，NH_4^+ 还能有效地解除柠檬酸和 ATP 对 PFK 酶的抑制。

Mn^{2+} 对黑曲霉的柠檬酸合成有重要影响。Mn^{2+} 是催化核酸合成的酶所必需的，Mn^{2+} 的不足能影响某些蛋白质、核酸的合成，出现某些氨基酸的积累，并导致胞内 NH_4^+ 浓度增高，从而解除柠檬酸对 PFK 酶的抑制作用并使 EMP 代谢流畅通。此外，也有人认为 2,6-二磷酸果糖更能解除柠檬酸对 PFK 酶的抑制作用，但原因仍不很清楚。

(2)丙酮酸激酶(PK)的调节。丙酮酸激酶为 NH_4^+、K^+ 所激活，受柠檬酸的抑制。测定柠檬酸发酵时糖酵解中间产物浓度，推断流经丙酮酸激酶的代谢通量增加，此酶几乎不受其他代谢物浓度的调节。

(3)丙酮酸羧化酶的调节。丙酮酸既可由丙酮酸脱氢酶催化脱羧生成乙酰 CoA，也可以由丙酮酸羧化酶催化经 CO_2 固定反应生成草酰乙酸，CO_2 固定反应的强度对柠檬酸积累非常重要，保持内酮酸这两个反应的平衡是获得柠檬酸高产率的一个重要条件。

2. 三羧酸循环的调节

(1)柠檬酸合成酶的调节。柠檬酸合成酶是 TCA 循环的第 1 个酶，在许多生物细胞中是一种调节酶，然而根据柠檬酸合成与 CO_2 固定之间的化学计量关系，可以推测，黑曲霉的柠檬酸合成酶没有调节作用，这一点为 Rohr(1982)证实，其用磷酸铵分级沉淀，DEAE-纤维素层析和凝胶过滤法，已从黑曲霉柠檬酸产生菌提纯此酶。此酶对 CoA 和 ATP 敏感，ATP 是以镁络合物形式存在的，而 ATP-Mg 络合物只是一种弱的抑制剂，因此 ATP 的调节作用不明显。另外，此酶对乙酰 CoA 的亲和力取决于草酰乙酸的浓度，在柠檬酸积累的情况下，草酰乙酸的浓度可提高此酶对乙酰 CoA 的亲和力。

(2)顺乌头酸水合酶、异柠檬酸脱氢酶的调节。顺乌头酸水合酶和异柠檬酸脱氢酶的作用能使柠檬酸进一步代谢而分解，已知这几类酶在 pH 2.0 时均失活，且顺乌头酸水合酶受 Fe^{2+} 的激活，因此，当环境缺乏 Fe^{2+} 和柠檬酸积累后(pH 下降)，柠檬酸沿 TCA 循环代谢的通道被阻断。

顺乌头酸水合酶是催化柠檬酸←→顺乌头酸←→异柠檬酸正逆反应的酶，催化时建立以下平衡，柠檬酸∶顺乌头酸∶异柠檬酸＝90∶3∶7，催化的反应总是趋向柠檬酸一侧，保证了柠檬酸得到充分积累。一旦柠檬酸积累到一定水平，细胞内的 pH 下降，就能抑制顺乌头酸水合酶、异柠檬酸脱氢酶的活性，就抑制了柠檬酸自身往下的代谢。

黑曲霉中存在 3 种异柠檬酸脱氢酶：1 种 NAD-异柠檬酸脱氢酶，其活性很低。2 种 NADP-异柠檬酸脱氢酶，其一在细胞质中，不受柠檬酸抑制，其二在线粒体中，与 TCA 循环有关，它受生理浓度的柠檬酸抑制，所以当柠檬酸积累到一定水平时，此酶活性就被抑制，从而更促进柠檬酸的积累。NADP-异柠檬酸脱氢酶的抑制作用在碱性 pH 和 30 mmol/L Mn^{2+} 时被解除，这就是国外菌种柠檬酸积累受锰离子毒害的缘故之一。

(3)α-酮戊二酸脱氢酶的调节。在黑曲霉柠檬酸产生菌中，TCA 循环的一个显著特点是 α-酮戊二酸脱氢酶的生物合成受高浓度葡萄糖和 NH_4^+ 的阻遏。因此当采用高浓度葡萄糖为碳源时，在柠檬酸产生菌生长期，菌体内不产生 α-酮戊二酸脱氢酶或活性很低。α-酮戊二酸脱氢酶催化的反应是 TCA 循环中唯一不可逆反应，一旦 α-酮戊二酸脱氢酶丧失，就会引起：①TCA 循环中的苹果酸、延胡索酸和琥珀酸是由草酰乙酸逆 TCA 循环生成，使 TCA 循环呈“马蹄形”；②α-酮戊二酸又抑制 NAD-异柠檬酸脱氢酶活性。

3. 氰化物非敏感性呼吸链的作用

黑曲霉中除了具有一条标准呼吸链以外，还有一条侧系呼吸链，如图 13-5 所示。此呼吸链对以氰化钾为代表的氰化物非敏感，同时对制霉菌素非敏感，一般称作氰化物非敏感性呼吸链或者称氰化物抗性呼吸链。

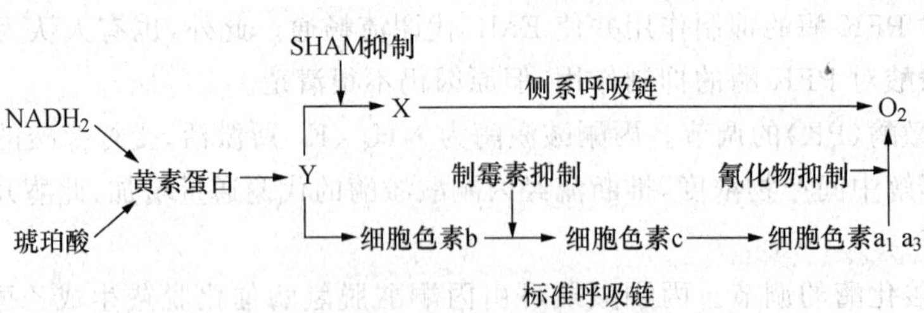

图 13-5　黑曲霉的标准呼吸链和侧系呼吸链

此侧系呼吸链对水杨基羟肟酸(SHAM)敏感，在黑曲霉生长期，此侧链不受水杨基羟肟酸的抑制，在柠檬酸发酵产酸期受水杨基羟肟酸的强烈抑制。通过标准呼吸链氧化时产生 ATP，会反馈抑制 PFK 酶，而通过侧系呼吸链不产生 ATP，当缺氧时，只要很短时间中断供氧，就会导致此侧系呼吸链的不可逆失活，从而导致柠檬酸产酸急剧下降。一旦恢复供氧，标准呼吸链复活，不影响菌的生长，但侧系呼吸链却不能恢复，故对产酸速率有很大影响。所以柠檬酸发酵过程中，特别是产酸期，一定要供给充足的氧，以保证更多的 $NADH_2$ 通过侧系呼吸链将 H^+ 交给 O_2 生成 H_2O，使呼吸产生的 ATP 减少，解除 ATP 对 PFK 酶的反馈抑制。使 EMP 代谢流增大，丙酮酸和草酰乙酸生成水平提高，柠檬酸产率提高。

综上所述黑曲霉柠檬酸产生菌大量积累柠檬酸的机制可归纳为：

(1)由于严格限制供给 Mn^{2+} 等金属离子，或筛选耐高浓度 Mn^{2+}、Zn^{2+}、Fe^{2+} 等金属离子的菌株，降低菌体中糖代谢转向合成蛋白质、脂肪酸、核酸的能力，使细胞中形成高水平的 NH_4^+，从而解除柠檬酸和 ATP 对 PFK 酶的反馈抑制，使 EMP 途经的代谢流增大。

(2)存在一条呼吸活动性强的侧系呼吸链，对氧敏感，但不产生 ATP，这样使细胞内的 ATP 浓度下降。因而减轻了 ATP 对 PFK 酶、柠檬酸合成酶的反馈抑制，促进了 EMP 途径的畅通，增加柠檬酸的生物合成。

(3)丙酮酸羧化酶是组成性酶，不受代谢调节控制，可源源不断地提供草酰乙酸，另外，丙酮酸也可以氧化脱羧生成乙酰 CoA，这两个反应的平衡是关键，保证前体物乙酰 CoA 和草酰乙酸的提供。而柠檬酸合成酶又基本上不受调节或极微弱，增强了柠檬酸的合成能力。

(4)α-酮戊二酸脱氢酶受葡萄糖和 NH_4^+ 的阻遏，使黑曲霉中的 TCA 循环变成"马蹄形"的代谢方式，减弱 TCA 循环，降低细胞内 ATP 浓度，另外使 α-酮戊二酸浓度升高。反过来，又反馈抑制异柠檬酸脱氢酶，降低柠檬酸的自身分解。

(5)顺乌头酸水合酶催化时建立柠檬酸：顺乌头酸：异柠檬酸＝90：3：7 的平衡，顺乌头酸水合酶的作用总是趋向于合成柠檬酸，即柠檬酸分解活力低。一旦柠檬酸浓度升高到某一水平，就抑制异柠檬酸脱氢酶活力，从而进一步促进柠檬酸自身积累，pH 降至 2.0 以下。顺乌头酸水合酶和异柠檬酸脱氢酶失活，更有利于柠檬酸积累并排出体外。

有关柠檬酸生物合成的调节问题非常复杂，有些机制尚不清楚。近年来，有研究认为 6-磷酸海藻糖合成的减弱，能提高柠檬酸合成速度，6-磷酸海藻糖是已糖激酶的抑制物，因此，认为柠檬酸合成酵解阶段的早期调节主要在已糖激酶环节上。

此外，柠檬酸的合成是在线粒体上，合成后则分泌于细胞外，而合成过程中有些酶则在细胞质内，因此合成过程的中间物和终产物在线粒体、细胞质和细胞外的输送、转移及调控等问题也是十分重要的。

13.1.4 柠檬酸的提取

13.1.4.1 钙盐法

提取柠檬酸的方法主要有钙盐法、离子交换法、萃取法、电渗析法以及近年来发展起来的色谱分离法。但目前普遍使用的仍然是钙盐加离子交换的提取方法，其工艺流程如图 13-6 所示。

1. 发酵液预处理

预处理是指将发酵液加热至 75～90℃，杀死柠檬酸产生菌及其他杂菌，终止发酵作用，同时使发酵液中部分蛋白质变性、絮凝、降低醪液黏度利于过滤。此外也可能使菌体内部分柠檬酸释放出来。预处理加热时间不能太长，若破坏菌丝球则影响过滤。

2. 过滤

我国采用薯干粗原料发酵生产柠檬酸，发酵液中除含菌丝外，还含有大量的原料残渣，固形物杂质较多，因此不宜采用各种离心分离设备，而应采用能容纳较多滤渣的过滤设备。目前

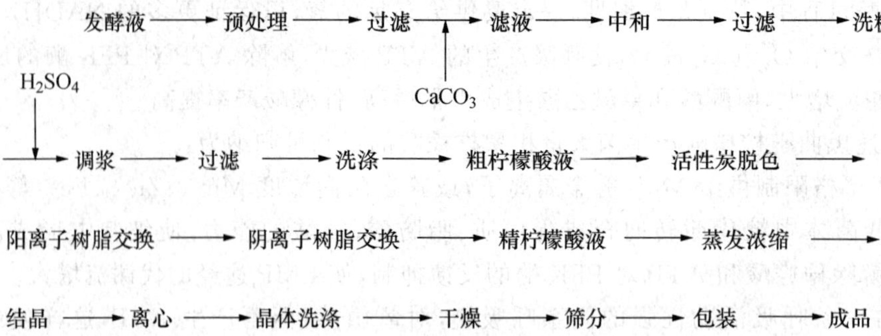

图 13-6 钙盐法提取柠檬酸的工艺流程

最常用的是各种板框压滤机和真空带式过滤机。对正常发酵的醪液，只要过滤介质（滤布）选择合适，可不必添加助滤剂就能顺利地进行过滤。板框过滤时开始阶段不必加压，待滤饼形成、滤速减慢时可适当加压。为了提高过滤收率，完成过滤后用热水再进行一次复滤，或者从过滤机中取出滤渣加水打成浆后再滤一次。

3. 中和

Ca^{2+} 在一定温度和 pH 条件下可与柠檬酸作用生成柠檬酸钙。由于形成的 $Ca_3(C_6H_5O_7)_2 \cdot 4H_2O$ 在水中的溶解度极小，因而能形成沉淀而与其他杂质，如糖、可溶性蛋白等分离。生石灰、熟石灰、氯化钙以及碳酸钙等均可作为中和剂，但最常用的是碳酸钙。中和剂的用量可依据反应式和中和剂的纯度计算得出。例如用碳酸钙中和时反应方程式为：

$$2C_6H_8O_7 \cdot H_2O + 3CaCO_3 \longrightarrow Ca_3(C_6H_5O_7)_2 \cdot 4H_2O + 3CO_2$$

因此中和 100 kg 的一水柠檬酸需要 100%的碳酸钙 71.43 kg。

在中和过程中并不是一次反应就形成 $Ca_3(C_6H_5O_7)_2 \cdot 4H_2O$，而是随着反应液中 Ca^{2+} 增加使柠檬酸分子中 3 个羧基上的 H^+ 逐步被取代，因此反应中将形成 $CaH_4(C_6H_5O_7)_2$ 和 $CaH(C_6H_5O_7) \cdot 3H_2O$ 两种中间物。由于 3 种柠檬酸钙在水中的溶解度差异很大，四水柠檬酸钙 $Ca_3(C_6H_5O_7)_2 \cdot 4H_2O$ 的溶解度最小，故中和时应投入足量的中和剂使所有的柠檬酸都形成四水的钙盐。另一方面柠檬酸钙在不同温度下的溶解度差异也很大，特别是在 80℃ 热水中它们的溶解度远比 20℃ 或 50℃ 小得多，故中和反应的温度和中和后洗涤温度都需控制在 80℃。

中和终点一般控制在酸度 0.1%～0.2%，若测量 pH 则以 4.4～4.8 为宜（以碳酸钙为中和剂）。中和终点的 pH 对柠檬酸钙的质量有决定性影响，偏酸范围时柠檬酸钙质量好，但酸性下溶解度大损失也大。中和沉淀后经固液分离（一般用抽滤或带式真空过滤机）虽可除去大部分可溶性杂质，但仍有相当部分糖类物质吸附在沉淀表面，所以中和过滤后需要洗去残糖，即用 80～90℃ 的热水对沉淀进行洗涤，洗涤终点以检查洗涤滤液是否含糖为标准。

4. 酸解

酸解是指柠檬酸钙与硫酸等强酸作用，在强酸作用下使柠檬酸钙转变为柠檬酸游离出来，同时形成硫酸钙（石膏）。由于后者的溶解度极小，难溶于水而形成沉淀，从而达到进一步的分离纯化作用。酸解是一个复分解反应，反应方程式为：

$$Ca_3(C_6H_5O_7)_2 \cdot 4H_2O + 3H_2SO_4 + 4H_2O \longrightarrow 2C_6H_8O_7 \cdot H_2O + 3CaSO_4 \cdot 2H_2O$$

酸解时先用水将柠檬酸钙调成酸度15%～20%的浆，然后按一定速度加入硫酸。硫酸的加量可根据反应方程和硫酸浓度以及柠檬酸钙的量计算出。由于石膏存在二水、半水和无水3种形态，温度低时易形成二水石膏，但它是一种易于折断的针状结晶，不利于过滤。80℃以上形成较多的半水石膏，它呈片状结晶，形成的滤饼疏松易过滤和洗涤，因此国内酸解温度多采用80～90℃。酸解终点可测定SO_4^{2-}的含量，当含量为3.5～4.5 g/L时认为已达终点，可停止加酸。国外酸解操作略有不同，采用将柠檬酸钙投入硫酸中，反应温度为60℃，以电导率(0.65～0.85 S/m)为终点。酸解停止加酸后仍要继续作用一段时间，使硫酸钙结晶成熟，然后真空抽滤。为了提高收率，滤渣需用70～80℃水洗涤。

5. 净化

净化工艺包括脱色和离子交换树脂除去杂质离子：

粗柠檬酸液→炭柱→阳离子柱→阴离子柱→精柠檬酸液

酸解液中含有色素物质，可用活性炭脱色去除。目前多数工厂都用颗粒活性炭柱进行脱色，炭柱可再生重复使用。

离子交换树脂是用来去除柠檬酸液中各种杂质离子的。通过阳离子交换柱可除去Ca^{2+}、Fe^{2+}等阳离子，最常用的阳离子交换树脂是732树脂，柠檬酸液进入阳离子交换柱后应控制一定流速并定时用黄血盐和酒精分别检测流出液中有无Fe^{2+}和Ca^{2+}，若出现Ca^{2+}或Fe^{2+}则应立即停止进料。如果柠檬酸液中含有较多的SO_4^{2-}等阴离子，可用阴离子交换树脂除去，用$AgNO_3$试剂检测流出液的Cl^-作为阴离子交换柱进料的控制终点。

6. 蒸发浓缩

将净化后的柠檬酸液加热蒸发除去一定水分，使柠檬酸浓度提高，为结晶柠檬酸创造条件。目前多采用双效或三效蒸发浓缩设备。双效蒸发时料温一效为88℃，二效小于60℃。最终液中柠檬酸浓度为75%～82%，相对密度为1.342～1.350(60℃)。

这种方法虽然原理比较简单，工艺成熟，但是劳动强度极大，使用了强酸且有废弃物的排出，无论是对操作者还是对环境都造成了极大的危害。同时此方法得到的柠檬酸收率也不高，一般只能达到70%左右。考虑到这种方法的不适性，许多研究者将目光投向了寻找低能耗、少投入、无污染、低劳动强度及高收益的提取工艺。

13.1.4.2 萃取法

从20世纪70年代起就有人开始了溶剂萃取柠檬酸的研究。该工艺的原理是利用发酵液中柠檬酸和其他杂质组分在萃取剂中溶解度不同，把柠檬酸萃取到溶剂相中。然后，提高温度，用水进行反萃取，使柠檬酸重新进入水相，再经过离子交换、蒸发、结晶，最后得到产品，工艺流程见图13-7。

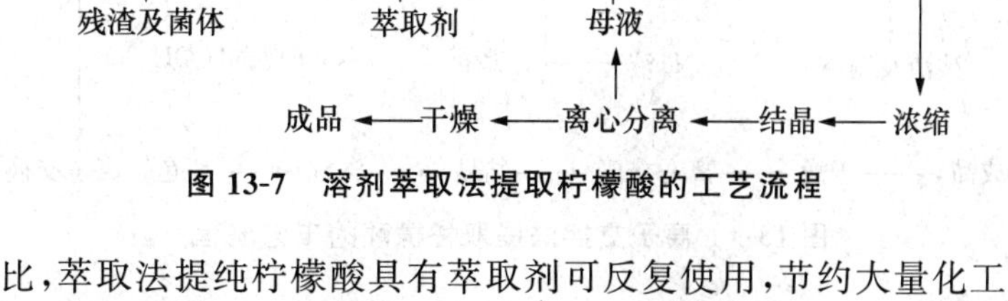

图13-7 溶剂萃取法提取柠檬酸的工艺流程

与钙盐法相比，萃取法提纯柠檬酸具有萃取剂可反复使用，节约大量化工原料，节约热能，劳动强度低等优点。但迄今为止，它的工业化应用还难以得到推广。主要原因是柠檬酸发酵液的组成复杂，要求萃取剂有高度的选择性，能有效萃取柠檬酸而不萃取糖、色素、蛋白质等杂质。另外理想的萃取剂应该无毒、化学性质稳定、价廉、易回收。目前常用的萃取剂如磷酸三丁酯、有机胺虽然具有较好的萃取效果，反萃取时用水即可达目的，但它们均有毒性，难以完全满足上述要求，一般只能得到工业品，不能用于医药食品行业。因此，寻求低价、高效无毒的萃取剂仍然是萃取法研究的重要方向。另外萃取设备比较庞大，反萃取时仍有废弃物产生，如何对它进行处理也是一大难题，所有这些都限制了这一方法的推广应用。

13.1.4.3 吸附法

吸附法是近年才提出的一种新型分离方法，采用交换吸附能力大、抗污染能力强的树脂对柠檬酸发酵液中的柠檬酸进行吸附，然后用廉价的洗脱剂——水将柠檬酸洗脱下来实现柠檬酸的分离与提纯。例如用交联苯乙烯树脂聚合物或聚丙烯酸酯等高分子材料为吸附剂，从发酵液中选择性吸附分离柠檬酸，然后用水为脱附剂将柠檬酸脱附。该方法彻底地去除了硫酸钙废渣和高 COD 废水对环境造成的污染，避免了传统“钙盐法”工艺中 CO_2 的产生，副产品可以得到综合利用，使自然资源良性循环（图 13-8）。

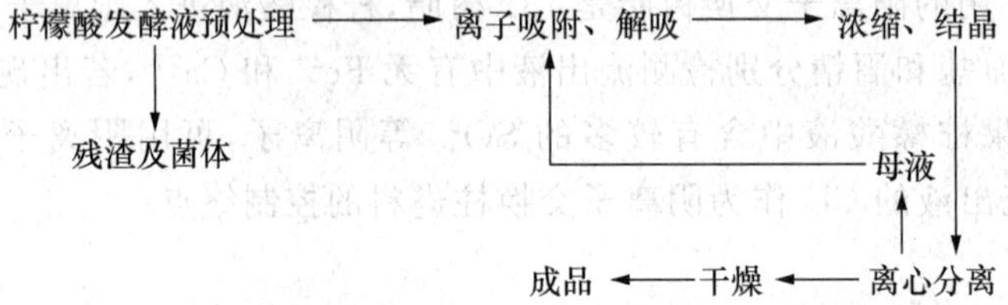

图 13-8 吸附法提取柠檬酸的工艺流程

吸附法提取柠檬酸可大大简化提取工艺，节约能源和原材料，并且无污染物产生，如今已有生产厂家采取该方法。但是由于吸附性能良好的吸附剂和吸附条件的选择上还存在不足，以及与之相配套的设备尚无较成熟的设计方案，从而限制了它的工业化应用。

13.1.4.4 离子交换法

用离子交换法提取柠檬酸近年来倍受国内外关注，该方法是利用特定的有机高分子树脂的高选择离子交换性，直接从处理后的发酵滤液中提取柠檬酸或其盐类。其流程是发酵液经过滤后用阴离子交换柱交换吸附，氨水洗脱后过阳离子交换柱转型，再经活性炭脱色、除杂后浓缩、结晶，最后得到柠檬酸产品，其工艺流程见图 13-9，主要基于下述 3 个反应。

吸附：$3R_2NH_2OH + C_6H_8O_7 \longrightarrow (R_2NH_2)_3C_6H_5O_7 + 3H_2O$

洗脱：$(R_2NH_2)_3C_6H_5O_7 + 3NH_4OH \longrightarrow 3R_2NH_2OH + (NH_4)_3C_6H_5O_7$

转型：$3R_2SO_3H + (NH_4)_3C_6H_5O_7 \longrightarrow 3R_2SO_3NH_4 + C_6H_8O_7$

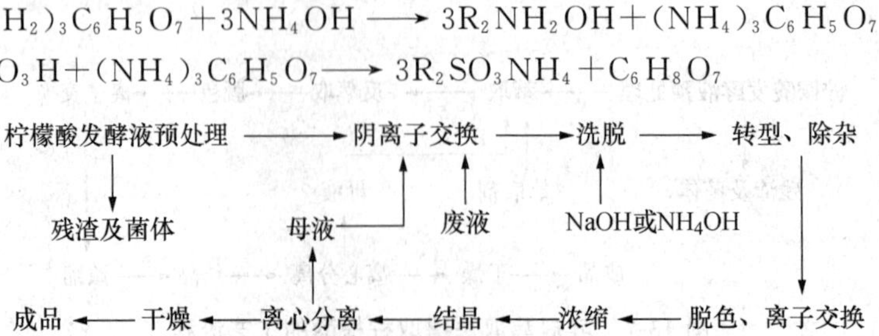

图 13-9 离子交换法提取柠檬酸的工艺流程

离子交换法工艺简单、能耗低，收率超过 94%。当然，该工艺也存在一些缺点，如离子交换树脂在使用中需要频繁再生，会产生大量废液。另外，离子交换树脂具有一定的寿命，需经常更换。因此，寻求研制高效、寿命长、容易回收利用的离子交换树脂，成为该工艺得以工业化推广的关键。

13.1.4.5 膜分离法

膜分离技术是高科技领域内的新兴技术，它具有许多常规方法难以拥有的优点，应用范围十分广泛，受到人们的特别青睐，近年来已应用于发酵液中有机酸分离的研究。

1. 固体膜分离法

固体膜分离法主要有超滤法和电渗析法 2 种。

超滤法：超滤法只是简单的物理操作过程，属筛分机理，工艺简便易控制，不会产生污染。由于发酵液中含有大量蛋白质、糖、色素、霉菌等杂质，必须选择合适孔隙的耐酸超滤膜，如抗氧化性和耐酸性皆佳的聚砜类膜，不宜选用使用寿命短的 CA 膜。由于膜组件通量一般较小，且易堵塞，使滤速下降，故如何使膜在反复清洗后分离效果不会下降及开发出耐酸、不被生物降解的高效超滤膜，是该法能否实现工业化的关键。

电渗析法：我国 20 世纪 70 年代就开展过电渗析法提取柠檬酸的研究，但因提取率低，产品纯度不高（只符合食用标准），耗电大而难以实现工业化生产。王传怀等（1992）针对上述问题改进了电渗析器的结构和操作流程，使电渗析平均收率达到 92%，电渗液经处理后所得产品的各项指标符合英国药典的要求。徐芝勇等（2007）采用双极膜离解得的 H^+ 和柠檬酸根结合成酸，而 OH^- 和阳离子结合成碱，减少了废物排放，降低了化工原料和能源的消耗。但电渗析法的主要缺点是电耗较大，且必须得对发酵液先进行严格地预处理，否则会污染电极板而影响分离效果。为了进一步提高分离效率，目前的研究工作主要集中在高性能离子交换膜的研究开发上。

2. 液膜分离法

液膜分离技术集萃取和反萃取于一体，具有高效、节能、适用范围广等优点，因此受到人们的关注，随即在柠檬酸、氨基酸、谷氨酸等有机酸的提取分离方面做了大量研究工作。液膜法提取柠檬酸的工艺流程如图 13-10 所示。

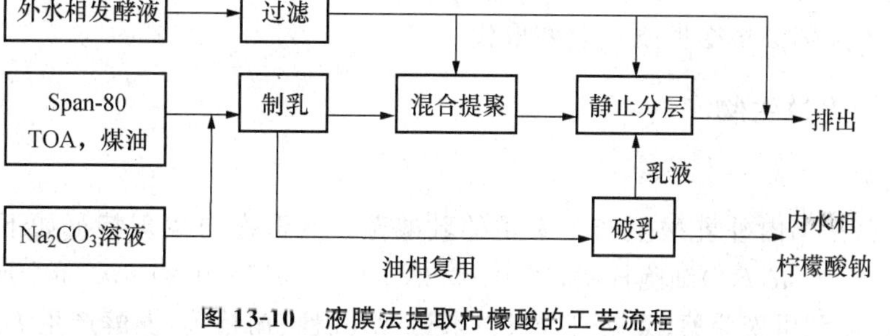

图 13-10 液膜法提取柠檬酸的工艺流程

Boey 等（1987）采用乳状液膜技术分离柠檬酸，三元胺 Alamine336 为萃取剂，正庚烷为稀释剂，Na_2CO_3 为反萃取剂，少量的 Span-80 和 Lubizol 作为膜增强剂用以增加膜的稳定性，最终使初始浓度为 10% 的柠檬酸溶液中 80% 以上的柠檬酸被提取。宗刚等（2003）采用油包水乳化液膜来提取废水中的柠檬酸，以三正辛胺（TOA）为流动载体，Na_2CO_3 作内相试剂，煤油作为膜溶剂，初步建立了液膜法提取废水中柠檬酸的平板非稳态数学传质模型。张建民等(2006)以多孔平板聚苯烯膜为支撑体，煤油-TOA-Na_2CO_3 膜体系进行柠檬酸的分离，最终确定的最佳提取工艺条件为：料液相柠檬酸浓度 0.10 mol/L，反萃取相 Na_2CO_3 浓度 0.20 mol/L，搅拌强度 200 r/min，操作温度 25℃，萃取率可达 61.3%。

液膜法提取发酵液中柠檬酸具有十分明显的优点，如工艺简单，有较高的传质速率和选择性，可在常温下进行使能耗大大降低，膜相回收破乳化后将油相回收利用可降低生产成本且不产生二次污染等。尽管目前在这方面的研究报道不多，但该方法也显示出诱人的应用前景。由于这一方法对乳液的稳定性和破乳化技术要求严格，而影响乳液的稳定性和破乳化难易的因素又错综复杂且相互影响，过程的连续化还有不少难度。同时，目前采用的载体、表面活性剂或多或少都有一定毒性，达不到生产食用或医用产品的要求。因而迄今为止用液膜法提取柠檬酸都还停留在实验研究阶段，在传质机理及高效无毒液膜体系选择、工艺条件优化以及设备的研制等方面都还需做深入的研究和探讨。

综上所述，随着我国柠檬酸工业的发展，对传统相对落后的柠檬酸提取工艺进行改进，以高效、节能、无污染、低料耗和便于自动化管理的新工艺取而代之，已成为当务之急。尽管本文所提及的这些方法都有不足之处，并多处于实验室研究阶段，但有些分离手段已显现出巨大的优越性和应用前景，有待进行深入研究以便早日实现工业化生产。

13.2 乳酸发酵

乳酸，学名 α-羟基丙酸，分子式 $CH_3CHOHCOOH$，是一种重要的有机酸，被广泛地应用于食品、饮料、医药、塑料、饲料、农药、包装材料、日用化工、化妆品、造纸及电子工业等领域中(图 13-11)。乳酸分子中有一个手性碳原子，因此存在两种旋光性对映体，即 *L*-(+)-乳酸和 *D*-(−)-乳酸，两者的混合物即为 *DL*-乳酸。由于人和动物体内只有代谢 *L*-乳酸的酶，故人体只能利用 *L*-乳酸，不能代谢 *D*-乳酸。*D*-乳酸摄入人体后，轻者引起疲劳，重者会导致代谢紊乱，产生酸中毒。世界卫生组织限制人体对 *D*-乳酸的摄入量。禁止把 *D* 型和 *DL* 型乳酸加入到婴儿食品中，而对 *L*-乳酸则不加限制。我国加入 WTO 后，食品工业中 *D*-乳酸和 *DL*-乳酸作为食品添加剂必将逐步被 *L*-乳酸取代。

13.2.1 产乳酸微生物

13.2.1.1 细菌

德氏乳杆菌是国内外乳酸生产中常用的乳酸菌。其形态与生理特征如下：德氏乳杆菌(*Lactobacillus delbrueckii*)细胞杆状，(2.0～9.0) μm ×(0.5～0.8) μm，单个或短链，革兰氏阳性，不运动。能利用麦芽糖、蔗糖、葡萄糖、果糖、半乳糖、糊精等，发酵产生 *D*-乳酸，少数菌株产生 *DL*-乳酸。最适生长温度为 45℃，在 50℃仍能旺盛发育、产酸，最高能耐 55℃。在琼脂平板上菌落小、扁平、呈锯齿状。工业上除生产发酵食品如干酪、香肠、腌泡菜等需要一些异型发酵菌外，单纯生产乳酸都采用同型乳酸发酵菌。表 13-3 列出主要产 *L*-乳酸的同型乳酸发酵细菌。

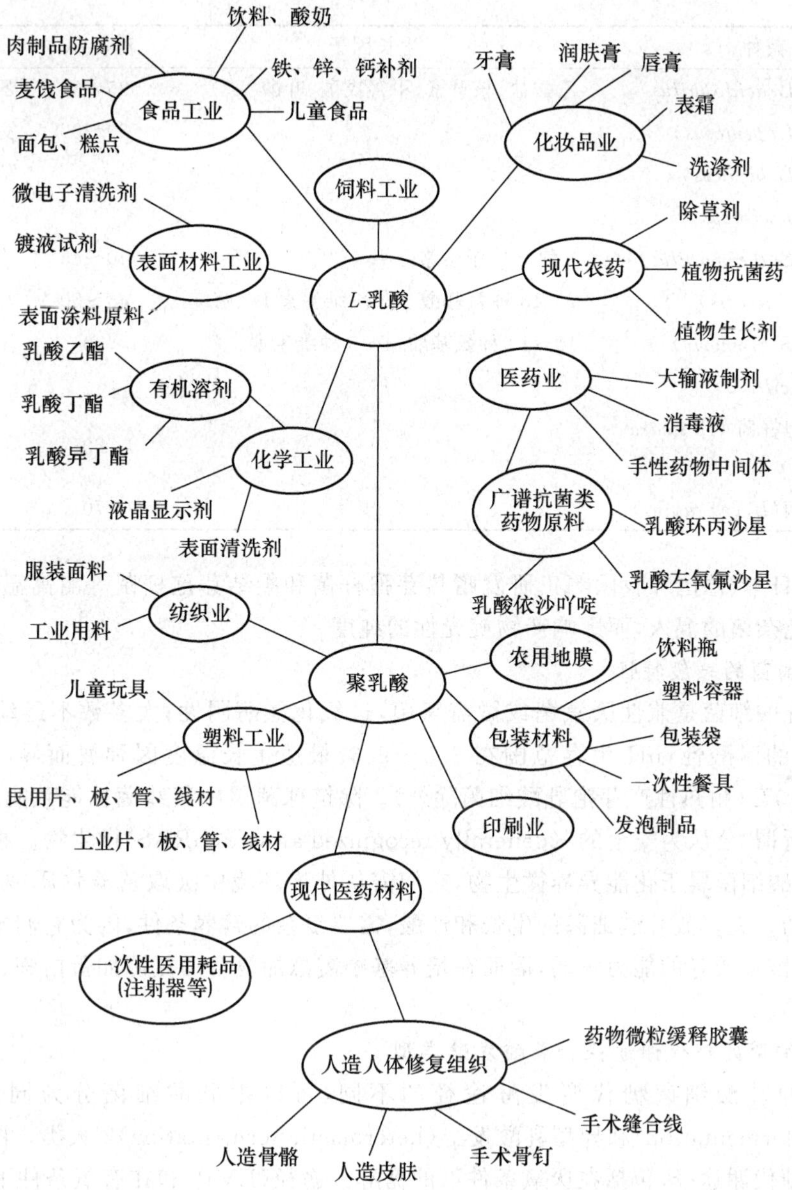

图 13-11　乳酸的应用领域

表 13-3　产 *L*-乳酸的主要细菌

菌种	生长因子	温度/℃	菌种来源
乳杆菌属(*Lactobacillus*)			
干酪乳杆菌(*L. casei*)		32	乳制品
嗜热乳杆菌(*L. thermophilus*)		50～60	高温发酵乳品
唾液乳杆菌(*L. salivarius*)	泛酸钙、烟酸、核黄素、叶酸	35～40	人口腔
清酒乳杆菌(*L. sake*)		清酒	

续表 13-3

菌种	生长因子	温度/℃	菌种来源
嗜酸乳杆菌(*L. acidophilus*)	乙酸盐、核黄素、甲羟戊酸、叶酸	35～38	婴儿粪便
戊糖乳杆菌(*L. pentosus*)		30～32	发酵植物汁
木糖乳杆菌(*L. bifidus*)			发酵植物汁
链球菌属(*Streptoccoccus*)			
嗜热链球菌(*S. thermopilus*)	6 种 B 族维生素	40～45	乳制品
粪链球菌(*S. faecalis*)	7～13 种氨基酸、嘌呤、维生素 B_1、嘧啶	45～50	人粪便
乳脂链球菌(*S. cremoris*)	10～13 种氨基酸,4～5 种维生素	30	乳制品
芽孢杆菌属(*Bacillus*)			
嗜热脂肪芽孢杆菌 (*B. stearothermophilus*)		60	
凝结芽孢杆菌(*B. coagulans*)		70	

近年来,日本、德国和我国等正研发嗜热芽孢杆菌和凝结芽孢杆菌等耐高温产 *L*-乳酸的菌种。可避免杂菌的混入,而影响产物旋光性的纯度。

1. 乳酸细菌的一般特性

大多数乳酸细菌是兼性厌氧菌或微需氧菌,过氧化氢酶阴性;大多数不运动亦不形成芽孢;具有很强的耐酸性,pH 生存范围在 3.5～9.6;最适生长温度因种属而异,范围自 20～45℃或 37～40℃(耐热性产芽孢乳酸细菌除外)。除链球菌属中某些菌株能致病外,大多数乳酸细菌均为所谓"公认为安全的"(generally recognized as safe,GRAS)微生物。根据微生物的营养类型,乳酸细菌属于化能异养微生物,它们需从外界环境中吸取营养物质,获得能量以支持其生命活动。大多数乳酸细菌的生长和产酸,需要复杂的营养条件,因为它们本身合成维生素、氨基酸和核苷酸等的能力很弱,因而在培养基中需添加复合的氮源如蛋白胨、酵母膏、玉米浆或麦芽汁等。

2. 乳酸细菌的糖代谢途径和乳酸发酵类型

根据各种乳酸细菌糖代谢发酵途径的不同,可以把乳酸细菌分为同型乳酸发酵(homolactic fermentation)和异型乳酸发酵(heterolactic fermentation)2 大类。图 13-12 表示乳酸细菌的糖代谢途径,包括在厌氧条件下的糖酵解途径(EMP)和在有氧条件下的磷酸转酮醇酶途径。

(1)同型发酵。在糖酵解途径中,由 1 mol 葡萄糖可得到 2 mol 乳酸,并净得 2 mol 的 ATP。这种只产生单一的一种乳酸分子而不副产其他有机酸(杂酸)的发酵就称为同型乳酸发酵。事实上由葡萄糖 100%转化为乳酸只是理论值。由于微生物的生长及其生理活动会消耗部分葡萄糖,不会完全达到 100%转化率的程度。由葡萄糖转化为乳酸的转化率达到理论值的 80%以上就可以认为是同型乳酸发酵。一般在实验室和工业规模发酵中,从葡萄糖可以得到 1.8 mol 乳酸,即理论产率 90%以上的乳酸。从工业生产的角度来看,同型发酵这一特性是选择乳酸生产菌株的重要标准之一。

乳酸细菌中的乳球菌(*Lactococcus*)、链球菌(*Streptococcus*)、片球菌(*Pediococcus*)以及乳杆菌(*Lactobacillus*)中的一部分菌种为同型乳酸发酵菌。

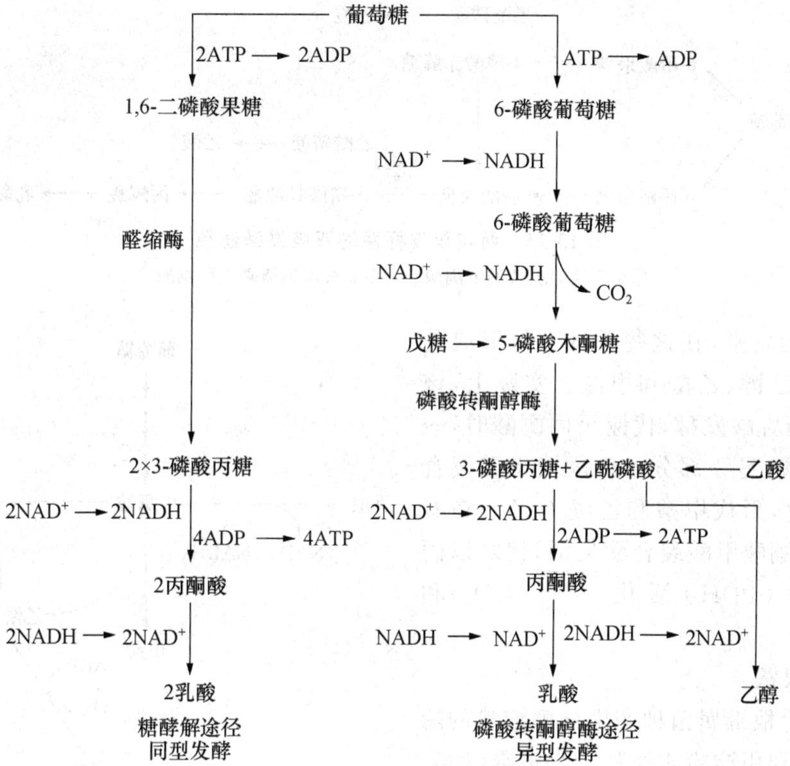

图 13-12　乳酸细菌的糖代谢途径

(2)异型发酵。在好氧条件下,乳酸细菌利用磷酸己糖途径(磷酸转酮醇酶途径)进行异型乳酸发酵。由葡萄糖产生等物质的量的乳酸、CO_2 和乙醇或乙酸。乳杆菌属中的短乳杆菌(*L. brevis*)、发酵乳杆菌(*L. fermentum*)、植物乳杆菌(*L. plantarum*)、肠膜明串珠菌(*Leuconostoc mesenteroides*)为异型发酵菌。其发酵总反应式为:

$$C_6H_{12}O_6 + ADP + Pi \longrightarrow CH_3CHOHCOOH + CH_3CH_2OH + CO_2 + ATP$$

此过程 1 mol 己糖生成 1 mol 乙醇、1 mol CO_2 和 1 mol 乳酸。乳酸对糖的转化率只有 50%。

(3)双歧途径。两歧双歧杆菌(*Bifidobacterium bifidum*)发酵葡萄糖的双歧发酵途径也属异型乳酸发酵,因为除了产生乳酸外,还产生乙酸。在这条途径中,参与反应的有 6-磷酸果糖磷酸解酮酶和 5-磷酸木酮糖磷酸解酮酶这两种关键酶,它们分别催化 6-磷酸果糖和 5-磷酸木酮糖的裂解反应。在此发酵过程中,由 2 mol 的葡萄糖可生成 2 mol 乳酸和 3 mol 乙酸,乳酸的转化率亦只有 50%。其发酵途径如图 13-13 所示。

总反应式为:

$$2C_6H_{12}O_6 \longrightarrow 2CH_3CHOHCOOH + 3CH_3COOH$$

(4)混合酸发酵。除上述 3 种代谢途径外,同型发酵乳酸菌还在下述情况中进行混合酸发酵(图 13-14),当培养基中葡萄糖的量受到限制,或碳源是葡萄糖以外的糖时,如乳酸乳球菌(*L. lactis*)以麦芽糖、乳糖和半乳糖为碳源的乳酸发酵,或者改变发酵环境条件,如提高 pH、

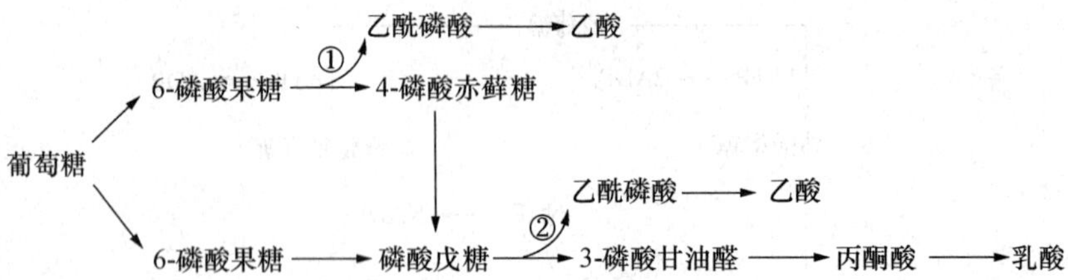

图 13-13 两歧双歧杆菌的双歧发酵途径

①6-磷酸果糖磷酸解酮酶 ②5-磷酸木酮糖磷酸解酮酶

降低温度时的发酵，在这些条件下除形成乳酸外，还生成乙醇、乙酸和甲酸。实际上，该菌先进行同型乳酸发酵，代谢至丙酮酸时，一部分生成乳酸，另一部分由丙酮酸甲酸裂合酶(PFL)催化，形成甲酸和乙酰 CoA。在有氧条件下，丙酮酸甲酸裂合酶失活，代之以丙酮酸脱氢酶(PDH)活化，产生 CO_2 和 $NADH_2$。

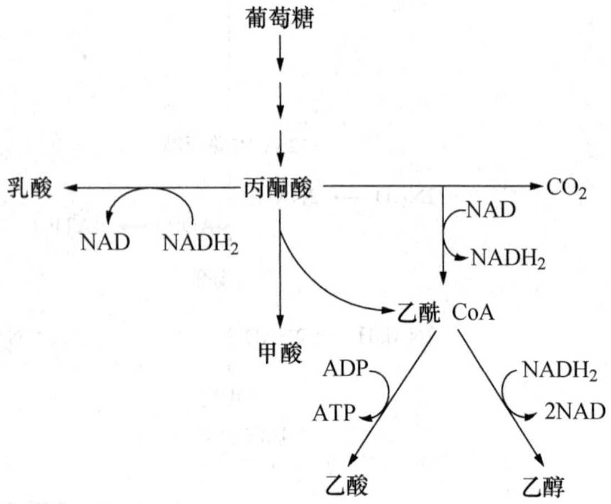

图 13-14 乳酸细菌的混合酸发酵途径

13.2.1.2 根霉

真菌中的根霉属菌种产生分解淀粉的酶系，故能直接利用淀粉质原料。米根霉(*Rhizopus oryzae*)、无根根霉(*R. arrhizus*)、伏氏根霉(*R. delmar*)、匍枝根霉(*R. stolonifer*)等除了产生乳酸外还同时产生乙醇、延胡索酸(富马酸)、琥珀酸、苹果酸、乙酸等杂酸，因而属于异型乳酸发酵类型，能在通气条件下自葡萄糖或蔗糖生产 *L*-(+)-乳酸。这些微生物具有淀粉分解酶活力，可把淀粉或含淀粉的原料转化为 *L*-(+)-乳酸。培养基中添加一定量无机氮源，如铵盐或硝酸盐，以及无机盐，不需要添加氨基酸和维生素等营养物质。根霉可以直接利用淀粉质原料生产 *L*-乳酸，但是产酸量低，副产物多，转化率低。

代表菌种是米根霉，米根霉的菌落疏松或稠密，最初为白色，后变为灰褐色至黑褐色，匍匐枝爬行，无色，假根发生，指状或根状分枝，褐色。孢囊梗直立或稍弯曲，2～4 根群生，与假根对生，有时膨大或分枝。囊托楔形，菌丝形成厚垣孢子，接合孢子未见。最适发育温度 37℃，41℃亦能生长。有淀粉糖化能力，发酵生产乳酸最适温度为 30℃。可利用无机氮，如尿素、硝酸铵、硫酸铵等。米根霉的糖代谢主要进行以下几种反应：

①正常呼吸，$C_6H_{12}O_6+6O_2 \longrightarrow 6CO_2+6H_2O$；

②同化作用(生成菌体)，干菌体量的 95%来自碳水化合物；

③延胡索酸发酵，$C_6H_{12}O_6+3O_2 \longrightarrow C_4H_4O_4+2CO_2+4H_2O$；

④酒精发酵，$C_6H_{12}O_6 \longrightarrow 2C_2H_5OH+2CO_2$；

⑤*L*-乳酸发酵，$C_6H_{12}O_6 \longrightarrow 2C_3H_6O_3$。

若抑制反应①、③和④反应，乳酸产率就可以提高。

米根霉产乳酸的机理如图 13-15 所示。

目前普遍认为，在米根霉的糖分解代谢过程中，主要包括 EMP 途径和 TCA 途径，并没有

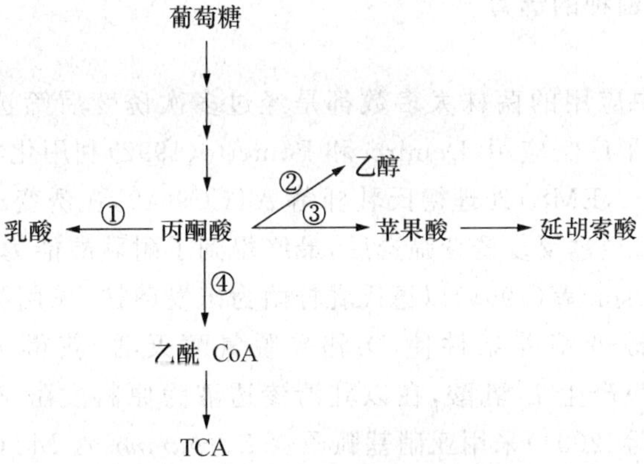

图 13-15 米根霉产乳酸的途径

①乳酸脱氢酶 ②丙酮酸脱羧酶、乙醇脱氢酶 ③丙酮酸脱氢酶 ④丙酮酸激酶

磷酸戊糖途径。在米根霉细胞内，存在 2 个独立调控的丙酮酸库：①基质丙酮酸库，丙酮酸可以进入乙醇、乳酸、草酰乙酸、苹果酸和延胡索酸合成途径；②线粒体丙酮酸库，丙酮酸进入 TCA 循环。随着外界条件的扰动，米根霉的代谢机制也发生着变化，如当葡萄糖浓度增大时，EMP 途径和进入乳酸合成途径的通量都相应增大。

13.2.1.3 乳酸细菌和真菌发酵工艺的比较

乳酸细菌和真菌发酵工艺的比较见表 13-4。

表 13-4 细菌和真菌(以米根霉为代表)发酵生产乳酸的比较

项目	细菌	米根霉
乳酸发酵类型	同型乳酸发酵或异型乳酸发酵	异型乳酸发酵
乳酸对映体构型	*L*-(+)-型、*D*-(−)-型或外消旋 *DL*-型	*L*-(+)-型
对原料要求	不产糖化酶；玉米、大麦等淀粉质原料需经酸、酶法预处理	产淀粉酶；可直接利用淀粉质原料，原料不需预处理
营养要求	复杂，需维生素、氨基酸、嘌呤、嘧啶、无机盐等生长因子	简单，需无机氮及少量无机盐
对氧的需求	厌氧或微需氧、发酵时不需通气和连续搅拌，动力消耗少。某些同型发酵细菌有氧时转异型发酵	生长和发酵需氧，通气搅拌能耗大，菌丝易缠绕成团，传质阻力大，氧和营养物质传递难，通气不良
对糖利用转化率	理论值 100%，实际值>90%，1 mol 葡萄糖产生 1.8 mol 乳酸	理论值 75%，2 mol 葡萄糖产生 1.5 mol 乳酸。一定条件下亦可转同型发酵，转化率接近细菌同型发酵
产酸速率	产酸速率较快，转化率高	产酸速率较慢，周期较长
产物分离提取	菌体细小，不易过滤，发酵液常因混入带消旋酶的其他杂菌使 *L*-乳酸消旋	菌丝体大，容易分离，很少有消旋酶的逆转作用，易得高纯度 *L*-乳酸。但发酵液中混有少量 *D*-乳酸及杂酸，导致分离、提取困难

13.2.1.4 乳酸产生菌菌种的选育

1. 诱变育种

目前，在发酵生产中应用的菌株大多数都是经过多次诱变后筛选的菌株。诱变技术在L-乳酸选育过程中得到了广泛应用。Demirci 和 Pometto(1992)利用化学诱变剂甲基磺酸乙酯(ethyl methane sulfonate，EMS)处理德氏乳杆菌 ATCC9649，在诱变过程中创新性地加入了突变稳定剂——咖啡因，经过反复诱变筛选后，最终得到了耐乳酸能力强、生长速率快以及转化率高的突变型。Severson 等(1995)以德氏乳杆菌为出发菌株，采用类似青霉素浓缩营养缺陷型的经典育种方法改变培养条件使 *D*-乳酸脱氢酶灭活，获得 *D*-乳酸脱氢酶缺陷型 ATCC55163，其特征是只产生 *L*-乳酸，在以乳清渗透液为原料发酵 20 h 后，乳酸浓度达到 77.8 g/L。Narayanan 等(2004)采用亚硝基胍诱变 *L. rhamnosus* MTCCl408 菌株，最终获得了一株只生产 *L*-乳酸的 ADH 突变株，其乳酸产量增加了 6.6%。白冬梅等(1999)采用紫外线和硫酸二乙酯(DES)联合诱变的方法，将根霉 SOI106 的糖化酶活力提高了 1.9 倍，产酸能力提高了 1.3 倍。诱变育种菌种突变的频率比自发突变有所提高(10^{-6}～10^{-3})，但是诱变剂所诱发的遗传性状的改变是随机的，筛选正向突变的工作量很大，是目前限制诱变育种应用的瓶颈因素。

2. 基因工程与代谢工程育种

采用代谢工程进行 *L*-乳酸菌种选育主要集中在 3 方面：一是过量表达 *L*-乳酸发酵途径中的关键酶——乳酸脱氢酶基因；二是灭活菌株在 *L*-乳酸发酵过程中的分支途径关键酶基因；三是引入外源 *L*-乳酸脱氧酶基因，使目标菌株产生 *L*-乳酸。Ferain(1994)等将携带 *L*-乳酸脱氢酶基因的多拷贝质粒引入到 *L. plantarum* 中，使菌株的酶活性提高了 13 倍，但乳酸的产量并没有得到提高。Lapierre 等(1999)采用基因缺失方法获得一株 *ldhD* 基因灭活的 *L. johusonii* 突变株，结果菌株完全丧失了 *D*-乳酸脱氢酶的活性，但 *L*-乳酸脱氧酶的活性却保留了下来，*L*-乳酸的产量仅有微小增加。

近年来，采用代谢工程手段将动物或乳酸菌的乳酸脱氢酶基因引入酵母菌(*Saccharomyces cerevisiae* 或 *Kluyveromyces lactis* 等)的研究也屡见不鲜。Ishida 等(2005)将 *L*-乳酸脱氧酶基因引入酵母菌使其发酵产生 *L*-乳酸，但转化率仅达到 60%左右。随后 Ishida 等将该基因重复串联到酵母基因组中，使酵母的 *L*-乳酸产量提高到 122 g/L。为了降低生产成本，利用五碳糖作为碳源生产 *L*-乳酸作为一条理想的途径，已被研究人员所关注，Sauer 等(2008)构建了一株含有瑞士乳杆菌 *L*-乳酸脱氢酶基因的毕氏酵母，此菌株可利用木糖(初始浓度为 100 g/L)产生乳酸，其产量达到 58 g/L，高于利用葡萄糖产生乳酸的水平。利用木糖代替葡萄糖发酵 *L*-乳酸是缓解目前粮食危机、降低 *L*-乳酸生产成本的一条良好途径。

3. 基因组改良

基因组改良技术是分子定向进化在全基因组水平上的延伸，它将改良的对象从单个基因扩展到整个基因组，因此，可以在更为广泛的范围内对菌种的目的性状进行优化组合。该技术通过传统诱变与细胞融合技术相结合，对微生物细胞进行基因组重组，遗传信息量大，从而大幅度提高微生物细胞的正向突变频率及正向突变速度，使得人们能够在较短的时间内获得高效的正向突变的菌株，因其不需要了解亲本详细的遗传背景以及便于操作等优点而受到人们极大的关注。

在 *L*-乳酸生产菌种的选育研究过程中，菌种的耐酸、耐糖等优良性状的调节机制是非常复杂的，很难通过基因工程和代谢工程达到育种目的。2002年，Patnaik等(2002)采用全基因组改组技术提高了乳酸杆菌的pH耐受性，在pH 4.0时产生的乳酸的量比野生型高出3倍。Wang等(2007)将经过紫外线与亚硝基胍诱变得到的一株干酪乳杆菌作为出发菌株，采用原生质体融合基因组改组技术，最终筛选得到的突变株在pH 3.8条件下，*L*-乳酸产量提高了3.1倍。Yu等(2008)采用基因组改组技术提高了干酪乳杆菌ATCCl1443菌株的耐糖能力，实验证明该菌株在以葡萄糖浓度为150 g/L的培养基中，*L*-乳酸产量较原始菌株提高了71.4%。目前，愈来愈多的科学家开始采用基因组改组技术进行改良微生物生物学特性的研究。

13.2.2 乳酸发酵

13.2.2.1 乳酸发酵所用的主要原料及培养条件

1. 碳源

乳酸生产用的碳源一般源自农产品加工副产品。使用精制原料还是粗原料，需根据具体情况，仔细权衡。美国一般选用葡萄糖或蔗糖作原料，欧洲和巴西则采用甘蔗糖和甜菜糖，用玉米湿磨产生的淀粉乳是很有竞争力的原料。不同的菌种对不同原料的利用不同，如葡萄糖适用于乳杆菌属中的同型发酵菌种，效率最高的是德氏乳杆菌德氏亚种，该菌亦可发酵蔗糖或糖蜜，但不能利用乳糖。德氏乳杆菌保加利亚亚种(旧称保加利亚乳杆菌)可发酵乳糖，因而可以利用乳清和乳清渗透液，但不能利用蔗糖，该种中有些菌株不能利用乳糖分子中的半乳糖部分。瑞士乳杆菌能利用乳糖和半乳糖，但不利用蔗糖。糖蜜是制糖过程的副产品，用作动物饲料、酒精生产和酵母生产原料以及乳酸发酵原料。糖蜜所含的糖主要是蔗糖，适用的菌种为德氏乳杆菌。

2. 氮源

一般的乳酸菌生物合成氨基酸、维生素、核苷酸等能力很差，因而在合成培养基上不易生长。往往需要在培养基中添加有机氮源丰富的酵母膏、蛋白胨、玉米浆、乳清蛋白水解物、棉籽水解液、植物蛋白胨等，它们富含乳酸菌所需要的氨基酸、维生素、嘌呤和嘧啶等类物质。常用的MRS培养基含有蛋白胨、牛肉膏和酵母膏，足以支持乳酸菌的生长。在以干酪乳清渗透液作碳源时，添加经蛋白酶水解的乳清蛋白水解物，可提高德氏乳杆菌保加利亚亚种发酵产生乳酸的浓度和产率。在添加的氮源中，以酵母膏为最有效，但酵母膏的价格相当高，估计可达乳酸生产成本的30%以上，对于像乳酸这样一种大宗低价的化学品来说，使用酵母膏是不经济的，需要添加价格相对低廉的氮源如大豆蛋白胨等。

3. 环境条件对乳酸发酵的影响

(1)pH的影响。pH对乳酸菌细胞生长和代谢的影响很大。从生产观点来看，要使乳酸获得最大产量，必须控制发酵过程的pH。乳酸菌耐pH范围在3.4～8.0，但就生长和产酸而言，pH应控制在5～7之间，不同菌株有不同最适pH。

(2)温度的影响。大多数乳杆菌在37～42℃时生长良好，而某些称为"嗜热"乳杆菌的乳酸菌，其生长温度上限为55℃。每一个种中的各个菌株之间的最适温度也稍有不同。和细菌发酵不同，真菌发酵产生乳酸时，控制的温度相对较低。采用米根霉生产乳酸时，发酵温度一般控制在30℃。若在40℃培养，米根霉的生长虽远比在30℃时要迅速，但会产生相当量的杂酸——延胡索酸，乳酸的产生反而不及在30℃时。

(3)氧的影响。以乳酸菌进行乳酸发酵时,发酵罐中氧的存在一般均应避免。在干酪乳杆菌中,有氧培养时,其最大的生长速度、葡萄糖利用和乳酸生产均较低。在有氧条件下,葡萄糖不能按等物质的量转化为乳酸,有相当数量的副产物如乙酸、甲酸、CO_2 和乙醇生成,使乳酸转化率下降。与乳酸细菌的发酵不同,米根霉的乳酸发酵则是需氧发酵,发酵罐要通气加搅拌。如果培养过程中没有足够的氧气,则会产生乙醇。米根霉的葡萄糖厌氧发酵产生等物质量的乳酸、乙醇和 CO_2,有氧时,乳酸的转化率增加,乙醇的产生则相应减少。

(4)搅拌的作用。对米根霉这类有氧发酵生产乳酸的菌种而言,搅拌是必不可少的。但对细菌发酵生产乳酸,搅拌并不是关键性的,但有时搅拌也是需要的,如采用乳清作原料时,许多营养物质呈不溶状态,为使这些固形物质均匀悬浮,需加以搅拌。当雷诺准数(Reynolds number)达到 10 000 时(发酵液处于湍流状态),由于养料处于悬浮状态,产酸速率有所增加。

13.2.2.2 乳酸发酵的常用工艺

1. 分批发酵工艺

分批发酵是目前或相当一段时间内发酵生产乳酸的最主要工艺。在欧洲,一直使用分批发酵法生产乳酸。在美国,分批发酵工艺已经使用了五六十年之久。国内亦一直采用这一工艺生产乳酸。

(1)单菌种发酵。国内大多数乳酸生产厂家均采用德氏乳杆菌生产 *DL*-乳酸,其优点是大规模降低能耗,从而降低乳酸的生产成本。

①玉米原料发酵技术。玉米经高压喷射液化及糖化得糖化液,泵入板框过滤机进行过滤。过滤残渣可用作饲料,清糖液打入发酵罐。调整糖浓度,使糖含量达到 8%～10%,添加 10% 的米糠,冷却降温至 50℃,接入已培养好的乳酸菌种,接种量为 10%,接种 4 h 后测 pH。在缓慢搅拌状态下,添加石灰粉,中和至 pH 4.8,再加碳酸钙,继续发酵。整个发酵保持温度 50℃,pH 4.0～5.5,每隔 2 h 搅拌一次,每次 5～10 min,发酵前期碳酸钙的添加量稍大些,后期稍小些。发酵周期控制在 55～75 h,转化率≥90%。

②葡萄糖原料发酵技术。美国 Inskeep 等(1952)报告的采用德氏乳杆菌以葡萄糖为原料发酵生产 *DL*-乳酸的技术如下:试管菌种接入 500 mL 摇瓶中,再接入装有 3 L 培养基的 6 L 摇瓶中,培养 24 h 后,6L 摇瓶种子接入带垂直搅拌器的不锈钢套发酵罐,内盛 375 加仑(1 420 L)培养基,培养基组成如下:葡萄糖 15%,大麦芽 0.375%,$(NH_4)_2HPO_4$ 0.25%,H_2O 74.375%,用 10%$CaCO_3$ 作缓冲剂,调 pH 5.8～6.0,49℃培养 24 h,接种至相同成分的发酵培养基中。按 1 个发酵罐接入容积为 6 600 加仑(24 980 L)发酵罐,或者 3 个 375 加仑(共 4 260 L)接入 1 个 30 000 加仑(113 550 L)发酵罐中。小发酵罐装液量为 4 600 加仑(17 400 L)装液量 70%,接种量 8.2%,大发酵罐装液量为 24 000 加仑(90 840 L)装液量为 80%,接种量 4.7%。还原糖从 15%降至 0.10%时,发酵结束。培养液加热到 83℃以杀死菌体。发酵时间为 4～6 d,*DL*-乳酸浓度为 120～135 g/L,底物转化率为 0.80～0.90 g/g。

分批发酵时,随着产物浓度的增加,造成产物的抑制作用。乳杆菌属中各个菌种、乳酸乳球菌乳脂亚种(乳脂链球菌)、粪链球菌中均发现有此类抑制作用。另外,培养基中过高的起始葡萄糖浓度也会抑制菌体的生长和乳酸的产生。

(2)混合菌种发酵。Javanainen 和 Linko(1995)把食淀粉乳杆菌同不产生淀粉水解酶的干酪乳杆菌混合发酵。大麦粉浓度 180 g/L(约为 108 g/L 淀粉)、大麦芽量 0.8%(大麦面粉质量),培养基中不添加任何氮源、维生素或无机盐等营养,37℃发酵 48 h,乳酸浓度达

36 g/L，比单独接种食淀粉乳杆菌或干酪乳杆菌乳酸产量提高了 20%。Tsai 等把经过筛选、选育驯化得到的 5 株乳酸产生菌株，乳酸乳杆菌（*L. lactis*）ST1510、干酪乳杆菌（*L. casei*）RC1020、德氏乳杆菌（*L. delbrueckii*）RC1230、瑞士乳杆菌（*L. heLveticus*）RC1260 和干酪乳杆菌（*L. csaei*）RC1040 等量混合，称 LBM5。分批培养，起始葡萄糖浓度为 110 g/L，24.5 h 发酵完成，葡萄糖消耗至<0.1 g/L，得乳酸浓度为 99.2 g/L，显著高于 5 株菌种中最优的一株乳酸乳杆菌 ST1510 单独发酵时所得到的产率 3.1 g/(L·h)。

混合菌种发酵的优点可能是由于各个菌株的共生互惠关系，这是提高乳酸产率的有效途径之一。

(3)米根霉的分批发酵。米根霉用于乳酸的工业生产有着悠久的历史。米根霉能把葡萄糖转化为乳酸，亦能把淀粉直接转化为乳酸。1964 年，美国 Miles Laboratories 报道了以米根霉发酵葡萄糖生产乳酸的工艺：接种孢子浓度为 2×10^6 个/mL，采用气升式发酵罐，发酵 48 h 后，*L*-(+)-乳酸的产率达到 1.07 g/(L·h)。菌球体可反复使用，一个发酵周期结束后，停止通气，菌球体随即沉淀，由气升式发酵罐底部放掉发酵液，并加入等体积新鲜培养基，即可进行第二轮发酵，反复进行 9 个发酵周期，约 14 d，在前 6 个周期中，平均产酸率为 2.02 g/(L·h)。

2. 连续发酵工艺技术

在培养过程中，不断向发酵罐或串联的发酵罐组中以恒定的流速泵入新鲜培养基，同时以相同的流量连续出料，从而保持培养过程处于稳定状态，这就是连续发酵。连续发酵技术克服了在分批发酵中存在的产物(乳酸)和底物(葡萄糖)抑制现象，从而提高乳酸的产率、浓度和转化率。

1966 年 Childs 和 Welsby 采用德氏乳杆菌，以水解玉米淀粉为原料，进行了单级连续发酵试验，得到的产率为 3.7 g/(L·h)，紧接着其又进行了二级连续发酵试验，最终使乳酸产率达到 4.3 g/(L·h)，比相同条件下的分批发酵提高了 60%。Major 和 Bull(1985)在连续搅拌发酵罐中用德氏乳杆菌 NRRL-B445 发酵葡萄糖生产乳酸的研究中，稀释率在 0.35～0.40 h^{-1}之间，最大乳酸产率为 8.93 g/(L·h)，最大生物量产率为 1.40 g/(L·h)。

有研究学者对半连续乳酸发酵技术进行了研究。采用德氏乳杆菌保加利亚亚种作发酵菌种，以干酪乳清作碳源，添加水解牛奶和维生素，发酵过程中将上一批发酵中 10%～80%体积的发酵液作为种子加到下一批发酵培养基中，再补加新鲜培养基至原发酵液体积，在 40%～50%的接种量，5～9 次发酵周期情况下，乳酸的产率可达到 5 g/(L·h)。

连续发酵取消了乳酸菌的生长延迟期，因而可高速繁殖并产生更多的乳酸，并且减少了乳酸对生长细胞的抑制作用，提高了生产效率。同时，因为减少了分批培养时每次清罐、消毒、接种等操作所需的时间，提高了设备利用率。再则，连续发酵的操作方便，有利于培养过程的自动控制。缺点是在长期多次连续发酵中，所培养的微生物可能会发生变异、退化，另外，也增加了染菌机会，一旦发生这种情况，其损失也较大。

在连续发酵工艺中，还可把连续搅拌发酵罐同细胞分离装置偶合起来，组成细胞循环反应器。这一套细胞分离装置将回收的细胞连续返回反应器中。整套结构的优点在于几乎全部保留细胞，免去细胞被洗去的危险，可以使稀释率远远超过最大生长率。采用这一系统后，乳酸产率比分批培养或其他连续培养装置高出好几倍。

3. 固定化细胞反应器工艺技术

把细菌或霉菌包埋于聚合物材料而固定化，或者将细胞附着于固体支持物上形成生物膜，从而改进乳酸发酵的产率，有关这方面的研究已有多年，并已取得相当的进展。与传统游离细胞发酵相比，细胞固定化避免了从发酵液中分离细胞的需要，也可避免在循环使用细胞体系中所碰到的膜结垢而损膜效率的缺点。固定化细胞生产乳酸反应器具有体积小、效率高、能提高产率和转化率的特点，是实现乳酸生产工艺过程的连续化、自动化的重要途径。细胞固定化要达到几个目标：①在连续生产发酵罐中，能达到很高的细胞密度，因而也就可以应用高进料流率；②在相当长一段时间里，细胞可反复、多批次地利用；③固定化体系可保护细胞免遭不良环境的损害。

最常用的固定化基质是海藻酸，其他有卡拉胶、琼脂、聚丙烯酰胺等。细胞的固定化可以使被固定细胞处于一个相对稳定的生存环境之中。与固定化细胞配合使用的生物反应器有多种，如带搅拌的发酵罐、填充床、流化床等。浙江大学的张定丰等(2004)进行了固定化米根霉*L*-乳酸发酵的系列研究，他将米根霉固定在生物转盘反应器上，这种吸附法生物转盘反应器的*L*-乳酸发酵工艺具有发酵速率快，*L*-乳酸得率高，既可以用于连续发酵又能用于间歇发酵等优点。该研究组还采用海藻酸钙包埋固定化米根霉 NRRL-395，菌丝在颗粒表面形成一层菌丝膜，有利于氧气和其他营养物质的传递，最终产酸速率可达 16～18 g/(L·h)，转化率为70%～80%。反应器的生产能力约为传统搅拌罐的 3 倍，可连续运转两周。另外，他还创新地采用了聚氨酯泡沫吸附固定化米根霉，实验表明聚氨酯泡沫是米根霉的良好载体，具有经济、高效等优点。另外，聚氨酯泡沫固定化菌体的通透性和强度均优于海藻酸钙。

13.2.2.3 乳酸发酵的新工艺

1. 电渗析发酵法生产乳酸技术

在乳酸发酵中，由于产物乳酸的积累，发酵液的 pH 逐渐下降，结果使乳酸的产生受到抑制。为防止这种抑制作用，通常采用 $CaCO_3$、NaOH 或 NH_4OH 等碱加以中和。在工业规模的乳酸发酵过程中，多以过量的 $CaCO_3$ 来阻止发酵液 pH 的下降，$CaCO_3$ 与乳酸反应，生成乳酸钙，导致乳酸提取和精制复杂化。电渗析发酵(electrodialysis fermentation, EDF)法则是从发酵液中不断地移走所产生的乳酸，使发酵液的 pH 保持在一个合理的值。

EDF 发酵系统主要由发酵罐、电渗析装置、pH 控制装置、直流电源、微孔过滤装置、浓缩液贮存罐、循环泵等组成。发酵液 pH 由 pH 控制装置加以控制。电渗析装置由直流电源转换器控制。随着乳酸从培养液向浓缩液贮存罐方向移动，pH 超过设定值时，转换器断开电源。这样连续地从培养液中移去乳酸，使培养液中的乳酸保持较低的水平。

电渗析发酵法生产乳酸是乳酸发酵与电渗析分离偶合的工艺，优点是可使发酵产物乳酸实现在线分离。即一边进行发酵生产，一边进行产物分离，能有效地消除产物乳酸的抑制作用。电渗析法过程简单，消耗工业原料少，无污染，易于工业放大，实现自动化连续操作。

2. 萃取发酵法生产乳酸技术

萃取发酵是采用有机溶剂在线连续移去发酵产物，从而降低终产物的抑制作用。萃取发酵具有能耗低、选择性好及无细菌污染等优点。对于带羧基(—COOH)的有机酸，这种萃取发酵法是相当合适的。Yabaanavar 等(1987)采用叔胺 Alamine 336(三辛胺至三癸胺的混合物)及油醇混合物从德氏乳杆菌发酵液中有效地移去乳酸，但 Alamine 336 对菌体细胞有轻微毒性，会影响发酵效率。最终 Yabaanavar 采用 K-卡拉胶将菌体包埋，使细胞同不混溶的溶剂相之间的直接接触减小，从而使溶剂的毒性影响降至最低。采用 15% Alamine 336/油醇萃取后再用反萃取剂 NaOH(NaOH：溶剂=1：10)反萃取，得到乳酸钠 90 g/L，回收率达 100%。

3. 膜循环生物反应器发酵工艺技术

把连续搅拌罐反应器同细胞循环膜组件相偶合的这种工艺称为膜循环发酵。Mehaia 等(1986)用保加利亚乳杆菌发酵干酪乳清渗透液中的乳糖，生产乳酸(图 13-16)。连续搅拌罐中的流加速度与流出速率相等，使发酵液体积保持恒定，发酵温度 45℃，并流加 8 mol/L NH_4OH，使 pH 维持在 5.6，菌体细胞经高效膜生物反应器循环。细胞浓度在 10 g/L 时，乳酸的产率为 35 g/(L・h)；细胞浓度提高到 30 g/L，稀释率为 1 h^{-1}，可完全利用底物；细胞浓度达到 60 g/L 时，产率可达到 80 g/(L・h)以上，底物可全部利用。

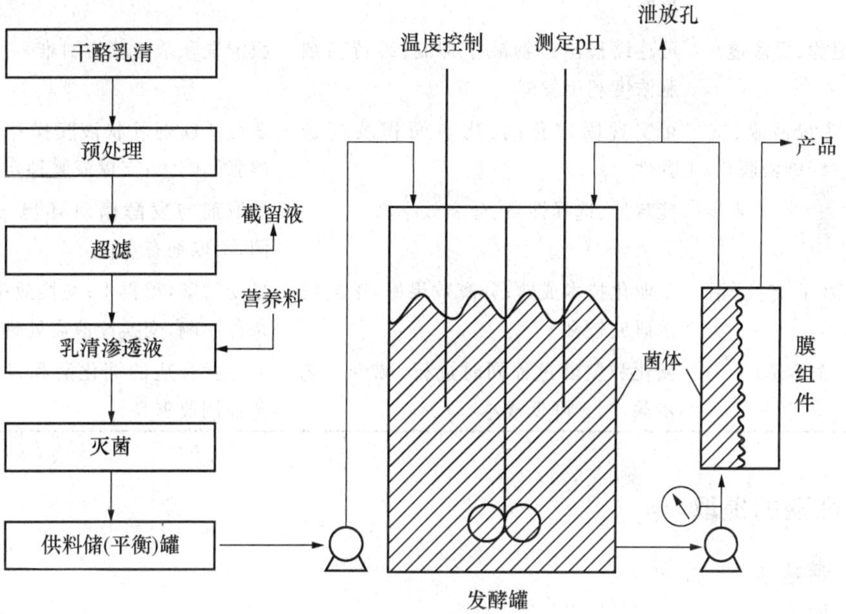

图 13-16　把干酪乳清转化为乳酸的膜循环发酵系统示意

4. 同时糖化发酵工艺技术

同时糖化发酵工艺(simultaneous saccharification and fermentation，SSF)简化了单独用糖化酶糖化淀粉的工序，把它与乳酸发酵结合起来，在液化后加糖化酶的同时就进行乳酸发酵，从而节省整个工艺时间、节约了设备投资，降低了运行成本。另有一个好处是避免了初糖浓度过高造成对发酵的抑制作用。SSF 还常用于廉价的纤维素原料，纤维素原料经预处理，再加纤维素酶复合物糖化，得到葡萄糖进行乳酸发酵。米根霉本身产糖化酶，能同时糖化、发酵玉米等淀粉质原料生产 *L*-(+)-乳酸。少数几种乳酸菌如食淀粉乳杆菌、嗜淀粉乳杆菌也能产生糖化酶，因而也可以进行同时糖化发酵产乳酸，但大多数乳酸菌并没有淀粉分解能力。

Linko 和 Javanainen(1996)采用相当简便的 SSF 法，把淀粉进行干热，同时利用 α-淀粉酶液化，糖化酶糖化和干酪乳杆菌发酵，接种量 10%，发酵时间 47 h，最终由 130～170 g/L 大麦淀粉，产生了 140～162 g/L 乳酸，转化率达到 98%。在此发酵过程中，由于葡萄糖是陆续产生的，因而避免了葡萄糖浓度过高导致的乳酸发酵抑制现象。

综上所述，发酵法生产乳酸各种技术优缺点比较，如表 13-5 所示。

表 13-5 发酵法生产乳酸各种技术优缺点比较

发酵方法	优点	缺点
发酵-钙盐法	工艺技术成熟	工艺繁多，污染大；产品质量不稳定，固体废料多；成本高
固定化法	减少细菌流失，利于稳定和连续化生产	固定化载体稳定性要求高；传递阻力和接触面积问题对菌种的生产能力有影响
电渗析发酵	不需要中和沉淀，简化了后处理工艺；缩短了发酵周期；易于实现连续化生产	电力能量消耗大；产生大量盐类副产物；膜污染影响生产效率和成本
膜法发酵（超滤、反渗透）	可连续移出产物减小抑制；维持高细胞浓度利于发酵	膜清洗和杀菌较为困难
液膜萃取（乳状液膜、支撑液膜、中空纤维液膜）	可实现固定化；大比表面积及高选择性	表面活性剂乳状液膜操作复杂，渗透溶胀影响大；支撑液膜稳定性不足
萃取发酵	能耗低、选择性高、分离效率高	萃取剂与发酵菌对环境 pH 要求不同；萃取剂有毒性
吸附发酵（离子交换、活性炭等）	工业化技术成熟；分离效果好，工艺技术研究较多	易受污染，需再生；交换效率易受进料条件影响；交换废液需处理
同时糖化发酵（SSF）	糖化和发酵过程同时进行，减少工艺步骤，利于降低成本	需寻找合适的糖化酶和发酵菌种；工艺控制要求高

13.2.3 乳酸的提取

13.2.3.1 钙盐法

反应式如下：

中和：$2C_3H_6O_3 + CaCO_3 \longrightarrow Ca(C_3H_5O_3)_2 + H_2O + CO_2$

酸解：$Ca(C_3H_5O_3)_2 + H_2SO_4 \longrightarrow 2C_3H_6O_3 + CaSO_4$

1. 细菌乳酸发酵液的预处理

乳酸菌本身不耐酸，细菌乳酸发酵一般是在过量 $CaCO_3$ 存在的条件下进行的，乳酸与 $CaCO_3$ 反应生成含 5 个水的水合型乳酸钙。由于杂质的存在，发酵终了时，发酵液变稠。尤其在初糖浓度高时，会使整个发酵液固化，给后续处理带来麻烦。因此当发酵乳酸菌活动减弱，发酵温度开始下降时，要及时升温至 90～100℃，并加入石灰乳，将 pH 调高至 9.5～10.0。然后在 70～80℃下经板框压滤，滤液进一步处理后提取得到乳酸。

2. 根霉乳酸发酵液的预处理

米根霉发酵至终点时，将发酵液移至贮罐内，升温至 80～90℃，用预热过的板框压滤机过滤。滤饼用少量热水洗涤，压干滤饼。将洗涤水和滤液混合，获得过滤液。

将上述乳酸钙盐粗滤液进一步过滤、活性炭吸附脱色处理、蒸发浓缩，然后加入 H_2SO_4 酸化，产生硫酸钙石膏沉淀和粗乳酸，过滤除去硫酸钙、粗乳酸再经活性炭脱色，通过阴离子树脂柱去除 Cl^- 和 SO_4^{2-} 等无机阴离子，再通过阳离子交换树脂去除 Ca^{2+} 和 Fe^{3+} 等金属阳离子，浓缩蒸发制成工业级和食品级乳酸。

该工艺优点是工艺成熟,易于控制。但该工艺有如下缺点,工艺流程长,消耗化工原料多,工人劳动强度大,环境污染严重,特别是产品得率低。国内一般乳酸得率为40%~45%,有的还在40%以下。而且,每生产1 t乳酸,会产生1 t石膏渣,对环境构成污染。

13.2.3.2 溶剂萃取法

用有机溶剂载体进行乳酸萃取是目前乳酸提取的主要方法。有机溶剂载体主要有4种,即溶剂化载体、阴离子活性载体、阳离子活性载体以及螯合型载体。用于乳酸萃取效果较好的载体有:HostarexA 327(一种叔胺)、Alamine 336(三辛胺至三癸胺的混合物)、Amberlite LA-2(仲胺)、Cyanex 923(氧化三辛基磷和氧化三庚基磷的混合物)等。载体和乳酸形成特定的载体-乳酸复合物后,被有机相萃取,再用水、稀盐酸、稀硫酸或氢氧化钠溶液反萃取。即可获得纯净的稀乳酸液,经真空浓缩后即成为成品乳酸。目前国外较大型的乳酸厂家均采用有机溶剂萃取方式提取乳酸。

近年来,又出现一些新的萃取技术如双水相萃取、反胶团萃取、液膜分离萃取、膜萃取和超临界萃取等。这些技术主要应用在以下2个方面:利用无毒或低毒的萃取剂与发酵过程同步提取产物。液膜分离技术的研究,即利用与水不互溶的有机溶剂形成的膜来选择分离水溶液中乳酸的方法。该法在乳酸的提取过程不需要对料液进行预处理,可以直接对发酵液进行分离提取。

13.2.3.3 酯化法

一般认为钙盐法提取的乳酸尚不能满足一些对乳酸有耐热性要求的工业用途,如用于焙烤食品、聚合物工业以及其他一些附加值高的工业用乳酸产品。乳酸或乳酸钙在催化剂存在的条件下,即使在较低的浓度下也易与低级醇形成酯,酯遇热又会水解成酸。根据上述原理,Tik等在分馏塔中注入粗品乳酸和少量硫酸的混合溶液,下端通入甲醇厚蒸汽,再将馏出的水、甲醇和酯的混合物引入分馏塔,使甲醇完全分馏出来,而水和酯的共沸混合物则被导入水解器中,通过水蒸气进行水解,即可得到纯净的乳酸水溶液,水解出来的甲醇通过另一分馏塔与前述分馏塔馏出的甲醇混合后可再回收于酯化反应。该工艺乳酸的收率达到90%以上,且乳酸成品的纯度较高。但是,由于甲醇是有毒、易燃、易爆的溶剂,因此对设备和操作要求比较严格。

13.2.3.4 离子交换法

离子交换技术作为一种有效的纯化手段,在提纯乳酸上有着广泛的应用,该法选择性高,交换容量大,操作简便,易于自动控制。华侨大学的陈碧娥等(2007)将米根霉发酵液滤去菌体后经活性炭脱色处理,直接用离子交换树脂除钙,再经阴离子交换树脂去杂,连续从发酵液中提取乳酸,经真空浓缩,获得了质量较好的产品,提取率达到70%以上,不仅节省了大量的设备和劳力,而且不产生副产物石膏残液污染环境。Cao Xunjun等发现在pH高于和低于pK_a(酸度系数,3.86)两种情况下,阴离子交换树脂Amberlite IRA-400对发酵液中L-乳酸的吸附机理不同。与钙盐法相比,离子交换有着巨大的进步,杜绝了$CaSO_4$的产生,收率也可达到85%以上,缺点在于树脂的再生会产生大量的废液,对环境造成影响,另外随意的延续,树脂的交换能力会逐渐减弱,需要定期更换。

13.2.3.5 电渗析法

与离子交换不同的是,电渗析依靠电场的推动力,并且将具有选择性透过的离子交换膜代替离子交换树脂。这种离子交换膜的选择作用包括空隙选择和电荷选择 2 个方面。孔隙选择相当于半透膜,而电荷选择则类似于离子交换作用。如阳离子交换膜因电离出阳离子而带负电,溶液中的阳离子则可以在膜上发生交换,在电场推动下,可通过阳离子交换膜运动,达到阴离子交换膜(带正电)时被截留。反之,阴离子交换可以让阴离子进行交换和穿过,直至被阳离子膜截留。

电渗析法工艺省略了钙盐法发酵浓缩、结晶和酸解等工序,大大降低了劳动强度、减少环境污染,提高了产品收得率。使乳酸提取总得率在 80%左右。同时,由于离子交换膜的选择渗透性,除去了一些糖、蛋白质、无机盐等杂质,使得产品的质量得以提高。缺点是运行费用较高,尚需筛选高效耐用的离子交换膜和高交换容量的阴离子交换树脂,以吸附除去 Cl^-。

1986 年 Motogoshi Hongo 等报道了电渗析发酵法生产乳酸的新方法,揭示了电渗析用于提取乳酸盐和乳酸的可能性。南京大学的王传怀等设计的四通道电渗析器用于提取乳酸的研究取得了令人满意的结果,乳酸电渗析步骤得率为 91.80%,乳酸提取总得率可达 80%,实验所得乳酸产品的质量符合英国药典标准。

除电渗析中用到的电场驱动膜外,压力驱动膜如微滤、超滤等在乳酸提取中用得越来越广泛,电渗析技术对进料要求高也使其在应用上受到一定的限制,超滤和微滤这种高效分离装置可作为一种电渗析的预处理手段,截留发酵液中未发酵的原料颗粒、残糖、蛋白质等大分子有机物,减轻后续处理工作的难度。

第14章

氨基酸发酵生产

氨基酸是构成蛋白质的基本单位，广泛应用于医药、食品及其调味剂、动物饲料、化妆品的制造。例如多种复合氨基酸制剂可通过输液治疗营养或代谢失调，谷氨酸钠和甘氨酸可用作调味剂，甲硫氨酸等必需氨基酸可用于制造动物饲料，苯丙氨酸与天冬氨酸可用于制造低热量二肽甜味剂（α-天冬酰苯丙氨酸甲酯），苯丙氨酸与氮芥子气合成的苯丙氨酸氮芥子气对骨髓肿瘤治疗有效，且副作用低。此外，一些氨基酸还是制作牙膏和香波等的原料。

氨基酸生产的大国为日本和德国。日本的味之素、协和发酵及德国的德固沙是世界氨基酸生产的三巨头。它们能生产高品质的氨基酸，可直接用于输液制剂的生产。我国的谷氨酸钠（味精）产量居世界首位，赖氨酸产量也居世界前列。国内虽有不少生产氨基酸的厂家，但由于工艺技术相对滞后，与国际先进水平仍有一定的差距。

14.1 谷氨酸发酵

L-谷氨酸是生物机体内氮代谢中最重要的氨基酸之一，是连接糖代谢与氨基酸代谢的中间产物。*L*-谷氨酸单钠，通称味精，具有强烈的鲜味，作为调味品，广泛应用于烹饪和食品加工中。

1866年德国人H. Ritthausen用硫酸水解小麦面粉，分离到一种酸性氨基酸，依据原料的取材，将它命名为谷氨酸。1872年Hlasiwitz和Habermaan用酪蛋白水解也制得谷氨酸。1908年日本池田菊苗在探讨海带汁鲜味时，得到了谷氨酸，开始制造"味之素"。1910年日本味之素公司用水解面筋法生产谷氨酸，1936年美国从甜菜废液中提取谷氨酸，1954年多田、中山俩人报告了采用微生物直接发酵谷氨酸的研究。

1956年日本协和发酵公司的木下祝郎分离选育出一种新的细菌——谷氨酸棒杆菌，能同化利用100 g葡萄糖，直接发酵并积累40 g以上的谷氨酸。随后进行了工业化研究，1957年发酵法制取味精正式商业化生产。

谷氨酸发酵生产的原料广泛，甘蔗或甜菜糖蜜、淀粉、醋酸、乙醇等均可用于谷氨酸发酵生产，目前主要以糖蜜、淀粉为原料。

我国味精生产始于1922年，采用酸水解面筋法制得，新中国成立前一直沿用此法，规模很小，1949年全国味精总产量不到500 t。1965年发酵法生产味精取得成功，投产后生产成本大幅度降低，生产规模迅速扩大。2001年味精产量达90万t，居世界首位，发酵单位平均90.5 g/L，接近国际先进水平。

14.1.1 谷氨酸的生产菌种

14.1.1.1 谷氨酸产生菌的共同特征

谷氨酸产生菌在细菌分类学中属于芽孢杆菌属(*Bacillus*)、小球菌属(*Micrococcus*)、短杆菌属(*Brevibacterium*)、棒状杆菌属(*Conynebacterium*)、节杆菌属(*Arthrobacter*)和小杆菌属(*Microbacterium*),其中后四个属的微生物是研究和应用较多的谷氨酸生产菌。虽然这些细菌在分类学中分布于不同属中,但它们都具有共同的生物学特征:细胞呈球形、棒形或短杆状,革兰染色阳性,无芽孢,无鞭毛,不能运动。

14.1.1.2 常见谷氨酸发酵菌种的发酵特性

目前我国谷氨酸发酵与味精生产中最常见的生产菌种是北京棒杆菌 AS1.299(*Corynebacterium pekinense* AS1.299)、钝齿棒杆菌 AS1.542(*Croynebacterium crenatum* AS1.542)和黄色短杆菌 T6-13(*Brevibacterium flavum* T6-13)。

1. 北京棒杆菌 AS1.299

化能异养型,能利用葡萄糖、果糖、甘露糖、麦芽糖、蔗糖以及乙酸、柠檬酸作为碳源迅速进行谷氨酸发酵,不分解淀粉、纤维素、油脂和明胶。铵盐和尿素均可作为氮源,能还原硝酸盐,不同化酪蛋白。要求多种无机离子,硫胺素具有明显的促生长作用。好氧或兼性厌氧,过氧化氢酶反应阳性。低于 20℃或高于 41℃生长缓慢,最适生长温度 30～32℃,在 pH 5～11 范围均可生长为,最适生长 pH 6.0～7.5。在含 7.5% NaCl 或 2.6%尿素肉汁培养基中生长良好,10% NaCl 或 3%尿素影响生长。不受钝齿棒杆菌 AS1.542 噬菌体侵染。

2. 钝齿棒杆菌 AS1.542

化能异养型,能利用葡萄糖、果糖、甘露糖、麦芽糖、蔗糖、水杨苷、七叶灵以及乙酸、柠檬酸、乳酸、葡萄糖酸、延胡索酸等作为碳源迅速进行谷氨酸发酵,不分解淀粉、纤维素、油脂和明胶。铵盐和尿素均可作为氮源,能还原硝酸盐,不同化酪蛋白,要求多种无机离子。好氧或兼性厌氧,过氧化氢酶反应阳性。20～37℃生长良好,最适生长温度 30℃,39℃生长微弱。在 pH 6～9 范围内均生长良好,10% NaCl 或 3%尿素影响生长。不受北京棒杆菌 AS1.299 噬菌体侵染。

北京棒杆菌 AS1.299 和钝齿棒杆菌 AS1.542 均首先由中国科学院微生物所分离筛选获得,后经沈阳、上海、杭州味精厂,天津工业微生物研究所等进一步选育后用于生产。

14.1.2 谷氨酸的生物合成途径

谷氨酸的生物合成涉及糖酵解作用、戊糖磷酸途径、三羧酸循环、乙醛酸循环和丙酮酸羧化支路(CO_2 固定反应)等(图 14-1)。

14.1.2.1 生成谷氨酸的主要酶反应

在谷氨酸发酵中,生成谷氨酸的主要酶反应有以下 3 种。

(1)谷氨酸脱氢酶(GHD)所催化的还原氨基化反应。α-酮戊二酸和氨化作用生成 α-亚氨基酸,α-亚氨基酸被还原成 α-氨基酸,这一反应称为还原氨基化反应。

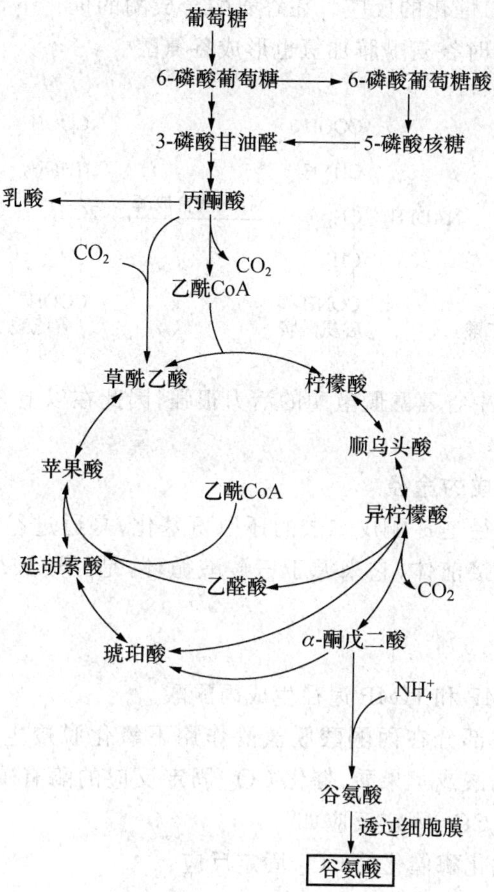

图 14-1　由葡萄糖合成谷氨酸的代谢途径

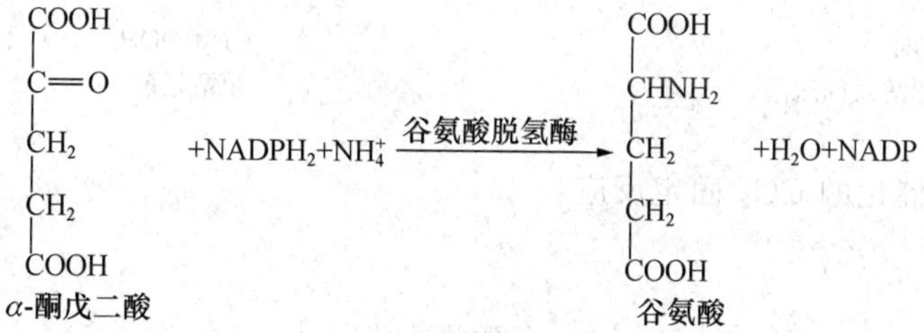

(2)转氨酶(AT)催化的转氨基反应。由转氨酶催化,使一种氨基酸的氨基转移给α-酮戊二酸,形成谷氨酸。

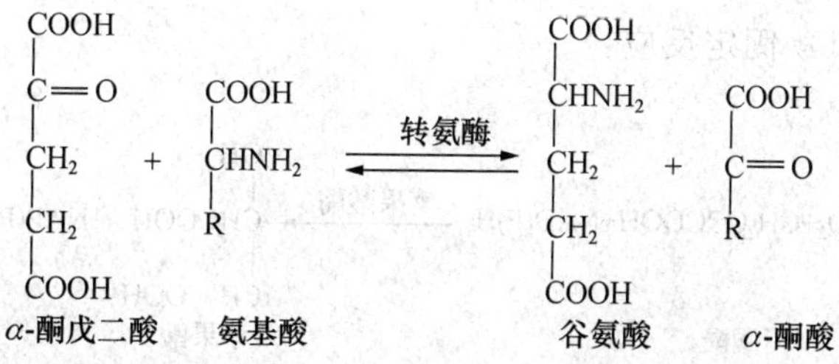

(3)谷氨酸合成酶(GS)催化的反应。在谷氨酸合成酶的催化下，由谷氨酰胺提供氨基，使α-酮戊二酸形成谷氨酸，同时谷氨酰胺加氢也形成谷氨酸。

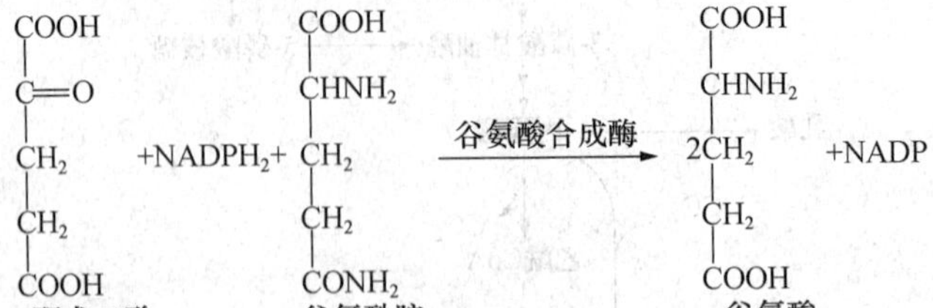

α-酮戊二酸　　谷氨酰胺　　谷氨酸

由于在谷氨酸生产菌中谷氨酸脱氢酶的活力很强，因此在以上 3 个反应中，还原氨基化是主导反应。

14.1.2.2 谷氨酸生物合成的途径

谷氨酸合成的主要途径是α-酮戊二酸的还原氨基化，是通过谷氨酸脱氢酶完成的。α-酮戊二酸是谷氨酸合成的直接前体，它来源于三羧酸循环，是三羧酸循环的一个中间代谢产物(图 14-1)。

由图 14-1 可知：

(1)葡萄糖首先经 EMP 和 HMP 途径生成丙酮酸。

(2)生成的丙酮酸，一部分在丙酮酸脱氢酶作用下氧化脱羧生成乙酰 CoA，另一部分经 CO_2 固定反应生成草酰乙酸或苹果酸，催化 CO_2 固定反应的酶有磷酸烯醇式丙酮酸羧化酶、丙酮酸羧化酶、苹果酸酶，CO_2 固定反应如下：

磷酸烯醇式丙酮酸羧化酶催化的 CO_2 固定反应：

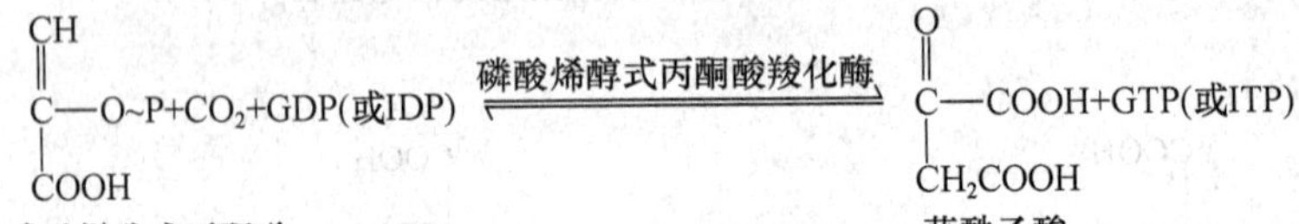

磷酸烯醇式丙酮酸　　草酰乙酸

丙酮酸羧化酶催化的 CO_2 固定反应：

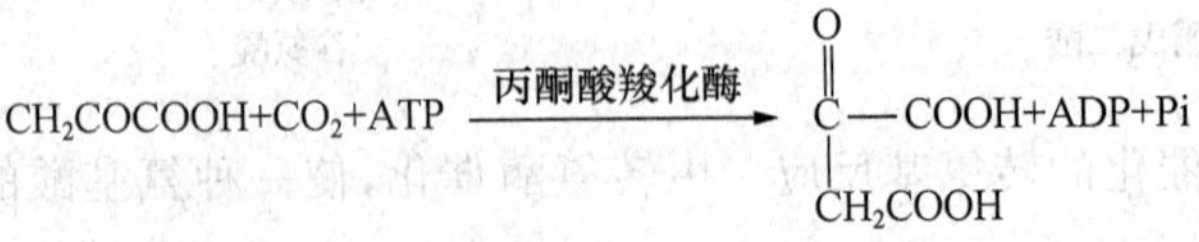

丙酮酸　　草酰乙酸

苹果酸酶催化的 CO_2 固定反应：

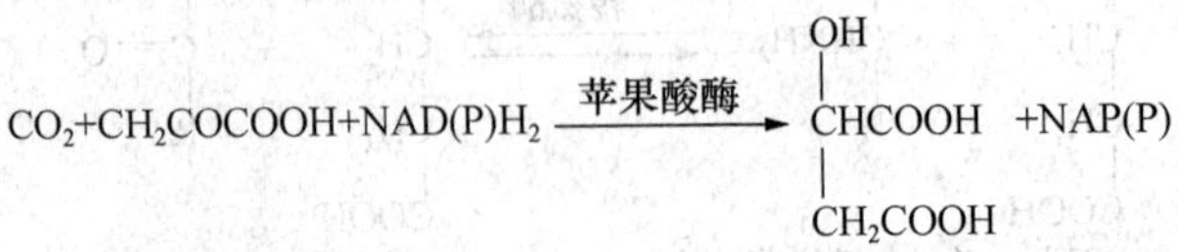

丙酮酸　　苹果酸

(3)草酰乙酸与乙酰 CoA 在柠檬酸合成酶催化下，缩合成柠檬酸，进入三羧酸循环，柠檬酸在顺乌头酸酶的作用下生成异柠檬酸，异柠檬酸再在异柠檬酸脱氢酶的作用下生成 α-酮戊二酸。

(4)α-酮戊二酸在谷氨酸脱氢酶作用下，还原氨基化反应生成谷氨酸。α-酮戊二酸是谷氨酸合成的直接前体。

由上述过程可知，在理想状态下，1 mol 葡萄糖可以生成 1 mol 的谷氨酸，因此葡萄糖合成谷氨酸的理论转化率为 81.7%，反应方程式如下：

$$C_6H_{12}O_6 + NH_3 + 1.5O_2 \longrightarrow C_5H_9O_4N + CO_2 + 3H_2O$$

14.1.2.3　谷氨酸积累的理想条件

根据谷氨酸生物合成的途径和途径中的酶反应，我们可以总结出谷氨酸大量积累的理想条件是：①一定的糖分解代谢生成丙酮酸的速度，生成的丙酮酸不能走向乳酸等合成；②生成丙酮酸后，一部分氧化脱羧生成乙酰 CoA，一部分固定 CO_2 生成草酰乙酸；③生成的乙酰 CoA 不向脂肪酸合成途径转化，趋于合成柠檬酸；④α-酮戊二酸不转化为琥珀酸，即 α-酮戊二酸脱氢酶活力微弱；⑤异柠檬酸裂解酶活性弱，即不形成乙醛酸环；⑥异柠檬酸脱氢酶活性高，催化异柠檬酸形成 α-酮戊二酸；⑦*L*-谷氨酸脱氢酶活性强。

14.1.3　谷氨酸生物合成的调节

在黄色短杆菌中，谷氨酸与天门冬氨酸生物合成的调节如图 14-2 所示，以此为例说明葡萄糖为原料生物合成谷氨酸主要存在的代谢调节方式。

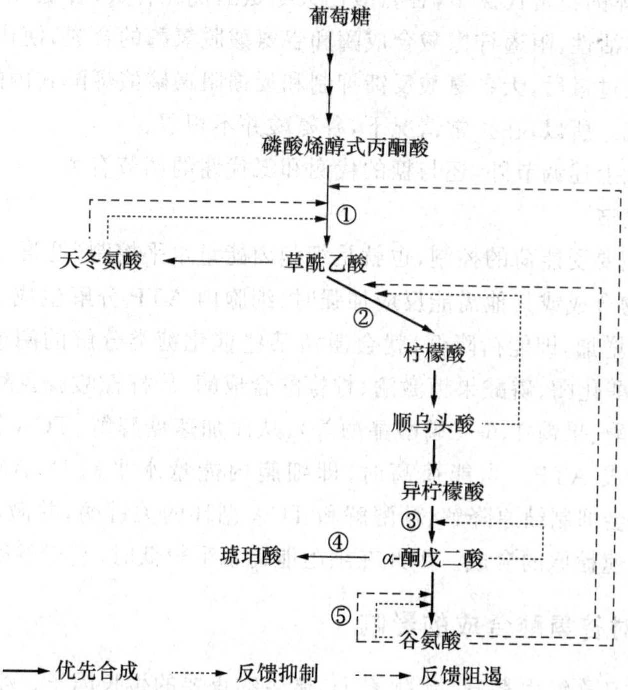

图 14-2　黄色短杆菌中谷氨酸与天门冬氨酸生物合成的调节

①磷酸烯醇式丙酮酸羧化酶　②柠檬酸合成酶　③异柠檬酸脱氢酶　④α-酮戊二酸脱氢酶　⑤谷氨酸脱氢酶

14.1.3.1 优先合成与反馈调节

(1)优先合成。所谓优先合成，就是在一个有分支合成途径中，由于催化某一分支反应的酶活性远远大于催化另一分支反应的酶活性，结果先合成酶活性大的那一分支的最终产物。当该分支途径的最终产物达到一定浓度时，就会抑制该分支途径中的酶活性，使代谢转向合成另一分支的终产物。

谷氨酸比天冬氨酸优先合成，谷氨酸合成过量后，就会抑制和阻遏自身的合成途径，使代谢转向合成天冬氨酸。

(2)磷酸烯醇式丙酮酸羧化酶的调节。磷酸烯醇式丙酮酸羧化酶是催化 CO_2 固定反应的关键，受天冬氨酸的反馈抑制，受谷氨酸和天冬氨酸的反馈阻遏。

(3)柠檬酸合成酶的调节。柠檬酸合成酶是三羧酸循环的关键酶，除受能荷调节外，还受谷氨酸的反馈阻遏和顺乌头酸的反馈抑制。

(4)异柠檬酸脱氢酶的调节。异柠檬酸脱氢酶催化异柠檬酸脱氢脱羧生成 α-酮戊二酸的反应和谷氨酸脱氢酶催化的 α-酮戊二酸还原氨基化生成谷氨酸的反应是一对氧化还原共轭反应体系。细胞内 α-酮戊二酸的量与异柠檬酸的量需维持平衡，当 α-酮戊二酸过量时对异柠檬酸脱氢酶发生反馈抑制作用，停止合成 α-酮戊二酸。

(5) α-酮戊二酸脱氢酶的调节。该酶催化 α-酮戊二酸氧化生成琥珀酸，在谷氨酸产生菌中，α-酮戊二酸脱氢酶活性微弱，因此不具重要的调节作用。

(6)谷氨酸脱氢酶的调节。谷氨酸对谷氨酸脱氢酶存在着反馈抑制和反馈阻遏。

由此可知，在菌体的正常代谢中，谷氨酸比天冬氨酸优先合成，谷氨酸合成过量时，谷氨酸抑制谷氨酸脱氢酶的活性，阻遏柠檬酸合成酶和谷氨酸脱氢酶的合成，使代谢转向天冬氨酸的合成。天冬氨酸合成过量后，天冬氨酸反馈抑制和反馈阻遏磷酸烯醇式丙酮酸羧化酶的活力，停止草酰乙酸的合成。所以，在正常情况下，谷氨酸并不积累。

谷氨酸的合成除上述调节外，还与糖的代谢和氮代谢的调节有关。

14.1.3.2 糖代谢调节

糖代谢的调节主要受能荷的控制，也就是细胞内能量水平控制(见第 4 章中能荷调节)。

当生物体内生物合成或其他需能反应加强时，细胞内 ATP 分解生成 ADP 或 AMP，ATP 减少，ADP 或 AMP 增加，即能荷降低，就会激活某些催化糖类分解的酶或解除 ATP 对这些酶的抑制(如糖原磷酸化酶、磷酸果糖激酶、柠檬酸合成酶、异柠檬酸脱氢酶等)，并抑制糖原合成的酶(如糖原合成酶、果糖-1,6-二磷酸酯酶等)，从而加速糖酵解、TCA 循环产生能量，通过氧化磷酸化作用生成 ATP。当能荷高时，即细胞内能量水平高时，AMP、ADP 都转变成 ATP，ATP 增加，就会抑制糖原降解、糖酵解和 TCA 循环的关键酶，并激活糖类合成的酶，从而抑制糖的分解，加速糖原的合成。因此在细胞能荷水平较低时，利于谷氨酸的合成。

14.1.4 生物素对谷氨酸合成的影响

生物素(biotin)又称维生素 B_7、维生素 H，微生物重要的生长因子。生产上谷氨酸产生菌大多选育生物素缺陷型，发酵过程中，只有控制生物素亚适量，谷氨酸才能大量积累。

14.1.4.1 生物素对谷氨酸合成的影响

生物素对谷氨酸生物合成的影响是多方面的，主要可归纳如下。

1. 生物素影响糖代谢速率

生物素对糖代谢速率的影响，主要是影响糖降解速率，而不是影响 EMP 与 HMP 途径的比率。以前有人认为，菌体生长期以 EMP 途径为主，发酵产谷氨酸期以 HMP 途径为主。在生物素充足时，HMP 途径占 38%，在生物素亚适量时，HMP 途径占 26%，虽然有差异，但没有显著影响。现在认为在生物素充足条件下，丙酮酸以后的氧化活性虽然也有提高，但由于糖降解速率显著提高，打破了糖降解速率与丙酮酸氧化速率之间的平衡，丙酮酸趋于生成乳酸的反应。

2. 生物素对乙醛酸循环的影响

乙醛酸循环可看作三羧酸循环的支路和中间产物的代谢，乙醛酸循环中生成的四碳二羧酸，如琥珀酸、苹果酸仍可返回三羧酸循环。在谷氨酸产生菌中，由于三羧酸循环的缺陷（α-酮戊二酸脱氢酶活力微弱，即 α-酮戊二酸氧化能力微弱），为了获得能量和产生生物合成反应所需的中间产物，在谷氨酸发酵的菌体生长期，需异柠檬酸裂解酶催化反应，走乙醛酸循环途径。

乙醛酸循环途径中关键酶是异柠檬酸裂解酶和苹果酸合成酶，它们催化反应如下：

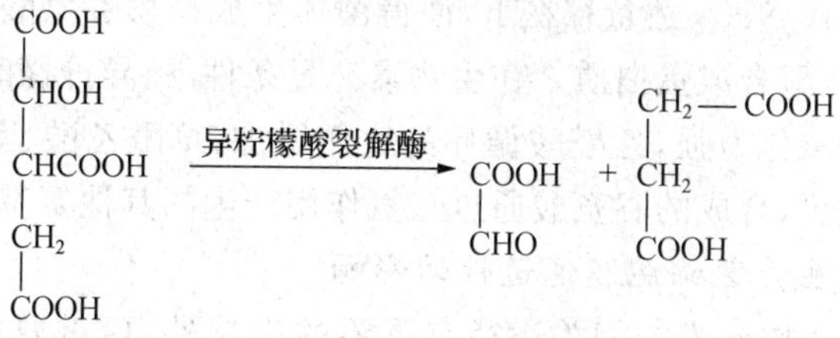

异柠檬酸　　乙醛酸　　琥珀酸

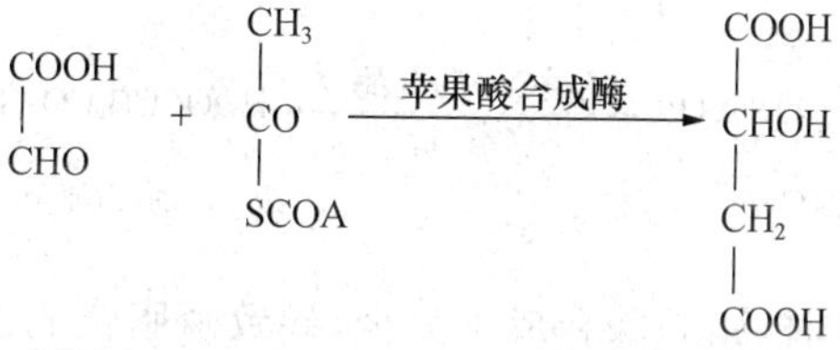

乙醛酸　　乙酰CoA　　苹果酸

但是，在进入谷氨酸生成期后，为了大量生成、积累谷氨酸，最好没有异柠檬酸裂解酶催化反应，封闭乙醛酸循环。在菌体生长期后，理想的谷氨酸合成途径是：四碳二羧酸（草酰乙酸、苹果酸）100%通过 CO_2 固定反应供给，理论上葡萄糖转化谷氨酸的转化率为 81.7%。

倘若 CO_2 固定反应完全不起作用，丙酮酸在丙酮酸脱氢酶的催化作用下，脱氢脱羧全部氧化成乙酰 CoA，通过乙醛酸循环供给四碳二羧酸，则反应如下：

$3C_6H_{12}O_6$（葡萄糖）$\longrightarrow 6CH_3COCOOH$（丙酮酸）$\longrightarrow 6CH_3COOH$（乙酸）$+6CO_2$

$6CH_3COOH$（乙酸）$+2NH_3+3O_2 \longrightarrow 2C_5H_9O_4N$（谷氨酸）$+2CO_2+6H_2O$

由于 3 mol 葡萄糖生成 2 mol 谷氨酸，因此理论上葡萄糖转化谷氨酸的转化率仅为 54.4%。

乙醛酸循环的关键酶——异柠檬酸裂解酶受葡糖糖、琥珀酸阻遏，为醋酸所诱导。以葡萄糖为原料发酵生产谷氨酸时，通过控制生物素亚适量，几乎看不到异柠檬酸裂解酶的活性。原因是丙酮酸氧化能力下降，醋酸的生成速度慢，所以为醋酸所诱导形成的异柠檬酸裂解酶很少。再者，由于异柠檬酸裂解酶受琥珀酸阻遏，在生物素亚适量条件下，因琥珀酸氧化能力降低而积累的琥珀酸就会反馈抑制该酶的活性，并阻遏该酶的合成，乙醛酸循环基本上被封闭，代谢流向异柠檬酸、α-酮戊二酸和谷氨酸合成的方向。

3. 生物素对 CO_2 固定反应的影响

生物素是丙酮酸羧化酶的辅酶，参与 CO_2 固定反应，据报道，生物素丰富时(100 μg/L 以上)，CO_2 固定反应可提高 30%。由于四碳二羧酸(草酰乙酸、苹果酸)100%通过 CO_2 固定反应供给，理论上葡萄糖转化谷氨酸的转化率为 81.7%，通过乙醛酸循环供给四碳二羧酸谷氨酸的转化率为 54.4%，因此生物素必须有一定量存在，不能完全缺乏。

4. 生物素对氮代谢的影响

控制谷氨酸发酵的关键之一就是降低蛋白质的合成能力，使合成的谷氨酸不转化为其他氨基酸和参与蛋白质的合成。在生物素亚适量时，几乎没有异柠檬酸裂解酶活力，琥珀酸氧化能力弱，苹果酸和草酰乙酸脱羧反应停滞，同时又由于完全氧化降低的结果，使 ATP 形成量减少，导致蛋白质合成活动停滞，在 NH_4^+ 适量存在下，使得菌体生成积累谷氨酸。生成的谷氨酸也不通过转氨作用生成其他氨基酸合成蛋白质。在生物素充足条件下，异柠檬酸裂解酶活力增强，琥珀酸氧化能力增强，丙酮酸氧化力强，乙醛酸循环的比例增加，草酰乙酸、苹果酸脱羧反应增强，蛋白质合成增强，谷氨酸减少，合成的谷氨酸通过转氨作用产生的其他氨基酸量增加。

5. 生物素对谷氨酸生产菌细胞膜通透性的影响

生物素除对谷氨酸生物合成的相关途径有重要的影响外，更重要的影响是影响细胞膜的渗透性。生物素作为催化脂肪酸生物合成最初反应的关键酶——乙酰 CoA 羧化酶的辅酶，参与了脂肪酸的生物合成，并影响磷脂的合成。乙酰 CoA 羧化酶催化的反应如下：

$$\underset{\text{乙酰CoA}}{CH_3CO\sim SCoA}+CO_2+ATP \xrightarrow[\text{生物素}Mg^{2+}]{\text{乙酰CoA羧化酶}} \underset{\text{丙二酰CoA}}{HOOCCH_2CO\sim SCoA}+ADP+Pi$$

当生物素控制在亚适量时，脂肪酸合成不完全，导致磷脂合成也不完全。由于细胞膜是磷脂双分子层组成的，当磷脂含量减少到正常量的一半时，细胞发生变形，谷氨酸就从胞内渗出，使胞内谷氨酸的含量降低，谷氨酸对谷氨酸脱氢酶的反馈抑制解除，谷氨酸不断地被优先合成，积累于发酵液中。在生物素丰富的情况下，谷氨酸产生菌的细胞膜合成完整，谷氨酸不能从膜内分泌到膜外，胞内的谷氨酸积累到一定程度，对谷氨酸脱氢酶产生反馈抑制，从而停止谷氨酸的生物合成。

14.1.4.2 生物素过量问题的克服

以上简要说明了生物素对谷氨酸生物合成的影响，生产上为了形成有利于谷氨酸向外分泌的磷脂合成不足的细胞膜，必须控制生物素在亚适量(5～10 μg/L)范围。但生产上使用某些培养基原料，如玉米浆、糖蜜含有丰富的生物素，因此，生产上必须设法克服生物素过量带来的问题，主要有以下方法：

1. 使用油酸缺陷型菌株

使用油酸缺陷型菌株进行谷氨酸发酵，通过限制发酵培养基中油酸的浓度而控制磷脂的合成。

作用机制:由于油酸缺陷突变株阻断了油酸的合成,丧失了自身合成油酸的能力,即丧失了脂肪酸生物合成能力,必须由外界供给油酸,才能生长。故油酸含量的多少,直接影响到磷脂合成量的多少和细胞膜的通透性。通过控制油酸亚适量,使磷脂合成量减少到正常量的1/2左右时,细胞变形,谷氨酸分泌于细胞外。

控制的关键:对油酸缺陷突变株的谷氨酸产生菌来说,最重要的因素是细胞内的油酸含量,必须控制油酸亚适量,而细胞内生物素、棕榈酸等饱和脂肪酸的含量多少却影响甚微。若油酸过量时,则菌生长良好,但产谷氨酸少。只有在油酸亚适量的条件下,当油酸耗尽后,谷氨酸菌经再度倍增,发生细胞膜结构与功能上的特异性变化,除去谷氨酸向膜外渗出的渗透障碍物,谷氨酸才能高产。

2. 使用甘油缺陷型菌株

使用甘油缺陷型菌株进行谷氨酸发酵,通过限制发酵培养基中甘油的浓度而控制磷脂的合成。

作用机制:甘油缺陷突变株的遗传阻碍丧失 α-磷酸甘油脱氢酶,所以自身不能合成 α-磷酸甘油和磷脂,必须由外界供给甘油才能生长。在甘油适量供应下,由于控制了细胞膜中与渗透性直接相关的磷脂含量,从而使谷氨酸得以积累。

控制的关键:使用甘油缺陷型菌株,为了高产谷氨酸,必须控制添加亚适量的甘油或甘油衍生物(添加0.02%)。对于甘油缺陷型菌株,其细胞内的磷脂可以由添加甘油的数量来调节。添加甘油过少,菌株生长不好,数量不够,周期长,产酸低。甘油过量,磷脂合成正常,只菌体生长良好,但不产酸或产酸低。只有控制甘油亚适量时,开始菌体正常生长,当甘油耗尽以后,通过再度增殖,细菌变形,细胞磷脂含量降为亲株的50%以下,从而破坏了细胞膜对谷氨酸的分泌障碍,使谷氨酸向膜外分泌。由于谷氨酸向胞外分泌,致使细胞内谷氨酸浓度降低,解除了谷氨酸对自身合成的反馈调节,细胞内继续优先合成谷氨酸,不断地合成,又不断地分泌于发酵液中,使谷氨酸得以大量积累。

3. 添加表面活性剂或饱和脂肪酸

添加表面活性剂(如吐温-60)或是高级饱和脂肪酸(C_{16}~C_{18})及其亲水聚醇酯类,同样能清除渗透障碍,大量积累谷氨酸。

作用机制:表面活性剂、高级饱和脂肪酸的作用,并不在于它的表面效果,而是在于饱和脂肪酸的合成过程中,作为拮抗物具有抑制脂肪酸的合成作用。通过拮抗脂肪酸的生物合成,导致磷脂合成不足,结果形成磷脂不足的细胞膜,提高了细胞膜对谷氨酸的渗透性。

影响产酸的关键:必须控制好添加表面活性剂、饱和脂肪酸的时间与浓度。在药剂添加后,谷氨酸产生菌再次进行分裂增殖,形成处于异常生理状态的产酸型细胞,即完成谷氨酸非分泌型细胞向谷氨酸分泌型细胞的转变。例如,以糖蜜为原料,采用高生物素、添加吐温工艺,一般于发酵对数生长期的早期(4~6 h),添加0.2%吐温-60,之后OD值与菌体干重净增约一倍。菌体生长太多,意味着谷氨酸产生菌细胞不能完成有效的生理学变化;菌体生长不足,意味着谷氨酸产生菌没有机会完成这种转变。

4. 添加细胞壁合成抑制剂

这种方法是通过控制细胞壁的合成间接控制细胞膜通透性。当细胞壁合成不完全时,没有完整细胞壁保护的膜容易造成机械的损伤和经不起内部渗透压的压力,将造成膜的破坏,从而加大它的通透性。

在发酵对数生长期的早期，添加青霉素或头孢菌素等抗生素来实现。

作用机制：青霉素或头孢菌素抑制了谷氨酸产生菌细胞壁的生物合成，结果形成不完全的细胞壁。使细胞膜处于无保护状态，又由于膜内外的渗透压差，进而导致细胞膜的物理损伤，增大了谷氨酸向胞外漏出的渗透性。

控制的关键：青霉素或头孢菌素的添加时间是影响产酸的关键，要在增殖过程的适当时期添加，并且在添加后再进行一定的增殖。一般应考虑在接种后，开始进入对数生长期的早期(3～6 h)添加，添加青霉素或头孢菌素的时间与浓度，因菌种、接种量、培养基的组成及发酵条件而异。发酵过程中还要根据菌体形态、产酸、OD 值、耗糖等变化情况，确定是否补加。加入青霉素或头孢菌素后，进而在菌体再度倍增期间使新增殖的细胞没有完整的细胞壁合成，菌体形态急剧变化，多呈现伸张、膨胀的形态，完成从谷氨酸非分泌型细胞向谷氨酸分泌型细胞的转变，此转移期是非常重要的。

5. 使用温度敏感突变株

温度敏感突变株是通过诱变得到的在低温下生长，而在高温下却不能生长繁殖的突变株。利用温度敏感突变株进行谷氨酸发酵时，由于仅控制温度就能实现谷氨酸生产，所以又把这种新工艺称为物理控制方法。

作用机制：温度敏感突变株的突变位置是发生在与谷氨酸分泌有密切关系的细胞膜的结构基因上，这样该基因指导合成的酶，在高温时失活，导致细胞膜某些结构的改变。

控制的关键：利用温度敏感突变株进行谷氨酸发酵时，在生长的阶段转换温度是影响产酸的关键。必须控制好温度转换的时间(由 30℃提高到 38℃的时间)，并且要在温度转换之后进行适度的剩余生长。温度转换的最适时间，因菌株、接种量、培养基组成和发酵条件而异。转换时间不同，产酸显著变化。在温度转换之后，菌体必须进行适度地生长，完成从谷氨酸非分泌型细胞向谷氨酸分泌型细胞的转变。如果菌体细胞生长太多，意味着细胞未能进行有效的生理学变化。

典型的温度敏感突变株 1021 发酵生产谷氨酸时，通过控制发酵温度，在生长的适当阶段将发酵温度由 33℃提高到 38℃，可在生物素过量的发酵培养基中，产生 146 g/L 谷氨酸，对糖的转化率大于 62%。因此，发酵工艺在发酵期间仅需要控制温度，而不需添加表面活性剂等化学物质，就能在富含生物素的天然培养基中高产谷氨酸。

14.1.5 谷氨酸发酵

14.1.5.1 原料的处理

谷氨酸生产菌一般都不能直接利用淀粉或糊精。利用淀粉质原料发酵生产谷氨酸应首先将淀粉水解(糖化)制成水解糖，其主要成分是葡萄糖。目前所使用的淀粉质原料有玉米淀粉、马铃薯淀粉、甘薯淀粉、大米淀粉和野生植物淀粉等，以及大米或碎米粉、玉米粉等。我国多采用玉米淀粉，少数厂家采用大米或碎米粉、玉米粉。

淀粉水解糖化的方法有酸解法、酶解法、酸酶结合的方式。目前我国谷氨酸发酵大多采用酸解法进行淀粉糖化，具体步骤为：淀粉质原料粉碎后，用水调至 10～12°Bé 浆液，添加 0.6% 盐酸，浆液 pH 1.5。在 0.25～0.40 MPa 蒸汽压力下水解 10～20 min，使水解液中葡萄糖值(DE 值)达 90%以上。将酸解液冷却至 60℃以下，用碱调 pH 至 4.5，加入 0.3%～0.5%活性炭，搅拌 30 min，静置 1～2 h，取上清液压滤，滤液用碱调 pH 为 7.0，可供配制发酵培养基使用。

如果是以糖蜜原料进行谷氨酸发酵，也必须进行预处理，目的是降低糖蜜中生物素的含量。糖蜜预处理的方法包括活性炭、树脂吸附法和亚硝酸处理法。

14.1.5.2 发酵培养基的制备

谷氨酸发酵培养基组成包括碳源、氮源、无机盐和生长因子等。配制时，要根据菌种特性、原料来源及价格、发酵过程控制、产物提取等多方面因素综合考虑而定。

谷氨酸发酵培养基最常用的碳源是淀粉水解糖和糖蜜，而最常用的氮源是尿素和氨水，碳氮比为100∶(20～30)，比一般工业发酵培养基的碳氮比大得多，这是因为在谷氨酸发酵中，氮源的80%用于合成谷氨酸，3%～5%用于合成菌体细胞，其余用于调节发酵液的pH和分解产生氨而逸出。碳氮比对谷氨酸发酵影响很大，菌体增值阶段，NH_4^+过量会抑制菌体的生长。产酸阶段，NH_4^+过量，则谷氨酸进一步生成谷氨酰胺。谷氨酸发酵需要多种无机离子参与，如K^+、Mg^{2+}、Fe^{2+}、Mn^{2+}等，但用量很小，这些无机离子有些存在于淀粉质原料中，有些需另外添加。生物素是谷氨酸产生菌必需的生长因子，一般通过添加玉米浆(或糖蜜)来保证发酵培养基中的生物素含量，而生物素的含量对谷氨酸发酵存在较大影响，生物素过量时，菌体大量生长，丙酮酸趋于产生乳酸，很少甚至不生成谷氨酸。生物素不足时，菌体生长不良，谷氨酸产量降低，因此，发酵培养基中生物素含量处于"亚适量"时，谷氨酸发酵才能正常进行。生物素的"亚适量"浓度往往因菌种而异，必须经过实验确定。有些谷氨酸生产菌除要求生物素外，还需有亮氨酸、维生素B_1等作为生长因子。

以谷氨酸棒杆菌AS1.299和钝齿棒杆菌AS1.542为例，其发酵培养基组成是(g/L)：淀粉水解糖125，初尿素18～20(AS1.299)或10(AS1.542)，流加尿素10～12(AS1.299)或18～22(AS1.542)，玉米浆5～7，$K_2HPO_4\cdot 3H_2O$ 1.7，$MgSO_4\cdot 7H_2O$ 0.7，$FeSO_4\cdot 7H_2O$ 2 mg/L，$MnSO_4\cdot H_2O$ 4 mg/L，pH 7.0。

实罐灭菌条件是：50 L种子罐0.07～0.1 MPa，115～120℃，维持10～20 min；230 L种子罐0.07 MPa，115℃，维持8 min；500 L种子罐0.07 MPa，115℃，维持8 min；20 000 L发酵罐0.07 MPa，115℃，维持5 min；连消条件是110～115℃维持8 min左右。

14.1.5.3 菌种的扩大培养

我国谷氨酸发酵种子扩大培养普遍采用二级种子扩大培养的流程，即：斜面原种→斜面活化(32℃，18～24 h)→1 000 mL三角瓶(32℃，培养基装量200 mL，振荡培养12 h)→50～500 L种子罐(32℃，培养基装量35～350 L，通气搅拌培养8～10 h，即为一级种子)→接种发酵罐(发酵培养基)。

1. 斜面菌种的培养和质量要求

(1)斜面培养基组成(g/L)。葡萄糖1，蛋白胨10，牛肉膏10，NaCl 5，琼脂20～25，pH 7.0～7.2。0.1 MPa灭菌30 min，冷却备用(传代和保藏斜面不加葡萄糖)。

空白斜面需放置5～7 d，待斜面培养基表面干涸后(水分全部消失)才能使用，否则接种后菌苔长得薄，生长不旺盛。

(2)培养条件。30～34℃，培养18～24 h。菌种不同，略有差异。

(3)质量要求。每批斜面菌种培养完成后，要仔细观察菌苔生长情况，菌苔的颜色和边缘等特征是否正常，有无感染杂菌和噬菌体的征兆。如质量有问题则应坚决不用。斜面菌种保存于冰箱中待用。

生产中使用的斜面菌种不宜多次移接，一般只传代3次，以免由于菌种的自然变异引起菌种退化。因此，要经常进行菌种的分离纯化，不断提供新的斜面菌株供生产使用。

2. 一级种子的培养和质量要求

(1)培养基组成(g/L)。葡萄糖25，尿素5，玉米浆25～35(根据玉米浆的质量增减)，$K_2HPO_4\cdot 3H_2O$ 1，$MgSO_4\cdot 7H_2O$ 0.4，$FeSO_4\cdot 7H_2O$ 2 mg/L，$MnSO_4\cdot H_2O$ 2 mg/L，pH 7.0。0.1 MPa灭菌30 min，冷却备用(培养基成分可因菌种不同酌情增减)。

(2)培养条件。1 000 mL三角瓶装入培养基200 mL，灭菌后置于摇床上震荡培养12 h，培养温度30～34℃，根据菌种不同略有差异，恒温控制。

(3)质量要求。种龄12 h，pH 6.4±0.1，光密度(OD)净增值0.5以上，残糖0.5%以下，无杂菌污染，无噬菌体污染。镜检菌体生长均匀、粗壮，排列整齐，革兰氏染色阳性反应。为防止感染杂菌和噬菌体，也可将培养的一级种子先取样做平板检查，确认无杂菌和噬菌体污染后再接入二级种子罐。在等待检查结果的同时，把一级种子贮存于4℃的冰箱中。

3. 二级种子的培养和质量要求

在实际生产中，应根据菌体生长情况，酌情增减生物素等的用量，随时调整培养基组成。

(1)培养基基本组成(钝齿棒杆菌AS1.542，g/L)。淀粉水解糖30，尿素5，玉米浆10，$K_2HPO_4\cdot 3H_2O$ 1，$MgSO_4\cdot 7H_2O$ 0.4，$FeSO_4\cdot 7H_2O$ 2 mg/L，$MnSO_4\cdot H_2O$ 2 mg/L，pH 7.0。0.1 MPa灭菌30 min，冷却备用。

(2)培养条件。接种量0.5%～1.0%，培养温度32～34℃(依菌种而定)，培养时间7～8 h，1 200 L种子罐通气0.2 V/(V·min)，搅拌180 r/min。

(3)质量要求。种龄7～8 h，pH 6.8～7.2，OD净增0.5左右，无杂菌污染，无噬菌体污染。残糖消耗1%左右，镜检菌体生长旺盛，排列整齐，革兰氏染色阳性。

14.1.5.4 谷氨酸发酵条件的控制

谷氨酸发酵的装料量一般为发酵罐的70%(体积分数)，接种量为0.5%～1.0%。发酵过程包括菌细胞增殖阶段(发酵前期)、增殖型菌细胞向产酸型细胞转变阶段(发酵中期)和产酸阶段(发酵后期)。要使谷氨酸稳产、高产，必须根据菌种性能和发酵特点，通过控制发酵条件来控制发酵过程中各种生物化学反应的方向和速度。影响谷氨酸发酵的条件主要包括温度、pH、溶氧等。

1. 温度

温度对谷氨酸发酵的影响是多方面的，首先，温度影响酶的活性。在最适温度范围内，随着温度的升高，菌体生长和代谢加快，发酵反应的速率加快。当超过最适温度范围以后，随着温度的升高，酶很快失活，菌体衰老，发酵周期缩短，产量降低。其次，温度也能影响生物合成的途径。此外，温度还会影响发酵液的物理性质，以及菌种对营养物质的分解、吸收等。因此，要保证正常的发酵过程，就需维持最适温度。

对于一种微生物，菌体生长和产物合成所需的最适温度不一定相同。如谷氨酸温度敏感突变株1021的最适生长温度是30℃，但产生谷氨酸的最适温度是38℃。必须通过实验来确定不同菌种各发酵阶段的最适温度，采取分段控制。如谷氨酸产生菌T6-13菌株比较耐高温，斜面、一级、二级种子和发酵开始温度可选用33～34℃，该菌株产生谷氨酸的最适温度为35～37℃。因此，在谷氨酸发酵前期的菌体生长阶段，应采用与种子扩大培养时相应的温度，以满足菌体生长的需要。若温度过高，菌体容易衰老，生产上常出现前期劲大，后期劲小的现象，后期产酸缓慢,周期长。若出现这种情况,应及时降温,采用小通风,必要时可补加玉米浆以促进生长。若温度过低,菌体生长繁殖慢。在发酵中、后期菌体生长已停止,由于谷氨酸脱氢酶的最适温度比菌体生长繁殖的温度要高,为了大量积累谷氨酸,需要适当提高温度,有利于提高谷氨酸产量。

谷氨酸发酵开始时因菌体数量少,释放的热量少。当菌种进入生长旺盛时期,呼吸加强,放出大量热量,后期趋于稳定,释放的热量又减少。因此,发酵过程中,表现为前期温度上升缓慢,中期剧烈,后期逐渐缓慢。

2. pH

谷氨酸产生菌最适生长 pH 为 6.5～8.0,各种菌种又有所不同,例如黄色短杆菌 672 的最适 pH 为 7.0～7.5,AS1.299 为 pH 6.0～7.5,T6-13 为 pH 7.0～8.0。但是这些菌种均能在比较广泛的 pH 范围内生长,如 AS1.299 菌株能在 pH 5.0～10 之间的范围内生长。谷氨酸产生菌在中性和微碱性条件下积累谷氨酸,在酸性条件下形成谷氨酰胺和乙酰谷氨酰胺。因此,应严格控制发酵的 pH。

谷氨酸发酵在不同阶段对 pH 的要求不同,需要分别加以控制。发酵前期,幼龄菌对氮的利用率高,pH 变化大。发酵前期 pH 偏低,菌体生长旺盛,消耗营养成分快,菌体转入正常代谢,繁殖菌体而不产生谷氨酸。如果 pH 过高,抑制菌体生长,糖代谢缓慢,发酵时间延长。谷氨酸发酵在正常情况下,为了保证足够的氮源,满足谷氨酸合成的需要,发酵前期控制 pH 在 7.3 左右。发酵中期 pH 7.2 左右,发酵后期 pH 7.0,在接近放罐时,为了后工序提取谷氨酸方便,控制 pH 6.5～6.8 为好。发酵过程中,通过流加尿素或氨来控制 pH。

3. 溶氧

谷氨酸生产菌是兼性好氧菌,在谷氨酸发酵过程中,不论是菌生长阶段,还是产酸阶段都需要供给氧。一般来说,菌在生长阶段对溶氧的要求比产酸阶段要低。菌生长阶段要求的体积溶氧系数 kd 为(1.92～2.88)$\times10^{-6}$ mol O_2/(mL·min·atm)(pO_2);产酸阶段要求 kd 在(7.2～8.6)$\times10^{-6}$ mol O_2/(mL·min·atm)(pO_2)以上,高糖发酵则 kd 达 1.44$\times10^{-6}$ mol O_2/(mL·min·atm)(pO_2)。糖蜜原料谷氨酸发酵,kd 值则要求更高,能耗更大些。另根据报道,谷氨酸发酵供氧的最适条件是,溶氧速率(亚硫酸盐氧化速率)在(10～15)$\times10^{-7}$ mol O_2/(mL·min),溶氧速率(培养液中)在 7×10^{-7} mol O_2/(mL·min)。在菌体生长期,供氧不足,限制了菌体呼吸,菌体生长不好。如果供氧过量,溶氧分压过高,会造成高氧水平对菌体生长阻碍,尤其是在生物素限量的情况下,菌体的呼吸强度和菌体浓度显著降低。在谷氨酸形成期,要求供给足够的氧,满足呼吸需要。如果供氧不足,产生大量的乳酸和琥珀酸,谷氨酸产生量很低。供氧太多,影响 α-酮戊二酸的还原氨基化作用,而积累 α-酮戊二酸,谷氨酸产量也很低。

4. CO_2

CO_2 对谷氨酸发酵有一定影响,谷氨酸生物合成需要有 CO_2 固定反应,由磷酸烯醇式丙酮酸羧化生成草酰乙酸,提供合成谷氨酸所必需的四碳二羧酸,无 CO_2 存在时这一步无法进行。CO_2 含量过高也影响菌体正常呼吸作用。然而,在供氧条件一定时,CO_2 对谷氨酸发酵的影响不显著,与供氧效果对比,CO_2 的作用很小。已知谷氨酸发酵在菌体呼吸充足时显示最大产量,必须供给菌体充足氧气。CO_2 一般控制在 13%左右,发酵开始 4～5 h 排气中 CO_2 迅速上升至 13%以上,此时,保持通风以保持 CO_2 13%。如大于 13%,则加大通风,小于

13%,降低通风。发酵中期至后期,通风需下降,才能保持排气中 CO_2 在13%左右。发酵后期 CO_2 可降到10%,最后放罐前控制在8%以上。

另外通过测定排气中的 CO_2 还能帮助发现染菌或噬菌体。在正常通风条件下,CO_2 连续上升,不符合正常规律,说明发酵可能染菌,要及早采取措施。若 CO_2 迅速下跌,可能是噬菌体污染。因为菌体死亡后,呼吸停止,不再放出 CO_2,故 CO_2 在正常通风条件下迅速下跌。

因此,在谷氨酸发酵过程中,排气中 CO_2 含量可以作为谷氨酸发酵过程控制的一个重要指标。

5. 氨

谷氨酸生产菌除利用少量氨作为氮源合成菌体蛋白质外,大部分用于生成谷氨酸。因此谷氨酸发酵中,加入的尿素等氮源比较多。据测定结果,当C∶N=100∶(0.5~2)时,只合成菌体,谷氨酸几乎不积累。当C∶N=100∶11以上时,开始积累谷氨酸。加入的氮量中,作为菌体固定的只有3%~6%,而30%~80%作为积累谷氨酸用。在生产上通过控制C∶N,促进以生长为主的阶段向以发酵为主的阶段转化是必要的。在一定的时间里,流加一定量氮源,不仅加速了糖的消耗,也加速了谷氨酸的积累。

当 NH_4^+ 缺乏时,积累 α-酮戊二酸,适量时积累谷氨酸,如果 NH_4^+ 太高,谷氨酸会进一步生成谷酰胺。

6. 种龄和种量

如果接入发酵的种子所处的生长阶段是处于活力旺盛的对数生长期时,则种子活力强,可缩短发酵适应期。若种龄过长,则菌种活力降低,代谢产物相应增多。所以一般一级种子种龄9~12 h,二级种子种龄7~8 h。

接种量的多少显著影响发酵适应期的延续时间,开始产酸的时间及发酵周期的长短。种量过少,菌体增长缓慢,导致发酵周期拉长,容易染菌,并不利于提取。种量增加时,适应期缩短,发酵周期短,设备利用率高。目前接种量为10%左右。

7. 泡沫

在发酵过程中,培养液的性质以及微生物的代谢活动影响泡沫的消长。在发酵旺盛期,泡沫形成较多。发酵后期,菌体自溶,又使发酵液可溶性蛋白质增加,易于形成大量的泡沫。

工业生产上大多采用机械消泡器和化学消泡剂相结合的方法,机械消泡器常用耙式、离心式、刮板式、碟片式等消泡器。化学消泡剂常用的是合成消泡剂BAPE或PPE等。BAPE、PPE属非离子型表面活性剂,消泡能力强、用量少、毒性低、使用方便。使用时可采用一次加入法,使用量为0.03%~0.04%,也可采用在基础料中加入少量消泡剂,以控制发酵前期的泡沫,然后根据需要增加。

14.1.6 谷氨酸的提取

谷氨酸具有两性电解质的性质,常用的提取方法有:等电点沉淀法、离子交换法、锌盐沉淀法、盐酸盐法和电渗析法等,也可将上述某些方法结合使用。其中等电点沉淀法、离子交换法和等电点-离子交换法较为普遍,现简介如下:

14.1.6.1 等电点沉淀法

谷氨酸分子中有2个酸性羧基和1个碱性氨基,$pK_1=2.91$(α-COOH),$pK_2=4.25$(γ-COOH),$pK_3=9.67$(α-NH_3),其等电点 pH=3.22。将发酵液用盐酸或硫酸调节到

pH 3.22，在低温下谷氨酸溶解度极低，会析出结晶，得以和发酵液中的残糖、杂质分离。根据发酵液是否除菌体、等电点提取时发酵液的温度的高低以及是否连续操作，此法又可分为：①直线常温等电点法；②带菌体低温等电点法；③除菌体常温等电点法；④浓缩水解等电点法；⑤低温浓缩等电点法；⑥连续低温等电点法。上述6种等电点法都曾在国内工业生产中用过。随着味精生产技术的发展，目前国内生产厂家主要使用的是带菌体低温等电点法，低温浓缩等电点法和连续低温等电点法。

低温等电点法：理论依据是谷氨酸的溶解度随着温度的降低而减少，通过增加制冷能力，将等电点提取的终点温度由原来常温的15～20℃降低至0～5℃，这样使母液中谷氨酸含量由1.5%～2.0%降至1.0%～1.3%，提高了等电点一次收率。其生产工艺流程如图14-3所示。

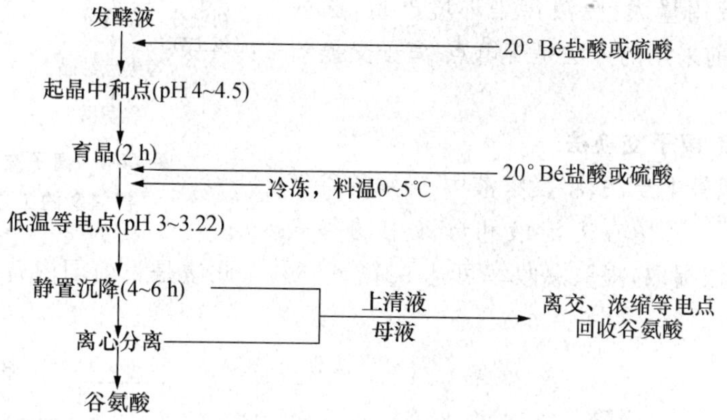

图14-3　低温等电点法提取谷氨酸工艺流程

此法操作方便，设备简单，一次收率达78%，废水量减少，省酸碱。但由于此工艺是逐步起晶的，pH缓慢下降至3～3.22，起晶育晶时间长达8～10 h。还有调节发酵液pH时，没有越过菌体蛋白质的等电点pH 4.0，所以会出现菌体蛋白质和谷氨酸一起结晶析出，产生β-型结晶。

连续低温等电点法：一是管道连续等电点，发酵液边通过管道边加盐酸，始终控制溶液pH 3.2，析出结晶。二是在罐（池）内，选择已做好谷氨酸结晶的罐（池），采用连续不断地将发酵液和盐酸同时加入起晶罐（池）内，始终保持起晶罐（池）内pH 3.0～3.22，同时从罐（池）的底部连续泵出已结晶的谷氨酸到另一个育晶罐（池）中进行育晶。因为此工艺的起晶罐（池）的溶液始终保持pH 3.0～3.22，温度稳定，低浓度结晶，并可以越过菌体蛋白质的等电点pH 4.0，不会出现β-型结晶，从而减少育晶时间，缩短生产周期，并使整个等电点提取生产过程连续化、管道化，便于自动化控制。

低温浓缩等电点法：是将谷氨酸发酵液在低于45℃的温度下减压蒸发，使谷氨酸含量由原来的7%～8%提高到12%～14%，采用一步低温直接等电点提取。该法具有工艺稳定、操作方便、收率高达84%、生产周期短、节约酸碱、减少环境污染等优点，但浓缩时要求真空度高，内温控制在45℃以下，不使菌体蛋白质凝固。

14.1.6.2　离子交换法

当发酵液的pH低于3.22时，谷氨酸以阳离子形式存在，可用阳离子交换树脂来吸附谷氨酸，与发酵液中的其他成分分离，并可用碱液洗脱下来，收集谷氨酸洗脱流分，经冷却，加盐酸调 pH 为 3.0～3.22 进行结晶，再用离心机分离即可得到谷氨酸结晶。其工艺流程如图 14-4 所示。从理论上讲，上柱发酵液的 pH 应低于 3.22，但实际离子交换法提取谷氨酸的生产中，发酵液的 pH 并不低于 3.22，而且 5.0～5.5 就可上柱。这是因为发酵液中含有一定数量的 NH_4^+、Na^+，这些离子优先与树脂交换，释放出 H^+，使溶液的 pH 下降，保证谷氨酸为带正电荷的阳离子而被树脂吸附与交换。

此法过程简单、周期短，提取总收率可达 80%～90%。缺点是碱液用量大，废液污染环境严重，国内已不采用此法，目前采用的方法是等电点-离子交换新工艺。

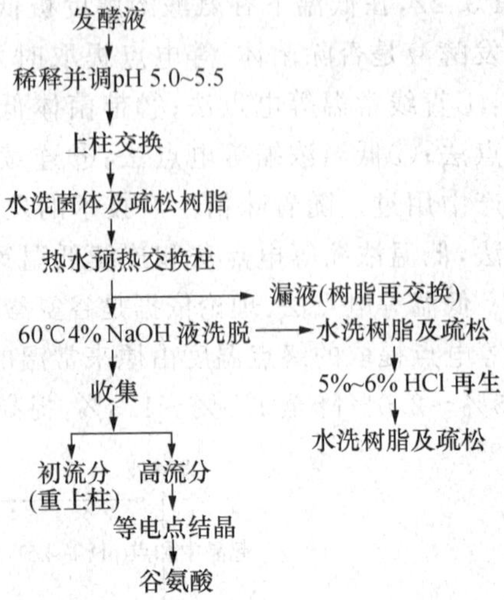

图 14-4　离子交换法提取谷氨酸的工艺流程

14.1.6.3　等电点-离子交换法

即先采用低温等电点法，将发酵液中 80% 的谷氨酸提取出来，剩下的残留在上清液和母液中的谷氨酸，采用离子交换法提取，提取总收率可达 92%～96%。此法是目前国内普遍采用的(图 14-5)。

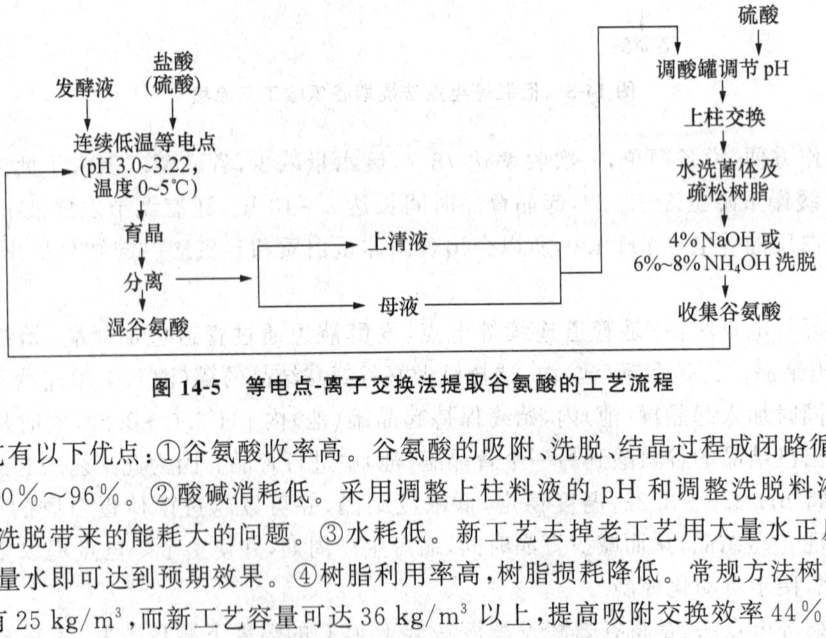

图 14-5　等电点-离子交换法提取谷氨酸的工艺流程

此工艺有以下优点：①谷氨酸收率高。谷氨酸的吸附、洗脱、结晶过程成闭路循环，谷氨酸总收率达 90%～96%。②酸碱消耗低。采用调整上柱料液的 pH 和调整洗脱料液 pH，省去热水、热碱洗脱带来的能耗大的问题。③水耗低。新工艺去掉老工艺用大量水正反洗处理树脂，只需少量水即可达到预期效果。④树脂利用率高，树脂损耗降低。常规方法树脂对谷氨酸的容量只有 25 kg/m^3，而新工艺容量可达 36 kg/m^3 以上，提高吸附交换效率 44%，同时，常温操作避免了树脂的涨缩，从而降低了树脂损耗。⑤经济效益明显，废液 COD 下降。

14.2　赖氨酸发酵

赖氨酸是人体必需的 8 种氨基酸之一，不能在人体中经还原氨基化作用或转氨作用来生成，必须由食物中摄取。在谷类蛋白质中，必需氨基酸的比例不平衡，而赖氨酸的百分比含量最低，故称为第一限制性氨基酸。赖氨酸广泛应用于食品、医药、饲料。

食品：在谷类中补充赖氨酸，能提高蛋白质的利用率，提高谷类的营养价值。例如玉米中添加0.4%的赖氨酸，玉米蛋白的功效提高2.1倍。大米中添加2.0%的赖氨酸，大米蛋白的功效提高1.7倍。在食品工业上可作为食品强化剂，对儿童的营养发育、智力，妇女妊娠期的保健，病人治疗疾病后的恢复都有明显的效果。目前国内20%赖氨酸用于食品和医药。

医药：赖氨酸作为氨基酸输液，可作为肝细胞再生剂，改善肝功能，治疗肝硬化、高氨症。对增进食欲、改善营养状况有明显的疗效。国外2%赖氨酸用于医药工业。

饲料：作为饲料添加剂，在畜、禽类的饲料中添加少量赖氨酸，促进畜禽生长发育，缩短饲养期，提高瘦肉率和产卵率，增强畜禽的免疫力。国内80%赖氨酸用于饲料，国外95%用于饲料添加剂。随着世界饲料工业的发展，在饲料中赖氨酸按0.1%的添加量计，饲料用赖氨酸就需要5.97万t。2001年世界赖氨酸总生产能力达71万t，实际产量达到51.9万t，是仅次于谷氨酸的第二大氨基酸工业。目前我国赖氨酸生产能力(不包括台湾省)约5万t，实际产量2万t左右。而每年需要饲料用赖氨酸8万～10万t，远不能满足市场的需求。每年需进口赖氨酸8万t。

随赖氨酸被广泛用于饲料、营养食品的添加剂及医药等领域，预计赖氨酸产量将有更大幅度的提高。

赖氨酸的生产方法有水解法、合成法、发酵法和酶法4种。

(1)水解法。水解法是将含蛋白质较多的物质加酸水解，使蛋白质分解成各种氨基酸，再用离子交换树脂分离或苦味酸盐沉淀提取赖氨酸。一般采用动物血粉作原料。

(2)合成法。合成法用化学合成法制取赖氨酸，步骤较多，所用原料不尽相同。工业上采用的主要为荷兰DSM法及日本东丽法。两法主要区别是在原料方面。DSM法用己内酰胺，东丽法采用环己烯。但两法的共同特点是生成α-氨基己内酰胺，再水解成*DL*-赖氨酸，然后用酶法进行拆分生成*L*-赖氨酸。

合成法缺点是使用剧毒原料，且可能残存催化剂，用户对产品的安全性不放心，环保问题严重。

(3)发酵法。由于赖氨酸具有旋光性，而生物所利用的只有左旋(*L*-型)，恰好微生物发酵所得的全部为*L*-型。因此利用发酵法生产赖氨酸是最主要的方法。发酵法的原理是利用微生物的某些营养缺陷型菌株，通过代谢控制发酵，人为地改变和控制微生物的代谢途径，来实现*L*-赖氨酸大量积累。

(4)酶法。1977年日本东丽公司以合成的氨基己内酰胺为原料，采用酵母菌、细菌等微生物产的酶催化氨基己内酰胺的水解反应，获得*L*-赖氨酸。

此法兼具发酵法与合成法的优点：①可以用化工产品生产或微生物生产*DL*-己内酰胺后，酶法直接生产*L*-赖氨酸；②酶催化反应转化率高，可接近100%，*L*-赖氨酸浓度高，可超过40%；③分离精制容易，提取收率高，生产成本低。

14.2.1 赖氨酸发酵的微生物

按*L*-赖氨酸生物合成途径，有细菌和真菌两类群微生物参与。真菌中包括须霉属(*Phycomyces*)、子囊菌纲和担子菌纲中的酵母菌和霉菌。细菌中研究较深入的是大肠杆菌、谷氨酸棒杆菌、黄色短杆菌和乳糖发酵短杆菌等，以及某些藻类(如蓝藻、绿藻)等。*L*-赖氨酸直接发酵法生产主要采用短杆菌属、棒杆菌属等谷氨酸产生菌的变异株。

由于谷氨酸产生菌的 *L*-赖氨酸生物合成的调节简单，反馈抑制等容易被解除。因此，目前都采用谷氨酸产生菌作为诱变选育生产 *L*-赖氨酸的出发菌株。一般来说，*L*-赖氨酸的生产菌是由谷氨酸产生菌经亚硝基胍(NTG)、甲基磺酸乙酯(EMS)、紫外线(UV)等诱变获得的。根据代谢控制发酵的理论，选育：①苏氨酸、蛋氨酸等分支途径阻断的突变株；②解除赖氨酸自身的反馈调节的突变株；③前体物(天冬氨酸)合成增加的突变株；④解除亮氨酸对赖氨酸生物合成代谢互锁的突变株。根据突变株表现型可分为营养缺陷型突变株、结构类似物抗性突变株、敏感型突变株和组合突变株 4 类(表 14-1)。

表 14-1　*L*-赖氨酸产生菌

菌株	遗传标记	底物	*L*-Lys・HCl/(g/L)	研究者
谷氨酸棒杆菌	hse^-	葡萄糖	13	K. Nakyams
黄色短杆菌	thr^-, met^-	葡萄糖	34	K. Sano
黄色短杆菌	thr^s, met^s	葡萄糖	25	I. Shiio
黄色短杆菌	AEC^r	葡萄糖	32	K. Sano
乳糖发酵短杆菌	AEC^r, ala^-, CCL^r, ML^r, FP^s	葡萄糖	70	O. Tosaka
黄色短杆菌 FB-21	leu^-, thr^-, AEC^r, SD^r	葡萄糖	55～70	檀耀辉
钝齿棒杆菌 PI-3-2	hse^-, AEC^r	葡萄糖	60～70	陈琦
谷氨酸棒杆菌 Au-112	hse^-, AEC^r, 2-TA^r, $Urea^-$	葡萄糖	80～90	徐所维

由表 14-1 可见，营养缺陷型突变株，如谷氨酸棒杆菌的高丝氨酸缺陷型突变株、黄色短杆菌的苏氨酸和蛋氨酸双重缺陷型突变株，可以分别产 *L*-赖氨酸 13 g/L 和 34 g/L。Shiio 等为了转换或减弱优先合成蛋氨酸、苏氨酸的代谢流，选育苏氨酸、蛋氨酸双重敏感突变株，可积累 25 g/L *L*-赖氨酸。Sano 等为了解除 *L*-赖氨酸的反馈调节，选育 *L*-赖氨酸结构类似物抗性突变株，将黄色短杆菌选育成 AEC 抗性突变株，可积累 *L*-赖氨酸 31～33 g/L。近年来使用的 *L*-赖氨酸产生菌，主要是结构类似物抗性、营养缺陷型、敏感型等标记的多重组合突变株。例如：Tosaka 等由乳糖发酵短杆菌选育具有 AEC 抗性、丙氨酸缺陷(主要切断天冬氨酸流向丙氨酸的代谢流，增加 *L*-赖氨酸生物合成的前体)、α-氯己内酰胺抗性、γ-甲基-*L*-赖氨酸抗性和 β-氟代丙酮酸敏感突变株，可积累 *L*-赖氨酸 70 g/L，对糖的转化率达 50%。

檀耀辉等以谷氨酸产生菌黄色短杆菌 AS1. 495 为出发株，选育 *L*-亮氨酸缺陷型(为解除 *L*-亮氨酸对赖氨酸的代谢互锁)、AEC 抗性、磺胺嘧啶抗性等多重突变株 FB-21，在适宜发酵条件下，可积累 *L*-赖氨酸达 70 g/L，对糖转化率为 45%。陈琦等对钝齿棒杆菌 AS1. 542 进行诱变处理，获得一株高丝氨酸缺陷型、AEC 抗性多重突变株 PI-3-2，可产 *L*-赖氨酸 60～70 g/L。上海市工业微生物研究所报道，由谷氨酸棒杆菌 2365 选育具有高丝氨酸缺陷、AEC 抗性、2-噻唑丙氨酸抗性和尿素缺陷的多重突变株 Au-112，可产 *L*-赖氨酸 80～90 g/L，对糖转化率达 40%～45%。该所以黄色短杆菌 2030 为出发菌，经一系列诱变选育，获得抗性和营养缺陷型的双重突变株 FH-128，产酸可达 92～95 g/L，转化率为 40. 2%。

目前国内采用的赖氨酸生产菌种是 PI-3-2、Au-112 等多重标记菌株或由国外引进的高产菌株。国内菌株产酸水平为 10%～12%，转化率为 40%。而国外生产水平为产酸率 14%，转化率 40%~45%。

14.2.2 赖氨酸生物合成途径与代谢调节

微生物中的 L-赖氨酸生物合成途径自 1950 年起逐渐被阐明。Cilvery 等首先报道了结肠芽孢杆菌(*Bacillus coli*)的 L-赖氨酸生物合成途径,Jensen 和 Shu 研究了酿酒酵母的赖氨酸生物合成途径后,发现微生物的 L-赖氨酸的合成途径与其他氨基酸不同,有 2 条合成途径。

14.2.2.1 α-氨基己二酸途径

这是一条存在于真菌中的途径,是一条循环系统途径。在该途径中,首先由 α-酮戊二酸和乙酰 CoA 缩合生成高柠檬酸,再经顺式高乌头酸、高异柠檬酸、α-氨基己二酸等循环合成 L-赖氨酸(图 14-6)。粗糙脉孢菌、酿酒酵母的 α-氨基己二酸途径中高柠檬酸合成酶(HSI、HSⅡ)受赖氨酸的反馈抑制和阻遏,解脂复膜孢酵母、醭膜假丝酵母中高柠檬酸合成酶受赖氨酸的反馈抑制,而产黄青霉的高柠檬酸合成酶受赖氨酸和青霉素 G 的反馈抑制。

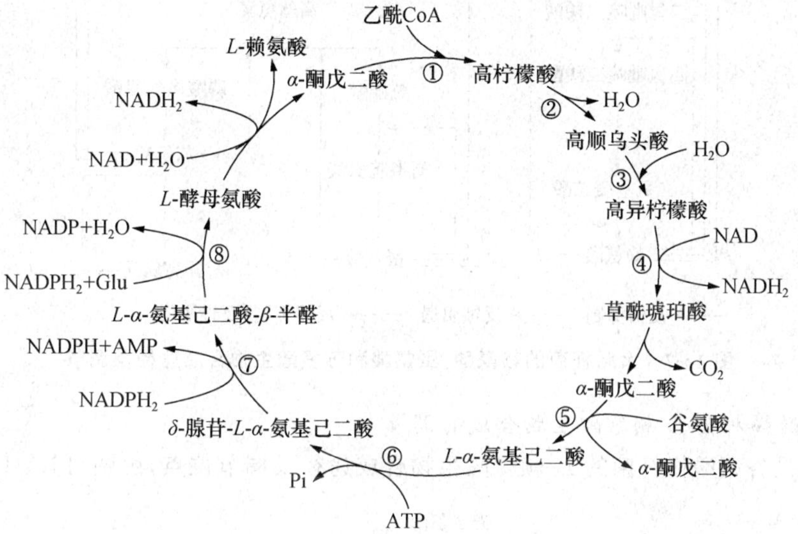

图 14-6 真菌赖氨酸生物合成途径

①高柠檬酸合成酶 ②高乌头酸水解酶 ③高乌头酸酶 ④高异柠檬酸脱氢酶
⑤α-氨基己二酸转氨酶 ⑥α-氨基己二酸还原酶 ⑦α-氨基己二酸半醛-谷氨酸还原酶 ⑧酵母氨酸脱氢酶

由于是一条循环途径,加之真菌膜的通透性问题,在真菌中无法获得像细菌中谷氨酸产生菌那样,在代谢活性方面有许多有利于积累 L-赖氨酸生理特征的菌株,因而至今在工业生产上尚未采用真菌生产 L-赖氨酸,只选育研究了赖氨酸含量高的饲料酵母。

14.2.2.2 二氨基庚二酸途径

二氨基庚二酸途径(简称 DAP 途径),这条途径存在于细菌、绿藻中。以天冬氨酸为起点,经二氨基庚二酸(DAP)合成 L-赖氨酸,故称二氨基庚二酸途径,在这条途径中合成的还有苏氨酸、蛋氨酸和异亮氨酸。虽然同样是经过 DAP 途径合成赖氨酸,但在不同种类的细菌中,生物合成的调节机制不同,即使是亲缘关系很近的菌株之间,代谢调节机制也不一样。

大肠杆菌、谷氨酸棒杆菌、黄色短杆菌和乳糖发酵短杆菌是研究较深入的赖氨酸产生细菌,下面以大肠杆菌和谷氨酸产生菌为例,说明它们 L-赖氨酸生物合成的调节机制。

1. 大肠杆菌 *L*-赖氨酸生物合成的调节

图 14-7 是大肠杆菌赖氨酸、蛋氨酸和苏氨酸生物合成途径及调节位点，由图可知：①大肠杆菌有 3 个天冬氨酸激酶(AK)的同工酶和 2 个高丝氨酸脱氢酶(HD)同工酶，每个同工酶受不同终产物的反馈调节(反馈抑制或反馈阻遏或反馈抑制＋反馈阻遏)；②每个分支途径后的初始酶分别受各自终产物的反馈调节；③生物合成 *L*-赖氨酸分支途径中的二氢吡啶二羧酸合成酶与二氢吡啶二羧酸还原酶受 *L*-赖氨酸的反馈调节。另外在大肠杆菌中还存在 *L*-赖氨酸脱羧酶，可将生成的 *L*-赖氨酸分解放出 CO_2。

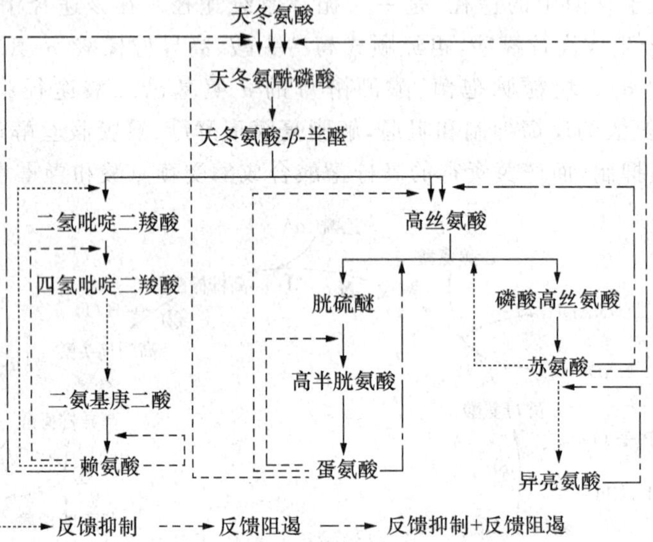

图 14-7　大肠杆菌的赖氨酸、蛋氨酸和苏氨酸生物合成途径及调节

2. 谷氨酸棒杆菌 *L*-赖氨酸生物合成的调节

图 14-8 是谷氨酸棒杆菌的 *L*-赖氨酸生物合成途径及调节位点，由图可知：①谷氨酸棒杆

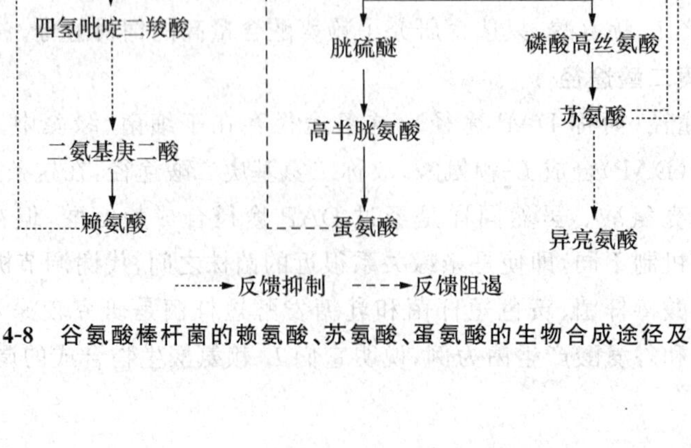

图 14-8　谷氨酸棒杆菌的赖氨酸、苏氨酸、蛋氨酸的生物合成途径及调节

菌中，天冬氨酸激酶（AK）不存在同工酶，该酶只受 L-赖氨酸和 L-苏氨酸的协同反馈调节；②L-赖氨酸分支途径中的二氢吡啶二羧酸合成酶和二氢吡啶二羧酸还原酶，不受 L-赖氨酸的反馈调节；③未发现 L-赖氨酸脱羧酶。

比较大肠杆菌与谷氨酸棒杆菌的 L-赖氨酸生物合成代谢调节的差别，我们可以看出，大肠杆菌的调节复杂，谷氨酸棒杆菌的调节相对简单。以谷氨酸棒杆菌为出发菌株，理论上只要筛选高丝氨酸缺陷型菌株和抗 L-赖氨酸反馈调节的突变株，即天冬氨酸激酶不受 L-赖氨酸反馈抑制和阻遏的菌株，就可以打破 L-赖氨酸生物合成的反馈调节。

14.2.3 赖氨酸发酵

发酵生产赖氨酸的原料有糖质、醋酸、乙醇、烃类等，这里以糖质原料为例简述赖氨酸的发酵。

14.2.3.1 工艺流程

葡萄糖、糖蜜、淀粉、薯干等都可用于赖氨酸发酵，工业上采用的糖质原料主要是糖蜜和淀粉水解糖。工艺流程如图 14-9 所示。

14.2.3.2 培养基配制

斜面种子培养采用牛肉膏-蛋白胨培养基，一级种子培养采用葡萄糖加豆饼水解液，二级种子培养除以淀粉水解糖代替葡萄糖外，其余同一级种子培养基。赖氨酸发酵生产通常是以各种淀粉水解糖或甘蔗糖蜜为碳源，以氨水或尿素为氮源，并加入少量的营养因子。L-赖氨酸生产菌株都是经过多次诱变获得的，具有营养缺陷型、结构类似物抗性和敏感型等标记的多重突变株。所以培养基中必须提供相应的生长因子，而这些生长因子的浓度必须控制为生长所需的亚适量。不同标记的赖氨酸菌种，其培养基配方也不同。

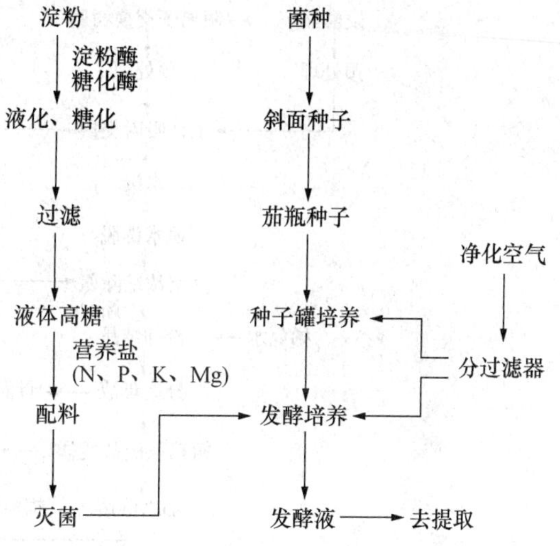

图 14-9 糖质原料发酵工艺流程

14.2.3.3 发酵工艺条件

(1)温度。幼龄菌对温度敏感，在发酵前期，提高温度，生长代谢加快。产酸期提前。但菌体中的酶容易失活，菌体衰退早，赖氨酸产量降低。所以赖氨酸发酵前期控制 32℃，中、后期控制 34℃。

(2)pH。赖氨酸发酵 pH 控制为 6.5～7.5，最适 pH 6.0～7.0，发酵过程中，通过添加尿素或氨水来控制 pH。

(3)种龄与接种量。当采用二级种子扩大培养时，接种量较少，约 2%，种龄一般为 8～12 h。当采用三级种子扩大培养时，接种量较大，约 10%，种龄一般为 6～8 h。总之，以对数生长期的种子为好，接种量大，有利于缩短发酵周期。

(4)溶解氧。赖氨酸在发酵过程中，并不需要培养基中的氧浓度达到饱和，只要维持在临界氧浓度之上即可，过高或过低的溶氧对发酵均不利。但溶解氧低时对发酵尤为不利，表现为菌体浓度下降，赖氨酸积累少，产生乳酸，发酵时间延长。

(5)生物素。生物素丰富是提高产赖氨酸的关键。因为赖氨酸生产菌大多是生物素缺陷型的谷氨酸产生菌,若发酵培养基中限量生物素,那么代谢会流向谷氨酸合成,大量积累谷氨酸。若添加过量生物素,则抑制了谷氨酸的大量生成,使代谢流转向合成天冬氨酸方向。因此发酵中过量地添加生物素,可促进草酰乙酸生成,增加天冬氨酸的供给,提高赖氨酸的产量。

赖氨酸发酵主要分为 2 个阶段,第一阶段为 0～24 h,此阶段主要是菌体生长。第二阶段为 24～72 h,为产酸期,耗糖加快,产酸迅速,pH 下降。

赖氨酸发酵的糖浓度较高,但高浓度糖对赖氨酸产生菌生长有抑制,近年来在 *L*-赖氨酸发酵中普遍采用流加糖工艺。

14.2.4 赖氨酸的提取

赖氨酸提取过程包括发酵液预处理、提取和精制 3 个阶段。因游离的 *L*-赖氨酸易吸附空气中的 CO_2,故结晶较困难,一般生产商品都是以 *L*-赖氨酸盐酸盐形式存在。赖氨酸提取精制工艺流程如图 14-10 所示。

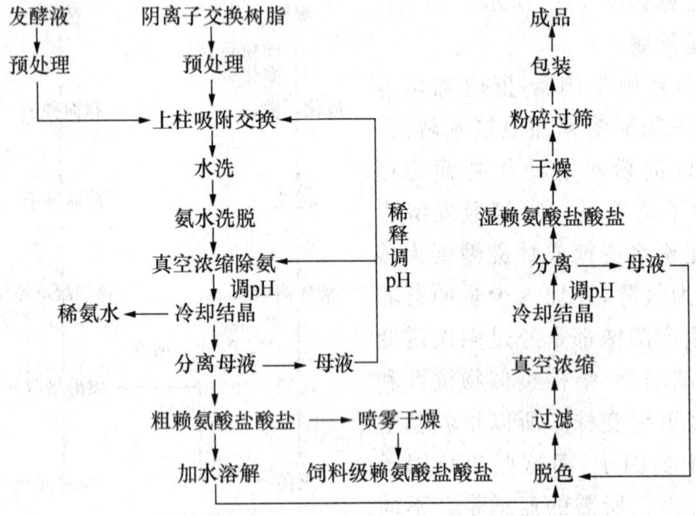

图 14-10 赖氨酸提取精制工艺流程

14.2.4.1 发酵液预处理

发酵液预处理后采用离心(4 000～6 500 r/min)或添加絮凝剂沉淀除去菌体。

14.2.4.2 离子交换法提取赖氨酸

从发酵液中提取赖氨酸常用的方法有:沉淀法、有机溶剂萃取法、离子交换法、电渗析法。目前工业上大多采用离子交换法来提取赖氨酸。

1. 离子交换法提取赖氨酸的原理

赖氨酸是碱性氨基酸,等电点为 9.59,在 pH 2.0 左右可被强酸型阳离子交换树脂吸附,pH 7.0～9.0 时可被弱碱型阴离子交换树脂吸附。从发酵液中提取赖氨酸选用强酸型离子交换树脂,它对氨基酸的交换势为:精氨酸＞赖氨酸＞组氨酸＞苯丙氨酸＞亮氨酸＞蛋氨酸＞缬氨酸＞丙氨酸＞甘氨酸＞谷氨酸＞丝氨酸＞天冬氨酸。强酸型阳离子交换树脂的氢型对赖氨酸的吸附力比铵型强得多。但是铵型能选择性地吸附赖氨酸和其他碱性氨基酸,不吸附中性和酸性氨基酸。同时,在用氨水洗脱赖氨酸后,树脂不必再生,从而简化了工艺。所以目前工业上都采用铵型强酸型阳离子交换树脂提取赖氨酸。其交换、洗脱反应如下：

吸附交换：

$$RSO_3NH_4 + Cl^- H_3^+NCH_2(CH_2)_3\underset{\underset{NH_2}{|}}{C}HCOOH \longrightarrow RSO_3H_3NCH_2(CH_2)_3\underset{\underset{NH_2}{|}}{C}HCOOH + NH_4Cl$$

洗脱：

$$RSO_3H_3HCH_2(CH_2)_3\underset{\underset{NH_2}{|}}{C}HCOOH + NH_4OH \longrightarrow RSO_3NH_4 + H_2NCH_2(CH_2)_3\underset{\underset{NH_2}{|}}{C}HCOOH + H_2O$$

2. 离子交换法提取赖氨酸的操作

(1)上柱。赖氨酸提取上柱流速根据柱大小而定，一般正上柱时每吨树脂可吸附 90～100 kg 赖氨酸盐酸盐，反上柱时可吸附 70～80 kg。上柱后，需用水洗去滞留在树脂层的菌体、残糖等杂质，直至洗涤水清澈，同时也使树脂疏松以利于洗脱。

(2)洗脱与收集。用 5% 氨水洗脱，洗脱流速为 0.01～0.03 m/s，用茚三酮检查流出液，当赖氨酸开始流出即可收集，一般收集液的 pH 为 9.5～12。前、后流分赖氨酸浓度低而氨含量高，可合并于洗脱氨水中，以提高提取收率。一般收率可达 90%～95%。

3. 赖氨酸的精制

离子交换柱的洗脱液中含游离赖氨酸和氢氧化铵，需经过真空浓缩蒸去氨后，再用盐酸调至赖氨酸盐酸盐的等电点 pH 5.2，生成的赖氨酸盐酸盐以含一个结晶水合物的形式析出。经离心分离后，在 50℃以上进行干燥，失去结晶水。若要制得高纯度的赖氨酸盐酸盐，则加水溶解后再进行脱色、过滤、除杂、真空浓缩、冷却、重结晶，然后分离去除母液，将湿赖氨酸盐酸盐结晶干燥，获得成品赖氨酸盐酸盐。

第15章 维生素发酵生产

维生素是一类维持细胞生长和正常代谢所必需的微量小分子有机化合物。人和动物不能在体内合成维生素，或者所合成的量难以满足机体的需要，所以必须由食物供给。植物所需的各种维生素，自身都能合成。微生物一般也能合成自身需要的维生素，若个别维生素不能自身合成者，则成为其生长限制因子。因此，在微生物培养和发酵生产时，往往需要补充某些维生素作为生长因子。例如，培养产谷氨酸或赖氨酸的棒杆菌时，需要加入生物素（维生素 H）。

人类和动物为了维持正常的生理功能，除需要蛋白质、碳水化合物、脂肪以及矿物质等，还包含有“微量”的营养素——微量元素和维生素。维生素不同于属于无机化合物的铁、锰、锌等微量元素，是有机化合物。

维生素虽用量很低（人体每天需要 1～100 mg 的维生素），却是人类和动物维持生命活动所必不可少的营养素，它们既不是构成机体组织的原料，也不是体内供能的物质，但它们具有重要的生理作用。维生素作为一类营养物质，包括许多不同种类的化合物，这些化合物之所以被归类于维生素与化学结构无关而取决于其生理功能，它们在调节物质代谢、促进生长发育和维持生理功能等方面发挥着重要作用。已知的大多数维生素都是作为辅酶（或辅基）分子的结构成分参与生物体内的代谢反应，少数可能是某种激素的前体，从而实现其对物质代谢的调节作用。如果机体长期缺乏某种维生素，可引起代谢过程发生障碍，以至于出现维生素缺乏症，严重者会导致死亡。维生素虽是机体所必需的物质，但食入过量会引起中毒。

维生素的化学组成差异很大，现已知的维生素共有 13 种（类），每种（类）又分别代表了一组有着相同活性的有机化合物。根据其溶解性，一般可分成 2 大类：脂溶性维生素和水溶性维生素。

脂溶性维生素均不溶于水，一般与类脂物共存于食物中，并可从食物中提取。这类维生素可与食物脂肪同时被人类或动物体吸收，一般不从尿液中排出而在生物体内贮存起来。脂溶性维生素包含有维生素 A（A_1、A_2）、维生素 D（D_2、D_3）、维生素 E 和维生素 K（K_1、K_2、K_3）。维生素 A 对氧化剂十分敏感。常用于治疗对感染的抵抗力降低、皮肤和黏膜受损及对黑暗适应力障碍等。维生素 D 对氧化剂、光和酸都很敏感。使用维生素 D 的目的是使钙磷代谢正常化，以预防和治疗佝偻病。妇女在妊娠和哺乳期中，对维生素 D 的需要有所增加。维生素 E 有着多种生理功能。对心血管病、肌肉病以及先兆流产均有显著作用。维生素 K_1 能在空气中缓慢地氧化，对热较稳定，但能被光和碱迅速破坏。主要用以治疗因药物引起的凝血障碍等。

水溶性维生素可溶于水，通常在生物体内没有显著的储存，多余的从尿液中排出。因此，需要经常地从食物和饮料中补充。水溶性维生素主要包括有 B 族维生素、维生素 PP、维生素

C、泛酸和生物素等。提纯状态的水溶性维生素通常都很稳定，但在水溶液中，它们对一些因素都较敏感。维生素C除了用于治疗坏血病外，主要应用于综合性治疗和预防感染。维生素C还用于对抗药物有毒作用以及外伤愈合不良等。维生素 B_1 缺乏会引起严重的功能紊乱，因而主要适用于治疗神经类和心脏功能障碍。维生素 B_6 特别适用于神经肌肉障碍，例如酒精中毒和呕吐等。维生素 B_2，烟酰胺和生物素以及维生素B复合体与其他B族维生素一起，可用于多种维生素制剂中。叶酸与维生素 B_{12} 的作用密切相关，常用于治疗各种类型的贫血病，这在医疗上已得到了广泛应用。

此外，还有一些化合物也被归纳到维生素之列，例如乳清酸（维生素 B_{13}）、肌醇（环己六醇）、硫辛酸、亚油酸和亚麻酸（维生素F）、芦丁（维生素P）、黄蝶呤（维生素 B_{14}）、肉碱（维生素 B_7）、潘氨酸（维生素 B_{15}）和泛酸（辅酶Q）等，但这些物质的维生素生理活性有些还没有完全确定。

维生素作为一类生物体所必需的生理活性物质和重要的工业化产品，除在医疗上的广泛应用外，在食品工业、农业、畜牧业上也大量应用。近年来，从食物和蔬菜中摄取维生素A、维生素C和维生素E有助于防治癌症的研究已引起了人们的兴趣。美国、联邦德国等国已开始把维生素C用作柠檬栽培上的催熟剂和用维生素C代替有毒的防锈剂的试验。维生素 B_{12} 不再只作为抗恶性贫血的药物，已大量用作饲料添加剂。

随着对维生素需求量的增加，人们除了从天然物质中提取外，须采用化学合成的方法或微生物发酵的方法制备各类维生素制品，用以补充从食物和水果蔬菜中直接摄取维生素的不足。采用微生物发酵的方法进行维生素工业生产的最大优点是：对一些用化学合成方法有困难获得的维生素的前体或某种异构体化合物，能够有效和有选择性地获得。大大简化了生产工序并改善了劳动条件，减少了环境污染，同时也有利于资源开发和综合利用。

许多种维生素都可以由微生物发酵法来制备，能合成维生素的微生物种类也很多，比较典型的例子是用阿舒假囊酵母（*Eremothecium ashbyii*）和棉病囊霉（*Ashbya gossypii*）生产维生素 B_2；用链霉菌（*Streptomyces* sp.）及丙酸杆菌（*Propionibacterium* sp.）生产维生素 B_{12}；用酿酒酵母（*Saccharomyces cereviseae*）和青霉菌（*Penicilium* sp.）生产麦角留醇（原维生素D），以及使用生黑葡萄糖酸杆菌（*Gluconobacter melanogenus*）等菌株从 *D*-山梨醇经两步发酵生成维生素前体2-酮-*L*-古龙酸来制备维生素C等都已实现了工业化生产。这只占了用微生物发酵法所能合成维生素中很小的一部分。由于许多维生素可以由其他基质异构化而得到，化学合成法价格较低廉，而用微生物发酵法所合成的维生素或前体的产量相比之下偏低，因而，就工业价值和生产规模而论，目前还只有少数几种维生素可以完全（维生素 B_2、维生素 B_{12}）或部分（维生素C）用微生物发酵法来制备。在维生素生物合成中，也和氨基酸、核酸等物质的生物合成相似，受严格的代谢调节控制。为了使微生物所合成的维生素能在发酵过程中大量积累，就需要打破原有的正常代谢而进行人为的调控发酵。这方面，诸如突变株的利用，改变发酵条件进行定向选育，以及利用基因重组和分子克隆等分子遗传学新技术来选育新菌株等，自20世纪70年代以来在国内外就已相继开展了研究。

15.1 维生素 B_{12} 的发酵

维生素 B_{12}（vitamin B_{12}）亦称钴胺素（cobalamins），它是一系列含有以钴原子为中心的咕啉(corrin)核和以5,6-二甲苯并咪唑为碱基的核苷酸，并对人和动物具有生物活性的类咕啉(corrinoids)同功维生素的总称，主要活性品种有氰钴铵、羟钴铵、腺苷钴铵和甲钴铵。所谓生物活性，是指能够防治人的巨幼红细胞性贫血（恶性贫血）、人和动物的神经病变、幼儿和幼小动物的生长发育障碍，以及刺激某些微生物如乳酸乳杆菌(*Lactobacillus lactis*)的生长。因此，它又被称为抗恶性贫血因子、动物蛋白因子和LLD因子。

1920年，美国血液学家Whipple用抽血法造成了犬的恶性贫血，并考虑到肝脏是血红蛋白的专性来源而喂给动物，结果发现相当有效地加速了贫血犬血液的再生。到1926年，美国的两位医生Minot和Murphy用半煮熟的肝脏按每人每天120～240 g的量对45名恶性贫血病人进行治疗试验，结果使这些病人血液中的红细胞数量迅速增加，2个月后由治疗前的每微升血液中1.47×10^6上升到4.5×10^6，由此提出可以口服新鲜肝脏来治疗恶性贫血。由于在攻克当时被称为不治之症的恶性贫血中所做的贡献，Whipple和Minot、Murphy 3人同获1934年的诺贝尔奖。根据他们的实验，由此推测，动物肝中可能存在一种抗恶性贫血因子。1929年后，Castle进一步的研究指出，有一种促红细胞因子存在于肝脏中，以后又从动物肝脏中分离获得了一个红色的化合物，即维生素B_{12}。

1947年，Shorb发现这一因子还是乳酸乳杆菌生长的必需因子（简称为LLD因子），从而开发成抗恶性贫血因子的一种简单方便的微生物检测方法，大大推进了这一因子的研究。同年，美国Merck公司的Folkers从动物肝脏中制取了第一份抗恶性贫血因子的红色结晶，活性为11×10^6 LLDU/mg。不久，英国Glaxo公司的Smith等也获得了类似的结晶。由于是水溶性，故将它归入B族维生素，并按当时的排序称为维生素B_{12}。在那时，生产15 mg结晶维生素B_{12}大约需要1 000 kg新鲜动物肝脏。1960—1972年，由美国的Woodward小组和瑞士的Eschenmoser小组共同努力，集合了来自世界19个国家的99名学者，历时11年多，完成了维生素B_{12}的化学合成工作。

在进行抗恶性贫血因子的研究过程中，还发现肝脏提取物有促进幼小动物生长发育的活性。与此同时，从动物的粪便中也发现具有同样活性的物质，称为动物蛋白因子。当时推测这种物质可能是由细菌产生的，因而导致从鸡粪中分离出一种微生物，它的产物具有动物蛋白因子的活性。将这种因子用于恶性贫血病人，获得了肯定的疗效。同样，由肝中提取的维生素B_{12}，也能促进幼小动物的生长。由此证明，动物蛋白因子和维生素B_{12}是同一种物质。这一发现具有特别重大的意义，因为它开创了利用微生物工业化发酵生产维生素B_{12}的过程。为此，科学家在许多微生物细胞中也分离得到结晶状的维生素B_{12}。1948年，Stokstad等在日光黄杆菌(*Flavobacterium solare*)中发现这种物质，此后不久即成功地由阿拉伯糖乳杆菌(*Lactobacillus arabinosus*)、枯草芽孢杆菌(*Bacillus subtilis*)、耻垢分枝杆菌(*Mycobacterium smegmatis*)、灰色链霉菌(*Streptomyces griseus*)、玫瑰产色链霉菌(*S. roseochromogenes*)及抗生链霉菌(*S. antibioticus*)中分离出B_{12}结晶。

最初维生素B_{12}的生产是从链霉素、新霉素、氯霉素等抗生素生产后的菌丝中进行提取的，属副产物。随着需求量的增加，采用高产菌株的发酵工艺是必要的，不少国家建起了专业化的发酵工厂。

维生素B_{12}对于多种代谢反应都有作用。维生素B_{12}能在某分子内促进羧基转移。它是很多酶反应的辅酶。例如它是谷氨酸异构酶的辅酶，能够酶促L-谷氨酸异构化成为β-甲基天门冬氨酶。而在氨基酸组成蛋白质时，至少有一部分要求钴胺素辅酶参加反应。维生素B_{12}

最重要的功能在于它对于甲酸和甲醛氧化中单碳化合物的还原作用是必不可少的。其在中间代谢中的另一个重要功能是保持谷胱甘肽和一些酶的巯基处于还原状态。因此，维生素 B_{12} 在代谢中的基本功能不只是促红细胞生成，而和整个机体代谢都有密切关系。

近些年来，除了用于防治人类的恶性贫血和动物的促生长以外，维生素 B_{12} 在防治病毒感染、放射线伤害保护、止痛与抗炎、自身免疫病与某些皮肤病的治疗、调节睡眠节律、作为滋补强壮剂和化妆品等的应用研究方面，也取得了许多进展，使其应用范围日渐广泛。

15.1.1 维生素 B_{12} 的结构

Folkers 首次分离得到的维生素 B_{12} 是分子中含有氰基的氰钴铵(cyanocobalamin)。1958 年，Barker 的研究小组报告从细菌中分离得到橙色的维生素 B_{12} 辅酶，后来证明是在钴原子上连有脱氧腺苷基配位体的腺苷钴胺(adenosylcobalamin)。1962 年，Bernhauer、Smith 和 Johnson 三个小组都成功地由氰钴铵半合成得到腺苷钴胺，并同时合成了另一个维生素 B_{12} 辅酶——甲钴胺(methylcobalamin)。1964 年，Lindstrand 从肝脏、人血浆和细菌中也分离得到甲钴胺。现在已知，腺苷钴胺和甲钴胺才是天然存在的维生素 B_{12}，而氰钴铵是在提取过程中由于所用的活性炭中存在的或作为蛋白酶活化剂加入的氰化物与天然物质作用的产物。

1955 年，英国的 Hodgkin 等在前人化学降解研究的基础上，用 X 射线分析法确定了维生素 B_{12} 的化学结构，因此获得 1964 年的诺贝尔奖。其分子结构见图 15-1。

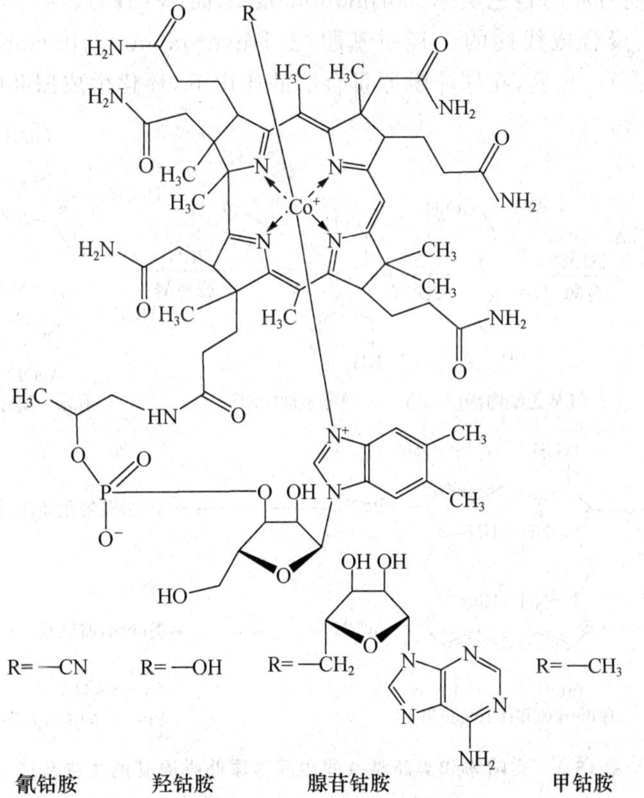

图 15-1 维生素 B_{12} 结构图

维生素 B_{12} 是由一个咕啉环系结构与 5,6-二甲苯并咪唑核苷酸所组成。咕啉环系结构与卟啉有关,中心原子是钴,因此它是含有钴的多环化合物。其分子结构的特征为:在 4 个吡咯核组成的咕啉环状结构中含有钴的络合物。一般所说的维生素 B_{12} 指的是分子中的钴与氰(CN)相连接的钴胺素。如果与钴连接的—CN 基被—OH 基、—NO_2 基等所取代就生成不同类型的钴胺素。

维生素 B_{12} 为深红色晶体,熔点甚高(320℃时不溶),溶于水和乙醇,不溶于乙醚、丙酮和氯仿。结晶氰钴胺及其中性溶液对热和空气都较稳定,但能被光和紫外线破坏。维生素 B_{12} 对碱、强酸和还原剂都不太稳定。当有其他维生素(如维生素 C、维生素 B_1 及其分解产物)存在时,其稳定性会降低。

15.1.2 维生素 B_{12} 的生物合成

自然界存在一些具有鲜明颜色、在生命体系中发挥不可缺少的重要作用而被称为生命色素的类咕啉(corrinoid)和类卟啉(porphyrinoid)金属络合物,前者以含钴的维生素 B_{12} 为代表,后者包括含铁的血红素和含镁的叶绿素。已经证明,尿卟啉原Ⅲ(uroporphyrinogenⅢ,简称为 Uro′genⅢ)是这些生命色素生物合成的共同中间体。这一中间体的起始物质是由甘氨酸和琥珀酰辅酶 A 缩合生成的 5-氨基乙酰丙酸(ALA),催化这一反应的酶是 5-氨基乙酰丙酸合成酶,它需要 5′-磷酸吡哆醛作为辅因子。两个氨基乙酰丙酸在脱水酶的作用下,进一步缩合并环化得到含一个吡咯环的胆色素原(porphobilinogen,简称 PBG)。4 个胆色素原经 PBG 脱氨酶作用相继脱氨、聚合成线性的 1-羟甲基胆烷(1-hydroxymethylbilane,又称前尿卟啉原,preuroporphyrinogen)。最后,在尿卟啉原Ⅲ合酶的作用下,环化生成尿卟啉原Ⅲ(图 15-2)。

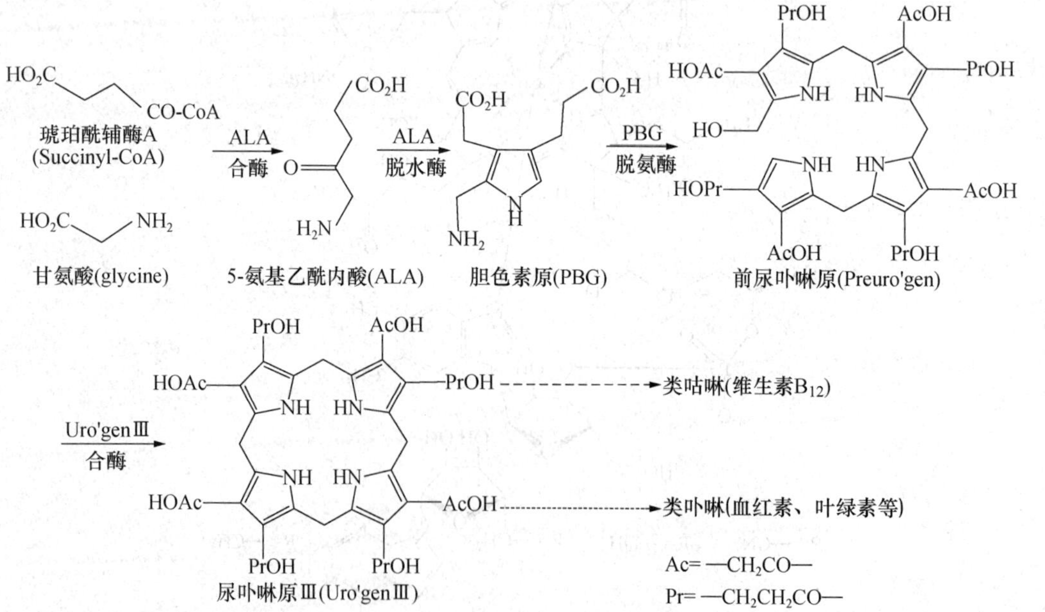

图 15-2 类咕啉和类卟啉共同中间体尿卟啉原Ⅲ的生物合成

类咕啉和类卟啉的生物合成从尿卟啉原Ⅲ开始分支。以 S-腺苷蛋氨酸(SAM)为甲基供体,尿卟啉原Ⅲ通过 3 次甲基化,顺序生成预咕啉-1(precorrin-1)、预咕啉-2(precorrin-2)和预咕啉-3A(precorrin-3A)。催化前两步甲基化反应的酶是S-腺苷蛋氨酸-尿卟啉原Ⅲ甲基转移酶,后一步的酶是尿卟啉原Ⅲ-预咕啉-2甲基转移酶。

自预咕啉-3A开始,好氧的脱氮假单胞菌(*Pseudomonas denitrificans*)和厌氧(或微好氧)的谢氏丙酸杆菌(*Propionibacterium shermanii*)所遵循的生物合成途径有所不同。好氧途径为:①在分子氧的存在下,由一种单加氧酶CobG将预咕啉-3A在C20位上羟化,生成预咕啉-3B;②在腺苷蛋氨酸的存在下由一个双功能酶CobJ向C17位上插入甲基,并经分子重排、缩环生成预咕啉-4;③CobM酶在C11位上导入甲基,生成预咕啉-5;④CobF酶将C1位上乙酰基水解游离出醋酸并代之以甲基,生成预咕啉-6A;⑤CobK还原C18与C19之间的双键,生成预咕啉-6B;⑥CobL在C5和C15上双甲基化并将C12醋酸侧链脱羧,生成预咕啉-8x;⑦CobH催化C11甲基向C12转移,生成氢化咕啉酸(hydrogenobyrinic acid);⑧CobB将C2和C7位上的醋酸酰胺化,生成氢化咕啉酸二酰胺;⑨由CobN、CobS和CobT 3个酶的复合物先后催化钴(Ⅱ)的插入,使钴(Ⅱ)还原为钴(Ⅰ),在ATP的作用下腺苷化,C3、C8、C13位上的丙酸和C18位上的醋酸酰胺化,生成腺苷钴啉胺酸(adenosylcobyric acid);⑩CobC、CobD和α-蛋白的复合物在C17位的丙酸上装配丙醇胺,生成腺苷钴啉醇酰胺;⑪CobP使丙醇胺的羟基磷酸化,并在GTP存在下转化为GDP衍生物,再由烟酸单核苷酸与5,6-二甲苯并咪唑反应生成的5′-磷酸-α核唑将GMP置换,生成5′-磷酸-腺苷钴胺(adenosylcobalamin-5phosphate);⑫最后,由CobV催化脱磷酸得到腺苷钴胺(adenosylcobalamin,又称辅酶维生素B_{12},图15-3)。

和上述好氧生物合成途径不同的是,厌氧(或微好氧)的谢氏丙酸杆菌早在预咕啉-3A阶段就插入钴,并在没有氧的参与下经图15-4所示步骤获得预咕啉-6A钴络合物,然后再遵循与图15-3相似的步骤转化为腺苷钴胺。

15.1.3 维生素B_{12}的生产菌

许多微生物都具有合成维生素B_{12}的能力。细菌中有日光黄杆菌(*Flavobacterium solare*)、费氏丙酸杆菌(*Propionibacterium freudenreichii*)、谢氏丙酸杆菌(*P. shermanii*)、巨大芽孢杆菌(*B. megaterium*)、脱氮假单胞菌(*P. denitrificans*)、奥氏甲烷杆菌(*Methanobacterium omelianski*)、乳酸乳杆菌(*L. lactis*)等,放线菌中有橄榄色链霉菌(*S. olivaceus*)、灰色链霉菌(*S. griseus*),此外酵母及某些霉菌例如黑曲霉、链孢霉属、假囊酵母属等也都具有产生维生素B_{12}的能力。最近报道较好的维生素B_{12}生产菌为丙酸杆菌和假单胞菌,由于它们的生长速率快、产率高,而优于链霉菌和其他菌种。

对维生素B_{12}生产菌进行自然选育和诱变筛选,获得能耐受钴、锰等金属离子及抗生素类抑制剂的突变株,可以提高维生素B_{12}的产率。如谢氏丙酸杆菌经诱变处理所得到的突变菌株,在玉米浆培养基中,于兼性厌氧的条件下,维生素B_{12}的产量获得显著提高。再如脱氮假单胞菌的甜菜碱缺陷型突变株用于工业生产,获得很好的效果。

诱变处理可用紫外线、X射线照射或者使用*N*-甲基-*N*′-硝基-*N*′-亚硝基胍、亚硝基乙基脲、氮杂环丙烷、硫酸二乙酯等化学诱变剂。选育自身能专一地合成5,6-二甲苯并咪唑的菌株十分重要,因为一些维生素B_{12}产生菌在发酵过程中合成相当多的腺嘌呤,能与5,6-二甲苯并咪唑竞争,以致产生许多假维生素B_{12},影响发酵得率和以后的回收过程。

此外,基因工程技术的应用也为提高维生素B_{12}的产率提供了一些有效的措施,如由能代谢甲醇的精朊杆菌(*Protaminobacter* sp.)和红假单胞菌(*Rhodopseudomonas* sp.)进行细胞

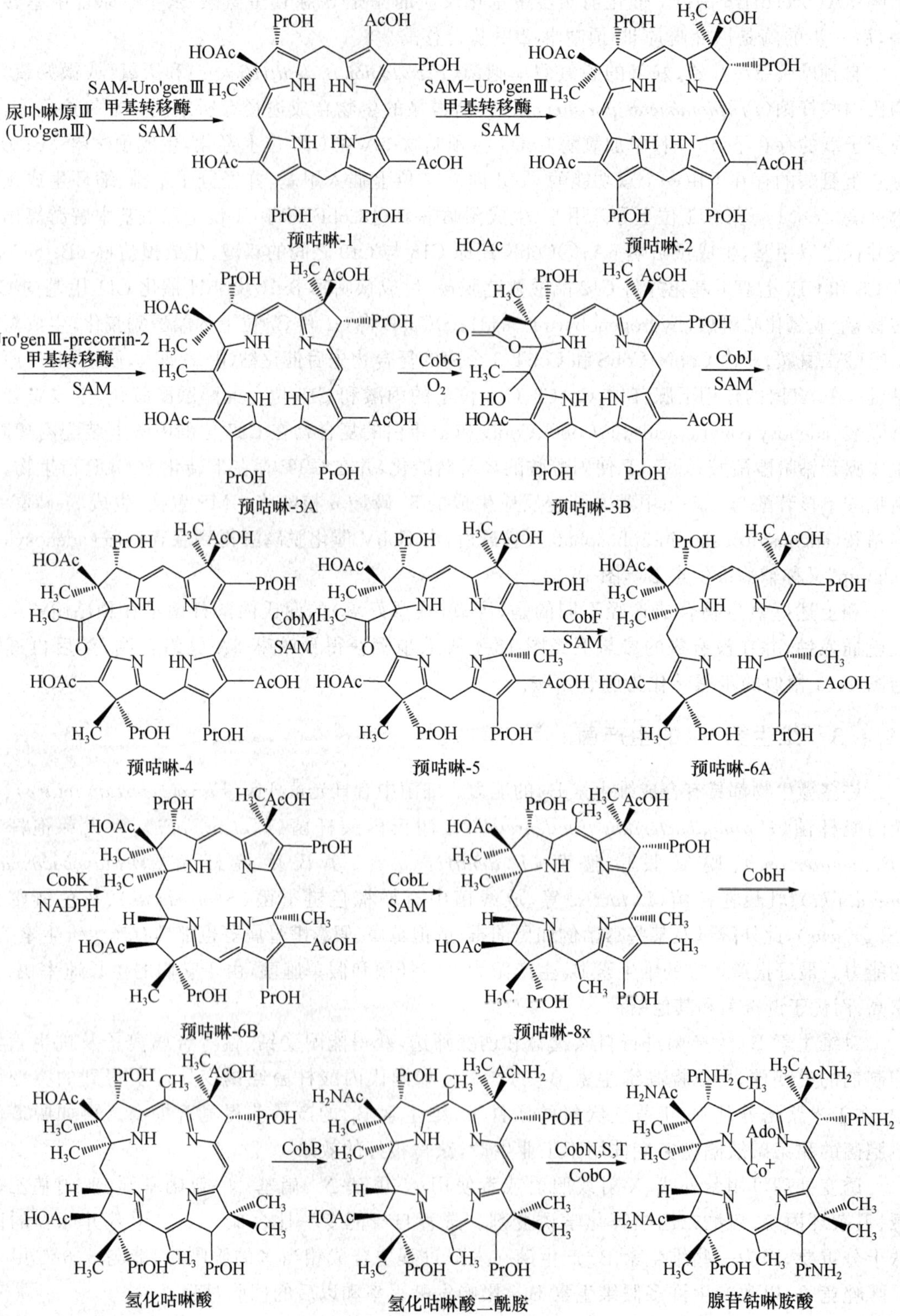

图 15-3　脱氮假单胞菌的维生素 B_{12} 生物合成途径

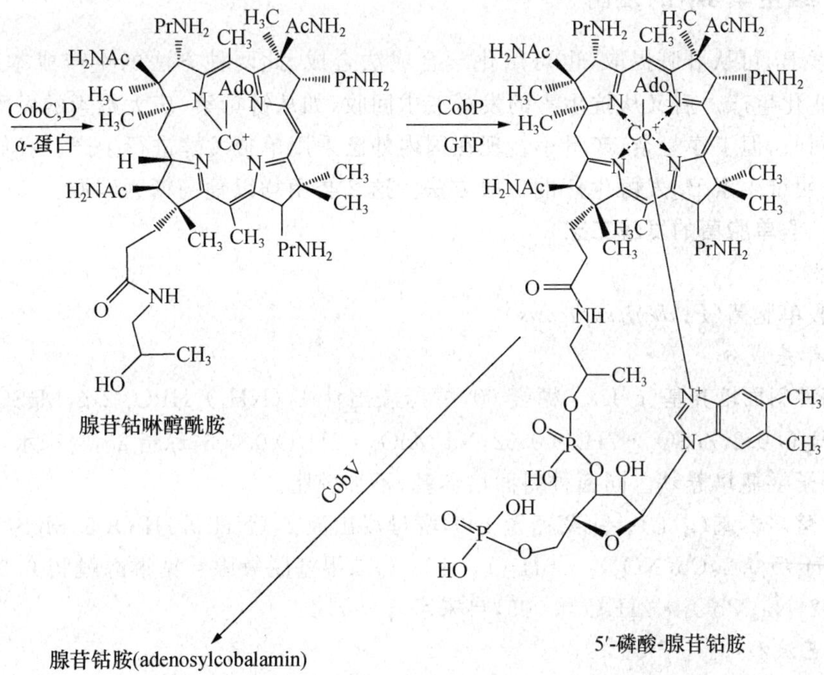

Ac=—CH₂CO—；Pr=—CH₂CH₂CO—；Ado=5′-deoxy-5′-adenosyl

续图 15-3 脱氮假单胞菌的维生素 B_{12} 生物合成途径

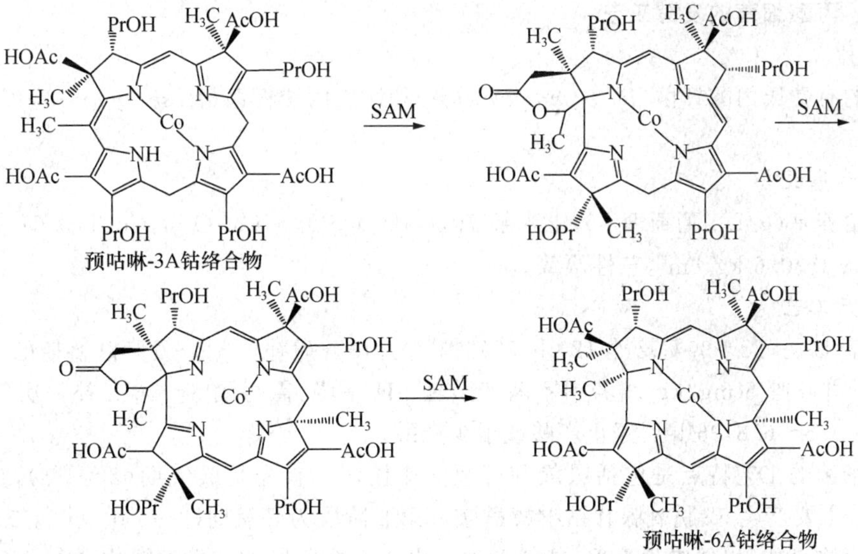

图 15-4 厌氧生物合成维生素 B_{12} 由预咕啉-3A 钴络合物至预咕啉-6A 钴络合物的转化步骤

融合得到杂种精朊红假单胞菌(*Rhodopseudomonas protamicus*)，产出的维生素 B_{12} 达到135 mg/L 或更高。

15.1.4 维生素 B_{12} 的发酵

维生素 B_{12} 可从肝脏提取，也可用化学合成法合成，此两种方法的生产成本高，已不适宜于当代工业化生产。后又从抗生素的发酵液中回收，如从链霉素、庆大霉素的发酵液中采用树脂法进行回收，但工序复杂，产量小。现在国内外已采用单独发酵进行生产。我们选择 2 类不同菌株，说明维生素 B_{12} 发酵生产的一般方法。这 2 类菌均以葡萄糖为碳源。

15.1.4.1 假单胞菌的发酵工艺

1. 菌种

脱氮假单胞菌(*P. denitrificans*)

2. 培养基成分

(1)菌种斜面培养基(g/L)。糖蜜 60，酵母浸出汁 1，$(NH_4)_2HPO_4$ 2 g，$MgSO_4 \cdot 7H_2O$ 1，$MnSO_4 \cdot H_2O$ 0.2，$ZnSO_4 \cdot 7H_2O$ 0.02，$Na_2MoO_4 \cdot 2H_2O$ 0.005，琼脂 25，自来水，pH 7.4。

(2)种子摇瓶培养基。同菌种斜面培养基，不加琼脂。

(3)发酵培养基(g/L)。甜菜糖蜜 100，酵母浸出液 2，$(NH_4)_2HPO_4$ 5，$MgSO_4 \cdot 7H_2O$ 3，$MnSO_4 \cdot H_2O$ 0.2，$Co(NO_3)_2 \cdot 6H_2O$ 0.188，6-二甲基脱氧腺苷钴啉醇酰胺 0.025，$ZnSO_4 \cdot 7H_2O$ 0.02，$Na_2MoO_4 \cdot 2H_2O$ 0.005，自来水，pH 7.4。

3. 工艺流程

菌种转接于斜面培养基，28℃培养 4 d，然后转接于摇瓶种子培养基，28℃摇床培养 3 d。摇瓶种子转接 5 L 发酵罐(装 3 L 培养基，接种量 150 mL)，29℃发酵培养 4 d(搅拌速度120 r/min)。

15.1.4.2 丙酸细菌的发酵工艺

1. 菌种

常用的有费氏丙酸杆菌(*P. freudenreichii*)和谢氏丙酸杆菌(*P. skermanii*)，以谢氏丙酸杆菌为例。

2. 培养基成分

发酵培养基(g/L)：葡萄糖 60，玉米浆 70，$(NH_4)_2SO_4$ 5，$CaCO_3$ 4，$CoCl_2$ 0.01，pH 6.8～7.0，罐压 0.3～0.6 kg/cm^2，兼性厌氧。

3. 生产工艺

接种量 10%，28～30℃培养 120 h，基础糖 3%，48 h 后补糖 3%，发酵旺盛期的 72 h 时加 5,6-二甲苯并咪唑 5 mg/kg，培养中不断产酸使 pH 下降，需每隔 8～16 h 补一次氨水，调节 pH 维持在 6.5～6.8，96 h 后停止产酸或很少产酸。

丙酸细菌的工艺特点是包括厌氧和好氧 2 个阶段。首先是厌氧期(2～4 d)，加钴 10～100 mg/L，主要产生 5′-脱氧腺苷钴啉醇酰胺。第 2 阶段为好氧期(3～4 d)，进行 5,6-二甲苯并咪唑的生物合成，以便维生素 B_{12} 能够产生。由于 2 个阶段均在发酵罐内进行，因此两阶段可在 2 个罐内以级联的方式进行连接操作。

发酵培养基的成分中，最重要的是加入适当浓度的钴盐，因为钴作为维生素 B_{12} 分子的中心原子是不能为其他原子所取代的。浓度 1～10 mg/kg，添加钴后，产量可以增加 2～10 倍，添加钴胺素的前体物质，如 5,6-二甲苯并咪唑、甘氨酸、苏氨酸、5-氨基乙酰丙酸、氨基丙酸和 1,2-二甲基 4,5-二氨基苯等也可提高产量。氰化钠能抑制钴胺素的形成。

碳源几乎都用葡萄糖,还可加入其他碳化合物如麦芽汁、玉米浆或酒糟水等,葡萄糖可由糖蜜所代替。

氮源可以是玉米浆、黄豆粉、肉汁胨、干酪素水解物、酵母汁及无机氮水化合物等。其他菌株维生素 B_{12} 生产工艺见表 15-1。

表 15-1 其他微生物菌株的维生素 B_{12} 微生物生产工艺

微生物	培养基组分	产量/(mg/L)	备注
Bacillus megaterium	甜菜糖蜜、磷酸铵、钴盐、无机盐类	0.45	18 h 好氧发酵
Prop. freudenreichii	玉米浸液、葡萄糖、钴盐、用 NH_4OH 维持 pH	19	3 d 好氧发酵,3 d 厌氧发酵
Prop. freudenreichii	玉米浸液(或自溶的霉菌菌丝)、葡萄糖、钴盐、pH 7(用 NH_4OH 调节)	8	发酵 33 h
Prop. shermanii	同上	23	3 d 厌氧和 3 d 好氧发酵
Streptomyces spp.	大豆粉、葡萄糖、钴盐、K_2HPO_4	5.7	6 d 好氧发酵
S. olivaceus	大豆粉、葡萄糖、酒糟废液、钴盐、无机盐类	3.3	6 d 好氧发酵
Micromonospora spp.	大豆粉、葡萄糖、$CaCO_3$、钴盐	11.5	7 d 好氧发酵
Butyribacterium rettgeri	玉米浸液、钴盐、葡萄糖 pH 7(用 NH_4OH 调节)	5	4 d 好氧发酵

近年来国外对维生素 B_{12} 的研究进展很快,美、日等国通过新生产菌株的选育和分离方法的改进,获得了腺苷辅酶 A 型和羟基 B_{12}(长效 B_{12})2 种新品种,超过并取代了氰钴氨型 B_{12} 制品,后者因含氰量大,必须先分解以减少其副作用。国外目前在纯种发酵上选用假单胞杆菌(*Pseudomonas* sp.)和节杆菌(*Arthrobacter* sp.),发酵后产生的维生素 B_{12} 最高可达到 100~250 μg/mL。国内目前发酵法所生成的维生素 B_{12} 仅 25~30 μg/mL,总收率 23%左右。

国外近年来研究出用一株产甲烷细菌,在厌氧条件下,能发酵甲醇产生维生素 B_{12}。发酵过程中定期放出部分发酵液,用培养基部分更换进行半连续发酵,一般认为作为主要碳源的甲醇和无机含氮化合物的比例以 1∶(11~15)(*W*/*W*)为宜。

15.1.5 维生素 B_{12} 的提取

维生素 B_{12} 几乎全部分布在细胞内,需要通过热处理(pH 6.5~8.5,80~120℃,10~30 min)才能使维生素 B_{12} 从菌丝中溶出进入溶液。然后将它吸附在活性炭上、洗脱、浓缩,并用层析或离子交换使之纯化,然后结晶。维生素 B_{12} 也能用甲醇(70%)抽提,并继之纯化和结晶。但现在工业普遍采用的是高分子树脂吸附分离方法,使用的树脂可以是 Amberlite IRC-50 或 Amberlite XAD-2,洗脱剂为水-酒精混合液或水-苯酚混合液。最后可用活性氧化铝或羧甲基纤维素或其他层析介质进行层析精制。

也可将发酵结束的发酵液加少量硫酸钠(或硫酸铵),并以硫酸调 pH 4.9~5.0,即送入真空浓缩罐中。浓缩至醪液含固形物 15%~20%。此时维生素 B_{12} 含量 4~7 mg/kg,然后干燥至含水分 5%左右,送入粉碎机中进行粉碎,即得粗制品。此粗制品维生素 B_{12} 含量在 35~39 μg/g,蛋白质含量在 35%左右,此外尚有烟酰酸、泛酸、吡哆醇、硫胺素和核黄素等。80%

纯度的粗制品用于饲料添加剂，进一步纯化含量可达95%～98%，作为药品。

15.2 维生素 B_2 的发酵

维生素 B_2(vitamin B_2)又称核黄素，是一种水溶性的B族维生素，是由一个黄色素(光色素)和一个还原形式的核糖所组成。在奶、鸡蛋、禾本科植物的胚芽及肝、肾、瘦肉、鱼中大量存在。在乳清中以游离态存在，在其他食物(如肝、心、肾和蛋等)多数与蛋白质相结合而存在，被称作核黄素蛋白。

维生素 B_2 是由异咯嗪环与核糖构成的(图15-5)。纯品为橘黄色的针状结晶体，味苦，微溶于水，极易溶于碱性溶液，不溶于乙醇及氯仿中。水溶液呈黄绿色荧光，在波长为565 nm，pH 4～8之间荧光最强。对光和紫外线辐射敏感，但对热和空气中的氧稳定。在强酸溶液中稳定，而在碱性溶液中特别在曝光情况下，则很快分解。由于核黄素在水中的溶解度低，水溶性的核黄素-5′-磷酸钠已成为它的一种重要形式。

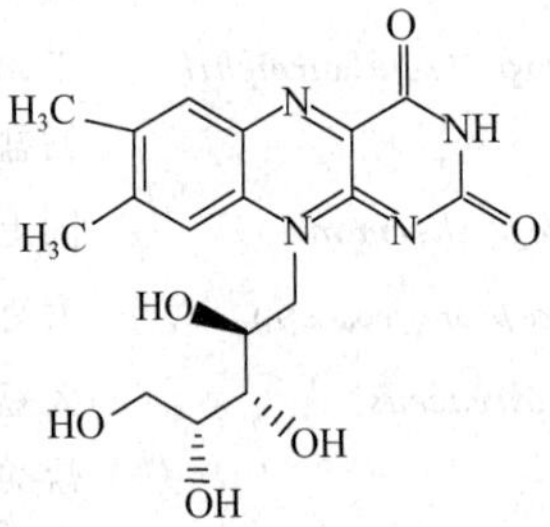

图15-5 维生素 B_2 结构图

维生素 B_2 分子中异咯嗪环中第1位和第10位的两个氮原子可被还原，在生物代谢过程中有递氢作用，它与肌体内的ATP作用生成黄素单核苷酸(FMN)，FMN再与ATP作用，就生成黄素腺嘌呤二核苷酸(FAD)，两者是多种脱氢酶的辅酶，是重要的递氢体，可促进生物氧化作用。维生素 B_2 是动物发育和许多微生物生长的必需因子，是人体维持机体正常物质代谢所必需的。人体缺乏核黄素会引起物质代谢紊乱，导致儿童发育迟缓，引起某些皮炎及视力受损，严重的将会导致死亡。畜禽饲料中缺乏维生素 B_2 也将严重影响肉、蛋的生产量。它还是治疗眼角膜炎、白内障、结膜炎等的主要药物之一。因此，维生素 B_2 的生产和应用受到人们的重视，常用于医药、食品强化剂、动物饲料添加剂，同时还有少量用于营养性或治疗性的化妆品行业。

早在1920年，Emmett首先注意到在酵母提取液中，用热处理破坏了抗神经炎因子后还保留了一个可促进生长的因子，即是维生素 B_2。Kuhn等在1933年由鸡蛋中分离得到，1935年开始人们逐渐弄清了这种物质的结构，开始了化学合成并实现了工业化生产。1965年有3家公司(Commercial Solvent、Grain Processing Corporation、Premier Malt Products)开始利用微生物发酵法对维生素 B_2 进行大规模工业化生产。但由于产量很低，根本无法与化学合成法竞争，3年后3家公司都相继停产。1974年，微生物发酵法生产维生素 B_2 重新被Merck公司所采用，此后，国际上其他一些知名公司也开始采用微生物发酵法进行维生素 B_2 的生产，微生物发酵法生产维生素 B_2 获得了长足的发展。如20世纪90年代，美国的Coors公司选育出了一种高产维生素 B_2 的假丝酵母菌株，其维生素 B_2 产量可达20 g/L。2000年，瑞士Roche公司以美国Omnigene公司选育的一株高产维生素 B_2 的枯草芽孢杆菌为生产菌株，年生产维生素 B_2 达3 000 t。

15.2.1 维生素 B_2 的生产菌

很多种类微生物可以形成维生素 B_2。其中最重要的是阿舒假囊酵母(*Eremothecium ashbyii*)和棉病囊霉(*Ashbya gossypii*)，均已用于工业化生产。此外，许多种假丝酵母、酵母和多种霉菌以及少数细菌也能形成维生素 B_2。

近年来,利用生产率高又易于培养的枯草芽孢杆菌产生维生素 B_2 研究引起了科学家们的关注。通过对枯草杆菌中维生素 B_2 生物合成遗传控制的研究,证实了某种基因的产物在维生素 B_2 形成中起着共同的蛋白质调节作用。

对棉病囊霉、假丝酵母菌、枯草芽孢杆菌 3 种维生素 B_2 的发酵菌株的代谢模式进行比较,可知它们各有利弊,目前尚难判定何者将取代其他的。芽孢杆菌生长最快(约 60 h),棉病囊霉可利用含高能量的植物油为碳源,但发酵周期比芽孢杆菌长,约在 150 h。假丝酵母菌生长也快,易均匀分布于发酵液,但最大的缺点是需控制铁的含量在 15 μmol/L 以下,以防止对维生素合成的抑制。控制培养基铁含量,并防止管道由腐蚀而引入的铁量,均将提高生产成本。展望今后的发展,分子水平的研究将继续为改进生产菌的活力提供有效措施。人们对芽孢杆菌合成途径的调节知之较多,故推动了这一菌种的应用。基因工程在棉病囊霉的应用,已初步看到成效,但对假丝酵母类似的研究还有待进一步加深。

阿舒假囊酵母也称阿氏多囊霉或依利蒙菌,它是维生素 B_2 的生产菌株。它对营养要求不严格,能在多种农副产品如小米、麸皮、米糠、棉籽饼、甘薯蔓、甘蔗渣、菜籽饼、豆渣上生长,菌苔初为白色,待色素形成后即呈现黄色。能利用蛋白胨、丙氨酸、天冬氨酸、谷氨酸胺等氮源。最适的碳源是葡萄糖、果糖、蔗糖和甘露糖。最适 pH 为 5.4～5.6。好氧,培养料必须疏松透气。需较高湿度,培养料含水量在 50%左右为好。

由于阿舒假囊酵母的遗传稳定性差,后来人们更倾向于利用棉病囊霉作为工业生产菌株。1990 年德国的 BASF 公司尝试使用棉病囊霉作为生产菌株进行维生素 B_2 的工业化生产,经过 6 年的发展,他们最终实现了工业化生产。

15.2.2 维生素 B_2 的发酵

维生素 B_2 的发酵工艺主要有固体发酵法和液体深层发酵法。都是以农产品和食品工业的副产品如小米、玉米及豆渣等为原料来培养微生物菌种进行生产的,因而成本较低廉。在设备和生产工艺要求方面,除了需要严格的无菌操作和管理外,深层培养法设备要求较复杂,工艺条件要求也较高,适合大规模工业化生产。而固体表面培养法则设备简单,技术简便,投资小,收效大,适宜于乡镇企业及中小型工厂生产。

15.2.2.1 维生素 B_2 的固体发酵

1. 原料选择

可用作制造维生素 B_2 的原料很多,选择原则是来源简便,能供给微生物必需的营养成分,原料经过蒸熟处理后能保持应有的通透性,使微生物在培养过程中能取得必需的空气。据经验,以小米和麸皮作为原料较合适。此外,豆渣是食品工厂的生产下脚料,作为生产维生素 B_2 的原料既能综合利用,生成量又较高,所以能获得较大的经济效益。

2. 原料处理

将小米先剔除砂石及杂物,用热水浸泡 1～2 h,清洗蒸熟,含水量要求在 50%上下。如用豆渣作原料则要先将新鲜豆渣压榨至含水量 50%左右方可备用。然后将蒸熟的小米(可拌入 1/10 左右的麸皮用来调节水分)或豆渣分装入克氏瓶或密封的塑料袋内(约 3/5),于 1 kg/cm^2 高压灭菌 40～50 min。取出克氏瓶或塑料袋摇动数次,冷却后即可接种。

3. 接种及培养

转接和保藏菌种所常用的培养基为麦芽汁加入1%蛋白胨和2%琼脂,pH 6.0～6.5的斜面培养基。将棉病囊霉(或阿舒假囊酵母)接种到灭菌的斜面培养基上,在28℃培养3～5 d直至菌苔呈现黄色,此时将菌苔加少量无菌水洗下,再按一定的比例接到上述灭菌的原料中。然后将克氏瓶或塑料袋依次放在木架上,置于28℃培养室内培养。为避免维生素B_2受光照水解要尽量保持室内光线较暗,每天摇瓶一次,使菌丝布满并使其接触空气的机会均匀,以加快生长繁殖。经过9～10 d培养,小米呈棕黄色,豆渣呈深黄色,并有维生素B_2所固有的香味,培养即可终止,此时维生素B_2含量最高可达到3 000～5 000 μg/mL。

4. 灭菌、干燥、粉碎和包装

将已培养好的克氏瓶或塑料袋进行高压灭菌(0.55 kg/cm^2,30 min)后,把含有维生素B_2的小米或豆渣倾倒至搪瓷浅盘内,在80～90℃烘箱内进行烘干,含水量要求降到3%以下。进行粉碎,直至可通过100筛目的铜筛,这样所获得的细粉即为成品。一般含纯维生素B_2在5%左右。

15.2.2.2 深层培养法

目前国内外大规模工业生产维生素B_2主要采用液体深层发酵法,工艺流程见图15-6。

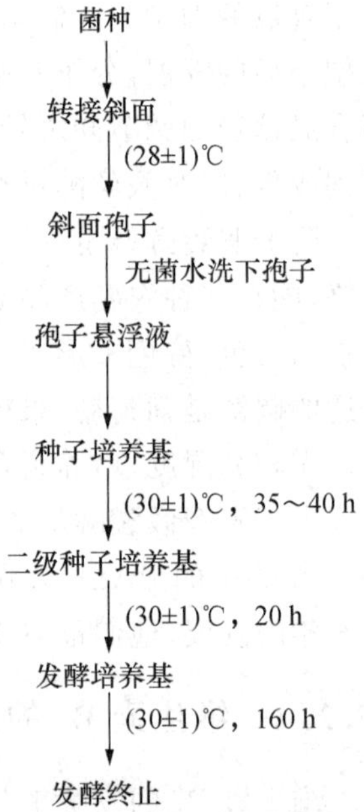

图15-6 维生素B_2液体深层发酵工艺流程

1. 培养基

以棉病囊菌为例,所用碳源除葡萄糖外,油脂也可作为有效碳源,但不能利用淀粉、糖蜜和普通的戊糖(如核糖和木糖)来合成维生素B_2。张星元等在发酵培养基中分别添加30.0 mL/L的豆油、橄榄油、蓖麻油、菜油、麻油和猪油,结果表明:油脂对维生素B_2的产量有明显的促进效果,可能是油脂的缓慢利用,解除了葡萄糖及其代谢产物对维生素B_2生产的阻遏。豆油对维生素B_2产量的促进效果最为显著,其次是菜油、麻油、橄榄油。单烯酸、双烯酸等不饱和脂肪酸有利于维生素B_2的形成,而羟基在烯酸分子中的存在可能会影响维生素B_2的形成。采用葡萄糖和麦芽糖混合发酵(或流加葡萄糖),可以防止菌体迅速自溶。

氮源以有机氮为主,如玉米浆,植物蛋白、动物胶体、动物下水或肉渣以及蛋白胨等。酶解的骨胶、玉米浆、酒糟和啤酒酵母豆可增加维生素B_2的产量。加入适量的蛋白胨、乙酸铵、吐温-80及少量豆油(消沫剂)等能加强维生素B_2的形成。

嘌呤类化合物(如肌醇和甲硫氨酸)作为前体对维生素B_2的生物合成有促进作用。为了使生物充分生长,培养基中还需要添加生物素。

2. 培养条件

培养在发酵罐中进行,采用三级发酵。种子为24～48 h的新鲜菌液,接种量约为2%。发酵温度(30±1)℃。发酵前期只消耗基质,pH由6.3降到约4.5,维生素B_2的合成直到培养时间约15 h才开始,此时pH已超过7.0,发酵时间4 d左右,产量最高可达7 000 μg/mL以上。

棉病囊霉是一种严格的好氧菌,通气效率是维生素B_2高产的关键。适宜的通气量能促进大量膨大菌体(维生素B_2高产的生理指标)的形成,维生素B_2的产量迅速上升,同时可缩短发酵周期。

在发酵后期补加一定量的油脂，能使菌体再生，形成二次膨大菌体，可进一步提高产量。采用减料配方和中间补料以降低菌体浓度，并加强通气量，降低罐温，才能获得高产维生素 B_2。否则，菌体浓度过大，通气不足，热量不易散出，罐温上升很快，菌体很快自溶，pH 迅速上升，维生素 B_2 生产量很低。

15.2.3 维生素 B_2 的提取

维生素 B_2 的提取方法主要有重金属盐沉淀法、Morehouse 法、酸溶法和碱溶法等。目前工业生产大多采用酸溶法。酸溶法提取维生素 B_2 的能耗较大，经一次溶解、分离、结晶获得的产品其纯度只有 60%～70%。要获得高纯度的成品晶体必须经过多次溶解、分离和结晶操作，所以提取总收率往往不高。

将维生素 B_2 发酵液用稀盐酸水解，以释放部分与蛋白质结合的维生素 B_2；加黄血盐和硫酸锌，然后过滤除去蛋白质等杂质。将除去杂质后的发酵液加 3-羟基-2-萘甲酸钠与核黄素形成复盐进行分离精制，其提取工艺流程见图 15-7。

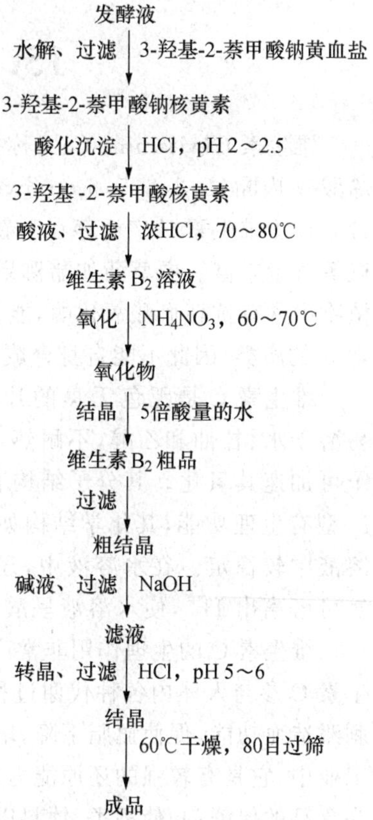

图 15-7 复盐沉淀法提取维生素 B_2 的工艺流程

在碱性溶液中，维生素 B_2 有较大的溶解度，但在碱性条件下维生素 B_2 容易发生不可逆变性反应，从而造成损失。通过研究影响维生素 B_2 变性的因素，控制合适的溶解条件，使维生素 B_2 的变性损失降到尽可能低的程度，可显著提高收率和降低能耗。章克昌等采用碱溶法提取维生素 B_2，经一次分离结晶，最终获得的产品纯度达 92.6%，总收率达 80%，提取流程见图 15-8。碱溶法提取维生素 B_2 不但收益率高，而且能耗低，随着离心分离设备的不断改进，碱溶法分离提取维生素 B_2 的优越性越来越明显。

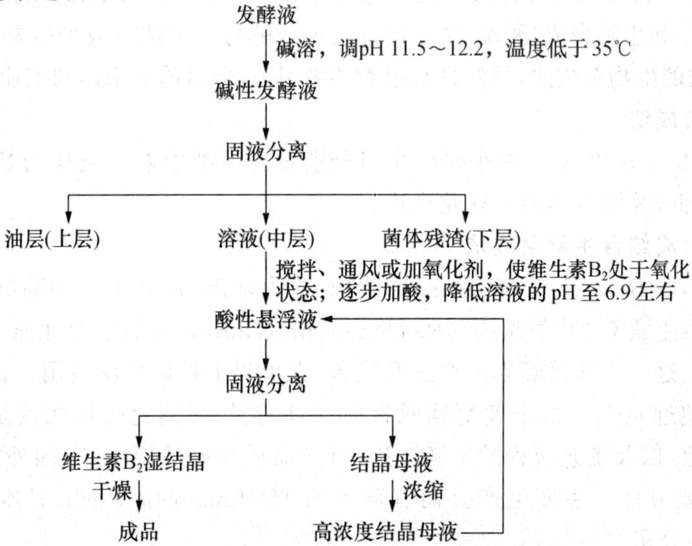

图 15-8 碱溶法提取维生素 B_2 的工艺流程

15.3 维生素C的发酵

维生素 C(vitamine C)又称抗坏血酸(ascorbic acid),化学名称是 *L*-2,3,5,6-四羟基-2-己烯酸-γ-内酯(*L*-2,3,5,6-etrahydroxy-2-hexenoic acid-γ-lactone),分子式 $C_6H_8O_6$,分子量为 176.12。维生素 C 广泛存在于新鲜水果及绿叶蔬菜中,尤以番茄、橘子、鲜枣、山楂、刺梨及辣椒等含量丰富。中草药如醋柳果、苍耳籽等也含有很多维生素 C。松针含维生素 C 极为丰富。植物中含有抗坏血酸氧化酶,能催化维生素 C 氧化。人类、灵长类和豚鼠体内缺乏合成维生素 C 的酶类,因此不能自身合成,必须依靠食物供给。

维生素 C 是无色无臭的片状结晶体,熔点为 190～192℃,易溶于水、甘油和乙醇,不耐热,易被光和空气氧化,微量金属离子可加速其氧化。其分子结构有 *L*-型和 *D*-型 2 种异构体,只有 *L*-型有生理功能,其化学结构如图 15-9 所示。维生素 C 在酸性溶液中较稳定。在水溶液中,还原型维生素 C 的烯醇式羟基的氢可解离出 H^+,使水溶液呈酸性。

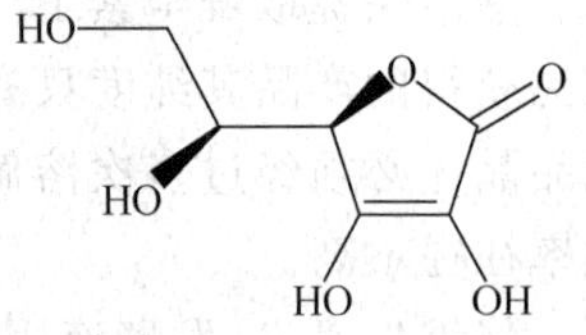

图 15-9 维生素 C 结构图

维生素 C 的生理作用非常广泛,在医药工业、食品工业和农业等领域具有广泛应用。维生素 C 参与人体内各种代谢过程,使组织产生胶原质,影响毛细血管的通透性及血浆的凝固。刺激造血功能,促使血脂下降,增强人体的免疫功能,且是人体内必需的营养成分。另外,食品工业中,它具有较强的还原能力,可作为啤酒和葡萄酒等酒类、饮料的抗氧化剂,冷冻食品和罐头食品的保鲜剂,使酒类、饮料以及食品的味道和颜色保持稳定。此外,维生素 C 也可用作面包与点心的烘焙剂。在腌制食品时,加入少量的抗坏血酸钠可加速腌制过程并减少亚硝酸的形成。维生素 C 还可作为饲料添加剂和催熟剂。

15.3.1 维生素 C 的生产方法

维生素 C 的生产方法大致可分为 3 类,即化学合成法、化学合成结合生物合成(发酵)法(有时也称为半合成法)和生物合成(发酵)法。最近发现的酵母发酵法合成维生素 C 则是唯一不需要经过中间化合物的生物合成法,虽然具有很大的吸引力,但目前远未达到工业生产的水平。

15.3.1.1 化学合成法

1933 年,Reichstein 和 Ault 两个研究小组分别发表了维生素 C 化学合成的方法,但由于合成路线长、收率低,并没有实现工业化生产。

15.3.1.2 化学合成结合生物合成法

从 1937 年起,以 Reichstein 和 Grussner 的发明为基础,建立了从葡萄糖出发,用化学法结合发酵法生产维生素 C 的"莱氏法"(Reichstein procedure)。从此,维生素 C 进入了大规模工业化生产阶段。这一方法后经不断改进和完善,在世界上得以广泛应用。目前,莱氏法工业生产的总收率已超过 60%。由于葡萄糖原料便宜且易得,中间化合物尤其是双丙酮-*L*-山梨糖的化学性质稳定,以及工艺流程的不断改进,且产品质量好等原因,在国外"莱氏法"仍是维生素 C 生产的主要方法。主要生产公司有瑞士的 Hoffmann-La-Roch、日本的武田、德国的 BASF 和 E. Merk 公司。

该方法以 *D*-山梨醇作原料,需经 4 大步反应,才能得到维生素 C 产品:

（1）*D*-山梨醇经生黑葡萄糖酸杆菌（*Gluconobacter melanogenus*，简称黑醋菌）或弱氧化醋酸杆菌（*Acetobacter suboxydans*）发酵得 *L*-山梨糖。

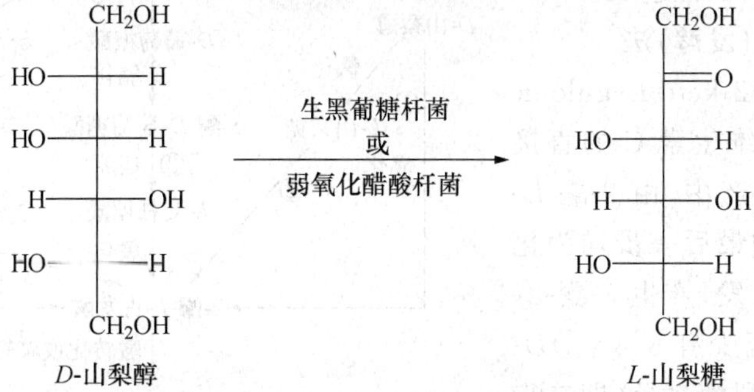

（2）*L*-山梨糖和丙酮反应制得二丙酮-*L*-山梨糖。

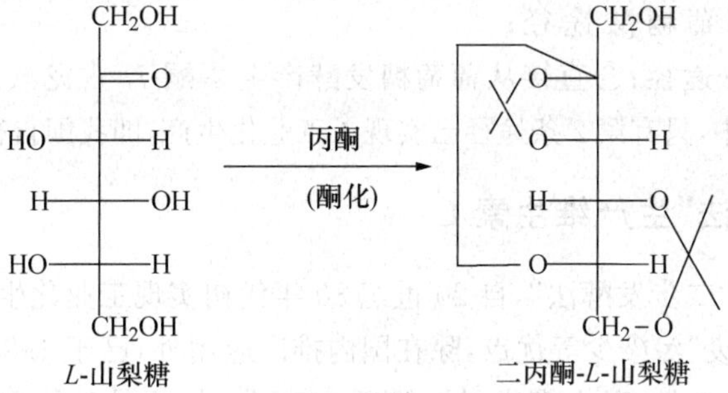

（3）二丙酮-*L*-山梨糖氧化得二丙酮-2-酮-*L*-古龙酸钠，再经酸化得二丙酮-2-酮-*L*-古龙酸。

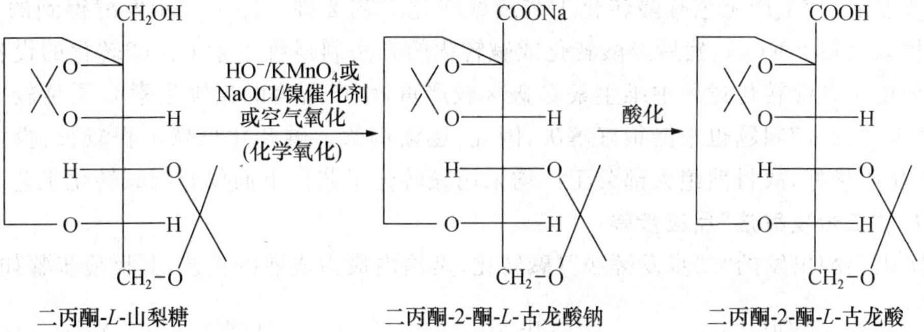

（4）二丙酮-2-酮-*L*-古龙酸经转化得维生素 C。

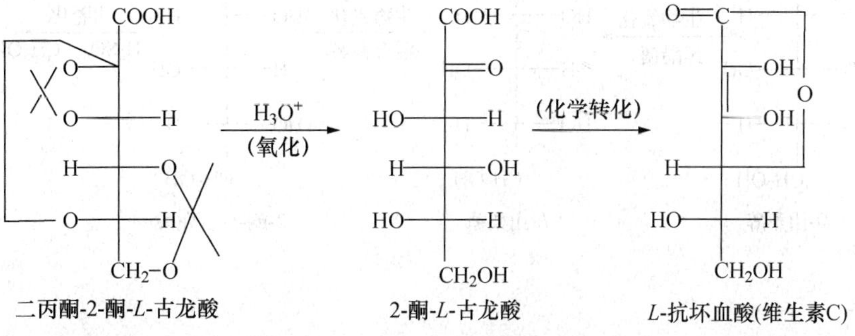

由于“莱氏法”的反应步骤多，“三废”严重，从 20 世纪 60 年代初开始，虽然有许多研究者进行了改进，缩短了“莱氏法”的反应步骤，但都没有取得实质性进展。

15.3.1.3 生物合成(发酵)法

2-酮-*L*-古龙酸(2-keto-*L*-gulonic acid,2-KGA)是合成维生素 C 的直接前体，在维生素 C 生产中，由 2-酮-*L*-古龙酸到维生素 C 的最后一步均为化学转化。从葡萄糖出发，产生 2-酮-*L*-古龙酸的途径已知至少有 6 条：①*D*-山梨醇途径；②*L*-山梨糖途径(即二步发酵法)；③*L*-艾杜糖酸(或 *L*-古龙酸)途径；④2-酮-*D*-葡萄糖酸途径；⑤2,5-二酮-*D*-葡萄糖酸途径；⑥直接从葡萄糖发酵产生 2-酮-*L*-古龙酸的途径(图 15-10)。

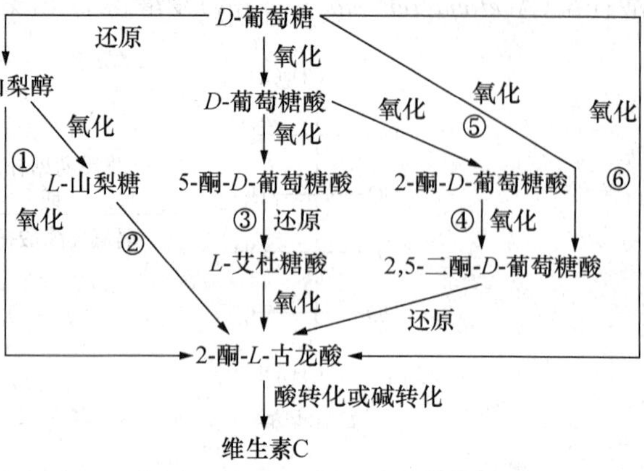

图 15-10 由葡萄糖产生 2-酮-*L*-古龙酸的途径

在这 6 条合成途径中，只有第 2 条途径已实现了工业化生产，即我国自行开发的“二步发酵法”。

15.3.2 “二步发酵法”生产维生素 C

由我国开发成功的“二步发酵法”，自 20 世纪 80 年代初实现工业化生产以来，因其制备工艺简单，生产周期短和“三废”污染少等优点，除在国内推广应用外，已于 1985 年将此技术转让给世界上生产维生素最大的企业，瑞士霍夫曼·罗氏制药公司，这是我国医药工业史上首次出口技术。

“二步发酵法”生产工艺有酸转化工艺或碱转化工艺 2 种。即由二步发酵得到的 2-KGA 钠盐，经提取后得 2-KGA，然后经酸转化或碱转化的方法制得维生素 C。酸转化的设备简单、流程短，但由于在酸转化过程中维生素 C 破坏较严重，生产所得的粗维生素 C 质量较差，设备的腐蚀严重，“三废”问题也未能很好解决，因此，逐渐淘汰。碱转化虽然流程较长、投资大，但由于其产品质量好，故目前绝大部分工厂均采用碱转化工艺。下面仅介绍碱转化工艺。

15.3.2.1 “二步发酵法”反应步骤

从 *D*-山梨醇出发的“二步发酵法”(碱转化)是国内最为成熟的工艺，其反应步骤如下：

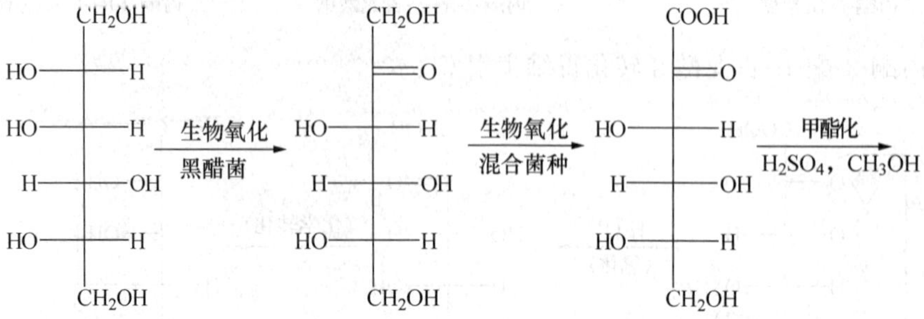

D-山梨醇　　*L*-山梨糖　　2-酮-*L*-古龙酸

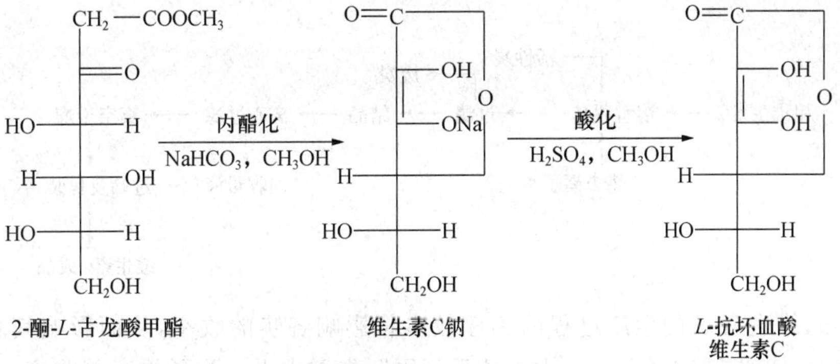

15.3.2.2 “二步发酵法”生产维生素 C 的工艺流程

“二步发酵法”的整个工艺流程可分为发酵、提取、转化和精制 4 部分。现分别表述如下：

1. 发酵

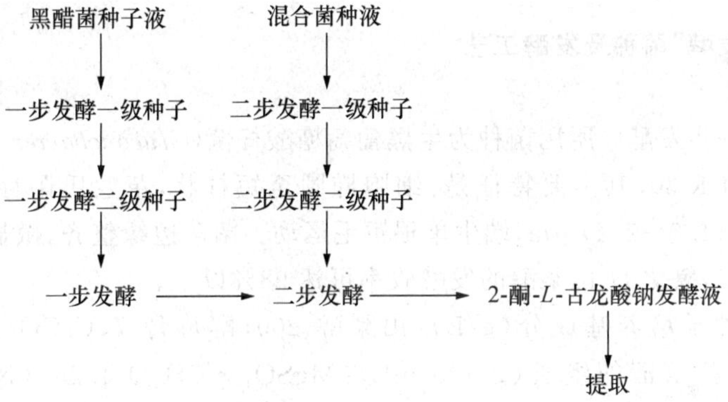

2. 提取

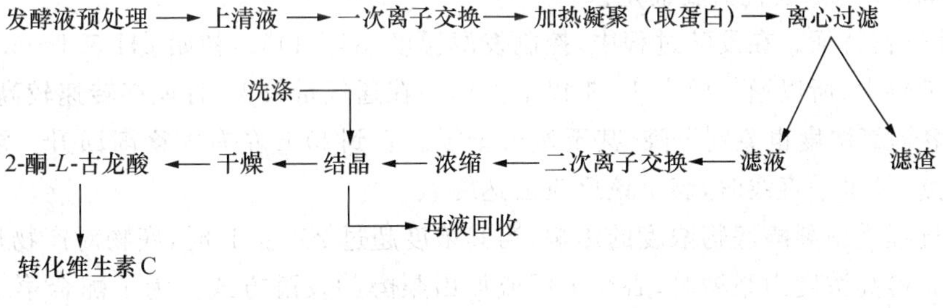

3. 转化

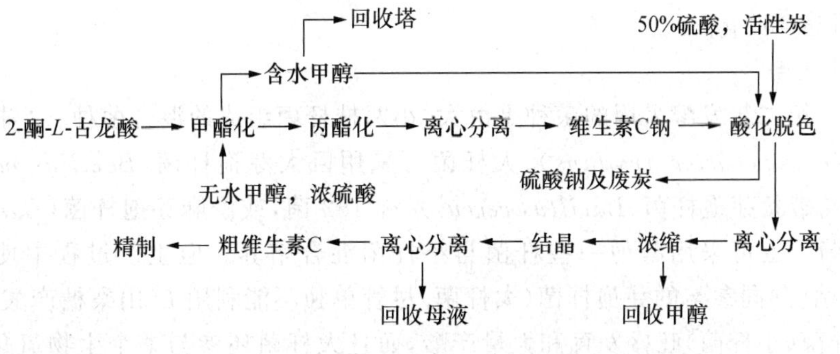

4. 精制

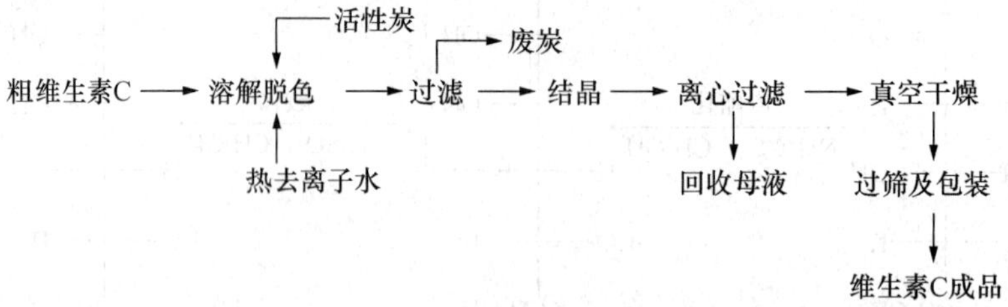

由上可知，维生素 C 的生产过程的工序较多将影响各步的收率，从而影响其总收率。目前国内的总收率水平在 50%左右。大大落后于国际先进水平。为了提高总收率，在发酵方面采用新的高产菌种，可使二步发酵收率达到 90%以上。提取和转化方面开发了转化新工艺，把复杂的二次离子交换法及去蛋白过程用絮凝法代替，制成古龙酸钠，然后由古龙酸钠直接转化制成维生素 C 钠。这个工艺不仅节省了成本，并且提高了收率及维生素 C 产品的质量，但有待工业化应用。

15.3.2.3 “二步发酵”菌种及发酵工艺

1. 第一步发酵

(1)菌种。第一步发酵中所用菌种为生黑葡萄糖酸杆菌(*Gluconobacter melanogenus*)，最常用的生产菌株为 R-30，其主要特征是：细胞椭圆至短杆状，革兰氏阳性，无芽孢，大小为(0.5～0.8) μm ×(1.0～2.2) μm，端生单根鞭毛运动。菌落边缘整齐，微显浅褐色。生长最适温度为(34±1)℃，氧化 *D*-山梨醇的发酵收率可达 98%以上。

(2)培养基。种子培养基成分(g/L)：山梨醇 200，酵母膏 7，$CaCO_3$ 1.5，无机盐溶液 40 mL。其中，无机盐溶液的组成(g/100 mL)：$MgSO_4 \cdot 7H_2O$ 1.25，$(NH_4)H_2PO_4$ 7.5，KH_2PO_4 5，K_2SO_4 1.25。发酵液培养基成分(g/L)：酵母膏 0.35，$CaCO_3$ 1，玉米浆 1，复合维生素 B 0.01，山梨醇浓度视需要而定。

(3)发酵过程特征。在发酵过程中，控制发酵温度(34±1)℃，初始 pH 5.1～5.3。该氧化反应的耗氧量较大，所以通气要求 1∶1 以上。即使在通气量较大，且搅拌转速较高的条件下，发酵 4 h 后溶解氧浓度也急剧下降，甚至接近于零。直到 10 h 左右才逐渐回升。溶解氧浓度回复至最高点，呈水平直线时，表示该反应已达终点。

该发酵过程受山梨醇底物浓度的影响，当其浓度超过 250 g/L 时，底物对产物形成有抑制作用。故要获得高浓度山梨糖时，必须采用流加山梨醇的发酵方式。为了配合第二步的高浓度山梨糖流加发酵工艺，尽可能提高第一步发酵的最终山梨糖浓度是至关重要的。目前最终山梨糖浓度可达 450 g/L。

2. 第二步发酵

(1)菌种。第二步发酵采用的菌种是由大、小两株杆菌组成的混合菌种。小杆菌为氧化葡萄糖酸杆菌(*Gluconobacter oxydans*)、大杆菌可采用巨大芽孢杆菌(*Bacillus megateriam*)，称 2 980 菌，或蜡状芽孢杆菌(*Bacillus cereus*)，称 152 菌，或浸麻芽孢杆菌(*Bacillus macerans*)，称 169 菌。也可采用其他一些杆菌与小杆菌混合培养。但生产过程中使用最多的为 2 980 和 152 菌。共同参与的芽孢杆菌(大杆菌)尽管单独不能利用 *L*-山梨糖产酸，却能促进氧化葡萄糖酸杆菌(小杆菌)旺盛发育和大量产酸，而且大杆菌还参与整个生物氧化过程。许多研究和试验结果证实，伴生“大杆菌”和产酸“小杆菌”的合理搭配是维生素C“二步发酵法”生产工艺成功的关键。

氧化葡萄糖酸杆菌的主要特征为：细胞椭圆至短杆状，革兰氏阴性，无芽孢。30℃培养2 d后大小为(0.5～0.7) μm ×(0.6～1.2) μm，单个或成对排列。在葡萄糖培养基上生长极微弱，甘露醇培养基上生长良好。

(2)培养基。种子培养基成分(g/L)：酵母膏3，牛肉膏3，玉米浆3，蛋白胨10，尿素1，山梨糖20，另加某些无机盐。发酵液培养基成分(g/L)：玉米浆5，尿素1，无机盐及山梨糖。

(3)发酵过程特征。第二步发酵为混合菌种发酵。在混合培养过程中，伴生“大杆菌”产芽孢时达到产酸高峰，游离芽孢自溶后产酸即下降，掌握大、小杆菌生长特征和生埋生化特征是发酵正常的关键。此外，大、小杆菌两者的最适培养条件是不同的，所以其操作适宜条件是兼顾大、小杆菌两者的条件。“大杆菌”的最适生长温度28～37℃，“小杆菌”的最适生长温度25～30℃，通过控制温度可以调节二者的比例关系。此外，如果在生产过程中出现大、小杆菌比例失调时，也可通过调节pH使二者达到适当的比例。从产酸高峰期起，随着发酵液中2-酮-*L*-古龙酸浓度的增加，适当提高pH有利于产酸。通常操作温度为30℃；初始pH控制在6.8左右，发酵过程中使pH保持在7左右，发酵终了时，温度略高32℃，pH在7.2左右。温度的变化还引起溶氧的变化，2-酮-*L*-古龙酸发酵的一个显著特征是它的高耗氧性，溶氧是影响该发酵过程的一个非常关键的因素。“小杆菌”对缺氧相当敏感，长时间缺氧，不仅降低菌体的代谢、繁殖和生长能力，也会降低产酸水平，甚至可能因缺氧使菌体自溶而导致发酵终止。在发酵过程中，保持较高水平的溶氧很重要。在实际操作中采用将溶氧控制在30%[通气1∶(0.8～1.0)]，一般不低于20%。由于生物量的大量生成，对氮源的需求也相对增加。及时补充氮源，如尿素、玉米浆、铵盐等，尤其是尿素，对菌体生长和产酸有利。

山梨糖的初始浓度对产物生成影响较大。间歇发酵时初始山梨糖浓度超过80 g/L，对产物生成产生抑制。所以要取得高浓度2-KGA，需采用流加山梨糖方式。在发酵初始的8～10 h内，是菌体快速增殖期，为避免高糖浓度对菌体生长可能造成的不良影响，初糖浓度应控制在30～50 g/L。在此期间，大、小杆菌增长较快，菌体大量增殖，“小杆菌”活跃，“大杆菌”多呈营养体。待菌体生长达到一定量时，及时补加*L*-山梨糖。糖的补加必须考虑菌体生长和产酸2个因素。在发酵进行到8～10 h，第一次补加*L*-山梨糖，使总糖浓度达到100 g/L左右。此时，略微提高pH和温度。待发酵到20～24 h，再次补加*L*-山梨糖，使总糖浓度达到140 g/L左右。在发酵过程中，每4～8 h取样，观察菌体形态变化，测定残糖及2-酮-*L*-古龙酸。当残糖浓度降到5 g/L以下时，发酵结束。

随着计算机在发酵过程自动控制中应用的发展，若采用建立在数学模型基础上的流加控制策略，可获得高浓度的2-KGA，发酵初始*L*-山梨糖浓度为4%左右，发酵终总糖浓度13%左右，发酵周期一般40～50 h，发酵液中残余*L*-山梨糖浓度低于5 mg/mL，2-酮-*L*-古龙酸最终浓度为115～130 mg/mL，转化率达88%(摩尔分数)左右。

15.3.3 生物合成(发酵)法生产维生素C的前景

维生素C“二步发酵法”应用于工业化大生产已有20多年，但在菌种改良和发酵条件优化，以及提取、碱转化、精制等工序的生产工艺改革方面仍有许多工作有待深入研究，因为这直接影响到原料成本的降低和产品总收率的提高。无论是生产技术水平或设备改良更新都有待提高，这是维生素 C 生产继续发展的关键。

对于像维生素 C 这样的重要医药产品，国内外的研究一直方兴未艾。在维生素 C 生物合成研究方面，近年来，国外在应用重组 DNA 技术开展遗传工程研究中取得了重要的新进展。20 世纪 80 年代中、后期，美国、瑞士等国已构建成功从 *D*-葡萄糖直接生成 2-酮-*L*-古龙酸的基因工程菌，预示了维生素 C 生产和研究进入了又一个新的里程碑。国内针对维生素 C“二步发酵法”，在菌株的生理特性及代谢途径，产生 2-酮-*L*-古龙酸合成酶系基因的克隆，提高底物浓度和优化发酵条件，以及改进提取、碱转化和精制生产工艺等方面也进行了深入研究，已取得不同程度的进展。

在维生素 C 合成的 6 条途径中，除第 2 条途径，*L*-山梨糖途径(即二步发酵法)已用于工业生产外，*D*-山梨醇途径、*L*-艾杜糖酸途径、2-酮-*D*-葡萄糖酸途径和 2,5-二酮-*D*-葡萄糖酸途径因转化率极低，或因反应步骤多，设备复杂，都未能实现工业化生产。第 6 条途径，*D*-葡萄糖发酵生成 2-酮-*L*-古龙酸是研究的重要方向，已提出的途径有 2 条：

第 1 条是将欧文氏菌(*Erwinia* sp.)和棒状杆菌进行串联发酵(实质上也是二步发酵)，其转化过程是欧文氏菌先将葡萄糖转化成 2,5-双酮基-*D* 葡萄糖酸(2,5-DKG)，棒状杆菌再将 2,5-DKG 转化为 2-酮-*L*-古龙酸，此发酵方法已研究成功。日本学者用欧文氏菌突变株，在以 *D*-葡萄糖为碳源，玉米浆为氮源，并加入碳酸钙的培养基中，经过 26 h 发酵生成 2,5-双酮基-*D*-葡萄糖酸，产物对葡萄糖的转化率为 90%。然后在 *D*-葡萄糖、玉米浆及微量元素组成的培养基中培养棒状杆菌属的某些菌株，当菌体增殖到最大值时，加入上步发酵所得的 2,5-双酮基-*D*-葡萄糖酸液，在 10 t 发酵罐的放大试验中，转化率达到 84%。目前该生产方法与“莱氏法”和“二步发酵法”相比，在原料和菌体处理等方面还不占优势，因此未投入工业化生产。然而该研究成果，尤其是对 2,5-双酮基-*D*-葡萄糖酸还原酶特性的研究，为开展基因工程菌的构建奠定了理论基础。

第 2 条是构建基因工程菌来完成一步转化过程，实现真正意义上的一步发酵。一株欧文氏菌可将 *D*-葡萄糖转化为 2,5-双酮基-*D*-葡萄糖酸，棒状杆菌可将 2,5-双酮基-*D*-葡萄糖酸转化为 2-酮-*L*-古龙酸。棒状杆菌能完成这一反应是因为在棒状杆菌细胞内存在 2,5-双酮基-*D*-葡萄糖酸还原酶，该酶在 2,5-双酮基-*D*-葡萄糖酸的第 5 位碳原子上进行专一性还原，即生成 2-酮-*L*-古龙酸。美国的 Anderson 等将棒状杆菌的 2,5-双酮基-*D*-葡萄糖酸还原酶基因克隆到欧文菌体内，实现了从 *D*-葡萄糖直接转化成 2-酮-*L*-古龙酸的一步发酵法。此工程菌的小试验结果表明，葡萄糖的转化率达 47.7%。因其表达水平较低，需进一步提高。

第16章 核苷酸类物质的微生物生产

核苷酸是由含氮碱基、核糖或脱氧核糖、磷酸连接而成的分子，碱基与糖以糖苷键连成核苷，核苷与磷酸以酯键连成核苷酸。核苷酸是生物体内重要的含氮化合物，是核酸的基本组成单位。核苷酸类物质及其衍生物在医药、食品、农业生产等领域具有广泛的用途。

核苷酸类物质的生产，始于食品助鲜剂。当肌苷酸（IMP）、鸟苷酸（GMP）、黄苷酸（XMP）的钠盐和谷氨酸钠盐（monosodium *L*-glutamate，MSG）共存时，可显著增加鲜味强度（表16-1）。

表 16-1　MSG 和呈味核苷酸复合物的鲜味与单独 MSG 的鲜味比较

复合物的成分比（MSG/核苷酸钠）	与 0.3% MSG 溶液的鲜味相当的复合物浓度		复合物的成分比（MSG/核苷酸钠）	与 0.3% MSG 溶液的鲜味相当的复合物浓度	
	MSG 和 $IMPNa_2$	MSG 和 $GMPNa_2$		MSG 和 $IMPNa_2$	MSG 和 $GMPNa_2$
1∶0	0.3%	0.3%	20∶1	0.086%	0.024%
1∶1	0.040%	0.010%	50∶1	0.12%	0.047%
10∶1	0.060%	0.016%	100∶1	0.15%	0.055%

从表 16-1 中可以看出，只要在谷氨酸钠中添加 1%的肌苷酸钠，其鲜味可增加一倍。许多核苷酸及衍生物是重要的医药品，如 5′-腺苷酸在医药工业上是用于生产 ATP、CoA、CoI、阿糖腺苷等的重要原料。ATP 是重要的能量补充药物，可用于治疗心肌梗塞、肌肉萎缩、肌营养不良等疾病。CoA 是体内乙酰化反应的辅酶，是调节糖、脂肪及蛋白质代谢的重要因子，特别是对促进乙酰胆碱的合成、降低血中的胆固醇、增加肝糖元的积存有重要作用。还有相当数量的核酸类抗生素，如阿糖腺苷是一种广谱 DNA 病毒抑制剂，对单纯疱疹病毒、带状疱疹病毒等在体内外都有明显抑制作用，目前认为，阿糖腺苷是治疗单纯疱疹脑炎最好的抗病毒药物。

农业生产上，核苷酸作为植物生长刺激剂利用的潜力很大，核苷酸能提高种子的出苗率和苗的质量，促进植物根系的生长，提高叶绿素含量等。

由于核苷酸具有促进蛋白质合成的作用，核苷酸制品在化妆品行业的应用也非常广泛，添加于化妆品中，能够促进皮肤的新陈代谢、具有防皱、生肌保湿、柔软皮肤的作用。

核苷酸类物质的生产方法主要有以下 3 种：

（1）抽提法。即抽提细胞内核酸库和游离的核苷酸。

（2）降解法。用核酸酶水解 RNA 或化学水解 RNA。

（3）发酵法。直接发酵生产核苷酸类物质。

16.1 分解法生产核苷酸类物质

生物都含有RNA,与动植物相比,微生物含有丰富的RNA,细菌的RNA含量为0.3%~5.1%,酵母为2.7%~11%,霉菌为0.7%~2.8%。由于酵母RNA含量高,细胞易收集,RNA易抽提,提取RNA后的菌体蛋白有再利用的价值,所以目前分解法生产核苷类物质都以酵母为原料。并且酵母还可以在廉价的碳源(如糖蜜、亚硫酸纸浆废液等)上生长,另外,啤酒发酵的废酵母也可作原料。

以酵母为原料,分解法生产单核苷酸的大致过程包括:酵母细胞的生产→RNA的提取→RNA的降解→核苷酸(核苷)的分离。

16.1.1 酵母细胞的生产和RNA的提取

酵母细胞可采用糖蜜等为原料发酵生产,为提高酵母细胞内RNA的含量,综合起来采用的方法有以下几个方面:①选择最适的培养条件;②选育高产RNA的菌株;③应在对数生长期收获酵母细胞;④在氮、磷含量高的培养基中培养酵母;⑤Cu^{2+}、Zn^{2+}、Fe^{2+}对提高产朊假丝酵母(*Candida utilis*)的RNA有效;⑥某些抗生素,如杀稻瘟素S、茴香霉素对假丝酵母和酿酒酵母有增加RNA的效果;⑦采用Woldhof型或提升式发酵罐对增加RNA有效。

酵母培养结束后,用过滤、离心等方法收集菌体,然后提取RNA。

从酵母细胞中提取RNA的方法很多,使用食盐水、碱、十二烷基磺酸钠、苯酚等。工业上常用的是稀碱法和浓盐法。

稀碱法是利用细胞壁在稀碱条件下溶解,RNA被释放出来,当稀碱被中和后,可用乙醇沉淀RNA,或等电点沉淀RNA,得到RNA粗品。

浓盐法是在加热条件下,利用高浓度的盐改变细胞膜透性,使RNA释放出来,然后再利用等电点(pH 2~2.5)沉淀RNA(图16-1)。

16.1.2 RNA的降解

RNA可化学降解,也可用酶降解。化学降解有碱法、中性盐法和酸法等。碱法降解主要获得2′和3′-核苷酸的混合物,中性盐降解主要获得核苷类,酸法降解主要获得的是碱基。要获得呈味的5′-IMP和5′-GMP只能用酶解。

核酸分解酶是作用于磷酸二酯键水解酶,动物、植物和微生物中都具有核酸水解酶。但不同来源的核酸酶常常千差万别,根据它们的作用位置,大致可以分为2类:一类是作用于核糖的3位碳原子端的磷酸二酯键,水解产物为5′-(磷酸)核苷酸的5′-P核酸酶。另一类是作用于核糖的5位碳原子端的磷酸二酯键,水解产物为3′-(磷酸)核苷酸的3′-P核酸酶(图16-2)。

微生物中,青霉属的橘青霉产生的核酸酶P1,它是一种可降解RNA为5′-核苷酸的磷酸二酯酶,其他青霉属微生物,如扩展青霉(*P. expansum*)和斑点青霉(*P. meleagrinum*)等也可产生类似P1酶的核酸酶。此外链霉菌属、芽孢杆菌属、半知菌类等的微生物也可产生将RNA水解为5′-核苷酸的酶。植物中麦芽根提取的5′-磷酸二酯酶也可将RNA水解为5′-核苷酸。来之不同生物的5′-磷酸二酯酶在酶学性质上存在一定差异,其中研究最多的是橘青霉产生的核酸酶P1。

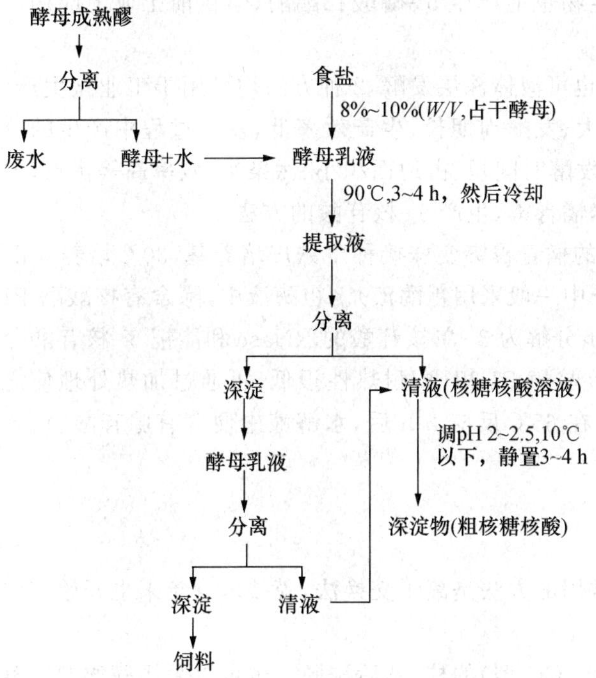

图 16-1 浓盐法提取酵母 RNA 流程图

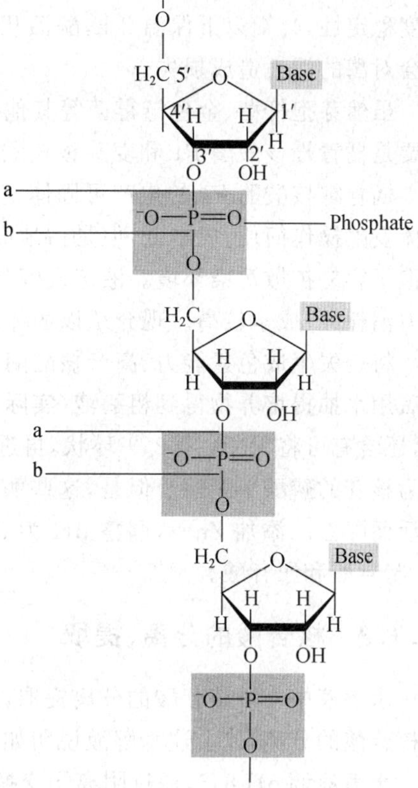

图 16-2 5′-P 核酸酶与 3′-P 核酸酶的作用位点

a. 5′-P 核酸酶作用位点 b. 3′-P 核酸酶作用位点 Base. 碱基

橘青霉产生的核酸酶 P1 是一种胞外酶，该酶不仅具有水解 RNA 与 DNA 磷酸二酯键生成 5′-核苷酸的活性，而且具有将 3′-核苷酸水解成为核苷和磷酸的磷酸单酯酶活性，也可以将寡核苷酸 3′-末端的磷酸解离。

该酶具有高度热稳定性，在 45～75℃都有催化活性，最适温度为 70℃。对尿素、盐酸胍等蛋白质变性剂有较强的抗变性能力，该酶的最适 pH 因底物而异，一般在 pH 5～8 之间，其最适 pH 与溶液中的离子种类和强度有关。该酶对单链底物的水解速率要远远大于双链底物，对 RNA、热变性 DNA、寡核苷酸都具有水解作用，对底物的碱基没有特异性。在核酸酶 P1 中，Zn^{2+} 的含量和状态很重要，Zn^{2+} 易被其他二价离子置换，酶液中加入 Zn^{2+} 后，酶的热稳定性显著增强，Ca^{2+}、Mg^{2+} 对该酶的活性有促进作用，高浓度的 Mn^{2+}、Pb^{2+} 则有抑制作用。

除橘青霉产生的核酸酶 P1 外，还有麦芽根产生的核酸酶。通过对麦芽根浸提，硫酸铵沉淀、Sephacryl S、DEAE Sephadex A 层析等，从麦芽根中分离得到核酸酶 B1 和 B2，麦芽根核酸酶 B1 和 B2 的水解产物中都存在 5′-AMP 和 5′-GMP，不存在 3′-AMP，说明这两种酶的作用位置都在核糖 3 位碳原子端的磷酸二酯键。

麦芽根核酸酶 B1 的分子量在 14 000～22 000 之间，核酸酶 B2 的分子量在 14 000 左右。核酸酶 B1 有 2 个最适 pH 范围，分别为 pH 5 左右和 pH 8～8.5，核酸酶 B2 的最适 pH 范围为 pH 4～5.5。核酸酶 B1 的最适温度为 65℃，核酸酶 B2 的最适温度为 55℃。B1 有较好的温度稳定性，45℃以下保温 2 h，酶活几乎没有损失，B2 的温度稳定性相对差一些，30℃以上保温会对酶的活力造成损失。

虽然芽孢杆菌、金色链霉菌等其他微生物也能产生 5′-磷酸二酯酶，但目前工业上应用的主要是橘青霉核酸酶 P1 和麦芽根核酸酶。

橘青霉核酸酶 P1 的生产可固体发酵，也可液体深层发酵，2 种方法均可用于工业化生产。固体发酵操作简便、成本低，但是占地面积大、发酵周期长、生产效率低，发酵过程中产生的分生孢子容易扩散污染环境。液态发酵具有发酵时间短、占地面积小、污染小、效率高等优点，但动力消耗大、成本较高。现介绍以固体培养橘青霉，生产 5′-核苷酸的方法。

将丧失生成色素能力、高产核酸酶 P1 的橘青霉突变株接种于麸皮培养基，30℃培养 5 d，然后用水抽提培养物得到粗酶液（实际生产中一般采用粗酶液）。粗酶液中，除含有核酸酶 P1 外，还含有可将 RNA 经 2,3-环状，再进一步分解为 3′-单核苷酸的 RNase 和能把 5′-核苷酸分解为核苷的磷酸单酯酶。但是，这些酶与核酸酶 P1 相比，耐热性很低，可通过加热处理使之失活而除去。添加 Zn^{2+}，调整 pH 为 5.6，在 65℃反应 2 h 后，水解液中便含有腺苷酸、鸟苷酸、胞苷酸和尿苷酸。

16.1.3 核苷酸的分离、提取

水解液中 4 种核苷酸的分离提取，最常用的方法是离子交换法，膜技术近年来也开始应用于核苷酸的分离，以上述水解液说明如下：

水解液调 pH 8.5，通过阴离子交换树脂（Cl^- 型）的柱，然后洗脱。也可以采用磺酸型阳离子交换树脂（H^+ 型），在 pH 1.5 时，AMP，CMP，GMP 上的氨基解离，带正电荷，可被阳离子交换树脂吸附。UMP 没有氨基，不带正电荷，大部分直接流下，不被树脂吸附。当用无离子水洗脱时，随着 pH 的变化，GMP，AMP 上的氨基解离的程度不同，而先后失去在阳离子交换树脂上的吸着力，按 GMP、CMP、AMP 的顺序洗脱下来，先收集的 GMP，CMP 的混合液，再用阴离子交换树脂提纯 GMP。

采用酶液直接水解 RNA，生产方法最简单，但酶不能回收利用，酶的浪费严重。解决这一问题可以采用固定化酶技术，即将 5′-P 核酸分解酶系（如核酸酶 P1）制成固定化酶，控制最适 pH 在酸性范围内（提高酶对热的稳定性），RNA 在反应塔中连续操作 20 多天，RNA 的水解率在 85%以上。如果在固定核酸酶 P1 时，同时也固定了 5′-AMP 脱氨酶，RNA 在反应塔中连续操作时，AMP 可以转化为 IMP。

16.2 核苷酸类物质的直接发酵

自然界的微生物都有合成核苷酸的能力，发酵法生产核苷酸的微生物主要有：枯草芽孢杆菌、短小芽孢杆菌、产氨短杆菌及其变异株。

16.2.1 核苷酸的生物合成

生物体内核苷酸的合成有 2 条途径：①利用磷酸核糖、氨基酸、CO_2 等为原料合成核苷酸

的过程，称为从头合成途径，是生物体内核苷酸合成的主要途径；②利用生物体内游离碱基或核苷，经简单反应过程生成核苷酸的过程，称补救途径。图 16-3 是枯草杆菌嘌呤核苷酸的从头合成途径。

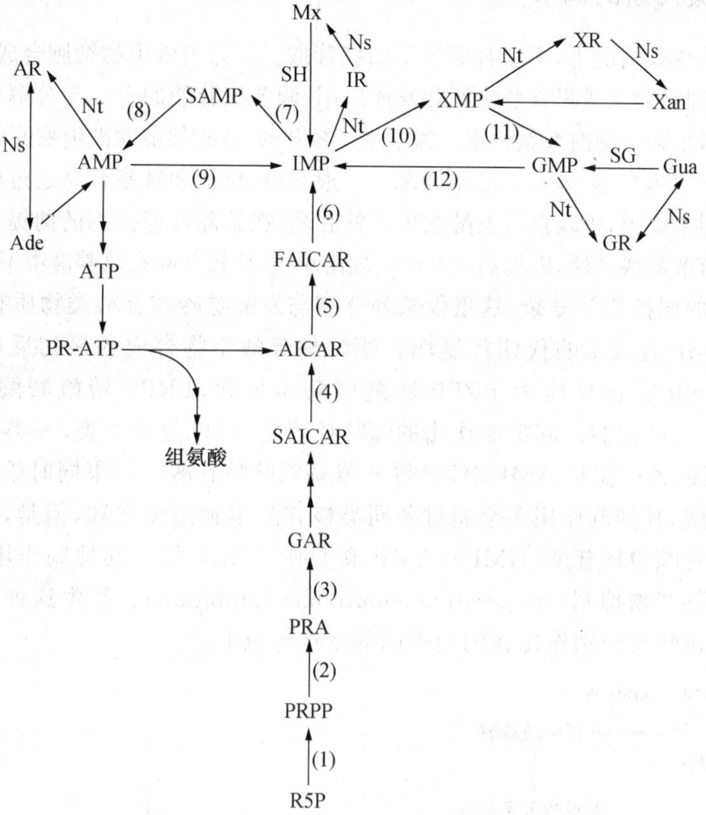

图 16-3　嘌呤核苷酸的生物合成途径

R5P. 5′-磷酸核糖　PRPP. 磷酸核糖焦磷酸　PRA. 5′-磷酸核糖胺　GAR. 甘氨酰胺核苷酸　SAICAR. 5-氨基-4-咪噻-N-琥珀酸-羟胺-核糖核苷酸　AICAR. 5-氨基-4-咪噻-羟胺-核糖核苷酸　FAICAR. 5-甲酰胺-4-咪噻-羟胺-核糖核苷酸　IMP. 肌苷酸　XMP. 黄苷酸　GMP. 鸟苷酸　SAMP. 腺苷酸琥珀酸　PR-ATP. 核糖核酸-ATP　IR. 肌苷　Mx. 次黄嘌呤　XR. 黄苷　Xan. 黄嘌呤　GR. 鸟苷　Gua. 鸟嘌呤　AR. 腺苷　Ade. 腺嘌呤
(1)PRPP 合成酶　(2)PRPP 转酰胺酶　(3)GAR 合成酶　(4)SAMP 裂解酶　(5)AICAR 转甲酰酶　(6)IMP 合成酶　(7)SAMP 合成酶　(8)SAMP 裂解酶　(9)AMP 脱氨酶　(10)IMP 脱氨酶　(11)GMP 合成酶　(12)GMP 还原酶
Nt. 核苷酸酶，磷酸酯酶　Ns. 核苷酶，核苷磷酸化酶　SH. IMP 焦磷酸化酶　SG. GMP 焦磷酸化酶

葡萄糖经 HMP 途径生成 5-磷酸核糖，从 5-磷酸核糖合成 IMP 共经过 11 步酶促反应，IMP 是嘌呤核苷酸合成的中心，从它开始分出 2 条环行路线，一条是经过 XMP 合成 GMP，再经过 GMP 还原酶的作用生成 IMP；另一条是经过 SAMP 合成 AMP，再经 AMP 脱氨酶的作用生成 IMP。这表明 AMP 和 GMP 是可以相互转换的。AMP 和 GMP 可以进一步磷酸化为合成 ATP 和 GTP。

图 16-4 是嘧啶核苷酸的从头合成途径，来自谷氨酰胺的酰胺基与 CO_2 在消耗 ATP 的情况下，生成氨甲酰磷酸，然后经 5 步反应生成 UMP。UMP 经 2 次磷酸化后生成 UTP，由谷氨酰胺提供氨基生成 CTP。

此外，核苷酸的合成也可以从已经形成的嘌呤环或嘧啶环合成，称为补救途径。当从头合成途径受阻时，微生物可从培养基中取得的嘌呤或嘧啶、戊糖、磷酸通过酶的作用直接合成单核苷酸。碱基、核苷和核苷酸可以通过补救途径相互转换。

16.2.2 核苷酸代谢的调节

微生物在正常生长情况下，不会合成过量的核苷酸。因为当微生物细胞合成的核苷酸达到一定数量时，微生物细胞的反馈调节系统就会发挥作用，调节核苷酸的合成与分解处于平衡状态，所以核苷酸不会在微生物细胞内大量积累。为了生产核苷酸，就必须解除微生物的反馈调节。

核苷酸是一种糖磷酸酯，即核苷的磷酸酯。一般来说，核苷和碱基容易透过微生物细胞膜，而核苷酸却难以透过细胞膜，所以直接发酵法生产核苷酸，在解除反馈抑制的前提下，还应考虑设法改变细胞膜对核苷酸的渗透性，以提高核苷酸的发酵单位，使核苷酸在培养液中不断地蓄积。

核苷酸代谢的调控非常复杂，这里仅选择介绍与发酵嘌呤核苷酸类物质有关系部分内容。

图 16-5 是 IMP 合成系的代谢控制图。嘌呤核苷酸生物合成的最初反应是谷氨酰胺与 PRPP 反应生成 PRA，该反应为 PRPP 转酰胺酶所催化，PRPP 转酰胺酶受 ATP、GMP、AMP、IMP、GDP 等的抑制。起抑制作用的嘌呤核苷酸，可以分为 2 类，一类是 GMP、IMP 等 6-羟基嘌呤核苷酸，另一类是 AMP、ADP 等 6-氨基嘌呤核苷酸。如果同时添加多种属于相同类型的嘌呤核苷酸，其抑制作用不会超过各同类核苷酸单独添加之和，但是，假如同时添加属于不同类型的 2 种嘌呤核苷酸（GMP＋AMP 或 IMP＋ADP 等），其抑制作用会成倍增加，这种现象称为合作终产物抑制（cooperative endproduct inhibition）。产生这种抑制现象的原因可能是这两类抑制物质分别作用在酶的不同的变构部位上。

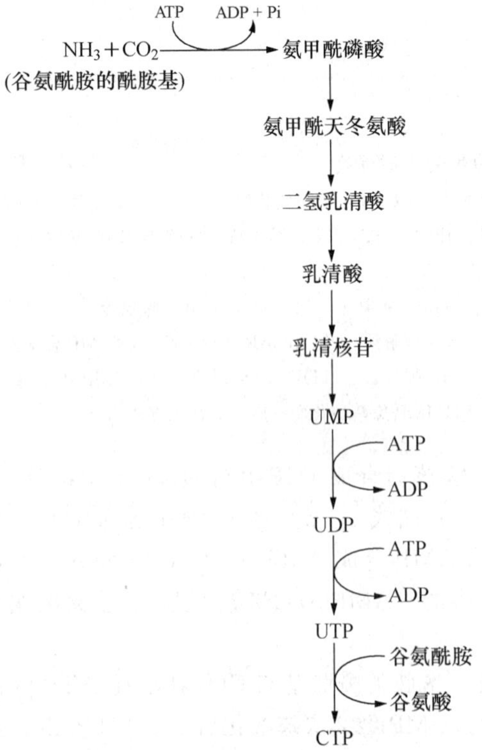

图 16-4 嘧啶核苷酸生物合成途径

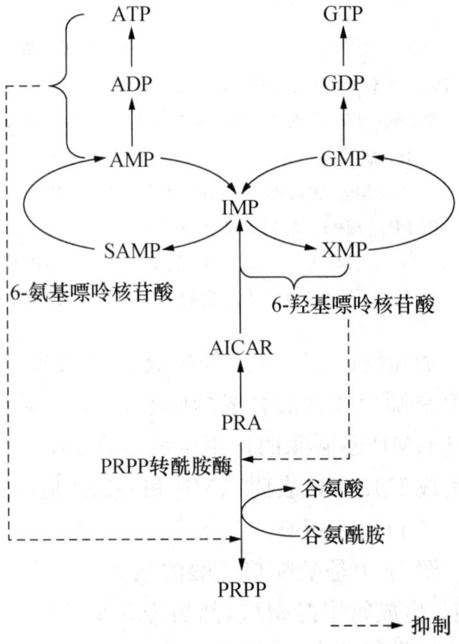

图 16-5 IMP 合成系的代谢控制

分离自产气杆菌的 PRPP 转酰胺酶受 GMP 和 AMP 的强烈抑制，同时添加抑制效果成倍增加，起协同作用。但 GTP、IMP 和 ADP 对该酶的抑制效果较差，ATP 对该酶不产生抑制作用。GMP 与 AMP 还能阻遏 PRPP 转酰胺酶的形成，所以当 GMP 和 AMP 都过量存时，该酶的合成就被完全阻遏。

图 16-6 是嘌呤核苷酸相互转换系的代谢控制图。IMP 是嘌呤核苷酸合成的中心，IMP 在 SAMP 合成酶作用下生成 SAMP，SAMP 在 SAMP 裂解酶的作用下生成 AMP，AMP 在 AMP 脱氨酶的作用下循环再生成 IMP。IMP 在 IMP 脱氢酶作用下生成 XMP，XMP 在 XMP 氨化酶的作用下生成 GMP，GMP 在 GMP 还原酶的作用下循环再生成 IMP。从 IMP 开始的 2 个循环，各反应实际上是不可逆的。

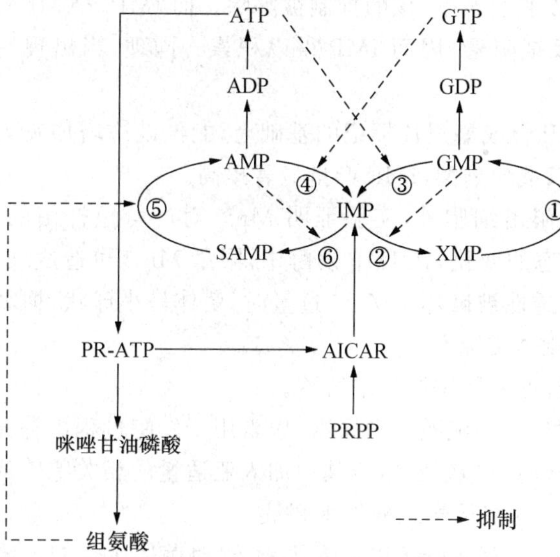

图 16-6　嘌呤核苷酸相互转换系的代谢控制

①GMP 合成酶　②IMP 脱氢酶　③GMP 还原酶　④AMP 脱氨酶　⑤SAMP 裂解酶　⑥SAMP 合成酶

IMP 脱氢酶受 GMP 的反馈抑制与阻遏，GMP 还原酶受 ATP 的反馈抑制，SAMP 合成酶受 AMP 的反馈抑制，AMP 脱氨酶受 GTP 的反馈抑制。此外还发现，GTP 是 SAMP→AMP 反应的供能体，ATP 是 XMP→GMP 反应的供能体。根据上述机制，如果细胞中的 GMP 水平提高时，从 IMP 开始的代谢流就会转向合成 AMP。反之，AMP 水平提高，代谢流转向合成 GMP。

另一方面，核苷酸的代谢也与组氨酸的生物合成有关，AMP 可以经 ADP→ATP→PR-ATP→AICAR 合成 IMP。PR-ATP 可经咪唑甘油磷酸生成组氨酸。如果培养基中有过量的组氨酸存在时，AMP 就不再经 ADP、ATP 等生成(图 16-6)。

根据对上述代谢调控，不同的核苷酸类发酵生产需选育不同的生产菌株。

16.2.3　核苷酸类物质的发酵生产

16.2.3.1　肌苷酸(IMP)的发酵生产

肌苷酸(IMP)，即次黄嘌呤核苷酸是一种白色粉状或颗粒状结晶，味鲜、易溶于水，难溶于有机溶剂。食品行业中常用的鲜味添加剂，医药行业可用于治疗白细胞或血小板减少症，急慢性肝炎，肺源性心脏病等。

肌苷酸的生产方法有：利用微生物直接发酵生产；也可利用微生物先发酵生产肌苷，然后采用化学或酶法进行磷酸化得到肌苷酸等。这里以产氨短杆菌为例，介绍肌苷酸的发酵生产。

1. 肌苷酸生产菌株的选育

根据肌苷酸合成的代谢调控机制（图 16-6），在产氨短杆菌中，IMP 生物合成的关键酶——PRPP 转酰胺酶受到 AMP、ADP、ATP 和 GMP 反馈抑制，受腺嘌呤的反馈阻遏。由 IMP→XMP 的 IMP 脱氢酶受 GMP 的反馈抑制，鸟嘌呤的反馈阻遏。由 IMP→SAMP 的合成酶 SAMP 受 AMP、ADP、ATP 的反馈抑制或阻遏。

GMP 和 AMP 是一种协同反馈抑制，当出现腺嘌呤或 AMP 缺陷型突变株时（丧失 SAMP 合成酶），在腺嘌呤亚适量下，该酶抑制被解除。而 IMP→XMP 的 IMP 脱氢酶受 GMP 的反馈抑制和鸟嘌呤的反馈阻遏，因而 IMP 得以积累。同理，当出现鸟嘌呤或 GMP 缺陷突变株时亦能积累 IMP。

如在具有丧失 SAMP 合成酶遗传标记的基础上，能再设法增加丧失 IMP 脱氢酶的标记，即成为腺嘌呤和黄嘌呤双重缺陷型，IMP 产量显著提高。

另外，核苷酸不易分泌出细胞外，实验证明 Mn^{2+} 对产氨短杆菌的核苷酸分泌起关键作用。Mn^{2+} 可引起细胞形态的变化，在 IMP 发酵中，限量 Mn^{2+} 可造成细胞形态的不规则膨胀，膜产生异常，专一性的膜透性被破坏。Mn^{2+} 过量时，菌体呈小球状，抑制核苷酸的分泌。

2. 肌苷酸发酵的重要工艺条件

（1）碳源多为葡萄糖，也可使用淀粉水解液。

（2）氮源有玉米浆、酵母粉、硫酸铵和尿素，尿素用于发酵过程中补充无机氮和调节 pH。

（3）由于生产菌种是营养缺陷型，培养基中加入亚适量的相关嘌呤或含有相关嘌呤的营养物是必需的，如加入 0.5%的酵母膏或酵母水解液。

（4）B 族维生素、生物素、氨基酸等微量有机物质，对菌体生长有重要的影响，提供组氨酸、赖氨酸、高丝氨酸、甘氨酸及丙氨酸的混合物对菌体生长有促进作用。

（5）需要一定 K^{+}、Mg^{2+}、Ca^{2+} 和微量元素，微量元素中 Mn^{2+} 对发酵的影响最为显著，需限量添加。

（6）发酵温度控制在 30～40℃。有报道称枯草杆菌突变株在 30℃培养时，不仅积累 IMP，也产生次黄嘌呤，但在 40℃培养时，却仅有 IMP 的积累，产量明显增加。另一类突变株在 40℃培养，还能把添加于培养基中的次黄嘌呤高效率地转化成 IMP，认为是补救途径为温度所激活的缘故。

（7）pH 控制在 6.3～6.7，可通过流加氨水、尿素等方式控制发酵液的 pH。

（8）溶氧的控制。

3. 肌苷酸的提取

肌苷酸的提取一般采用离子交换树脂法。发酵结束后压滤除去菌体，清液用 0.1 mol/L HCl 调 pH 为 1.5。先进行阳离子树脂交换，流出液用 NaOH 溶液调 pH 8.5～9.5。然后进行阴离子树脂交换，此时肌苷酸被吸附。

洗脱前先用水冲洗柱子，再用 0.05 mol/L HCl 洗涤至流出液 pH 为 3.5，然后用含 0.05 mol/L HCl和 0.05 mol/L NaCl 混合液进行洗脱，收集肌苷酸洗脱液。

洗脱液减压浓缩，40% NaOH 调 pH 至 7.5。浓缩液加入 2 倍体积的 95%乙醇，保持低温,肌苷酸析出,得粗品。粗品加水溶解,用乙醇重结晶,制得肌苷酸精品。

16.2.3.2 肌苷的发酵生产

肌苷是我国已用于临床的核酸类药物中数量最多的一个品种,它是一种白色结晶状粉末,20℃水中溶解度为1.5%,不溶于三氯甲烷。肌苷的治疗范围很广,包括心脏病、肝病、皮肤病、精神疾病等。肌苷的镁盐是血液保存的安定剂,肌苷酸钠是食品鲜味剂。

1. 肌苷生产菌种的选育

肌苷的生产菌株多为枯草杆菌腺嘌呤缺陷型,由于微生物中普遍存在着使IMP脱磷酸化的酶类,所以,比较容易得到积累肌苷和次黄嘌呤的突变株。又由于肌苷较易透过细胞膜,因此,肌苷发酵相对肌苷酸发酵容易。

有研究报道,在枯草杆菌中,PRPP转酰胺酶专一性地受AMP、ADP的完全抑制,但IMP、GMP、XMP和ATP对其的抑制却很弱。在GMP的生物合成中,IMP脱氢酶受GMP抑制最强,其次是ATP、XMP、GTP。IMP生物合成酶系和AMP生物合成酶系为腺嘌呤化合物所阻遏。在由IMP分支合成AMP、GMP两种核苷酸时,倾向于优先合成GMP(图16-7)。

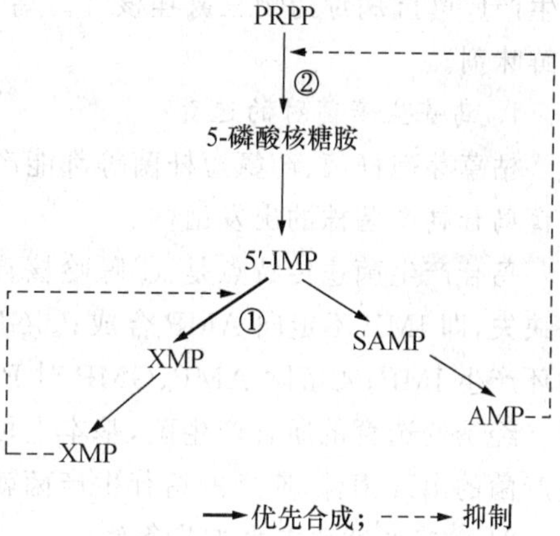

图16-7 枯草杆菌中嘌呤核苷酸合成的调节机制

①IMP脱氢酶 ②PRPP转酰胺酶

根据这样的代谢调节机制,使用芽孢杆菌腺嘌呤缺陷突变株进行肌苷发酵时,必须在不明显抑制菌体生长的范围内,尽量降低培养基中腺嘌呤浓度(保持在不能引起反馈调节的浓度),从而有利于肌苷的积累。进一步选育不受腺嘌呤系核苷酸反馈调节的突变株,是增加肌苷积累的重要方法。这些突变株的获得,可采用抗代谢类似物的选育方法,如抗8-氮鸟嘌呤($8\text{-}AG^r$),抗8-氮杂黄嘌呤($8\text{-}AX^r$)突变株等。需要说明的是,在选育$8\text{-}AG^r$或$8\text{-}AX^r$突变株时,使用的出发菌株应是丧失腺嘌呤脱氨酶(dea^-)的突变株。这是因为丧失腺嘌呤脱氨酶,能提高出发菌株对$8\text{-}AG^r$或$8\text{-}AX^r$等类似物的敏感性,易于分离到有效的抗性突变株。另外肌苷分解活性低的菌株对积累肌苷有利。

2. 肌苷发酵的重要工艺条件

(1)碳源多为葡萄糖,也可用淀粉、大米水解液,糖蜜经一定处理后也可使用。

(2)肌苷含氮量高,培养基中需保证氮源充足,通常使用氯化铵、硫酸铵和尿素,如能使用氨水,既可提供氮源又可调节pH。

(3)Mg^{2+}和Ca^{2+}对肌苷产生有促进作用。

(4)在培养基中提供生长因子腺嘌呤。

(5)肌苷发酵的最适温度32～34℃,最适pH控制在6.2～6.5。

(6)高溶氧和低CO_2分压对肌苷产生有利,因此生产时需要大通气量。

3. 肌苷的提取

传统的肌苷提取方法是:发酵液调酸使pH为2.5,上阳离子树脂,肌苷被吸附,无离子水洗脱。活性炭柱吸附,乙醇和NaOH溶液洗脱。洗脱液浓缩,冷却结晶。结晶后可进一步重结晶以提高肌苷纯度。

近年来，随肌苷发酵水平的提高，可采用直接制冷结晶法提取肌苷。该方法是将发酵液调pH 6.5～7.0，冷却至10℃结晶，离心分离结晶。相对于传统提取，该方法可提高肌苷的总收率，一次结晶的纯度可达到99%，但对发酵水平和菌种的要求较高，发酵水平需在30 g/L以上，菌种不产生次黄嘌呤和鸟苷等。

16.2.3.3　鸟苷的发酵生产

鸟苷是大规模发酵生产的核苷品种，固体鸟苷是一种白色结晶状粉末，不溶于醇、醚、氯仿等有机溶剂，微溶于冷水(18℃水中溶解度不到0.1%)，但100℃沸水中溶解度可达3%，利用该特性可从发酵液中经制冷和加热工艺提纯鸟苷。鸟苷是一种重要的医药中间体，由鸟苷可以生产广谱抗病毒药物三氮唑核苷。鸟苷磷酸化后可以生成鸟苷酸钠，它是比肌苷酸钠更强的鲜味剂。

1. 鸟苷生产菌种的选育

枯草芽孢杆菌、产氨短杆菌等都能产生鸟苷，其中枯草芽孢杆菌代谢途径清晰，一般作为选育鸟苷高产菌株的出发菌株。

鸟苷产生菌遗传特点是：①嘌呤核苷分解活性低，但嘌呤核苷酸酶活性高；②SAMP合成酶缺失，即IMP不走向AMP合成；③GMP还原酶缺失，即IMP经XMP合成的GMP不能再循环产生IMP；④解除AMP、GMP对PRPP转酰胺酶、IMP脱氢酶和GMP合成酶的反馈抑制。经诱变选育的肌苷产生菌，基本上可以满足上述条件，所以可以选用肌苷产生菌作为鸟苷生产菌的出发菌株，典型的鸟苷生产菌就是从肌苷产生菌进一步诱变选育而来。

2. 鸟苷发酵的重要工艺条件

鸟苷发酵采用的都是营养缺陷型菌株，培养基中除碳源、氮源和无机盐等基本成分，还需添加菌株所需的必需营养物质。

(1)常用的碳源为葡萄糖、也可用淀粉水解液和经处理的糖蜜。

(2)氮源可用硫酸铵或氯化铵，初始浓度2%，发酵过程中流加氨水补充氮源和调解pH。

(3)需要一定量的磷酸盐。

(4)K^+、Mg^{2+}和Ca^{2+}是菌体生长必需的，加入碳酸钙可以稳定发酵过程中的pH。

(5)加入酵母粉、酵母膏或豆饼水解液等以提供腺嘌呤或含有相关嘌呤的营养物等，但必须是亚适量。

(6)需要亚适量的生物素和Mn^{2+}，它们可能与调节细胞膜透性有关。

(7)添加次黄嘌呤前体对鸟苷产生有一定促进作用。

(8)发酵最适温度36～37.5℃；初始pH 6.8，发酵10 h后流加氨水控制pH在6.4～6.5。

3. 鸟苷的提取

根据鸟苷在冷水中微溶，在热水中溶解度增大的原理，鸟苷提取可采用以下方法：①发酵液升温到90～95℃过滤，除去菌体等杂质。为提高过滤效果，可加絮凝剂，如壳聚糖；②滤液冷却至5℃，放置过夜结晶；③分离鸟苷，热水重溶后加热活性炭脱色，滤液再冷却至5℃，重结晶得鸟苷精品。

第17章 酶制剂的生产

酶是生物体活细胞产生的一种具有催化作用的特殊蛋白质。从生物体活细胞中提取出这种蛋白质制成的产品，称为酶制剂。

在古代，并不知道酶是怎样的物质，但是通过实践经验的积累，利用天然酶酿造酒类、制作食糖、鞣制皮革、生产奶酪等生产活动，已有几千年历史。

目前，已发现生物界有 2 500 种以上能够催化不同反应的酶存在。其中约有 1/4 已提纯数倍，甚至几千倍。有 150 种左右已制得结晶。对于酶的空间结构、活性部位、作用机制也有了更清楚的了解。酶的人工合成也有新的进展，一旦模拟酶的研究获得成功，人工合成高效的酶，必将引起化学工业领域中一场深刻的变革。

早期的酶制剂生产多数是从动物脏器和高等植物种子、果实中提取。例如，用于鞣革的胰酶，用于澄清啤酒的木瓜蛋白酶，用于奶酪制造的胰凝乳蛋白酶等。但是，随着酶制剂应用范围的日益扩大，单纯依靠动植物来源往往有很大的局限性。这就促使人们把注意力逐渐转向微生物界开辟新酶源。微生物酶源不仅蕴藏丰富，而且由于微生物在人工控制条件下，能够以动植物生长所无法比拟的速度进行大量繁殖，生产不受地域、气候、季节限制，只要用比较简单的设备即可成批生产。

利用微生物来进行酶生产是从 1884 年开始的，日本学者高峰让吉利用曲霉，通过固体培养法生产高峰淀粉酶(Taka-diastase)。20 世纪 20 年代，法国人 Biodin 和 Effront 在德国设厂，以枯草杆菌生产 α-淀粉酶用于棉布退浆，为微生物酶的工业生产奠定了基础。30 年代，微生物蛋白酶开始在食品和制革工业上应用。40 年代末，日本学者用深层发酵法生产 α-淀粉酶，是微生物酶生产大规模工业化的开始。50 年代，日本学者发现了几种类型的霉菌蛋白酶，特别是酸性蛋白酶，并发明了从链霉素发酵液中回收蛋白酶的方法。从 Reese 等提出纤维素酶作用方式以后，各国学者开始转入酶制剂的基础研究。60 年代，用酶法生产葡萄糖获得成功，促进了淀粉酶的生产，荷兰学者生产了碱性蛋白酶，还发现了适用于工业生产的葡萄糖异构酶产生菌，并建立了葡萄糖异构酶工业。此外还实现了微生物脂肪酶和纤维素酶的工业生产。70 年代，建立了固定化葡萄糖异构酶工业，并开始进行固定化青霉素酰化酶与固定化天冬氨酸酶的生产等。随着科学技术的进步，微生物酶制剂的种类愈来愈多。到目前为止，工业上大量生产的酶已有几十种，这些酶大多数属于水解酶类，其中最主要的是淀粉酶、糖化酶、蛋白酶、葡萄糖异构酶和果胶酶等，广泛应用于食品、纺织、制革、医药、日用化工和三废治理等各个方面。由于利用酶反应代替化学反应可以简化工艺和设备，提高产品质量，降低原料消耗，改善劳动条件，节约能源，减少环境污染等优点，所以人们认为工业上广泛利用酶是 21 世纪生物技术领域中最重要的技术革命之一。

近 20～30 年来，酶制剂工业在产量、规模、品种和用途方面不断地扩大。发展到今天，在各个领域应用的酶制剂有上百个品种。

我国微生物酶的研究开发和生产是从 20 世纪 50 年代开始的，到目前为止，我国生产和应用的微生物酶已有 20 多种，例如细菌 α-淀粉酶、霉菌 α-淀粉酶、糖化酶、霉菌中性蛋白酶、霉菌碱性蛋白酶、霉菌酸性蛋白酶、放线菌蛋白酶、细菌碱性蛋白酶、细菌中性蛋白酶、环糊精生成酶、葡萄糖氧化酶、脂肪酶、葡萄糖异构酶、谷氨酸脱羧酶、青霉素酰化酶、氨基酸酰化酶、5′-磷酸二酯酶、双链酶、链激酶和天冬酰胺酶等。

17.1 酶制剂的生产方法

17.1.1 酶制剂生产的培养方法

人们可以从动、植物原料组织中提取酶，也可以通过微生物发酵或植物和动物细胞的培养来生产酶。

经过预先设计，通过人工操作控制，利用细胞(包括微生物细胞、植物细胞和动物细胞)的生命活动，产生人们所需要的酶的过程，称为酶的发酵生产。

利用植物细胞和动物细胞培养生产各种天然产物，是发酵工程研究和开发的新领域，对今后酶制剂生产的发展有重要意义。自 20 世纪 80 年代以来，世界上许多国家和地区的学者竞相进行研究，已取得不少进展，呈现出广阔的前景。但由于动植物的生长周期长，受地理、气候和季节等因素的影响，原料组织中酶的含量较少，提取效率低下，不适合大规模的工业生产，所以酶的微生物发酵生产是现在酶制剂生产的主要方法。

产酶菌种的培养方法与一般的发酵工业没有什么不同，主要包括固体发酵法和液体发酵法(图 17-1)，有时还使用载体培养法。

17.1.1.1 固体发酵法

固体发酵法也叫麸曲培养法，该法是利用麸皮和米糠为主要原料，添加谷糠、豆饼等，再加入无机盐和适量水分(通常为 50%)，制成固体或者半固体状态，经灭菌、冷却后供微生物生产和产酶用。该法特别适用于各种霉菌的培养和发酵产酶，霉菌在固态培养基上菌丝体生长比较好，产酶量也较高。例如，用曲霉和毛霉生产淀粉酶和蛋白酶，用青霉和曲霉生产果胶酶，用木霉生产纤维素酶仍沿用这种方式。

与其他培养方式相比，固态发酵法具有如下优点：①培养基简单且来源广泛，多为便宜的天然基质或工业生产的下脚料；②投资少，能耗低，技术较简单；③产物的产率较高；④基质含水量低，可大大减少生物反应器的体积，不需要废水处理，环境污染较少，后处理加工方便；⑤发酵过程一般不需要严格的无菌操作。

1. 浅盘法

浅盘法是最简单的固体发酵法，就是将固体培养基平铺在浅盘或竹匾内，进行微生物培养产酶。固体培养基的堆积厚度 3～5 cm，放在能够控制温、湿度的曲房内盘架上进行发酵。

但浅盘法占用曲室面积大，曲盘数量多，全部依靠手工操作，劳动强度大，卫生条件也差，曲盘清洗、灭菌、维修等耗蒸汽和材料也很多，且产量和质量也不易稳定，现代工业生产也很少

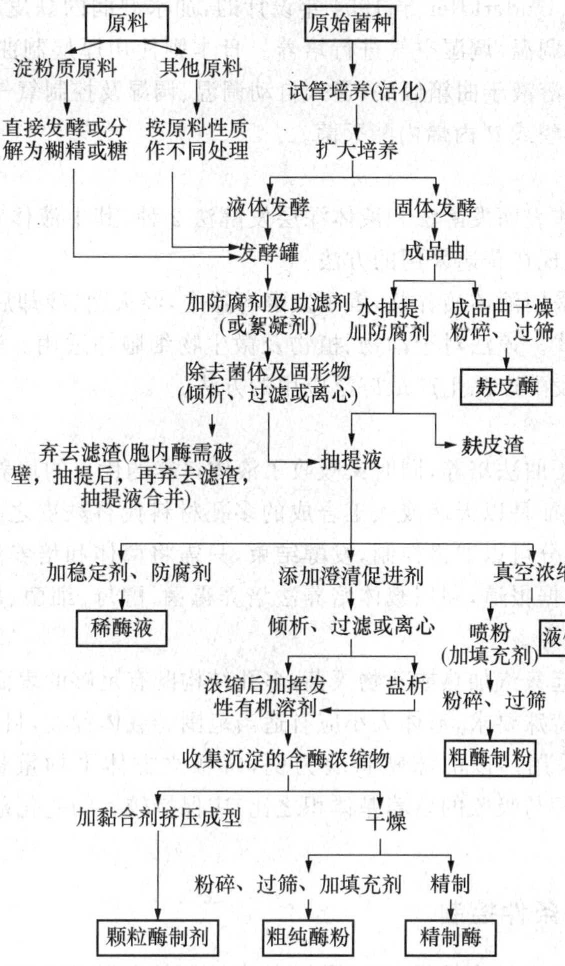

图 17-1　微生物酶制剂生产工艺流程

用此法。

2. 转桶法

转桶法是将固体培养基接入菌种后，放在可旋转的转桶内，当桶慢慢转动时，培养基即在转桶内翻动，通气及温、湿度调节较为均匀，有利于控制微生物生长和产酶的适宜条件。

转桶法的机械化程度较浅盘法稍高，劳动强度有所减轻，但转桶的清洗灭菌操作较难。

3. 厚层通气法

厚层法是在浅盘法和转桶法的生产实践基础上改进而来，将固体培养基经过蒸煮灭菌拌入种曲后，平铺在水泥制的具有多孔的假底大池内，培养基厚度一般在 20～30 cm。近年来，国外已有高度达数英尺者。培养基铺好后待微生物开始生长，曲温逐渐升高时，即从池内假底下面通入一定温度和相对湿度的空气，室内同时保持一定温度和相对湿度进行培养，使微生物能够比较适宜地生长繁殖和产酶。

厚层通气法和前两种方法比较，设计利用率大大提高，发酵中途也不必人工经常翻曲，劳动强度减轻，是固体发酵法较好的一种方法。

国外在霉菌酶的生产中较多采用固体法，尤其是日本，20 世纪 60 年代全部实现机械化。

美国所用浅盘制曲法，是由 Underkfler 于 1954 年设计的，加水湿润的麸皮在绞笼中蒸熟送入密闭培养室中的盘内，通入调温、调湿空气进行培养。日本则使用厚层制曲法，蒸料和培养于一炉中，麸皮拌谷糠加稀酸溶液于曲箱假底，通入自动调温、调湿及控制氧气比例的无菌空气。为防污染，原料有时还用甲醛或 β-丙烯内酯灭菌。

17.1.1.2 液体发酵法

液体发酵法又分为液体表面发酵法和液体深层发酵法 2 种，其中液体表面发酵法已基本淘汰，液体深层通气发酵是现在普遍采用的方法。

液体深层通气发酵是采用液体培养基，置于发酵容器中，经灭菌、冷却后接入产酶菌株，在一定条件下进行发酵的方式。该法对于动物、植物及微生物细胞均适用。液体深层通气发酵是我国目前酶制剂和其他发酵产品生产最广泛应用的方法。

17.1.1.3 载体培养法

载体培养是一种脱胎于曲法培养，同时又吸收了液体培养的优点的培养方法，是近年来新发展的一种培养方法，其特征是以天然或人工合成的多孔材料代替麸皮之类的固态基质作为微生物生长的载体，营养成分可以严格控制，发酵结束，只需将菌体和培养液挤压出来进行抽提，载体又可以重新使用。据报道，利用载体培养法培养霉菌、酵母、细菌、放线菌可以提取多种产物，如色素、肌苷酸、酶等。

载体的材料必须经得起蒸汽加热或药物灭菌，多孔结构既有足够的表面积，又能允许空气流通。对于其几何形状无特殊要求，形体大小应有适当范围。载体种类，目前以脲烷泡沫塑料块用得较多，石棉已很少采用。以泡沫塑料块为例，每颗立方体平均重量 1.5 g，边长 5～20 mm，吸水率（指载体体积与吸收的培养基体积之比）应保持较大的变化范围（30%～90%），便于灵活掌握。

17.1.2 酶制剂生产的条件控制

提高微生物酶活性和产率的途径是多方面的，其中控制培养基和发酵条件是最基本也是最重要的途径。改变培养基的碳氮源成分，常常能提高酶活性；改变培养液中的离子浓度和溶氧等条件，可以调节酶系的比例；改变菌种的代谢途径或遗传，可使微生物酶的合成产生成千倍的变化。上述这些措施，对于微生物产酶的影响并非孤立的，而是相互联系、相互制约的。所谓最佳发酵条件与培养基的最佳组成，都是保证酶合成达到最高产率的控制条件。通常，菌种的生长与产酶未必是同步的，产酶量也并不是完全与微生物生长旺盛程度成正比。为了使菌体最大限度地产酶，除了根据菌种特性或生产条件选择恰当的产酶培养基外，还应当为菌种在各个生理时期创造不同的发酵条件。例如，细菌淀粉酶生产采取“低浓度发酵，高浓度补料”，蛋白酶生产采取“提高前期培养温度”等不同措施，从而提高产酶水平。

17.1.2.1 培养基

1. *碳源*

碳源是微生物细胞的重要建造材料、能源和酶的组成部分，也是多种诱导酶的诱导物。不同微生物要求的碳源不同是由菌种自身的酶系（组成酶或诱导酶）所决定。碳源一般对微生物产酶的影响有以下 3 方面：

（1）葡萄糖、蔗糖等易利用的碳水化合物，对促进细胞的呼吸与生长有利，高浓度下，对产酶有抑制作用，如蛋白酶和 α-淀粉酶等就是如此，也有与此相反的情况。

(2)有些微生物不能利用复杂的碳水化合物，必须使用葡萄糖等简单的碳水化合物时，可采用流加法等避免出现“葡萄糖效应”。

(3)有时近似的碳源，也会因某些原因，出现不同的产酶情况，如黄青霉(葡萄糖氧化酶产生菌)在甜菜糖蜜作碳源时不产酶，以甘蔗糖蜜作碳源时产酶量显著提高。

目前用于酶生产的菌种都是异养微生物，只能利用有机化合物为碳源。有些有机碳水化合物对酶的合成有诱导作用，例如木糖、木聚糖等对链霉菌生产葡萄糖异构酶，纤维素对绿色木霉生产纤维素酶均具有诱导作用。有些有机碳水化合物如淀粉等是缓慢被利用的碳源，它们的分解代谢产物不会对酶的合成产生阻遏作用，对酶生产有利，也是很好的碳源。例如淀粉，一般作为细菌和霉菌 α-淀粉酶生产的碳源，玉米粉是黑曲霉生产糖化酶和多黏芽孢杆菌 AS1.546 生产淀粉酶的理想碳源。因此，许多酶类特别是各种淀粉酶和蛋白酶的生产以玉米粉、甘薯粉、淀粉等为碳源。当然，这些原料除了对酶生产有利外，还具有价格便宜、来源充足等优点。

淀粉质原料浓度的高低与菌种性质及通气搅拌等环境条件均有关系。从菌的性质来看，主要是看菌的淀粉酶(将淀粉分解为葡萄糖的有关酶类)活力的强弱与糖分解代谢产物是否对酶合成有阻遏作用。如果菌的淀粉酶活力强，淀粉会很快地分解为葡萄糖，造成葡萄糖积累，葡萄糖积累到一定程度也会产生分解代谢产物阻遏作用(葡萄糖效应)。因此，菌种淀粉酶活力强，且葡萄糖的代谢产物会对酶合成产生抑制的情况下，淀粉质原料的浓度不宜高，必须采用分批补料措施来控制其浓度。例如枯草杆菌 BF-7658 的 α-淀粉酶生产，采用补料分批培养避免了葡萄糖堆积所引起的分解代谢产物阻遏作用，有利于酶生产，延长了产酶期，酶产量比对照提高 14%。

葡萄糖等迅速利用的碳水化合物的分解代谢产物，对细菌和霉菌的蛋白酶生产、对枯草杆菌与地衣芽孢杆菌的 α-淀粉酶生产等都有分解代谢物阻遏作用。因此，除了某些菌株的酶合成不易受糖分解代谢产物阻遏以外，一般不使用这一类碳水化合物为碳源。当然，如果采用流加法，使这一类糖的浓度保持较低的水平，使其不致对酶合成产生分解代谢产物阻遏作用，这一类糖还是可以用的。例如在枯草杆菌的蛋白酶生产过程中，用流加法使葡萄糖浓度保持在 0.4%～1%，酶产量比对照增加 1 倍。一般，酶产量高的突变株对糖分解代谢产物阻遏作用比野生型菌株敏感。据报道，糖分解代谢产物对革兰氏阴性菌酶合成的阻遏可用环单磷酸腺苷酸(cAMP)来消除，对米曲霉和地衣芽孢杆菌生成蛋白酶的阻遏也可用 cAMP 来恢复。

有些碳源本身就是酶的诱导物，譬如短乳杆菌(葡萄糖异构酶产生菌)必须在木糖培养基上产酶，以葡萄糖作碳源时，尽管菌体繁殖旺盛，却不产酶，当然也有不需木糖作诱导物的葡萄糖异构酶产生菌。至于 α-淀粉酶生产培养基中加入淀粉，果胶酶生产时加入果胶或含果胶物质的甜菜渣和水果渣，这都是为人所共知的诱导物。但是不以底物作诱导物的情况也很多，如以乳糖代替果胶，却能使果胶酶活性提高 2 倍。乳糖不仅诱导果胶酶，也能诱导绿色木霉增加纤维素酶的产量。

常见碳源的诱导方法有：①直接诱导法。即将诱导剂直接加入培养基中，使之发酵产酶。②两步培养诱导法。先将微生物接种在不含诱导剂的培养液中，繁殖大量菌体，在产酶期，把菌体转入含诱导剂的培养液中，使之大量合成酶。两步法提高产酶的原因，可能是这种方法可以避免分解代谢物阻遏，使诱导物能充分发挥其诱导作用。③二次诱导法。如焦曲霉在乳糖作碳源时，能产生少量 α-半乳糖苷酶，焦曲霉也能在棉籽糖诱导下合成 α-半乳糖苷酶。若在培养液中先加少量棉籽糖，使之起预诱导作用，然后在菌体进入大量合成酶的生长时期，再加入适量的乳糖，进行二次诱导，可合成较多的 α-半乳糖苷酶。

碳源类型除了影响产酶外，还能影响微生物胞内酶与胞外酶的比例。

2. 氮源

氮源是蛋白质的重要组成成分，氮源的不同，也能起到诱导和阻遏酶形成的作用。氮源对于微生物生长与产酶呈现 4 种情况：①既促进微生物生长，又促进产酶；②只促进微生物生长，不促进产酶；③只促进产酶，不促进微生物生长；④既不促进微生物生长，又不促进产酶。

微生物生产酶一般使用的有机氮源有豆饼、花生饼、棉籽饼、玉米浆和蛋白胨等，无机氮源有硫酸铵、氯化铵、硝酸铵、硝酸钠和磷酸氢二铵等。所选择的氮源的种类和浓度因菌种、所产生的酶类和通气搅拌等发酵条件而异。

例如蛋白胨对黑曲霉的酸性蛋白酶生产有很强的诱导作用，铵盐对某些霉菌和细菌蛋白酶的生产则有抑制作用等。以蛋白质为氮源往往对酶生产有促进作用，例如蛋白酶生产时，以蛋白质为氮源比蛋白质水解物好。这种情况普遍存在于各种微生物，特别是芽孢杆菌中。又如蜡状芽孢杆菌 BQ 10-SI 的 β-淀粉酶生产，当以豆饼为氮源时酶产量最高。各种氨基酸对酶生产的影响因菌株而异，某些氨基酸抑制酶的形成，另一些氨基酸则对酶合成有利。例如蛋氨酸等含硫氨基酸对黑曲霉合成酸性蛋白酶有阻碍，赖氨酸、天冬氨酸对泡盛曲霉合成酸性蛋白酶有刺激作用。在微生物酶生产中，多数情况下将有机氮源和无机氮源配合使用才能取得较好的效果。例如黑曲霉酸性蛋白酶生产，只用铵盐或硝酸盐为氮源时，酶产量仅为有机氮源时的 30%，只用有机氮源而不用无机氮源时产量也较低，故一般黑曲霉酸性蛋白酶生产时除了高浓度有机氮源外还需添加 1%～3%的无机氮源。但是也有单独使用有机氮源进行酶生产的，例如一些细菌，如枯草杆菌等的中性及碱性蛋白酶生产、黑曲霉的糖化酶生产等。同样，也有单独使用无机氮源的情况，但是，这种情况往往只有在碳源中含有一定数量的有机氮时才存在，也就是说实际上还是存在有机氮。

在严格选定氮源类型之后，还应当注意碳源与氮源浓度的比例，即碳氮比、无机氮与有机氮的浓度比例等。一般情况碳氮比例偏小，会导致菌体生长旺盛，造成菌体提前衰老自溶。碳氮比例偏大，则菌体繁殖数量少，细菌代谢不平衡，不利于酶的积累。在曲霉淀粉酶的生产过程中，如果氮源不足，不能得到充分的能源，菌丝体对于氮源的消耗显著降低，影响淀粉酶的合成。枯草杆菌产生果聚糖蔗糖酶时，培养基中蔗糖浓度 10%，铵盐，如硫酸铵，浓度必须超过菌体生长的最高需要量(即达到含氮量 0.15%左右)，酶的产量才大幅度上升。

同时微生物酶生产培养基中碳源与氮源的比例也是随生产的酶类、生产菌株的性质和培养阶段的不同而改变的。一般蛋白酶(包括酸性、中性和碱性蛋白酶)生产采用碳氮比低的培养基比较有利，例如黑曲霉 3.350 酸性蛋白酶生产采用由豆饼粉 3.75%、玉米粉 0.625%、鱼粉 0.625%、NH_4Cl 1%、$CaCl_2$ 0.5%、Na_2HPO_4 0.2%、豆饼石灰水解液 10%组成的培养基。枯草杆菌中性蛋白酶生产采用由山芋粉 3%、玉米粉 3%、豆饼粉 3.5%、麸皮 2.5%、Na_2HPO_4 0.4%、KH_2PO_4 0.03%组成的培养基。淀粉酶(包括 α-淀粉酶、糖化酶、异淀粉酶等)生产的碳氮比一般比蛋白酶生产略高，例如枯草杆菌 TUD 127 α-淀粉酶生产采用由豆饼粉 4%、玉米粉 8%、Na_2HPO_4 0.8%、$(NH_4)_2SO_4$ 0.4%、$CaCl_2$ 0.2%组成的培养基，而糖化酶生产培养基的碳氮比是最高的。近年来为了提高糖化酶产量，倾向于使用高浓度碳源，玉米粉用量常达 15%以上，例如黑曲霉突变株 C-S-11 生产糖化酶采用由玉米粉 15%、米糠 4%、玉米浆1.5%、草酸0.02%～0.04%组成的培养基。以上是蛋白酶和淀粉酶生产培养基碳氮比的一般规律，但是由于菌种很多而其性质各异，很难说都符合上述规律。

在微生物酶生产过程中，培养基的碳氮比也因发酵过程不同而异。例如种子培养时，为了适应菌体生长繁殖的需要，要求提供合成细胞蛋白质的氮多些，容易利用氮源的比例大些，种子培养基的碳氮比一般要比发酵培养基低些。发酵时，不同发酵阶段要求的碳氮比也是不同的，例如在枯草杆菌BF-7658生产α-淀粉酶的发酵过程中，发酵前期要求培养基的碳氮比适当降低，以利菌体生长繁殖，发酵中后期要求培养基的碳氮比适当提高，以促进α-淀粉酶的生成。

发酵培养基成分，包括菌体生长繁殖和酶合成需要的物质，及酶生产的促进剂、刺激剂和稳定剂等。发酵培养基浓度高，对提高产量和设备利用率是有好处的，但如果浓度过高，则发酵液黏度增大，泡沫增多，影响氧的传递，并使微生物细胞的渗透压增大，对发酵不利。因此发酵培养基的配比应结合具体生产条件(如通气搅拌等)来确定。在确定培养基配比时，必须考虑碳氮比对pH的影响，由于酶的生产受pH影响，故这一点特别重要。

3. 无机盐

有些金属离子本身就是酶的组成部分，而有些金属离子对微生物产酶具有促进作用。无机盐对产酶的效应比较复杂，本节就重要部分叙述如下：

(1)磷。多数情况对产酶有促进作用，在蛋白酶中比较明显。

(2)钙。Ca^{2+}对蛋白酶有明显的保护和稳定作用。如无Ca^{2+}存在时，灰色链霉菌中性蛋白酶只在pH 7～7.5很狭窄的范围内稳定，当有Ca^{2+}存在时，稳定pH范围扩大到5～9；在Ca^{2+}存在下，枯草杆菌中性蛋白酶在pH 5.5～10可以稳定数小时，其反应最适温度可以提高到57℃。一种真菌产生的碱性蛋白酶，在Ca^{2+}存在时，37℃时的半衰期由7.5 min延长到165 min。有Ca^{2+}时半数以上碱性蛋白酶可在65℃维持15 min。50℃培养的耐热蛋白酶，在Ca^{2+}存在下80℃加热10 min，酶活尚存85%，无Ca^{2+}时76℃经10 min，酶活即下降50%。

Ca^{2+}对α-淀粉酶的作用更为明显，纯化的α-淀粉酶在50℃以上容易失活，但有大量Ca^{2+}存在时，酶的热稳定性增加。菌种的热稳定性提高到65～90℃。pH的稳定范围也从5～7展宽至5～11。Ca^{2+}使酶分子保持适当的构象，从而维持最大的活性与稳定性。不同菌种热稳定性不同是由于高温对Ca^{2+}的亲和力不同所致。α-淀粉酶与Ca^{2+}的结合不因EDTA的处理而失活，除非pH低于3，但若添加与EDTA相当量的Ca^{2+}，并将pH恢复至中性，仍可恢复活性。

(3)添加适量的Mg^{2+}、Zn^{2+}、Mn^{2+}、Co^{2+}、Fe^{2+}等能提高蛋白酶和α-淀粉酶等的产酶量。*D*-木糖异构酶需要二价金属离子才有活力，不同菌种需As^{2+}、Mg^{2+}、Mn^{2+}和Co^{2+}等。在一般情况下，一种离子可能是活化剂，在另一种情况下却成了抑制剂，不同的酶往往需要不同的离子作它的活化剂。

(4)一般说重金属离子如Hg^{2+}、Ag^{2+}、Pb^{2+}、Zn^{2+}、Ni^{2+}、Cu^{2+}、Al^{3+}及有些情况下的Ca^{2+}、Fe^{2+}等对酶活力有抑制，若有适当浓度的Mg^{2+}、Co^{2+}共存时，则可显著减轻有害离子的抑制作用。

4. 生长因子

多种氨基酸、维生素是微生物生长与产酶的必要成分，有些维生素甚至就是酶的组成成分。麦芽根、酵母膏、玉米浆、米糠、曲汁、麦芽汁、玉米废醪中均含有不同程度的微量生长因子，对促进产酶有显著效应。

其他促进产酶的物质还有植酸盐、表面活性剂、多聚磷酸盐、米糠油、活性炭、聚甲醛、羧化磷脂、羧甲基纤维素及其水解物，大于12个碳原子的脂肪酸、某些有机酸，大豆的酒精提取物等。

17.1.2.2 发酵条件

1. 菌株活化与扩大培养

性能优良的产酶菌株选育出来以后，必须尽可能保持其生长和产酶特性不变异、不死亡、不被杂菌污染等，因此必须采取妥善的保藏方法，以备随时使用。

发酵生产前，菌株必须经过活化方可使用。保藏菌株在使用之前必须接种于新鲜的斜面培养基上，在一定的条件下进行培养，以恢复菌株的生命活动能力，该过程称为菌株活化。

为了保证发酵时有足够数量的优质菌株细胞，活化了的菌株一般要经过一级至数级的扩大培养。用于菌株细胞扩大培养的培养基称为种子培养基。种子培养基中一般氮源丰富，碳源可相对较少。种子培养条件应尽量满足菌株的生长需要，以使菌株细胞生长得既快又好。接入进行发酵的种子量一般为发酵培养基总量的1%～10%。

2. 种龄

种子扩大培养的时间不宜太长，一般培养至对数生长期，即可接入进行下一级扩大培养或接入进行发酵。但若以孢子接种的则要培养至孢子成熟期，才能接入进行发酵。菌株过老或过嫩，不但延长发酵周期，而且会降低产酶量(表17-1)。

表17-1 种龄对放线菌116菌株蛋白酶活性的影响

种龄/h	15	20	25	30	35	40	45	50	55	60
酶活性/(U/mL)	408	484	927	2 416	2 148	2 240	2 466	1 564	1 394	1 580

从表17-1可以看出种龄在30～45 h的酶活性最高。

3. pH

同一菌种产酶的类型与酶系组成可以随pH的改变而产生不同程度的变化，如用黑曲霉合成柚苷酶时，菌株在pH 6.0以上的环境中柚苷酶的活性高，果胶酶活性受到抑制，pH改变到6.0以下就形成果胶酶。pH还决定酶系的组成，泡盛曲霉突变株在pH 6.0培养时，以产生α-淀粉酶为主，糖化型淀粉酶与麦芽糖酶产生极少，在pH 2.4条件下培养，转向糖化型淀粉酶与麦芽糖酶的合成，α-淀粉酶的合成受到抑制。

在蛋白酶生产中，pH低有利于酸性蛋白酶生成，pH高有利于中性和碱性蛋白酶生成，这是相一致的。产酶pH常同酶反应最适pH接近，但酶反应的最适pH也许对某些酶最不稳定，在这种场合下只能选择尽量靠近的pH。

在有些情况下，由于pH不同，出现胞内和胞外酶的产量比例不同，如α-半乳糖苷酶在pH 4.8～6.0范围内，其胞内酶占74%，当pH升高时胞外酶的比例就升高。

4. 温度

温度对产酶的影响有以下几种情况：

(1)产酶温度低于生长温度。酱油曲霉蛋白酶合成的适宜温度在28℃，比生长温度40℃条件下产酶量高出2～4倍。在异淀粉酶生产中也有这种情况。表17-2表明，生长温度采用30℃，而产酶温度降至26℃时，酶活最高(489 U/mL)。

表 17-2 温度对异淀粉酶的影响(产气杆菌)

生长温度/℃	产酶温度/℃	酶活性/(U/mL)	生长温度/℃	产酶温度/℃	酶活性/(U/mL)
34	34	225	30	30	465
34	30	150	30	30#	360
34	30#	180	30	26#	489
34	26#	288			

48 h 前为生长期,摇床培养;48 h 后,静止培养。

(2)产酶温度与生长温度一致。如链霉菌合成葡萄糖异构酶均在 30℃。

(3)产酶温度高于生长温度。例如,产生糖化型淀粉酶的适宜温度在 35℃,而它生长的最适温度为 30℃。链霉菌生产淀粉酶的温度以 35℃合适,而生长温度则以 28℃最好。

此外,温度还能影响酶系组成及酶的特性。例如,用米曲霉制曲时,温度控制在低限,有利于蛋白酶的合成,而 α-淀粉酶活性受到抑制。

5. 溶解氧

以枯草杆菌产生 α-淀粉酶为例。将细菌的生理时期划分为 3 个阶段:①菌体繁殖期,接种后 5～13 h;②芽孢产生期;③产酶期。这 3 个阶段对于供氧要求是不同的。如果第 2 阶段维持缺氧状态,有助于抑制芽孢形成,第 1 和第 3 阶段充分供氧,可以促进菌体繁殖并提高产酶量,证明不同时期,对通气量要求不同。

对于产异淀粉酶的产气杆菌,不同的通气量和培养方式,酶系亦有很大差别(表 17-3)。

表 17-3 不同通气量和培养方式对产异淀粉酶的影响

培养基装液量/mL	培养方式	酶活性/(U/mL)	培养基装液量/mL	培养方式	酶活性/(U/mL)
50	摇瓶 96 h	480	100	摇瓶 48 h 后静止培养至 96 h	952
100	摇瓶 96 h	840	100	摇瓶 72 h 后静止培养至 96 h	940
150	摇瓶 96 h	688	100	静止培养 96 h	0
100	摇瓶 24 h 后静止培养至 96 h	98			

从表 17-3 可以看出,产异淀粉酶的产气杆菌,生长期间要求有较大的通气量,而产酶期间通气量以小为好,就生长而论,通气以中等程度较好。也有与此相反的情况,如蛋白酶深层发酵时,较小通气量有利于生长,不利于产酶,较大通气量可促进酶的合成而对生长则抑制。但异构酶产生菌因菌种不同有的在强通风下产酶,有的在弱通风下产酶。

17.2 α-淀粉酶的生产

α-淀粉酶作用于淀粉与糖原时,可以从底物分子内部不规则地切开 α-1,4-糖苷键,不能切开支链淀粉分支点的 α-1,6-糖苷键,也不能切开紧靠分支点 α-1,6-糖苷键附近的 α-1,4-糖苷键,但能越过分支点而切开内部的 α-1,4-糖苷键,从而使淀粉黏度减小,因此 α-淀粉酶又称液化酶。它的水解终产物中除含麦芽糖、麦芽寡糖外,还残留一系列具有 α-1,6-键的糊精和含多个葡萄糖残基的带

α-1,6-键的低聚糖,因为所产生的还原糖在光学结构上是α型的,故将此酶称作α-淀粉酶。

α-淀粉酶是一种含金属的酶,每个酶分子至少含一个钙离子,多的可达10个钙离子,钙离子使酶分子保持适当的构象,从而可维持其最大活性与稳定性。许多添加物如钠、钾、硼砂、硼酸氢钠、巯基乙醇也是α-淀粉酶良好的稳定剂,而最常用的还是钙离子。乙二醇、甘油、山梨醇等一些非酶底物的糖类,可提高α-淀粉酶的热稳定性。

α-淀粉酶可由微生物发酵产生,也可从植物和动物中提取,目前工业生产上都以微生物发酵法进行大规模生产α-淀粉酶。1908年和1917年德国的Boidin和Effront先后以细菌生产α-淀粉酶,用于纺织品脱浆。1937年日本的福本获得了产生α-淀粉酶的枯草芽孢杆菌。第二次世界大战后,由于抗生素的发明,使得微生物发酵工业大步前进,1949年α-淀粉酶开始采用深层通气培养法进行生产。1973年耐热性α-淀粉酶投入了生产。随着α-淀粉酶的用途日益扩大,生产日见增多,生产水平也逐步提高。近些年我国酶制剂行业发展较快,从1965年开始应用枯草芽孢杆菌BF-7658生产α-淀粉酶,当时仅无锡酶制剂厂独家生产,近年在国内生产酶制剂的厂家已发展到120多个,其中40%左右的工厂生产α-淀粉酶,产品也由单一的常温工业用α-淀粉酶,发展到现在既有工业用也有食品级,既有常温也有耐热的,剂型上有固体的也有液体的α-淀粉酶。

17.2.1 α-淀粉酶的生产菌种

有实用价值的α-淀粉酶生产菌有:枯草芽孢杆菌(*Bacillus subtilis*)、地衣芽孢杆菌(*B. licheniformis*)、嗜热脂肪芽孢杆菌(*B. stearothermophilus*)、淀粉液化芽孢杆菌(*B. amyloliquefaciens*)、凝聚芽孢杆菌(*B. coagulans*)、马铃薯芽孢杆菌(*B. mesentericus*)、淀粉糖化芽孢杆菌(*B. amylosaccharogenicus*)、嗜碱芽孢杆菌(*B. alkalophilicspp*)、米曲霉(*Aspergillus oryzae*)、黑曲霉(*A. niger*)、金黄曲霉(*A. aurceus*)、灰色链霉菌(*Streptomyces griseus*)、淀粉酶链霉菌(*S. diasticus*)、丙酮丁醇梭状芽孢杆菌(*Clostridium acetobutylicum*)、肋状拟内孢霉(*Endomycopsis fibuliger*)等。虽然这些微生物都能产生α-淀粉酶,但不同菌株产生的酶在耐热性、作用的最适pH、对淀粉的水解程度以及产物的性质上均有差异。α-淀粉酶通常在pH 5.5~8是稳定的,多数α-淀粉酶的最适温度是50~60℃,最适温度最低的是尖镰孢淀粉酶,最适温度是25℃,最高的是地衣芽孢杆菌α-淀粉酶。α-淀粉酶可分为耐热、耐酸、耐碱及耐盐酶,其中唯有耐热酶在工业上大规模使用,地衣芽孢杆菌、嗜热脂肪芽孢杆菌和凝结芽孢杆菌产生的α-淀粉酶耐热性较强,表17-4是α-淀粉酶的主要生产菌。

表17-4 α-淀粉酶生产菌

种类	主要菌种	种类	主要菌种
细菌	枯草芽孢杆菌(*Bacillus subtilis*)	细菌	丙酮丁醇梭状芽孢杆菌(*Clostridium acetobutylicum*)
	淀粉糖化芽孢杆菌(*B. amylosaccharogenicus*)		灰色链霉菌(*Streptomyces griseus*)
	淀粉液化芽孢杆菌(*B. amyloliquefaciens*)		淀粉酶链霉菌(*S. diasticus*)
	地衣芽孢杆菌(*B. licheniformis*)	真菌	黑曲霉(*Aspergillus niger*)
	凝聚芽孢杆菌(*B. coagulans*)		米曲霉(*A. oryzae*)
	嗜热脂肪芽孢杆菌(*B. stearothermophilus*)		金黄曲霉(*A. aurceus*)
	嗜碱芽孢杆菌(*B. alkalophilicspp*)		肋状拟内孢霉(*Endomycopsis fibuliger*)
	马铃薯芽孢杆菌(*B. mesentericus*)		

17.2.2　α-淀粉酶的生产方法

霉菌的α-淀粉酶大多数采用固体发酵法生产，细菌的α-淀粉酶则以液体深层发酵为主。芽孢杆菌所产生的α-淀粉酶分为液化型与糖化型2种，目前只用它来生产液化型酶，由于活性高，发酵周期短，酶耐热性高，所以尤其是芽孢杆菌为大多数工厂所采用。地衣芽孢杆菌所产的酶耐热性比枯草芽孢杆菌高，但产量较低。

17.2.2.1　固体发酵

固体发酵法一般以麸皮为主要原料，酌量添加米糠或豆饼的碱水浸出液，以补充氮源。在相对湿度90%以上，芽孢杆菌在37℃，曲霉在32～35℃培养36～48 h后，立即在40℃下烘干或风干，即成工业生产用的粗酶。

固体发酵法生产α-淀粉酶是一项既传统又面临新挑战的发酵技术。目前，在一些发达国家仍沿用历史悠久的固体发酵技术。上海工业微生物研究所20世纪80年代利用固体发酵技术生产中温α-淀粉酶，浅盘发酵产酶最高达1 403 U/g。因为固体发酵α-淀粉酶产酶具有生产效率高、工艺简单、操作粗放、能耗少、废液少、产物分离较容易、不会对环境造成污染等优点，而且国外的固体发酵机械化、自动化程度较高，因而与液体深层发酵法相比生产成本较低。随着人们对节省能源和减少环境污染问题的重视，固体发酵技术日益受到关注，利用固体发酵技术生产α-淀粉酶具有较好的经济和环境效益。

枯草杆菌BF-7658变异菌株的生产工艺如下：

1. 生产菌种

枯草杆菌BF-7658，细胞呈短杆状，革兰氏阳性菌，两端钝圆，单独或成链状，在肉汁培养基表面可生成菌膜。在马铃薯琼脂或淀粉琼脂培养基上，37℃培养24～28 h，菌落呈乳白色，表面光滑湿润，略有光泽，无皱纹，有黏稠性。用碘液试之菌落周围呈透明圆。菌种置于4℃的冰箱中保存使用，每两个月移种一次。通过诱变和分离纯化，可提高菌种的酶活力。

2. 生产工艺

(1)工艺流程。斜面菌种→三角瓶种子→种曲→厚层通风发酵。

(2)培养基

斜面培养基(g/L)：牛肉膏10，蛋白胨10，NaCl 5，可溶性淀粉10，琼脂20，pH 6.5～7.0，0.1 MPa蒸汽灭菌20 min。

种子培养基(g/L)：牛肉膏10，蛋白胨10，NaCl 5，可溶性淀粉5，pH 6.5～7.0，0.1 MPa蒸汽灭菌20 min。

发酵培养基：麸皮和谷物以100∶5混合，加入75%～80%浓度为0.1%的稀盐酸，拌匀，常压蒸煮1 h。

(3)培养方法

斜面培养：从保藏斜面上挑取一环菌体接到试管斜面培养基上，37℃恒温箱中培养24 h。

种子培养：从活化斜面上挑取一环菌体接到摇瓶种子培养基中，37℃下于旋转式摇床上200 r/min培养10 h。

厚层通风发酵：发酵培养基冷却后接入种曲0.5%，置曲箱中保持前期品温30℃左右，每2 h通风20 min，当品温升到30℃以上，则连续通风，保持品温在35～40℃ 28 h，品温开始下降，通冷风使品温降到20℃左右后出箱，麸曲用水或稀释盐水浸出后，用酒精或硫酸铵盐析，酶泥低温烘干，粉碎后加乳糖制成成品。

17.2.2.2 液体深层发酵

液体深层发酵法常以麸皮、玉米粉、豆饼粉、米糠、玉米浆等为原料，并适当补充硫酸铵、氯化铵、磷酸铵等无机氮源，还需要添加少量镁盐、磷酸盐、钙盐等。固形物浓度一般为5%～6%，高者可达15%。为了降低培养液黏度，淀粉原料可用α-淀粉酶液化，氮源可用豆饼碱水浸出液代替。以霉菌为生产菌时，宜采用微酸性，而细菌宜在中性至微碱性培养，培养温度霉菌为32℃，细菌为37℃，通气搅拌培养时间24～48 h。当酶活性达到高峰时结束发酵，离心或以硅藻土作助滤剂滤去菌体及不溶物。在Ca^{2+}存在下低温真空浓缩后，加入防腐剂（松油、麝香草粉、苯甲酸钠等）、稳定剂（5%～15%食盐或钙盐、锌盐或山梨醇等）以及缓冲剂后就成为成品，为了提高它的耐热性，也可在成品中添加少量硼酸盐。这种液体的细菌α-淀粉酶呈暗褐色，带不快之臭味，在室温下可放置数月而不失活。

枯草杆菌BF-7658的生产工艺如下：

1. 生产菌种

同固体发酵。

2. 生产工艺

(1)培养基

淀粉蛋白胨培养基：可溶性淀粉2%，蛋白胨1%，NaCl 0.5%，琼脂2%，pH 6.7～7.0。

马铃薯琼脂培养基：200 g去皮马铃薯，加水煮沸20 min，过滤定量至1 000 mL，加$MgSO_4 \cdot 7H_2O$ 5 mg，琼脂20 g，pH 6.7～7.0。

表17-5是6 000 L（补料后体积）枯草杆菌BF-7658发酵生产α-淀粉酶的种子和发酵培养基配方。

表17-5 种子和发酵培养基配方 %

组成	种子	发酵		
		基础料	补料	总量
豆饼粉	4	7.2	5.2	6.7
玉米粉	3	5.6	22.4	9.8
Na_2HPO_4	0.8	0.8	0.8	0.8
$(NH_4)_2SO_4$	0.4	0.4	0.4	0.4
$CaCl_2$		0.13	0.4	0.2
NH_4Cl	0.15	0.13	0.06	0.11
豆油	0.15			—
α-淀粉酶*		10万～15万U	100万U	—
pH	自然	自然	自然	??
体积/L	200	4 500	1 500	6 000

*在杀菌时使用，使培养基中的淀粉液化。

(2)菌种培养和发酵生产

扩大培养：将试管斜面菌种接到马铃薯茄形瓶斜面培养基上，在37℃恒温箱中培养72 h左右，然后置4℃冰箱中贮存待用。接种时加入350 mL的无菌水，制成孢子悬浮液，接入种子罐中。

种子培养：种子培养基在120℃蒸汽的条件下灭菌30 min，接入种子后，在37℃、搅拌速度300 r/min、通风量1∶1.3的条件下培养14 h左右。此时镜检细菌密集，菌体粗壮整齐。当pH达到6.3～6.8，酶活为5～10 U/mL时，结束培养，作为种子待用。在种子培养过程中，调节硫酸铵的用量对种子活力有着较重要的影响，因为NH_4^+对酶有抑制和激活的作用。

发酵罐培养：发酵培养基在120℃蒸汽的条件下灭菌50 min。接入种子后，在37℃、罐压0.05～0.08 MPa、搅拌速度200 r/min、通风量0～12 h为1∶0.5，12 h后为1∶(1.0～1.3)的条件下培养40～48 h，此时镜检菌体80%形成空泡，酶活几乎不再上升，结束发酵。在发酵开始12 h后开始补料，每小时都需要补料一次，分30次左右在发酵结束前6～8 h补完。这样可避免原料中淀粉降解产生的糖过量而引起分解代谢阻遏，有利于酶的诱导，有利于pH控制，延长产酶期，提高产量。也有从发酵前期就开始补料的。目前补料与基础体积之比为1∶3，补料中玉米粉和黄豆饼粉总浓度约30%。

(3)提取。发酵后的物料为发酵液，可作为工业级产品使用。提取精制的设备是采用板框压滤机和超滤器。使用板框压滤机除去发酵液中的菌体和杂质，得到较纯的酶液（滤饼含水要求小于45%）。将得到的酶液再进行防腐和调配处理便成为产品。

工业级酶：发酵液以$CaCl_2$和Na_2HPO_4各0.8%～1%进行絮凝，并加热到55～60℃、30 min处理，以破坏产生的蛋白酶，促使胶体凝聚而易于过滤，降温至35℃后送下一道工序。盐析沉淀的硫酸铵用量为55%，静置10 h，过滤，在50℃以下干燥，收率为70%。若发酵液直接喷雾干燥，收率可达90%，但排出的废气含有气味，影响城市的环境卫生。

为了制备高活性的α-淀粉酶，并使贮存方便，可用硫酸铵盐析或溶剂沉淀制成粉状酶制剂。在有Ca^{2+}存在下将浓缩发酵液调节pH到6左右，加入40%左右硫酸铵静置沉淀，倾去大部分上清液后，加入硅藻土为助滤剂，收集沉淀于40℃以下风干，为了加速干燥、减少失活，酶泥中可拌入大量硫酸钠，磨粉后加入淀粉、乳糖、$CaCl_2$等作稳定填充剂后即为成品。麸曲可用水抽提后进行盐析。为了减少色素的溶出，麸曲必须先风干。抽提液中如色素较多，可用$CaCl_2$和Na_2HPO_4形成不溶性沉淀而吸附除去。溶剂（酒精、丙酮等）沉淀时，为了减少酶的变性，宜在低温下（15℃左右）操作，在有$CaCl_2$、乳糖、糊精等存在下，加入冷却的溶剂至最终浓度70%，收集沉淀用无水酒精脱水，40℃以下烘干。

有些菌株产生一定比例的蛋白酶，这不但妨碍使用效果，还会引起α-淀粉酶在贮藏过程中失活。培养基中添加柠檬酸盐可抑制某些菌株产生蛋白酶，枯草杆菌发酵液中伴生的蛋白酶也可借加热50～65℃处理而消除。此外细菌α-淀粉酶也可利用底物淀粉吸附，而同蛋白酶分开。为了提高淀粉的吸附效果，淀粉可经膨胀处理。淀粉吸附法的主要步骤如下：调节酶液的pH到6.0，加18(*W*/*V*)硫酸铵搅匀，并以玉米淀粉与硅藻土5∶1的混合物分散在18%硫酸铵溶液中，倒于漏斗上形成底层，再将上述酶液通过滤层，α-淀粉酶被淀粉吸附，而蛋白酶则留于液内。吸附α-淀粉酶的淀粉层用15%硫酸铵洗涤后，用含0.001 mol/L $CaCl_2$的0.04 mol/L磷酸缓冲液洗脱，经Duolite A-2树脂脱色，再用40%硫酸铵盐析或60%丙酮沉淀，这样可以制备纯度极高的产品。

17.2.2.3 高温α-淀粉酶生产

具有工业应用价值的是高温α-淀粉酶，可以更好地应用于淀粉质原料的处理。高温α-淀粉酶产品均是液体，国内外生产厂家有美国的Miles公司（产品Takaherm）、美国的Altech公司(产品 Thermostable α-amylase)、荷兰的 Gist Brocades 公司(产品 Maxamyl)、丹麦的Novozyme 公司(产品 Thermamyl 20)和我国的星达酶制剂厂等。

1. 生产菌种

高温 α-淀粉酶产生菌几乎都是地衣芽孢杆菌及其突变株,主要原因是该菌耐热性好和产酶活力高,因此适合于工业化生产。其他研究的菌株还有嗜热脂肪芽孢杆菌、枯草杆菌、凝结芽孢杆菌、酸热芽孢杆菌和高温放线菌等。

丹麦 Novozyme 公司 Outtrup 等以地衣芽孢杆菌 ATCC9798 为出发菌株,经物理与化学处理多次,使产酶活力提高 20～30 倍。上海工业微生物研究所胡学智等亦以 ATCC9798 为出发菌株,相继用 UV 和 DES(硫酸二乙酯)等反复诱变选育,突变株 A4041 产酶活力提高了 100～200 倍,该菌株具有无芽孢、利福霉素抗性、甲硫氨酸缺陷型以及精氨酸缺陷型的标记,并部分解除了葡萄糖分解代谢阻遏,可在含葡萄糖培养基中生产高温 α-淀粉酶。日本丸尾等以地衣芽孢杆菌 NYK24 为出发菌株,采用亚硝基胍诱变,挑选环丝氨酸抗性突变菌株,产酶活力为 2 000 U/mL。

2. 生产工艺

地衣芽孢杆菌 A4041 的发酵生产工艺:

种子罐培养基(g/L):玉米粉 25,豆粉 25,玉米浆 10 mL/L,$CaCl_2$ 4,Na_2HPO_4 3,柠檬酸钠 3,pH 6.8～7.0。

发酵罐培养基:同种子罐培养基。

种子罐培养:40℃,培养 24 h。

发酵罐培养:通风量 1∶(0.5～0.8),40℃培养 96 h。

提取:发酵液于 pH 7.5 时加入 1%碱式氯化铝为助凝剂,絮凝剂为 0.1%葡聚糖,缓缓搅拌,使菌体、培养基杂质絮凝,压滤后得清液,真空薄膜蒸发器或超滤浓缩 10 倍,加入食盐 18%,以 0.1%苯甲酸钠为稳定剂。酶收得率为 70%～75%,在室温保存一年失活低于 10%。作用温度 90℃,最适 pH 为 5.0～7.0。

17.3 蛋白酶的工业生产

中性蛋白酶是最早被发现并广泛应用于生产的蛋白酶制剂,如用于皮革脱毛、软化,畜血蛋白水解,果酒、啤酒和饮料中蛋白质去除以及医药工业等。但由于一般中性蛋白酶热稳定性差,生产与使用条件复杂,因而限制了它的工业化生产和应用范围。高温中性蛋白酶不仅具有一般中性蛋白酶的特性,还具有良好的热稳定性,对温度和 pH 的适应范围较广,对人体的皮肤和气管的刺激作用小,弥补了一般中性蛋白酶的不足,简化了生产工艺和酶制剂保藏及使用条件,因而有广阔的应用前景。所以自 20 世纪 70 年代至今,国内外科学家都致力于高温中性蛋白酶的研究与开发,已成为酶学领域研究的热点之一。其研究重点在菌种选育、基因工程菌构建和酶的固定化研究方面。

17.3.1 蛋白酶的生产菌种

蛋白酶通常分酸性、中性和碱性 3 类,各类中又有不少在工艺上有一定差异的菌株。产酸性蛋白酶的微生物以霉菌为主，如黑曲霉、黑曲霉大孢子变种、斋藤曲霉（*Aspergillus saitoi*）、根霉、杜氏青霉、血红色陀螺孔菌（*Trametes sanguinca*）和微小毛霉（*Mucor Pusilius*）等。产中性蛋白酶的微生物主要是枯草杆菌、耐热性解蛋白芽孢杆菌、灰色链霉菌（*Streptomyces griseus*）、寄生曲霉、米曲霉、栖土曲霉等。产碱性蛋白酶的主要是枯草杆菌、淀粉液化芽孢杆菌、短小芽孢杆菌和地衣芽孢杆菌（*B. licheniformis*）等（表 17-6）。

表 17-6　产蛋白酶的主要菌种

种类	主要菌种
细菌	枯草芽孢杆菌（*Bacillus subtilis*）
	淀粉糖化枯草杆菌变异株（*B. subtilis* var. *amylo saccharitics*）
	蜡状芽孢杆（*B. cercus*）
	耐热性解蛋白芽孢杆菌（*B. thermapifelyticus*）
	巨大芽孢杆菌（*B. megatirium*）
	地衣芽孢杆菌（*B. licheniformis*）
	短小芽孢杆菌（*Bacillus umilis*）
	铜绿假单胞菌（*Pseudomonas aeragirnasa*）
	血红色陀螺孔菌（*Trametes sanguinca*）
	奇异变形杆菌（*Proteus virabilis*）
	灰色链霉菌（*Streptomyces griseus*）
	奈良链霉菌（*S. naraensis*）
真菌	青霉（*Penicillium* sp.）
	微小毛霉（*Mucor pusilius*）
	根霉（*Rhizopus* sp.）
	黑曲霉（*Aspergillus niger*）
	米曲霉（*A. oryzae*）
	黄曲霉（*A. flavus*）
	棕曲霉（*A. ochracens*）
	斋藤曲霉（*A. saitoi*）
	寄生曲霉（*A. parasiticus*）
	栖土曲霉（*A. terricola*）
	酱油曲霉（*A. sojae*）

17.3.2　蛋白酶的生产方法

培养基方面，适合于大多数黑曲霉生产酸性蛋白酶的培养基组成是豆饼粉、玉米粉、鱼粉（6∶1∶1）混合物 5%，豆饼石灰水解物 10%，NH_4Cl 1%，$CaCl_2$ 0.5%，Na_2HPO_4 0.2%，pH 5.5～6.0。

大多数生产中性蛋白酶的微生物还产生淀粉酶，且淀粉酶出现往往早于蛋白酶。据报道，添加淀粉或葡萄糖等碳水化合物，可明显抑制 α-淀粉酶的分泌，工业生产用的碳源是葡萄糖、淀粉、饴糖、玉米粉、米糠、麸皮等。主要氮源是豆饼粉、鱼粉、血粉、酵母粉、蛋白胨、玉米浆。其他还添加 Ca^{2+}、Mg^{2+}、Zn^{2+}、Mn^{2+}，它们是某些菌株生产中性蛋白酶所必需的。产碱性蛋白酶的培养基组成与中性蛋白酶相仿。

培养条件方面主要因素是培养基的 pH 和通气量。pH 方面，在碳氮比高的培养基中，因产酸较多，降低 pH，有利于酸性蛋白酶生成。用碳氮比低的培养基，则升高 pH，有利于中性或碱性蛋白酶的生成。生产碱性蛋白酶的芽孢杆菌宜在碱性环境培养，生产中性蛋白酶的应在微酸性下培养，青霉、根霉酸性蛋白酶的生产宜在酸性下培养，但黑曲霉在 pH 6 左右最好。通风量的影响，一般在合成蛋白酶时，需要强烈通风搅拌，小通风量对菌丝生长有利，不利于产酶，大通风量促进产酶但抑制生长。麸曲培养时，CO_2 对孢子萌发与产酶有促进作用，但不利于菌丝生长。

温度：芽孢杆菌蛋白酶生产常采用 30～37℃下培养，霉菌、放线菌以 28～30℃为佳。

产酶与菌的生长期有关，曲霉固体培养，在分生孢子成熟时，产酶达最大值。液体深层培养，则当菌体衰老时，酶量达高峰。芽孢杆菌中性蛋白酶在对数生长期时大量分泌。碱性蛋白酶则在对数期末大量形成芽孢时生成。菌种变异或培养基条件的改变均可能使产酶期发生变动。一般来说，不能形成芽孢的突变株不能大量合成碱性蛋白酶。丧失了合成蛋白酶能力的突变株，再也不能形成芽孢，但不形成芽孢的突变株，有时仍可能合成非碱性蛋白酶。

下面介绍以新疆吐鲁番火焰山土壤里分离筛选到的一株耐热芽孢杆菌 XJT9503 作为生产菌种，介绍发酵生产中性蛋白酶的生产工艺。

17.3.2.1　生产菌种

XJT9503 是从新疆吐鲁番火焰山土壤里分离筛选到的一株耐热芽孢杆菌，革兰氏阳性，好氧，短杆状，周生鞭毛，芽孢柱形，中生，芽孢囊不膨大，菌落乳白色，半透明，培养后期为淡褐色，表面皱褶，边缘不整齐，大小为 8～13 mm。生长温度范围 25～57℃，最适温度 46℃，生长 pH 范围 6～10，最适 pH 7～8。可利用葡萄糖并产酸，同时也能利用 *L*-阿拉伯糖、*D*-甘露糖、*D*-木糖，水解淀粉，液化明胶，能利用柠檬酸盐生长，不产生吲哚，并能在 15% NaCl 高盐浓度下生长。(G+C)mol%为 45.6。

XJT9503 产生的高温中性蛋白酶，其最适反应温度 65℃，最适 pH 为 7.2。在常温下较稳定，在 70℃处理半小时酶活仅丧失 10%左右，这样罕见的特性是微生物生理代谢与自然环境长期适应的结果。因为新疆吐鲁番盆地年平均气温 14℃左右，最高气温 48.9℃，中午地面温度达 80℃以上，因而嗜热芽孢杆菌资源较丰富。XJT9503 菌株产生的胞外高温中性蛋白酶的酶活性高，摇瓶培养可达 5 600 U，最高达 12 000 U/mL。

17.3.2.2　生产工艺

1. 培养基

斜面培养基(g/L)：牛肉膏 3，蛋白胨 10，氯化钠 5，琼脂 20。

种子培养基(g/L)：玉米粉 2，豆饼粉 11，磷酸氢二钠 0.4，硫酸镁 0.02，氯化钙 0.02。

发酵培养基(g/L)：玉米粉 2，豆饼粉 11，葡萄糖 0.5，磷酸氢二钠 0.4，碳酸钠 0.085，硫酸镁 0.02，氯化钙 0.02。

2. 培养方法

菌种复壮：取保存菌株，用接种环(针)挑取少量于固体斜面培养基上，46℃下培养 12 h，连续活化 2～3 次，再进行菌株产酶能力的测定。

摇瓶种子培养：将活化好的菌株挑取一环接种于装有 150 mL 种子培养基的 500 mL 摇瓶中，置于 46℃、200 r/min 摇床培养 16 h。取样，将种子液稀释 10 倍后在 550 nm 处测得 OD

值大于 0.6 即可。

一级种子培养：按照种子培养基配方称取物料，加入 25 L 种子培养罐中，115℃灭菌 25 min，用水冷却到 50℃后自然降温，当降至 46℃时，将摇瓶种子以 2%的接种量接入培养。

二级种子培养：按照种子培养基配方称取物料，加入 250 L 种子培养罐中，115℃灭菌 25 min，用水冷却到 50℃后自然降温，当降至 46℃时，将一级种子以 5%的接种量接入培养。

3 000 L 发酵罐发酵：按照发酵培养基配方称取物料，加入 3 000 L 发酵罐中，115℃灭菌 30 min，用水冷却到 50℃后自然降温，当降至 46℃时，以 5%的接种量接入种子培养。

放罐标准：发酵酶活达 10 000 U/mL 以上，还原糖含量低于 0.5%，镜检有大量芽孢产生时即可终止发酵。

3. 发酵工艺参数

XJT9503 高温中性蛋白酶的中试工艺流程为：斜面→摇瓶→25 L 种子罐→300 L 种子罐→3 000 L 发酵罐。

3 000 L 发酵罐发酵工艺参数为：将培养 8 h 的种子罐种子，以 5%接种量移种于 3 000 L 发酵罐，46℃、180 r/min、通气量 1∶4 下发酵培养 18 h 左右，测定发酵酶活达 10 000 U/mL 以上，还原糖含量低于 0.5%，镜检有大量芽孢产生时即可终止发酵。为保证后处理过程中酶活不会大量损失，需迅速降温。

17.4 固定化酶

酶作为生物催化剂，具有大多数化学催化剂所不具备的优点。随着酶学研究的不断深入和酶工程的发展，工业化生产的酶越来越多，酶的应用越来越广泛。然而在使用的过程中，人们也注意到酶的一些不足之处。例如酶的稳定性较差，在温度、pH 和无机离子等外界因素的影响下，容易变性失活。酶一般都是在水溶液中与底物反应，这样酶在反应系统中，与底物和产物混在一起，反应结束后，即使酶仍有较高的活力，也难以回收利用，这种一次性使用酶的方式，成本大幅增高，而且难以连续化生产。酶反应后成为杂质与产物混在一起，由于酶的分离纯化比较复杂，分离后的酶稳定性显著下降，无疑给进一步的分离纯化带来很大的困难。为了克服酶的这些缺点，人们不断寻求改善方法。

20 世纪 60 年代初，以色列科学家发现生物细胞里的许多酶并不是独立在溶液里起作用，而是包埋在细胞膜里或其他细胞器里面起作用的。于是，他们试着把分离得到的酶结合到某种不溶于水的载体上，或者是包埋于天然的或人工合成的膜上，这样就装配成了固定化酶。接着又对固定化酶的催化特性进行观察，发现许多酶经过固定化以后，活性丝毫未减，稳定性反而有了提高。在反应容器里，固定化酶可以反复利用，成百上千次发挥效能，以不变促成万变。这一发现是酶的推广应用的转折点，也是酶工程发展的转折点。在此基础上，酶的固定化技术日新月异。

用物理、化学等方法将水溶性的酶固定到特定的载体上使之成为水不溶性的酶称为固定化酶。固定化酶“immobilized enzyme”这个名称是在 1971 年第一届酶工程会议上被提议确定的。在此之前，曾使用过水不溶性酶、固相酶和固着酶等名称。目前，酶的固定化技术已得到广泛应用。

固定化酶是20世纪60年代发展起来的,现在已有80多种酶制成固定化酶,范围正在日益扩大,并逐步应用于大规模工业生产上。

与游离酶相比,酶经固定化以后,有下列特点:①由于它被载体包埋或结合,所以反应完成后经过滤或离心等简单的分离就可以回收,重复使用,降低了酶制剂的成本。②由于它具有一定的机械强度,可以将它们装成酶柱(或酶反应器),当底物溶液缓缓地流经酶柱时,就能发生酶促反应,流出液中即含有酶促反应产物。由于酶的作用具有高度专一性,其产物不易带杂质、收率高、容易精制。③酶经固定化后,稳定性一般都有所提高,一根酶柱往往可以连续使用数次甚至数十次,酶活力无明显下降。④其反应条件易控制,可以自动控制,节约劳动力。

固定化酶虽有许多优点,但其在工业上的广泛应用仍存在不少问题:①用于固定化的酶,其纯度比常用的工业粗酶制剂要高,这就增加了酶的分离提纯步骤。②一种固定化酶只能用于特定的单步酶促反应的产品,对于需要多步酶促反应的产品来说,必须把所需要的酶逐个分离提纯,逐个固定化。然后按照已经研究好的生物合成途径,把各个固定化酶按反应顺序装成酶柱,组成所谓的多酶反应器。这种繁杂的步骤对那些需要更多步骤的复杂酶促反应的产品来说,是难以负担的。③固定化酶的固定化效率低,也就是说,对使用而言,固定化过程中酶活力有损失。④固定化酶不适合用于高分子质量的底物,较适合于小分子底物和可溶性底物。⑤增加了生产的成本。

为了减少从微生物或其他生物体中提取酶的麻烦,有时为了充分利用生物细胞的多酶系统,人们开辟了固定化生物催化剂的另一种形式,即固定化细胞。所谓固定化细胞就是将具有一定生理功能的生物体(如微生物、植物细胞、动物组织或细胞、细胞器等)用一定的方法进行固定,作为固体催化剂利用。它可省掉提取工艺,使酶的损失达到最低限度。

固定化细胞既有细胞特性,也有生物催化剂功能。其优点在于:①使用固定化细胞省去了酶的分离过程,显著降低了成本;②固定化细胞为多酶系统,可以进行多步酶促反应,且辅助因子可以再生;③增加了细胞对不利环境的耐逆性,可重复使用;④增加了酶的稳定性。

同时固定化细胞的使用也有一定的局限性:①对底物和产物的要求是可以穿过细胞壁和细胞膜;②由于胞内为多酶系统,会形成大量的副产物,降低了纯度;③维持固定化细胞持续的催化活性远比酶要复杂,有些细胞在条件不适宜的情况下很容易发生自溶,影响产品的稳定性。

虽然固定化酶(细胞)有上述一些不足之处,但其具备的众多优点使其不仅在工业生产的连续化和自动化上有重要价值,而且在生物学的研究中具有重大的意义,特别是在酶工程中占有十分重要的地位。固定化酶(细胞)具有广阔的发展前景。

17.4.1 固定化酶的性质

将酶或含酶菌体固定化制成固定化酶或固定化细胞以后,由于受到载体等的影响,酶的活力及其他性质均与游离酶有所不同。了解固定化酶的性质究竟有何变化,不仅在学术上有意义,而且在固定化生物催化剂的应用上也是非常重要的。现将固定化酶的主要特性介绍如下。

17.4.1.1 稳定性

稳定性关系到固定化酶能否实际应用,固定化酶的稳定性一般比游离酶的好,这对工业生产是非常有利的。载体的性质是影响稳定性的重要因素。原则上酶结合于载体后,稳定性可能增加也可能减少。例如含疏水基团的载体也许像疏水溶剂一样会使蛋白变性,或是引起在贮藏过程中的缓慢失活，或改变对热、pH、变性剂的稳定性等。带正电或负电的亲水载体在一定条件下，可增加酶的稳定性，尤其是蛋白水解酶在固定化以后，蛋白酶本身的自消化现象消失，稳定性也就提高了。固定化酶的稳定性主要表现在以下几方面：

1. 对热稳定性

热稳定性对工业应用是很重要的。作为生物催化剂，酶也和普通化学催化剂一样，温度越高，反应速度越快。但是，酶是蛋白质组成的，一般对热不稳定。而固定化酶大多数都具有较高的热稳定性，使酶的最适温度提高，催化反应能在较高温度下进行，加快反应速度，提高酶作用效率。以氨基酰化酶为例，天然的游离酶溶液在70℃加热15 min，其活力全部丧失。但是当它固定于DEAE-纤维素以后，在相同条件下却可保存60%的活力，而固定于DEAE-葡聚糖以后则可保存80%的活力。其他如偶联于CM-纤维素的胰凝乳蛋白酶、包埋于聚丙烯酰胺的乙酰胆碱酯酶等也类似。但是，有些酶应用某种方法固定化后可能出现耐热性下降的情况，如DEAE-纤维素吸附的蔗糖酶、CM-纤维素偶联的过氧化物酶等。

2. 操作稳定性

固定化酶在操作中可以长时间保留活力，这种稳定性通常以半衰期表示，它是固定化酶的一个重要特性参数。半衰期在1个月以上，即有工业应用价值。一般地说，固定化方法不同，所制得的固定化酶的操作稳定性也有差异。

3. 保存稳定性

固定化酶制成后，最好立即使用，如长期保藏，活力会下降。但如果保藏方法得当，也可以较长时间保持酶活力。例如，固定化胰蛋白酶于20℃保存数月，活力尚不损失。

4. 对蛋白酶的稳定性

游离酶经过固定化后，使它对蛋白酶的抵抗力得以提高，这可能是因为蛋白酶是大分子，受到空间位阻而不能进入固定化酶颗粒内部。例如，日本人千烟一郎发现，用尼龙或聚脲膜包埋，或用聚丙烯酰胺凝胶包埋的固定化天冬酰胺酶，对蛋白酶极为稳定。在同一条件下，游离酶几乎全部失活。

5. 对变性剂的耐受性

游离酶经固定化后，在尿素、有机溶剂和盐酸胍等蛋白质变性剂的作用下，仍可保留较高的酶活力。

17.4.1.2 最适pH

酶经固定化后，其最适pH和pH-酶活性曲线有时会发生偏移，这由酶蛋白或水不溶性载体的电荷决定。有些酶固定化后虽然最适pH变动，而pH-酶活曲线不发生改变。例如，用DEAE-纤维素或DEAE-葡聚糖凝胶，以离子结合法固定化的氨基酰化酶，其最适pH与游离酶相比较，向酸性一侧移动0.5个pH单位。用DEAE-纤维素固定化的蔗糖酶、ATP脱氢酶，其最适pH比固定化前向酸性一侧移动2个pH单位。这种最适pH向酸性一侧移动的现象，可以这样解释：当酶被结合到聚合阳离子载体上时，酶蛋白的阳离子数增多，从而造成固定化酶反应区域pH比外部溶液的pH偏碱。这样，实际上酶的反应是在比反应液的pH偏碱一侧进行，从而使最适pH转移到酸性一侧。反之，用CM-纤维素叠氮化合物键合法固定化的胰蛋白酶的最适pH与游离酶相比较，向碱性一侧偏移0.5～1个pH单位。

17.4.1.3 相对活力

酶经过固定化后，活力大部分下降，这是因为：①酶活性中心的重要氨基酸残基与水不溶性载体相结合；②当酶与不溶性载体相结合时，其结构发生了变化；③酶被结合后，虽不失活，但酶与底物的相互作用受到空间位阻。前两种可用适当条件加以克服，而第三种则无法克服。采用包埋法时酶活下降，这是因为在固定化过程中，酶可能会有些变性或者底物和产物对凝胶的渗透力较小，使膜底物浓度偏低，从而导致酶反应速度降低。

酶活力的变化一般用“相对活力”表示。“相对活力”即以游离酶活力为100%，同样蛋白量的酶结合在固相载体后所显示的活力百分数。活力的下降程度与酶所作用的底物、酶的种类、酶量、载体种类和制备方法等有关。

1. 底物与相对活力

蛋白水解酶在固定化后，由于载体的空间位阻阻碍了高分子底物的接近，因而水解大分子底物蛋白质的能力减低，往往比水解小分子或氨基酸脂化物的能力的减低更显著。一般固定化蛋白水解酶对大分子蛋白质底物的相对活力为对小分子底物的相对活力的1/5或1/10。有的甚至对大分子蛋白质底物几乎没有活力，而对小分子底物的活力则几乎保留100%。

由CM-纤维素的叠氮衍生物制备的固定化核糖核酸酶 T_1，作用于核糖核酸的相对活力为2%，而作用于鸟嘌呤环磷酸的相对活力为50%～60%。但是也有例外，顺丁烯二酸酐与乙烯共聚物结合的碱性磷酸酯酶对合成底物对-硝基苯磷酸的相对活力为1.1%，而天然底物的相对活力达99%。

从上述现象可以看出，即使都以大分子蛋白质为底物，固定化酶的相对活力也会随着蛋白质的分子质量大小而有所变化。

2. 酶的专一性与相对活力

对专一性不同的酶，采用同样载体、同样方法所制得的固定化酶的相对活力也将不一样。如α-淀粉酶水解淀粉链内的糖苷键，所以在固定化后，极易受纤维素载体的空间位阻的影响。而β-淀粉酶与糖化酶的水解作用则是从淀粉的非还原端开始的，所以在固定化后，酶反应就不会像α-淀粉酶那样受载体的空间位阻的影响。实验表明，β-淀粉酶与糖化酶的相对活力较高，而固定化α-淀粉酶的相对活力仅是前两者的1/3。

3. 酶量与相对活力

已知固定化酶的相对活力与载体上偶联酶的多少有关。实验表明，单位载体上偶联的酶少，相对活力就比较高，偶联的酶越多，相对活力就越低。这是由于酶越集中，空间位阻影响也就越大，而且底物与产物也就更来不及扩散。Cicek H.等详细研究了酶负载量对固定化酶催化活力的影响，发现负载量大的固定化酶的表观活力较大，但是单位负载量的固定化酶活力却有所下降。

4. 载体与相对活力

载体的结构对固定化酶的相对活力有着极为重要的影响。所以，为了获得相对活力较高的固定化酶，选择恰当载体是十分必要的。在用溴化氰活化的多糖类载体制备固定化酶时发现，载体网状结构的交联程度显著地影响固定化酶的活力。网状结构的稀疏程度上，琼脂糖大于葡聚糖凝胶，葡聚糖凝胶大于纤维素，与它们偶联的固定化酶的相对活力的大小，也按如此次序。此外，淀粉酶、转化酶、胃蛋白酶如分别共价结合于颗粒大小不同的同一种载体上，则颗粒较小的固定化酶有较高的活力。

尽管固定化酶与游离酶相比，其活力总是有不同程度的下降，但可以通过选择恰当的载体，如亲水性好、网状结构较稀疏的载体以及适宜的条件，获得相对活力较高的制剂。例如，乳糖酶在抑制剂(如葡萄糖酸-δ-内酯)存在下,进行聚丙烯酰胺凝胶包埋,即可得高活力的固定化乳糖酶。又例如天冬氨酸酶在它的底物(延胡索酸铵)或它的产物(*L*-天冬氨酸)存在时,进行聚丙烯酰胺包埋,也可得到高活力的固定化天冬氨酸酶。钱国强等用壳聚糖微球固定化*L*-天冬酰胺酶,结果表明将酶固定化之后,蛋白酶不能有效地水解天冬酰胺酶,因而有利于酶在催化环境中长时间的发挥作用。Cicek H.等的研究结果也表明固定化胰凝乳蛋白酶在反复使用30次之后酶活并无明显下降。

17.4.1.4 酶作用的最适温度

酶反应的最适温度是酶热稳定性与反应速度的综合结果。酶经固定化后,其反应的最适温度有时会发生变化,一般情况下固定化酶的最适温度都比游离酶高一些。这是因为固定化酶的对热稳定性较游离酶有所提高,所以最适温度也随之提高,这对工业生产是非常有利的。例如,汤亚杰等以交联法用壳聚糖固定胰蛋白酶,其最适温度为80℃,比固定化前提高了30℃。用羧甲基纤维素叠氮法制备的固定化胰蛋白酶和糜蛋白酶,它们的最适温度比游离酶高5~10℃。又如,用离子键合法使氨基酰化酶与DEAE-纤维素结合后,最适温度为67℃,比天然游离酶提高了7℃。若用离子键合法将氨基酰化酶与DEAE-葡聚糖凝胶结合后,其最适温度高达72℃,比游离酶提高了12℃。但也有些酶如葡萄糖异构酶与微孔玻璃通过重氮结合固定化后的最适温度与游离酶相同,用重氮化多孔玻璃结合的葡萄糖异构酶和亮氨酸氨基肽酶的最适温度与游离酶一样。

17.4.1.5 抑制剂对固定化酶的影响

酶与载体结合时,酶蛋白分子的空间构象可能会发生某些改变,特别是活性部位的构象,这种改变能影响抑制剂对酶的作用。例如,当大豆胰蛋白酶抑制剂的用量4~6倍完全用于抑制游离酶所需的量时,CM-纤维素-胰蛋白酶仍保留80%活力。ATP酶和羧甲基纤维素偶联后,对某些抑制剂的反应不同于游离酶,固定化ATP酶受箭毒苷的抑制,而对10^{-3} mol/L K^+和Na^+的刺激不敏感。F^-和CN^-对游离或固定化过氧化物酶的影响相同。但10^{-3} mol/L叠氮能引起游离酶失活82%,引起固定化酶失活55%。同时载体的存在也会产生空间位阻效应,使抑制剂接近酶分子受到障碍。

17.4.1.6 固定化酶的评价指标

游离的酶(细胞)被固定化以后,酶的催化性质也会发生变化。为考察其性质,可以通过测定固定化酶的各种参数,来判断固定化方法的优劣及其固定化酶的实用性,常见的评估固定化酶(细胞)的指标有以下几点:

(1)相对酶活力。具有相同酶蛋白量的固定化酶与游离酶活力的比值称为相对酶活力,它与载体结构、颗粒大小、底物相对分子质量大小及酶的结合效率有关。相对酶活力低于75%的固定化酶一般没有实际应用价值。

(2)酶的活力回收率。固定化酶的总活力与用于固定化的酶的总活力之比称为酶的活力回收率。将酶进行固定化时,总有一部分酶没有与载体结合在一起,测定酶的活力回收率可以确定固定化的效果。一般情况下,活力回收率应小于1,若大于1,则可能是由于固定化活细胞增殖或某些抑制因素排除的结果。

(3)固定化酶的半衰期。即固定化酶的活力下降为初始活力一半所经历的时间,用$t_{1/2}$表示,它是衡量固定化酶操作稳定性的关键。其测定方法可以通过长期实际操作,也可以通过较短时间的操作来推算。

17.4.2 固定化的方法

固定化酶(细胞)及固定化技术研究的发展可分为2个阶段,第一阶段主要是载体的开发、固定化方法的研究及其应用技术的发展。第二阶段主要包括含辅酶系统或ATP、ADP、AMP系统的多酶反应系统的建立,以及疏水体系或含水分很低的体系的固定化酶催化反应的研究。近年来,人们又提出了联合固定化技术,它是酶和细胞固定化技术发展的综合产物。与普通的固定化酶或固定化细胞相比,联合固定化生物催化剂可以充分利用细胞和酶的各自特点,把不同来源的酶和整个细胞的生物催化剂结合到一起。

17.4.2.1 固定化酶的制备

酶固定化的方法很多,但各种方法共同关心的问题是如何维持酶的催化活性。因而在固定化反应过程中,必须注意酶活性中心的氨基酸残基不发生变化,避免那些可能导致酶蛋白高级结构破坏的条件(例如高温、强酸、强碱等),由于酶蛋白的高级结构是凭借氢键、疏水键和离子键等次级键维持,应采取尽可能温和的条件进行。

固定化过程一般应遵循以下原则:

(1)所得固定化酶必须能保持原有的专一性、高效催化能力和在常温常压下能起催化作用的特点。为此,在制备固定化酶时必须尽可能在温和的条件下(如低温、最适pH及水溶液中)进行。

(2)固定化酶应能回收、贮藏,故在制备固定化酶时应使酶和载体尽可能地结合牢固。

(3)固定化酶应有利于操作机械化和自动化。为此,所用载体需要有一定的机械强度,不因机械搅拌而破碎或脱落。

(4)固定化酶应能保持甚至超过原酶液的活性。为此,酶和载体结合的部位不应是酶的活性中心或维持酶高级空间结构的有关基团,而且应尽可能预先保护这些基团。

(5)固定化酶应能最大限度地与底物靠近,从而提高产物的产量,所选载体应尽可能地不阻碍酶和底物的接近,即具有最小的空间位阻。

(6)固定化酶应有最大的稳定性,所用载体应不和底物、产物或反应液发生化学反应。

(7)固定化酶应利于本身的回收及易与产物分离。为此,固定化酶应有一定的重量或体积,并能通过简单的过滤或离心等方法加以回收和重复使用。

(8)固定化酶应是廉价的、有利于推广的产品,制备时应尽可能利用各种废料(如甘蔗渣、造纸浆等)作为载体材料,以利于降低成本。

通常固定化方法大体可概括为3种类型:载体结合法(物理吸附、离子吸附和共价结合)、交联法和包埋法(网格包埋法和微囊包埋法)等。由于目前尚没有任何一种方法完全符合上述的固定化规则,因此应根据固定化酶的具体目的进行固定化方法的选择。

这些方法制得的固定化酶模式如图17-2所示。

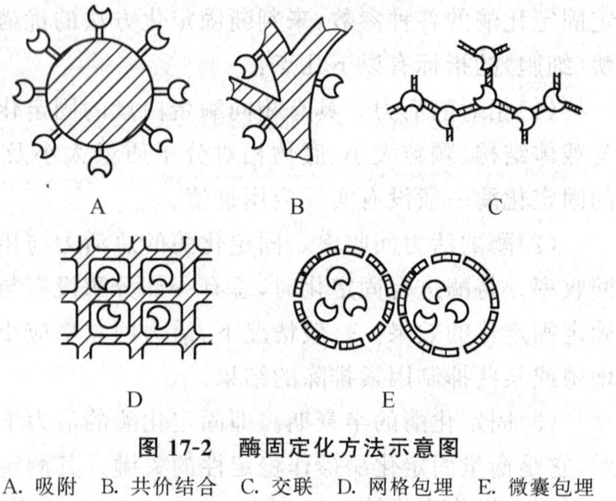

图17-2 酶固定化方法示意图

A. 吸附 B. 共价结合 C. 交联 D. 网格包埋 E. 微囊包埋

1. 载体结合法

载体结合法是将酶结合到不溶性载体上的一种固定化方法，根据结合形式的不同，可以分为物理吸附法、离子吸附法和共价结合法。

(1)物理吸附法。物理吸附法是通过氢键、疏水键和π电子亲和力等物理作用力将酶固定于不溶性载体的方法。该方法操作最简单，反应条件温和，载体可以反复使用。目前糖化酶和木瓜蛋白酶的固定化用此方法。常用的载体有高岭土、硅胶、磷酸钙胶、氧化铝、微孔玻璃等无机吸附剂和纤维素、胶原、赛璐玢以及火棉胶等有机吸附剂。无机吸附剂的吸附容量一般很低，常小于1 mg蛋白/g吸附剂，少数情况如氧化钛包被的不锈钢粒(直径100～200 μm)吸附半乳糖苷酶可达17 mg蛋白/g吸附剂。有机吸附剂的吸附容量通常高一些，例如，火棉胶膜对木瓜蛋白酶、碱性磷酸酯酶以及葡萄糖-6-磷酸脱氢酶的吸附容量可达70 mg蛋白/cm^2膜。无机吸附剂的另一缺点是易使某些酶发生吸附变性，而有机吸附剂一般不会产生这种情况。

提高吸附容量和酶与载体间的吸附力有以下几种途径：

①控制好吸附与操作条件。包括选择大吸附容量的载体；合理地控制酶量与载体量；适当地提高酶蛋白浓度；将载体进行一定的分散处理；处理好吸附容量与流体力学间的关系；同时在整个吸附与使用过程中使用适宜的pH、温度和底物浓度以及较低的离子强度。

②开发新的载体。*N*-烃基琼脂糖衍生物能强力地吸附等电点处于酸性区的酶，如黄嘌呤氧化酶、脲酶等，结合牢固程度甚至可经受1 mol/L NaCl的洗脱，因为这种吸附是借助静电力和疏水键等多种力协同发挥作用。亲和吸附剂ConA-葡聚糖能专一性地强力吸附糖蛋白。

③根据载体性质对酶进行适当的化学修饰。胰蛋白酶、胰凝乳蛋白酶等可先和丙烯酸与顺丁烯二酸酐的水溶性共聚物进行共价偶联，淀粉葡萄糖苷酶可先将它和乙烯与顺丁烯二酸酐的水溶性共聚物进行共价偶联。这样修饰后得到的酶的多聚阴离子衍生物，再用DEAE-纤维素或DEAE-葡聚糖吸附，结合力可大大增强，不仅吸附容量显著升高，而且相当稳定，使用寿命也延长。如其中的淀粉葡萄糖苷酶连续使用3周活性都没有明显改变。

虽然吸附法具有很多的优点，但是，它们有一个突出的弱点，就是酶和载体的吸附力比较弱，容易在不适宜的pH、高盐浓度、高底物浓度或高温条件下解吸脱落。此外，吸附法中酶量的选择全凭经验，pH、离子强度、温度、时间的选择对每一种酶和载体都不同，酶和载体之间结合力不强，酶易脱落，易导致催化活力的丧失和玷污反应产物等，因此，其应用受到限制。为提高其适用性能，人们常将此法与其他方法联用。

(2)离子吸附法。离子吸附法是酶通过离子键吸附于具有离子交换基的水不溶性载体上的固定化方法。此法的载体有多糖类离子交换剂和合成高分子离子交换树脂，如CM-纤维素、DEAE-纤维素和DEAE-葡聚糖及合成的大孔阳离子和阴离子交换剂、琼脂糖的*N*-烷基衍生物等。

离子吸附法的操作简单，处理条件温和，酶的高级结构和活性中心的氨基酸残基不易被破坏，能得到酶活回收率较高的固定化酶，但是载体和酶的结合力比较弱，容易受缓冲液种类或pH的影响，在离子较高的条件下进行反应时，会发生酶脱落现象。

以上2种方法都是利用载体表面性质将酶吸附于其表面的固定化方法。含酶水溶液和有活泼表面的吸附载体接触，再经洗涤除去不吸附的酶便能制得固定化酶。这类固定化酶中，酶和载体间的结合力大多数是比较弱的。在某些情况下，酶的非专一性吸附会引起部分或全部失活，合适的载体应该对酶有高度的亲和力，而不会引起酶的变性。

为避免固定化酶在使用时的解离，可以通过化学修饰增加酶分子上的电荷方向来解决。

酶在载体上的吸附和解吸与下列因素有关：

①pH。pH 的变化能影响载体和酶所带电荷的改变，从而影响酶在载体上的吸附。一般情况下，在蛋白质的等电点可以达到最大吸附，但也有例外的情况，即 pH 有 3～4 单位的差别，也很少影响蛋白质的吸附。

②盐。一般认为盐阻止吸附，盐也被用来洗脱从低盐溶液中吸附的酶。一些特例中，盐可以促进蛋白质吸附在原来不吸附的惰性支持物上，即称“盐析”吸附。

③酶浓度。一般在一定量载体上的吸附，总是随酶浓度的增加而增加，直到饱和。

④温度。通常随温度升高而增加酶的吸附，但温度升高会造成酶失活的加速。

⑤吸附速度。酶在固体支持物上吸附所需的时间比小分子吸附要长得多，吸附速度比较缓慢是由于大分子酶的扩散速度较低所致。

⑥载体。影响酶活力的重要因素是载体表面积、多孔度及载体的预处理。

(3)共价结合法。使酶通过共价键与不溶性载体结合的固定化方法叫作共价结合法。在酶分子中能形成共价键的游离基团包括游离氨基、游离羧基、半胱氨酸的巯基、组氨酸的咪唑基、酪氨酸的酚基、丝氨酸和苏氨酸的羟基等。应该指出，与载体共价结合的基团必须不是活性中心的基团，也不是参与维持酶蛋白空间结构的必需基团，否则将会使制成的固定化酶不具备催化活力。

载体必须具有在温和条件下可与酶蛋白发生偶联反应的基团，又有一定的机械强度和较大的表面积。常用的不溶性载体有 2 大类：一类是天然的高分子，如纤维素、葡聚糖凝胶、琼脂糖、淀粉以及它们的衍生物等。另一类是人工合成的高聚物，如甲基丙烯酸共聚物、顺丁烯二酸酐和乙烯的共聚物、氨基酸共聚物及聚苯乙烯等。共价结合法所制备的固定化酶，其优点是酶和载体间结合比较牢固，在介质组成发生改变或进行反应时，都不会造成酶从载体上脱落，因而这类固定化酶可以较长时间地反复使用。缺点是操作比较复杂，反应条件不易控制，因此，要制备活力很高的固定化酶较为困难。目前，这类固定化酶研究最活跃，报道最多。

要使载体与酶形成共价键，必须首先使载体活化，即借助于某种方法，在载体上引进某一活泼基团，然后此活泼基团再与酶分子上的某一基团反应，形成共价键。使载体活化的方法有数十种之多，根据酶和载体之间所发生的反应性质，可分为重氮法、叠氮法、溴化氰法和烷基化法等。

①重氮法。将含有苯氨基的不溶性载体与亚硝酸反应，生成重氮盐衍生物，使载体引进了活泼的重氮基团，此衍生物与酶蛋白分子中酪氨酸的酚基或组氨酸的咪唑基发生偶联反应，而成固定化酶。

例如对氨基苯甲基纤维素可与亚硝酸反应：

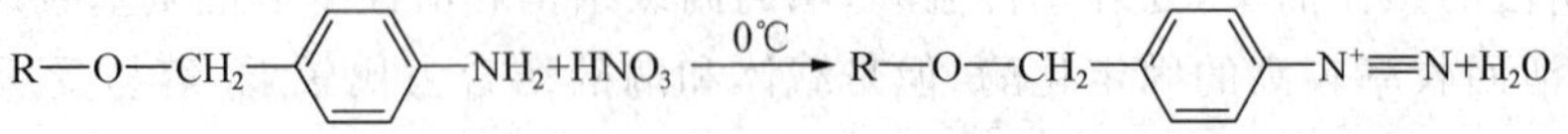

对氨基苯甲基纤维素　　苯甲基纤维素的重氮衍生物

其中亚硝酸可由亚硝酸钠与盐酸反应生成：

$$NaNO_2 + HCl \longrightarrow HNO_2 + NaCl$$

载体活化后，活泼的重氮基团可与酶分子中的酚基或咪唑基发生偶联反应制得固定化酶：

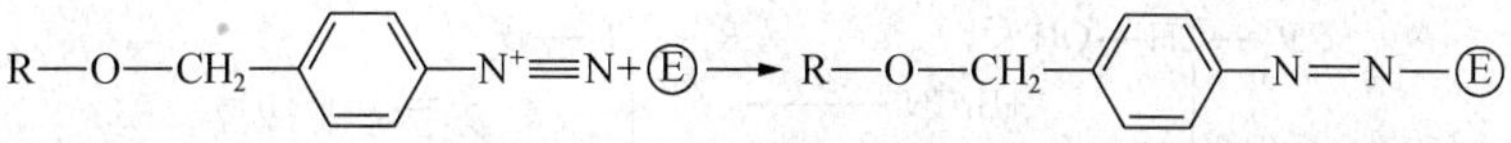

固定化酶

重氮法中常用的载体除了对氨基苯甲基纤维素外，还有氨基苯甲醚纤维素、氨基苯甲基甲氧基纤维素、氨基苯纤维素、聚氨基聚苯乙烯、共聚氨基酸以及含氨基的离子交换树脂、硅烷-多孔玻璃等。其中以对氨基苯甲基纤维素使用最多。

很多酶，尤其是酪氨酸含量较高的木瓜蛋白酶、葡萄糖氧化酶、碱性磷酸酯酶、β-葡萄糖苷酶等，能与多种重氮化载体连接，获得活性较高的固定化酶。

②叠氮法。含有酰肼基基团的载体可用亚硝酸活化，生成叠氮化合物。叠氮反应适用于含羟基、羧基、羧甲基等的载体，如羧甲基纤维素或葡聚糖、聚氨基酸、乙烯-顺丁烯二酸酐共聚物和 Amberlite 等。

例如，羧甲基纤维素的酰肼衍生物可与亚硝酸反应生成羧甲基纤维素的叠氮衍生物。其反应过程如下：

羧甲基纤维素（CMC）先在酸性条件下用甲醇使之酯化，生成羧甲基纤维素甲酯：

$$\underset{\text{CMC}}{R—O—CH_3—COOH}+CH_3OH \longrightarrow \underset{\text{CMC甲酯}}{R—O—CH_2—\overset{\overset{\displaystyle O}{\|}}{C}—OCH_3}+H_2O$$

然后羧甲基纤维素甲酯与肼反应生成羧甲基纤维素的酰肼衍生物：

$$\underset{\text{CMC甲酯}}{R—O—CH_2—\overset{\overset{\displaystyle O}{\|}}{C}—OCH_3}NH_2NH_2 \longrightarrow \underset{\text{CMC酰肼衍生物}}{R—O—CH_2—\overset{\overset{\displaystyle O}{\|}}{C}—NHNH_2}+CH_3OH$$

羧甲基纤维素的酰肼衍生物再与亚硝酸反应生成羧甲基纤维素的叠氮衍生物：

$$\underset{\text{羧甲基纤维素酰肼衍生物}}{R—O—CH_2—\overset{\overset{\displaystyle O}{\|}}{C}—NHNH_2}+HNO_2 \longrightarrow \underset{\text{羧甲基纤维素叠氮衍生物}}{R—O—CH_2—\overset{\overset{\displaystyle O}{\|}}{C}—N_2}+2H_2O$$

最后，羧甲基纤维素的叠氮衍生物中活泼的叠氮基团，在亚硝酸的作用下可与酶分子中的氨基形成肽键，使酶固定化：

$$R—O—CH_2—\overset{\overset{\displaystyle O}{\|}}{C}—N_3+H_2N—Ⓔ \longrightarrow \underset{\text{固定化酶}}{R—O—CH_2—\overset{\overset{\displaystyle O}{\|}}{C}—NH—Ⓔ}$$

叠氮衍生物也和羟基、酚羟基或巯基反应，不过生成的酯键可用中性羟胺水解掉，使反应仅限于氨基。此外，叠氮反应还适用于带酰胺基的载体如聚丙烯酰胺和聚酰胺等。

③溴化氰法。含有羟基的载体，如纤维素、琼脂糖凝胶、葡聚糖凝胶等，可用溴化氰活化生成亚氨基碳酸衍生物。

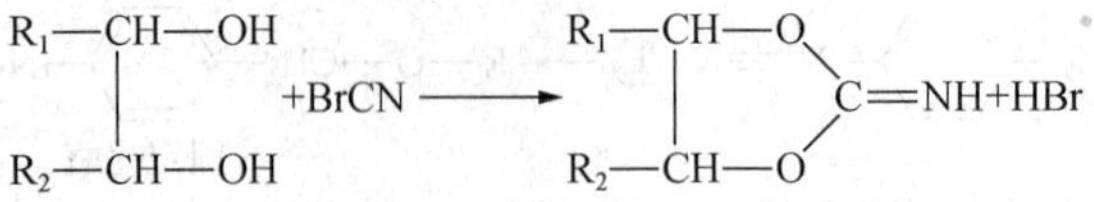

活化载体上的亚氨碳酸基团，在微碱性的条件下，制成固定化酶。

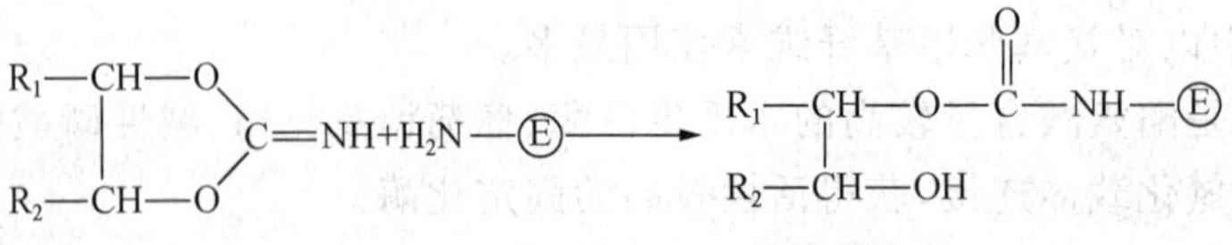

固定化酶

此法能在非常温和的条件下与酶蛋白的氨基发生反应，已成为近年来普遍使用的固定化方法，尤其是溴化氰活化的琼脂糖已广泛用于制备固定化酶以及亲和层析的固定化吸附剂。

④烷基化法。含羟基的载体可用三氯-均三嗪等多卤代物进行活化，形成含有卤素基团的活化载体。

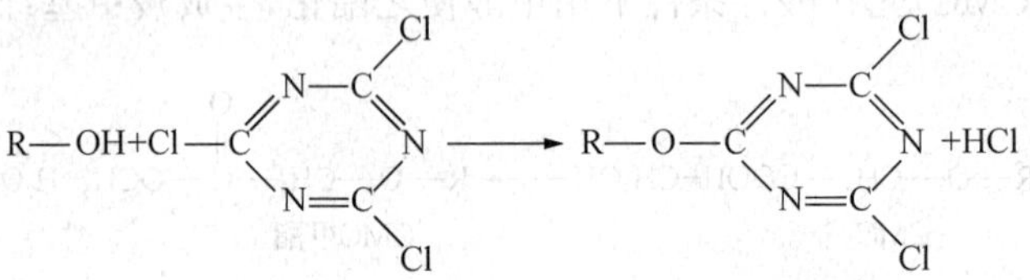

三氯-均三嗪　　活化载体

活化载体上的卤素基团，与酶分子上的氨基、巯基、羟基等发生烷基化反应，制备成固定化酶。

如下反应所示，用溴乙酰溴活化的纤维素与酶的偶联。首先将纤维素在二恶烷-溴乙酸中与溴乙酰溴反应，然后所形成的溴乙酰纤维素用于胰蛋白酶、糜蛋白酶和核糖核酸酶，形成固定化酶。

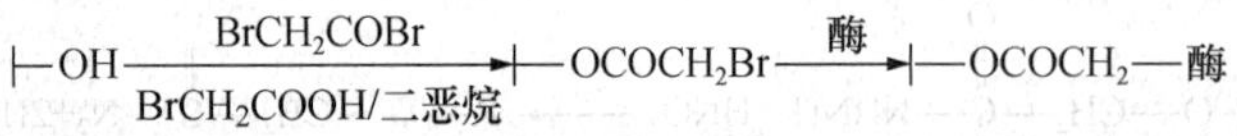

用共价结合法制备的固定化酶，结合很牢固，酶不会脱落，可以连续使用较长时间。但载体活化的操作复杂，比较麻烦，同时由于共价结合时可能影响酶的空间构象而影响酶的催化活性。现在已有活化载体的商品出售，商品名为偶联凝胶（coupling gel）。偶联凝胶有多种型号，在实际应用时，选择适宜的偶联凝胶，可免去载体活化的步骤而很简便地制备固定化酶。在选择偶联凝胶时，一方面要注意偶联凝胶的特性和使用条件，另一方面要了解酶的结构特点，避免酶活性中心上的基团被偶联而引起酶失活，也要注意酶在与载体偶联后可能引起酶活性中心的构象变化而影响酶的催化能力。

2. 交联法

使用双功能或多功能试剂使酶与酶或微生物与微生物细胞之间交联的固定化方法，酶分子和多功能试剂之间形成共价键，得到三向的交联网架结构，称为交联法。除了酶分子之间发生交联外，还存在着一定的分子内交联。此法与共价结合法一样也是利用共价键固定酶，所不同的是它不使用载体。参与交联反应的酶蛋白的功能团有 N 末端的 α-氨基、赖氨酸的 ε-氨基、酪氨酸的酚基、半胱氨酸的巯基和组氨酸的咪唑基等。由于酶蛋白的这些功能团参与此反应，所以酶的活性中心结构可能受到影响，而使酶显著失活。

根据使用条件和添加材料的不同，还能够产生不同物理性质的固定化酶。用交联法制成的固定化酶有糖化酶、核糖核酸酶、羧肽酶、木瓜蛋白酶、溶菌酶、胰蛋白酶等。作为交联剂的试剂很多，最常用的是戊二醛，其他还有异氰酸衍生物（肽键法）、双偶氮联苯、双重氮联苯胺-2，2-二磺酸、1，5-二氟-2，4-二硝基苯、己二酰亚胺酸二甲酯等。

使用戊二醛的酶固定化的交联方式如下：

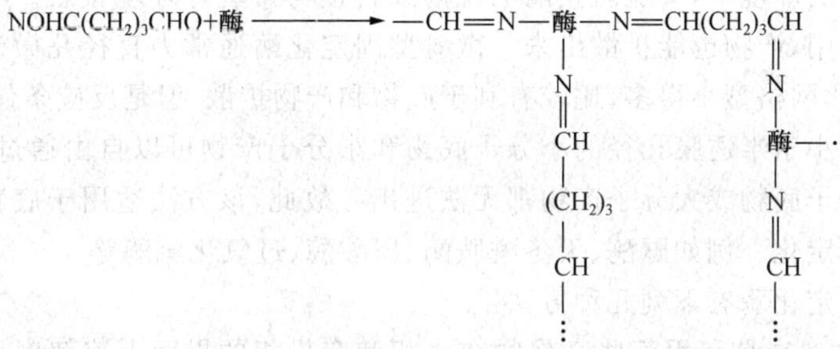

交联法反应条件比较激烈，固定化的酶活回收率一般较低，降低交联剂浓度和缩短反应时间将有利于固定化酶比活力的提高。交联剂一般价格昂贵，单用交联法所得到的固定化酶活力较低，又不易成型，很少单独使用。一般都将其作为其他固定化方法的辅助手段，以达到更好的固定效果。若将此法与吸附法或包埋法联合使用，可以达到加固的良好效果，因此在工业上用途很多。例如，将酶先用凝胶包埋后再用戊二醛交联，或先将酶用硅胶等吸附后再进行交联等。这种固定化方法称为双重固定化法。双重固定化法已在酶和菌体固定化方面广泛采用，可制备出酶活性高、机械强度又好的固定化酶或固定化菌体。

使用多功能试剂进行酶蛋白分子之间的交联。基本原理是酶分子和多功能试剂之间形成共价键，得到三向的交联网架结构。除了酶分子之间发生交联外，还存在着一定程度的分子内交联。按照使用条件和添加其他材料，还能够产生不同物理性质的固定化酶。

3. 包埋法

将酶或含酶微生物包埋在各种多孔载体中，使酶固定化的方法称为包埋法。包埋法是不需要化学修饰酶蛋白的氨基酸残基，反应条件温和，很少改变酶结构的固定化方法，是一种比较常用的方法。其基本原理是单体和酶溶液混合，再借助引发剂进行聚合反应，将酶固定于载体材料的网格中。固定化时保护剂和稳定剂的存在不影响酶的包埋效率。包埋法制备的固定化酶吸附容量大、通用性强、可渗入特定粒子，以增加密度或赋予磁性，因此得到了较为广泛的应用。

包埋法的缺点是只适合作用于小分子底物和产物的酶，对那些作用于大分子底物或产物的酶是不适合的。

包埋法可分为网格型和微囊型2种。

(1)网格型。将酶或含酶微生物包埋在高分子凝胶细微网格中的形式称为网格型。可以将块状聚合形成的凝胶切成小块，也可以直接包埋在珠状聚合物中。后者可以使固定化酶机械强度提高10倍，并改进酶的脱落情况。用于此法的载体材料有聚丙烯酰胺、聚乙烯醇和光敏树脂等合成高分子化合物以及淀粉、明胶、胶原、海藻酸和角叉菜胶等天然高分子化合物。

合成高分子化合物常采用单体或聚合物在酶或微生物存在下进行聚合包埋。溶胶状天然高分子化合物则在酶或微生物存在下凝胶化进行包埋。天然凝胶在包埋时条件温和,操作简便,对酶活性影响甚少,但强度较差。而合成凝胶的强度高,对温度、pH 变化的耐受性强,但需要在一定条件下进行聚合反应,才能把酶包埋起来。在聚合反应过程中往往会引起部分酶的变性失活,故应严格控制好包埋条件。已用此法制成的固定化酶有胰蛋白酶、木瓜蛋白酶、淀粉酶、核糖核酸酶、醛缩酶、葡萄糖氧化酶、乳酸脱氢酶、脲酶等。

(2)微囊型。将酶或含酶微生物包埋在高分子半透膜中的形式称为微囊型。膜既能使酶存在于类似细胞内的环境中,又能阻止酶的脱落或直接与微囊外环境接触。小分子底物则能迅速通过膜与酶作用,产物也能扩散出来。微囊型固定化酶通常为直径几微米到几百微米的球状体,其颗粒要比网格型小得多,比较有利于底物和产物扩散,但是反应条件要求较高,制备成本也较高。只有小于半透膜孔径的小分子底物和小分子产物可以自由通过半透膜,而大于半透膜孔径的大分子底物或大分子产物都无法进出。故此,该方法适用于底物和产物都是小分子物质的酶的固定化。例如脲酶、天冬酰胺酶、尿酸酶、过氧化氢酶等。

制备微囊型固定化酶有下列几种方法:

①界面沉淀法。这是利用某些高聚物在水相和有机相的界面上溶解度极低而形成膜将酶包埋的方法。例如,先将含有高浓度血红蛋白的酶溶液在水不互溶的有机相中乳化,在油溶性的表面活性剂存在下形成油包水的微滴,再将溶于有机溶剂的高聚物加入乳化液中,然后加入一种不溶解高聚物的有机溶剂,使高聚物在油-水界面上沉淀、析出,形成膜将酶包埋,最后在乳化剂的帮助下由有机相移入水相。此法条件温和,酶失活少,但在包埋过程中由于发生化学反应而会引起酶失活。作为膜材料的高聚物有硝酸纤维素、聚苯乙烯和聚甲基丙烯酸甲酯等。

②界面聚合法。利用亲水性单体和疏水性单体在界面发生聚合的原理包埋酶。例如,将含血红蛋白的酶溶液与1,6-乙二胺的水溶液混合,立即在氯仿-环乙烷中分散乳化,加入溶于有机相的癸二酰氯后,便在油-水界面上发生聚合反应,形成尼龙膜,将酶包埋。除尼龙膜外还有聚酰胺、聚脲形成的微囊,此法制备的微囊大小能随乳化剂浓度和乳化时的搅拌速度而自由控制,制备过程所需要时间非常短。但在包埋过程中由于发生化学反应会引起酶失活。

③二级乳化法。酶溶液先在高聚物(常用乙基纤维素,聚苯乙烯等)有机相中乳化分散,乳化液再在水相中分散形成次级乳化液,当有机高聚物溶液固化后,每个固体球内包含着多滴酶液。此法制备比较容易,但膜比较厚,会影响底物扩散。

此外还有脂质体包埋法,由表面活性剂和卵磷脂等形成液膜包埋酶,其特征是底物或产物的膜透过性不依赖于膜孔径大小,而只依赖于对膜成分的溶解度,因此可加快底物透过膜的速度。

各种固定化方法和特性比较见表17-7。

17.4.2.2 固定化细胞的制备

固定化细胞,是利用酶或酶系的一条捷径,免去了破碎细胞提取酶的手续,酶在细胞内环境中的稳定性高,完整细胞固定化后,酶活损失少。利用复合酶系时,固定化细胞有可能将微生物发酵改为连续酶反应。当然要求底物和产物容易透过细胞膜,而细胞内不应存在产物的分解系统和其他副反应。如果存在副反应,可以采取措施(如加入去污物、热处理或 pH 处理等)消除。常用方法有下列几种:

表 17-7 固定化方法特性比较

特性	载体结合法			交联法	包埋法
	物理吸附法	离子吸附法	共价结合法		
制备	易	易	难	易	难
结合力	弱	中	强	强	强
酶活力	低	高	高	中	高
底物专一性	不变	不变	变	变	不变
再生	可能	可能	不可能	不可能	不可能
制备的普遍性	低	高	中	中	高
固定化成本	低	低	高	中	中

1. 吸附法

利用各种固定吸附剂，将细胞吸附在其表面而使细胞固定化的方法称为吸附法。用于细胞固定化的吸附剂有硅藻土、多孔陶瓷、多孔玻璃、多孔塑料、金属丝网、微载体和中空纤维等。

酵母细胞带有负电荷，在 pH 3～5 的条件下能够吸附于多孔陶瓷和多孔塑料等载体的表面，制成固定化细胞，用于酒精和啤酒的发酵生产。在环境保护领域广泛使用的活性污泥中含有各种各样的微生物，这些微生物可以沉积吸附在硅藻土、多孔玻璃、多孔陶瓷、多孔塑料等载体的表面，用于各种有机废水的处理，以降低废水中的化学需氧量（COD）和生化需氧量（BOD）。各种霉菌会长出菌丝体，这些菌丝体可吸附在中空纤维外壁，用于生产色素、香精、药物和酶等次级代谢产物。

2. 交联法

利用双功能或多功能试剂如戊二醛、甲苯二异氰酸酯等直接与细胞彼此交联成网状结构。这种方法结合力强度高，稳定性能好，经得起 pH 和温度的剧烈变化，但化学反应激烈，对细胞活性影响大，往往会毒害活细胞。所以在交联剂的使用浓度、交联时间等方面要加以控制。为减少交联剂对细胞活性的影响，可采用聚集-交联法。聚集-交联法是使用聚集剂将菌体细胞形成细胞聚集体，再利用双功能或多功能交联剂与细胞表面的活性基团发生反应，使细胞彼此交联形成稳定的立体网状结构。这样，高效菌体不易流失，生物浓度高，从而提高了处理效果。

3. 包埋法

将细胞包埋在多空载体内部而制成固定化细胞的方法称为包埋法。包埋法可分为凝胶包埋法和半透膜包埋法。凝胶包埋法是应用最广泛的细胞固定方法。常用的载体有海藻酸钙、聚乙烯醇(PVA)等。该法操作简单，从理论上说细胞和载体间没有束缚，固定化后可保持高活力。然而实际上限制酶活力的因素很多，而且这类方法只适用于小分子底物。要固定活细胞、增殖细胞，显然包埋法具有优势，尤其采用卡拉胶、海藻酸钙等材料更好。

4. 无载体的固定

20 世纪 80 年代初，K. Esser 等率先提出利用某些具有强自身絮凝能力的菌株形成颗粒，以此作为一种固定化细胞的方法，即无载体固定化细胞。该法不同于酶固定化方法，而是靠菌体自身的絮凝作用，加入助凝剂或选择性热变性等使菌体细胞固定化。菌体本身可以说是天然的固定化酶。恰当选择条件，可以通过热处理使其他酶失活而保存所需酶的活性。例如，可用此法将脂肪酸、葡萄糖异构酶固定在菌体内，用柠檬酸处理链霉菌细胞，使葡萄糖异构酶保留于细胞内,然后加壳聚糖絮凝剂,取菌体沉淀,干燥,即得固定化细胞。

相对于微生物细胞而言,动、植物细胞十分娇嫩,需要温和的固定方法。只有吸附法和包埋法对一些动、植物细胞固定化比较合适,但固定化技术还不成熟。此外,应用包埋法固定化细胞器,如线粒体、微粒体等已取得进展。用微囊包埋的杂交瘤细胞已用于生产单克隆抗体。用固定化藻类细胞生产 H_2、烃类等也处于研究之中。

所有固定化细胞的方法都涉及细胞本身的改变或它的微环境的改变,从而使细胞的催化动力学性质发生改变,结果是降低了天然活力。为了长期、连续使用天然细胞,还可采用沉淀、透析等方法。例如,多次重复使用菌丝沉淀是最简单的细胞固定化形式之一,并已在工业上应用。影响沉淀生成的因素主要是培养基、pH、氧浓度、振荡等。

固定化细胞的方法虽有多种,但还没有一种理想的通用方法,每种方法都有其优缺点。对于特定的应用,必须价格低廉、方法简便、高活力保留和操作稳定,其中后两条是评价固定化生物催化剂的先决条件。

第18章 抗生素发酵生产

18.1 概述

微生物产生的次级代谢产物具有各种不同的生物活性，抗生素是人们最熟悉的具有抗微生物感染、抗肿瘤作用的微生物次级代谢产物。抗生素不仅大大改善了人类的健康状况和延长了人类的平均寿命，而且把微生物次级代谢产物的研究推向了生命科学的前台，使发酵工业进入了一个崭新的阶段。目前，除了酒精饮料和某些传统产品以外，抗生素已经成为最重要的发酵工程产品，也是一类产值高、影响大的生物制品。

18.1.1 抗生素的定义及发展概况

18.1.1.1 抗生素的定义

1928 年，英国科学家 Fleming 在金黄色葡萄球菌的研究中偶然发现了青霉的抗菌作用，他把青霉分离出来后加以培养，证明其培养液能抑制各种细菌生长，经动物实验也证明没有毒性，他依照产生菌 *Penicillum* 的名字将其活性成分命名为 penicillin（青霉素），但 Fleming 并没有分离出这种物质。

20 世纪 40 年代，Waksman 从链霉菌代谢产物中，连续发现了链霉素等多种抗生素，1942 年 Waksman 最先定义抗生素为：微生物在其代谢过程中产生的，具有在低浓度下抑制他种微生物生长及活动，甚至杀死他种微生物的化学物质。在以后的研究中，又发现了可以抗肿瘤和抗寄生虫的微生物次级代谢产物，于是将定义扩展为：抗生素是在低浓度下能选择性抑制或影响他种生物机能的微生物次级代谢产物。20 世纪 50 年代以后，以抗生素的母核结构为基础，采用化学或生物的方法对其进行结构的修饰，得到了一系列的衍生物，即半合成抗生素。为此，又将定义修改为：抗生素是微生物在其生命活动过程中产生一种能在低微浓度下选择性地抑制或影响他种生物生命活动的次级代谢产物或其人工衍生物。

也有一些学者认为，抗生素也应包括来源于植物和动物的具有同样生理活性的这类物质，如鱼素、蒜素、黄连素等。

18.1.1.2 抗生素的发展概况

在 19 世纪 70 年代，就已经有科学家提出了利用一种微生物抑制另一种微生物的现象来治疗传染病的设想，如微生物学的开拓者巴斯德。同一时期，俄国梅契尼科夫也在实践中利用拮抗现象来同致病菌做斗争，他建议用乳酸杆菌来抑制人体肠道内寄居的有害腐生菌。1896

年有人从青霉菌中分离出一种结晶物质——霉酚酸，这种酸能抑制炭疽杆菌的生长。19 世纪末，又有人从绿脓杆菌的培养液中提出一种具有拮抗作用的物质，称为绿脓杆菌脂，可以用来治疗化脓的伤口。但这些方法没有明显的效果，又存在许多缺点，因此未得到推广。

直至 20 世纪中叶，青霉素的发现，开辟了抗生素的新时代，随后，各种抗生素的研制、开发与利用迅速发展，许多感染性疾病从此得到了有效控制。纵观抗生素的发展史，抗生素的研究、生产大体可分为 4 个发展阶段。

1. 抗生素发展的开创时期

1928 年，Fleming 发现青霉素，但并没有分离出青霉素。10 年后 Chain 和 Florey 从青霉的发酵液中成功分离出青霉素结晶，临床实验证明它是一个有效的抗菌物质。第二次世界大战中，为了治疗细菌感染，美国政府于 1941 年邀请了 Chain 和 Florey 到美国帮助开发青霉素的生产。经过与美国制药公司的共同努力，采用 X-射线照射进行诱变育种，提高了青霉素生产能力；使用玉米浆培养基进行发酵；建立了适合于工业生产的深层培养技术，青霉素的生产成本大幅度下降。青霉素工业生产的成功，开创了抗生素时代。由于青霉素的发现，挽救了无数患感染性疾病人的生命，因此 Fleming、Florey 和 Chain 于 1945 年获得诺贝尔医学生理奖。

2. 抗生素发展的黄金时期

青霉素在临床上的奇异疗效，激发了世界各国有关学者的研究热情。1943 年，美国科学家 Waksman 在继 Fleming 发现青霉素并应用于临床治疗后，第一个将由放线菌产生的链霉素作为抗菌药品应用于临床并同样取得了令人振奋的治疗效果。

Waksman 根据自己的研究工作，提出了一整套较为系统地如何从微生物中寻找抗生素的方法，这为以后有目的地从微生物中筛选抗生素奠定了基础。在以后的近 20 年内，陆续发现了众多的抗生素品种，其中不少被用于临床，如红霉素、卡那霉素、利福霉素、林可霉素、庆大霉素等。

在这个时期，人们在继续寻找抗菌抗生素的同时，开始从微生物代谢产物中寻找具有其他生理活性的物质，如抗肿瘤抗生素、抗虫抗生素和抗病毒抗生素；发现了一些有应用价值的抗生素，如抗肿瘤的抗生素柔红霉素、丝裂霉素 C、博莱霉素等，抗寄生虫的抗生素盐霉素、莫能霉素等。由此造就了一个抗生素发展的黄金时期。

3. 半合成抗生素的发展时期

抗生素的广泛应用，细菌对抗生素的耐药性问题也日益引起人们的关注。例如青霉素 G 开始使用时只有 8%葡萄球菌对它有耐药性，而到了 1962 年，耐药的葡萄球菌增加到 70%，呈逐年上升的趋势，这就促使药物化学家试图寻找在临床上能够对付耐药菌和提高疗效的新型药物。对原有抗生素进行结构改造来寻求具有更好临床效果的新衍生物就是研究的一个主要方向，因此，抗生素发展到 20 世纪 60 年代出现了一个新的研究领域，即半合成抗生素的发展时期。

1959 年，英国的 Chain 利用大肠杆菌酰胺酶裂解青霉素 G 制成了青霉素的活性母核——6-氨基青霉烷酸(6-APA)。同年，英国 Beecham 公司从 6-APA 合成了苯乙青霉素，以后又合成了耐青霉素酶的甲氧苯青霉素。接着合成了耐酶、可供口服和注射的苯唑青霉素和抗菌谱广的氨苄青霉素，氨苄青霉素被广泛地应用于临床，从此半合成抗生素的时代诞生了。

真正将半合成抗生素推向高潮的是半合成头孢菌素类抗生素的出现。20 世纪 60 年代在半合成青霉素发展的启发下，Glanxo 公司的研究人员从低活性的头孢菌素 C 经化学裂解得到了头孢菌素母核——7-氨基头孢烷酸(7-ACA),从此半合成头孢菌素的工作开始活跃起来。先后合成了如头孢噻吩、头孢唑啉、头孢噻肟和头孢他定等抗菌活性较强的半合成头孢菌素类抗生素。由于头孢菌素母核比青霉素母核可供化学修饰的部位多,对青霉素酶稳定,因此半合成头孢菌素的工作比半合成青霉素的工作更为活跃。头孢菌素是应用于临床的抗生素中最有潜力和最为广泛的一大门类。

在改造青霉素、头孢菌素化学结构的同时,对其他类别的抗生素结构改造工作也在活跃地进行并取得了有效的成果。如土霉素和去甲基金霉素经结构改造分别得到的脱氧土霉素(强力霉素)和二甲胺四环素,卡那霉素经化学修饰得到丁胺卡那霉素,其他还有乙酰螺旋霉素、乙酰麦迪霉素、罗红霉素、阿齐红霉素等,在临床治疗中都比其母体具有更好的疗效。

4. 药理活性物质的发展时期

20 世纪 80 年代后,在抗生素研究的影响下,从微生物中寻找活性物质出现了新特点。这一时期人们已不只局限于从微生物代谢产物中寻找具有抗菌活性的物质,而是提出了从微生物的代谢产物中可以得到特异性酶抑制剂、免疫调节剂等活性物质。

例如,美国默克公司发现的洛伐他丁(lavostatin)和日本三共公司发现的普伐他丁(pravastatin)均为 β-羟基-β-甲基-戊二酰辅酶 A(β-hydroxy-β-methylglutary$l$-CoA,HMG-CoA)还原酶抑制剂,HMG-CoA 还原是胆固醇合成途径中的限速反应,催化这一反应的 HMG-CoA 还原酶受到抑制后即可降低血液中的胆固醇浓度。这 2 种产物均已用于临床,取得了十分显著的效果。

1978 年,瑞士山道士公司把由真菌产生的、由 11 种氨基酸组成的环状聚肽——环孢菌素 A 用于临床肾移植,从而开发出一种强有效的免疫抑制剂,为器官移植做出了巨大贡献。

特异性酶抑制剂和免疫抑制剂,它们都没有抗菌活性,不是抗生素,但却是在抗生素研究的基础上发展起来的,也是微生物的次级代谢产物,在生物合成机制,筛选研究程序、生产工艺方面有共同的特点。为此,提出了微生物药物的概念:微生物在其生命活动过程中产生的具有生理活性(或称药理活性)的次级代谢产物及其衍生物。这些具有生理活性的次级代谢产物包括:具有抗微生物感染、抗肿瘤和抗虫活性的抗生素,特异性的酶抑制剂、免疫调节剂,受体拮抗剂和抗氧化剂。

18.1.2 抗生素的命名与应用

18.1.2.1 抗生素的命名

抗生素种类繁多、化学结构、性质差异很大,至今没有统一的命名原则,一般有以下几种情况:

(1)根据产生菌命名,这是最早、最常用的方法,如青霉素、链霉素、头孢菌素 C。

(2)根据化学结构命名,如四环素、嘌呤霉素。

(3)根据发现地命名,如西伯利亚霉素、正定霉素、井冈霉素。

(4)根据作用对象命名,如制霉菌素、杀假丝菌素、杀蝶素、杀稻瘟菌素。

(5)其他,如表示发现单位的北里霉素。

18.1.2.2 抗生素的应用

抗生素的应用十分广泛,涉及医疗、农林、工业、基础研究等领域。①在医疗上,抗生素可用于治疗人的感染性疾病,如由 G^+ 或 G^- 细菌引起的呼吸道感染、尿路感染等。②在农业上,抗生素可用于预防植物病虫害,如春日霉素可用于防治水稻的稻瘟病、黄瓜枯萎病等;井冈霉素对水稻纹枯病有很好的防治效果;宁南霉素用于防治烟草花叶病;阿维菌素对危害植物的螨类、线虫等有很好的防治效果。和化学农药相比,农用抗生素具有选择性强,用量少,不危及人、畜安全,不破坏自然环境,病虫不易产生抗性等优点,因而更符合现代农业生产对农药的要求。③在工业上,抗生素可用于防治工业制品的霉变,如纺织品、化妆品,精密仪器等。④在基础研究领域,如基因工程技术中,抗生素被广泛用于载体构建,防止细胞培养过程中的污染等。

18.1.3 抗生素分类及重要的抗生素种类

18.1.3.1 抗生素的分类

目前已发现的抗生素有数千种,为了便于研究,需要将抗生素进行分类。迄今为止,抗生素的分类没有一个统一的方法,不同领域的科学家提出了不同的分类方法,如微生物学家习惯于按来源分类,药理学家按作用机理分类,生物化学家按生物合成途径分类,化学家按化学结构分类,而医师则常按用途(抗菌谱)分类。各种分类方法有其一定的优点和适用范围,现将几种分类方法扼要介绍如下。

1. 根据抗生素的生物来源分类

(1)放线菌产生的抗生素。放线菌是产生抗生素最多的一类微生物,迄今由微生物发现的几千种抗生素中,60%以上由放线菌产生。而放线菌中又以链霉菌产生的抗生素最多,诺卡氏菌属和小单孢菌属中的一些种也产生抗生素。放线菌产生的抗生素主要有链霉素、新霉素、卡那霉素、四环素、金霉素、土霉素、红霉素、制霉菌素等。

(2)真菌产生的抗生素。鞭毛菌、结合菌和子囊菌产生的抗生素较少,担子菌稍多,而半知菌则产生一些较重要的抗生素。如青霉菌产生的青霉素,顶头孢霉产生的头孢菌素。

(3)细菌产生的抗生素。细菌产生的抗生素的主要来源是多黏芽孢杆菌、枯草芽孢杆菌等,这一类抗生素如多黏菌素、短杆菌肽等。

2. 根据抗生素作用分类

(1)抗革兰氏阳性细菌的抗生素,青霉素、头孢菌素 C 等。

(2)抗革兰氏阴性细菌的抗生素,主要有多黏菌素等。总的来说,专门抑制革兰氏阴性细菌的抗生素很少。

(3)抗真菌的抗生素,制霉菌素、灰黄霉素、两性霉素 B 等。

(4)抗肿瘤细胞的抗生素,阿霉素、丝裂霉素 C、博来霉素等。

(5)抗病毒的抗生素,阿糖腺苷、宁南霉素等。

(6)抗虫的抗生素,阿维菌素、莫能菌素、杀蝶素等。

3. 根据抗生素的作用机制分类

(1)抑制细菌细胞壁合成的抗生素,青霉素、头孢菌素 C、杆菌肽、环丝氨酸等。

(2)影响细胞膜功能的抗生素,两性霉素 B、制霉菌素等。

(3)抑制细胞核酸合成的抗生素,丝裂霉素、博来霉素、柔红霉素等。

(4)抑制和干扰蛋白质合成的抗生素,四环素、链霉素、红霉素等。

(5)抑制生物能作用的抗生素,抗霉素 A、短杆菌肽等。

4. 根据抗生素的生物合成途径分类

(1)糖苷类衍生物。许多抗生素的前体物质是葡萄糖,经碳架掺入途径,其结构在次级代谢过程中被改变了。如链霉素、新霉素、卡那霉素、巴龙霉素、红霉素、碳霉素等。

(2)氨基酸、肽类衍生物。同糖类物质一样,氨基酸或其聚合物(多肽)在次级代谢过程中,常常被修饰改变构成多肽类抗生素。包括简单的氨基酸衍生物,如环丝氨酸、重氮丝氨酸等;寡肽衍生物,如青霉素、头孢菌素等;多肽类抗生素,如多黏菌素、杆菌肽等。

(3)核酸碱基衍生物。这类抗生素由细胞中现成的核苷酸经化学修饰转变而来,或者通过与核苷酸相似的生物合成过程而来。如曲古霉素、嘌呤霉素等。

(4)聚酯酰类衍生物。以活性酯酰作为前体通过聚合作用形成的,如四环素类、红霉素等。

5. 根据抗生素的化学结构分类

根据化学结构,能将一种抗生素和另一种抗生素清楚地区别开,另外化学结构也决定着抗生素的理化性质、作用机制和疗效等。因此,这也是最重要、最常用的抗生素分类方法。

(1)β-内酰胺类抗生素。主要是青霉素和头孢菌素类抗生素,它们的特征是都具有β-内酰胺环结构。

(2)氨基糖苷类抗生素。链霉素、新霉素、卡那霉素、庆大霉素(艮他霉素)等都属氨基糖苷类抗生素,是在分子中含有氨基糖苷结构的一类抗生素。

(3)四环类抗生素。四环类抗生素是由放线菌产生的一类广谱抗生素,临床上应用的四环类抗生素主要是金霉素、土霉素和四环素等。分子结构为四并苯(萘并萘)为母核的一族抗生素。

(4)大环内酯类抗生素。大环内酯类抗生素是指以大环内酯为基本骨架的一类抗生素的总称,主要由链霉菌产生,少数由小单孢菌产生。红霉素是临床上应用最广泛的大环内酰类抗生素,其他还有麦迪霉素、螺旋霉素等。

(5)多肽类抗生素。这类抗生素分子中含有多个氨基酸,并以肽键缩合成环状或线状的化学结构。放线菌、真菌都能产生多肽类抗生素,但以细菌,尤其是芽孢杆菌产生的最多。其中较重要的有杆菌肽、短杆菌素、多黏菌素等。

(6)安莎类抗生素。该类抗生素的结构特点是平面的芳香基团连接一个环状脂肪链桥,如利福霉素及其半合成产物利福平等。这类结构独特的抗生素有独特的作用机理,主要抗革兰氏阳性细菌,包括结核分枝杆菌,利福平是重要的抗结核药物。

(7)聚醚类抗生素。该类抗生素是分子结构中含有多个含氧饱和五元环或六元环的羧酸抗生素的总称,如盐霉素、莫能菌素等。这类抗生素具有抗革兰氏阳性菌、霉菌和原虫等活性,莫能菌素最初从牛的瘤胃中分离得到,也称瘤胃素,有促进家畜生长的作用,被广泛用于饲料添加剂。

(8)蒽环类抗生素。该类抗生素的结构特点是有4个聚缩环,即四并苯醌的糖苷,作为糖配基与1~3个残糖基结合,由于配基都有蒽环酮,所以称为蒽环类抗生素。蒽环类抗生素大都具有抗肿瘤活性,例如柔红霉素、阿克拉霉素、阿霉素等。

(9)核苷类抗生素。核苷类抗生素的结构一般都是由一个碱基配基与一个戊糖组成。这类抗生素的生物活性多样,各自具有或抗细菌、真菌、病毒、肿瘤、寄生虫等活性。除少数种类外,核苷类抗生素大多数的抗菌谱都比较窄,往往只抑制个别菌属的微生物。杀稻瘟菌素S和多氧菌素作为农用抗生素被广泛使用。

(10)其他。抗生素化学结构非常复杂,除上述外还有:苯环衍生物类、醌类、杂环类等。

18.1.3.2 重要的抗生素种类

1. β-内酰胺类抗生素

这类抗生素都含有一个 4 元的 β-内酰胺环，并且通过 N 和相邻的碳原子和另一个杂环相骈联。这第二个杂环可以是 5 元环，也可以是 6 元环。如青霉素是 5 元环，头孢菌素是 6 元环（图 18-1）。

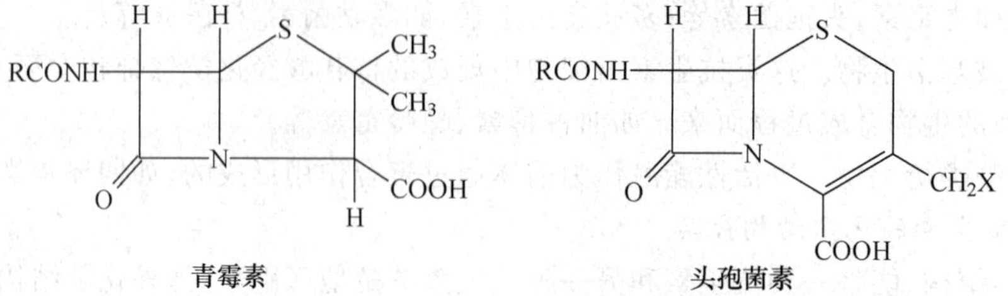

青霉素　　头孢菌素

图 18-1　青霉素、头孢菌素结构图

除了经典的青霉素和头孢菌素外，还有氧青霉烷、青霉烯、氧头孢烯、单环 β-内酰胺等。这类抗生素大都是白色或类白色无定形或结晶性固体。通常熔点不明显，温度升高时要分解。天然的 β-内酰胺类抗生素含有一个羧基，其盐类很容易溶于极性溶剂，特别是水中。当它们以游离酸形式存在时，可溶于有机溶剂中。

β-内酰胺类抗生素通常很活泼，它们的化学活性大都和 β-内酰胺环有关。在很多情况下，内酰胺环中羰基很易被作用，使内酰胺环打开而损失活性。青霉素易水解，在碱性下生成青霉噻唑酸，遇酸失去 CO_2 生成失羧青霉噻唑酸。青霉素也易为酸溶液水解。与青霉素相比，头孢菌素较不易发生开环反应。如醇能很快地与青霉素的 β-内酰胺环起作用，但头孢菌素较稳定，可以把甲醇作为重结晶的溶剂。头孢菌素对酸也较稳定。

青霉素是最早发现的 β-内酰胺类抗生素，青霉素应用于临床已 50 多年，对敏感金黄色葡萄球菌、链球菌、肺炎双球菌、淋球菌、脑膜炎双球菌及螺旋体等所引起的严重感染如败血症、肺炎和脑膜炎等疾病，青霉素仍不失为一个有效武器。青霉素的突出优点是毒性很小，临床上细菌性心内膜炎病人每日使用 1 000 万～6 000 万 U 的青霉素数周，无任何不良反应出现。但青霉素易引起过敏反应，故应用受到一定限制。

根据青霉素 β-内酰胺环上侧链的不同，青霉素可区分为 X、G、F 等不同类型（表 18-1），它们合称为青霉素族抗生素。其中以苄青霉素（青霉素 G）疗效最好，应用最广，如无特别注明，通常所谓青霉素即指苄青霉素。

青霉素分子中的羧基有相当强度的酸性，它能和一些无机或有机碱形成盐。在医疗上应用的有钠盐、钾盐。

由于在制定青霉素效价单位的时候，没有得到纯的青霉素结晶，就以能抑制一定浓度、一定体积的金黄色葡萄球菌的青霉素定为一个单位，称为牛津单位。以后经测定 0.599 微克标准青霉素 G 钠盐的作用相当于 1 牛津单位，由此可得青霉素 G 钠盐的理论效价单位为：1 000/0.559＝1 667 U/mg。

2. 氨基糖苷类抗生素

氨基糖苷类抗生素是在分子中含有氨基糖苷结构的一大类抗生素。它们的化学结构都是以氨基环醇与氨基糖缩合而成，其名称应为氨基糖苷-氨基环醇类抗生素，但因氨基糖苷类抗生素这一名称沿用已久，故现仍用此名。

表 18-1 各种青霉素的结构和命名

序号	侧链 R	学名	俗名
1	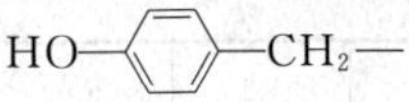	对羟苄青霉素	青霉素 X
2	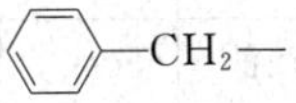	苄青霉素	青霉素 G
3	$CH_3—CH_2—CH═CH—CH_2—$	戊烯-[2]-青霉素	青霉素 F
4	$CH_3—(CH_2)_3—CH_2—$	戊青霉素	青霉素二氢 F
5	$CH_3—(CH_2)_5—CH_2—$	庚青霉素	青霉素 K
6	$CH_2═CH—CH_2—S—CH_2—$	烯丙巯甲基青霉素	青霉素 O
7	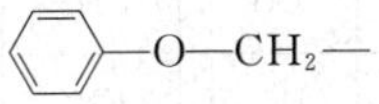	苯氧甲基青霉素	青霉素 V
8	$HOOC—CH(NH_2)—(CH_2)_2—CH_2—$	4-氨基-4-羟基-丁基青霉素	青霉素 N

链霉素是 Waksman 于 1944 年发现的第一个氨基糖苷类抗生素。以后，又陆续发现了新霉素、卡那霉素和庆大霉素(艮他霉素)等，氨基糖苷类抗生素是抗生素中种类最多的一种。

除人用药外，还有一些氨基糖苷类抗生素被用于农业，称为农用抗生素。如 1965 年日本发现的春日霉素可防治稻瘟病，1966 年日本发现的有效霉素对稻纹枯病有良好的防治效果，潮霉素和大观霉素可以用作饲料添加剂。

这类抗生素都是无色、易溶于水、含多羟基、多氨基的化合物。因含有氨基或其他碱性基团，故都显碱性，可与无机酸或有机酸形成结晶性的盐，具有亲水性。大部分氨基糖苷类抗生素是含水的无定形物质，无特征性熔点，无紫外和红外的特异吸收峰，游离碱常常具有不同程度的吸收二氧化碳的能力。

这类抗生素的抗菌谱广，作用很强，对革兰氏阳性和阴性菌都有抗菌作用。链霉素对球菌、分枝杆菌、巴氏杆菌、嗜血杆菌等都有显著的抑制作用。特别是用于治疗各种结核病，显示出很好的疗效，还可用于治疗鼠疫和革兰氏阴性菌所引起的泌尿道感染、肠道感染、结核性脑膜炎、败血症、肺炎、腹膜炎及百日咳等。庆大霉素也广泛用于临床，对绿脓杆菌、肠道杆菌、金黄色葡萄球菌等引起的感染，如败血症，呼吸道感染和烧伤感染等均有显著疗效。

链霉素又称链霉素 A，是医疗上使用的品种。它是一种相当强的有机碱，也是一种多糖类化合物。它是由链霉胍、链霉糖和 *N*-甲基-*L*-葡萄糖胺 3 个部分以糖苷键相连接而成的，其化学名为 *N*-甲基-*α*-*L*-葡萄糖胺-(1→2)-*α*-*L*-链霉糖-(1→4)-链霉胍(图 18-2)。

链霉素游离碱为白色粉末。大多数盐类也是白色粉末或结晶，无嗅、味微苦。链霉素分子中有 3 个碱性基团，其中两个是链霉胍上的强碱性胍基，第三个是葡萄糖胺上的弱碱性的甲氨基。

干燥的链霉素是稳定的，空气和阳光对干燥粉末状的链霉素影响不大，含水量为 3% 的成品，在室温下放置，至少 2 年无显著变化。但链霉素的游离碱或其盐均易吸收空气中的水分而潮解，潮解后含水量增加，容易分解破坏，稳定性显著下降。链霉素的水溶液的稳定性受 pH 和温度的影响较大，其硫酸盐的水溶液在 pH 4～7 之间，室温下放置数星期，很稳定，如在冰箱中保存，则 3 个月内活性无变化。短时间加热，如在 70℃ 加热半小时，对活性无明显影响。

100℃加热 10 min,活性约损失一半。由于链霉素分子中含有很多亲水性基团(羟基和胺基),故很易溶于水,而难溶于有机溶剂中。链霉素盐酸盐易溶于甲醇,但难溶于乙醇,而硫酸盐即使在甲醇中也很难溶解。

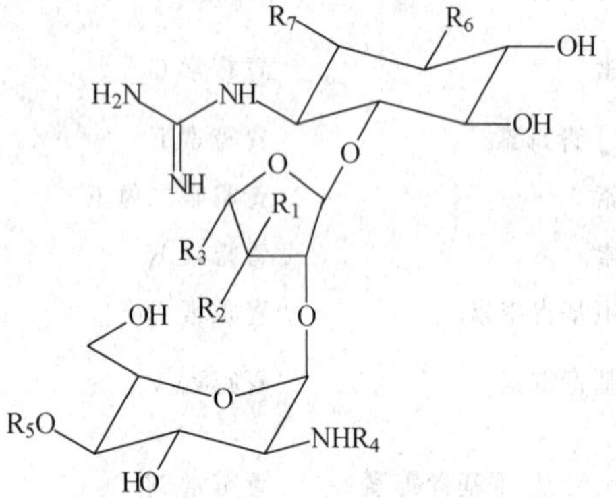

名称	R1	R3	R4	R5
链霉素	CHO	CH_3	CH_3	H
双氢链霉素	CH_2OH	CH_3	CH_3	H
甘露糖链霉素	CHO	CH_3	CH_3	*D*-甘露吡喃糖
羟链霉素	CHO	CH_2OH	CH_3	H
N-去甲基链霉素	CHO	CH_3	H	H
甘露糖羟链霉素	CHO	CH_2OH	CH_3	*D*-甘露吡喃糖

图 18-2　链霉素结构图

链霉素的效价单位是以链霉素碱或双氢链霉素碱为标准,1 μg 链霉素碱为一个效价单位,由此可以算出链霉素各种盐类的理论效价(表 18-2)。

表 18-2　各种链霉素的效价单位

名称	分子式	分子量	理论效价/(U/mg)
链霉素硫酸盐	$C_{21}H_{39}O_{12}H_7 \cdot 3/2H_2SO_4$	728.7	798
链霉素盐酸盐	$C_{21}H_{39}O_{12}N_7 \cdot 3HCl$	691.0	842
链霉素氯化钙复盐	$C_{21}H_{39}O_{12}N_7 \cdot 3HCl + 1/2CaCl_2$	746.5	780
链霉素碱	$C_{21}H_{39}O_{12}N_7$	581.6	1 000
双氢链霉素硫酸盐	$C_{21}H_{41}O_{12}N_7 \cdot 3/2H_2SO_4$	730.7	798
双氢链霉素盐酸盐	$C_{21}H_{41}O_{12}N_7 \cdot 3\ HCl$	693.0	842
双氢链霉素碱	$C_{21}H_{41}O_{12}N_7$	583.6	1 000

3. 四环类抗生素

四环类抗生素系以四并苯(萘并萘)为母核的一族抗生素,其中有实际应用价值的有四环素、土霉素和金霉素。

四环素、金霉素(7-氯-四环素)、土霉素(5-羟基四环素)的理化性质和生物学性能都很相似,它们都有宽广的抗菌谱,能抑制很多革兰氏阴性及阳性细菌、某些立克次氏体,较大的病毒和一部分原虫。这 3 种抗生素中,四环素曾经在医疗上应用较广,金霉素副作用较大,可以引起严重胃肠道反应和呕吐等,目前用于饲料添加剂,土霉素在农村用于治疗"猪瘟"及"猪喘气症"等(图 18-3)。

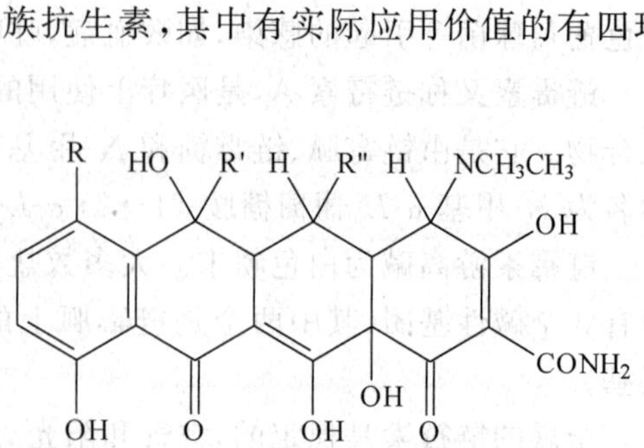

图 18-3　四环素结构图

四环类抗生素都是黄色结晶体,从水中结晶得到的四环素含 6 分子结晶水,从含水有机溶剂中结晶得到的四环素含 3 分子结晶水,从水中结晶得到的土霉素含 2 分子结晶水。加热会使它们失去结晶水,它们都有吸湿性。四环类抗生素在极性弱的溶媒中,如酯、醚、芳烃或脂肪烃等,溶解度较小或不溶解。在水中随 pH 不同,其溶解情况不同,四环类抗生素在 pH 4.5~7.2 之间难溶于水,且在此 pH 范围内,其溶解度几为一定。在较酸或较碱的溶液中,溶解度增加。当 pH 低于 4 或高于 8 时,可得高浓度的四环素水溶液。

固体四环类抗生素很稳定,例如金霉素在 20℃时储存 3~5 年效价并不降低。但四环类抗生素的水溶液在不同 pH 下的稳定性差别很大,例如,金霉素在碱性下很不稳定。四环素对各种氧化剂,包括空气中的氧都不稳定,其碱性水溶液特别容易氧化,颜色很快变深形成黑色素。

四环素和金霉素的理论效价以盐酸盐作为标准,土霉素以游离碱作为标准,每毫克定为 1 000 U(表 18-3)。

表 18-3　四环素、金霉素和土霉素的效价单位

抗生素	分子量	理论效价/(U/mg)	抗生素	分子量	理论效价/(U/mg)
四环素	444.4	1 082	金霉素盐酸盐	515.3	1 000
四环素盐酸盐	480.9	1 000	土霉素	460.4	1 000
金霉素	478.7	1 076	土霉素盐酸盐	496.9	927

4. 大环内酯类抗生素

大环内酯类抗生素是以一个大环内酯为母体,通过羟基,以糖苷键和 1~3 个分子的糖相连接的一类抗生素物质。根据大环内酯结构的不同,这类抗生素又分多氧大环内酯和多烯大环内酯。

多氧大环内酯抗生素,按大环内酯环的组元数,又分为 12、14 和 16 元环 3 类。它们大部分都连接有二甲氨基糖,因而显示碱性。有的不含二甲氨基糖,只含中性糖,因而显示中性。作为医疗使用的多数是属于碱性大环内酯抗生素,重要的有 14 元环的红霉素、竹桃霉素,16 元环的柱晶白霉素、交沙霉素、螺旋霉素、麦迪霉素等。至于 12 元环的大环内酯抗生素,目前都没有用于医疗上。

多烯大环内酯抗生素,在它们的多元环内酯元中,含有 4~7 个的共轭双键。按照所含共轭双键的数目,可分为四烯、五烯、六烯、七烯等 4 类,多元环内酯多数同氨基糖相结合。这类抗生素具有抗真菌活性,但对细菌无作用。临床上重要的有制霉菌素和两性霉素,前者为四烯类抗生素,后者是一种七烯类抗生素。

但习惯上仅将对革兰氏阳性菌有效的多氧大环内酯抗生素,叫作大环内酯抗生素。它们特别对革兰氏阳性细菌、立克次氏体及大病毒有活性,与其他抗生素之间的交叉耐药性较小,所以可用于上述病原微生物所引起的感染。

这类抗生素中研究最多的、并且早已投入工业生产的是红霉素(图 18-4)。

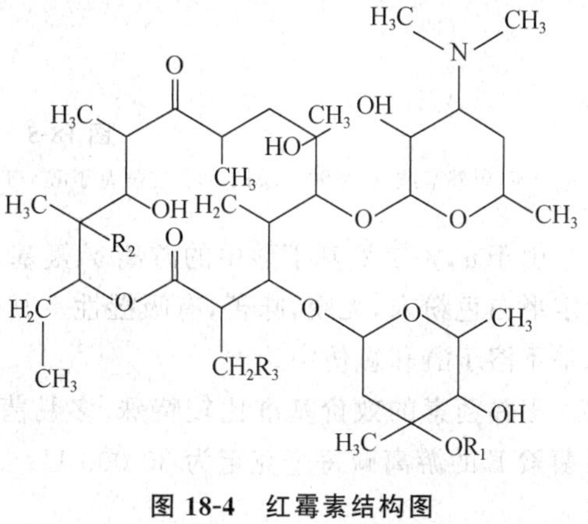

图 18-4　红霉素结构图

红霉素是 1952 年从 *Streptomyces erythreus* 的培养液中分离出来的一种碱性抗生素,后来又分离出红霉素 B、C、D、E 等组分,其中以红霉素(即红霉素A)为主要组分,红霉素A的抗菌活力最强,因此在临床上,所使用的是红霉素A及其各种盐类。

红霉素是一个碱性化合物,能和无机或有机酸类形成在水中溶解度较大的盐类。红霉素A是无色晶形物,红霉素碱可以有3种不同的结晶形式,它们的结晶水含量和熔点都各不相同,虽然晶形不同,但生物活性和其他性质都未改变。当晶体完全失水后,就变成无定形,但仍不失去活性。红霉素十分易溶于醇类、丙酮、氯仿和醋酸乙酯等有机溶剂中,不易溶于水。与一般化合物不同,红霉素在水中的溶解度随温度增高而减少,以55℃时为最小,因此在工业上加温至45～55℃,使红霉素碱从水中析出结晶。

红霉素在干燥状下是稳定的,结晶在室温下可保藏1年,效价并不降低。在pH 6～8的水溶液中也很稳定,但在pH 6～8范围以外的水溶液,经24 h即失效。

红霉素对军团菌、弯曲杆菌、分枝杆菌、支原体、立克次氏体、衣原体、螺旋体和一些大病毒、原虫都有较好的抑制作用。

5. 多肽类抗生素

这是一类由氨基酸组成的抗生素,它们中一些纯是氨基酸构成的,如多黏菌素,有的含有一个或多个非氨基酸(如嘌呤、羟酸等)单位,如缬氨霉素。在化学结构上,一小部分是线状结构,如短杆菌肽,大部分是环状结构,如多黏菌素、缬氨霉素。这类抗生素已经报道了有1 000多种,它们可由放线菌、真菌或细菌产生,但以细菌(尤其是芽孢杆菌)产生的最多。

多肽类抗生素在临床上有多种用途,博来霉素及其衍生物用于治疗肺癌、喉头癌等。环孢菌素是免疫抑制剂,多黏菌素对革兰氏阳性菌和革兰氏阴性菌都有较强的抑制作用。

多黏菌素(图18-5)是由多黏芽孢杆菌所产生的一族碱性多肽类抗生素的总称。在已知抗生素中,多黏菌素对革兰氏阴性菌作用最强,用它治疗一些由革兰氏阴性菌引起的脑膜炎、赤痢等效果很好,特别是它能抑制其他抗生素几乎没有作用的绿脓杆菌,且不产生抗药性。因此,它对防止烫伤和外科手术后感染绿脓杆菌及有抗药性的赤痢菌和其他由革兰氏阴性杆菌所引起的疾病,都有一定的临床意义。多黏菌素对肾脏有影响,有的还能影响中枢神经。在各种多黏菌素中,以多黏菌素B和E毒性最小,疗效最高。

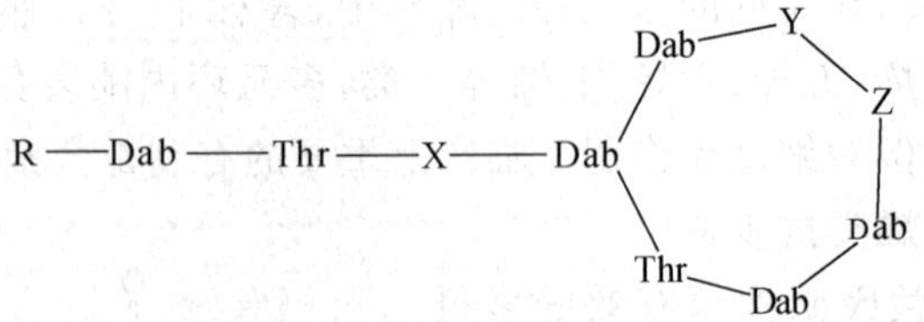

图18-5 多黏菌素结构图

R:甲基辛酸,己辛酸　Dab:α,γ-二氨基丁酸　Thr:苏氨酸　X、Y、Z:亮氨酸、异亮氨酸、苯丙氨酸、丝氨酸

由于α,γ-二氨基丁酸中的游离γ氨基,故多黏菌素呈碱性,能与酸形成盐。多黏菌素是无定形白色粉末,无嗅,味苦,有吸湿性。其硫酸盐或盐酸盐易溶于水,难溶于甲醇和乙醇中,几乎不溶于醚和氯仿中。

多黏菌素的效价基准比较特殊,多黏菌素B理论效价是每毫克游离碱为10 000 U,而多黏菌素E的游离碱每毫克定为30 000 U。

18.1.4 半合成抗生素

抗生素应用于临床以来，对控制微生物感染，尤其是细菌感染，保障人类健康起到了十分重大的作用。但是随着抗生素的长期使用，也产生了新的问题。①细菌耐药性普遍增长；②过敏反应时有发生；③由于菌群失调引起的二重感染；④存在各种毒副反应；⑤药效和稳定性需提高；⑥抗菌谱需扩大等。

为了解决这些问题，一方面是从土壤、海洋等自然环境中继续寻找，分离新的抗生素产生菌，寻找更有效的新抗生素。另一方面是对现有抗生素进行结构改造，探求具有更好临床效果的新衍生物，即半合成抗生素。

鉴于抗生素化学及生物化学的进展，对抗生素的作用机制与构效关系已能从分子水平上来进行说明。因此自20世纪60年代以后，对抗生素结构改造的研究十分活跃。

在抗生素发展的初期，对抗生素结构改造及其衍生物的研究就已经开始。但真正决定性的事件是：1959年英国科学家Beecham从青霉素的发酵液中成功地分离出青霉素母核——6-氨基青霉烷酸(6-APA)，并通过6-APA的酰化反应合成了一系列的青霉素的新衍生物。

18.1.4.1 半合成青霉素

青霉素是最早发现和临床应用最普遍的一种高效低毒抗生素。随着青霉素的大量使用，耐药现象日趋严重，尤其在金黄色葡萄球菌中，耐药菌株的蔓延非常严重，成为临床上一个严重的问题。另外，临床上广泛使用的青霉素G，即苄青霉素，对酸不稳定，抗菌谱也不广，只对革兰氏阳性菌活性较高，且容易引起过敏反应等，也限制了它的应用。

青霉素的化学结构：母核(6-APA)＋侧链酰基，母核部分含有一个噻唑环及一个β-内酰胺环。如果打开或改变噻唑环，仍然能保留一部分活力，但β-内酰胺环被破坏，则完全失去抗菌作用。因此，在青霉素结构改造中，研究得最多的还是侧链酰基的改变。

6-APA为白色片状六面体结晶，因为没有侧链，俗称无侧键青霉素。熔点208～209℃，微溶于水，难溶于有机溶剂。对酸较稳定，易被强碱分解，在强碱环境中β-内酰胺环开裂。青霉素酶也能破坏6-APA，但6-APA比青霉素G稳定得多。虽然6-APA抗菌活力较弱，但易于酰化产生各种半合成新型青霉素。

根据半合成青霉素的抗菌谱，可将半合成青霉素可分为4类：

第一类主要抗革兰氏阳性菌，这些青霉素通常称为“窄谱青霉素”。如苯氧乙基青霉素，它们的性质与青霉素V相似，主要对革兰氏阳性菌作用较强，与天然青霉素相比并没有突出的优点。

第二类是对细菌产生的青霉素酶较稳定的青霉素，在临床上应用的有甲氧苯青霉素(甲氧西林)，乙氧萘青霉素(萘夫西林)等，对耐药金黄色葡萄球菌有抑制或杀灭作用。

第三类是“广谱青霉素”，这类青霉素的抗菌活性特点为：对革兰氏阳性菌和一部分革兰氏阴性菌都有活性，但对碌脓杆菌的作用较低。这类青霉素主要有氨苄青霉素(氨苄西林)和羟氨苄青霉素(阿莫西林)等。氨苄青霉素是第一个用于临床的广谱半合成青霉素，由于其抗菌谱广，毒性低，在胆汁中的浓度高，故广泛用于泌尿呼吸系统、胆道、肠道(伤寒、痢疾)等感染症的治疗。与氨苄青霉素有密切联系的羟氨苄青霉素，抗菌谱与氨苄青霉素相似，但抗菌作用更强，可以口服，比氨苄青霉素更容易吸收。

第四类是“抗绿脓杆菌青霉素”，这类青霉素抗菌谱更广，对各种变形杆菌及绿脓杆菌也有较好的抑制作用，主要有羧苄青霉素及其一些衍生物和类似体，如羧苄青霉素茚满酯、羧苄青霉素苯酯、磺苄青霉素等。羧苄青霉素对绿脓杆菌和变形杆菌的抗菌作用比氨苄青霉素强，对耐药金葡菌无效，口服不吸收，仅用于肌注或静注。化学性质也不稳定，容易脱羧变成苄青霉素。为了增加其稳定性及改善体内吸收情况，研制了一些酯化衍生物，其中羧苄青霉素茚满酯及苯酯已用于临床。这些酯类在体内迅速水解成原来的羧苄青霉素，口服吸收良好，血尿浓度较高，多用于治疗尿路感染。

18.1.4.2　半合成头孢菌素

头孢菌素也是一类具有 β-内酰胺结构的抗生素，它的 β-内酰胺环与二氢噻唑六元环相融合，7-氨基头孢霉烷酸(7-ACA)是头孢菌素母核。最早发现的天然头孢菌素是头孢菌素 C，由于其毒性低，又有抗青霉素耐药金黄色葡萄球菌的作用，故受到重视。在对头孢菌素 C 的进一步研究中发现它的抗菌活力很低，在青霉素结构改造的启示下，也开展了对头孢菌素结构改造的研究。

与青霉素不同，头孢菌素自身的化学结构表明它存在大范围化学修饰的余地，不仅能在 C7 位(对应于青霉素 C6 位上的酰基侧链)，还能在 C3 位进行修饰。一般来说，改变 C7 酰基侧链，主要影响其抗菌谱与抗菌活力，而改变 C3 位取代基不仅可以提高其药理代谢的稳定性，并使其抗菌活力及抗菌谱的扩大更臻完善。临床上应用较广泛的半合成头孢菌素均是对 C7 和 C3 进行化学改造的产物。

根据半合成头孢菌素的抗菌特性和出现的次序，头孢菌素通常分为 4 代，在临床上应用较广泛品种有：第 1 代：头孢噻吩、头孢唑林等注射品种及头孢氨苄、头孢拉定、头孢羟氨苄等口服品种。第 2 代：头孢呋辛、头孢磺啶、头孢替安等注射品种及头孢克洛、头孢沙定、头孢曲嗪等口服品种。第 3 代：头孢噻肟、头孢唑肟、头孢三嗪、头孢他定、头孢克肟、头孢替尼、头孢布坦、头孢丙烯等，这代头孢菌素，无论在抗菌谱、抗菌力或耐药性方面都优于前两代。第 4 代：头孢匹罗、头孢唑兰及头孢瑟利等。与第 3 代相比，它们增强了抗 G^+ 菌的活性，特别对链球菌(*Streptococcus*)有很强的活性。

18.1.4.3　半合成氨基糖苷类抗生素

链霉素、卡那霉素、庆大霉素等氨基糖苷类抗生素一般对革兰氏阴性菌有较好的抗菌活性，但是它们的毒性及副作用也较大，耐药菌也日益增多。

氨基糖苷类抗生素的结构改造，以卡那霉素的改造研究最多，取得了较好的成果。

卡那霉素是 1957 年发现的一种广谱氨基糖苷类抗生素，有 A、B、C 三种组分，其中 A 为主要组分，而 B 组分的活性最高。卡那霉素对耐药金黄色葡萄球菌、革兰氏阴性菌及结核分枝杆菌有效，且毒性较低，因此，应用范围也较广，一般用来治疗革兰氏阴性菌感染(图 18-6)。

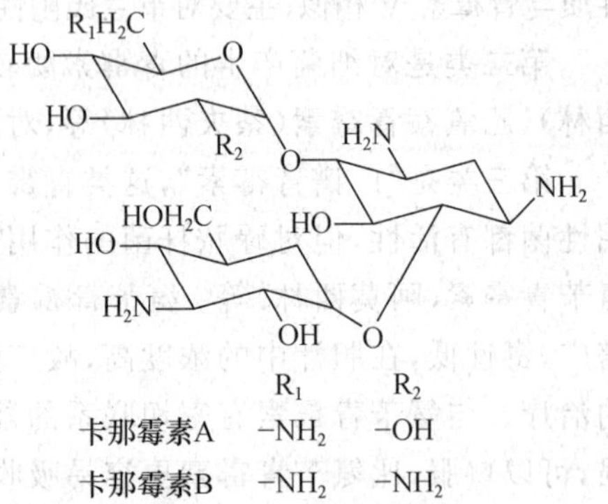

	R_1	R_2
卡那霉素A	$-NH_2$	$-OH$
卡那霉素B	$-NH_2$	$-NH_2$
卡那霉素C	$-OH$	$-NH_2$

图 18-6　卡那霉素结构式

与 β-内酰胺类抗生素的结构改造不同，卡那霉素的结构改造是在研究细菌对卡那霉素耐药机制的基础上进行的。

1965 年发现各种耐药菌对卡那霉素及其他氨基糖苷类抗生素的失活反应，主要是由 3 种不同类型的酶所引起：①氨基糖苷乙酰转移酶；②氨基糖苷磷酸转移酶；③氨基糖苷腺苷转移酶。这些酶能纯化几种结构相近的抗生素，它们统称为氨基糖苷转移酶。

这些酶随细菌的种类而异，其中和耐药性关系最大的是氨基糖苷磷酸转移酶。根据钝化酶的作用原理，最先考虑的是保护或除去容易被酶攻击的部位，可能会提高卡那霉素的活性，扩大抗菌谱，因此为了防止卡那霉素 3′位上的羟基被磷酸化而失活，合成了 3′-去氧卡那霉素 A，结果 3′-去氧卡那霉素 A 具有卡那霉素同样的活性，并可抑制耐药菌及绿脓杆菌。根据同样设想又合成了 3′4′-双去氧卡那霉素 B，它的抗菌活性与卡那霉素 B 相比，对耐药大肠杆菌提高了 16～32 倍，对绿脓杆菌的活性提高了 8～32 倍。

卡那霉素结构改造的另一途径借助于丁酰苷菌素化学结构的启发。丁酰苷菌素是 1971 年发现的一种氨基糖苷类抗生素，有 A、B 两种成分，其中丁酰苷菌素 B 的活性较高，它的化学结构和核糖霉素很相似，仅在 2-脱氧链霉胺部分多一个 4-氨基-2-羟基丁酸（简称 AHB）的侧链。丁酰苷菌素 B 的抗菌作用不仅具有广谱性和对绿脓杆菌有效，而且对核糖霉素耐药菌也有很高的活性，由此可见，丁酰苷菌素的侧链 AHB 基团的存在和抗绿脓杆菌及对一些耐药菌的作用有密切的关系。

将 AHB 侧链连接到卡那霉素，制得丁胺卡那霉素（图 18-7）。

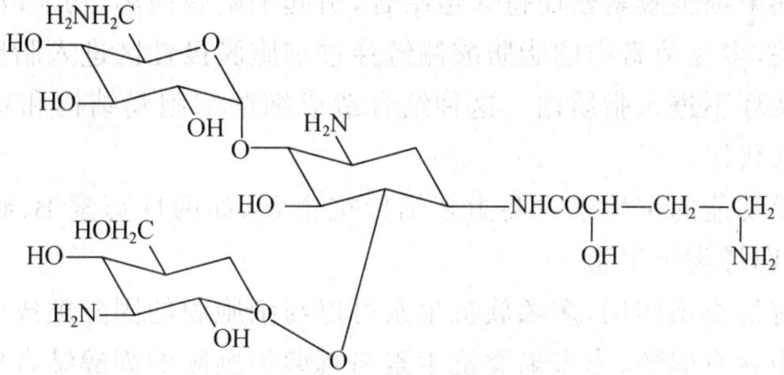

图 18-7 丁胺卡那霉素结构图

丁胺卡那霉素抗菌活性比卡那霉素 A 强，不仅对绿脓杆菌有高效，并对大多数氨基糖苷转移酶有很好的稳定性。故对卡那霉素、庆大霉素等耐药菌都有效，是一个较好的半合成卡那霉素。

18.1.4.4 其他半合成抗生素

除 β-内酰胺类和氨基糖苷类抗生素的改造外，其他抗生素的改造也取得了不少成果，如四环类抗生素改造获得的强力霉素，安莎类抗生素利福霉素改造获得的利福平，大环内酯类抗生素红霉素改造后获得的阿奇红霉素、罗红霉素等。

18.1.5 抗生素的作用机制

自 19 世纪 50 年代以来，随着分子生物学的迅速发展，抗生素作用机制的研究已深入到分子水平，一些重要抗生素的作用机制基本得到阐明。根据抗生素对细胞的不同结构或不同成分的作用，大致可将抗生素的作用机制分为：①干扰细胞壁的合成；②影响细胞膜的功能；③抑制核酸的合成；④抑制蛋白质的合成；⑤干扰细胞的能量代谢。

18.1.5.1 干扰细胞壁的合成

肽聚糖是细菌细胞壁的重要组成成分，青霉素类、头孢菌素类、万古霉素、杆菌肽、丝氨酸等能分别抑制肽聚糖合成过程中的不同环节。这些抗生素的作用均可使细菌细胞壁缺损，菌体内的高渗透压使细胞外面的水分不断地渗入菌体内，引起菌体膨胀变形，使细菌裂解而死亡。

在肽聚糖合成的最后步骤，需转肽酶作用完成肽桥之间的交联，青霉素可竞争性的抑制转肽酶活性，从而阻碍肽聚糖的形成，造成细胞壁的缺损。

革兰氏阳性菌细胞壁的主要成分是肽聚糖，在细胞壁中肽聚糖的比例占 50%～80%，多达 15～50 层。而革兰氏阴性细菌的细胞壁在结构上分为 2 层，内壁层和外壁层。肽聚糖只存在于内壁层，只有 1 层或少数几层，在细胞壁中的比例只有 5%～10%。因此青霉素对革兰氏阳性菌的抑制作用明显高于革兰氏阴性细菌。青霉素抑制的是繁殖期细菌细胞壁的合成，所以，青霉素为繁殖期杀菌剂。

病毒没有细胞壁，所以青霉素对病毒无效。真菌细胞壁中没有肽聚糖，所以青霉素对真菌也没有抑制作用。人体细胞没有细胞壁，所以青霉素不影响人体细胞生物功能，且几乎没有毒副作用。

18.1.5.2 影响细胞膜的功能

有些抗生素以影响细菌细胞膜的功能而产生抗菌作用，如属于多肽类抗生素的多黏菌素 B 及 E、短杆菌素 S 等。

多黏菌素可与细菌细胞膜紧密而持久地结合，引起细胞膜损坏，功能改变。这种结合与多黏菌素分子结构有关，多黏菌素中的脂肪酸侧链穿过细胞膜极性区进入脂质的非极性区，但多黏菌素分子中的多肽环不进入脂质内。这种结合造成细菌细胞膜结构和功能的改变，从而破坏了细菌细胞的正常代谢。

影响真菌细胞膜功能的抗生素主要为多烯族抗生素，如两性霉素 B、制霉菌素，前者为七烯类抗生素，后者为四烯类抗生素。

这些抗生素均有抗真菌作用，多烯族抗生素可以与细胞膜的固醇类成分结合，改变细胞膜功能。真菌细胞膜中含有固醇，当多烯类抗生素与真菌细胞膜的固醇结合后，引起细胞膜透性改变，使细胞内容物漏出，导致病菌死亡。而细菌细胞膜中不含固醇，所以多稀类抗生素对细菌无抗菌作用。

18.1.5.3 抑制核酸的合成

有些抗生素抑制核酸的合成，这些抗生素多数具有抗肿瘤活性，也有抗细菌的，如利福霉素、新生霉素等。

这些抗生素有的作用于 DNA，有的作用于 RNA。

丝裂霉素 C 是一种抗肿瘤抗生素，也有抗菌作用，临床适用于消化道癌，如胃癌、肠癌等，疗效较好。对肺癌、乳腺癌、宫颈癌及绒毛膜上皮癌等也有效。还可用于恶性淋巴瘤等。抗肿瘤谱较广，作用迅速，但治疗指数不高，毒性较大。

丝裂霉素 C 本身并无活性，但进入细胞内还原为一种有活性的衍生物，这种衍生物具有与烷化剂相似的作用，可使 DNA 分子中的鸟嘌呤或胞嘧啶发生烷化，从而影响 DNA 模板的功能。此外，丝裂霉素 C 还可引起 DNA 解聚。

博来霉素也是一种广谱抗肿瘤药，对鳞状细胞癌、甲状腺等癌肿以及恶性淋巴瘤等有效、对脑瘤、恶性黑色素瘤和纤维肉瘤等也具有一定疗效。

博来霉素对 DNA 的作用主要是引起 DNA 单链断裂，即可使 DNA 一条链上的脱氧核糖和磷酸连接部分断裂，形成缺口，但不引起 RNA 链断裂，故对 DNA 的作用是特异的。此外，博来霉素还抑制 DNA 连接酶和 DNA 聚合酶的活性，干扰 DNA 的复制。

利福霉素是由地中海拟无枝酸菌(*Amycolatopsis mediterranei*)产生的一类安莎类抗生素。这类抗生素具有广谱抗菌作用,对结核杆菌、麻风杆菌、链球菌、肺炎球菌等革兰氏阳性细菌,特别是耐药性金黄色葡萄球菌的作用都很强,对某些革兰氏阴性菌也有效。利福平是利福霉素 B 半合成衍生物。

利福霉素 B 和利福平对原核细胞 RNA 合成有选择性抑制作用,低浓度即可抑制细菌 RNA 聚合酶,但抑制真核细胞 RNA 聚合酶的浓度比抑制原核细胞 RNA 聚合酶的浓度大 100~10 000 倍,因此对动物 RNA 合成影响较小。利福霉素 B 和利福平特异地抑制 RNA 合成的起始步骤,它们与 RNA 聚合酶的 β 亚单位结合,形成稳定复合物,使三磷酸嘌呤核苷不能结合于 DNA 上,从而抑制 RNA 合成过程中第一个磷酸二酯键的形成。

18.1.5.4 抑制蛋白质的合成

许多抗生素均可影响细菌蛋白质的合成,细菌蛋白质合成场所是细胞质中的核糖体。它们可以作用于蛋白质合成的不同阶段,不同部位,如有的作用于起始阶段,有的作用于延长阶段,有的作用于 30S 亚基,有的作用于 50S 亚基。真核生物蛋白质的合成过程与原核生物基本相同,但真核生物的核糖体不同于原核生物,所以,它们对真核生物蛋白质合成的影响较小。

1. 抑制蛋白质的起始

春日霉素是一种氨基糖苷类农用抗生素,对稻瘟病有较好的防治效果。春日霉素作用于核蛋白体 30S 亚基,抑制 fMet-tRNA 与 30S 亚基的结合,阻碍 30S 起始复合物的形成,从而抑制蛋白质的合成,对肽链延长的抑制作用较弱。

2. 抑制肽链的延长

抑制蛋白质合成延长过程的抗生素有四环素族、氨基糖苷类、大环内酯类、氯霉素等,这些抗生素均可作用于肽链延长阶段的不同环节。

(1)抑制氨酰-tRNA 的形成。四环素族抗生素与细菌核糖核体 30S 亚基的 A 位结合,使氨基酰-tRNA 不能与 A 位结合,阻断蛋白质合成的肽链延长。

(2)抑制转肽反应。氯霉素是广谱抗生素,对革兰氏阳性和革兰氏阴性菌均有抗菌作用,临床上主要用于治疗伤寒、副伤寒、细菌性脑膜炎等。

氯霉素抗菌作用的主要机制是与核糖体 50S 亚基结合,抑制氨基酰-tRNA 与肽酰-tRNA 之间的肽键形成。这种抑制作用是由于氯霉素与核糖体的转肽酶中心结合,从而使转肽酶不能催化此反应,肽链与氨基酸之间不能形成肽键,抑制肽链的延长。

3. 抑制蛋白质的终止

当 mRNA 上出现终止密码时,终止因子 RF 进入核糖体的 A 位,转肽酶将肽链与 tRNA 分离,已形成的肽链释放,核糖体解离为 30S 和 50S,重新投入另一条肽链的合成。氯霉素、林可霉素等抑制转肽酶活性,链霉素、四环素等抑制终止因子与核糖体的结合,使已合成的肽链不能释放,阻断终止反应。

18.1.5.5 干扰细胞的能量代谢

这类抗生素有抗霉素 A,寡霉素等。

抗霉素 A 原作为一种抗真菌抗生素被发现,可由多种链霉菌产生,有多种组分。除对真菌有抑制作用外,还发现抗霉素 A 对家蝇、红蜘蛛等表现出良好的杀虫效果,因此被作为杀虫抗生素开发。抗霉素 A 是呼吸链电子传递系统的抑制剂,它抑制细胞色素 b 与细胞色素 c1 之间的电子传递。

寡霉素是一组结构相似的二十六元环大环内酯类抗生素，是哺乳动物细胞氧化磷酸化的抑制剂。它能有效地结合线粒体 ATP 合酶的功能亚基，使 ATP 合酶的构型发生改变，从而抑制线粒体膜间隙的质子流回流到线粒体基质，其结果是 ATP 的合成被阻断，造成生物代谢所需能量不足。

18.2 几种重要抗生素的生物合成

18.2.1 青霉素的生物合成

18.2.1.1 青霉素生物合成途径

青霉素是 β-内酰胺类抗生素的代表，分子结构由 2 部分组成：母核（6-氨基青霉烷酸，6-APA）和酰基侧链。

青霉素的母核部分是以半胱氨酸和缬氨酸为前体合成的，侧链是由 α-氨基己二酸构成。缬氨酸、半胱氨酸和 α-氨基己二酸都是以葡萄糖为原料，经 EMP 途径产生丙酮酸，再经一系列代谢反应过程形成，有关缬氨酸和半胱氨酸合成参考其他资料。

α-氨基己二酸是由 α-酮戊二酸与乙酰 CoA 缩合生成高柠檬酸，再经脱氢、脱羧和氨基化反应生成 *L*-α-氨基己二酸（图 18-8）。

在青霉素的生物合成中，*L*-α-氨基己二酸先与半胱氨酸缩合形成二肽，即 α-氨基己二酸远离氨基端的羟基与半胱氨酸的氨基缩合形成二肽。原来 α 位上的氨基成为 δ 碳位上的氨基，即成 δ-(*L*-α-氨基己二酰)-*L*-半胱氨酸。然后 *L*-缬氨酸的氨基与半胱氨酸的羧基缩合形成三肽，*L*-缬氨酸在形成三肽过程中，构型由 *L*-型变为 *D*-型，三肽即为 δ-(*L*-α-氨基己二酰)-*L*-半胱氨酰-*D*-缬氨酸（简称 ACV）。ACV 在异青霉素 N（IPN）合成酶（或称 ACV 环化酶）的作用下，三肽中的酰胺 N 原子与 S 原子相邻的 C 原子环化，形成 β-内酰胺环，但噻唑环的形成过程目前还不清楚。

三肽化合物闭环之后，即形成异青霉素 N，它是各种青霉素的前体，其侧链是 α-氨基己二酸。异青霉素 N 可以在青霉素酰化酶的作用下失去 α-氨基己二酸侧链，生成 6-氨基青霉烷

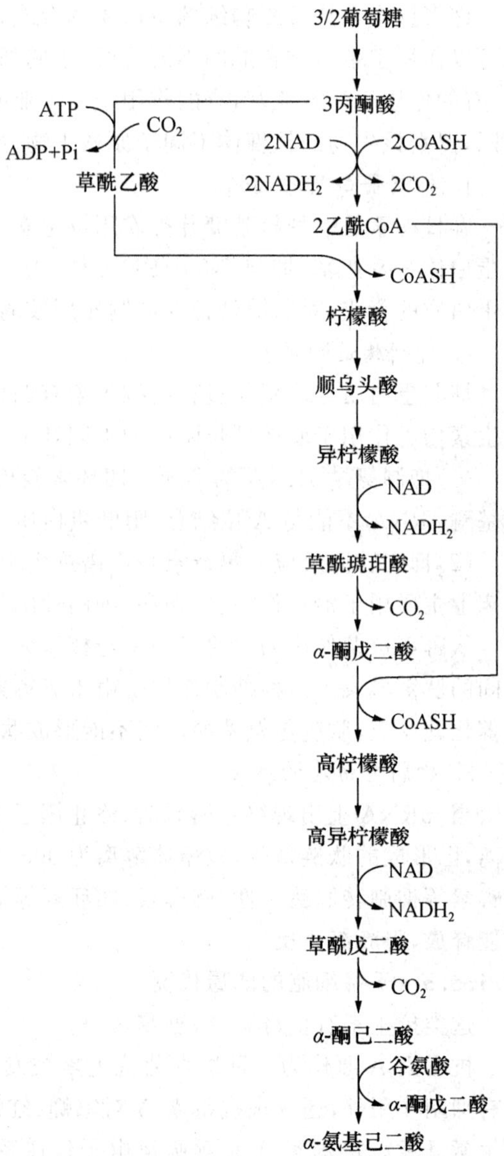

图 18-8 α-氨基己二酸生物合成途径

酸，也可以在酰基转移酶催化下转化为其他侧链。在青霉素的发酵中加入苯乙酸，苯乙酸与 α-氨基己二酸进行交换后就形成了苯甲基青霉素（苄青霉素），即青霉素 G（图 18-9）。

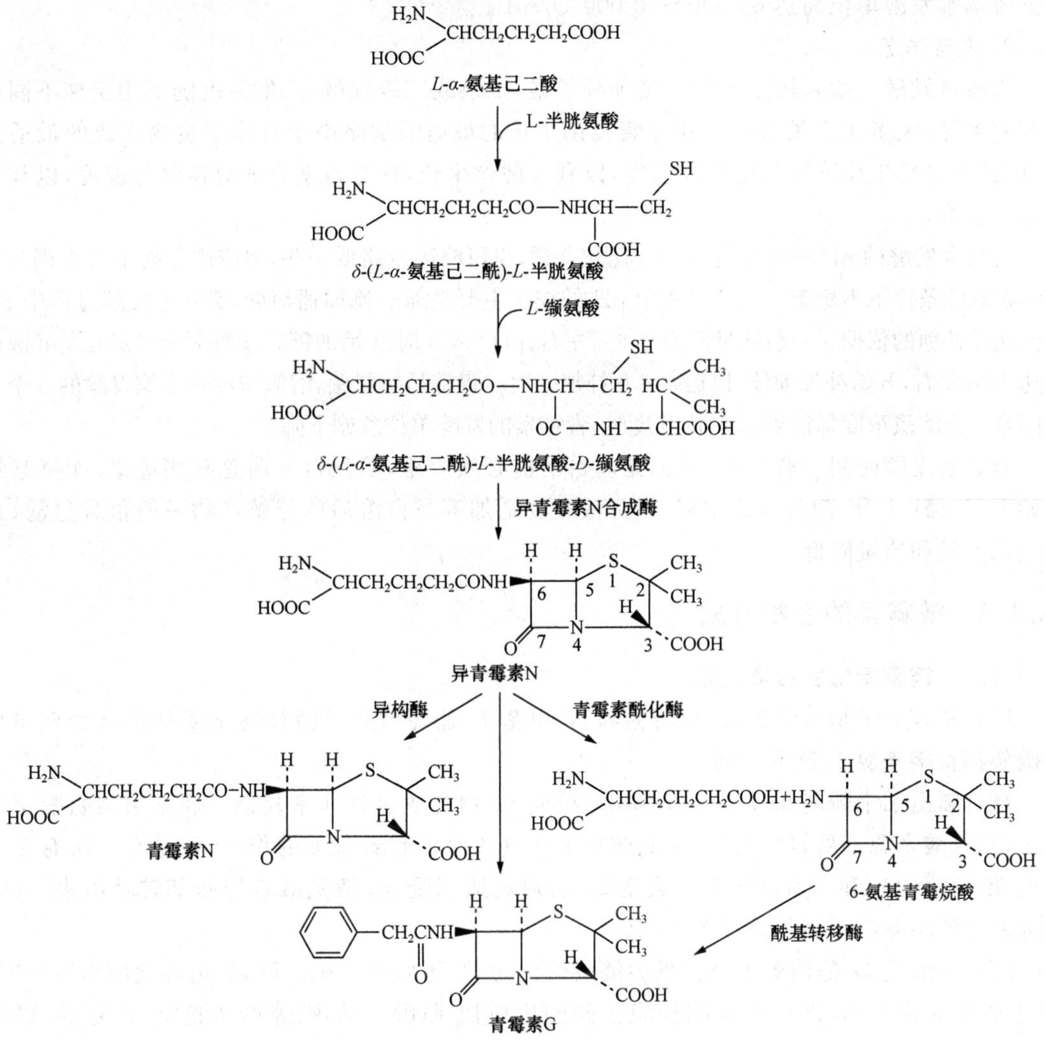

图 18-9 青霉素的生物合成途径

18.2.1.2 青霉素的发酵工艺

1. 生产菌株

点青霉和产黄青霉菌（*Penicillium chrysogenum*）都能产生青霉素，点青霉适合固体发酵，产黄青霉菌适合深层培养。

产黄青霉菌 NRRL 1951 最初的发酵单位只有 120 U/mL，以该菌株为出发菌株，经自发突变和 X 射线、UV 诱变，得到发酵单位提高的突变株 Wis Q-176 菌株，发酵单位可达 1 000～1 500 U/mL。但由于该菌株产生较多色素，不利于提取，后来，又经多次选育，得到不产色素的变种 Wis 51-20，目前采用的生产菌株多为该突变株的后代。20 世纪 70 年代以前，青霉素的育种主要采用诱变和随机筛选的方法。随着生物技术的进展，原生质体融合及 DNA 重组定向选育技术被广泛应用于青霉素优良高产菌株的选育。青霉素选育工作的目的，除了提高青霉素产量外，在生长条件、不产色素、对前体苯乙酸的耐受性、细胞内积累硫酸盐的能力、同化碳水化合物和前体的能力、对铁的敏感性以及提高青霉素酰化酶活力等也有改进。当前生产上青霉素发酵单位高达 60 000～70 000 U/mL。

2. 发酵工艺

青霉素发酵一般采用小米孢子接种种子罐，二级或三级发酵，发酵温度随所用菌株不同可能稍有差异，大多在 25℃左右。由于青霉菌生长的最适温度略高于青霉素生物合成的最适温度，因此在青霉生长阶段采用较高温度，以利于菌丝生长，在青霉素合成时期降低温度，以利于青霉素合成。

青霉素发酵的 pH 一般认为在 6.5 比较合适，也可略高或略低一些，但应避免高于 7.0，因为青霉素在碱性条件下不稳定。发酵过程中 pH 的控制主要是通过流加葡萄糖，实际上发酵过程中 pH 的变化是补糖的依据。一般残糖降至 0.6%左右，pH>6.5 时开始加糖。接种后8～12 h，发酵液菌浓达 40%左右，开始补加前体，以后每 4 h 补加一次。青霉是好氧菌，溶氧浓度是影响发酵的一个重要因素。当溶氧浓度降低到 30%饱和度时，青霉素的发酵单位急剧下降。

青霉素发酵时间一般为 6～8 d，菌丝自溶前必须放罐，菌丝自溶前总有些迹象，如氨基氮开始下降、pH 上升、菌丝碎片增多、发酵液黏度增加等。自溶后的分解产物一般很难过滤，最终造成产量和质量降低。

18.2.2 链霉素的生物合成

18.2.2.1 链霉素生物合成途径

链霉素其分子是由链霉胍、链霉糖和 *N*-甲基-*L*-葡萄糖胺以糖苷键连接而成，3 个亚单位的碳架都直接来源于 *D*-葡萄糖。

链霉胍由 2 个胍基和环己六醇(肌醇)组成，生物合成过程非常复杂。胍基由精氨酸衍生而来，精氨酸来源于鸟氨酸循环，在此循环中鸟氨酸似乎起着载体的作用，每循环一次有 2 个 NH_3 和 1 个 CO_2 和鸟氨酸结合生成精氨酸，遇到适当受体，精氨酸就把脒基转移出去，又复原为原来的鸟氨酸，重新运转(图 18-10)。

环己六醇是 *D*-葡萄糖先经己糖激酶磷酸化为 *D*-葡萄糖-6-磷酸酯，后由环化酶作用，转化为肌-肌醇-6-磷酸酯，再经磷酸酯酶脱去磷酸生成肌-肌醇。肌-肌醇再经脱氢、转氨基、磷酸化、转脒基等步骤逐渐将肌-肌醇转化为链霉胍。

链霉糖由葡萄糖经 TDP(胸腺核苷二磷酸)-葡萄糖，再经 α-TDP-4-酮基-6-去氧-*L*-艾杜糖中间体和 C3、C4 之间分子重排形成。

N-甲基-*L*-葡萄糖胺的形成是：*D*-葡萄糖先经磷酸化生成 *D*-葡萄糖-6-磷酸，然后由谷氨酰提供氨基，反应形成 *D*-葡萄糖胺-6-磷酸，再经差向异构化形成 *L*-葡萄糖胺-6-磷酸，去磷酸化后，由 *S*-腺苷酰甲硫氨酸进行甲基化，形成 *N*-甲基 *L*-葡萄糖胺(图 18-11)。

目前尚不完全清楚上述链霉素的 3 个亚单位是如何组装起来的。

在灰色链霉菌的发酵过程中，与链霉素同时产生的还有甘露糖链霉素(也称链霉素 B)，为链霉素的 *N*-甲基-*L*-葡萄糖胺的 C4 与 *D*-甘露糖的 C4 以 α-糖苷键相接的糖苷。其产量约占链霉素总产量的 40%，生物活性却只有链霉素的 20%～25%。经过 α-*D*-甘露糖酶作用，可水解为链霉素和甘露糖。

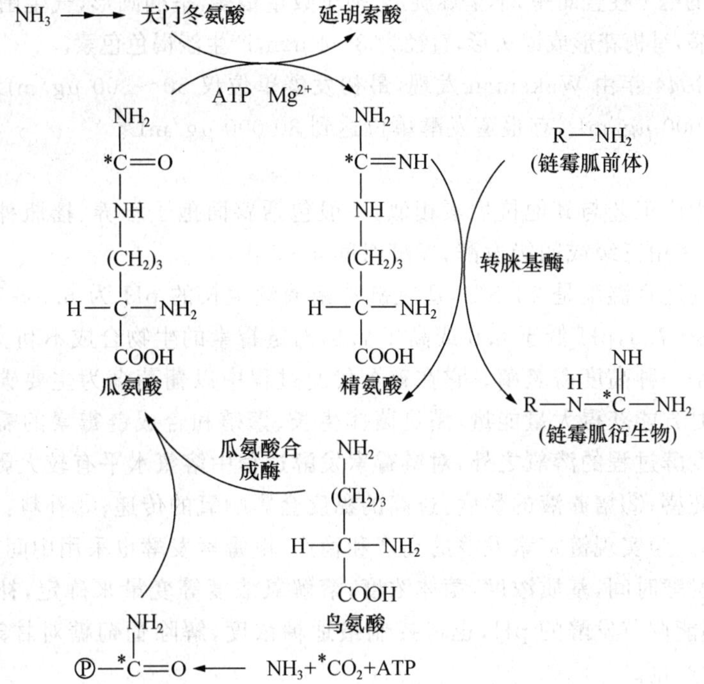

图 18-10　鸟氨酸循环与链霉胍合成的关系

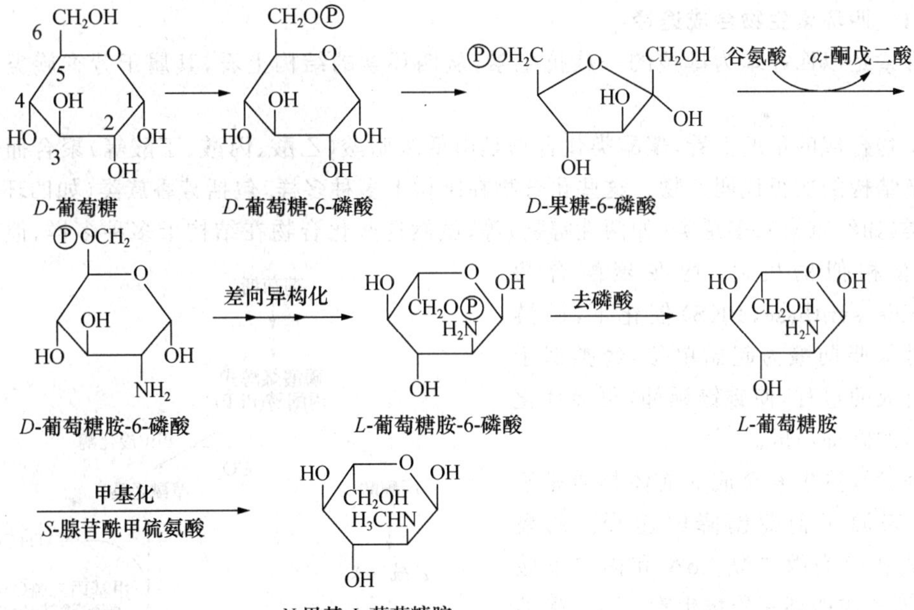

图 18-11　*N*-甲基-*L*-葡萄糖胺的生物合成途径

18.2.2.2　链霉素的发酵工艺

1. 生产菌株

灰色链霉菌、比基尼链霉菌等都可产生链霉素，生产上一般使用灰色链霉菌（*Streptomyces gri-*

seus),灰色链霉菌的孢子梗直而短,不呈螺旋形,孢子数量很多,呈椭圆形,气生菌丝和孢子均呈白色,单菌落生长丰满,呈梅花形或馒头形,直径为 3～4 mm,产生淡褐色色素。

灰色链霉菌 1944 年由 Waksman 发现,最初发酵单位仅 50～300 μg/mL,1951 年发酵单位达到 1 000～2 000 μg/mL,有报道发酵单位达到 30 000 μg/mL。

2. 发酵工艺

链霉素发酵生产工艺与其他抗生素相似,一般包括斜面孢子培养、摇瓶种子培养、种子罐培养和发酵培养,采用三级或四级发酵,发酵时间 4～5 d。

链霉素发酵的适宜温度是 28.5℃,适宜链霉菌菌丝生长的 pH 为 6.5～7.0,适宜链霉素合成的 pH 为 6.8～7.3,pH 低于 6.0 或高于 7.5,对链霉素的生物合成不利。

灰色链霉菌是一种高度需氧菌。它在整个代谢过程中以葡萄糖为主要碳源,只有以氧作为最终电子受体时方能获得大量能量,满足菌体生长、繁殖和合成链霉素的需要。除罐压、通气量和搅拌影响发酵过程的溶氧之外,对链霉素发酵过程中溶氧水平有较大影响的因素还有:①菌体代谢是否旺盛;②培养液的黏度:过高的黏度会影响氧的传递;③补料:补糖后糖代谢加快,溶氧明显下降。为实现链霉素发酵的高产和稳产,链霉素发酵也采用中间补料的方法。

补料是根据发酵时间,基质浓度,菌体浓度,溶解氧浓度等变量来确定,补加葡萄糖、硫酸铵或氨水,这样即能调节发酵的 pH,也可控制最适糖浓度,解除葡萄糖对甘露糖的分解阻遏作用,提高链霉素产量。

18.2.3 四环素的生物合成

18.2.3.1 四环素生物合成途径

四环素是以四并苯为母核的一族抗生素,从四环素的结构上看,其属于芳香族类聚酮化合物。

从生物合成的角度上看,聚酮类化合物是由低级脂酸(乙酸、丙酸、丁酸等)聚合而成的具有长碳链结构的次级代谢产物。这些化合物在结构上多种多样,包括芳香族类(如四环素)、大环内酯类(如红霉素)、多烯类(如两性霉素)等,虽然这些化合物在结构上多种多样,但其生物合成却有相似的机制,均在聚酮合酶(polyketide synthase,PKS)催化下,碳链主体以低级脂肪酸为起始单位,经类似于脂肪酸合成的过程,使碳链延伸,再经环化和环化后的修饰而成。

四环素族抗生素合成的前体物质是乙酰 CoA,来源于葡萄糖降解途径。乙酰 CoA 需先转变为丙二酰 CoA 和丙二酰胺 CoA,进而合成四环素族抗生素。丙二酰的合成途径可能有 2 条:一条是乙酰 CoA 经羧化生成丙二酰 CoA,另一条是磷酸烯醇式丙酮酸(PEP)羧化后生成草酰乙酸,再经脱羧和加入 CoA 生成丙二酰 CoA(图 18-12)。

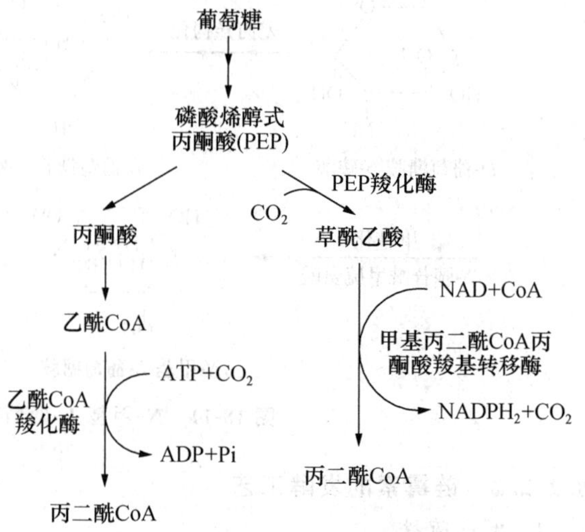

图 18-12 丙二酰 CoA 生物合成的可能途径

丙二酰胺 CoA 的合成途径有 2 条，一条是由丙二酰 CoA 的酰胺化作用生成，另一条是由乙酰 CoA 的甲酰胺化作用合成，其反应式如下：

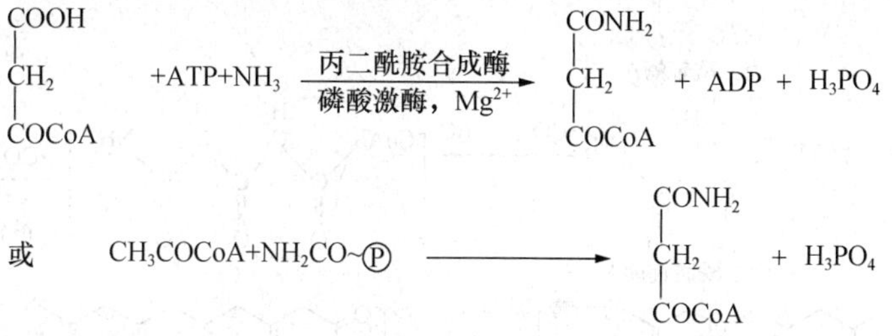

四环素族抗生素的生物合成过程是：1 分子丙二酰胺 CoA 与 8 分子丙二酰 CoA 缩合、脱羧、形成 β-多酮次甲基链。具体过程是以丙二酰胺 CoA 为引物，在其上加上丙二酰 CoA。每缩合上 1 分子丙二酰 CoA 的同时，发生 1 次脱羧，因此仅将一个 2 碳单位加入。重复该过程 8 次，形成一个具有 9 个酮基的 β-多酮次甲基链。此链脱去 3 分子水后，D、C、B 形成闭环，然后由 S-腺苷甲硫氨酸提供甲基使 C-6 甲基化。C-8 的酮基经还原后脱水，然后 A 环闭合，生成 6-甲基四环酰胺。该物质是四环素族抗生素合成过程中的一个关键中间体，由它进一步合成不同的四环素族抗生素(图 18-13)。

18.2.3.2　四环素的发酵工艺

1. 生产菌株

四环素可由多种链霉菌产生，生产上使用的是金色链霉菌(*Streptomyces aureofaciens*)，该菌株是 Duggar 于 1948 年筛选出来的，原始菌株的发酵单位只有约 100 μg/mL。该菌株在发酵过程中除产生四环素外，还产生金霉素，如果在培养基中加入氯抑制剂，能产生 95%左右的四环素。经过多年的育种和工艺条件的改进，四环素的发酵单位已经提高至 30 000 μg/mL。

2. 发酵工艺

四环素发酵的工艺路线是：沙土管保藏菌种，经分离后转接于斜面培养基，30℃培养 7～8 d，转接麸皮培养基，34℃培养 40 h 后转接种子罐，采用二级或三级发酵，发酵时间 6～7 d。

金色链霉菌对发酵温度非常敏感，温度不仅影响四环素的产量，而且会改变金色链霉菌生物合成的方向。有研究报道，某菌株在 30℃以下合成金霉素的能力较强，如提高温度则合成四环素，在 35℃时只产生四环素，金霉素的合成几乎停止，所以四环素发酵温度一般采用 32℃。金色链霉菌菌丝生长的最适 pH 为 6.0～6.8，生物合成的最适 pH 为 5.8～6.0，发酵过程中的 pH 调节是通过补糖或补加氨水。

用金色链霉菌发酵生产四环素时，需在培养基中加入溴化钠(竞争性氯抑制剂)和 M-促进剂(2-巯基苯并噻唑，氯抑制剂)，以控制金霉素的产生。磷酸盐对金色链霉菌的生长和四环素的产生有明显的调节作用，高浓度的磷酸盐抑制四环素的产生。金色链霉菌对发酵液中的溶解氧很敏感，尤其是在对数生长期阶段，此阶段如果出现供氧不足，将明显影响四环素的产量。

发酵培养液中 CO_2 的浓度对四环素的生物合成也有影响，如果 CO_2 浓度超过 15%，则菌体的呼吸率降低 45%～50%，发酵过程中需不断补充碳源，以供给产生菌代谢与合成抗生素的需要。在代谢不正常时，往往采取一次大量补入碳源，或补入蛋白胨、酵母粉、玉米浆、氨水等氮源，以调节 pH。

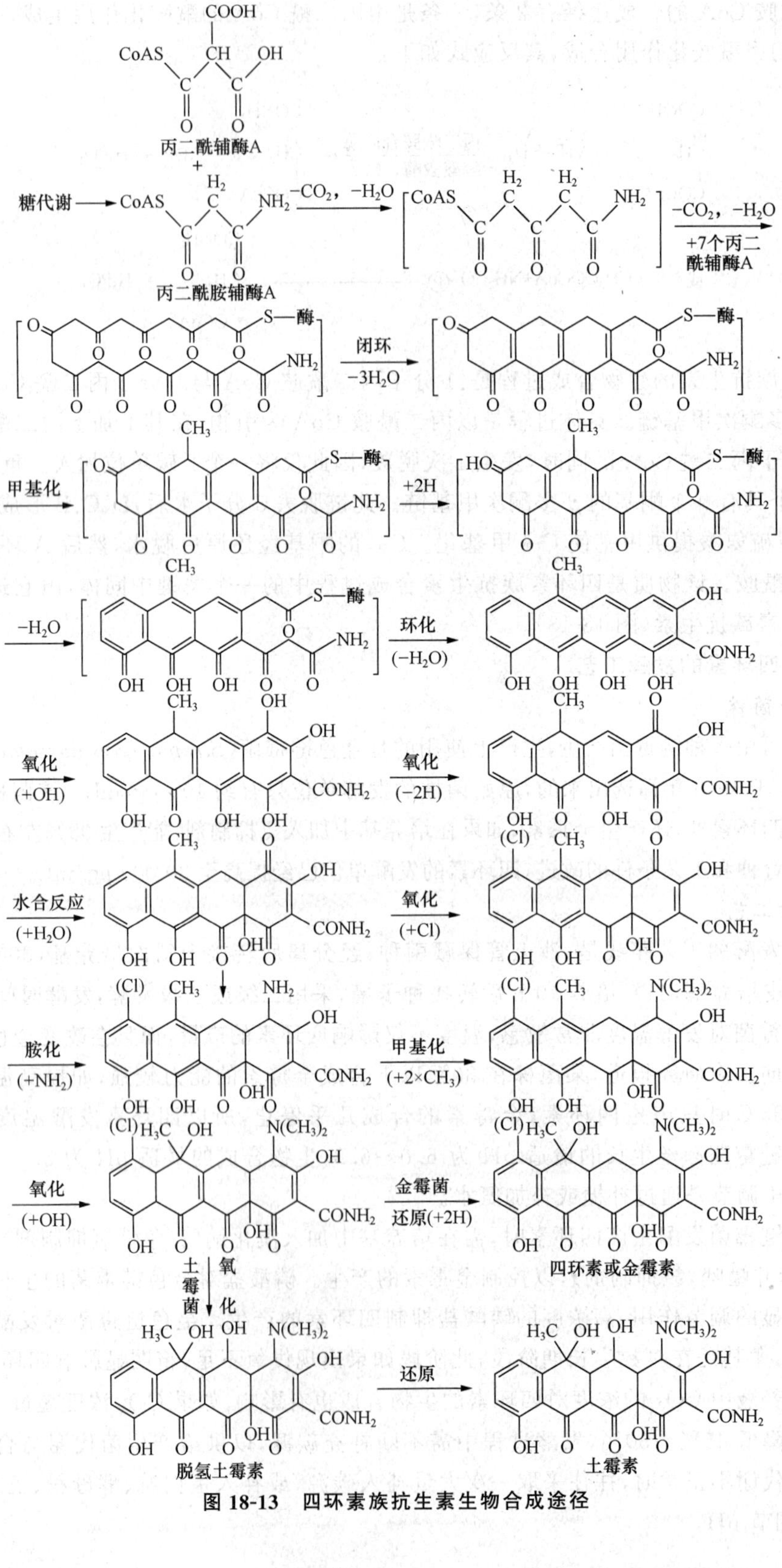

图 18-13　四环素族抗生素生物合成途径

18.2.4 红霉素的生物合成

18.2.4.1 红霉素生物合成途径

红霉素属大环内酯类抗生素，是由红霉内酯、去氧氨基己糖（红霉糖胺）和红霉糖缩合而成的碱性化合物。红霉内酯有 13 个碳原子，内酯环上的 C-3 通过氧原子与红霉糖连接，C-5 通过氧原子与去氧氨基己糖相连接。

红霉素的生物合成过程可分为 2 部分，一是红霉素大环内酯环 6-脱氧红霉内酯 B（6-deoxyerythronolide B，6-dEB）的合成，二是红霉大环内酯合成后的修饰。

6-dEB 由 1 个丙酸和 6 个甲基丙酸缩合而成，丙酸单位在结合前需要经过活化转变为丙酰-CoA，丙酰-CoA 再转变成甲基丙二酰-CoA。缩合过程由 PKS 完成，类似于饱和脂肪酸的缩合反应（图 18-14）。

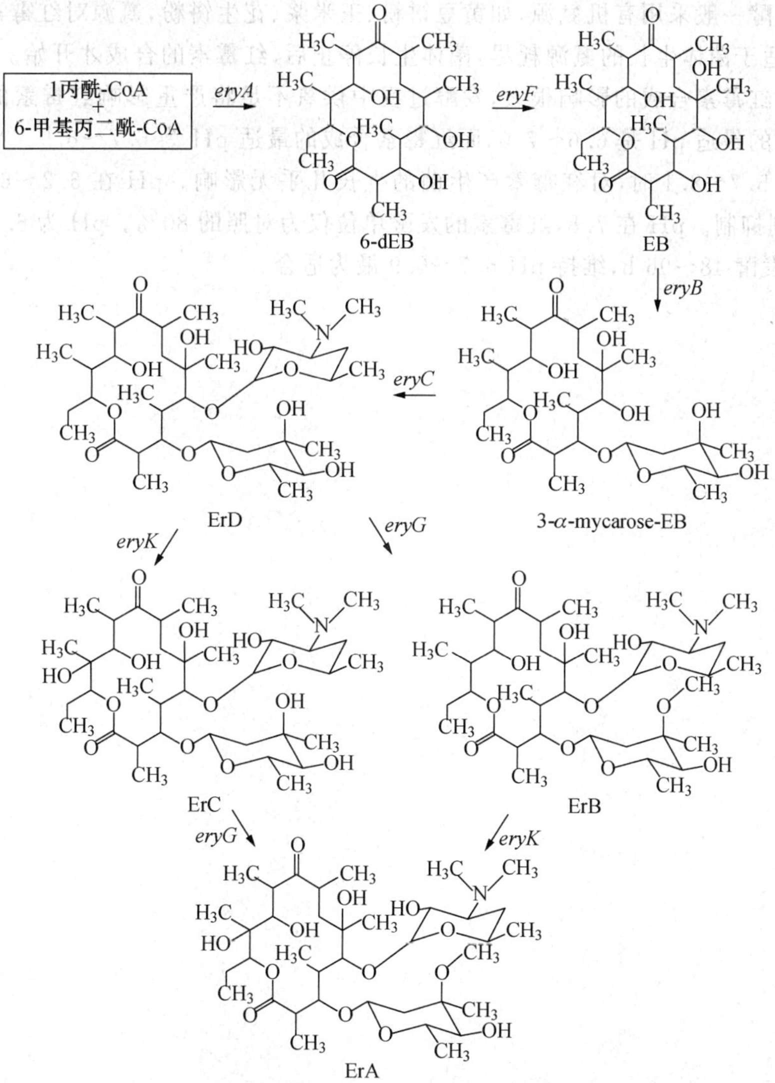

图 18-14 红霉素生物合成途径

18.2.4.2 红霉素的发酵工艺

1. 生产菌株

1952 年，Mc Quire 从红色链霉菌（*Streptomyces erythreus*）的发酵液中发现了红霉素，至今生产使用的红霉素产生菌仍是该菌株的各种突变株。红色链霉菌在合成培养基上生长的菌落由淡黄色逐渐转变为红色，气生菌丝白色，孢子丝呈不紧密的螺旋，3～5 个螺旋，孢子球状。以后该菌株的分类地位被修改，现定名为红色糖多孢菌（*Saccharopolyspora erythreus*），目前报道的红霉素的发酵单位可以达到 10 000 μg/mL。

2. 发酵工艺

红霉素发酵一般采用孢子悬液接种种子罐，种子经 2 次扩大培养后接种发酵罐，种子培养温度 32～34℃，培养时间 2～3 d。种子成熟后接种发酵罐，接种量 5%～10%，采用 30～34℃变温培养，发酵时间 6～7 d。

红霉素发酵一般采用有机氮源，如黄豆饼粉、玉米浆、花生饼粉，氮源对红霉素合成是一个重要因素，当适于菌体生长的氮源耗尽，菌体生长停止后，红霉素的合成才开始。

溶解氧对红霉素合成的影响很大，发酵过程中供氧不足将严重影响红霉素的产量。红霉素产生菌生长的最适 pH 是 6.6～7.0，而红霉素合成的最适 pH 为 6.7～6.9。当发酵培养基的初始 pH 在 5.7～8.1 时，对红霉素产生菌的生长几乎无影响。pH 在 6.2～6.3，红霉素的合成 90%受到抑制。pH 在 7.8，红霉素的发酵单位仅为对照的 80%。pH 为 6.6～7.5 时，比较合适，且在发酵 48～96 h，维持 pH 6.7～6.9 最为适合。

参考文献

[1]颜方贵．发酵微生物学．北京：中国农业大学出版社，1993.
[2]熊宗贵．发酵工艺原理．北京：中国医药科技出版社，2000.
[3]俞俊棠，唐孝宣，邬行彦，等．新编生物工艺学(上册)．北京：化学工业出版社，2003.
[4]徐浩．工业微生物学基础及其应用．北京：科学出版社，1991.
[5]曹军卫，马辉文，张甲耀．微生物工程．北京：科学出版社，2007.
[6]施巧琴，吴松刚．工业微生物育种学．北京：科学出版社，2009.
[7]诸葛健．工业微生物育种学．北京：化学工业出版社，2006.
[8]吴振强．固态发酵技术与应用．北京：化学工业出版社，2006.
[9]吴松刚．微生物工程．北京：科学出版社，2004.
[10]岑沛霖，蔡谨．工业微生物学．北京：化学工业出版社，2001.
[11]储炬，李友荣．现代工艺发酵调控学．北京：化学工业出版社，2002.
[12]杨生玉，张建新．发酵工程．北京：科学出版社，2013.
[13]李季伦，张伟心，杨启瑞．微生物生理学．北京：北京农业大学出版社，1993.
[14]王卫卫．微生物生理学．北京：科学出版社，2008.
[15]杨生玉，王刚，沈永红．微生物生理学．北京：化学工业出版社，2007.
[16]华南工学院，等．发酵工程与设备．北京：轻工业出版社，1981.
[17]陈洪章．生物过程工程与设备．北京：化学工业出版社，2004.
[18]王立群．微生物工程．北京：中国农业出版社，2007.
[19]周桃英．发酵工程．北京：中国农业出版社，2008.
[20]许赣荣，胡鹏刚．发酵工程．北京：科学出版社，2013.
[21]焦瑞身．微生物工程．北京：化学工业出版社，2003.
[22]余龙江．发酵工程原理与技术应用．北京：化学工业出版社，2006.
[23]何忠效．现代生物技术概论．北京：北京师范大学出版社，1999.
[24]韩德权，王莘，赵辉．微生物发酵工艺学原理．北京：化学工业出版社，2012.
[25]黄方一．发酵工程．武汉：华中师范大学出版社，2006.
[26]邱立友．发酵工程与设备．北京：中国农业出版社，2007.
[27]王文甫．啤酒生产工艺．北京：中国轻工业出版社，1997.
[28]顾国贤．酿造酒工艺学．北京：中国轻工业出版社，1996.
[29]沈怡方．白酒生产技术全书．北京：中国轻工业出版社，1999.
[30]陈宁．酶工程．北京：中国轻工业出版社，2012.
[31]张致平．微生物药物学．北京：化学工业出版社，2003.
[32]郑裕国．生物工程设备．北京：化学工业出版社，2009.
[33]白秀峰．发酵工艺学．北京：中国医药科技出版社，2003.
[34]韦革宏，杨详．发酵工程．北京：科学出版社，2008.

[35]陈国豪. 生物工程设备. 北京：化学工业出版社，2006.
[36]张克旭. 氨基酸发酵工艺学. 北京：中国轻工业出版社，1992.
[37]葛绍荣，乔代蓉，胡承. 发酵工程原理与实践. 上海：华东理工大学出版社，2011.
[38]李艳. 发酵工程原理与技术. 北京：高等教育出版社，2007.
[39]陈坚，堵国成. 发酵工程原理与技术. 北京：化学工业出版社，2012.